南京農業大学
NANJING AGRICULTURAL UNIVERSITY

年鉴

南京农业大学图书馆（文化遗产部） 编

2021

中国农业出版社
农村读物出版社
北 京

　　1月15日，南京农业大学召开思想政治工作会议。大会主题为聚焦立德树人根本任务，筑牢思想政治工作生命线，推进"三全育人"改革和思政工作体系建设，切实推动新时代学校思想政治工作高质量发展。

1月22日，南京农业大学召开人文社科大会。大会主题为凝聚共识、凝聚智慧、凝聚力量，以新文科建设为契机，全面谋划推动学校人文社会科学高质量发展，推进农业特色世界一流大学建设再上新台阶。

1月23日，2020年度江苏农村发展报告在南京农业大学发布。《江苏农村发展报告2020》由5个部分组成，具体内容涵盖了江苏农村社会经济发展状况、农业生产状况、土地市场发展状况、农村金融发展状况、乡村产业发展状况、农民就业创业能力状况、农村人居环境状况、农业生态环境状况、农村文化服务状况、农村基层党建发展状况、脱贫攻坚成效以及城乡融合发展状况，呈现了江苏省在农村社会经济发展中的现状、问题、对策与建议。

　　3月，学校开展党史学习教育，全校师生聚焦"学党史、悟思想、办实事、开新局"，从党的百年伟大奋斗历程中汲取奋进力量，传承红色基因，赓续精神血脉。3月10日，学校召开党史学习教育动员大会。大会深入学习贯彻习近平总书记在党史学习教育动员大会上的重要讲话精神，动员全校党员师生从党的百年伟大奋斗历程中汲取奋进力量。4月，学校举办"伟大的开端"党的创建历史图片展，在校园里打造党史学习教育的"红色课堂"，师生代表还赴南京雨花台烈士陵园，开展党史学习教育现场学习，缅怀革命先烈，重温入党誓词，感悟党的初心使命。

4月，麻江乡村振兴研究院揭牌仪式，学校全面深入推进贵州省麻江县定点帮扶工作。6月，为进一步加强定点帮扶与乡村振兴工作，学校将扶贫开发工作领导小组调整为乡村振兴工作领导小组。2021年，学校继续传承脱贫攻坚精神，围绕产业、人才、文化、生态、组织"五大振兴"开展全方位帮扶，推动麻江乡村振兴研究院建设，扎扎实实推进巩固拓展脱贫攻坚成果和乡村振兴工作。

5月，学校在国务院扶贫开发领导小组办公室、教育部等单位组织的中央单位定点扶贫工作年度成效考核中，获评最高等级——"好"的等级。这是对学校2020年度定点扶贫工作"6个200"等"规定任务"和"特色举措"全面、综合的考核评价与高度肯定，这也是学校连续第2次获评考核"好"等级。

　　6月30日，南京农业大学庆祝中国共产党成立100周年暨"七一"表彰大会隆重举行。校党委书记陈利根发表题为"初心铸就百年辉煌 矢志奋斗崭新征程"的大会讲话。大会以历史、传承、责任为主线，回顾了在中国共产党的领导下，一代代南农人服务国家、服务人民的初心故事。大会表彰了先进院级党组织、先进分党校、党建工作创新奖、最佳党日活动、先进党支部、优秀党务工作者、优秀共产党员，为在场党龄50年以上的老同志授予"光荣在党50年"纪念章，为新发展党员代表佩戴党徽，在场全体党员重温入党誓词。

　　6月7日，南京农业大学举办"红心永向党，唱响新征程"庆祝中国共产党成立100周年合唱比赛。6月10日，由南京农业大学师生策划编排的原创话剧《党旗飘扬》被搬上舞台，跨时空演绎党旗与大地的交响。话剧生动再现了中国共产党党旗的诞生历史，跨越时空演绎了南农新农人在党旗引领下，扎根脱贫攻坚大地、带领村民走向乡村振兴的动人故事。

　　第37个教师节，南京农业大学的教师们在朴素温暖的氛围中度过了一个别样的节日。9月10日，校领导分头走进2021年南京农业大学立德树人楷模、师德标兵、优秀教师和优秀教育工作者，以及荣休教师和新教师代表的办公室，为教师们颁发荣誉证书、奖杯、纪念盘，送上鲜花，并一一致以节日的问候。

　　9月，因疫情防控需要，新学期伊始，有11377名学生暂未返校。为做好新学期学生思想政治工作，9月1日，南京农业大学组织了18个学院、300多个班级召开线上班会，322名班主任通过云端相聚的方式，与9398名学生畅谈规划、化解焦虑、共话成长。

10月，全国教材工作会议暨首届全国教材建设奖表彰会在京召开，首届全国教材建设奖揭晓。学校盖钧镒院士荣获教材建设先进个人，周光宏教授主编的《畜产品加工学》（双色版）（第二版）荣获一等奖，钟甫宁教授主编的《农业经济学》（第五版）、强胜教授主编的《植物学》（2.0版）荣获二等奖。

10月20日，南京农业大学隆重举行120周年校庆倒计时一周年启动仪式。会上宣读120周年校庆公告，揭晓120周年校庆标识，启动120周年校庆网站。校党委书记陈利根、校长陈发棣，与校友和师生代表共同启动计时器，在场师生高声倒数，南京农业大学120周年校庆倒计时一周年正式启动。

10月22日，南京农业大学隆重举行纪念中国大学第一个农经系成立100周年大会。1921年秋，卜凯创建中国近代第一个农业经济系——金陵大学农业经济系，也是国内农业院校设置最早的农经系。

11月10日，中国工程院公布了2021年院士增选结果，南京农业大学沈其荣教授当选中国工程院院士。沈其荣，南京农业大学资源与环境科学学院教授，长期从事有机（类）肥料和土壤微生物研究与推广工作，先后获得光华工程科技奖、全国创新争先奖、中华农业英才奖、国家教学名师、作出突出贡献的中国博士学位获得者等荣誉称号。

11月16日，南京农业大学举行江北新校区一期工程首栋建筑封顶仪式，标志着学校新校区建设取得重要进展。

11月18—19日，学校分别与兴化市人民政府和浦口区人民政府签订先行县共建协议，推动学校科技、人才、项目、成果等创新要素在先行县落地生根、集聚成势，树立校地携手、创新驱动乡村振兴的示范典型。

　　5月21日，南京农业大学三亚研究院在三亚正式揭牌。三亚研究院将打造集教学、科研、成果转化、国际合作为一体的国家级农业科教基地，服务海南高层次人才培养、乡村振兴、科技创新和产业升级需求，为海南自贸港建设赋能。9月28日，南京农业大学三亚研究院迎来首批2021级新生。12月15日，南京农业大学三亚研究院在三亚崖州湾科技城举行乔迁仪式，正式入驻三亚崖州湾科技城梧桐院。

　　10月12—15日，在第七届中国国际"互联网+"大学生创新创业大赛上，学校共有4个项目（其中，3个高校主赛道项目和1个青年红色筑梦之旅赛道项目）入围全国总决赛，创学校晋级总决赛项目数历史最高纪录。经过各赛道的激烈角逐，斩获1金3银，首次获得该比赛的全国金奖。

10月14日，南京农业大学密西根学院揭牌仪式暨2021级研究生新生欢迎仪式在卫岗校区隆重举行。密西根学院迎来了首批中外合作办学硕士研究生，是南京农业大学与密西根学院30年合作发展史上一座新的里程碑。

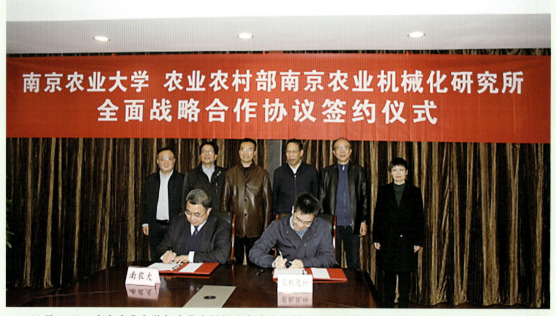

12月14日，南京农业大学与农业农村部南京农业机械化研究所签署全面战略合作框架协议。根据协议内容，双方将围绕科教协同发展、创新平台建设、研究生教育合作、青年人才联合培养、农业工程人才继续教育等方面开展全面战略合作。

（图文整理：赵烨烨　王　爽　审核：刘　勇）

《南京农业大学年鉴》编委会

《南京农业大学年鉴 2021》编辑部

编　辑　说　明

　　《南京农业大学年鉴2021》全面系统地反映2021年南京农业大学事业发展及重大活动的基本情况，包括学校教学、科研和社会服务等方面的内容，为南京农业大学教职员工提供学校的基本文献、基本数据、科研成果和最新工作经验，是兄弟院校和社会各界了解南京农业大学的窗口。《南京农业大学年鉴》每年出版一期。

　　一、《南京农业大学年鉴2021》力求真实、客观、全面地记载南京农业大学年度历史进程和重大事项。

　　二、年鉴分学校综述、重要文献、2021年大事记、机构与干部、党的建设、发展规划与学科建设、人事人才工作、人才培养、科学研究与社会服务、对外合作与交流、办学条件与公共服务、学术委员会、校友会（教育发展基金会）、学部学院栏目。年鉴的内容表述有概况、条目、图片、附录等形式，以条目为主。

　　三、本书内容为学校在2021年1月1日至2021年12月31日间发生的重大事件、重要活动及各个领域的新进展、新成果、新信息，依实际情况，部分内容在时间上可能有前后延伸。

　　四、《南京农业大学年鉴2021》所刊内容由各单位确定的专人撰稿，经该单位负责人审定，并于文后署名。

《南京农业大学年鉴2021》编辑部

目　　录

十一、办学条件与公共服务 ………………………………………………… (425)

一、学校综述

南京农业大学简介

南京农业大学坐落于钟灵毓秀、虎踞龙盘的古都南京，是一所以农业和生命科学为优势和特色，农、理、经、管、工、文、法学多学科协调发展的教育部直属全国重点大学，是国家"211工程"重点建设大学、"985优势学科创新平台"和"双一流"建设高校。现任校党委书记陈利根教授，校长陈发棣教授。

南京农业大学前身可溯源至1902年三江师范学堂农学博物科和1914年私立金陵大学农科。1952年，全国高校院系调整，以金陵大学农学院、南京大学农学院（原国立中央大学农学院）为主体，以及浙江大学农学院部分系科，合并成立南京农学院；1963年，被确定为全国两所重点农业高校之一；1972年，搬迁至扬州与苏北农学院合并，成立江苏农学院；1979年，回迁南京，恢复南京农学院；1984年，更名为南京农业大学；2000年，由农业部独立建制划转教育部。

南京农业大学现有农学院、工学院、植物保护学院、资源与环境科学学院、园艺学院、动物科技学院（含无锡渔业学院）、动物医学院、食品科技学院、经济管理学院、公共管理学院、人文与社会发展学院、生命科学学院、理学院、信息管理学院、外国语学院、金融学院、草业学院、马克思主义学院、人工智能学院、体育部20个学院（部）；68个本科专业、30个硕士授权一级学科、20种专业学位授予权、17个博士授权一级学科和15个博士后流动站；全日制本科生17 000余人，研究生11 000余人；教职员工2 900余人。南京农业大学现有中国工程院院士3人，国家特聘专家、国家自然科学基金杰出青年科学基金获得者等47人次，国家级教学名师3人，全国优秀教师、模范教师、教育系统先进工作者5人，入选国家其他各类人才工程和人才计划140余人次，国家自然科学基金委员会创新研究群体2个，国家和省级教学团队6个。

南京农业大学人才培养涵盖本科生教育、研究生教育、留学生教育、继续教育及干部培训等各层次；建有"国家大学生文化素质教育基地""国家理科基础科学研究与教学人才培养基地""国家生命科学与技术人才培养基地""生物科学拔尖学生培养计划2.0基地"，以及植物生产、动物科学类、农业生物学虚拟仿真国家级实验教学中心；是首批通过全国高校本科教学工作优秀评价的大学之一。2000年，获教育部批准建立研究生院。2014年，首批入选国家卓越农林人才培养计划。农学、种子科学与工程、农业机械化及其自动化、农业电气化、植物保护、农业资源与环境、园艺、动物科学、水产养殖学、动物医学、食品科学与工程、食品质量与安全、农林经济管理、土地资源管理、行政管理、社会学、农村区域发展、生物技术、生物科学、金融学、会计学、草业科学 22 个专业获批国家级一流本科专业建设点，生态学、风景园林、动物药学、国际经济与贸易、人文地理与城乡规划、应用化学、信息管理与信息系统、英语 8 个专业获批省级一流本科专业建设点。在百余年的办学历程中，学校秉承以"诚朴勤仁"为核心的南农精神，培养具有"世界眼光、中国情怀、南农品格"的拔尖创新型和复合应用型人才，先后造就包括 62 位院士在内的 30 余万名优秀人才。

南京农业大学拥有一级学科国家重点学科 4 个，二级学科国家重点学科 3 个，国家重点培育学科 1 个。在第四轮全国一级学科评估中，作物学、农业资源与环境、植物保护、农林经济管理 4 个学科获评 A＋，公共管理、食品科学与工程、园艺学 3 个学科获评 A 类。有 8 个学科进入江苏高校优势学科建设工程。农业科学、植物与动物科学、环境生态学、生物与生物化学、工程学、微生物学、分子生物与遗传学、化学、药理学与毒理学、社会科学总论 10 个学科领域进入 ESI 学科排名全球前 1‰，其中农业科学、植物与动物科学 2 个学科进入前 1‰，跻身世界顶尖学科行列。

南京农业大学建有作物遗传与种质创新国家重点实验室、国家肉品质量安全控制工程技术研究中心、国家信息农业工程技术中心、国家大豆改良中心、国家有机类肥料工程技术研究中心、农村土地资源利用与整治国家地方联合工程研究中心、绿色农药创制与应用技术国家地方联合工程研究中心等 104 个国家及部省级科研平台。"十二五"以来，学校到位科研经费 60 多亿元，获得国家及部省级科技成果奖 200 余项，其中作为第一完成单位获得国家科学技术奖 12 项。学校主动服务国家脱贫攻坚、乡村振兴战略，凭借雄厚的科研实力，创造了巨大的经济效益和社会效益，多次被评为"国家科教兴农先进单位"。2017—2019 年，学校连续 3 届入选教育部直属高校精准扶贫精准脱贫十大典型项目；2019—2021 年，学校连续 3 年获中央单位定点帮扶成效考核最高等级——"好"等级。

南京农业大学积极响应国家"一带一路"倡议，不断提升国际化水平，对外交流日趋活跃，先后与 30 多个国家和地区的 160 多所境外高水平大学、研究机构保持着学生联合培养、学术交流和科研合作关系。与美国加利福尼亚大学戴维斯分校、康奈尔大学以及比利时根特大学、新西兰梅西大学等世界知名高校，开展"交流访学""本科双学位""本硕双学位"等数十个学生联合培养项目。2019 年，经教育部批准与美国密歇根州立大学合作设立南京农业大学密西根学院。建有"中美食品安全与质量联合研究中心""中国-肯尼亚作物分子生物学'一带一路'联合实验室""动物健康与食品安全"国际合作联合实验室、"动物消化道营养国际联合研究中心""中英植物表型组学联合研究中心""南京农业大学-加利福尼亚大学戴维斯分校全球健康联合研究中心""亚洲农业研究中心"等多个国际合作平台。2007 年，学校成为教育部"接受中国政府奖学金来华留学生院校"。2008 年，学校成为全国首批"教育援外基地"。2012 年，获批建设全球首个农业特色孔子学院。2014 年，获外交部、教育部联合批准成立"中国-东盟教育培训中心"。2012 年，倡议发起设立"世界农业奖"，已连续 8 届分别向来自康奈尔大学、加利福尼亚大学戴维斯分校、俄亥俄州立大学、波恩大学、阿尔伯塔大学、比利时根特大学、加纳大学、智利天主教大学和中国农业大学等高校的 10 位获奖者颁发奖项。

南京农业大学多校区融合发展，拥有卫岗校区、江北新校区、浦口校区和白马教学科研基地，总面积 9 000 多亩＊。建筑面积 74 万平方米，图书资料收藏量 235 万册（部），外文

＊ 亩为非法定计量单位。1 亩＝1/15 公顷。

期刊 1 万余种和中文电子图书 500 余万种。2014 年，与 Nature 出版集团合办学术期刊 *Horticulture Research*，并于 2019 年入选中国科技期刊"卓越计划"领军类期刊；2018 年，与美国科学促进会（AAAS）合办学术期刊 *Plant Phenomics*；2019 年，与美国科学促进会（AAAS）合办学术期刊 *BioDesign Research*。

展望未来，作为近现代中国高等农业教育的拓荒者，南京农业大学将以立德树人为根本，以强农兴农为己任，加强内涵建设，聚力改革创新，服务国家战略需求，着力培养知农爱农新型人才，全面开启农业特色世界一流大学建设的崭新征程！

注：资料截至 2021 年 12 月 31 日。

（撰稿：王明峰　审稿：袁家明　审核：张　丽）

南京农业大学 2021 年党政工作要点

2021 年是中国共产党成立 100 周年，是"十四五"规划开局之年，也是全面建成小康社会、开启全面建设社会主义现代化国家新征程、建设农业特色世界一流大学的关键之年。

本年度学校工作的总体要求：以习近平新时代中国特色社会主义思想为指导，深入学习贯彻党的十九大、十九届历次全会精神和习近平总书记系列重要讲话精神，以及视察江苏重要指示批示和寄语涉农高校师生回信精神，坚持正确的党史观，坚持党对学校工作的全面领导，坚持稳中求进的工作总基调，立足新发展阶段，贯彻新发展理念，以立德树人为根本，以强农兴农为己任，扎实推进落实第十二次党代会决策部署，大力实施"1335"发展战略和"八个坚持、八个一流"重大举措，不断深化教育评价改革，奋力开启建设农业特色世界一流大学新征程，以优异成绩庆祝建党 100 周年。

一、坚持党的全面领导，积极构建新时代学校事业高质量发展新格局

1. 坚持用新思想武装头脑引领实践

目标任务：将习近平新时代中国特色社会主义思想转化为建设农业特色世界一流大学的生动实践。

工作措施：扎实推进党的十九大和十九届历次全会精神系统学习，旗帜鲜明讲政治，切实增强"四个意识"，坚定"四个自信"，坚决做到"两个维护"。深入学习贯彻习近平总书记系列重要讲话精神，大力推动新思想进课堂、进教材、进头脑。认真贯彻落实习近平总书记重要指示批示精神和党中央决策部署，聚焦服务国家重大发展战略和"一带一路"倡议，聚焦习近平总书记视察江苏"两争一前列"重要指示和寄语涉农高校师生回信精神，聚焦打赢疫情防控阻击战，加强主动思考，提出"南农方案"。持续巩固深化巡视整改成果。

2. 迎接建党百年彰显担当作为

目标任务：紧扣建党 100 周年重大主线，加强宣传教育引导，切实增强政治建设的思想自觉。

工作措施：制订迎接建党百年行动方案，深入实施迎接建党 100 周年"学习·诊断·建设"行动，发动各级党组织精心策划主题活动，激励干部新时代新担当新作为，持续加强正面宣传教育。全面贯彻落实新时代党的组织路线，不断提高政治判断力、政治领悟力、政治执行力，建立健全并落实好加强学校党的政治建设若干措施、党委领导下的校长负责制实施办法等制度文件。筹备召开"七一"表彰大会，探索建立基层党建"先锋榜、荣誉库、品牌栏"，选树先进典型，营造浓郁氛围。

3. 精心组织开展党史学习教育

目标任务：树立正确党史观，凝聚干部师生奋进力量。

工作措施：深入学习贯彻习近平总书记在党史学习教育动员大会上的重要讲话精神。立足实际、守正创新，高标准高质量完成党史学习教育各项任务。认真研究制订党史学习教育工作方案。聚焦"学党史、悟思想、办实事、开新局"主题，以党员领导干部为重点，坚持

集中学习和自主学习相结合,坚持规定动作和自选动作相结合,开展特色鲜明、形式多样的学习教育,组织实施"我为群众办实事"活动,推动改革发展成果更多惠及社会、惠及师生,真正做到学史明理、学史增信、学史崇德、学史力行。推动"四史"学习教育再深入。党组织书记带头上好"党课"。

4. 科学谋划推动"十四五"事业高质量发展

目标任务:科学编制"十四五"事业发展规划,绘制学校改革发展的路线图和时间表。

工作措施:强化做好"十四五"期间学校改革发展工作顶层设计,科学确立各项事业发展核心指标,明确责任主体、实施路径和时间进度表。召开党委常委会、校长办公会、校领导班子务虚会等,开展制约学校事业高质量发展瓶颈问题专题研究,主动对标世界一流,全面提升教育教学、学科、人才、科研、空间发展的核心竞争力。对照国家"双一流"建设动态监测和第五轮学科评估指标体系,着力做好学科优化布局和资源优化配置。

5. 深化新时代教育评价改革开新局

目标任务:全面推进教育评价改革清单任务落地落实。

工作措施:坚持以立德树人为主线,强化人才培养中心地位,以破"五唯"为导向,统筹推进党政管理、学校评价、教师评价、学生评价、用人评价 5 个方面的改革任务。开展教育评价改革管理对策研究。突出学科特色、质量和贡献,加强对科研的学术贡献、社会贡献及支撑人才培养情况评价。落实好教授为本科生上课制度。突出"五育并举",探索学生综合测评工作改革。全面清理规范、落细落实教育评价改革任务清单。建立健全学校考核学院、学院考核教师、教师职称制度改革实施办法等文件。

二、全面落实立德树人根本任务,大力培养担当民族复兴大任的知农爱农时代新人

6. 着力构建一流人才培养体系

目标任务:不断完善高水平人才培养体系,打造一批一流专业、课程、教材和实践育人基地,培养一流人才。

工作措施:立足新农科建设,巩固科教融合培养拔尖创新型人才成果,积极推进金善宝书院建设。探索产教融合培养复合应用型人才新路径,提升农业特色创新创业教育水平,建设高水平实践教育基地。以一流本科专业建设"双万计划"为抓手,推进农工结合、农文结合、农医结合,优化升级专业结构,打造特色优势专业,发展新兴专业。推进专业认证工作。继续建设一批一流本科课程。科学规划教材建设,持续培育优秀教材,推动"马工程"重点教材统一使用。全面升级教学质量评价系统。继续实施"卓越教学"系列教学改革项目。做好省级教学成果奖申报工作。坚持研究生教育"四为"方针,组织修订研究生培养方案,加强研究生教育质量保障体系建设,进一步落实导师教书育人职责。启动 3 个学位点专项评估,开展学位授权点动态调整,培育交叉学位点。修订学位管理规章制度。加强各类人才培养模式改革,促进新农科、新工科、新文科建设,推进本科生实践基地、研究生工作站等多种形式的协同育人基地建设。稳步提升继续教育办学规模,大力培养乡村振兴人才。完善来华留学生教育人才培养方案和趋同管理机制。做好大学体育工作。

7. 持续深化大学生思想政治教育

目标任务:完善具有南农特色的大学生思想政治工作体系。

工作举措：牢牢把握立德树人根本任务，开展构建思想政治工作体系工作台账落实情况第二阶段监督检查，进一步推动"三全育人"工作实施方案、"十大育人体系"建设标准落地落细落实。建立校院两级网络思政工作矩阵。深化思想政治理论课改革创新，推进课程思政全覆盖。提高思政课教师队伍建设水平，研究出台思想政治理论课教师队伍建设规划（2021—2025）与职称评审细则、"钟山思政课名师计划"实施办法、专职思政课教师延聘实施办法。落实思政课教师担任兼职辅导员或班主任机制，制定专职辅导员职级晋升办法。加强大学生心理健康教育。大力培养知华友华爱华留学生。

8. 稳步提升招生就业质量

目标任务：各类生源质量不断提高。实现毕业生更高质量更充分就业。

工作举措：加大招生宣传力度，做好第三批高考改革省份招生工作。进一步优化大类招生专业设置。争取增加研究生招生指标，提高直博生比例，试行本-硕-博贯通培养模式。做好密西根学院招生录取工作。优化来华留学生录取评审机制，做强"留学南农"品牌。深入推进就业工作"一把手工程"，加强分类引导和就业指导，推进"互联网＋就业"工作模式。优化学生就业战略布局，启动就业战略合作伙伴计划，拓宽毕业生就业渠道，教育引导更多毕业生服务乡村振兴。持续做好学生继续深造工作。

三、聚焦"双一流"建设，突出发挥优势特色，创造一流成果与贡献

9. 建设高水平师资队伍

目标任务：落实师德师风第一标准，加快推进一流师资队伍建设。

工作措施：聚焦"四有好老师"标准，加强教师思想政治工作，开展教师思政和师德师风现状调研，完善教师理论学习制度，建立"宣传教育＋实践锻炼"相结合的师德教育模式，建设教师德育与社会实践基地，强化师德引领作用，举办师德大讲堂，做好教师荣誉表彰和师德典型宣传工作。推动人事制度改革方案年内落地实施。完善高水平人才和创新团队培育机制，做好高端人才申报工作。做好师资队伍建设总体规划，实现定编定岗、按需引才。突出服务国家战略重点领域、前沿交叉学科的人才布局，精准规划人才引进方案。完善"钟山学者计划"人才选育机制，修订"钟山学者计划"实施办法、专业技术职务和二级、三级岗位申报条件。召开第四届钟山青年学者论坛。重新核定实验技术岗位、职责与数量。完善各类人才支撑保障体系。

10. 完善科技创新体系

目标任务：坚持"四个面向"，加强科技平台前瞻性、战略性布局，确保作物遗传与种质创新国家重点实验室优势地位，服务农业科技自立自强。培育高水平科技成果，推动成果转化量质齐升。

工作措施：完善基础研究组织体系，探索适应基础研究的评价机制和多元化投入支持机制。统筹优势资源，积极应对国家重点实验室体系重组工作。全力推进作物表型组学研究重大科技基础设施培育建设，完成项目可行性研究报告编制及评估，力争获批国家发展和改革委立项。加快推进作物免疫学国家重点实验室培育工作。加强战略科学与交叉领域研究。落实人文社科大会精神，完善评价体系，繁荣社科人才队伍，提高研究水平。加大国家、省部级科技奖励培育力度。组织开展年度"十大科技进展"系列评选工作。规范知识产权分级分类管理，探索专利申请预评估工作，推进知识产权试点高校建设。制定年度科技成果转化经

典案例评选办法。力争通过军工科研二级保密资质检查。将 3 本英文期刊打造成行业顶尖国际期刊。切实提升人文社科期刊质量。大力弘扬新时代科学家精神。

11. 打造乡村振兴南农样板

目标任务： 巩固拓展脱贫攻坚成果，稳步提升服务乡村振兴战略影响力。进一步增强科技推广与产学研合作能力。建立健全现代化智库管理机制。

工作措施： 举办脱贫攻坚总结大会，研讨脱贫攻坚成果同乡村振兴有效衔接的南农方案，推进"2+1"校地合作基地——麻江乡村振兴研究院建设。深入实施"党建兴村、产业强县"行动，重点在贵州省麻江县、江苏省内遴选建设科技服务乡村振兴南农示范点，积极推动长三角乡村振兴战略研究院联盟工作，打好服务乡村振兴的"组合拳"。深化"双线共推"科技服务模式，启动"南京农业大学十大技术"示范推广支持计划。完善新农村服务基地、农技推广、技术合同等工作配套管理办法。加强技术转移中心和伙伴企业俱乐部融合发展。凝练智库研究特色优势方向。

12. 大力推进国际交流合作

目标任务： 深耕"一带一路"，深化多边农业合作，加强人才培养与科学研究国际合作，提升学校国际影响力。

工作措施： 维护与拓展海外校际合作伙伴关系。落实与联合国粮食及农业组织、世界粮食计划署、国际农业发展基金会等国际组织的交流合作计划。加强"一带一路"国别与区域研究，建立东非种质资源收集评价中心，推动与"一带一路"沿线国家合作解决农业发展问题。加强国家级外国专家项目执行力度，实施 2021 年国际合作能力提增计划。深入推进国际化人才培养，拓展师生国际交流渠道，制定学生出国（境）学习交流项目管理办法。完善密西根学院人才培养方案和课程体系。继续做好孔子学院及"非洲孔子学院农业职业技术联盟"建设工作。创新"世界农业奖"管理运行机制。

四、强化办学条件支撑，全面提升服务保障能力水平

13. 毫不放松抓好常态化疫情防控

目标任务： 聚焦精准防控，统筹做好疫情防控和学校事业发展工作。

工作措施： 充分发挥疫情防控工作领导小组统筹协调作用，指导 10 个工作组常态化开展疫情防控工作。研究制定师生开学返校工作方案和疫情防控应急处置预案，妥善做好师生返校和开学工作。做好常态化疫情防控期间教育教学、招生就业、科学研究和校园管理等工作。加强校园公共卫生体系建设，不断完善校园疾病预防控制体系，切实做好"人物同防、多病共防"工作。加强疫情防控期间舆情风险防控。

14. 全力拓展高质量发展办学空间

目标任务： 确保新校区一期工程施工进度和质量，加快推进教师公寓项目。

工作措施： 完成新校区一期工程各类设计、报批报建，以及市政、景观、供配电、智能化等配套工程招标。全面实施全过程质量管理，着力提升设计和施工的规范化、精细化、科学化水平，保障工程质量、安全、进度和投资效益，确保年底所有单体建筑主体封顶和配套工程有机衔接。加快办理新校区一期工程第二批土地权证和临时用地手续，协调推进二期土地国土空间规划调整和部队搬迁。推动新校区配套教师公寓项目选址立项和规划设计等前期工作。统筹抓好农场土地管护工作。

15. 积极开拓社会办学资源

目标任务： 推进"学校-政府-社会"三位一体协同发展体系建设。增强教育基金会募资能力。完成所属企业体制改革，加快形成特色鲜明的产业布局。

工作措施： 争取政府资源支持，加速三亚研究院建设，尽快启动东海校区选址和总体规划设计。组织召开年度校友代表大会及校友生态平台年会，推进校友分会组织机构建设，开展"校友导师计划"项目。科学设计新校区冠名捐赠项目，倡议设立学科专业建设发展开放式基金和名人教育基金，拓展大额社会捐赠项目。建立健全现代企业制度，妥善处置脱钩剥离、清理关闭的企业。加快推进产业研究院建设，做大做强"南农大"品牌。

16. 加强办学条件和民生工程建设

目标任务： 贯彻以师生为中心的发展理念，改善办学条件，提升服务保障能力水平，增强师生幸福感、满意度。

工作措施： 推动作物表型组学研发中心、植物生产综合实验中心、第三实验楼三期、牌楼学生公寓等工程建设和第三实验楼一期、二期竣工验收备案工作。做好农业农村部科技创新平台项目申报管理。加强白马教学科研基地管理运行和制度建设，完成电力增容一期工程。加强和改进多校区办学模式，健全浦口校区管理运行机制，推动两校区后勤保障服务"大融合"。加快构建安全绿色开放的现代后勤保障体系，精心做好膳食供应、物业服务、医疗保健、幼儿保教、节能管理、公共服务及社区管理等日常服务。统筹规划教职工薪酬福利体系。完成相关退休人员一次性退休补贴核算发放工作。

17. 推进网络安全与信息化建设

目标任务： 加强网络安全监管，提升老校区网络服务水平，加快江北新校区、白马园区网络信息基础条件建设。

工作措施： 开展信息资产清查，推进信息系统安全等级保护与测评，落实网络安全责任。强化校园信息化、智慧化软硬件建设，加强系统集成，推进数据资源共享，打通部门与部门、部门与学院之间信息壁垒。改造升级重点应用，加快推进办公自动化、公文用章电子化、重点应用整合化、数据生产与共享统一化。全面梳理业务流程，积极推进"角色清单"工作。推进卫岗、浦口校区和牌楼基地网络升级改造。深化新校区智慧专项设计，加快江北新校区、白马园区融合网络系统和多校区网络互联互通建设。

18. 做好财务、资产和招标采购工作

目标任务： 完善财务制度，盘活存量资源，提高资金资产使用效率。推进采购招标科学化规范化。

工作措施： 贯彻落实中共中央、国务院关于"过紧日子"和坚持厉行节约、反对浪费有关要求，加强财务统筹规划与协调管理。开展预算绩效管理试点工作，提升经费使用效益。建立健全财务管理制度体系，修订财务报销、暂付款、资金结算、现金管理等规章制度。研究制定公房有偿使用管理办法。完善大型仪器共享开放平台功能，健全共享机制。全面加强无形资产管理。修订完善采购与招标管理制度体系，强化监督考核保障，优化大型仪器设备采购论证。

19. 深入推进依法治校工作

目标任务： 以法治思维和法治方式引领、推动、保障学校改革与发展，不断提高师生法治素养，推进学校治理体系和治理能力现代化。

工作措施：高质量完成学校章程修订，积极构建以章程为核心、以明确权责结构为关键的制度体系。按照《教育部关于进一步加强高等学校法治工作的意见》有关要求，进一步加强法治工作，全面推进依法治校、依法办学。建设规范性文件电子汇编平台。制定校名、校标管理办法，修订合同管理办法。推进全校涉法事务管理，梳理重点领域法律风险。探索设立师生法律援助机构。组建普法师资队伍，加强法治宣传。

20. 建设平安和谐校园

目标任务：营造安全有序、文明和谐的校园环境。

工作措施：做好校园治安管理和维稳工作，定期开展安全宣传教育，排查各类安全隐患。优化校园交通组织运行和车辆管理工作。推进警校共建，健全突发事件处置预案。构建实验室安全应急体系，加强管理整治。完善特种设备、生物安全等规章制度。落实总体国家安全观，认真做好保密管理，进一步筑牢保密防线。继续做好总值班室和"校园110"24小时值班工作。

五、坚持全面从严治党，切实提升党建工作质量

21. 全面增强基层党组织政治功能和组织力

目标任务：夯实基层党组织体系，提升基层党组织的政治功能和组织力。创建具有影响力的党建工作品牌。

工作措施：全面落实新修订的《中国共产党普通高等学校基层组织工作条例》。积极构建"不忘初心、牢记使命"主题教育长效机制。深入实施"对标争先"建设计划，总结凝练党建"双创"工作培育创建成效，找准党建"双创"着力点，把党建优势转化为发展优势，打造具有南农特色的基层党建品牌。将2021年确定为"特色化建设年"，深入实施党支部建设提质增效三年行动计划，打造特色品牌党支部。全面上线"智慧党建"工作平台。多渠道深化师生入党教育，稳步提升一线教师党员发展数量和质量。做好专兼职组织员聘任工作。

22. 加强党对意识形态工作的领导

目标任务：健全意识形态工作责任制，牢牢把握意识形态工作的领导权主动权。

工作措施：坚持马克思主义在意识形态领域的指导地位。坚持和完善党委常委会定期研究意识形态工作机制。逐级建立责任清单，层层压实意识形态工作主体责任。加强课堂、教材、讲座、论坛、社团、网络等意识形态阵地的建设和管理。定期对校内宣传思想文化阵地、平台、载体摸准情况、掌握底细。加强网络阵地管控，遏制错误思潮渗透。

23. 打造忠诚干净担当的高素质干部队伍

目标任务：以构建适应世界一流大学建设发展需要的现代化治理体系为目标，加快建立干部干事创业激励机制，持续加强干部队伍建设。

工作措施：加强政治能力建设，把政治标准放在选人用人首位，探索建立干部选任适岗性评价体系，完善职员评聘制度，将政治能力作为因事择人、人岗相适的首要考量要素。启动校内干部教师双向挂职，加大校外挂职锻炼力度，在急难险重中淬炼干部政治魄力和担当本领，打造优秀年轻干部"蓄水池"。举办科级以上干部专题培训和主题沙龙，引导干部夯实思想根基，提升履职素养，把准政治方向。完善干部考核反馈机制，健全干部监督负面清单制度，建立干部信息一体化平台，筑牢干部监管"防火墙"。

24. 加强大学文化建设

目标任务： 打造南农特色文化精品，形成根植优秀传统、富含时代特征的南农精神文化体系。

工作措施： 打造一批具有南农特色和时代特征的优秀文化作品。做好 120 周年校庆筹备、校史修编及文创产品设计工作，提前谋划校友联络、基础设施与环境改造有关工作，开展中国大学第一个农经系、生物系、病虫害系和园艺系相关纪念活动。加强融媒体建设，深度挖掘凝练在人才培养改革、师资队伍建设、前沿学术与交叉学科建设、服务国家重大发展战略等方面的典型经验举措，从一线师生中选树典型，借助主流媒体平台，书写国家发展"新时代"与学校改革事业"新征程"的精彩南农故事。

25. 全面推进统战群团工作

目标任务： 进一步提升统战群团组织"参谋助手"能力，广泛凝聚政治思想共识。

工作措施： 深入学习贯彻《中国共产党统一战线工作条例》，进一步加强党外代表人士队伍建设，健全和完善民主党派、侨联、欧美同学会和党外知识分子联谊会等组织体系。完善校领导联系民主党派和党外人士制度，加强民主党派后备干部队伍建设。配齐配强二级党组织统战委员。重视、做好民族宗教工作。加快推进同心教育基地建设。充分发挥教职工代表大会和工会作用，拓宽教职工参与民主监督、民主管理渠道。加强团学干部队伍建设，深化共青团、学生会、研究生会、学生社团工作改革。做好离退休老同志服务保障工作，发挥关心下一代委员会育人功能。

26. 推动全面从严治党向纵深发展

目标任务： 全面履行党委管党治党责任，深入开展作风建设和反腐败工作，以高度定力推动全面从严治党向纵深发展。

工作措施： 持续深化教育部党组巡视学校党委反馈意见整改工作。深入学习贯彻党的十九届中央纪委五次全会、教育系统全面从严治党工作会议精神，严格落实全面从严治党主体责任清单，健全完善"四责协同"机制，修订并组织签订《落实全面从严治党主体责任责任书》。持之以恒推进作风建设和反腐败工作，强化监督执纪问责，驰而不息纠治"四风"。继续做好第十二届党委巡察工作，强化巡察成果运用。不断完善"一线规则"制度体系。做好原校长周光宏同志任期经济责任审计整改、江北新校区一期工程等重点项目和中层干部经济责任、财务、科研经费等各类审计。

附件

南京农业大学 2021 年党政工作要点任务分解表

序号	工作任务	主要成员单位
一、坚持党的全面领导，积极构建新时代学校事业高质量发展新格局		
1	坚持用新思想武装头脑引领实践	党委宣传部*、党委组织部*、党委办公室*、校长办公室*
2	迎接建党百年彰显担当作为	党委组织部（党校）*、党委办公室*、党委宣传部*、纪委办公室*
3	精心组织开展党史学习教育	党委组织部（党校）*、党委宣传部*
4	科学谋划推动"十四五"事业高质量发展	发展规划与学科建设处*、党委办公室、校长办公室
5	深化新时代教育评价改革开新局	学校深化教育评价改革领导小组成员单位
二、全面落实立德树人根本任务，大力培养担当民族复兴大任的知农爱农时代新人		
6	着力构建一流人才培养体系	教务处*、研究生院*、学生工作部（处）、继续教育学院、体育部
7	持续深化大学生思想政治教育	党委宣传部*、学生工作部（处）*、研究生工作部（研究生院）*、团委*、教务处*、马克思主义学院*、学校"三全育人"工作领导小组成员单位
8	稳步提升招生就业质量	学生工作部（处）*、研究生工作部（研究生院）*、国际教育学院（密西根学院）*
三、聚焦"双一流"建设，突出发挥优势特色，创造一流成果与贡献		
9	建设高水平师资队伍	人力资源部（人才工作领导小组办公室）*、教师工作部*
10	完善科技创新体系	科学研究院*、人文社科处*、社会合作处
11	打造乡村振兴南农样板	社会合作处*、科学研究院、人文社科处
12	大力推进国际交流合作	国际合作与交流处（港澳台办公室）*、国际教育学院（密西根学院）*
四、强化办学条件支撑，全面提升服务保障能力水平		
13	毫不放松抓好常态化疫情防控	学校应对新冠肺炎疫情工作领导小组成员单位
14	全力拓展高质量发展办学空间	新校区建设指挥部*、教师公寓建设指挥部*、江浦实验农场
15	积极开拓社会办学资源	东海校区建设领导小组办公室*、三亚研究院*、校友总会办公室（教育基金会办公室）*、资产经营公司*
16	加强办学条件和民生工程建设	基本建设处*、实验室与基地处*、后勤保障部*、人力资源部*、浦口校区管理委员会（中共浦口校区管理委员会工作委员会）
17	推进网络安全与信息化建设	信息化建设中心*
18	做好财务、资产和招标采购工作	计财与国有资产处*、采购与招投标中心*
19	深入推进依法治校工作	校长办公室*、发展规划与学科建设处*
20	建设平安和谐校园	保卫处（党委政保部、人武部）*、党委办公室*、校长办公室*、学校安全工作领导小组成员单位、学校国家安全人民防线领导小组成员单位

（续）

序号	工作任务	主要成员单位
五、坚持全面从严治党，切实提升党建工作质量		
21	全面增强基层党组织政治功能和组织力	党委组织部*、学校党建工作领导小组成员单位
22	加强党对意识形态工作的领导	党委宣传部*、学校意识形态工作领导小组成员单位
23	打造忠诚干净担当的高素质干部队伍	党委组织部（党校）*、人力资源部、机关党委
24	加强大学文化建设	党委宣传部*、图书馆（文化遗产部）*、党委办公室、校长办公室、校友总会办公室（教育基金会办公室）
25	全面推进统战群团工作	党委统战部*、工会*、团委*、离退休工作处*
26	推动全面从严治党向纵深发展	党委办公室*、纪委办公室*、党委巡察工作办公室*、审计处*、监察处、学校全面从严治党领导小组成员单位

注：标注"*"为牵头单位，牵头单位根据工作需要联系成员单位，并协调有关部门、学院落实相应工作。

（党委办公室提供）

南京农业大学 2021 年党政工作总结

一年来，学校党委和行政坚持以习近平新时代中国特色社会主义思想为指导，认真学习贯彻党的十九大和十九届历次全会精神，深入领会"两个确立"的决定性意义，按照学校第十二次党代会既定任务部署，坚守立德树人初心，勇担强农兴农使命，从百年党史中汲取智慧力量，以开局就要冲刺的决心意志，团结带领全校师生员工砥砺奋进、勇毅前行，在全面建设农业特色世界一流大学新征程上开创了新的辉煌。

一、强化党的领导，坚定不移贯彻落实好党中央重大决策部署

一是党史学习教育见行动出实效。隆重举办庆祝中国共产党成立 100 周年系列活动，在颁发纪念章、表彰先进、原创话剧、大合唱等一系列活动中，弘扬伟大建党精神。按照中央统一部署，高标准开展党史学习教育，认真组织学习研讨，引入红色资源，开启实境课堂，讲授专题党课，办好师生实事。全体党员干部在学党史、悟思想、办实事、开新局中，经受了全面深刻的政治教育、思想淬炼、精神洗礼。学校党史学习教育多次被人民日报、新华社等媒体报道。

二是党的建设伟大工程不断深化。坚持以政治建设为统领，第一时间组织学习党的十九届六中全会及习近平总书记系列重要讲话精神，深入贯彻落实高校基层组织工作条例，研究制定党委领导下的校长负责制实施办法，持续推进高校党组织对标争先和强基创优建设计划，基层党组织战斗堡垒作用不断增强。一年来，学校获评江苏省先进基层党组织、全国百个研究生样板支部等省级以上荣誉 9 项，1 个民主党派获中央统战部"全面建成小康社会"先进集体表彰。

三是立德树人时代使命更加强烈。深入贯彻落实教育部等八部委关于加快构建高校思想政治工作体系的意见，召开全校思想政治工作会议，隆重举办新生开学典礼和"第一课"，扎实推进"三全育人"和"十大育人体系"建设。高度重视疫情形势下的就业工作，毕业生年终就业率达 91.34％，农科毕业生涉农领域就业率首次超 50％。专门成立师德宣讲团，举办"别样"教师节，定期编发师德警示材料，在职称评聘、评奖评优中严把师德师风关。大力推进思政课程与课程思政建设，1 门课程入选国家级一流本科课程。学校获评江苏省首批课程思政示范高校。

四是服务国家战略能力显著提升。大力推进高水平人才高地建设，沈其荣教授成功当选中国工程院院士，振奋了人心、鼓舞了士气。方真教授当选加拿大工程院院士，全年新增"长江学者"特聘教授 2 人，"四青"人才 14 人。依托两个高端智库，围绕贯彻新发展理念、服务农业农村现代化、生态文明建设及时发声，11 篇咨询报告获省部级及以上领导批示。认真贯彻党中央有关定点帮扶工作决策部署，助推麻江县获批建设国家现代农业产业园，入选贵州省乡村振兴集成示范试点村 2 个，高标准建成"麻江乡村振兴研究院"。采取"揭榜挂帅"形式开展两个先行县建设攻关。

五是校园疫情防控屏障持续巩固。全面服务国家打赢打好疫情防控阻击战，坚决贯彻落实上级疫情防控决策部署，构建常态化疫情防控体系，高质量完成师生错峰返校、线上教学、物资储备、应急处置、疫苗接种、核酸检测等各项防控工作。在南京"720"疫情防控期间，强化与地方政府联防联控，成功阻断疫情向校园蔓延。全年累计完成核酸检测 11 万余人次，新冠疫苗接种 6.1 万余人次。

六是全面从严治党工作纵深推进。持续推进教育部新一轮巡视反馈意见整改，完成率95.8%。扎实做好教育部经济责任审计意见整改，完成率 65.1%。组织召开年度全面从严治党大会，完善落实中央八项规定精神的政策要求，常态化开展意识形态工作专项督查。强化信访举报办理和问题线索处置，全年共受理纪检监察信访 35 件次并全部办结，处置问题线索 12 件次并全部了结。严格开展干部监管工作，个人有关事项报告查核一致率稳步提升。全面推进校内巡察工作，对 10 个二级党组织进行巡察，共发现问题 269 个，推动整改221 个。

二、聚力改革创新，以扎实成效推动学校各项事业高质量发展

一是学校综合实力持续增强。围绕教育部"双一流"建设新要求和学校首轮建设存在的问题与不足，充分论证新一轮"双一流"拟建设学科及口径范围，形成新一轮"双一流"建设方案。科学编制学校"十四五"发展规划，启动大学章程修订工作。当前，学校稳居软科世界大学学术排名 400 强，在 QS 世界大学"农业与林业"学科排名中位列第 23 名。

二是综合改革激发办学活力。深化新时代教育评价改革，研究制定改革任务责任清单，全年完成 50 余项制度修订工作。全面实施人事制度改革指导意见，推进学院考核及绩效分配方案落地，持续深化人才评价和综合激励机制改革。研究出台教学科研单位房产资源和实验基地管理办法，实现校内公共资源统一管理、按需租用、有偿使用。积极推动后勤绩效管理考核和实验基地社会化服务改革。

三是教育教学工作稳中有进。"大国三农"人才培养扎实有效，高起点开展金善宝书院和耕读教育实践，菊花遗传与种质创新团队入选教育部"黄大年式"教师团队，全年新增教育部拔尖计划 2.0 基地 1 个，8 个专业获批国家一流本科专业建设点，多部教材获国家教材建设奖，江苏省优秀博士、硕士学位论文数量位居全省高校前列，学生团体获"互联网＋"全国赛金奖。学校连续 8 年获评全国大学生社会实践先进单位，连续 6 年获评江苏省来华留学生教育先进集体，再次获评全国群众体育先进单位和全国学生运动会"校长杯"。

四是科学研究能力不断增强。全年新增 16 个部省级科研平台，获批国家自然科学基金167 项、国家重点研发项目 7 项。获批国家社会科学基金 17 项，其中重大项目 3 项、重点项目 4 项。入选农业农村部农业主推技术 3 项、重大引领性技术 1 项。P3 实验室列入国家发展和改革委"十四五"建设规划。积极推动作物表型组学研究设施和崖州湾国家实验室华东基地建设，加快推进国家重点实验室重组工作。3 本英文期刊影响力持续提升。

五是国际交流合作持续深化。全年签订校际合作协议 26 个，新增 1 个"高等学校学科创新引智基地"和 5 个"江苏省外国专家工作室"。牵头发起成立"中国-中东欧国家高校联合会农业与生命科学合作共同体"，与联合国粮食及农业组织共同举办"同一健康全球专家论坛"。积极加入上海合作组织成员国涉农高校联盟、中非热带农业科技创新联盟、江苏-俄罗斯高校合作联盟。承办农业农村部"农业外派人员能力提升培训班"，打造农业对外合作

人才培养品牌项目。

六是校庆筹备工作全面启动。成立 120 周年校庆筹备工作领导小组，举行倒计时一周年启动仪式，发布校庆公告、校庆主题和校庆标识。认真做好校史编修、年鉴编写、立卷归档等工作。深入推进"四馆"融合，深挖红色校史和文化精神内涵，举办校史讲解和中华农业文明博物馆志愿者培训，开设线上"南农档案"栏目，发挥校史文化育人功能。

三、增强为民意识，全面提升办学治校和服务保障能力与水平

一是办学条件实现新的跨越。新校区建设取得阶段性重大进展。一期工程 14 栋单体建筑已经封顶，20 栋建筑主体结构完成率超 85%，春节前大部分建筑实现封顶。新校区配套教师公寓项目获批教育部立项。三亚研究院顺利入驻崖州湾科技城。植物生产实验中心、作物表型组学研发中心、第三实验楼三期、牌楼学生公寓等全部竣工验收。

二是社会办学资源有效拓展。持续深化与知名企业战略合作，主动走进大北农，双方在动物疫苗研制、人才培养、校长奖励金等领域达成突破性合作意向。新增海南职业技术学院函授站，积极拓展乡村振兴主题教育培训，成人学历教育报考人数创历史新高。认真做好校友会第六届理事会和地方校友会换届工作，新成立湖北校友会。全年新签订捐赠协议 36 项，协议金额超 2 000 万元。

三是校区融合发展不断推进。成立多校区融合发展工作专班，积极开展运行管理机制调研，提前谋划校区功能定位、发展规划、资源配置与利用等工作。大力推进校园信息化建设，推动"两校区一园区"线上无缝对接，有效提升数据治理能力，持续改进入校审核、校门门禁、虚拟校园卡使用、校医院诊间支付、毕业生离校等环节信息化管理水平。

四是财务招标管理科学规范。全年实现各项财政收入 22.85 亿元、支出 24.87 亿元。新增固定资产 1.36 亿元，固定资产总额 34.78 亿元，无形资产 1.15 亿元。全面完成所属企业体制改革工作，收回投资 9 000 余万元。严格招标程序，提高招标限额，保质保量完成全年招标采购项目 715 项，中标总额 2.19 亿元，节约资金近 3 000 万元。

五是服务保障能力持续提升。切实增强为民意识，推动自助洗车机、智能快递柜、便捷直饮水等便民设施进校园，推出订餐配送、净菜预定、医疗报销等线上服务。重视教职工身体健康，与东部战区空军医院合作升级教职工体检项目。签约养老机构，探索居家养老新模式，满足离退休教职工多元化需求，完善嵌入式养老服务。学校再次通过"江苏省模范职工之家"复核评审。

六是校园安全生产监管到位。持续强化实验室安全工作，全年开展各类安全督导检查 20 余次，跟踪落实隐患整改。认真做好危险化学品、特种设备、同位素及生物安全管理工作。大力整治校园交通秩序，做好电动车和机动车管理。强化警校联动，引入校园警务室，全力维护校园安全稳定。

在总结成绩的同时，我们也清醒地认识到，学校各项工作对标党中央、教育部党组要求，对标农业特色世界一流大学目标，对标广大师生对美好生活的向往，还存在一些差距不足。例如，对"两个确立"的思想认识还要再深化，贯彻党中央重大决策部署还要再发力，对标国家重大战略布局学科专业的意识还不强，人才高地和创新高地建设能力水平还要再提升，干部担当作为意识有待再激发，谋求师生幸福还要再下大力气。

2022 年，是进入全面建设社会主义现代化国家、向第二个百年奋斗目标进军新征程的

重要一年，我们将迎来中国共产党第二十次全国代表大会的胜利召开，也将迎来学校 120 周年华诞。站在新起点，我们要坚持以习近平新时代中国特色社会主义思想为指导，立足"两个大局"，胸怀"国之大者"，深入学习领会"两个确立"的决定性意义，坚定建设农业特色世界一流大学的信心决心，推动学校各项事业实现高质量发展。学校领导班子要带头增强历史自觉，把握历史主动，充分运用百年党史经验智慧，以新气象新担当新作为贯彻落实好党中央各项决策部署，全力推进立德树人根本任务，切实扛起强农兴农使命担当，把一流大学各项目标任务干出来、拼出来，在新的赶考路上奋力谱写崭新篇章。

具体来说，一是继续以党的政治建设为统领，充分发挥党委领导核心和政治核心功能，持续巩固深化党史学习教育成果，团结带领广大党员干部在学史明理、学史增信、学史崇德、学史力行上狠下功夫。

二是精心做好迎接、学习、宣传党的二十大系列工作，继续抓好党的十九届六中全会精神贯彻落实，在帮助全校师生员工深刻领会"两个确立"上狠下功夫。

三是高质量实施"十四五"规划和推进新一轮"双一流"建设工作，在完善"部署—落实—反馈"全过程的督办和监督检查体系上狠下功夫。

四是隆重庆祝建校 120 周年，组织开展"解放思想推动高质量发展大讨论"，立足新发展阶段、贯彻新发展理念，在构建学校高质量发展格局上狠下功夫。

五是高度重视干部队伍建设，统筹做好中层干部换届、职员制聘任、机关人事制度改革，在激发干部担当作为上狠下功夫。

六是加大争取资源与政策支持力度，充分激发全校上下与地方政府、企业合作的优势潜力，在争取社会办学资源上狠下功夫。

七是全力推动江北新校区配套教师公寓建设，同步考虑幼儿园、中小学、医院等配套设施，盘活校区闲置资源，在谋求师生幸福上狠下功夫。

八是继续深化教育部巡视、审计整改，推动全面从严治党向纵深发展，确保各项整改措施落到实处，在推动巡视反馈意见整改"清仓见底"上狠下功夫。

（党委办公室提供）

南京农业大学 2021 年行政工作报告

2021年，学校高举中国特色社会主义伟大旗帜，以习近平新时代中国特色社会主义思想为指导，全面贯彻落实党的十九大和十九届历次全会精神，贯彻落实习近平总书记关于教育的重要论述，全面贯彻党的教育方针，弘扬伟大建党精神，坚持立德树人根本任务，深入推进"双一流"建设，农业特色世界一流大学建设再上新台阶。

一、扎实做好常态化疫情防控工作

按照"常态化防控和应急处置"相结合的原则，科学统筹事业发展和疫情防控，两战并重，两手抓、两手硬、两不误。坚决落实上级有关疫情防控的决策部署，构建科学高效的常态化疫情防控体系，高质量完成师生错峰返校、健康监测、物资储备、应急处置、隔离观察、疫苗接种、核酸检测、信息报送、值班值守等各项工作。在南京暑期突发疫情期间，主动配合属地政府强化联防联控，成功阻断疫情向校园蔓延。全年累计完成核酸检测 11 万余人次，新冠疫苗接种 6.1 万余人次，隔离观察 500 余人次。

二、"双一流"建设取得新进展

围绕教育部"双一流"建设新要求和学校首轮建设问题与不足，充分论证新一轮"双一流"拟建设学科及口径范围，编制完成新一轮"双一流"建设方案。完成《南京农业大学"十四五"发展规划》编制工作，启动大学章程修订工作。自主设置植物表型组学、智慧农业 2 个交叉学科，以及动物药学、智能科学与技术 2 个目录外二级学科，学科交叉与融合迈入快速发展阶段。学校稳居软科世界大学学术排名 400 强，在 QS 世界大学"农业与林业"学科排名中进位至第 23 名，位列 U.S. News"全球最佳农业科学大学"第 8 名，国际声誉稳步提升。

三、人才培养质量持续提升

1. 本科教育 全面落实教育部"四新"建设指引，不断完善人才培养模式，深入推进金善宝书院荣誉教育，有关成果获教育部新农科简报刊载，"生物科学拔尖学生培养基地"入选第三批国家基础学科拔尖学生培养计划 2.0 基地。提出加强耕读教育的指导意见，学校耕读教育实践基地落户白马国家农业高新技术产业示范区，与安徽省凤阳县小岗村共建耕读教育实践基地。全面加强"四新"建设，有关成果获教育部新农科简报刊载，4 个项目获首批教育部新文科研究与改革实践项目。积极开展一流专业建设，8 个专业获批国家级一流本科专业建设点，7 个专业获批省级一流本科专业建设点，3 个专业入选江苏省课程思政示范专业，新增"文化遗产"专业。大力推进课程教材建设，2 门本科课程及 2 个教师团队入选国家课程思政示范项目，3 门本科课程入选江苏省高校课程思政示范课程，39 门本科课程入选江苏省一流本科课程；1 人获全国教材建设先进个人，2 部教材分获全国优秀教材一等奖、二等奖，26 部教材入选国家林业和草原局、江苏省等各类建设项目。荣获省级教学成果奖特等奖 1 项、一等奖 1 项、二等奖 7 项，获批江苏省课程思政示范高校。

2. 研究生教育 健全人才培养机制，完成 64 个研究生人才培养方案修订工作。持续提升培养质量，1 门研究生课程及 1 个教师团队入选国家课程思政示范项目，2 门研究生课程入选江苏省高校课程思政示范课程，2 部教材入选江苏省优秀研究生教材名单，5 个教学案例入选各专业学位教育指导委员会案例库。新建 16 个江苏省研究生工作站。与农业农村部南京农业机械化研究所、安徽科技学院签订战略合作协议，推动专业学位研究生教育发展。完善学位管理制度，修订硕士、博士学位授予工作实施细则，突出学科特点和学位论文质量在学位授予中的核心作用，全年授予博士学位 350 人、硕士学位 2 653 人。获评江苏省优秀博士学位论文 5 篇、优秀学术型硕士学位论文 8 篇、优秀专业学位硕士学位论文 6 篇，总数量位居江苏省高校前列。

3. 留学生教育 探索后疫情时代来华留学教育发展路径，大力培养中外合作和传递中外友谊的友好使者。与罗马尼亚布加勒斯特农业与兽医大学共同牵头成立"中国-中东欧高校联合会农业与生命科学合作共同体"。全年招收国际学生 669 人，其中学历生 103 人。

4. 继续教育 积极拓展生源渠道，提升招生规模和质量，打造继续教育品牌。出台非学历教育管理办法，优化合作站点布局，全面加强函授站点运行管理，不断提升学校继续教育的社会影响力。全年录取成人学历教育新生 7 438 人、自学考试新生 2 041 人，开展各类专题培训班 50 个，培训学员 4 851 人。

5. 招生就业 全力打好改革省份生源质量"保卫战"和疫情状态下稳就业"攻坚战"。全国 31 个省（自治区、直辖市）高考录取分数线超一本线（特殊类型线）平均值继续增长，江苏省录取分数线再创新高；研究生推免生录取同比增长 6%，生源质量稳步提升。全年录取本科生 4 401 人、硕士生 2 973 人、博士生 669 人。就业质量持续提高，毕业生年终就业率达 91.34%，本科毕业生深造率达 44.23%。学校学子连续第二年获评江苏省就业创业年度人物。

6. 素质教育 不断完善理想信念、学风建设、科技竞赛、社会实践、志愿服务、文化艺术、大学体育和心理健康工作，《北方的篝火》等 4 项原创作品斩获全国大学生艺术展演最高奖项，在全国第十四届全国学生运动会上荣获 4 金 2 银 3 铜的佳绩。获评全国社会实践先进单位、全国群众体育先进单位和全国学生运动会"校长杯"。扎实推进"双创"教育，新增入驻创业团队 8 支，2 个项目被评为江苏省大学生优秀创业项目。获国家发明专利 5 项，实用新型专利 18 项，软件著作权 15 项。全年实现营业收入近 2 000 万元，利润超 500 万元，纳税超 80 万元。学生团队获第七届中国国际"互联网＋"大学生创新创业大赛 1 金 3 银、国际基因工程机器大赛金奖。

四、师资队伍建设成效显著

人才队伍建设取得重大突破。沈其荣教授当选中国工程院院士，方真教授当选加拿大工程院院士。入选 CJ 特聘教授 2 人、享受国务院政府特殊津贴 4 人、国家自然科学基金优秀青年科学基金项目 2 人、国家自然科学基金优秀青年科学基金项目（海外）7 人、"万人计划" 8 人，新增江苏特聘教授、"双创计划"等省部级人才项目 27 人次、创新团队 1 个，获江苏省海外高层次人才引进重点平台建设项目。5 人入选 2021 年度全球"高被引科学家"榜单。全年引进高层次人才 33 人，招聘教师 32 人、钟山青年研究员 31 人、非教学科研岗位 15 人；开发科研助理岗位 95 个，聘用应届生 32 人。完成专业技术职务评聘工作，聘任正高 26 人、副高 58 人。

人事制度改革全面落地实施。出台人事制度改革指导意见和学院考核及绩效津贴分配实施办法，各学院分别制订实施方案并全面实行。薪酬及社保工作有序开展。调整职工住房公积金、养老保险、职业年金等缴存基数，年增资 550.5 万元。发放新进教师安家费 1 635 万元。落实国家养老保险有关政策，向江苏省社会保险基金管理中心申请调整 2014 年以后退休教职工养老金，人均上浮 782 元/月、人均补发 2.81 万元。典型引领涵养优良师德师风。成立师德宣讲团，组织"师德大讲堂"，举办"别样"教师节，优化教师荣誉表彰体系，营造争做"好老师"的良好氛围。

五、科技创新与社会服务能力显著增强

1. 科学研究　入选农业农村部农业主推技术 3 项、重大引领性技术 1 项。获批国家自然科学基金 167 项，其中重点项目 1 项、优秀青年科学基金项目 2 项。获国家重点研发计划 7 项，新增国家产业体系岗位专家 3 人。获国家社会科学基金 17 项，再次位列全国农林高校首位，其中重大招标项目 3 项、重点项目 4 项。作为第一完成单位获部省级自然科学奖励 5 项、哲学社会科学奖励 9 项。发表 SCI 论文 2 146 篇，获授权专利、品种权、新兽药证书等 550 余个。

期刊影响力持续增强，《园艺研究》再列园艺领域第一名，《植物表型组学》被 SCIE 等数据库收录，《生物设计研究》入选中国科技期刊卓越行动计划高起点新刊，《南京农业大学学报（自然科学版）》获评中国农业期刊领军期刊，《南京农业大学学报（社会科学版）》《中国农史》获评最受欢迎的期刊。

2. 平台建设　新增 16 个部省级科研平台，P3 实验室列入国家发展和改革委"十四五"建设规划。积极推动作物表型组学研究设施、崖州湾国家实验室华东基地和江苏农业微生物资源保护与种质创新利用中心建设，加快推进国家重点实验室重组工作。1 个新型研发机构获南京市备案。

3. 社会服务　积极推动产学研合作，签订各类技术合同 1 027 项，合同金额 3.54 亿元；牵头成立长三角高校联盟农业技术转移服务平台，新建技术转移分中心 2 个，与南京市农业农村局、玄武区政府等签订产学研合作战略协议。深入实施"双线共推"农技推广模式，有序推进新农村服务基地建设管理，全年准入建设基地 18 个。扎实做好贵州省麻江县定点帮扶工作，助推乡村振兴战略实施，获教育部"高校消费帮扶典型案例"和"高校旅游帮扶优秀典型案例"。麻江县的卡乌村、河坝村成功入选贵州省乡村振兴集成示范试点村，合作共建的南京市浦口区、泰州市兴化市成功入选全国农业科技现代化先行县建设名单。积极发出咨政建言南农声音，11 篇咨询报告获省部级领导批示，编发《江苏农村发展报告》《江苏农村发展决策要参》。

六、国际交流与合作持续深化

进一步拓展与国际组织合作关系，与联合国粮食及农业组织联合主办"同一健康全球专家论坛"。构建高水平国际合作网络，新签和续签 26 个校际合作协议，与罗马尼亚布加勒斯特农业与兽医大学共同牵头成立"中国-中东欧高校联合会农业与生命科学合作共同体"，加

入上海合作组织成员国涉农高校联盟、中非热带农业科技创新联盟、江苏-俄罗斯高校合作联盟。获批国家级外国专家项目 15 项，项目经费 315 万元。新增 1 个"高等学校学科创新引智基地"和 5 个"江苏省外国专家工作室"。积极探索构建 GCHERA 世界农业奖奖项运行新机制。

开发世界名校专业课程线上项目，全年学生线上线下参与国际交流项目 449 人次。密西根学院招收首届硕士研究生 18 人。承办农业农村部第二期"农业外派人员能力提升培训班"，打造农业对外合作人才培养品牌项目。孔子学院有序运转，持续开展农业职业技术培训、汉语教学和文化活动。

七、办学条件与服务保障水平进一步提高

1. 财务与招投标工作 贯彻落实中央关于"过紧日子"的决策部署，进一步增收节支，提高学校资金使用效益。全年各项收入 22.74 亿元、支出 24.84 亿元。做好预决算统筹管理，推进预算绩效管理改革。落实"放管服"精神，严格招标程序，提高招标限额，保质保量完成全年招标采购项目 715 项，总计中标金额 2.19 亿元，节约资金 2 914.1 万元。

2. 基本建设与新校区工作 全年新增办学用房 7.64 万平方米，总投资 1.3 亿元。开展维修项目 20 项，总投资 4 500 万元。改造实验田 250 亩，实施实验田绿肥种植土壤改良 1 300 亩。植物生产实验中心、作物表型组学研发中心、第三实验楼三期、牌楼学生公寓、白马现代作物种业基地实验用房主体建筑全部完成。生鲜猪肉加工技术集成科研基地建设项目正式验收，农业农村部景观农业重点实验室、国家作物种质资源南京观测实验站设计概算获批，国家数字种植业（小麦）创新分中心建设项目获得立项。三亚研究院正式揭牌成立并入驻崖州湾科技城，校地战略合作纵深推进。

新校区建设取得阶段性重大进展。获得第二批 258 亩建设用地土地证，解决一期工程所有建设用地需要；第三批 330 亩土地完成征转报批。完成一期工程 77.8 万平方米建筑单体及市政路网、景观绿化、电力设施、智慧校园等专项工程设计并通过审批。所有建筑单体桩基工程和地下室工程全部完工，14 栋共 26.2 万平方米建筑已封顶。

3. 校庆筹备工作 全面启动学校 120 周年校庆筹备工作，广泛征集相关方案。举行倒计时一周年启动仪式，发布校庆公告、校庆主题和校庆标识，上线开通校庆网站与电子邮箱，大力营造浓郁氛围。

4. 校园信息化与图书档案工作 推进"两校区一园区"线上无缝对接，上线新版协同办公系统与电子签章平台。提升数据治理能力，有效改善入校审核、校门门禁、虚拟校园卡使用、校医院诊间支付、毕业生离校等环节信息化管理水平。深入推进"四馆"融合，充分发挥文化育人功能。完成年鉴编写和年度立卷归档工作。

5. 校友会与基金会工作 举行校友会第六届理事会换届大会，成立湖北校友会，完成徐州、淮安、连云港等地方校友会换届工作。新签订捐赠协议 36 项，协议金额 2 000 余万元。其中，任继周、李涛、程磊等校友捐赠累计超 500 万元，创历年校友捐赠比例新高。新增多个名人及学科发展基金。

6. 资产管理与后勤保障工作 全年新增固定资产 1.36 亿元，学校固定资产总额达34.78 亿元，无形资产合计 1.15 亿元。进一步规范房屋出租出借工作，拟订新校区行政机关办公用房分配方案。全面完成所属企业体制改革工作，收回投资 9 090.38 万元。深入推

进"南农大"品牌建设，持续优化菊花衍生系列产品，探索百合美妆深加工市场。推动自助洗车机、智能快递柜、便捷直饮水等便民设施进校园，提升师生满意度和幸福感。实现订餐配送、净菜预定、公费医疗报销等线上办理，让师生足不出户享受后勤服务。重视教职工身体健康，与东部战区空军医院合作升级教职工体检服务，新增 2 项体检项目，累计投入 350 余万元。完成卫岗四食堂、六食堂、配电房及浦口物业社会化托管，引进社会投资 400 余万元改造升级美食餐厅。

7. 监察审计工作 强化信访举报办理和问题线索处置，加强监督执纪问责，全年共受理纪检监察信访 35 件并全部办结，处置问题线索 12 件次并全部了结。落实教育部对学校经济责任审计整改工作要求，有序推进新校区各项工程跟踪审计工作，对 37 名中层干部开展经济责任审计，全年完成各类审计 279 项，总金额 15.85 亿元，核减建设资金 463 万元。

8. 安全稳定工作 持续强化实验室安全工作，开展各类安全督导检查 20 余次，跟踪落实隐患整改。完善大型仪器设备采购论证和开放共享。做好危险化学品、特种设备、同位素及生物安全管理工作，承办玄武区突发环境事件应急演练活动。加强校门管控、治安巡逻、消防安全、反诈宣传等各项工作。大力整治校园交通秩序，做好校园电动车和机动车管理。强化警校联动，引入校园警务室，全力维护校园安全稳定。

（校长办公室提供）

南京农业大学国内外排名

国际排名：在《美国新闻与世界报道》（U. S. News）公布的"全球最佳农业科学大学"（Best Global Universities for Agricultural Sciences）排名中，南京农业大学位列第 8 位；在"全球最佳大学"排名中，南京农业大学位列全球第 531 位，在中国内地大学中列第 49 位；在 QS 世界大学学科排名中，南京农业大学位列"农业与林业"学科第 23 位；在上海软科世界大学学术排名中，南京农业大学位列 301～400 位；在台湾大学公布的世界大学科研论文质量评比结果（NTU Ranking）中，南京农业大学位列第 467 位；农业领域的世界总体排名从 2020 年的第 22 位上升到第 15 位，其中农学学科排名第 7 位、植物与动物科学学科排名第 4 位。

国内排名：在中国管理科学研究院中国大学综合实力排行榜中，南京农业大学位列第 47 位；在中国科教评价研究院、浙江高等教育研究院、武汉大学中国科学评价研究中心和中国科教评价网（www.nseac.com）联合发布的中国大学本科院校综合竞争力总排行榜中，南京农业大学位列第 60 位；在中国校友会中国大学排名中位列第 41 位；在软科中国大学排名中，南京农业大学位列第 52 位。

（撰稿：辛　闻　审稿：李占华　审核：张　丽）

教职工与学生情况

教 职 工 情 况										
在职总计	专任教师			行政人员（人）	教辅人员（人）	工勤人员（人）	专职科研人员（人）	校办企业职工（人）	其他附设机构人员（人）	离退休人员（人）
	小计（人）	博士生导师（人）	硕士生导师（人）							
2 941	1 743	496	1 135	564	270	90	206	0	68	1 718

专 任 教 师										
职称	小计（人）	博士（人）	硕士（人）	本科（人）	本科以下（人）	29岁及以下（人）	30～39岁（人）	40～49岁（人）	50～59岁（人）	60岁及以上（人）
教授	576	565	3	8	0	1	78	217	218	62
副教授	633	521	74	38	0	11	294	206	121	1
讲师	498	266	180	52	0	23	285	144	46	0
助教	36	0	24	12	0	25	7	4	0	0
无职称	0	0	0	0	0	0	0	0	0	0
合计	1 743	1 352	281	110	0	60	664	571	385	63

学 生 规 模							
类别	毕业生（人）	招生数（人）	现有人数（人）	一年级（2021）（人）	二年级（2020）（人）	三年级（2019）（人）	四、五年级（2018、2017）（人）
博士生（十非全日制专业学位）	318（十0）	659（十10）	2 673（十39）	659	596	885	533
硕士生（十非全日制专业学位）	2 293（十261）	2 593（十380）	7 485（十1 104）	2 593	2 896	1 996	0
普通本科	4 039	4 409	17 705	4 417	4 427	4 408	4 453
成教本科	2 484	3 788	9 561	3 788	2 724	2 572	477
成教专科	3 878	3 803	10 384	3 803	3 799	2 782	0
留学生	81	73	395	—	—	—	—
总计	13 093（十261）	15 325（十390）	48 203（十1 143）				

学 科 建 设						
学院（部）	20个	博士后流动站	15个	国家重点学科（一级）	4个	江苏高校优势学科建设工程立项学科	8个
				国家重点学科（二级）	3个	"十三五"省重点学科	5个
		中国工程院院士	3人	国家重点（培育）学科	1个	"十三五"省重点学科（培育）	2个

（续）

学 科 建 设								
本科专业	68个	博士学位授权点	一级学科	17个	国家重点实验室	1个	省、部级研究（院、所、中心）、实验室	91个
			二级学科	0	国家工程研究中心	5个		
专科专业	19个（继续教育学院）	硕士学位授权点	一级学科	30个	国家工程技术研究中心	2个		
			二级学科	1个				

资 产 情 况					
产权占地面积	897.59 万平方米	学校建筑面积	67.6 万平方米	固定资产总值	34.55 亿元
绿化面积	94.95 万平方米	教学及辅助用房	34.24 万平方米	教学、科研仪器设备资产	16.43 亿元
运动场地面积	6.61 万平方米	办公用房	3.4 万平方米	教室间数	290 间
教学数字终端数	18 541 台	生活用房	29.95 万平方米	纸质图书	282.89 万册
网络多媒体教室	265 间	教工住宅	0 万平方米	电子图书	153.26 万册

注：截止时间为：2021 年 12 月 31 日。

（撰稿：杜　静　审稿：袁家明　审核：张　丽）

重 要 表 彰 奖 励

全国教材建设奖

姓名（主编）	教材名称	获奖等级	授予单位
盖钧镒	—	全国教材建设先进个人	国家教材委员会
周光宏	《畜产品加工学》（双色版）（第二版）	全国优秀教材（高等教育类）一等奖	国家教材委员会
钟甫宁	《农业经济学》（第五版）	全国优秀教材（高等教育类）二等奖	国家教材委员会
强　胜	《植物学》（2.0 版）	全国优秀教材（高等教育类）二等奖	国家教材委员会

江苏省教学成果奖

姓名（第一完成人）	成果名称	获奖等级	授予单位
张　炜	南农八门课：农业特色通识核心课程体系建设与实践	特等奖	江苏省教育厅
陈发棣	"一核两翼三融合"复合型园艺人才培养模式的研究与实践	一等奖	江苏省教育厅
冯淑怡	资源治理现代化进程中土地管理卓越人才培养探索与实践	二等奖	江苏省教育厅
蒋建东	面向现代农业的厚基础、强实践、善创新生物科学类人才培养模式构建与实践	二等奖	江苏省教育厅
毛胜勇	新型动物科学类专业人才核心能力培养体系的构建与创新	二等奖	江苏省教育厅
王源超	基于科研创新团队的植物保护学科研究生培养模式的探索与实践	二等奖	江苏省教育厅
张红生	"五融合"现代种业育人模式的创新与实践	二等奖	江苏省教育厅
周光宏	畜产品加工卓越创新人才"五位一体"培养体系的构建与实践	二等奖	江苏省教育厅
朱　晶	面向乡村振兴的经济管理人才创新实践能力培养体系	二等奖	江苏省教育厅

其 他 奖 项

姓名或单位	表彰奖励情况	授予单位
南京农业大学继续教育学院	2021 年度全省农民教育培训工作先进集体	江苏省农业广播电视学校
梁　晓	2021 年度全省农民教育培训工作先进个人	江苏省农业广播电视学校
陈林海　王　琳	2019—2021 年度分院系统优秀班主任	中央农业干部教育培训中心
南京农业大学	乡村振兴人才培养优质校	农业农村部办公厅 教育部办公厅

二、重要文献

领导讲话

扎根沃土　心系人民　在为人民服务中躬耕力行

——书记讲党史学习教育专题党课

陈利根

（2021 年 6 月 2 日）

老师们、同学们：

大家好！我们都知道，全心全意为人民服务是中国共产党的根本宗旨。2012 年岁末，习近平总书记冒着严寒、踏雪前往河北省阜平县。在这片有着光荣革命历史的红色热土上，习近平总书记深情指出，我们讲宗旨，讲了很多话，但说到底还是为人民服务这句话。今年，习近平总书记在党史学习教育动员大会上的讲话中指出，我们党的历史就是我们党与人民心心相印、与人民同甘共苦、与人民团结奋斗的历史。前不久，习近平总书记在清华大学考察时强调，我国高等教育要为服务国家富强、民族复兴、人民幸福贡献力量。

"人民"二字，对于我们有着最重的分量。

一、江山就是人民：百年大党带领人民走向辉煌

中国共产党由最初 50 多名党员，从小到大、从弱到强，取得了全国政权，发展到今天成为有 9 100 多万名党员的世界第一大党。在这 100 年里，中国共产党正是依靠人民、团结人民，坚守为中国人民谋幸福、为中华民族谋复兴的初心和使命，带领人民一路披荆斩棘，走向辉煌。

一是为了人民的翻身做主，坚持斗争，创造开天辟地大事变。从鸦片战争开始，中国逐渐沦为半殖民地半封建社会。无数仁人志士进行了千辛万苦的探索和不屈不挠的斗争。中国共产党在近代中国社会矛盾的剧烈冲突中、在中国人民反抗封建统治和外来侵略的激烈斗争

中、在马克思列宁主义同中国工人运动的结合过程中应运而生。1921 年 7 月 23 日，党的一大召开，标志着中国共产党的正式建立。毛泽东同志说："中国产生了共产党，这是开天辟地的大事变。""从此以后，中国改换了方向。"中国共产党一成立就确立起为人民谋幸福、为民族谋复兴的初心使命，这是历史选择了中国共产党的根本原因。在中国共产党对中国革命道路的探索中，党带领人民历经千难万险，不畏流血牺牲，诠释了"为有牺牲多壮志，敢教日月换新天"的豪情壮志。以人民为中心，就是为了人民解放而坚持斗争，建立起一个人民的中国。

二是为了人民的温饱安康，艰苦奋斗，完成改天换地大事业。新中国成立初期，国际形势严峻，国内一穷二白。1954 年，毛泽东同志在谈到我国工业时说："现在我们能造什么？能造桌子、椅子，能造茶碗、茶壶，能种粮食，还能磨成面粉，还能造纸；但是，一辆汽车、一架飞机、一辆坦克、一辆拖拉机都不能造。"在中国共产党的坚强领导下，全国人民自力更生、艰苦奋斗，在那个激情燃烧的岁月，迸发出强大的信念力量。经过 20 多年的奋斗，我国初步建立起独立的、比较完整的国民经济体系和工业体系，初步解决了几亿人的吃饭穿衣问题。中华民族实现了从"东亚病夫"到站起来的伟大飞跃。亿万人民齐唱"社会主义好！"以人民为中心，就是为了独立自主而艰苦奋斗，汇聚人民的磅礴伟力，建设人民的中国。

三是为了人民的幸福富裕，求索创新，实现翻天覆地大变化。党的十一届三中全会开启了改革开放和社会主义现代化建设的历史新时期。党中央以巨大的政治勇气和理论勇气，解放思想、实事求是，把党和国家工作重心转移到经济建设上来，确立社会主义初级阶段基本路线，带领全国人民实现了从站起来到富起来的伟大飞跃。我们都是改革开放的见证者、更是受益者。改革开放以后，我国经济得到快速发展，人民收入今非昔比，教育事业极大发展，建成了世界上最大规模的高等教育体系。"发展才是硬道理""科学技术是第一生产力"深入人心，改革开放伟大实践中孕育着前所未有的创新精神。以人民为中心，就是为了造福人民而求索创新，解放思想攻坚克难，发展人民的中国。

四是为了人民对美好生活的向往，人民至上，开创惊天动地新篇章。党的十八大以来，以习近平同志为核心的党中央团结带领全国各族人民，举旗定向，谋篇布局，推动党和国家事业取得历史性成就、发生历史性变革。中国特色社会主义进入新时代，形成了习近平新时代中国特色社会主义思想，中国人民迎来了从富起来到强起来的伟大飞跃。在党的坚强领导下，现在我国已经成为世界第二大经济体、制造业第一大国、外汇储备第一大国等多方面在全球数一数二的国家。近年来，我们取得实现量子通信、登陆火星、建成航空母舰、海底深潜等一大批标志性成就，中国人实现了"可上九天揽月，可下五洋捉鳖"的壮举。同时，人民生活得到极大改善，"绿水青山就是金山银山"理念深入人心，美丽中国的画卷全面展开。

我们当前最有感触的还是战疫情。中国共产党始终以对人民负责的鲜明态度，坚持人民利益高于一切，全力保障了人民的生命健康。现在，我们可以安全地坐在这里听课，也可以自由地走在大街上，我们几乎回归了正常的生活。这是我们党、我们国家用"非常之举"，换来了人民的"习以为常"。我们要由衷地感谢伟大的祖国，感谢伟大的中国共产党！

在疫情这个突如其来的严重困难下，以习近平同志为核心的党中央引领亿万人民，如期打赢了脱贫攻坚战，创造了又一个人间奇迹。我们当中就有同学是从贫困地区考来的。过去，孩子走出大山、改变命运是件不容易的事。如今，贫困的日子一去不复返了，中国人民共同奔向了幸福小康。我们要由衷地感谢伟大的祖国，感谢伟大的中国共产党！

以人民为中心，就是坚持人民立场，始终把人民放在心中最高位置，为了人民对美好生活的向往勇往直前！

二、把饭碗牢牢端在自己手中：百年耕耘守护农业命脉

20 世纪初，在近代中国内忧外患中，南京农业大学的前身——三江师范学堂农业博物科（1902 年）和私立金陵大学农科（1914 年）建立了起来。一个世纪以来，一代代南农人怀揣理想、风雨兼程，走出了与国家、与民族、与人民命运紧紧相连的壮阔道路。

一是在新民主主义革命时期，南农人用斗争走出了一条救国图强之路。在革命斗争方面，雨花英烈成律，是东南大学农艺系学生。北伐战争开始后，他毅然放弃学业从事革命工作，1927 年 3 月被军阀杀害，把年轻生命献给了革命事业。"七七事变"爆发时，朱克贵是中央大学农化系大三学生，他暂停学习，冲破封锁来到延安，随后回到家乡参加了中国共产党领导下的寿县民众动员委员会，宣传抗日救国主张。朱启銮是组建南京农学院后的第一任党总支书记，在 1947 年初参与领导发动了著名的"五二〇"反饥饿、反内战、反迫害大游行，后为解放军渡江解放南京作出了重要贡献。在科学救国方面，樊庆笙被称为"中国青霉素之父"，他突破日军层层封锁，飞跃"驼峰航线"回到祖国，1944 年研发出了青霉素，拯救了无数生命。中央大学农学院畜牧场场长王酉亭在南京陷落前夕带着 1 000 多头牲畜家禽，冒着炮火，历时一年，西迁重庆，保护了当时中国最珍贵的动物品种。这个时期的南农人，有的不畏牺牲投身革命，有的甘冒枪林弹雨拯救生命，有的垦荒拓宇造福苍生，有的历尽艰辛守护家园。这就是南农人不屈不挠的救国之心，体现的是为人民坚持斗争之"诚"。

二是在社会主义革命和建设时期，南农人用奋斗走出了一条实干兴国之路。1952 年，全国院系调整，南京农学院成立后，一批批南农师生，战天荒、建粮仓，用"粮安天下"守护"国之安全""民之温饱"。1957 年，南京农学院的 34 名毕业生主动请缨到北大荒拓荒，最后 7 人获批奔赴东北。他们克服极端的自然环境，将万亩荒地开垦成千里沃野，他们被称为"北大荒七君子"。金善宝院士，是中国现代小麦科学的奠基人，他培育的小麦良种，养活了亿万中国人。盛彤笙院士是中国现代兽医学奠基人，他"远牧昆仑"，为的是让人民过上丰衣足食的日子。这个时期，南农人扛起担子、俯下身子，为新生的共和国耕耘出一片热土，为人民温饱而战。这就是南农人心系苍生的爱国情怀，体现的是为人民艰苦奋斗之"朴"。

三是在改革开放时期，南农人用创新走出了一条强农富民之路。改革开放后，南农与国家民族的崛起同频共振，踏上了创新发展、强农富民的新征程。1979 年，学校迁回南京卫岗复校；1981 年，成为全国首批博士、硕士学位授予单位；1984 年，更名为南京农业大学；1998 年，进入国家"211 工程"重点建设大学行列。这个时期，在大豆遗传育种学家马育华、植物病理学家方中达、土壤肥料学家史瑞和、农业经济学家刘崧生、小麦遗传育种学家刘大钧院士等领衔下的一大批南农科学家、教育家，有力地推动了国家农业科技进步，在社会主义经济建设、农业现代化建设的大潮中，书写出了精彩篇章。这就是南农人勇立潮头、勇攀高峰的干劲，体现的是为人民求索创新之"勤"。

四是在中国特色社会主义新时代，南农人用奉献走出了一条兴农强国之路。进入新时代，我们把人民需要作为方向，瞄准科技最前沿、服务国家大战略、融入世界坐标系，开启

了建设世界一流大学的新阶段，将目光聚焦在服务乡村振兴、推进国家农业农村现代化的主战场。万建民院士团队选育出了数十种高产、抗病的优质水稻品种，保障着水稻的丰收。曹卫星教授团队通过现代科技建立作物生长预测与精确管理技术，深度改变了农业的生产方式。校长陈发棣教授团队，创建了世界最大的菊花基因库，自主培育了400多个菊花新品种。人文社科团队为国家农业农村发展中的许多重大问题提供了方案。在定点扶贫的贵州省麻江县，我们实施"党建兴村、产业强县"行动，帮助麻江县"脱贫摘帽"。当代的南农人，以立德树人为根本、以强农兴农为己任，接续奋斗，引领农业科技，守护百姓生活，助力经济社会发展。这就是南农人奋进新时代的作为，体现的是人民至上之"仁"。

一代代南农人传承着"诚朴勤仁"的精神谱系，践行着学之大者、为国为民的历史担当。现在，当我们看到，在祖国的大地上，飘香的稻花、金色的麦浪、美丽的乡村、人民的笑脸，就是对革命先烈、先贤的最好告慰！就是对我们的最高褒奖！就是南农人"为人民服务"的最生动诠释！

三、青年一代必将大有可为：百年赓续且看时代新人

为人民服务，是贯穿百年党史的宗旨所系；为人民服务，也是激励南农人砥砺前行的动力源泉。作为接力民族复兴的青年一代，作为传承百年南农使命的新生代，要以"四个有"在为人民服务中奋进成长。

一是要心中有信仰，以坚持斗争之诚投身复兴伟业。为什么在今天这个时代，我们还要谈斗争？习近平总书记指出，"敢于斗争是我们党的鲜明品格。我们党依靠斗争走到今天，也必然要依靠斗争赢得未来。"斗争关系着信仰、关系着存亡、关系着道路、关系着发展。新形势下，我们面临的风险挑战越加严峻复杂。从国际上看，世界百年未有之大变局加速演进，新冠疫情影响广泛深远，国际环境日趋复杂，世界进入动荡变革期。从国内看，改革任务仍然艰巨，创新能力不适应高质量发展要求，农业基础还不稳固，发展不平衡不充分问题仍然突出。我们正在进行一场具有许多新的历史特点的伟大斗争。

南农的青年一代，为人民服务就是要继续坚持斗争精神，做好未来应对挑战、应对风险、应对阻力、应对矛盾的斗争准备，坚定道路自信、理论自信、制度自信、文化自信，经风雨、见世面、壮筋骨，毫无畏惧地面对一切困难和挑战。

二是要脚下有大地，以艰苦奋斗之朴厚植青春理想。习近平总书记指出，"今天，我们的生活条件好了，但奋斗精神一点都不能少，中国青年永久奋斗的好传统一点都不能丢。"青年人要贴近大地、脚踏实地艰苦奋斗。2009届西藏籍本科生小索顿，放弃舒适安逸的工作，带领乡亲们在青藏高原生产青稞产品，他被评为"全国十佳农民"；2012届植物保护学院硕士生王光，他带领"绿领"新农人扑在田间地头，助力农民增收，他的团队获得了"江苏五四青年奖章"。我们今天的新一代南农人，同样在用青春书写着艰苦奋斗的动人篇章。我在给2019级新生讲"开学第一课"时，讲了"使命之问：面对南农人的使命，向上的青春，要向下扎根。既要仰望星空，更要脚踏实地。"

南农的青年一代，为人民服务就是要持续弘扬奋斗精神，嚼得菜根、做得大事，把刻苦学习的成果写在祖国大地上，把青春理想的追求融入党和国家事业中，一步一个脚印，为人民的利益作出实实在在的贡献。

三是要手中有力量，以求索创新之勤贡献智慧才华。习近平总书记在清华大学考察时寄

语广大青年，"要勇于创新，深刻理解把握时代潮流和国家需要，敢为人先、敢于突破，以聪明才智贡献国家，以开拓进取服务社会。"对于今天的农业，数字化、自动化、智能化的现代农业扑面而来，我们要有准确识变、科学应变、主动求变的力量。勇于创新是青年的"代名词"。2017届博士生、植物保护学院教师金琳在读书期间就发表了影响因子总计达41.5的研究论文，形成了很多科研突破；前几天刷屏的、被央视报道的"才貌双全南农小姐姐"郑冰清是无锡渔业学院研究生，她利用专业知识，投身长江大保护，做新时代的"新渔民"。今天的新一代南农人，拥有着前所未有的知识与创新的力量。我在2020级"开学第一课"中，继"使命之问"后，讲了"力量之问：我们要在时代的洪流中，蓄积破土的力量。"

南农的青年一代，为人民服务就是要大力发扬创新精神，扎根中国大地、面向世界前沿学知识、做研究、强本领，创新进取、不懈求索，在服务"三农"、造福人民的事业中接受历练和成长。

四是要胸中有家国，以人民至上之仁击楫历史长河。对祖国、对人民的热爱，是人世间最深层、最持久的情感。盖钧镒院士说："只要中国人的碗里装的是自己的豆腐，杯子里盛的是自己的豆浆，我的坚持就有意义。"今天的新一代南农人，家国、人民依然是最深层的追求。2019级硕士生郭皓曾在麻江研究生工作站调研学习，他把实验室搬进了田间地头。2014级本科生、维吾尔族姑娘阿依努尔，大学期间参军成为中国人民解放军海军的一员，守卫祖国南海，她的家离大海最远、她的心离祖国海疆最近。"战疫情"期间，南农师生争分夺秒，抢农时、助农耕、保供应，同学们有的投入志愿工作一线、有的在家就近服务农业生产，用知农爱农、爱国力行的实践，淬炼出闪亮的青春。这就是我们新一代南农人心系人民的责任担当。2007届硕士生陈希，现在是耶鲁大学副教授，疫情防控期间他积极投身全球应对新冠疫情的政策研究与呼吁建言。这充分显示出新一代南农人的世界担当。

南农的青年一代，为人民服务就是要始终坚守人民立场，始终把人民放在心中最高位置，把根深深扎在人民的广阔土壤里，把青春绽放在为人民服务的躬耕力行中，既要学农、知农，更要爱农、为农，保障好国家的粮食安全，守护好人民的生活质量和绿水青山！

习近平总书记指出，在庆祝我们党百年华诞的重大时刻，在"两个一百年"奋斗目标历史交汇的关键节点，在全党集中开展党史学习教育，正当其时，十分必要。习近平总书记寄语广大青年要从党史学习中激发信仰、获得启发、汲取力量。一代又一代中国共产党人为了人民的事业，舍生忘死、顽强奋斗、筚路蓝缕，开创了今天的伟业。今天，如何走向第二个一百年，就看你们的了！

传承红色基因、完成前人没有完成的事业的，必然是你们！

攀登知识高峰、创造更多"从0到1"突破的，必然是你们！

引领乡村振兴、建设一个更加美丽富饶家乡的，必然是你们！

扛起复兴大任，不断实现人民对美好生活向往的，必然还是你们！

生逢盛世、重任在肩，让我们现在就出发！

坚定、坚决、坚韧地走向未来

——在 2021 届研究生毕业典礼暨学位授予仪式上的讲话

陈利根

（2021 年 6 月 17 日）

亲爱的 2021 届研究生同学们、老师们，

在线观看典礼的家长们、校友们：

大家下午好！今天，我们在这里，隆重举行 2021 届研究生毕业典礼暨学位授予仪式。首先，我代表学校，向全体博士、硕士学位获得者，向即将开启新征程的同学们，表示热烈的祝贺！向培养你们的老师，向全力支持你们的家人，表示崇高的敬意！

今天上午，我们进行了本科生的毕业典礼，陈发棣校长代表学校对大家提出了希望。他的寄语，也同样是送给在座研究生的，请大家好好珍藏！

对大家的期望和祝福，我在此就不再多说了。我想再跟大家讲的，就一个词，那就是"未来"。

同学们有没有意识到，你们这届学生的毕业很不一般，恰逢中国共产党成立 100 周年。习近平总书记指出：当代中国青年是与新时代同向同行、共同前进的一代，生逢盛世，肩负重任。我看到有很多参加毕业合照的同学们，发出了"建党百年、我们毕业"的齐声呼喊。再过几天，我们就将迎来"七一"的伟大时刻。这使你们的毕业变得终生难忘；同时，这也深刻蕴涵了你这一代人承前启后、开创未来的使命担当。

现在，站在这里眺望未来，我看到又一批卓越的南农人即将走向远方、走进社会或是下一个科学研究的战场，我此刻思绪万千。

这几年来，我们共同在南农这片热土上经历了无数个难忘的时刻，大家一起见证并塑造着未来。

这些年，同学们见证了我国改革开放 40 年的伟大成就，目睹了新中国成立 70 周年的盛世华诞，亲历了脱贫攻坚的全面胜利，也共同投身了这一场极不平凡的抗疫斗争。去年这个时候，2020 届毕业生们还只能在线上参加毕业典礼；今天，我们可以在现场经历人生中这一重要时刻。我们党、我们国家用"非常之举"，换来了大家在方方面面的"习以为常"，换来了我们生活的日新月异。未来，我们一定将为一个越来越强大的祖国而越加自豪。我提议，让我们为伟大的祖国、伟大的中国共产党鼓掌！

这些年，同学们见证了南农迈向"世界一流"的宏伟征程。学校召开了第十二次党代会，吹响了向农业特色世界一流大学进军的号角。我们进入了国家"双一流"建设高校，我们的学科站在全国的前沿、全球的前列。我们多少年来期盼的新校区也从无到有、全面开建，明年秋季就将启用。我们迈向"世界一流"的基础更加坚实、信心无比坚定。未来，我

们一定可以自豪地介绍，自己毕业于一所"世界一流大学"。我提议，让我们为自己的母校南农鼓掌！

这些年，同学们也见证了自己的成长和蜕变，大家多年如一日，习惯了实验室、试验田，习惯了"5+2""白加黑"，习惯了风雨无阻、孜孜以求。你们用汗水淬炼了闪亮的青春，从青涩走向成熟，从依赖走向独立，从"实验小白"晋升"科研达人"，从"青铜"变身"王者"！在刚刚评选出来的2021年校长奖学金获得者中，农学院博士生王龙飞、公共管理学院博士生张浩分别在《美国科学院院报》和中文权威期刊《管理世界》上发表了高水平论文，他们就是2021届毕业生们奋斗的一个缩影。你们这一届学生经历了很多，尤其是经受了疫情的考验。你们真的很不容易！很了不起！我为你们点赞！未来，你们也将书写一个又一个更加精彩的篇章。我提议，在今天这个属于你们的"高光"时刻，请同学们也为自己鼓一次掌，为自己的勤奋、勇敢、执着、坚持，鼓掌！

同学们，过去未去，未来已来。当校园往事历历在目时，未来也正迎面而来。我们看到，今天的世界，"百年未有之大变局"加速演进，新冠疫情影响广泛而深远。前所未有的局面，让我们思考这样的问题：未来到底是什么、未来究竟会怎样？

同学们，未来是什么？可能有人会说，未来就是未知；有人说，未来就是迷茫；有人说，未来是看不见摸不着的东西。我听到很多同学说，因即将走向社会、面对未知的未来，感到非常彷徨。我在这里想告诉你们，未来是可以被定义的，我想用3个特征来表述你们的未来。

第一，未来是挑战、更是机遇。当前，世纪疫情与百年变局叠加交织，国际格局深刻演变，新一轮科技革命和产业变革突飞猛进，我们从没有像今天这样强烈感受到未来的不确定性。

这是一个充满挑战的时代，稍有不慎，就会走失、走偏；这更是一个充满机遇的时代，变局中孕育新局，抓住机会，就能乘风破浪。

在这里，我也要专门介绍一位正乘风破浪的小姐姐，她就是前几天刷屏的、央视报道的"才貌双全南农小姐姐"郑冰清。她利用专业知识迎接着属于她的挑战，投身于长江大保护。"长江十年禁渔不用愁，南农优秀学子来解忧！"我要剧透一下，郑同学一会儿将作为优秀毕业生代表发言，大家可以现场看看她的担当和风采。

大家要以坚定的信念，牢牢把握时代潮流和国家需要，把握改革发展中迸发的一个个机遇，做好应对风险、应对阻力、爬坡过坎的准备，自信无畏地迎接一切困难挑战！

战胜挑战，就是赢得未来。同学们，你们准备好了吗？

第二，未来是责任、更是付出。一代人有一代人的使命，南农人有南农人的责任。面对农业农村现代化和乡村振兴战略需求，面对推动科技创新、突破"卡脖子"难题的迫切需要，面对人民对美好生活的向往期盼，我们在座的各位任重道远。

向上的青春，一定要向下扎根；仰望星空，还需脚踏实地。南农人，决不能"躺平"！走向社会，我们每一个人都要做一个"靠谱"的人！

大家要以坚决的行动，把奋斗成果写在祖国大地上，把青春绽放在躬耕力行中，学农、知农、爱农、为农，肩负起新时代赋予我们南农人的重任。

扛起责任，就是创造未来。同学们，你们准备好了吗？

第三，未来是超越、更是引领。今天我们生活、生产的方方面面，都无时无刻不在发生着翻天覆地的变化。如今的农业，几千年沿用的"面朝黄土背朝天"的传统农耕方式正在终结，数字化、自动化、智能化的现代农业方式被广泛推广。

识变、应变、求变的意识和能力，来源于艰苦卓绝、持之以恒的奋斗。在这个世界上，我相信确实有人不需要怎么努力也能成功，这叫"躺赢"。但是，你相信这个"躺赢"的人会是你吗？

大家要以坚韧的毅力，扎根中国大地、面向世界前沿做研究、强本领，艰苦奋斗、自立自强，始终发挥好南农研究生科技创新的优势，弘扬科学精神，从超越自我到引领超越，助推你所从事的事业和领域不断向前突破。

实现超越，就是引领未来。同学们，你们准备好了吗？

未来，是挑战、是责任、是超越，是未知时的坚定，是未然时的坚决，是未成时的坚韧。一个努力奋斗的今天，才是希望；一个充满希望的明天，就是未来！

同学们，你们正好处于"两个一百年"奋斗目标的历史交汇期，你们的未来注定是不平凡的未来。我们今天就能看到你们的未来。

传承红色基因、完成前人没有完成事业的，必然是你们。攀登知识高峰、创造更多"从0到1"突破的，必然是你们。引领乡村振兴、建设一个更加美丽富饶家乡的，必然是你们。扛起复兴大任，不断实现人民对美好生活向往的，必然还是你们！生逢盛世，重任在肩。未来，就看你们的了！

同学们，你们有没有信心？

这就对了！南农人就要有南农人的样子！南农人就要有南农人的气魄！南农人就要有南农人的情怀！时不我待、舍我其谁！

今天，你们即将启程。学子送出门，母校伴终生！你们是母校永远的牵挂！母校期待着你们的精彩故事，期待着你们的幸福成就，期待着你们每一个人熠熠生辉的未来！

此时此刻，是到了该说"再见"的时候了。但是，我要跟大家说："不是再见！今天，母校陪你一起，向未来出发！"

初心铸就百年辉煌　矢志奋斗崭新征程

——在庆祝中国共产党成立 100 周年表彰大会上的讲话

陈利根

（2021 年 6 月 30 日）

尊敬的徐建平副组长，

尊敬的费旭书记、管恒禄书记，

各位领导、同志们：

　　大家下午好！在中国共产党百年华诞即将来临之际，我们在这里隆重集会，共同庆祝伟大的中国共产党建党 100 周年，颁发"光荣在党 50 年"纪念章。表彰先进，主要目的就是要重温党的百年奋斗史，用先进和榜样激励全校党员干部、师生砥砺奋进新征程。首先，我要代表学校党委，向全校各级党组织以及 8 300 余名共产党员，致以节日的问候！

　　从 1921 到 2021，一百年，整整一个世纪，同志们，这是多么光荣的、了不起的、伟大的历史征程！百年间，我们党从南湖的一叶扁舟艰险起航，一群平均年龄只有 28 岁的热血青年，点燃了革命星火，开创了具有独特优势的马克思主义政党；百年间，我们党披荆斩棘，带领中华儿女从一个胜利走向另一个胜利，完成了兴国大业；百年间，我们党让新中国从落后挨打、从一穷二白到屹立于世界东方，昂首走上了社会主义强国之路。在党的坚强领导下，现在，我国成为世界第二大经济体，人民生活得到极大改善，教育事业蓬勃发展，美丽中国画卷全面展开，载人航天、探月工程、火星探测、航空母舰、海底深潜等一大批标志性成果相继诞生，中国人实现了"可上九天揽月，可下五洋捉鳖，敢教日月换新天"的壮举。在这里，我提议，让我们一起为伟大的祖国、为伟大的中国共产党鼓掌、喝彩！

　　百年风雨，青史可鉴。我们党用百年行动深刻诠释了"立党为谁，执政为谁"这个首要问题，生动展现了"江山就是人民，人民就是江山"的崇高理想，这是我们党建党、立党到强党的政治本色，也是我们党历久弥新的初心使命。

　　这个初心使命，就是建党时，在一大纲领中明确提出，要消灭社会的阶级区分、消灭资本家私有制；就是新中国成立时，毛主席在天安门城楼上向全世界庄严宣告，中国人民从此站起来了；就是党的十一届三中全会上，做出的实行改革开放伟大决策；就是迈入新时代，我们党为中国人民谋幸福，为中华民族谋复兴的生动实践。中国共产党就是在这样的初心使命下，筚路蓝缕、奠基立业，创造辉煌、开辟未来。

　　百余年来，一代代南农人心系党和国家前途命运，心系祖国科教事业发展，用智慧和汗水，书写了无愧于时代、无愧于人民的壮丽篇章，用行动坚守了这个初心使命。

　　新民主主义革命时期，学校前身南京高等师范学校农科学生谢远定，早在 1922 年就加入了中国共产党，创立了南京第一个党小组，慷慨赴义时年仅 29 岁。国立东南大学农艺系学生吴致民，曾任中共南京地委书记，参与组建红十五军，牺牲时年仅 35 岁。还有声援"一二·九"运动的胡畏、创立成都民主青年协会的王宇光、"五二〇运动"骨干张一诚、渡江战役中传递情报的朱启銮等先驱先贤，在战争时期毅然走上了革命救国之路。

新中国成立后，以金善宝、樊庆笙、黄瑞采、李扬汉、刘崧生为代表的一批南农先辈，在党的领导下，书写了我国农业科教史上浓墨重彩的一笔；以"北大荒七君子"为代表的一批南农学子，响应党的号召，"到祖国最需要的地方去"，传递了世纪的家国情怀，谱写了一曲曲许党报国的时代赞歌。

改革开放以来，在党中央的亲切关怀下，学校在卫岗原址复校，大踏步迈入了国家"211 工程"建设行列，开创了学校事业发展的新局面。尤其是党的十八大以来，在学校历任领导和全体干部职工的共同努力下，今天的南农，国内外影响力不断提升、学科建设发展成效显著、创新推进卓越农林人才培养、脱贫攻坚衔接乡村振兴扎实有效、办学空间和规模持续拓展，学校以习近平总书记"回信精神"为指引，全面开启了建设农业特色世界一流大学的新征程。

在这里，我提议，让我们把掌声，献给初心不渝、砥砺担当、奋进一流的南农！

刚刚，我们隆重举行了"光荣在党 50 年"纪念章颁发仪式。应该说，在座的各位老党员，特别是荣获纪念章的 156 名老党员们，你们都是南农百年建设发展史上的亲历者、推动者和奉献者。你们不但把功绩写入了校史，更深深地印刻在了所有南农人的心里，你们就是南农的骄傲和荣光。

习近平总书记在"七一勋章"颁授仪式讲话中指出，"勋章获得者都来自人民、根植人民，是立足本职、默默奉献的平凡英雄。他们的事迹可学可做，他们的精神可追可及。"在座的年轻党员们，刚才老党员为你们中的代表佩戴了党徽，这是一种接续传承，更是一种示范引领。你们要牢记入党誓词，主动向老党员们学习，以实际行动彰显共产党员的人格魅力和忠诚担当。学校各级党组织要主动关心关爱老党员，把老同志迫切关心的实事办好，把服务老同志的好事办实。

今天一起受到表彰的，还有来自学校各条战线上的优秀党员、优秀党务工作者和先进党组织，你们不忘初心、牢记使命，大力弘扬爱国主义精神、伟大抗疫精神、科学家精神、脱贫攻坚精神，在平凡的岗位上创造了一个又一个不平凡的业绩，涌现出了全国高校党建工作标杆院系——植物保护学院党委、教育部首批"双带头人"教师党支部书记工作室——观赏茶学党支部，以及一生苦苦奋"豆"的盖钧镒院士、初心不泯的育人先锋沈其荣教授、中央优秀援疆干部人才姜小三教授、江苏省抗疫先进个人赵亚南同学等一批先进典型。他们都生动诠释了新时代基层党组织的政治品格，充分展现了共产党人的时代风貌。

应该说，每一位奋发有为的南农人，都是学校百年发展史上的赫赫功臣！在这里，请允许我再次代表学校党委，向所有为南农事业发展作出重要贡献的老党员们、老同志们，致以最崇高的敬意！向全体受到表彰的先进党组织和优秀个人，表示最衷心的祝贺！

同志们！实现中华民族伟大复兴，是一场新的伟大革命。扎根中国大地，办出具有农业特色的世界一流大学，也是时代赋予我们的历史使命。面向未来，我们要立足"两个大局"，胸怀"国之大者"，始终坚持党对学校工作的全面领导，坚持马克思主义指导地位，坚持社会主义办学方向，坚定实施"1335"发展战略，用高质量的党建引领学校各项事业高质量发展。

借此机会，我讲 4 点意见，与同志们共勉。具体说来，就是要做到"四个担当"。

一是筑牢信仰之基，增强对党忠诚的政治担当。要深入学习贯彻习近平新时代中国特色社会主义思想，持续用创新理论武装头脑，深刻领悟中国共产党为什么能、马克思主义为什么行、中国特色社会主义为什么好的科学道理，切实提升政治判断力、政治领悟力、政治执行力，坚决做到"两个维护"。广大党员要做到党旗所指、心之所向，底气十足谈信仰，旗帜鲜明讲政治，厚植为党为民高尚情怀。

二是牢记初心使命，强化为党育人的责任担当。要坚守为党育人、为国育才的初心，把立德树人成效作为检验学校一切工作的根本标准。要强化人才培养的中心地位，不断增强基层党组织的育人功能，培育好"双带头人"，践行好"一线规则"。党员教师要当好传道育人的"大先生"，让学生在言行感染中、在沉浸式教育中，体验崇高和伟大，收获成长。

三是铭记奋斗历程，展现开创一流的历史担当。要从党的百年辉煌历程中，总结历史经验，感悟真理伟力，树立发展自信，闯出一条具有中国特色、南农特色的世界一流大学办学之路。要突出党的全面领导优势，激发基层组织新活力，优化学科专业新布局，构建人才培养新体系，完善多校区办学新模式，形成高质量发展新动能，在历史长河中书写新时代学校奋进世界一流的崭新篇章。

四是传承精神谱系，坚定强农兴农的时代担当。要让科学家精神闪耀新征程。教师党员要静心做研究、用心促转化，争做科技报国的践行者和示范者。学生党员要让科学的种子在心中生根发芽，争做科教兴农的追随者和传承者。要大力弘扬脱贫攻坚精神，在新时代乡村振兴中主动担当作为，持续提供农业农村现代化硬核支撑。要时刻牢记"诚朴勤仁"校训精神，学习百年南农建校史上的人物事迹，锤炼高尚品格，勇担时代重任。

同志们！

回首百年路，我们感慨万千；启航新征程，我们豪情万丈。面向新时代，立足新起点，南农的各级党组织和全体党员，一定会紧密团结在以习近平同志为核心的党中央周围，不辜负历史和人民的重托，把初心融入血脉，把使命扎根沃土，把责任扛在肩上，以永不懈怠的精神状态和一往无前的奋斗姿态，在奋进农业特色世界一流大学的新征程上，在实现中华民族伟大复兴的新征途上，再创新的更大辉煌！

同志们！

让我们砥砺前行，整装再出发！

谢谢大家！

在团结奋斗中开创高质量发展美好未来

——在学校年度统一战线工作会议上的讲话

陈利根

（2021 年 7 月 13 日）

同志们：

大家上午好！今天，我们在这里召开学校年度统一战线工作会议，主要任务是深入学习贯彻习近平新时代中国特色社会主义思想，特别是习近平总书记在庆祝中国共产党成立 100 周年大会上的重要讲话精神，对照中共中央新修订《中国共产党统一战线工作条例》有关要求，从中国共产党统一战线史中汲取智慧力量，全面推进学校统一战线工作，凝聚建设农业特色世界一流大学、实现中华民族伟大复兴的强大合力。

应该说，统一战线是马克思主义的一个基本战略和策略。早在我们党成立之前，毛泽东同志就在《湘江评论》"民众的大联合"文章中指出："较大的运动，必有较大的联合；最大的运动，必有最大的联合。"建党百年来，党的统一战线历经了民主联合战线、工农民主统一战线、抗日民族统一战线、人民民主统一战线和爱国统一战线等几个重要的历史阶段，成为我们迎接挑战、战胜困难、夺取胜利的重要法宝。党的十八大以来，以习近平同志为核心的党中央高度重视统一战线工作，带动全党形成了重视统一战线、发展统一战线的良好局面。

回顾党的百年光辉历程，我们深深地感到，百年党史是一部中国共产党人谋求民族独立、人民解放、国家富强、人民幸福的艰苦奋斗史，也是一部中国共产党人团结力量、凝聚共识、砥砺奋进、谋求复兴的统一战线史。在庆祝建党百年大会上，习近平总书记强调，以史为鉴、开创未来，务必做到"九个必须"。其中一点，就是必须加强中华儿女大团结。

这个团结就是要用党的创新理论夯实共同的思想政治基础。习近平新时代中国特色社会主义思想是党和国家必须长期坚持的指导思想，是马克思主义中国化的最新成果。面向未来，我们要从伟大建党精神中深刻领悟中国共产党为什么能、马克思主义为什么行、中国特色社会主义为什么好，在思想政治引领中凝聚党内党外、海内海外南农人的思想共识，努力寻求最大公约数、画出最大同心圆，形成全校上下心往一处想、劲往一处使的生动局面，汇聚民族复兴伟力。

这个团结就是要切实铸牢各族师生中华民族共同体意识。民族团结事关祖国统一和边疆巩固，事关国家长治久安和繁荣稳定。我国各族人民同呼吸、共命运、心连心的奋斗历程是中华民族强大凝聚力和非凡创造力的重要源泉。面向未来，我们要帮助各族师生树立正确的国家观、民族观、历史观、文化观、宗教观，自觉投身于共同团结奋斗、共同繁荣发展的伟大实践，增强对中国特色社会主义的认同。

这个团结就是要在党的政治领导下推动各项事业高质量发展。长期以来，各民主党派始终同中国共产党风雨同舟、患难与共，紧密合作、团结奋斗，为中华民族实现从站起来、富起来到强起来，做出了不懈努力。面向未来，我们要倍加珍视多党合作新型政党制度，聚焦服务国家重大战略、聚焦立德树人根本任务、聚焦科技自立自强，在建设农业特色世界一流大学新征途上、在全面开启社会主义现代化国家新征程上献计出力，用智慧和汗水开创美好未来。

同志们，习近平总书记的"七一"重要讲话，站在历史和全局的高度上，系统地回答了党和国家事业发展的一系列重大问题，是充满着马克思主义真理力量的光辉文献，是党团结带领人民奋斗新时代、奋进新征程的政治宣言，是激励我们踏上新的赶考之路的出征动员。其中，关于统一战线的论述更是高屋建瓴、饱含深情、催人奋进，为我们加强和改进学校统一战线工作，提供了根本遵循。统一战线的同志们要认真学习贯彻习近平总书记"七一"重要讲话精神，深刻感悟中国共产党"为人民谋幸福、为民族谋复兴"的初心使命，铭记中国共产党与党外人士和衷共济、风雨同舟的光辉历史。

借这个机会，我想就做好当前和今后一段时期的学校统战工作，和同志们强调三点意见。

第一，把握新时代新使命，不断巩固团结奋斗的思想政治基础。

统一战线是政治联盟，统战工作是政治工作，必须把思想政治建设摆在首位。

一是要强化坚定不移跟党走的政治共识。实践启示我们，巩固壮大统一战线，必须坚持中国共产党领导，使统一战线永远有主心骨、统战工作始终有定盘星。要树立政治自觉，使党的意志和主张，充分体现在统一战线各领域、全过程。全校各级党组织要高度重视统一战线工作，通过联谊交友把党外知识分子团结起来、凝聚起来，让他们都能够成为我们党的好参谋、好帮手、好同事。

二是要用党的创新理论强化思想武装。要深入开展对习近平新时代中国特色社会主义思想，尤其是《中国共产党统一战线工作条例》的系统学习。要通过经常性学习研讨、经验体会交流、国情社情民情考察等途径，在理论学习实践中、在沉浸式体验中启发广大党外知识分子的内在自觉。要把思想引导工作做在日常、做在经常，在谈心交流、座谈茶叙、走访看望中向党外知识分子传递主流价值观。

三是要强化发挥各类统战团体的主体作用。一直以来，学校的各个民主党派在开展主题教育方面都有很好的优良传统，积累了丰富的实践经验。各民主党派近年来开展的"不忘合作初心、继续携手前进"主题教育活动、党史学习教育都取得了十分好的效果；有些还深入挖掘了百年建校史上杰出的党外代表人士，开展了人物事迹的专题学习。这些都充分展现了各民主党派加强自身思想政治建设、履职能力建设的自觉性和主动性。统战部门、各有关单位要切实为他们提供好服务、创造好条件。

第二，建设新平台新格局，不断开创学校统一战线工作新局面。

当前，学校统战工作已经到了"人到半山坡更陡"的阶段，如何更好地向前进、往上走，其中很重要的一个方面，就是要建好队伍、建好阵地、建好品牌。

一是要切实加强统战队伍建设。要建好队伍，统战工作说到底是做人的工作。就拿专任教师来说，目前全校现有在岗专任教师 1 640 人，其中具有海外留学经历的 738 人、非中共党员 472 人、少数民族教师 53 人，占比分别为 45.0%、28.8% 和 3.2%，这些都是我们统一战线的成员。应该说，知识分子最关心的是国家发展、社会进步，最希望的是施展才华、发挥作用，最担心的是怀才不遇、碌碌无为。我们做统战工作就是要把他们团结起来，多帮助解决实际困难问题，让他们把更多的精力集中于本职工作，把更多的才华和能力充分释放出来。

二是要着力打造统战工作阵地。阵地建设是做好统战工作的关键。有了阵地，就能让我们的党外人士感受到党组织的关怀和温暖，让他们有"家"一样的感觉。虽然学校现在的办学空间十分紧张，但是我们还是在图书馆腾出地方，在 1902 信息共享空间建设了"金善宝科教兴农工作坊"。这个工作坊的主要功能是举行同心教育，是大家理论学习、联谊交友、科研合作、建言研讨的固定场所，这也是学校党委为党外知识分子办实事的一项具体工作。我们也希望各个二级党组织，也要创造条件为党外人士建好阵地，把统战工作落到一个个项目上、活动上，做出实绩、体现价值，使统一战线工作真正可感知、有温度。

三是要积极开创统战活动品牌。总的来说，学校各级党组织、各民主党派的工作有基础、有优势，也探索出了不少好经验、好做法。有些民主党派的历史甚至可追溯到 20 世纪 50 年代，如九三学社早在 1951 年就成立了南京农学院支社，民盟、民革在 1952 年分别建立了支部。近 70 年来，尤其是改革开放以来，九三学社、民盟建设了"农村科技超市""现代农业专家行""建设与发展论坛"等一系列活动品牌。但总的来看，无论是我们各级党组织、还是各党派的工作特色还不够鲜明，分量重、影响大的品牌还不够多，促进民族团结、华人华侨校友工作还缺少好声音，需要我们拉高标杆、再接再厉，打造更多统战工作样板。

第三，展现新气象新作为，不断推动高质量发展实现新进展。

迈向新征程，我们要推动统战工作服务高质量发展；要确保党中央重大决策部署和学校党委的事业重心推进到哪里，统一战线的智慧力量就要凝聚到哪里。结合学校实际，我希望大家：

一要在践行立德树人使命中担当作为。立德树人是教育强国的根本，是每位教师的职责使命。回望百年建校史，像金善宝、冯泽芳、罗清生、靳自重等党外代表人士，都把为党育人、为国育才作为毕生追求。他们崇尚学术、潜心育人、朴实儒雅的精神风范，深深影响着一代代南农师生。现在培养时代新人的接力棒传递到我们手中，我们更应该赓续精神血脉，不断创新教育教学方法，提升教书育人本领，建设更多像"尚茶"这样的课程思政品牌，大力培养知农爱农新型人才。

二要在实现科技自立自强中担当作为。科技自立自强是全面建成社会主义现代化国家，实现第二个百年奋斗目标的重要支撑，更是实现中华民族伟大复兴的必由之路。我们要始终胸怀"国之大者"，怀揣为国为民的家国情怀，切实扛起科技自立自强的时代重任，不断加强原创性、引领性科技攻关，在锻造科技引领、创新突破"发展之矛"方面展现新担当。要经常深入一线，探索解决国家、地方或产业面临的突出问题，在筑牢粮食安全、生态安全"发展之盾"方面展现新作为。

三要在建言高质量发展中担当作为。参政议政是民主党派价值的集中体现，也是党外知识分子作用发挥的主渠道。当前，我国已迈入高质量发展的新阶段，学校开启了建设农业特色世界一流大学的新征程，这就需要同志们发挥人才荟萃、智力密集优势，紧紧围绕全面深化改革的重大问题，在深入调研的基础上，多建睿智之言，多献务实之策。组织、人事、教务、科研等有关部门要将党外人士建言献策情况，作为业绩考评、职务职称晋升的重要参考依据，充分体现党外人士的劳动价值，调动他们的积极性。

同志们！做好学校统一战线工作，使命光荣、任务艰巨、责任重大，让我们更加紧密地团结在以习近平同志为核心的党中央周围，在学校党委的坚强领导下，进一步解放思想、开拓创新、同心同德、众志成城，为推动学校各项事业高质量发展、建设农业特色世界一流大学，为全面建成社会主义现代化国家、实现中华民族伟大复兴，作出更大的贡献！

谢谢大家！

以扎根大地的时代担当赋能未来

——2021级新生开学第一课

陈利根

（2021年10月11日）

同学们、老师们：

大家好！14天前，同学们背起行囊，从五湖四海而来，为南京农业大学注入了新的活力。

你们是很不平凡的一届学生！对本科新生来说，你们高中的整个下半场，都是在疫情影响下奋斗过来的，你们不仅圆满完成了学业上的高考，更是不断战胜这场人类百年来最严重传染病的"大考"。河南等多地的同学，还经受了风雨考验。对研究生新同学来说，你们之前的实验、实习、论文，都受到了疫情的影响，能顺利毕业、取得学位，还进入了更高层次深造，这都是许多个日夜埋头拼搏的结果，真的很不容易、很了不起！再大的困难，也阻挡不了你们奔跑的脚步。这是一个极不平凡的青春。今天的南农，欢迎每一个不平凡的你！

进入大学以后，你已经不再是孩子，而是成长为青年。青年，表示一种责任！从此以后，"未来会怎样"，就将进入你们的心头，萦绕在你们的脑海，成为每一个大学生的"人生必答题"。2019年，我在"开学第一课"上，对新生们讲了"使命之问：向上的青春，要向下扎根，肩负好南农人的使命"；2020年的"开学第一课"，我对新生们讲的是"力量之问：要在时代的洪流中，历练成长，蓄积破土的力量"。今天，我要跟你们谈一谈的就是未来，一起思考"未来之问"。

我要跟大家讨论3件事：第一，你处在一个什么样的时代；第二，你读的是一所什么样的大学；第三，你承载的是一个什么样的未来。

第一部分：你处在一个什么样的时代

今年是中国共产党成立100周年。大家在"七一"时应该都观看了庆祝大会，也都参与了党史学习教育。鉴往知来，抚今追昔，我们可以通过历史深刻地感知到现在我们所处的方位。

我们所处的这个时代，是为了翻身做主坚决斗争而来。从鸦片战争开始，中国逐渐沦为半殖民地半封建社会，为了改变被奴役、被欺凌的命运，无数仁人志士进行了千辛万苦的探索和不屈不挠的斗争。毛泽东同志说："中国产生了共产党，这是开天辟地的大事变。""从此以后，中国改换了方向。"中国共产党带领人民历经千难万险，"为有牺牲多壮志，敢教日月换新天"，建立了人民的新中国。自此人民真正成了国家的主人，人民当家作主的时代来之不易。它来自嘉兴南湖的一叶红船，来自长征路上的草地雪山，来自延安宝塔山上的窑洞灯火，来自370万革命烈士和更多无名英雄的鲜血生命。

我们所处的这个时代，是为了安全温饱艰苦奋斗而来。新中国成立初期，国内一穷二白，国际形势严峻。在中国共产党的坚强领导下，全国人民自力更生、艰苦奋斗，初步建立起比较完整的国民经济体系和工业体系，初步解决了几亿人的吃饭穿衣问题。那个激情燃烧的年代，中国人迸发出强大的信仰力量。这个力量的代表，是隐姓埋名罗布泊的"两弹元勋"邓稼先、王淦昌；是在飞机失事时，用生命抱紧试验资料的"空气动力学家"郭永怀；是一稻济世、万家粮足的"杂交水稻之父"袁隆平；是中国第一架飞机、第一颗原子弹、第一颗人造卫星、第一艘核潜艇；是长津湖冰天雪地里的"冰雕连"。他们为何而战？"我们把该打的仗都打了，我们的后辈就不用打了！"中国人民从此站起来了。

我们所处的这个时代，是为了幸福富裕改革创新而来。改革开放后，党和国家工作重心转移到经济建设上来，中国人民实现了从站起来到富起来的伟大飞跃。"发展才是硬道理""科学技术是第一生产力"，成了我们中国人的普遍共识。同学们都是改革开放的受益者。改革开放以后，我国经济得到快速发展，国内生产总值跃居世界第二位，人民收入今非昔比。教育事业得到了极大发展，我国已建成世界上最大规模的高等教育体系，在学总人数超4 000万人。

我们所处的这个时代，正向着中华民族伟大复兴迈进。自党的十八大以来，以习近平同志为核心的党中央团结带领全国各族人民，推动党和国家事业发生历史性变革、取得历史性成就。中国特色社会主义进入新时代，中国人民迎来了从富起来到强起来的伟大飞跃。近年来，我们又取得量子通信、超级计算、载人航天、探月工程、登陆火星、大飞机制造、航空母舰、海底深潜等一大批标志性成果，中国人实现了"可上九天揽月，可下五洋捉鳖"的壮举。

当前，我们最有感触的还是"战疫情"。中国共产党带领全国人民上下一心、众志成城，守护人民的生命健康。现在，我们中国人感到非常安全、无比自豪！今天，同学们可以入学、返校，在校园里安全地学习生活。这是我们党、我们国家用"非常之举"，换来了人民的"习以为常"。我们要由衷地感谢伟大的祖国，感谢伟大的中国共产党！

同时，在疫情这个突如其来的严重困难下，我们党带领亿万人民，如期打赢脱贫攻坚战，在中华大地上全面建成了小康社会，历史性地解决了绝对贫困问题。中国人民共同奔向了幸福小康！我们要由衷地感谢伟大的祖国，感谢伟大的中国共产党！

一代人有一代人的使命，一代人有一代人的长征。你们这一代人处于一个什么样的时代？过去我们说，生在新中国、长在红旗下；对于你们，还要再加上个"新"：出生于新世纪、建功于新时代。这个时代，中华民族比历史上任何时期都更接近伟大复兴。这个时代，中国正在意气风发向社会主义现代化强国迈进。今天的中国人满怀信心；今天的青年一代，更是把爱国、自信融入了血液。今天我们看到的"国潮出圈""国货出圈"，这就是你们"00后"的爱国热情。

你们恰逢中国共产党百年华诞之际进入大学，这是时代赋予你们的光荣印记。你们的时代，是伟大的时代；你们的未来，注定是不平凡的未来。

第二部分：你读的是一所什么样的大学

南京农业大学起源于1902年三江师范学堂农学博物科和1914年金陵大学农科。我想用"四个走出来"，与大家分享南农的发展历程。

第一个走出来：我们与国家和民族共命运，从内忧外患中走出来。

20世纪初的中国，在西学东渐、科学救国的潮流下，南农先贤们投身救国图强的历史洪流，谱写了"大学与大地"的壮阔史诗，开始了对农业这一国之命脉的世纪坚守。

南农是中国近现代高等农业教育的先驱。邹秉文，中国近现代高等农业教育的主要奠基人，他在中国最早确立了农科大学"教学、研究、推广"三结合的办学理念，对中国的农业教育产生了深远影响；被称为"中国青霉素之父"的樊庆笙先生，是南农老校长，他于1943年突破日军层层封锁，飞跃"驼峰航线"回到祖国，研发出了青霉素，在战火纷飞的华夏大地上拯救了无数生命。大家都知道抗战时期的大学西迁，在南农历史上，还有着一段动物西迁的壮举。1937年12月，在南京陷落前夕，中央大学农学院畜牧场场长王酉亭，带着1000多头牲畜家禽，冒着日寇的炮火，历时一年，西迁重庆，保护了当时珍贵的动物品种。

那个时代的中国，救亡图存、科学救国是最迫切的渴望。那个时期的南农人，有的垦荒拓宇、造福苍生，有的历尽艰辛、拯救生命，有的不畏牺牲、投身革命，于"积贫积弱，内忧外患"的斗争中奋起，点燃了救国救民理想的火种。

第二个走出来：我们与新中国共成长，从艰苦奋斗中走出来。

1952年，全国院系调整，南京农学院成立。一批批南农师生，战天荒、建粮仓、守边疆，在祖国的大江南北，唱响了南农人躬耕大地之歌。

老校长金善宝院士，培育了"南大2419"小麦，种植面积最高时达到7000万亩，是我国推广面积最大、范围最广、时间最长的小麦良种，让神州大地年年翻滚着金色麦浪。冯泽芳，是中国现代棉作科学的主要奠基人，他对当时中国的棉花育种和栽培带来了根本性的革新，让中国"花开天下暖"。盛彤笙院士，是中国现代兽医学奠基人，为了改善当时中国人由于动物性食物不足而导致身体羸弱的状况，他读完医学博士又攻读了兽医学博士，新中国成立后，他为了畜牧事业"远牧昆仑"。蒋亦元院士，一生致力于农业装备研究，在收割机和收割技术上，突破了一系列世界难题，出生在"鱼米之乡"的他将毕生心血挥洒在了东北黑土地。1957年，南京农学院的34名毕业生主动请缨到北大荒拓荒。他们咬破手指、写下血书："我们的决心是，服从祖国的需要，到最艰苦的地方去。我们时代的大学生是不照轻活干的！"最后，有7人获批奔赴东北。他们被称为"北大荒七君子"。

那个年代的中国，艰苦奋斗、自力更生是当时最响亮的号召。那个时期的南农人，扛起担子，俯下身子，耕耘沃土，于"满目萧态，百废待兴"的白纸上起笔，为把中国人的饭碗端在自己手上筑牢了基础。

第三个走出来：我们与改革开放同步伐，从快速发展中走出来。

改革开放以后，南农乘着春风，与国家民族的崛起同频共振，踏上了创新发展、强农富民的新征程。

在那个时期，南农成为全国首批博士、硕士学位授予单位，4个学科入选首批国家重点学科；学校进入国家"211工程"行列，实现了从单科性大学向多科性大学的关键性跨越。那个时期，南农在科学研究上不断突破。以学校陆作楣教授为代表的一批科学家，攻克了杂交水稻大面积制种的难题，为成功培育杂交水稻作出了重大贡献。那个时期，一大批在恢复高考后考入南农的学子，都成了今天这个时代的中流砥柱。

改革开放后的中国，发展、创新成为时代的主题。那个时期的南农人，勇立潮头，勇攀高峰，有力地推动了国家科技进步和社会主义经济建设，于"解放思想，开拓创新"的春风中前行，写出了服务农业、农村、农民的精彩篇章。

第四个走出来：我们与新世纪共奋进，从建设高水平研究型大学的奋斗探索中走出来。

进入新世纪，我们把人民需要作为方向，瞄准科技最前沿、服务国家大战略、融入世界坐标系，将目光聚焦在服务乡村振兴、推进国家农业农村现代化的主战场，在新时代实现跨越发展。近年来，学校紧跟国家要求、把握时代机遇，确立了建设农业特色世界一流大学的目标，南农人正斗志昂扬走向世界一流！

今天，走向复兴的中国，对科技、对人才的需要比以往任何时候都更为迫切。当代的南农人，应时立命，奋力赶考，引领农业科技前沿，培养卓越农林人才，助力经济社会发展，于"百年交汇，再启征程"的伟大时代中奋进，努力交出实现人民美好向往的满意答卷。

这是我用"四个走出来"讲述的南农历程。我们看到，诚朴勤仁的风貌、扎根大地的情怀、心系人民的责任、兴农报国的担当，绘就了今天南京农业大学的内涵与图景。当我们回望，我们看到的这些人，他们就是那个时代的"顶流"，就是那个时代的"YYDS"！卓越的大学，欢迎优秀的你们，我们完全有理由相信，你们也一定能成为你们这个时代的"顶流"！

第三部分：你承载的是一个什么样的未来

习近平总书记在给全国涉农高校书记校长和专家代表的回信中指出，涉农高校要"以立德树人为根本、以强农兴农为己任"。那么，作为南农人，你肩负的是一个什么样的事业，承载的是什么样的未来？

第一，你的未来是要保障人类生存。

粮食是人类生存的基础。习近平总书记说，"中国人要把饭碗端在自己手里，而且要装自己的粮食"。中国用不到世界 1/10 的耕地，养育了世界近 1/5 的人口。这就是农业的力量，其中也有"南农力量"。

万建民院士团队用 20 多年选育出了高产、抗病的优质水稻品种，保障水稻的丰收。大豆起源于中国，是我们常说的"五谷"之一，是我国重要的粮食作物，盖钧镒院士用数十年培育了 60 多个大豆新品种，累计推广 5 000 多万亩，最近又取得了亩产新突破，他要做的是"让中国人的碗里装的是自己的豆腐，盛的是自己的豆浆。"曹卫星教授团队的作物生长预测与精确管理技术，通过卫星、无人机、田间传感器布下"天眼地网"，让农业从"靠天收"变为"智慧田"。数字化、自动化、智能化的现代农业保障着粮食丰产。

农业和人类生存息息相关。实现"藏粮于技"，保障粮食安全，守护人民温饱，把中国人的饭碗牢牢端在自己手里，就是你们的事业。未来，要看你们的！

第二，你的未来是要服务生命健康。

随着经济水平的提升，人们对生活品质的要求不断提高。

环境生态方面，沈其荣教授团队研发的生物有机肥，不仅提高了土壤肥力，还阻止了土壤酸化和污染，让田野重现"青山横北郭，白水绕东城"的美景；方真教授团队长期研究"生物质能源"，探索将秸秆、草木转化为能源的新方法，为改善能源结构、推动绿色发展提供路径，为"碳达峰""碳中和"贡献智慧；被中央电视台报道的"才貌双全的南农小姐姐"郑冰清，是无锡渔业学院刚刚毕业的研究生，她将专业知识运用于长江大保护。农产品质量方面，南农的专家学者们，长期围绕农产品与食品怎样更加营养、更加健康做着"大文章"。"战疫情"中，现耶鲁大学副教授的 2007 届校友陈希，在疫情防控期间积极奔走，投身于全球应对新冠疫情的政策研究与建议。

农业和生活质量息息相关。推动科学技术进步，服务人类营养健康，不断提高人民的生活品质，就是你们的事业。未来，要看你们的！

第三，你的未来是要促进精神富足。

中华文明根植于农耕文明，农耕文明承载着华夏文明生生不息的基因密码，彰显着中华民族的思想智慧和精神追求。学校的农史学研究已有百年积淀，对中国农业历史、文化、科技都有着系统的研究，在农业文化遗产保护、传统村落保护中形成了诸多有影响力的成果。"采菊东篱下，悠然见南山。"中国人历来对菊花的品格喜爱和崇拜有加。世界最大的菊花基因库就在南农，学校保存了 5 000 多种菊花资源，其中 400 多个新品种由南农自主培育，这依托的是校长陈发棣教授团队的科研力量。他们在全国各地建设了 20 多个菊花基地。这几天，也正是湖熟菊花基地举办菊花展的日子。每年菊花展都吸引了大量的游客，一朵菊花带动一片菊园、影响一方文化。

农业和精神文化息息相关。弘扬中华文化，创造精神财富，满足人民对美好生活的向往，就是你们的事业。未来，要看你们的！

第四，你的未来是要推动社会进步。

农业是国民经济的基础，支撑着社会前行。

如今，我国打赢脱贫攻坚战，全面建成了小康社会。在脱贫攻坚方面，扶贫基础在农业，小康不小康关键看老乡。在学校定点扶贫贵州省麻江县的这些年，南农一批批专家们以科技的力量振兴产业，"一朵菊花的旅行，一粒大米的蜕变，一颗红蒜的重生，一株蓝莓的联姻"，帮助麻江县"脱贫摘帽"。长期以来，南农的师生们奔走在扶贫和乡村振兴的第一线，足迹遍布祖国的山水林田。在引领发展未来方面，2020 年，中国第一块"人造肉"上了热搜，这是周光宏教授团队使用猪肌肉干细胞培养出来的。前几天，学校生命科学学院校友蔡韬副研究员以第一作者的身份发表了 Science 论文，他所在的团队在世界上首次实现了二氧化碳到淀粉的人工全合成，跨越了自然途径数亿年的进化。今天的科技，将在未来带来人类生产、生活的革命。在推动社会改革方面，刘崧生、顾焕章、钟甫宁、朱晶四代农经学科带头人在坚守中交替，围绕我国乡村振兴、农业产业升级、农民增收等农业农村发展中的重大问题提出了解决方案。南农是全国首批获批建立新农村发展研究院的高校之一，金善宝农业现代化发展研究院、中国资源环境与发展研究院是江苏省重点高端智库，南农专家的许多研究报告和政策建议，为经济社会发展和政府决策提供了有力支撑。在促进全球共同繁荣方面，南农倡议设立"世界农业奖"，用以表彰全球农业教育科学领域的突出贡献者，已为来自中国、美国、德国、加纳等国家的 10 位世界著名科学家颁奖。南农人在"一带一路""人类命运共同体"建设中也积极贡献了力量。前不久，中央电视台报道了学校李刚华教授通过水稻栽培技术，带领当地百姓重整良田、喜获丰收的故事。

农业和社会前行息息相关。改进人们的生产生活方式，推进社会治理现代化，让这个社会、这个世界更加美好，就是你们的事业。未来，要看你们的！

这"四个息息相关"，从今天看，就是南农人正在从事的事业；往明天看，就是你们所承载的未来！你们的未来，很不简单啊！

1957 年，毛主席在莫斯科大学对青年学子发表了著名的演讲，"世界是你们的，也是我们的，但是归根结底是你们的。你们青年人朝气蓬勃，正在兴旺时期，好像早晨八九点钟的太阳。希望寄托在你们身上。"今年"七一"，在庆祝中国共产党成立 100 周年大会讲话中，习近平总书记在讲到青年时，深情地指出："未来属于青年，希望寄予青年。"

同学们，你们正好处于"两个一百年"奋斗目标的历史交汇期，你们就是未来、你们就是希望！传承红色基因、完成前人没有完成事业的，必然是你们！攀登知识高峰、创造更多"从 0 到 1"突破的，必然是你们！引领乡村振兴、建设一个更加美丽富饶家乡的，必然是你们！扛起复兴大任，不断实现人民对美好生活向往的，必然还是你们！

未来，就看你们的了！

面向未来，希望你们心中有火。这个火，是理想、是信心。同学们要坚定信念，将青春汗水挥洒到希望的田野、将智慧才干倾注于"三农"大地，心怀"国之大者"，情系家国人民，做一个高大的人！

面向未来，希望你们眼里有光。这个光，是能量、是责任。同学们要勇挑重担，有自信、能担当、善团结、会合作，始终保持朝气蓬勃、昂扬向上的青春底色，做一个闪亮的人！

面向未来，希望你们脚下有力。这个力，是行动、是勇气。同学们要夯实基础，永葆学习的干劲和探索的激情，认认真真学知识、一丝不苟做学问、扎扎实实练本领，决不能"佛系"、更不能"躺平"，要做一个靠谱的人！

同学们！今天，南京农业大学把"未来之问"寄予你们，期待你们从这里开始，向未来出发！

在沈其荣教授当选中国工程院院士座谈会上的讲话

陈利根

（2021 年 11 月 19 日）

老师们、同学们、同志们：

下午好！我想，大家的心情肯定与我一样激动！沈其荣教授当选中国工程院院士，是全体南农人的一件大事、一件喜事。我们看到，从昨天早上开始，我们南农人的微信圈、校友圈、朋友圈，以及各种媒体都在刷屏我们沈院士成功当选。我们激动、自豪、骄傲，这绝对是我们南农人的真情流露。这是足以载入南农史册的事，是全体南农人的荣耀，萦绕在南农人心头 20 年的"院士之痛"得以如愿解开！在此，我要再一次代表学校、代表全体南农人，向沈其荣院士表示最热烈的祝贺和最崇高的敬意！

刚才，沈院士及学院领导、同事、团队师生代表都作了很好的发言，情真意切，我们都深受感动。

沈老师于 1978 年考入南农，1987 年博士毕业之后留校任教至今，学习在南农，成长在南农，工作在南农。科学的初心从土壤中萌发，他数十年如一日，以"咬定青山不放松"的韧劲，坚守教学科研一线，为南农、为社会、为国家作出了一项项突出贡献，大家有目共睹。沈其荣院士的成功当选，实至名归，更是众望所归！

在科研报国情怀上。沈院士始终把个人理想与国家发展相结合，将个人事业与国家需要同轨迹。他聚焦土壤肥力这一作物生产的命脉，瞄准中国亿万亩农田土壤改良，致力于解决土壤肥力"卡脖子"问题，成功破解了重大科技难题，研究成果得到了国家的认可，更是造福了中国人民！沈院士以脚踏实地的行动，践行着科研报国的科学家精神，由衷地让我们感动和钦佩！

在立德树人初心上。数十年来，沈老师坚守讲台，为本科生和研究生上课，将自己的科研和人生体会融入课堂教学；坚持在实验室一线，与研究生面对面交流指导。在课堂上、在篮球场上、在草坪上、在试验田里，我们经常会看到沈老师和学生们、青年教师们围在一起的身影，他鼓励学生潜心学术、问鼎前沿，鼓励学生强健体魄、强壮精神，真正诠释了作为一名教师立德树人的初心，诠释了什么是有温度的教育！

在产出成果质量上。我们总结时才更加感慨，国家技术发明奖、国家科技进步奖、国家专利奖、国家教学成果奖、光华工程科技奖、中华农业英才奖等，沈其荣教授获得的重量级奖项，覆盖了教学、科研、社会服务各个方面。这些奖项和荣誉就是沈老师长期以来在教学、科研、社会服务一线为国家和社会作出重要贡献的见证。他带领团队产出了大量一流的教学科研成果，极大地提升了南农的影响力！

砥砺半生，梅香苦寒。从 1978 年进入南农这 40 多年来，沈老师始终与南农风雨同舟，把最美好的青春奉献在了南农，把最动人的师者风范深深刻在了南农。今天，沈老师终于站到了国家科技界的最高殿堂，这是对他多年坚守和成就的充分认可，是对他所带领的学科实力的充分肯定，也是全校上下凝心聚力、攻坚克难的一份重量级答卷。

今天，在学校建设农业特色世界一流大学的关键阶段，在学校即将迎来120周年校庆的重要历史节点，我们新增了一位院士。面对这样一个重要的时刻和契机，我们要做到3点。

一要充分认识沈其荣教授当选院士对南农发展的重要意义。习近平总书记强调，农业农村现代化关键在科技、在人才。对南农来说，大家都有非常深切的体会，我们对人才的需求，尤其是对大科学家的渴求，实在是太迫切了！沈院士的成功当选，极大地提振了南农人的信心，极大地鼓舞了南农人的士气，极大地增加了南农奋进世界一流的能力和动力！院士是"国之重器"，我们坚信，南农必将在农业科技创新上取得更大突破，必将在服务国家农业农村现代化和乡村振兴中做出更大作为，必将在建设农业特色世界一流大学的进程中实现更大跨越。

二要全方位发挥好院士的引领作用。我们要依靠院士"领头雁"的力量，发挥优势、积极作为，争做大课题、大项目，更好地写就大文章，更多牵头破解农业领域"卡脖子"难题，以人才引领创新；我们要借鉴院士"带头人"的事迹，以追求卓越、奋进一流为目标，在学科建设、人才培养、教学科研、社会服务等方面不断实现新突破，以人才引领发展；我们要借助院士"强磁场"的效应，在人才培育上提升质量，在人才引进上扩大影响，在团队建设上实现突破，以人才引领人才。

这里，我还要再强调一下，今天全校各职能部门和学院主要领导都在场，请大家务必要为院士团队做好服务工作。我们要意识到，服务支持好院士这样的顶尖人才和团队，让人才多产出创新成果、多培养优秀人才，就是为服务国家战略作贡献，就是为推动学校发展而努力。我们一定要给予人才最大的支持、最高的尊重、最好的保障，让人才心无旁骛、潜心治学，发挥出最大的能量！

三要乘势推进学校人才队伍建设再上新台阶。硬实力、软实力，归根到底要靠人才实力，人才是学校的立身之本、强校之源。

学校层面。我们要紧紧把握新增院士的重要机遇，乘势而上、趁热打铁，坚定不移地推进人才强校战略，充分发挥院士等高层次人才资源优势，进一步做好人才队伍建设顶层设计，加快构建更加完善的人才制度体系，形成人才的集聚效应；要以教育评价改革、人事制度改革为抓手，创新人才评价机制，以能力、质量、贡献为导向评价人才，为人才的成长、发展和脱颖而出提供更好的土壤。

学院层面。要根据学科及团队建设需要，在引育人才的"量"和"质"上做好通盘谋划，做到服务学校大局和促进学院发展两者相统一；要营造学院良好的人才发展氛围，真心关心人才、科学考核人才、真正依靠人才，创造"人尽其才、才尽其用"的良好环境。

教师层面。我们要号召全校教师向院士学习，大力弘扬科学家精神，心怀"国之大者"，真正面向世界科技前沿、面向经济主战场、面向国家重大需求、面向人民生命健康做学问、搞研究，明确目标、找准方位，艰苦奋斗、勇担使命，认准的事业就要干到底、拼到底，切切实实提升我们南农人干事创业、再攀高峰的"精气神"。

同志们，"20年磨一剑"的艰辛，只有我们南农人自己心里清楚。对于我们来说，今天确实是一个值得自豪的时刻，今天的南农人也显得格外动情。希望全校广大师生不忘初心、埋头苦干、凝心聚力、再接再厉，保持永不懈怠的精神状态和一往无前的奋斗姿态，以更加饱满的热情投身农业特色世界一流大学建设，为国家农业农村现代化和乡村振兴作出南农人的更大贡献，创造出我们南农新的辉煌成就！

我就讲到这里，谢谢！

锚定高质量发展新目标，
以奋进姿态迈好"十四五"开局第一步

——在学校中层干部大会上的讲话

陈发棣

（2021 年 2 月 26 日）

同志们：

新年好！给大家拜个晚年。今天是元宵节，在这样一个吉庆的日子里，新学期开始了！"新"是我们现阶段的重要关键词。我国迎难而上育新机，稳中求进开新局；学校迎来实施"十四五"高质量发展新开端。面对国际国内新的发展形势、高等教育新的发展阶段、师生新的发展要求，我们应该以什么样的姿态迎接新时代，我们应该成就什么样的新作为？这是全校师生必须认真思考的重要问题。

今天，学校召开新学期全体中层干部大会，这是在深入贯彻落实党的十九届五中全会精神、在建设农业特色世界一流大学关键阶段召开的一次重要会议。本次会议就是要以"锚定高质量发展新目标，以奋进姿态迈好'十四五'开局第一步"为主题，科学把握新发展阶段，深入贯彻新发展理念，抢抓机遇、超前谋划、大干一场，努力开创学校教育事业高质量发展新局面。

下面，我主要讲 3 个方面：一是回顾学校"十三五"发展成就，旨在看变化、说成就、提信心；二是分析研判当前学校事业发展面临的机遇和挑战，旨在辨形势、抓机遇、明方向；三是展望"十四五"时期的工作思路与举措，旨在寻突破、提质量、开新局。

一、全面总结"十三五"发展成就，坚定实现高质量发展的信心和决心

要实现高质量发展，首先要认真盘点"十三五"的奋斗成就，摸清我们再出发的家底。过去的 5 年，学校聚焦国家重大战略需求和学校"1335"发展战略，在全校师生的共同努力下，以立德树人为根本，以强农兴农为己任，以改革为抓手，以创新为动力，推动各项事业跨越式发展。我以"九个显著"来概括：

一是办学治校能力取得显著提升。学校强化顶层设计，推进依法治校，逐步完善以章程为纲领的现代大学制度体系；以系统的机构改革推动党政管理职能转变，提高各部门管理效率和服务效能，推动管理重心下移，逐步构建"小机关、大学院"格局；紧扣学术前沿、凸显交叉融合，组建了新的工学院、人工智能学院、信息管理学院，成立前沿交叉研究院，不断完善学科专业布局；落实国家教育评价改革总要求，完善人才评价体系，推动人事制度改革，逐步确立现代人力资源管理制度。

二是学科建设水平取得显著突破。学校扎实推进"双一流"建设，与"十二五"末期相比，学校进入 ESI 全球前 1‰的学科数从 4 个增加到目前的 9 个，前 1‰学科数从 1 个增加到 2 个；在全国第四轮学科评估中，7 个学科获评 A 类学科，A＋学科数并列全国高校第 11 位；不断培育新增长点，优化学科布局，初步构建"强势农科、优势理工科、精品社科、特色文科"的南农特色学科生态体系。

三是人才培养能力取得显著进步。学校深度参与新农科建设"三部曲"策划，发挥了重要引领示范作用；打造本研衔接、分类培养的育人模式，新增国家级教学成果奖 3 项，14 个专业入选国家级一流专业建设点，增设具有农业特色的人工智能、大数据与数据科学两个本科专业，农业农村部规划教材立项数位居全国农林院校首位，新增国家"万人计划"教学名师 1 人；打造卓越而有灵魂的研究生教育，新增一级学科博士点、硕士点各 1 个；获中国学位与研究生教育学会教育成果一等奖 1 项、二等奖 2 项，数量位居全国农林院校第一；研究生以第一作者身份在 CNS 等国际顶尖期刊上发表高水平论文 10 余篇；共接收国际留学生近 3 000 人（受疫情影响，不含 2020 年），生源质量不断提升，生源国比例不断优化。

四是师资队伍建设取得显著发展。深入实施人才强校战略，打造"钟山学者计划"品牌，探索聘用制度改革，逐步建立起"非升即走"人才选聘机制，推进教师评价和职称改革，探索实施"代表作"制度，师资和人才队伍的整体水平和质量稳步提升。"十三五"期间，专任教师规模占教职工总数的 60％，异缘率增至 57％，海外博士比例达 11.5％，具有国外一年以上学术经历的教师占教师总数的 41.5％。新增海外高层次人才计划、"长江学者"特聘、国家自然科学基金杰出青年科学基金获得者等 13 人，以及"四青"人才 28 人；新增国家自然科学基金优秀创新群体 2 个，科技部重点领域创新团队 1 个。

五是科学研究事业取得显著成果。科研经费稳步提升，累计到位纵向经费超 35 亿元，牵头国家重点研发计划项目 15 项、国家科技重大专项 5 项、社科重大重点项目 14 项。科技创新平台建设进一步夯实，新增部省级以上科研平台 18 个，牵头建设作物表型组学重大科技基础设施。科技成果产出丰硕，其中 2 项技术入选农业农村部十大引领性技术，5 篇研究论文在 *Science* 上发表，以第一完成单位获国家科技奖 4 项。创办世界一流学术期刊群，其中 *Horticulture Research* 与 *Plant Phenomics* 分别入选"中国科技期刊卓越行动计划"领军类期刊项目和高起点新刊项目。

六是在社会服务领域作出显著贡献。构建特色长效帮扶"麻江模式"，制定"10＋10"计划，连续 3 次入选教育部直属高校精准扶贫精准脱贫十大典型案例；牵头发起成立长三角乡村振兴战略研究院（联盟），加快助推乡村振兴和农业农村现代化；与江苏省内外 40 多个政府机构签订了全面合作协议，与 20 余家大型龙头企业开展技术合作，创新构建"双线共推"推广模式；新建技术转移中心 8 个。

七是国际交流合作取得显著拓展。积极响应"一带一路"倡议，建成 11 个国际合作平台；其中，1 个被科技部认定为国家级国际科技合作基地，首批入选农业农村部"农业对外合作科技支撑与人才培训基地"和科技部"一带一路"联合实验室。合作成立"南京农业大学密西根学院"，在全国农林类高等院校中首个通过"来华留学教育质量认证"，开展 40 多个海外学习交流项目；"世界农业奖"影响力持续提升，农业特色孔子学院建设获国家领导人肯定，获外交部和教育部批准建立"中国-东盟教育培训中心"。

八是条件保障建设取得显著改善。积极培植学校事业发展新的生长点，江北新校区建设进入全面施工阶段，与地方政府共建东海校区、三亚研究院等；白马教学科研基地基础设施逐步完善；完成体育中心、大学生创业中心、第三实验楼一期和二期等重大工程建设，作物表型组学研发中心、植物生产综合实验中心开工建设；校园信息化水平明显提高，后勤社会化改革进一步深入，医疗保障水平不断提升，校办产业逐步规范；幼儿园、附属小学建设进一步加强，努力提升全校师生的获得感与幸福感。

九是大学文化软实力取得显著增强。弘扬以"诚朴勤仁"为核心的南农精神，不断丰富其新时代内涵。将习近平总书记回信中提出的"强农兴农"载入校歌；进一步考证完善校史沿革；深挖大学文化资源，讲好南农故事，培育话剧《红船》《北大荒七君子》等一批反映时代精神、南农品格的优秀原创文化产品，策划"秾华 40 年"等专题宣传，大学文化软实力不断彰显，基本形成南农特色的文化传承与创新体系。

回顾"十三五"，学校的人才培养体系得到进一步完善，科技创新取得多项突破，师资队伍建设成效显著，社会服务工作稳步推进，国际交流合作取得新进展，服务保障能力进一步提升。学校入选"双一流"建设高校，连续 3 年入围 QS 世界大学"农业与林业"学科排名 50 强，U. S. News"全球最佳农业科学大学"排名提升至第 7 位。这些成绩的取得，离不开历代南农人的改革创新与辛勤付出。在此，我代表学校，向为学校建设和发展作出贡献的全体师生、校友、社会各界表示崇高的敬意与衷心的感谢！

同志们，"千红万紫安排著，只待新雷第一声。"学校发展历程中积淀的丰厚家底，就是我们当代南农人继续前行的底气。希望全校师生在高质量发展的征程中，充分彰显改革创新的豪气、攻坚克难的勇气、接续奋斗的志气，继续谱写建设农业特色世界一流大学新的辉煌！

二、科学研判学校面临的机遇与挑战，明确"十四五"发展的主攻方向

站在高质量发展的新路口，我们要着眼时代、研判形势，明确我们前行的方向和脚下的道路。近年来，学校各项事业取得了长足发展，但与我们身上肩负的农业高等教育使命相比，与师生员工的热切期望相比，还有一定差距。主要表现在"三高不高，三大不大"。

一方面，"高端人才偏少，高峰学科不够，高水平人才培养体系仍需完善"。顶尖人才与创新团队的引进、培养力度尚不能满足学校发展的客观需求；一流学科数量不多，专业学科的交叉融合还未取得实质性突破；创新驱动发展战略和新农科建设与人才培养方案需要进一步衔接。另一方面，"大平台紧缺、大项目不足、大成果亟待产出"。目前，学校国家重点实验室仅有 1 个，作物表型等重大科技基础设施建设也需要加速推进；承担大项目的能力还需要进一步提高；对接国家、地方战略需求的精准度仍需提升。

"察势者明，趋势者智。"我们要顺势而为，借势而进，造势而起，乘势而上，把优势做强，把短板补齐，将时代的沃土翻犁成学校改革创新的热土。

接下来，我谈一谈当前学校面临的机遇与挑战，以及"十四五"发展的主攻方向。

1. 胸怀大局，研判机遇与挑战 农业高校要在服务我国教育事业和农业农村"两个优先发展"中体现价值，不断使教育同党和国家事业发展要求相适应、同人民群众期待相契合、同我国综合国力和国际地位相匹配。刚刚发布的 2021 年中央 1 号文件明确，要坚持农业农村优先发展，全面推进我国乡村振兴；要加大涉农高校、涉农学科专业建设力度，加快农业农村现代化步伐。学校要将紧跟国家重大战略需求和立足学校内涵建设有机结合，找准

定位，有所作为。下面我从 4 个领域的"新"要求，来分析学校当前面临的机遇与挑战。

高等教育迈入新阶段。随着《中国教育现代化 2035》《深化新时代教育评价改革总体方案》等文件的相继出台，高等教育实现由大众化阶段向普及化阶段的重要转变，我国正步入建设高质量教育体系的新征程，将实现从高等教育大国迈向高等教育强国的划时代变化。学校作为近现代农业高等教育的先驱，作为"双一流"建设高校；这一伟大进程不仅是我们必须要把握的重要机遇，同时更是对学校加强内涵建设、形成特色优势提出了新的更大的挑战。

人才培养提出新要求。"四新"建设是新时代高等教育人才培养的"中国方案"，新农科建设高位推进，层层递进，肩负乡村振兴、生态文明和美丽中国建设使命。作为我国近现代四年制农业本科教育先河的开创者、新农科建设"三部曲"的重要参与者，南农更应扛起率先实现高质量人才培养改革的大旗，主动从人才培养体系、专业学科体系、师资队伍体系、校院组织体系等方面，全方位、及时、高效应变，努力培养农业现代化的领跑者、乡村振兴的引领者、美丽中国的建设者。

科技创新展现新特征。当前，科技自立自强已成为国家重大需求，现代农业转型升级和新业态创新发展的脚步加快，绿色、健康、智能成为引领农业领域创新发展的重点方向，多学科交叉汇聚与多技术跨界融合将成为常态，农业资源的全球优化配置成为新导向。历史上，学校开创了现代作物育种、农业经济、现代兽医等研究领域，而今我们也拥有世界领先的优势学科支撑。学校要瞄准人工智能、大数据、生物技术、合成生物学等新时代科技，抢占农业前瞻性基础研究、关键技术攻关，进一步优化人才团队、加强科技创新、掌握农业核心技术，这是我们必须回答的时代命题。

社会服务面临新任务。"十四五"时期是我国开启全面建设社会主义现代化国家新征程的第一个五年，科教兴国、乡村振兴等战略正深入实施，美丽中国、生态文明的发展理念深入人心，长江经济带、长江教育创新带等区域发展战略深入推进。20 世纪，学校率先提出教学、科研和推广"三一制"，推动高等农业教育由传统走向现代。当今，学校应继承创新社会服务的良好基础，在精准扶贫等方面取得突出成就的基础上，在未来接续乡村振兴、实现农业科技自立自强的进程中，拿出更多"南农方案"。

2. 把握大势，明晰未来的主攻方向 大变局、大挑战蕴含着大机遇，"机遇抓住了就是良机，错失了就是挑战"。建设农业特色世界一流大学是我们一切工作的出发点和归宿。对我们来说，"世界一流大学"不再是遥不可及的抽象概念，而是通过我们努力奋斗可以达到的彼岸。世界一流大学应当具有世界一流的核心办学指标，要以重大科学发现、未来技术革命、先进文化引领、人类可持续发展及命运共同体为使命，拥有一流的师资、培养一流的人才、有一流的治理能力、有高度的国际化水平和充足的办学资金等。目前，全球衡量世界大学办学质量的排行榜有 30 多个，最有影响力的是泰晤士、软科、QS 及 U. S. News。总体而言，这些排行榜在指标和权重上具有偏重科研、兼顾教学、社会声誉，偏重规模、兼顾结构，偏重理工科、兼顾多学科门类等特征。

我们不唯大学排名，但也不能忽视排名，因为这些排名反映了学校各种办学指标所处的状态。我们要扭住办学核心指标上的短板和弱项，一个接着一个攻；打造一批具备国际竞争力的人才团队，构建特色突出、门类合理、交叉融合的学科生态布局，建成一批具有全球影响力的学术高地和创新平台，成为服务国家战略的重要引擎，打造"顶天立地"一流人才培养体系，为农业农村现代化、中华民族伟大复兴培养优秀的社会主义建设者和接班人。我们要主动把握新一轮"双一流"建设契机，力争在重要领域取得新的突破；要牢牢抓住国家重点实验室重组机遇，争取人文社科重点研究基地、野外观测站、种质资源库（圃）等更多的国家重大平台；要深入推进校地融合发展，不断汇聚优势社会办学资源，完善"两校区一园区"发展格局。在"十四五"开局之际，我们更要准确识变、科学应变、积极求变，抓住机遇，明确方向，迈好第一步，展现新气象。

三、聚焦新时代，锚定新目标，迈入新征程，全面推进"十四五"时期学校事业高质量发展

同志们，高质量发展是"十四五"时期的关键词，建设一流是新时代赋予我们新的历史使命。"时代潮流，浩浩荡荡，唯有弄潮儿能永立潮头。"未来一段时间，学校要善于在时代大势中谋划大局，在师资团队上善于求"变"、学科建设上敢于图"强"、人才培养上精于提"质"、科学研究上勇于谋"大"、校区融合上勤于增"效"。我着重谈一谈未来几年学校要力争实现的 5 个"新"突破。

1. 以评价改革为突破求变，优化人才新格局 学校要建成农业特色世界一流大学，关键取决于人才竞争力。我们能不能吸引全球优秀的学术领军人才，尤其是开创学校未来的青年人才？我们有没有胸襟"聚天下英才而用之"，让南农成为他们实现自身价值的乐土？我们能不能营造良好的学术氛围和制度环境，让人才潜心向学？这是我们要重点考虑的根本性问题。

一是用好"人才评价"指挥棒。进一步贯彻国家教育评价的总体要求，完善立德树人体制机制，坚持把师德师风作为评价的第一标准，坚决破除"五唯"，实行分类评价，不断提高学校的治理能力和水平。

强调师德为先。将教书育人作为教师评价考核的核心指标。有关部门要认真思考，突出绩效导向，坚决贯彻"师德师风"一票否决制，将师德师风等学术声誉制度落实落细落地；提高教育教学在教师考核、评价中的比重，进一步优化教学、科研和社会服务三者业绩当量关系。

强调破除"五唯"。这是教师科研评价的重要改革。相关单位要以科技贡献为导向，构建科学合理的评价与绩效考核体系；探索重大科技创新和成果转化激励办法；要进一步落实科研管理自主权，充分调动学部、院系的积极性，加强院系和学部的学术评价作用。

强调分类评价。要注重岗位差异，营造适应不同岗位教师发展需求的文化与制度环境，完善以岗位分类为基础的择优激励约束机制；要尊重学科差异，完善同行专家评议制度，优化评价程序，构建公平合理的多元人才评价机制，充分激发各类人才的积极性与创造性。

二是打好高端人才、青年人才、人才团队建设组合拳。一流大学要拥有全球顶尖的高端人才、具备引领能力的人才团队、储备巨大潜力的青年人才库，人才队伍结构合理才能相得益彰。

对于高端人才而言。坚持实施"钟山学者计划"，要充分发挥标杆的带动作用。同时，各部门、各学院要有长期性、前瞻性、针对性的人才引育规划，一篇大文章、一项大成果的产出可能需要几年甚至更长的时间，要用长远的眼光、稳定的政策、宽松的氛围吸引人、留住人、培养人；要加强高端人才引育工作的前瞻性、针对性研究，围绕国家、区域、学校的

战略布局，有意识地引进一批人，有目标地培养一批人。力争在两院院士、国际相当水平的顶尖人才数量上取得突破。

对于青年人才而言。一方面，要深入加强钟山青年研究员队伍建设，打造高端人才后备军、蓄水池；另一方面，在充分挖掘传统学科潜力的基础上，将传统学科新的增长点与青年人才培养有机结合，研究制定青年学科带头人培养计划，促进与钟山学者人才体系的有机衔接，不断强化学科青年带头人梯队建设。

对于人才团队而言。一方面，要借新校区建设契机，提前谋划，敢于整建制引进大人才团队；另一方面，要善于培养自己的团队，进一步整合力量，充分利用重点实验室、交叉研究平台，充分融合汇聚，形成多学科、多领域的由首席科学家、学术带头人、学术骨干等组成的完备体系，同时建立健全合理灵活的聘用、考核机制。

三是搭好"走出去、请进来"大舞台。人才的国际化是人才竞争的一个重要内容。一方面，要让人才走出去，通过建平台、建机制、建路径，大力支持教师出国研修；另一方面，要放眼全球市场，紧抓当今国外人才回流的"窗口期"，充分发挥"钟山国际青年学者论坛"的平台作用，更加积极主动地面向全球延揽人才，邀请国际知名度高的科学家来校开展教学科研合作。

2. 以交叉融合为抓手图强，完善学科新布局　2020年8月举行的全国研究生教育会议，明确了交叉学科作为新的学科成为我国第14个学科门类；10月，国家自然科学基金委员会成立交叉科学部，这是继生命科学部、管理科学部等8个传统学部之后，新设立的第九大学部，也是时隔11年国家自然科学基金委员会再次成立新的科学部。学科深度交叉融合势不可挡，也势在必行。

早在2006年，北京大学就成立了前沿交叉学科研究院。此后，教育部批准北京大学先后在前沿交叉学科研究院自主设立了"数据科学""纳米科技""整合生命科学"3个全新的交叉二级学科；2017年，浙江大学成立"工学＋X""信息＋X""文科＋X""农学＋X"等6个多学科交叉人才培养卓越中心，促进文理渗透、理工交叉、农工结合等多形式交叉。

近年来，学校紧盯学科交叉前沿，开展了学部制改革、交叉研究中心建设等不同路径的探索，聘请了来自法国、日本等具有跨学科背景的人才团队，并于2017年建立了国内高校首个跨学科的作物表型组学交叉研究中心，2020年又成立了前沿交叉研究院；下一步应聚焦交叉学科的发展方向，明晰前沿交叉研究院的功能定位，完善交叉融合的组织模式创新和配套体制机制创新，推动实质性的交叉融合，并以交叉学科带动学校整体学科的优化布局。

一是要凝练方向，积极推进交叉学科群发展规划。要加强顶层规划，促进短期与中长期规划相结合，凝练一批交叉学科新方向，重点围绕人工智能与智慧农业、中医药与人类健康、绿色农业与美丽乡村建设、粮食安全与自然资源管理等领域，加快前沿交叉研究院及下设作物表型组学、系统生物学、康养医学和农村发展4个中心的建设，力争新增2～3个交叉学科学位点。

二是要明确定位，充分发挥前沿交叉研究院的积极作用。要进一步明晰前沿交叉研究院的功能定位和职能范围，发挥其更大的作用。交叉研究院应该是人才、学科、科研"三位一体"的协调创新平台，是新学科、新技术的孵化器，是开放共享、突破界限，享受资源倾斜和政策优惠的学术特区。研究院定位前沿，就要站在高处、立足前端进行整体谋划和设计，不"炒冷饭"、不"吃快餐"；前沿交叉研究院定位交叉，就要有实质性的融合创新，不拼凑成果，不各自为政。要以国家重大战略需求为导向，建立科学有效的资助机制和资源配置模式，不同学部、不同学院、不同学科的人才可以从原有相对独立的模式中走出来，组建更高水平的人才团队，推动重大原创性成果，以重大原创性成果引领学科发展，打造引领未来农业发展的教学科研高地。

三是要完善机制，推动交叉学科发展的创新管理。在交叉学科的发展从不成熟到相对稳定的动态过程中，其组织结构和体制机制都应该更加灵活柔性，为学科发展提供支撑。就目前而言，学校应大胆革新，积极配套与学科交叉适应的机制体制，如人才能进能出的流动机制、"人才不为我所有，但为我所用"的柔性引进制度、允许"试错"的机制，以及有关的人才聘用机制、薪酬机制、首席教授负责制、分类考核评价和绩效分配制度等；同时，应统筹协调好平台内的"创新灵活性"与"科学规范性"。

四是要优势利导，带动学校整体学科布局不断优化。一方面，要充分发挥交叉学科的优势作用，畅通自然科学和社会科学领域内部与外部的双循环，促进学科强强联合，在"农工结合""农文结合"上多下功夫，推动更多高水平学科走到世界前列。世界一流大学往往拥有众多的一流学科，而且世界一流学科往往都分布在一流大学中，学校要不断培育、催生第10个、第11个甚至更多的学科进入 ESI 前 1‰的行列。另一方面，发挥优势学科的龙头作用，鼓励以强带弱，充分挖掘学科潜力，用交叉原创性研究成果充实传统学科，培育新的增长点；同时，根据国家需求主动适时整合、调整学科布局，推进"双一流"建设，不断完善具有南农特色的学科群。

3. 以分类培养为路径提质，构建育人新模式　要深刻回答习近平总书记提出的"培养什么人、怎样培养人、为谁培养人"这一根本性问题，学校要对标"四新"建设目标，不断深化分类培养模式改革，形成兼顾学术前沿和产业需求的"顶天立地"育人格局。近日印发的《关于加快推进乡村人才振兴的意见》提出，乡村振兴的关键在人。要全面加强涉农高校耕读教育，加快培养拔尖创新型、复合应用型、实用技能型农林人才。

一是创新导向，多点发力培养拔尖创新人才。大力开展新农科、新工科、新文科研究与实践探索，从强化班、实验班、基地班到"金善宝书院"，要探索如何更好地发挥"书院制"荣誉教育体系，构筑高水平的一流人才培养高地；以密西根学院建设为契机，推进教育国际化，提供优质教学资源、先进教学方法、个性化学习机会及跨学科、跨层次的学习环境，培养学生的创新潜能、创造活力、国际视野和持久竞争力；完善学硕连读与直博生改革方案，进一步扩大研究生培养规模，建设人才培养特区，着力培养未来杰出的科学家。我们注意到，中国农业大学、华中农业大学就入选了第一批教育部基础学科拔尖学生培养计划2.0基地；前不久公布了第二批名单，西北农林科技大学也成功入选，希望学校也能早日突破。

二是需求导向，多管齐下培养高素质复合应用型人才。要完善多方位育人机制，充分利用社会资源，构建产教研协同育人模式。一方面，要紧盯产业需求，打造优势专业，积极申报新专业，淘汰不适应经济发展、时代需求的专业；要让课程资源、教材等与生产实际接轨；要鼓励教师走进企业地头，同时引入校外行业专家，让教育教学活动接地气、有生气；要加强实践实训，强化创新创业。另一方面，大力推进校外高水平科研实训基地和创新创业基地建设，要更紧密地加强校地、校院、校所、校企合作，围绕社会和产业需求，建设一批高水平科研实习基地、教育教学实践基地、研究生工作站及创新创业实训基地等，及时对接经济发展需求和社会发展需求，重点聚焦农村三产经营人才、乡村公共服务及治理人才、农业技术人才等，切实提升"三农"高素质复合应用型人才的培养能力。

三是科学评价，多措并举引导学生全面成长。以评价改革为契机，全链条提升育人质量。在进口关上，把家国情怀、"三农"情怀渗透入招生宣传中，增强生源吸引力，提升生源质量。在培养关上，要从注重知识的一维评价向注重大学生全面发展的综合评价转变；坚持五育并举，加强劳动教育、体育教育、心理教育；优化以课程建设、专业建设为核心的教学质量评价，为学生成长提供坚实保障。在出口关上，完善基于学习结果和毕业生用人单位满意度的评价体系，引导学生全面而有个性的发展。

4. 以"四个面向"为引领，打造乡村振兴新样板 "十四五"期间，学校要坚持面向世界科技前沿、面向经济主战场、面向国家重大需求、面向人民生命健康，广泛而深入地参与国家和区域战略发展的大局中，在全面乡村振兴战略中大展拳脚，在农业自立自强进程中大有作为，为生态文明建设出谋划策，在长江经济带等区域发展中发出南农声音，谋大项目、大平台、大成果、大贡献。

一要在一流大学的发展规律中增强顶层谋划的能力。世界一流大学往往都是从单一学科发展为自然科学、社会科学协调发展的综合性大学。康奈尔大学以农学立校，但目前 ESI 所列的 22 个学科领域中，该校均位列全球前 1%。我们要站在学科协调发展的角度，根据不同学科特色定位，谋划如何紧盯国家和区域发展战略，做好科学研究。一方面，上个月我们召开了人文社科大会，要大力发展涉农高校哲学社会科学，聚焦党中央治国理政面临的重大理论和现实问题，在乡村治理、乡村文化建设等领域开展长期跟踪观察和宏观政策研究，着力构建学科、学术、话语三大体系；另一方面，自然科学要加大种源等"卡脖子"技术攻关，不断突破生物技术、智慧农业、人工智能等基础性、前瞻性、世界性的科学问题，引领农业科技创新。各学院要认真分析、科学研判，将本学院的科研优势精准对接国家、行业及区域需求，凝练科研方向，梳理任务清单，促进自发组队和学院点将相结合，加强科技创新。

二要在农业自立自强战略中增强科技创新的能力。增强科技创新，一靠人才、二靠机制、三靠平台。人和机制前面都谈了很多，下一步要加强学校综合性科技创新大平台建设，持续推进作物表型组学研究重大科技基础设施建设进度，力争建成全球最先进的作物表型组学研究设施；主动应对国家重点实验室体系重组，积极筹建作物免疫学国家重点实验室；系统培育和布局野外科学观测研究站，打造高级别生物安全 P3 实验室、基因编辑、数据分析等公共科研平台，支撑高水平研究，促进基础研究发展，不断提升承担国家重点研发计划和重大专项任务等的能力。

三要在乡村振兴的征程中增强社会服务的能力。学校社会服务有很好的传统。在农技推广方面，从科技大篷车到"双百"工程，再到双线共推，取得了显著成效；在精准扶贫方面，通过"10＋10"计划构建了"麻江模式"，很有影响力。在接续乡村全面振兴的节点上，我们也要围绕"立足江苏、服务华东、辐射全国"的目标，打造农业硅谷，建立示范点、样板间，向外输出乡村振兴的"南农模式"。同时，以美丽中国、农业农村现代化为指引，进一步发挥金善宝研究院、中国资源环境与发展研究院等高端智库的作用，在更大的舞台上发出更大的声音。

5. 以协同推进为目标增效，力促校区新融合 "十四五"期间，学校将坚持"统筹、协调、绿色、共享"的发展理念推进校区建设。目前，学校江北新校区已全面开工，白马教学科研基地的各项重大科技创新基础设施建设如火如荼，即将实现"两校区一园区"的办学格局。我们要有超前思维，主动谋划，打造功能协调、运行高效的美丽校园。

一是校区定位方面。"十四五"时期，学校将建成创新氛围浓厚、思维碰撞活跃、人文气息厚重、优势资源集聚的世界一流大学校园。在整体搬迁新校区的过渡时期，两校区各有不同的功能定位。

卫岗校区将注重学校的历史文化传承，突出通识教育、人文社科和继续教育，打造成为校地深度合作的交流中心，同时承担继续教育学院、全体一年级本科生、二年级本科生，以及动物科技学院、动物医学院、生命科学学院、理学院、经济管理学院、公共管理学院、金融学院、人文与社会发展学院、外国语学院、马克思主义学院 10 个学院的本科生和研究生的学习生活。

江北新校区将按照人文校园、绿色校园、智慧校园、特色校园的要求，建设为现代化大学校园的示范中心。将进驻农学院、植物保护学院、资源与环境科学学院、园艺学院、草业学院、食品科技学院、工学院、人工智能学院、信息管理学院、前沿交叉研究院 10 个学院的三年级本科生、四年级本科生和全体研究生。

白马教学科研基地将以教学科研实验实习、农业科技成果孵化与中试、现代农业高新技术产业示范与推广、技术与产品推介中心为主体，逐步建成引领农业发展、具有高科技现代农业展示度的国内乃至世界一流现代农业科技示范园区。

二是资源配置与拓展方面。要根据校区功能定位，从人、财、物等方面统筹资源的合理配置，做到人尽其才、财尽其力、物尽其用。首先要重规划，思考如何分配的问题，如何以高效为原则做好人员安排、物资统筹；如何以突出重点为原则做好重点实验室、科研平台等场所规划；如何以可持续发展为原则做好空间预留。其次要建制度，思考如何运行的问题，探索建立公房有偿使用制度；优化完善资源共享制度，在教学资源、实验仪器设备、图书资源等方面努力实现充分共享。最后要聚资源，思考如何拓展办学资源的问题，新的办学格局建成后，随着交通保障、基本建设等方面的投入，办学成本将大幅增加，各单位、各部门要积极拓展资源，争取主管部门更多的支持，多与地方政府加强合作，多与校友企业共谋发展，以服务和贡献获资助；鼓励教师加强与企业的横向合作，实现共赢；要进一步盘活校内资产，特别是校名、校标等无形资产，提高其使用效益。

三是信息化建设方面。一方面，要通过信息化实现多校区线上融合，通过云服务缩短多校区物理距离，加强系统集成，打通校区信息壁垒，促进资源整合及高效利用，构建全校区、全业务、全生命周期的数据管理体系，实现"两校区一园区"校园网、设备网、物联网等多网融合。另一方面，要以新校区建设为契机，全面提升信息化办学水平，内部管理实现师生"最多跑一次"，网络办公、线上教学、智慧课堂等充分满足大规模、个性化、智能化、交互式、沉浸式的需求，以信息革命带动教学科研、生活方式的革新，打造智慧校园、现代校园。

四是文化传承与创新方面。首先，今明两年，我们将分别迎来建党 100 周年、建校 120 周年、校区搬迁等重要历史节点；我们要把握契机，结合校史，办好重大活动，提升师生员工的凝聚力和集体荣誉感。其次，做好新校区的文化培育，在楼宇、道路的冠名上体现南农文化，挖掘名家大师资源，探索建立人物纪念馆，充分用好校友馆。再次，在新老校区的文化融合上，落实人文关怀，开展文化建设，统一设计、形成呼应。最后，在校地文化融合上，要充分利用新校区的建设，带动周边文化发展，努力形成绿水湾南农文化带。

征途漫漫，惟有奋斗。全体师生员工对南农的美好期盼就是我们的奋斗目标，要实现"农业特色世界一流大学"的南农梦，根本力量来源于全体南农人；而领导干部是学校高质量发展的火车头，其一言一行都影响着学校所有人。领导干部要当好"火车头"，心怀群众、脚踏实地、一身正气、实干苦干。既要敢于谋划也要善于执行，既要精于领会更要长于引领，既要敢于提出问题更要善于解决问题，着力磨炼习近平总书记提出的"七种能力"；在这个大有可为的新时代，务必在锤炼自身高境界大格局上下功夫，务必在改进工作作风上下功夫，务必在提升管理效能上下功夫，起而行之，担当作为，为学校的事业发展激发出磅礴的南农力量。

同志们，"历史车轮，滚滚向前，唯有奋斗者能乘势而上"，希望大家胸怀中华民族伟大复兴的战略全局和世界百年未有之大变局，把思想和行动统一到学校"十四五"高质量发展上来，齐心协力、开拓进取，建功新时代、再创新辉煌，以优异成绩向中国共产党成立100周年献礼！

谢谢大家！

争做新时代的奋斗者和追梦人

——在南京农业大学 2021 届本科生毕业典礼上的致辞

陈发棣

（2021 年 6 月 17 日）

亲爱的同学们，

各位老师、各位来宾：

大家上午好！

当绿草如毯、绿荫如盖时，当试验田里翻起了金色的新品种麦浪时，当绚丽的迷彩服蜕变为庄重的学士服时，毕业季如约而至。你们鲲鹏展翅的人生大事，与建党百年的国家盛事幸运交织。这个毕业季因融入 14 亿人的红色礼赞而注定与众不同！

今天，我们隆重举行 2021 届本科生毕业典礼暨学位授予仪式，共同见证你们的幸福时刻。在此，我代表学校，向通过努力奋斗顺利完成大学学业、取得学位的同学们，表示最热烈的祝贺！向为同学们的成长、成才辛勤耕耘的老师们和默默付出的家长们，致以最诚挚的谢意！

同学们，大学的时光就像一本记录与时代同行、与学校共进、与青春作伴的日记，每天都是一个故事，林林总总、短短长长，不经意已写下了厚厚一沓。前行时的回望，会赋予我们感动和力量！

回望大学时光，波澜壮阔的时代洪流在你们的青春里涌动。当今世界正经历百年未有之大变局，新一轮科技革命和产业变革蓬勃发展，国际创新版图重塑调整，后疫情时代吹响了构建人类命运共同体的集结号；我国改革不断向纵深推进，脱贫攻坚已取得全面胜利，建成小康社会，顺利实现了第一个百年奋斗目标。时代有你，未来可期，让你们青春的价值在时代大潮中熠熠生辉。

回望大学时光，高歌猛进的学校改革与发展在你们的青春里奔腾。学校解放思想、开拓创新，高峰学科不断突破，高层次人才纷至沓来，高水平成果脱颖而出，从"中国一流"不断迈向"世界一流"。学校在 QS 世界大学"农业与林业"学科排名中，连续第三年入围世界 50 强；在 U. S. News"全球最佳农业科学大学"，则进位至第七名。我们曾一起为学校积极推动中国高等农林教育创新发展、率先启动新农科建设而欢呼，也曾一道为中国第一块人造肉、北斗引领智慧麦作等前沿技术而喝彩；我们见证了学校第十二次党代会确立的未来发展新蓝图，更期待着江北新校区的拔地而起。学校亮丽的成绩单凝聚着你们的努力和付出。你们担当作为、砥砺奋进，把青春的成长写进母校的荣誉册里。

回望大学时光，拼搏奋斗的点滴成长在你们的青春里闪耀。几年来，你们的青春之歌唱响在校园的每个角落。古朴庄重的主楼守望着你们的进步，实验室里数不清的日夜见证了坚持与收获，田间地头、乡村小镇留下了你们矢志"三农"的足迹；竞技赛场，你们当仁不让，捷报频传；考研路上，你们风雨无阻，蟾宫折桂。在你们中，不乏仰望星空的思考者，更有脚踏实地、服务社会的实干家；有被评为中国大学生"自强之星"、江苏省大学生抗疫先进个人的农学院毕业生赵亚南；有在国际基因工程机械大赛中斩获金奖，获得北京大学直博生资格的生命科学学院毕业生兰泽君；有入伍参加高原戍边，并在兵役期间积极投身脱贫攻坚的动物医学院毕业生刘怀成；也有在本科期间共获 5 项专利、20 余项奖学金，集体"上岸"、全员升学的园艺学院 11 舍 211 学霸宿舍。你们勤奋、乐学、奉献，已成为南农最珍贵的底色，也是最亮丽的风景。

同学们，"新"是你们这一阶段的特质，你们或是职场新手，或是学术新人；但"新"也是你们闯荡时的无畏、拼搏时的力量、面向未来的希望。新时代的宏伟画卷已经展开，我们正自信地迈向实现第二个百年奋斗目标，全面建成社会主义现代化强国，努力实现中华民族伟大复兴中国梦；新使命的浩浩征途指引你们前行，全面乡村振兴、科技自立自强、"碳达峰、碳中和"等国家战略是学校发展的重大机遇，也是你们要回答的时代课题；新阶段的人生大幕即将开启，今天你们满载知识和收获，即将离开校园，去研读"社会"这本无字之书。新时代呼唤新作为，新使命开启新征程，希望你们做新时代的奋斗者、新使命的担当者、新阶段的追梦者！在你们踌躇满志、整装待发之际，我想代表学校向你们提几点希望：

希望你们心怀国之大者，担当作为投身新时代！

爱国，是人世间最深沉、最持久的情感。习近平总书记在清华大学考察时勉励青年学生，要心怀"国之大者"，立大志、明大德、成大才、担大任，努力成为堪当民族复兴重任的时代新人。2021 年是建党百年，百年辉煌，恰同学少年，风华正茂；你们要初心如磐跟党走，炼铸红色青春，在为民族、为人民、为人类的不懈奋斗中绽放绚丽之花。强农报国始终是南农人的精神内核。抗战期间，王酉亭为保护我国稀缺动物种质资源，护送千头良畜走过千山万水，抵达重庆，成就了农业科研上伟大的长征。1957 年，"北大荒七君子"舍家为国，以燃烧自己的青春来照亮贫瘠、荒凉的黑土地。一届届毕业生支教团风雨无阻，在西部广袤的土地上用辛勤和智慧诠释了南农学子的爱国情怀。

同学们，一代人有一代人的时代担当。我希望，你们无论身处何时、何地，无论身处人生什么阶段、什么岗位，都要常怀家国之情、常念报国之志、常做兴国之事。

希望你们写好奋进之笔，实干笃行建功新时代！

奋斗是青春最亮丽的底色，实干是青春最激昂的节拍。"古人学问无遗力，少壮工夫老始成。"干事创业需要终身学习。你们中有超过一半的同学将暂时告别学生时代，但是这并不意味着学习的结束。身处当今时代，时时充电，孜孜以求，坚持终身学习已成为发展所需。"不驰于空想，不骛于虚声。"干事创业还需要知行合一。从"把论文写在大地上"到"把课堂搬到田野里"，一代代南农人始终坚守初心、躬耕一线。作为南农的毕业生，你们要有扎根大地的情怀。就业的同学们，要尽快"走进"社会大课堂，在工作中增长本领和才干，不断创造无愧于时代的成就；升学的同学们，要不断丰富知识储备，敢于破解"种子芯片"等关键领域中的"卡脖子"技术，为实现我国农业科技创新的自立自强，彰显新时代南农学子的风采。

同学们，成功只会眷顾坚定者、奋进者、搏击者，而不会等待犹豫者、懈怠者、畏难者。我们要拒绝内卷化，更不能做躺平族。希望你们永远保持锐意创新的勇气、敢为人先的锐气、蓬勃向上的朝气，以奋斗作笔，以汗水为墨，绘就新时代的绚丽画卷！

希望你们走好人生之路，修身立德淬炼时代温度！

人们常常把大学比作象牙塔，也总有人告诉我们"外面的世界很复杂"。时代飞速发展，生活节奏越来越快。细水长流"太慢"，总有人更愿意急功近利；无私奉献"太傻"，总有人更愿意精致利己；诗和远方"太缥缈"，总有人更愿意眼前的苟且。我常常在想，如果大学毕业生不能明大志、不再有理想、不再有温度，那又如何为全人类的健康和免遭饥饿而奋斗？现实中，总有许许多多有温度的人在做有力量的事。享誉世界的"杂交水稻之父"袁隆平院士一心永为稻粱谋，一生只为一件事，取得造福中国和世界人民的伟大成就。疫情防控期间，一大批"90后""00后"，毅然选择最美逆行，甘做人民的健康卫士。

同学们，有温度的人能传递正能量，最终可以点亮整个世界。希望你们立德修身、淬炼自我，用"明月何曾是两乡"的情谊关爱同学和同事，用"岂曰无衣与子同袍"的温度呵护家人和朋友，用"山川异域风月同天"的胸怀拥抱世界和未来！希望你们都有能力爱自己，有能力爱别人。在感受岁月静好中，不忘为他人负重前行；在遭遇凄风冷雨时，依然选择热爱和希望。你们要始终坚信，善良、正义、理性是照映心灵、温养生命、点亮未来的三大法宝。

"桃李酬风月，江山起栋梁"。从今天起，你们将是位于世界各地、南农精神的传播使者，更是母校播向大地的种子。愿你们向阳而立，聚力生长，以奋斗的姿态和行动筑梦更加美好的未来！愿你们以民族复兴的步伐为节拍，以永远奋进的青春为旋律，谱写新时代的伟大乐章，共岁月峥嵘、留历史回响！

同学们，无论将来飞得多高、走得多远，钟山脚下、绿水湾畔、"点将台"旁的母校，永远是你们的家，随时欢迎你们回家！

谢谢大家！

凝心聚力　谋新奋进　乘势而上
开启学校事业高质量发展新征程

——在新学期全校中层干部大会上的讲话

陈发棣

（2021 年 8 月 27 日）

同志们：

新学期好！这个暑假，我们遭受了新一轮的新冠肺炎疫情。在此期间，学校坚持抗击疫情与事业发展"两手抓"，各项工作有序推进。抗疫战线上，10 个疫情防控工作组和广大师生员工万众一心、科学防控，顺利完成 6 轮 53 000 多人次的核酸检测采样等任务；学工战线上，完成了面向全国 31 个省份、涉及 10 个类型的招生录取工作，录取本科新生 4 400人，同时组织 5 000 余名南农学子奔赴社会实践一线；科研战线上，导师们带领学生活跃在实验室和田间地头，奔走在世界学术前沿，俯身将论文写在大地上；基建战线上，建设工人和管理人员冒酷暑、战高温，赶进度、保质量，新校区建设全力推进，维修改造工程如期完工。全校各条战线上的同志们敢于担当、勇于奉献，再次彰显了南农力度、展现了南农速度、体现了南农温度。在此，我代表学校，向暑期奋战在疫情防控一线的全体工作人员，向坚守岗位、辛勤工作的师生员工，致以崇高的敬意和衷心的感谢！

同志们，2021 年是我国现代化建设进程中具有特殊重要性的一年。2021 年，是中国共产党成立 100 周年，是全面乡村振兴的接续之年，也是全面建设社会主义现代化国家新征程的开启之年。上半年，学校完成了"十四五"规划并报教育部审核备案。"十四五"规划提出，到 2025 年，学校将形成一系列一流人才培养的代表性范例，构建特色突出、门类合理的学科结构，打造具备一流国际竞争力的师资团队，建成一批具有全球影响力的学术高地、创新平台和智库，成为服务国家战略的重要引擎；到 2035 年，基本建成符合世界一流发展需求的现代大学治理体系，主要办学指标达到世界一流大学水平，稳居世界大学 500 强。

"十四五"规划为学校未来的建设发展勾画了宏伟蓝图。站在第二个百年奋斗目标的新起点，我们应坚持什么样的根本任务，明确什么样的目标定位，展现什么样的担当作为，将蓝图逐步变为现实？两天前，学校召开了领导班子务虚会，全体校领导围绕如何推动学校高质量发展进行了研讨，取得了一系列发展共识。今天，学校召开新学期干部大会，就是要号召全校上下统一思想、谋新奋进、乘势而上，以新一轮"双一流"建设为抓手，推进治理体系和治理能力现代化，全面开启学校事业高质量发展新征程。稍后，3 位校领导将就分管工作作专项报告，陈利根书记将作总结讲话。现在，我主要讲 3 个方面。

一、坚持立德树人根本任务，勇担强农兴农时代使命

农业高校肩负推动教育事业和农业农村"两个优先发展"的双重使命，要在践行"双重使命"中切实扛起"立德树人、强农兴农"根本任务。

一是要遵循高等教育的新要求。新时代，教育发展的总战略是优先发展，总方向是教育现代化，总目标是建设教育强国，总任务是立德树人。

立德树人，须与党之大计、国之大计同向同行。习近平总书记在全国教育大会上强调，培养新时代青年要遵循"六个下功夫"。学校要积极回应、精准对接国家和时代的需求，厚植爱国情怀，涵养奋斗精神，锤炼过硬本领，在服务乡村振兴、助推农业现代化的进程中，培养出同党和国家事业发展要求相适应，同人民群众期待相契合，同我国综合国力和国际地位相匹配的时代新人。

立德树人，须与教育管理体制、人才培养体系共存共生。新时代新使命，健全立德树人落实机制，根本在于深化办学体制和教育管理改革，学校要以完善治理体系为目标，进一步破除体制机制的管理束缚，充分激发广大教师的积极性与创造力；同时，应把立德树人融入思想道德教育、文化知识教育和社会实践教育的各个环节，以"新农科"建设为契机，培养扎根大地、放眼全球，能够适应和引领未来农业农村现代化的人才。

二是要助推农业农村现代化。再过几天，就是习近平总书记给涉农高校回信两周年的日子。学校有历史的传承、有区位的优势，有机遇、有基础、有能力进一步以强农兴农为己任，拿出更多科技成果，培养更多知农爱农新型人才，为推进农业农村现代化、推进乡村全面振兴不断作出新的更大的贡献。

从历史角度看，南农是近现代高等农业教育的先驱，是中国第一个四年制农业本科教育的创办地，开创了现代作物育种、农业经济、植物病虫害等研究领域。在新时代，学校要传承好高等农业教育的基因，发挥好先驱引领作用，弘扬好科研的首创精神。南农的先辈们"点亮一粒火种"，当代的我们更要"做出一面旗帜"。

从区位角度看，南农地处"可以率先实现现代化"的长三角腹地。长江经济带、长三角一体化等重大战略机遇可以转化为学校各项事业发展的强大动能；与此同时，面对江苏"争当表率、争做示范、走在前列"的新使命、新定位、新追求，南农可以在先行"勾画现代化目标"上有所担当、有所作为。

"立德树人、强农兴农"是新时代学校事业发展的根本任务，是一切改革创新的根本遵循。接下来，要立足任务担使命，抓住机遇促落实，回望初心再进发，切实扛起"助推高等教育现代化、农业农村现代化"的时代担当。

二、夯实农业特色矢志世界一流，锚定目标建幸福校园

方向清晰、目标明确，往往可以事半功倍。学校发展的总目标是建设农业特色世界一流大学，这也是目前所有工作的出发点和落脚点。在建设世界一流大学的进程中，同步提升全校师生的幸福感与获得感，理应是包括在座各位同志在内全体南农人的共同心声和基本追求。

一是紧扣一个总目标：坚持农业特色争创世界一流。2021 年 3 月，教育部等三部委联合印发了《"双一流"建设成效评价办法》，强调"双一流"建设将依据办学传统与发展任

务、学科特色与交叉融合趋势、行业产业支撑与区域服务，探索建立院校分类评价体系。近期，教育部反馈了学校首轮"双一流"建设成效评价结果，对学校总体建设成效给予了充分肯定，但也指出了一些短板。目前，相关学院和部门也正在积极编制新一轮的"双一流"建设方案。我们要对标评价体系、对照反馈意见，深入对接国家战略，深化内涵式发展，坚持农业特色，在不同方向和领域争创一流。

作为首批"双一流"建设高校，我们既不"唯"、也不漠视相关机构的世界大学排名，要看到大学评价体系是衡量大学发展的重要尺度，也是诊断大学发展问题的有效工具。根据近两年的榜单，U. S. News 排名中，我国大陆地区共有 39 所大学进入 500 强，其中 31 所来自教育部首批世界一流大学建设高校，学校排第 577 位，在涉农高校中仅次于中国农业大学；在泰晤士世界大学排名中，大陆地区有 22 所大学进入 500 强，其中 20 所来自世界一流大学建设高校，学校的位次在 601～800 名；在 QS 排行榜中，大陆地区有 26 所大学进入 500 强，其中 23 所来自世界一流大学建设高校，农业高校排名整体不佳；软科排名中，学校已跻身世界大学学术排名 400 强。在一些单项排名中，学校表现更为抢眼，已连续 4 年进入 U. S. News "全球最佳农业科学大学"前 10，跃居 QS 世界大学学科排名"农学与林学"第 25 位。

这些数据显示，学校的"双一流"建设取得了明显成效，与世界一流大学建设高校的差距逐步缩小，在一些排行榜中已进入或非常接近前 500 强；同时，部分一流学科建设高校甚至地方高校，如北京科技大学、深圳大学等，近年来发展非常迅速，在几项榜单中都进入了 500 强。学校已具备了一些学科优势，应借鉴其他高校建设经验，围绕核心办学和评价指标，立足优势、特色和交叉学科，提优项、强弱项、补短板，迎头赶上，不断争创世界一流。

二是把握一个基本理念：坚持以师生为本。领导干部要时刻把师生的尊严感、幸福感、获得感、安全感放在心里、抓在手上、落在实处。硬件上，要考虑把有限的资源盘活并高效利用，为师生提供良好的学习、科研、办公、生活环境；软件上，要强化调研，改进作风，营造尊师爱生的氛围，形成更具活力的体制机制，着力解决师生急难愁盼的问题，努力提升师生福祉，建设幸福校园。

明确了当前学校发展的根本任务和目标定位，就明确了加快推进"十四五"建设新征程上的落脚点和重点。只有肩负任务不动摇、咬住目标不放松，才能抓住未来、创造未来、赢得未来。

三、统筹谋划精准施策，全面推进学校事业高质量发展

路在心中，行在脚下。我们要手握"十四五"规划路线图，与时代和需求同向同行，找准重要契机的突破口，找到关键领域的发力点，坚定走好每一步发展之路。

（一）面向未来，促进交叉融合，优化学科专业布局

我国高等教育以"学科专业"作为科学研究、人才培养、学术组织的基础框架。新学科的诞生和传统学科的消退是社会知识结构与社会需求变化的体现，在社会分工日益精细、社会需求日趋多元的变革下，要适时对学科专业进行优化和调整，布局新兴交叉学科，以适应知识发展、社会进步，回应时代要求。我们要坚持"适应性、内涵式、动态化"的原则，从

顶层设计、交叉融合等方面不断推进学科专业的优化调整。

一是重规划：加强学科专业优化布局的顶层设计

学科专业整体规划应包括 3 个部分：首先是探索设置新学科新专业。要以经济社会发展对人才、技术等方面的需求为导向，及时、动态地调整学科专业，积极布局智慧农业、农业智能装备工程、营养与健康等新专业，让新学科新专业与国家和社会需求对接，与前沿和未来交汇，与全人类的健康和发展同轨。其次是部分学科专业的撤销。2021 年 3 月，教育部公布的普通高等学校本科专业备案和审批结果显示，518 个专业被撤销，这是近 8 年来撤销专业最多的一次。与社会脱节、不符合学校办学定位、人才培养质量不高、缺乏特色的学科专业，我们要大胆淘汰，坚定地向质量提升的内涵式发展转变。最后是学科专业整体的优化调整。立足学校办学定位和学科发展规律，要落实基础学科深化建设行动；相关高峰学科要深入践行一流学科培优行动，加强科研创新与高层次人才培养，在国际可比的学科和方向上力争突破，构建协调可持续发展的学科体系。

学科专业的优化布局最终落脚点在于培养面向需求的时代新人。在学科专业的设置上，就是要以社会需求为导向、以学生为中心，在修订培养方案的时候，更多要考虑社会的需求是什么、学生的期待是什么、我们的任务和目标是什么，而不能是我们有什么老师就开什么课。在学科专业动态调整的操作层面，以前是学院"答卷子"，教育管理部门"改卷子"；学校没有充分发挥应有的职能，只是简单的"交卷子"。现在，我们要让社会来"出题"，学校来"破题"，学院来"答题"。在学科和专业布局调整方面，发展规划与学科建设处、教务处要分别牵头拿出分类考量、长线思维、动态调整的总体工作方案，突破传统学院限制，整合全校资源建好学科、办好专业。

二是促交叉：推进学科专业融合发展的落实落地

2021 年初，美国国家科学院、工程院和医学院联合发布了《推动食品与农业研究的科学突破 2030》，阐述了农业领域亟待突破的五大研究方向，包括整体思维和系统认知分析技术、新一代传感器技术、数据科学和信息技术、突破性的基因组学和精准育种技术、微生物组技术。可以看出，未来农业系统是复杂的巨系统，已经很难再依靠"点"上的技术突破实现整体提升，要以系统的思维促进学科专业间的深度融合。当前，各个高校在前沿交叉领域都想"领跑一步"。近日，学校"植物表型组学"获批教育部交叉学科，这是国内高校在该领域设立的首个交叉学科；接下来，要继续在"交叉融合"上做好自己的文章。2021 年 2 月的全校干部大会上，我已提出了比较详细的要求，在此基础上，再强调两点。

一方面，要形成共识打破壁垒。"山水林田湖草是一个生命共同体"，农业领域的科学研究必须突破单要素思维，从整体的维度进行思考，要把跨学科跨专业研究和系统方法作为解决重大关键问题的首选项。各学科之间、学院之间要克服"藏宝贝"的思维习惯，有好的方向、优秀的人才要舍得拿出来与其他学科交叉融合形成更大的优势；要摒弃过去"单兵作战"的思维习惯，努力打破学院和学科壁垒，激发创新活力。学校上下要形成前沿、整体、开放、共享的共识，不能各自为政，更不能设置障碍，要主动融入学校交叉融合的大局中。

另一方面，要积极为实质性的交叉融合创造条件。前沿交叉领域应以解决重大科学挑战为使命，以合理组织管理架构为保障，以培养创新型、复合型人才为核心。校内要立足国际前沿，在人才培养体系、人才流动机制和聘任制度、考核和薪酬分配机制等方面多下功夫，使交叉研究平台成为科技创新的沃土、人才培养的特区及推进学校国际化进程的有力阵地。

校外要面向有未来技术需求的地方政府、引领未来技术发展的龙头企业，加强合作，打造未来农业技术学院、区域协同创新中心等，构建虚实结合的交叉研究网络，要加快"招兵买马"、配套相应政策，扎实有效地促进实质性交叉融合。

（二）面向未来，激发人才活力，加强三支队伍建设

科技越进步，教育越发展，人才的重要性就越加突出。现阶段学校的发展对人才的需求比任何时候都迫切。我们要激发专任教师队伍的创新活力，增强管理队伍的内生动力，提振服务团队的干事热情，统筹做好各个层次的人才队伍建设。

一是建设一支高水平的专任教师队伍。一方面，要进一步强化岗位设置和聘用管理，加强定编定岗工作。人力资源部要牵头制订定编定岗工作方案及相应制度，以效益、效率为导向，以比例合理为原则，以优化结构为主线，着眼长远、立足当前，分步实施、动态调整。在定编定岗的过程中，要以学生的规模为基数，以教学任务、科研任务及社会服务任务为标准，按照一定的生师比、任务量确定编制；坚持以学科专业建设为导向，优先保障重点学科，支持新兴学科，扶持"冷门"基础学科，统筹兼顾，合理设置教师岗位。只有规模适度、人岗相适，才能做到人尽其才、才尽其用。

另一方面，高层次人才不足，缺少能够谏言资政的权威领军人才。学校在国家重大政策建议咨询和各类科技项目规划布局等方面话语权不够。我们要建立长期稳定的引才育才机制，既有"硬待遇"也要有"软保障"。同时，我们也要加强"精准化"引才。我们引来的人不仅要"好"，更要"用得上"；以"高精尖缺"为导向，围绕学科发展方向按需、按规划设岗引人。我们要突出"精细化"育才，对"钟山学者"的管理力度要加大，给予不同层次的人才不同力度的支持和考核。

与此同时，博士后队伍是学校优化科研组织模式、提升科研攻关能力的重要力量。要进一步加大博士后工作力度，扩大规模，加强博士后招收的宣传力度；要充分调动学院和教师的积极性，探索建立校、院、导师多方资助的机制；要完善职业发展通道和选拔政策，鼓励优秀的博士后脱颖而出。

二是培养一支高效的管理队伍。学校的改革发展需要一批精干高效的管理人员去细化、落地、执行各项决策部署。学校的管理队伍总体人数偏多，结构仍需优化，要不断提升工作效率和管理效能。首先，应完善体制机制，建立管理人员的绩效考核体系，让多做事的人不吃亏，让少做事、不做事的人不能蒙混过关；其次，管理人员也要根据职责定编定岗，进一步推进机构优化调整。在此基础上，明确部门职责、岗位职责，不互相扯皮、不互相推诿，不重复劳动。最后，要加强督察督办、上下同心让工作落地。我们围绕学校的改革发展有很多政策和制度，也有很多计划和方案。但更重要的是，做好"执行落地"这一"后半篇文章"。两办要继续加强督查督办，推动各项重大决策落地生根，开花结果。同时，我们也发现了一些管理不同步的问题，有把学校文件直接转发了之的，有对学校的要求打了折扣的，有跟学校要求相背而行的，这些问题直接影响到学校管理效能的提升和人、财、物使用效率的提高，也影响了世界一流大学的建设步伐。我们要上下同心，拧成一股绳，才能共建高效、和谐的幸福校园，才能共享学校高质量发展带来的红利。

三是打造一支优质的服务队伍。教辅、科辅、后勤等服务队伍是学校人才队伍的重要组成。要构建"现代型"后勤保障服务系统，促进自办、合作和外包相结合，不断将服务从满

足师生基本需求向和谐舒适转变；要构建"育人型"后勤保障系统，提升服务水平，将服务育人浸润于工作中，加强对学生生活、心理等方面的关心和引导；要构建"节约型"后勤保障系统，以提高资源使用效率为核心，以节能、节水、节材和资源综合利用为重点，采取有效务实的措施，实现可持续发展。打造与一流大学发展相适应的服务团队，为师生员工提供更加便捷、周到、优质的服务保障。

（三）面向未来，强化基础研究，加强核心技术攻关

随着世界科技竞争不断向基础研究领域前移，国家已做出了加强高校基础研究、推动原始创新、建设前沿科学中心、发展新型研究型大学的战略布局。近年来，我国农业科技基础研究取得长足进步，但与建设世界科技强国的要求相比，农业科技原始创新短板依然突出，农业"芯片"攻关、重大动物疫病防控、智能农机装备研发等"卡脖子"技术仍有待突破。

南农作为农业科技创新的"排头兵"，在国家大力推进、积极布局基础研究十年行动方案的重要关口，要主动融入国家战略布局，勇闯基础研究"无人区"，敢涉自主创新"深水区"，成为农业基础研究与核心技术攻关的"主战场"。

一是要对接国家需求瞄准国际前沿，建大平台、引大人才。科技创新要坚持"四个面向"，即面向世界科技前沿、面向经济主战场、面向国家重大需求、面向人民生命健康，农业科技创新也不例外。为此，学校要以大平台引来大人才，支撑高水平研究，促进基础研究发展。要加强校内综合性重大科技创新平台建设，主动应对国家重点实验室体系重组，确保作物遗传与种质创新国家重点实验室的优势地位，积极筹建第二个国家重点实验室；持续推进作物表型组学研究重大科技基础设施建设；建设一批高水平农业生物种质资源库（圃）、野外科学观测站等公共科研平台。

各单位各学院要积极转变思路，变"等靠要"为"迎改闯"，迎难而上，改革创新，闯出路子。主动抢抓发展机遇，主动梳理任务清单，主动凝练科研方向，主动组织科研团队，主动争取重大项目，做大做强学校的平台和研究。

二是发挥基础学科牵引作用，推动农业科技原始创新，做大研究、大攻关。上个月，科技部明确指出，要发挥基础学科对基础研究的龙头作用，要加大对基础学科的支持力度；新一轮"双一流"建设也提出要深化基础学科建设。理学院、生命科学学院等相关学院要加强数学、物理、化学、植物学、生物学等基础学科建设，找准服务经济社会发展和农业科技创新的结合点，主动融入学校主流学科，抓住机遇、认真谋划，做出大研究。

理论的创新可以带来技术的突破。其他学院和学科更应加强基础研究，不断推进农业科技的原始创新，努力实现更多"从 0 到 1"的突破，从而带动"从 1 到多"的农业科技创新，做出大攻关。

三是推动大成果落地，全面助推乡村振兴。成果转化是打通产业链条的"最后一公里"。农业的研究成果尤其不能"束之高阁"，而要走出实验室、走向产业、落根大地。在成果转化方面，要构建更高层次、更宽领域、更深程度的开放合作机制，实现校地大融合、发展大联动、成果大共享；在社会服务方面，要继续推出叫得响、传得开的新方案、新模式，搭建现代农业产业学院、乡村振兴学院等共建、共享、共管的载体平台，建农业现代化示范区、先行区，做乡村振兴的参与者、建设者、领跑者、引领者。

（四）面向未来，凝聚发展合力，促进校区融合发展

对于一所大学而言，既要有"大师"，也要有"大楼"。江北新校区承载着几代南农人的梦想，凝聚着学校师生和校友的期盼。自 2011 年学校明确提出新校区建设目标以来，到 2021 年整整 10 年，从数不清的谈判沟通、选址确定，到艰难报批立项，再到事无巨细的规划设计，最终排除万难的全面开工。十年磨一剑，通过南农人艰苦卓绝的努力，新校区的建设蓝图即将变成矗立在眼前的美丽实景；配套的教师公寓建设困难重重，学校排除千难万难，全力推进。"新校区、新南农"，从依山而建到拥江发展，每一步都凝结着全体南农人的智慧和胸怀。

随着新校区的建成，学校将逐步形成多校区办学的新格局，将有效解决学校的空间制约，充分释放发展潜力。同时，也即将面临一系列多校区办学的融合发展问题。我们要有超前思维，主动谋划，打造功能协调、运行高效的一流校园。稍后，刘营军副书记将专门介绍新校区建设进展，闫祥林副校长也会介绍多校区办学的思路。我先谈一点想法。

一是明确功能定位，科学分析多校区办学的优势与短板。在 2021 年初的全校干部大会上，我就不同校区的布局和功能定位已向大家作了介绍。一方面，多校区办学具有极大的优势，主要体现在极大地拓展了办学空间，为吸引人才和扩大招生规模带来了有利条件，从而带动学科的发展、科研的进步、社会服务能力的提升；不同校区依托不同驻地的特色和资源，优势互补，使部分功能之和大于简单加和的整体功能，提升学校核心竞争力；多校区办学为统一协调资源配置、机构调整、管理机制的改革提供良好的契机；硬件建设将得到加强，为师生的学习生活提供良好保障。另一方面，要看到多校区办学带来的困境。首先，基建、交通班车等投入使得办学成本、运行成本增加；其次，校区间物理的距离可能会造成管理效率下降、师生交流不畅、资源分配不均、文化交融不够的现象；最后，校区间学科专业交叉融合难，容易出现发展不平衡的问题。

二是做好内强布局外拓资源，保障多校区协调可持续发展。要重点做好以下几个方面。

发展战略方面。新校区的建成、多校区的办学是学校发展的重大机遇，人事、发展规划、教务等部门要以长远的眼光，立足不同校区的定位，提前布局好人才引进战略规划、学科专业调整战略规划、综合改革战略规划，扩大办学优势。

资源配置方面。要解决发展不平衡的问题，就要优化配置，做到人尽其才、财尽其力、物尽其用。一方面，以分配为导向，以可持续发展为原则，做好人员安排、物资统筹，做好重点实验室、科研平台等场地规划，做好未来发展空间预留；另一方面，以运行为导向，以资源有效利用与共享为原则，进一步完善公房有偿使用制度，探索制订教师公寓分配方案，优化完善资源共享制度，在管理服务、教学资源、实验仪器设备、图书资源等方面努力实现充分共享。

信息化建设方面。要以信息革命带动教学科研及生活方式的革新。通过云服务缩短校区间的物理距离，全面提升信息化办学水平，让更多的业务实现"网上办理""掌上办理"，让师生"最多跑一次"，提高管理效率；同时，充分满足师生个性化、智能化、交互式、沉浸式的信息化需求，促进线上融合。

文化融合方面。2022 年是学校 120 周年校庆年，学校将成立专班，办好文化校庆、学术校庆、校友校庆及多校区融合校庆。各单位要为办好校庆出谋划策的同时，以此为契机，

全面展示办学成就，凝聚社会各方力量，提升师生员工的凝聚力、荣誉感和认同感。

资源拓展方面。新的校区格局建成后，我们要更开放地办学，获得更多的外部力量支持。首先是加强与政府合作，积极服务国家和区域发展战略，做好成果转化、政策咨询与智库工作，以服务赢得支持；与此同时，要扩大校地合作，统筹做好包括研究院、基地等建设发展工作。其次是盘活校内资产，提升使用效益。要提早谋划学校富余资产的盘活工作，完善市场化运营机制，把学校的资产管好、用好！再次是充分发挥基金会作用，要不断完善基金会内部治理结构，规范资金运作，积极拓展渠道，筹集更多资金。最后，在校友工作方面，要建立联系校友、服务校友的常态化机制，畅通校友回报母校的渠道，充分体现与校友共谋发展。

（五）面向未来，提升治理效能，深化体制机制改革

"工欲善其事，必先利其器"。高水平的制度体系和治理体系是学校各项事业发展的"利器"。教育评价改革总体方案已落地实施有近一年的时间，我们有没有很好地发挥评价"指挥棒"作用，激发广大教师干事创业的动能？我们有没有精心设计评价指标，让每一位教师得到更公平、更全面的考核？我们有没有充分发挥制度的保障作用，真正让教师们把主要精力投入教学、科研和社会服务，而不是花在不必要的应付评价上，花在形式主义的种种活动上？我们有没有在改革中不断地提高管理水平、提升管理效能？

可以肯定的是，我们已做了许多有益的探索，也取得了一定的成效。但同时也要看到，与一流大学相比，我们还有较大差距。不断健全体制机制，将制度优势转化为治理效能，必须始终坚持改革永远在路上。

一是不断深化人事制度改革、职称评审改革。上半年，学校正式印发了《人事制度改革指导意见》《学院考核及绩效津贴分配实施办法》，按照分类、分级、多元的原则，以绩效为导向进行了改革，不断促进"校办院"向"院办校"转变，突出立德树人等核心指标，将定性考核与定量考核相结合，将单项考核与综合评价相结合，教师能得多少取决于个人为学院绩效总量贡献多少，改变单位之间、个人之间干多干少、干好干差区别不大的不良现象。

随着制度的出台，相关工作应及时跟进。一方面，人事部门、相关单位、各学院要做好制度的宣传和解读，让广大教师对制度有全面了解。另一方面，各个学院要压实主体责任，尽快完善考评体系，同时将压力和责任传导到每一位教师，强化目标管理和责任意识。

在职称评审方面，继续深化推进"代表作"制度，推行"小同行"精准评价，推动人才评价从"数量导向"向"质量导向"转变；要进一步推进职称评审改革，突出分类评价，科学设置教学、科研等要素的指标权重。

二是不断深化科技成果评价机制改革。这是全校教师都十分关心的事情。8月初，国务院办公厅印发了《关于完善科技成果评价机制的指导意见》。科技评价是科学活动的指挥棒，科研管理部门要加紧构建科学合理的评价体系，出台相关政策和制度。要重点解决"评什么、谁来评、怎么评、怎么用"的问题。"评什么"就是要全面准确评价科技成果的科学、技术、经济、社会、文化价值；"谁来评"要突出评价的用户导向、应用导向和绩效导向；"怎么评"就是要形成符合科学规律的多元化分类评价机制；"怎么用"则要通过重大科技创新和成果转化激励办法的制度设计来实现。既"破"又"立"，才能激发科研人员的内生动力。

三是不断深化"放管服"改革，营造良好科研生态。习近平总书记在院士大会上强调："要建立让科研人员把主要精力放在科研上的保障机制"。前几天，国务院办公厅刚刚发布了《关于改革完善中央财政科研经费管理的若干意见》，从 7 个方面提出 25 条"硬核"举措，为科研经费"松绑"，赋予科研人员更大的科研项目经费管理自主权；加大科研人员激励力度，减轻科研人员事务性负担。

学校要深化"放管服"改革，根据上位文件最新的要求和精神，及时修订学校相应的管理制度，加快解决束缚科研人员手脚的许多管理问题，能简化的就不要复杂，能跑一趟的就不要多趟，能有效整合的就不要多头管理，能有效监管的就不要什么都管，为教师们营造风清气正的学术生态，打造潜心研究的科研氛围。

同志们，面对"十四五"的新使命新要求，我们只有锚定任务和目标，找到关键领域精准发力，找准重大契机寻求突破，才能激发新动能、跑出新速度、拼出新格局。希望各单位各学院在把握重点工作的基础上，进一步细化其他工作的具体任务和举措，稳步推进各项事业发展。这里，我要着重强调一下新学期开学、返校的相关工作。教育部、江苏省教育厅对安全有序推动本学期开学工作提出了很高的要求，要从维护师生生命健康安全和服务全国疫情防控大局出发，将新生开学、师生返校期间疫情防控工作作为头等大事来抓。目前，学校初定于 9 月 22—30 日，视疫情防控具体情况，安排学生分批次错峰返校。相关部门要做细做实开学、返校和疫情防控工作的具体方案与应急预案，做好对师生的政策宣传和组织工作，做到守土有责、守土尽责，确保各项工作运行安全稳定、有序高效。

同志们，未来已来，莫负韶华。我们有理由相信，在校党委、校行政的坚强领导下，学校上下同心、锐意进取，学校的高质量发展必将取得累累硕果！我们有理由相信，以"新农科"建设为契机，培养"四为"人才，我们一定能让南农播撒的种子在全世界开出桃李芬芳！我们有理由相信，全校师生矢志创新、加强基础研究、加大科研攻关，我们一定能在农业科技自立自强的征程中扛起大旗！我们有理由相信，加速推进新校区及教师公寓建设，凝心聚力拓展资源，我们一定能在绿水湾畔开辟崭新天地！

新百年征程的冲锋号角已经吹响，任务艰巨，使命光荣！希望大家齐心协力、开拓进取，奋力谱写"十四五"发展新篇章，建功新时代、再创新辉煌！

谢谢大家！

一粒种子的旅行

——在 2021 级新生开学典礼上的讲话

陈发棣

（2021 年 10 月 11 日）

亲爱的新同学、老师们，

以及在线观礼的家长朋友们：

大家上午好！

钟山前喜迎八方俊秀，点将台汇聚四海贤才。今天，我们两校区同步举办开学典礼，共同迎接 2021 级 3 658 名研究生新生、4 403 名本科新生及 59 名预科生。两个月前，承载着南农初心与使命的五谷种子，装进了本科新生的录取通知书里；从学校出发，穿过城市霓虹，飞过田野乡村，跨过雪域高原，越过沿海之滨，达到你们的手中，更将梦想之种根植在每一位新生的心中。今天，你们像一粒粒种子，带着破土而出的期待，相聚于南京农业大学。从此，我们将共享南农人的荣光，共襄南农人的梦想。在此，我代表学校，向各位新同学表示最热烈的欢迎！向辛勤培育你们的家人和老师，表示最衷心的感谢！

同学们，2021 年是充满荣光、写满梦想的一年。你们生逢伟大时代，奋斗正当其时！这一年，建党百年，我国正式宣布全面建成小康社会，中华民族千百年来的憧憬变为现实；这一年，经济逆势增长，航天铸就辉煌，奥运彰显国强，乡村振兴全面起航……全国上下向着第二个百年奋斗目标昂首迈进；这一年，你们从"觉醒年代"穿越百年，塑"恰同学少年，风华正茂"的气魄，炼"中流击水，浪遏飞舟"的勇气，在时代洪流中锻造高尚品格，在人生大考中取得优异成绩，成为新时代的新青年！

同学们，如果说你们是一粒粒正在旅行的"种子"，行至南农；这里就是你们破土而出的温床，是你们拔节抽穗的良田，也是你们灌浆成熟的沃野。2020 年，我以"南农之美"向你们的师兄师姐介绍了学校；2021 年，我将以"南农之大"开启你们新的征程。

南农之大，在于平畴沃野的大胸怀。沃土育良种。有着 119 年建校历史的南农，一路参与并见证了中国的社会变迁、农业进步和教育发展，是近现代高等农业教育的先驱，是四年制农业本科教育的开创地，现代作物育种、农业经济、植物病虫害等研究领域从这里发端；而今，面对国家和时代需求，南农更是作为"新农科"的倡导者、"世界农业奖"的发起者、"现代农业科技"的领跑者，心系复兴之梦、怀揣强国之愿、奋发兴农之路、扎根大地、胸怀天下。

南农之大，在于躬耕园丁的大风骨。园丁浇新苗。百十年来，南农的"大先生们"以对国家和民族的拳拳之心激励学生，以对知识和真理的不懈追求教导学生，以对人生和世界的高远追求熏陶学生。他们中，有中国驻联合国粮食及农业组织首任首席代表邹秉文，有青霉素之父樊庆笙，有现代小麦科学奠基人金善宝，有棉田守望者冯泽芳，有建成世界第三大大豆种质资源库的盖钧镒院士，更有致力国家粮食安全、选育出高产抗病优质水稻品种的万建民院士等，不胜枚举。他们扛起担子、俯下身子，为祖国辛勤翻犁出一片热土，为学生默默播种出一片希望。

南农之大，在于穰穰满家的大作为。耕耘促秋实。一代代南农人弦歌不辍、砥砺前行，从"中国一流"不断迈向"世界一流"。学校的 9 个学科领域进入 ESI 学科排名全球前 1%，其中农业科学、植物与动物科学进入前 1‰，跻身世界顶尖学科行列。连续 4 年进入 U. S. News"全球最佳农业科学大学"前 10，跃居 QS 世界大学"农业与林业"学科排名第 25 位，跻身软科世界大学学术排名 400 强。累累硕果见证了学校的改革发展，也给了你们自信的底气和前行的力量。

南农之大，在于拥山抱水的大风光。校园蕴气质。钟山南的卫岗校区古朴雄伟，老山下的浦口校区人杰地灵，长江畔的江北新校区一栋栋大楼正拔地而起，每个校区都将成为你们奋斗的战场、逐梦的舞台。山的沉稳正如你们志存高远、踏实担当，水的灵动亦如你们青春活力、勇于创新，你们必将在山水风华与书香校园中，彰显朝气、涵养才气、塑造正气。

同学们，一粒种子要长成"参天大树"，成长的路上并不会总是一路坦途，必将有黑暗里的坚守也有破土时的欢欣，有阳光照耀也有风雨洗礼，有鲜花相伴也有荆棘丛生。在南农之旅的启程时刻，我想把 3 点嘱托装进你们的行囊。

第一，希望你们以赤子之心向高处攀登，不做时代看客。世界上最有意义的事情，莫过于为理想而奋斗；世界上最幸福的事情，莫过于将个人奋斗融入国家发展。袁隆平院士以一粒种子改变世界，让中国人把饭碗牢牢端在自己手里，让我们明白了"粮安天下"的道理；华为科技的孟晚舟女士身陷异国，在中国政府不懈努力下终得归航，让我们感受到"背后就是祖国"的力量，也明白了"科技自立自强"的重要。

当时代的接力棒传递到我们手中，我们如何在新时代的赛道中跑出新风采、跑出好成绩？我们不能像一名看客置身事外。要向主动请缨奔赴北大荒，把万亩荒地开垦成千里沃野，被称为"北大荒七君子"的南农先辈那里寻找答案；要向或抗疫在一线，或参加高原戍边，或学以致用带领家乡百姓脱贫致富的南农朋辈那里寻找答案。他们从来不只是为了个人的温饱，而是以强农兴农、国家富强及人类福祉为己任。

希望新生代的你们传承南农人深厚的家国情怀，锤炼本领，在我国建设"世界重要人才中心和创新高地"的历史进程中挑大梁、当主角，以赤诚的初心照亮前行之路，与人民同心、与国家同向、与时代同行！

第二，希望你们以沉静之心向深处探寻，不做大学游客。新生报到那天，我看到你们在紧张、期盼、忙碌之余，兴奋地与校门合影、与大鼎合影、与主楼合影，希望你们慢慢品味这所百年学府的"诚、朴、勤、仁"，绝不能像个游客一样"到此一游"。

保持沉静的心，要向自己学习。外部环境精彩纷呈也纷繁复杂。我们被信息洪流裹挟，被各类热搜包围，但要学会倾听自己和独立思考，"管却自家身与心，胸中日月常新美"。希望同学们始终保持明辨清醒的状态，心无挂碍、静谧自怡地采撷所长、潜心向学。

保持沉静的心，也要向书本学习。同学们习惯借助网络查询知识、学习经验，习惯用键盘表达思想，但搜索不能代替记忆，碎片化学习不能代替经典著作的研读，我们更不能做只有复制粘贴功能的"移动硬盘"。而是要保持大量阅读的习惯，要有向深处研读的钻劲儿，才能穷究事物的本质，才能将知识转化为能力。

保持沉静的心，还要向大地学习。从"大学与大地"故事的演绎者卜凯与赛珍珠，到放弃城市工作在青藏高原生产青稞产品的新农人小索顿，一代代南农人耕读传家，对大地怀有深深的感情。希望你们继续传承"大国三农"的情怀，在"希望的田野"知行合一、扎根大地。

同学们，请不要听信"上了大学就轻松了"的善意谎言，更不要采纳"大学就是大概学学"的不良建议。在南农，你将遇到新思想，与来自不同背景和生命轨迹的人接触；你将跨越知识的鸿沟，对一切新鲜事物发问。你们要牢牢抓住大学时光这一迅速提升自我、挑战自我的宝贵人生阶段，追求真理、建构知识、无问西东！

第三，希望你们以广博之心向远处前行，不做青春过客。青春是一首美丽的诗，热烈而动人；青春又是一条宽广的河，壮阔而深邃；我们要以博远为舟，驾驭青春，扬帆远航。

博远需要眼界。当前，以智能化为特征的第四次工业革命与第二次机器革命叠加演进，智慧农业、数字农业、绿色农业、康养农业扑面而来，同学们要着眼未来的农业塑造今天的自己，不断求索创新，担当农业高科技的尖兵与标兵。

博远需要合作。2021 年，国际奥委会在奥林匹克格言"更快、更高、更强"之上加入了"更团结"，表达了全世界人民和衷共济、携手向前的美好心声。"独行快，众行远"。希望同学们培养合作意识，不做"独学而无友"的孤陋寡闻者，不做"各人自扫门前雪"的利己主义者，不做"躲进小楼成一统"的单打独斗者。

博远需要热爱。热爱学习与科研，可以抵御探索未知过程中的枯燥、挫折甚至失败；热爱生命与自然，注重身心健康，保持朝气蓬勃、豁达开朗，以体育心、人文化成。

博远更需要坚持。希望同学们在激流骇浪里永不言弃，在崎岖长路上风雨无阻，用奋斗和坚韧为青春添彩。

同学们，希望你们在这里开启一粒种子的探索之旅、奋斗之旅、梦想之旅，成为勇担未来南农的建设者、强国兴农的贡献者、民族复兴的参与者！携一份"书卷气"在无涯的学海里乘风破浪、勇立潮头，带一份"泥土气"在青春的原野上俯仰天地、无愧时代！

最后，祝愿各位同学在南农的求学生涯顺利、圆满！

谢谢大家！

在华东地区农林水高校
第二十九次校（院）长协作会上的致辞

陈发棣

（2021 年 10 月 15 日）

各位领导、各位同仁：

大家上午好！

金秋十月秋高气爽、流光溢彩。在这美好的收获时节，我们相聚美丽青岛，隆重举行华东地区农林水高校第二十九次校（院）长协作会，旨在以创新、协作的视角探索"十四五"期间高等教育的发展潮流与改革趋势。在此，我谨代表理事长单位南京农业大学，对会议的胜利召开表示热烈的祝贺！向出席本次大会的华东地区 16 所农林水高校与会代表致以诚挚的欢迎！值此青岛农业大学 70 周年校庆之际，请允许我代表华东地区农林水高校校（院）长协作会全体成员单位，向青岛农业大学致以最热烈的祝贺！

2021 年是中国共产党百年华诞。100 年来，在党的领导下，中国高等教育扎根祖国大地，为国家图富强，为民族谋复兴，为社会育人才，经历了从无到有、从小到大的壮阔伟业，并正在经历着从高等教育大国向高等教育强国迈进的历史性跨越。新发展阶段，农林水高校更应牢记"为党育人、为国育才"的初心使命，落实立德树人的根本任务，不断提高教育教学的质量和水平，办好让人民满意的高等教育。这是我们责无旁贷的历史责任！

华东地区农林水高校始终紧跟时代发展、紧盯国家战略，团结一致共谋发展。近年来，协作会已先后就新农科建设与一流人才培养、粮食安全与农业科教创新、促进内涵发展与服务乡村振兴等内容展开了热烈讨论；兄弟高校的改革举措与经验做法，为各成员单位乃至全国高等农业教育的创新发展提供了新视野、新思路、新启发。2021 年，我们又共同围绕"'十四五'规划与教育教学评价"的会议主题聚言汇智，以期凝聚起新时代农林水高校高质量发展的更多智慧、更大力量。"我们要立足现实，把握好每个阶段的历史大势，做好当下的事情"，善于把握新形势、抓住新机遇，在"十四五"期间开创中国特色高等农业教育发展新局面。

一是抓住全球科技发展的创新机遇。当前，以人工智能、物联网、基因编辑、空间和海洋等新科技正在加速发展与应用，新一轮科技革命和产业变革正在重构全球创新版图。我国近期在二氧化碳人工合成淀粉上取得了颠覆性的突破，该合成生物学成果一经报道便迅速引起了广泛关注。科学技术从来没有像今天这样深刻影响着国家前途命运与人民生活福祉，学科交叉融合、基础研究创新和核心技术攻关等，将为我们农林水高校带来新的挑战和机遇。

二是抓住高等教育发展的时代机遇。我国已经建成了全球最大规模的高等教育体系，在学总规模位居世界第一位，高等教育已由大众化迈向普及化阶段，建设高等教育强国已经具备了坚实的基础。近期，习近平总书记在中央人才工作会议上强调，"要加快建设世界重要人才中心和创新高地"，高等教育人才培养任务更为艰巨，发展方向更为明确。在新发展格局下，如何推进"新农科"人才培养模式改革，如何创新教育教学方式，如何建设高标准教学和科研基地，如何培养更多知农爱农新型人才，是我们农林水高校深化改革、推动内涵式发展的重要动力。

三是抓住"三农"事业发展的战略机遇。随着新时代脱贫攻坚目标任务如期实现，我国"三农"工作重心也发生了历史性转移，乡村振兴、农业农村现代化建设正在全面推进，迫切需要培养一大批乡村振兴专业人才，迫切需要培育一大批农作物新品种及配套新技术，迫切需要完善现代乡村治理体系。我们农林水高校应充分发挥主力军作用，深耕"三农"主阵地，不断满足人民日益增长的美好生活需要，在"产业兴旺、生态宜居、乡风文明、治理有效、生活富裕"的美丽乡村建设进程中交出让党和人民满意的答卷。

面对未来科技、教育和农业的发展趋势，我们必须汇聚起区域内高校的共识与合力，构建华东地区农林水高校命运共同体，为乡村振兴和农业农村现代化提供更加有力的科技和人才支撑。为此，我提议各成员单位在以下 5 个方面加强合作。

第一，加强科技协同创新。在 2020 年年底的中央农村工作会议上，习近平总书记明确提出"加快推进农业关键核心技术攻关"。我们要以"四个面向"为指引，在关键领域集合各校精锐力量，在统筹集聚优势创新资源、联合攻关重大科技项目、合作产出重大研究成果等方面抓好顶层设计，作出战略安排，充分发挥各自优势，加快破解"种子芯片"等农业领域的"卡脖子"技术，实现更多"从 0 到 1"突破，在保障粮食安全、落实"藏粮于地、藏粮于技"战略、推进农业科技自立自强上合作发力。

第二，加强平台共建共享。围绕科技自立自强，聚焦提升科创服务水平，建设开放共享的科技创新重大平台，力争进入国家或区域创新体系，形成支撑未来农业、经济、社会各领域发展的科技高地。围绕新农科建设、耕读教育与乡村振兴人才培养的具体要求，共同建设区域内高校共享的新农科教学实践基地，形成融教育教学、实习实践、创新创业、培养培训等多功能于一体的育人高地。围绕乡村振兴战略，共同建设农业科技现代化先行县和生态自然示范村镇，合力打造农业农村产业孵化器和创新策源地。

第三，加强学科协同发展。全面对接未来农业发展、科技创新的多元化需求，我们要加强校际学科取长补短、互补互鉴，根据区域重大需求组织开展高校学科协作，特别是在农工结合、农理结合、农文结合、农医结合上密切合作，勇于打破学科专业壁垒，提升传统学科生机活力，培育新兴学科方向领域，不断提升学科规划的高度、拓宽学科发展的思路，在学科深度交叉融合中实现学科建设的大协同大发展。

第四，加强教育手段革新。后疫情防控时代，宏观政策为教育信息化的发展带来诸多利好，在线教学、混合教学等实际需求也倒逼教育手段的推陈出新。我们要激发教育信息化这一内生动力，推进教育理念更新、形式革新和系统重构，不断促进信息技术与教育教学的深度融合，打造一批农林水高校师生可相互借鉴、能共同学习的"线上金课"与"云上名师"，切实推动华东地区高等教育现代化走在前列。

第五，加强对外开放合作。一流大学与学科不能关起门来搞建设，而要聚四海之气、借八方之力办教育。面对百年未有之大变局，在国际秩序重塑的当下，我们要探索新时代高等教育国际交流合作新方式，在发展"一带一路"沿线国家高教与科研中携手发力，在建设中外合作办学机构、国际联合实验室与研究中心等方面加强合作，共同利用好国际创新资源，构建合作共赢的伙伴关系。

各位领导、各位同仁，今天的会议是一次面向未来、共谋区域内高校间合作与发展的会议。希望大家以创新的思维、开放的视野、共享的理念，为华东地区农林水高校的建设发展建言献策！希望大家可以通过思想碰撞，在新的赶考路上相互启示、增进合作、实现共赢，为全国农林水高校高质量协同发展积极示范、提供方案。

最后，我代表各参会成员高校，对青岛农业大学为本次会议召开所做的精心安排和周到服务，表示衷心的感谢！

借此机会，也向各位领导和同仁一直以来对南京农业大学的关心和支持表示感谢！

祝各位领导、同仁工作顺利，身体健康！

谢谢大家！

在全国农业科技现代化先行县（兴化）
共建方案签约仪式上的致辞

陈发棣

（2021 年 11 月 18 日）

尊敬的孙法军副司长、唐明珍总农艺师、方捷书记、殷俊市长，

各位领导、各位同仁、各位媒体朋友：

大家下午好！

在这秋收冬藏、仓实廪富的喜悦时节，我们欢聚在美丽的兴化，共同举办全国农业科技现代化先行县（兴化市）共建方案签约仪式。这既是对农业农村部"先行县共建工作部署视频会"精神的贯彻落实，也是我们校地双方深化合作、协同推进农村农业现代化的具体行动，更标志着南农与兴化市携手共建全国农业科技现代化先行县工作的扬帆起航。在此，我谨代表南京农业大学，对兴化市先行县共建协议成功签约和乡村振兴研究院签约揭牌表示热烈的祝贺！向农业农村部、江苏省农业农村厅和兴化市委、市政府对学校工作的大力支持表示衷心的感谢！向为本次活动的顺利召开而辛勤付出的各位领导、各位专家、各位同仁表示诚挚的谢意！

南京农业大学与兴化市的友谊根深叶茂，合作硕果累累。自 20 世纪 60 年代起，学校就依托科技与人才优势，与兴化市建立了紧密的合作关系。自"十三五"以来，学校聚焦兴化市农业农村发展实际需求，进一步整合"国家重点研发计划""中央财政农业技术推广项目""江苏省重点研发计划"等 10 余个重点项目落户兴化市；并于 2017—2020 年，受农业农村部科技发展中心委托，连续 4 年在兴化市召开国家重点研发计划"粮食丰产增效科技创新"重点专项园区现场会，有效地助推了兴化市粮食产业高质量发展，产生了显著的社会效益、经济效益和环境生态效益。2021 年，我们又共同响应农业农村部号召，携手申报、成功入选了全国农业科技现代化先行县共建名单，并相继开展了实地考察调研、技术需求对接、"揭榜挂帅"遴选产业首席、组建联合攻关团队、选派优秀干部和专家到兴化市挂任党政科技副职等一系列工作，为全面推进先行县创建工作打下了坚实基础。接下来，学校将进一步提高政治站位、强化科技支撑、狠抓工作落实，全面推动兴化市先行县共建工作开好局、起好步、行稳致远。

第一，提高政治站位，树立创新驱动乡村振兴示范典型。

农业现代化关键是农业科技现代化。我国是农业大国，县域是实现农业科技现代化的主战场，校地协同开展先行县共建工作意义重大；这既是落实习近平总书记指示精神的重要举措，也是贯彻"藏粮于地、藏粮于技"战略部署的切实行动，更是学校以科教优势服务乡村振兴战略的有益探索。学校高度重视，多次专题研究先行县工作，成立了陈利根书记和我任"双组长"的先行县共建工作领导小组，并由我负责包干联系兴化市的先行县共建工作。我

们一定要牢记习近平总书记嘱托，强化责任担当，着眼乡村振兴和农业农村现代化远景目标，聚焦兴化市农业农村发展实际需求，牢牢抓住先行县共建这一重要抓手，推动学校科技、人才、项目、成果等创新要素在兴化市落地生根、集聚成势，树立起校地携手、创新驱动乡村振兴的示范典型。

第二，强化科技支撑，引领兴化市农业农村高质量发展。

科技创新是现代农业产业发展的引擎。习近平总书记多次强调，要加强农业与科技融合，加强农业科技创新，让农民用最好的技术种出最好的粮食。作为"双一流"建设高校，学校在农业与生命科学领域，学科优势与专业特色明显，科研平台和创新实力强劲，可以为兴化市农业产业发展提供强大的科技支撑与内生动力。一是要发挥学科优势。聚焦粮食生产、特色蔬菜、水产养殖等兴化市优势主导产业，深入开展育种栽培、病虫害防治及智慧农业生产，扎实推动农业生产废弃物综合利用、耕地质量提升、富碳农业与农业碳中和等领域研究，促进优势学科与特色产业相融合，加快推动兴化市农业农村现代化，确保粮食安全。二是要搭建重要平台。加强乡村振兴研究院建设，通过整合资源，优势互补，推动学校科技成果与兴化市科技需求有效衔接，助力产业迭代升级和区域创新发展，形成横向联动、纵向贯通、多方协同的良好局面，把研究院打造成为集应用研究、科技推广、技术示范和人才培养等多功能于一体的综合型科技服务根据地。三是要创建特色基地。围绕制约兴化市农业产业发展的技术瓶颈，在前瞻性技术研究、主导产业关键共性技术攻关、战略性目标产品开发、重大科技成果转化等方面形成示范引领，推进兴化市农业农村绿色转型和高质量发展，不断激发社会经济活力。

第三，狠抓工作落实，全力推进各项工作任务落地见效。

先行县共建工作是一项创新工程、系统工程、长远工程，需要我们精心组织、周密部署、认真实施。农业农村部对先行县共建工作提出了"五有标准"和"八个一"的建设内容，周云龙司长和孙法军副司长在"共建工作部署视频会"上作出了具体要求，校地双方也在充分沟通的基础上制订了共建方案。接下来，就需要我们一张蓝图绘到底、一茬接着一茬干。一是要在抓好现有规划的落地生效上下功夫，成立联合工作专班，确保双方需求精准对接、有效落实；二是要在拿出可操作、易执行的务实举措上下功夫，各单位、相关团队要对标对表分解任务，挂图作战压实责任，保质保量地完成工作；三是要在培养农业科技智库专家、基层农业干部和基层农技推广人才这3支队伍上下功夫，为先行县的科技和产业发展提供更加坚实的人才与智力支撑。

各位领导、同志们，先行县建设是个"擂台赛"。南农与兴化市共建的先行县能否通过"72进60"的评议认定？在72个先行县中能否排在前列？能否形成可复制、可推广的科技支撑模式？这些还需要我们双方高标准定位、高起点谋划、高质量推进。在这里，我也表个态：南京农业大学将在农业农村部的领导下，全力支持兴化市创建全国农业科技现代化先行县，为兴化市乡村全面振兴和农业农村现代化建设不断贡献南农智慧，提供南农方案！

最后，衷心祝愿兴化市的明天更加美好！

祝各位领导、各位同仁，身体健康、万事如意！

谢谢大家！

重要文件与规章制度

学校党委发文目录清单

序号	文号	文件标题	发文时间
1	党发〔2021〕7 号	关于印发《南京农业大学新进教师思想政治素质和师德师风考察工作办法（试行）》的通知	20210105
2	党发〔2021〕12 号	关于印发《南京农业大学处级领导班子和处级领导干部考核工作实施办法》的通知	20210116
3	党发〔2021〕26 号	关于印发《中共南京农业大学委员会关于开展党史学习教育的实施方案》的通知	20210315
4	党发〔2021〕35 号	关于印发《南京农业大学 2021 年党委巡察工作计划》的通知	20210401
5	党发〔2021〕42 号	中共南京农业大学委员会关于庆祝中国共产党成立 100 周年活动安排相关事项的通知	20210421
6	党发〔2021〕44 号	关于印发《南京农业大学机构编制工作管理办法》的通知	20210503
7	党发〔2021〕69 号	中共南京农业大学委员会关于认真学习贯彻习近平总书记在庆祝中国共产党成立 100 周年大会上的重要讲话精神的通知	20210719
8	党发〔2021〕75 号	关于表彰 2021 年南京农业大学立德树人楷模、师德标兵、优秀教师和优秀教育工作者的决定	20210909
9	党发〔2021〕78 号	关于学习贯彻习近平总书记给全国高校黄大年式教师团队代表重要回信精神的通知	20210917
10	党发〔2021〕82 号	关于印发《中共南京农业大学委员会关于在全校党员干部中开展"两在两同"建新功行动的实施方案》的通知	20211108
11	党发〔2021〕83 号	关于印发《南京农业大学贯彻落实〈中国共产党普通高等学校基层组织工作条例〉实施方案》的通知	20211108
12	党发〔2021〕97 号	南京农业大学关于进一步加强思想政治工作队伍建设的报告	20211221

（撰稿：周菊红　审稿：孙雪峰　审核：张　丽）

学校行政发文目录清单

序号	发文字号	文件标题	发文日期
1	校发〔2021〕7号	关于印发《南京农业大学督查督办工作办法》的通知	20210106
2	校研发〔2021〕10号	关于印发《南京农业大学研究生开题报告和中期考核实施办法（试行）》的通知	20210114
3	校外发〔2021〕19号	关于印发《南京农业大学中国政府奖学金年度评审办法》的通知	20210120
4	校学发〔2021〕25号	关于修订《南京农业大学新疆、西藏籍少数民族学生学业奖励办法》的通知	20210131
5	校发〔2021〕27号	关于印发《南京农业大学捐赠冠名管理暂行规定》的通知	20210202
6	校实发〔2021〕46号	关于印发《南京农业大学病原微生物实验室生物安全管理办法》等4个文件的通知	20210322
7	校信发〔2021〕64号	关于印发《南京农业大学临时卡、电子券和校友卡管理实施细则》的通知	20210409
8	校研发〔2021〕65号	关于印发《南京农业大学科研经费博士研究生专项招生计划实施办法》的通知	20210419
9	校科发〔2021〕66号	关于印发《南京农业大学知识产权管理办法》的通知	20210419
10	校外发〔2021〕70号	关于印发《南京农业大学国际学生奖励管理办法》的通知	20210421
11	校财发〔2021〕76号	关于印发《南京农业大学中央高校教育教学改革专项经费管理办法》的通知	20210425
12	校财发〔2021〕77号	关于印发《南京农业大学改善基本办学条件专项资金管理办法》的通知	20210425
13	校财发〔2021〕78号	关于印发《南京农业大学预算绩效管理办法》的通知	20210425
14	校发〔2021〕85号	关于印发《南京农业大学江北新校区建设资金使用管理办法》的通知	20210506
15	校保发〔2021〕101号	关于印发《南京农业大学消防安全管理规定（2021年5月修订）》的通知	20210514
16	校发〔2021〕127号	关于印发《南京农业大学学院考核及绩效津贴分配实施办法》的通知	20210615
17	校实发〔2021〕139号	关于印发《南京农业大学白马教学科研基地水电管理实施细则》的通知	20210705
18	校学发〔2021〕144号	关于修订《南京农业大学助学金评定办法》的通知	20210709
19	校学发〔2021〕145号	关于修订《南京农业大学优秀本科毕业生评选办法》的通知	20210709
20	校学发〔2021〕146号	关于修订《南京农业大学本科生三好学生奖学金、单项奖学金评选办法》的通知	20210709
21	校学发〔2021〕147号	关于修订《南京农业大学先进班集体、先进宿舍、优秀学生干部评选办法》的通知	20210709
22	校学发〔2021〕148号	关于修订《南京农业大学国家奖学金管理办法》《南京农业大学国家励志奖学金管理办法》和《南京农业大学国家助学金管理办法》的通知	20210709

（续）

序号	发文字号	文件标题	发文日期
23	校审发〔2021〕159 号	关于印发《南京农业大学处级领导人员经济责任审计规定》的通知	20210723
24	校审发〔2021〕161 号	关于印发《南京农业大学建设工程管理审计实施办法》的通知	20210726
25	校后发〔2021〕164 号	关于印发《南京农业大学 30 万元以下修缮工程管理办法（2021 年修订）》的通知	20210730
26	校发〔2021〕171 号	关于印发《关于建立健全防范冒名顶替上大学问题长效机制的实施细则》的通知	20210812
27	校研发〔2021〕178 号	关于印发《南京农业大学硕士、博士学位授予工作实施细则》的通知	20210829
28	校发〔2021〕184 号	关于印发《南京农业大学公务接待管理办法》的通知	20210909
29	校研发〔2021〕191 号	关于印发《南京农业大学研究生"助研、助教、助管"工作实施办法》的通知	20210915
30	校财发〔2021〕209 号	关于印发《南京农业大学公用房管理办法（修订）》的通知	20211004
31	校财发〔2021〕210 号	关于印发《南京农业大学教学科研单位房产资源调节费核算收费实施细则（试行）》的通知	20211004
32	校保发〔2021〕222 号	关于印发《南京农业大学校园电动自行车交通违章处理暂行规定》的通知	20211025
33	校采招发〔2021〕251 号	关于印发《南京农业大学分散采购管理实施细则》的通知	20211115
34	校采招发〔2021〕252 号	关于印发《南京农业大学采购与招标管理办法（修订）》的通知	20211115
35	校发〔2021〕257 号	关于修订《南京农业大学捐赠工作奖励办法》的通知	20211117
36	校教发〔2021〕261 号	关于印发《南京农业大学金善宝实验班（动物生产类）学生学籍管理办法》的通知	20211125
37	校教发〔2021〕262 号	关于印发《南京农业大学金善宝实验班（经济管理类）学生学籍管理办法》的通知	20211125
38	校教发〔2021〕263 号	关于印发《南京农业大学金善宝实验班（植物生产类）学生学籍管理办法》的通知	20211125
39	校教发〔2021〕265 号	关于修订《南京农业大学大学生创新创业训练计划管理办法》的通知	20211129
40	校财发〔2021〕268 号	关于印发《南京农业大学差旅费管理办法（2021 年修订）》的通知	20211129
41	校教发〔2021〕272 号	关于印发《南京农业大学大学生创新创业竞赛奖励办法》的通知	20211124
42	校教发〔2021〕284 号	关于修订《南京农业大学青年教师导师制实施办法（试行）》的通知	20211215
43	校教发〔2021〕285 号	关于修订《南京农业大学听课制度实施办法》的通知	20211215
44	校外发〔2021〕287 号	关于印发《南京农业大学学科创新引智基地管理办法》的通知	20211217
45	校教发〔2021〕288 号	关于印发《南京农业大学普通全日制本科生学业预警及帮扶管理办法》的通知	20211220
46	校继发〔2021〕290 号	关于印发《南京农业大学非学历教育管理办法》的通知	20211220
47	校资营发〔2021〕292 号	关于印发《南京农业大学派任董事、监事管理办法》的通知	20211222
48	校资营发〔2021〕293 号	关于印发《南京农业大学所属企业及负责人考核评价办法》的通知	20211222
49	校资营发〔2021〕294 号	关于印发《南京农业大学所属企业国有资产管理实施细则》的通知	20211222

（续）

序号	发文字号	文件标题	发文日期
50	校资营发〔2021〕295 号	关于印发《南京农业大学经营性资产管理委员会议事规则》的通知	20211222
51	校科发〔2021〕301 号	关于印发《南京农业大学科技成果转化管理办法（2021 年修订）》的通知	20211227
52	校实发〔2021〕304 号	关于印发《南京农业大学教学科研基地管理办法》的通知	20211227
53	校财发〔2021〕305 号	关于印发《南京农业大学其他应付款管理规定》的通知	20211227
54	校财发〔2021〕306 号	关于印发《南京农业大学公务卡管理办法》的通知	20211227
55	校财发〔2021〕307 号	关于印发《南京农业大学会议费管理办法（2021 年修订）》的通知	20211227
56	校财发〔2021〕308 号	关于印发《南京农业大学培训费管理办法（2021 年修订）》的通知	20211227
57	校财发〔2021〕309 号	关于印发《南京农业大学财务报销管理规定（2021 年修订）》的通知	20211227
58	校财发〔2021〕310 号	关于印发《南京农业大学大额资金使用管理规定（2021 年修订）》的通知	20211227
59	校财发〔2021〕311 号	关于印发《南京农业大学暂付款管理规定（2021 年修订）》的通知	20211227
60	校财发〔2021〕312 号	关于印发《南京农业大学货币资金管理办法》的通知	20211227
61	校教发〔2021〕313 号	关于修订《南京农业大学关于教授、副教授为本科生上课的规定》的通知	20211227
62	校教发〔2021〕316 号	关于印发《南京农业大学主讲教师资格认定办法》的通知	20211227
63	校教发〔2021〕318 号	关于印发《南京农业大学本科教学督导工作实施办法》的通知	20211227
64	校基发〔2021〕322 号	关于印发《南京农业大学基本建设管理办法（2021 年修订）》的通知	20211230
65	校基发〔2021〕323 号	关于印发《南京农业大学 30 万元以上修缮工程管理办法（2021 年修订）》的通知	20211230
66	校基发〔2021〕324 号	关于印发《南京农业大学基本建设工程变更管理办法（2021 年修订）》的通知	20211230
67	校基发〔2021〕325 号	关于印发《南京农业大学基本建设工程档案管理办法（2021 年修订）》的通知	20211230

（撰稿：束浩渊　审稿：袁家明　审核：张　丽）

三、2021年大事记

1 月

15日，学校召开思想政治工作会议。校党委书记陈利根作题为"根植时代教育发展内涵 落实立德树人根本任务 奋力推进学校思想政治工作高质量发展"的大会报告。

21日，学校作为第一完成单位获江苏省科学技术奖一等奖、二等奖各1项。

22日，学校召开人文社科大会，全面谋划推动学校人文社会科学高质量发展。

28日，农业农村部农业外派人员能力提升培训班结业式在学校举行。农业农村部党组成员、人事司司长廖西元，国际合作司司长隋鹏飞线上出席结业式。

2 月

26日，中共南京农业大学第十二届委员会第六次全体（扩大）会议召开，校长陈发棣作题为"锚定高质量发展新目标，以奋进姿态迈好'十四五'开局第一步"的大会报告，校党委书记陈利根作总结讲话。

3 月

10日，学校召开党史学习教育动员大会，深入学习贯彻习近平总书记在党史学习教育动员大会上的重要讲话精神，认真落实党中央、教育部党组和江苏省委有关决策部署，以昂扬姿态开启建设农业特色世界一流大学新征程。

12日，学校召开审计整改工作部署会，贯彻落实教育部对学校经济责任审计整改工作。

3月，学校作为第一完成单位获教育部高等学校科学研究优秀成果奖一等奖、二等奖各1项；文化遗产专业获批为2020年度普通高等学校新增备案本科专业；生物技术、农业电气化、食品质量与安全、水产养殖学、草业科学、会计学、农村区域发展、行政管理8个专业获批国家级一流本科专业建设点。

4 月

28日，贵州省麻江县乡村振兴研究院正式揭牌。

5 月

19日，学校召开第六届教职工代表大会第二次会议，校长陈发棣作题为"开辟农业特色世界一流大学高质量发展新局"的工作报告，校党委书记陈利根作大会总结。

20—21 日，校党委书记陈利根、校长陈发棣一行赴海南三亚出席南京农业大学三亚研究院合作签约暨揭牌仪式，全面深入推进校地合作工作。海南省委常委、三亚市委书记周红波等出席会议。

5 月，学校再次在国务院扶贫开发领导小组办公室（现为国家乡村振兴局）、教育部等单位组织的中央单位定点扶贫工作年度成效考核中，获评"好"的最高等级。

6 月

10 日，学校 3 项技术入选农业农村部 2021 年农业主推技术。

15 日，学校方真教授当选加拿大工程院院士。

17 日，学校举行 2021 届毕业典礼暨学位授予仪式，校党委书记陈利根寄语 2021 届毕业研究生"坚定、坚决、坚韧地走向未来"，校长陈发棣寄语 2021 届毕业本科生"争做新时代的奋斗者和追梦人"。

30 日，学校隆重举行庆祝中国共产党成立 100 周年暨"七一"表彰大会，校党委书记陈利根发表题为"初心铸就百年辉煌　矢志奋斗崭新征程"的大会讲话，并为到场的党龄50 年以上的老同志颁发"光荣在党 50 年"纪念章。

7 月

12 日，学校与南京卫岗乳业有限公司签署战略合作框架协议。

19 日，校长陈发棣应邀参加国务院总理李克强在国家自然科学基金委员会主持召开的专题座谈会。

8 月

6 日，学校与黑龙江省委、省政府线上签署战略合作框架协议。

27 日，中共南京农业大学第十二届委员会第七次全体（扩大）会议召开，校长陈发棣作题为"凝心聚力　谋新奋进　乘势而上开启学校事业高质量发展新征程"大会报告，校党委书记陈利根作总结讲话。

8 月，学校新增植物表型组学、动物药学、智能科学与技术 3 个《研究生教育学科专业目录》外二级学科和交叉学科。

9 月

24 日，学校召开中共南京农业大学第十二届委员会第八次全体会议，审议通过《南京农业大学"十四五"发展规划》。

25 日，第二期农业农村部农业外派人员能力提升培训班开班式在学校举行。农业农村部副部长马有祥出席开班式并讲话。农业农村部国际合作司司长隋鹏飞、人事司副司长王欣太及江苏省农业农村厅厅长杨时云等出席开班式。

10   月

11 日，学校举行 2021 级新生开学典礼，校长陈发棣致辞，校党委书记陈利根为全体新生讲授题为"以扎根大地的时代担当赋能未来"的开学第一课。

13 日，第十三届全国政协经济委员会副主任、中央农村工作领导小组办公室原主任、农业农村部原部长韩长赋应邀来学校，为南农师生作题为"农村改革的历史逻辑"的专题报告。

15 日，学校学生团队在第七届中国国际"互联网＋"大学生创新创业大赛中获 1 金3 银。

17 日，海南省委常委、三亚市委书记周红波来校调研指导。

20 日，学校举行 120 周年校庆倒计时一周年启动仪式暨前沿交叉研究院揭牌仪式，发布 120 周年校庆公告和校庆主题，揭晓 120 周年校庆标识，启用 120 周年校庆网站。

22 日，学校举行纪念中国大学第一个农经系成立 100 周年大会。江苏省人大常委会副主任、江苏省哲学社会科学界联合会主席曲福田教授，全国政协常委、广东省政协原副主席温思美等出席会议。

10 月，学校获全国优秀教材一等奖、二等奖各 1 项，盖钧镒院士获全国教材建设先进个人。

11   月

6 日，学校举办外国语学院成立 20 周年庆祝大会。

10 日，江苏省副省长马欣来校调研指导。

10 日，学校在南京国家农业高新技术产业示范区举行耕读教育实践基地揭牌仪式。

18 日，学校沈其荣教授当选中国工程院院士。

18—19 日，学校分别与兴化市人民政府和浦口区人民政府签订先行县共建协议。

28 日，学校举办纪念刘书楷先生诞辰 100 周年暨土地经济学百年发展论坛。

30 日，学校与安徽科技学院签署战略合作协议，举行"小岗研究院"和"耕读教育实践基地"揭牌仪式。

30 日，《中国教育报》头版刊载《用不同的尺子量不同的人才——南京农业大学人才分类评价改革探索》。

11 月，学校作为第一完成单位获农业农村部神农中华农业科技奖科学研究类成果一等奖 1 项，优秀创新团队奖 2 项；作为第一完成单位获江苏省高等学校科学研究成果奖（哲学社会科学研究类）一等奖 1 项，二等奖 4 项，三等奖 4 项；"生物科学拔尖学生培养基地"入选教育部第三批基础学科拔尖学生培养计划 2.0 基地名单。

12   月

8—9 日，学校与联合国粮食及农业组织联合主办"同一健康"全球专家论坛。

10 日，学校与南京市农业农村局签署"十四五"战略合作协议。

14 日，学校与农业农村部南京农业机械化研究所签署全面战略合作框架协议。

15 日，南京农业大学三亚研究院乔迁仪式在海南三亚崖州湾科技城举行，正式入驻三亚崖州湾科技城梧桐院。

17 日，民盟南京农业大学委员会获全国"各民主党派工商联无党派人士为全面建成小康社会作贡献先进集体"。

12 月，学校闫祥林、吴巨友当选南京市玄武区第十九届人民代表大会代表，汪小旵当选南京市浦口区第五届人民代表大会代表。

（撰稿：束浩渊　审稿：袁家明　审核：张　丽）

四、机构与干部

机 构 设 置

（截至 2021 年 12 月 31 日）

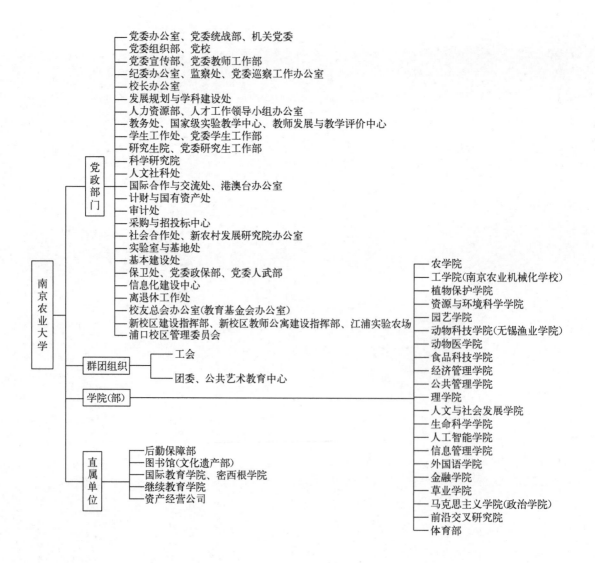

南京农业大学

党政部门
- 党委办公室、党委统战部、机关党委
- 党委组织部、党校
- 党委宣传部、党委教师工作部
- 纪委办公室、监察处、党委巡察工作办公室
- 校长办公室
- 发展规划与学科建设处
- 人力资源部、人才工作领导小组办公室
- 教务处、国家级实验教学中心、教师发展与教学评价中心
- 学生工作处、党委学生工作部
- 研究生院、党委研究生工作部
- 科学研究院
- 人文社科处
- 国际合作与交流处、港澳台办公室
- 计财与国有资产处
- 审计处
- 采购与招投标中心
- 社会合作处、新农村发展研究院办公室
- 实验室与基地处
- 基本建设处
- 保卫处、党委政保部、党委人武部
- 信息化建设中心
- 离退休工作处
- 校友总会办公室(教育基金会办公室)
- 新校区建设指挥部、新校区教师公寓建设指挥部、江浦实验农场
- 浦口校区管理委员会

群团组织
- 工会
- 团委、公共艺术教育中心

学院(部)
- 农学院
- 工学院(南京农业机械化学校)
- 植物保护学院
- 资源与环境科学学院
- 园艺学院
- 动物科技学院(无锡渔业学院)
- 动物医学院
- 食品科技学院
- 经济管理学院
- 公共管理学院
- 理学院
- 人文与社会发展学院
- 生命科学学院
- 人工智能学院
- 信息管理学院
- 外国语学院
- 金融学院
- 草业学院
- 马克思主义学院(政治学院)
- 前沿交叉研究院
- 体育部

直属单位
- 后勤保障部
- 图书馆(文化遗产部)
- 国际教育学院、密西根学院
- 继续教育学院
- 资产经营公司

机构变动如下：

1. 机构成立

成立新校区教师公寓建设指挥部，正处级建制，与新校区建设指挥部、江浦实验农场合署办公（2021 年 6 月）。

（撰稿：唐海洋　审稿：吴　群　审核：周　复）

校级党政领导

党委书记：陈利根
校长：陈发棣
党委副书记：王春春　刘营军
党委副书记、纪委书记：高立国
党委常委、副校长：胡　锋　丁艳锋　董维春　闫祥林

（撰稿：唐海洋　审稿：吴　群　审核：周　复）

处级单位干部任职情况

处级干部任职情况一览表

（2021.01.01—2021.12.31）

序号	工作部门	职务	姓名	备注
一、党政部门				
1	党委办公室、党委统战部、机关党委	党委办公室主任、统战部部长、机关党委书记	孙雪峰	
		机关党委常务副书记、党委办公室副主任、党委统战部副部长	刘志斌	
		党委办公室副主任、统战部副部长	丁广龙	
2	党委组织部、党校	党委常委、党委组织部部长	吴 群	
		党委组织部副部长	许承保	
		党委组织部副部长	郑 颖	
3	党委宣传部、党委教师工作部	党委宣传部部长、党委教师工作部部长	刘 勇	
		党委教师工作部副部长、党委宣传部副部长	郑金伟	
		党委宣传部副部长、党委教师工作部副部长	陈 洁	
4	纪委办公室、监察处、党委巡察工作办公室	纪委副书记、纪委办公室主任、监察处处长	胡正平	
		党委巡察工作办公室主任	尤树林	
		纪委办公室副主任、监察处副处长	梁立宽	
		副处级纪检员（纪委办公室）	章法洪	2021年5月任现职
5	校长办公室	校长助理	王源超	
		校长办公室主任	单正丰	
		校长办公室副主任	施晓琳	
		校长办公室副主任	袁家明	
		校长办公室副主任	鲁韦韦	
6	发展规划与学科建设处	发展规划与学科建设处处长	罗英姿	
		发展规划与学科建设处副处长	李占华	
		发展规划与学科建设处副处长	潘宏志	

（续）

序号	工作部门	职务	姓名	备注
7	人力资源部、人才工作领导小组办公室	人力资源部部长、人才工作领导小组办公室主任	包 平	
		人力资源部副部长	白振田	
		人才工作领导小组办公室副主任、人力资源部副部长	黄 骥	
8	教务处、国家级实验教学中心、教师发展与教学评价中心	教务处处长、国家级实验教学中心主任、教师发展与教学评价中心主任、创新创业学院院长（兼）	张 炜	
		国家级实验教学中心副主任、教务处副处长	吴 震	
		教师发展与教学评价中心副主任、教务处副处长	丁晓蕾	
		教务处副处长	胡 燕	
		教务处副处长	李刚华	
9	学生工作处、党委学生工作部	学生工作处处长、学生工作部部长、创新创业学院副院长（兼）	刘 亮	
		学生工作处副处长	李献斌	
		学生工作处副处长、党委研究生工作部副部长	吴彦宁	
		学生工作部副部长	黄绍华	
10	研究生院、党委研究生工作部	研究生院常务副院长、学位办公室主任	吴益东	
		研究生工作部部长、研究生院副院长	姚志友	
		研究生院副院长、研究生院培养办公室主任	张阿英	
		研究生院招生办公室主任	倪丹梅	
		党委研究生工作部副部长	林江辉	
		研究生院学位办公室副主任	朱中超	
11	科学研究院	科学研究院院长	姜 东	
		科学研究院副院长（正处级）	俞建飞	
		科学研究院副院长	马海田	
		科学研究院副院长	陶书田	
		科学研究院副院长	陈 俐	
12	人文社科处	人文社科处处长	黄水清	
		人文社科处副处长	卢 勇	
		人文社科处副处长	宋华明	

（续）

序号	工作部门	职务	姓名	备注
13	国际合作与交流处、港澳台办公室	国际合作与交流处处长、港澳台办公室主任	陈 杰	
		国际合作与交流处副处长、港澳台办公室副主任	董红梅	
		国际合作与交流处副处长、港澳台办公室副主任	魏 薇	
14	计财与国有资产处	计财与国有资产处处长	陈庆春	
		计财与国有资产处副处长	顾兴平	
		计财与国有资产处副处长	杨恒雷	
		计财与国有资产处副处长	周激扬	
15	审计处	审计处处长	顾义军	
		审计处副处长	高天武	
16	采购与招投标中心	采购与招投标中心主任	庄 森	
		采购与招投标中心副主任	胡 健	
17	社会合作处、新农村发展研究院办公室	社会合作处长、新农村发展研究院办公室主任	陈 巍	
		社会合作处副处长、新农村发展研究院办公室副主任	严 瑾	
18	实验室与基地处	实验室与基地处处长	陈礼柱	
		实验室与基地处副处长	石晓蓉	
		实验室与基地处副处长、科学研究院副院长（兼）	周国栋	
		实验室与基地处副处长	田永超	
19	基本建设处	基本建设处处长	桑玉昆	
		基本建设处副处长	赵丹丹	
		基本建设处副处长	郭继涛	
20	保卫处、党委政保部、党委人武部	保卫处处长、政保部部长、人武部部长	崔春红	
		保卫处副处长、政保部副部长、人武部副部长	何东方	
21	信息化建设中心	信息化建设中心主任	查贵庭	
		信息化建设中心副主任	周留根	
22	离退休工作处	离退休工作处党工委书记、处长	梁敬东	
		离退休工作处党工委副书记、副处长	卢忠菊	
		离退休工作处副处长	杨 坚	

（续）

序号	工作部门	职务	姓名	备注
23	校友总会办公室（教育基金会办公室）	校友总会办公室（教育基金会办公室）主任	张红生	
		校友总会办公室（教育基金会办公室）副主任	狄传华	
24	新校区建设指挥部、新校区教师公寓建设指挥部、江浦实验农场	新校区建设指挥部常务副总指挥	夏镇波	
		新校区建设指挥部党工委书记、新校区教师公寓建设指挥部常务副总指挥（正处级）	倪 浩	2021 年 6 月任新校区教师公寓建设指挥部常务副总指挥（正处级）
		新校区建设指挥部副总指挥、新校区教师公寓建设指挥部副总指挥（正处级）、江浦实验农场场长	乔玉山	2021 年 6 月任新校区教师公寓建设指挥部副总指挥（正处级）
		新校区建设指挥部党工委副书记、综合办公室主任	张亮亮	
		新校区建设指挥部土地事务办公室主任、江浦实验农场副场长	欧维新	
		新校区建设指挥部规划建设与人才公寓项目办公室主任	李长钦	
25	浦口校区管理委员会	浦口校区管理委员会党工委常务副书记、常务副主任（正处级）	李昌新	
		浦口校区管理委员会党工委副书记、副主任、学生工作处副处长	李中华	2021 年 11 月任浦口校区管理委员会党工委副书记、学生工作处副处长
		浦口校区管理委员会副主任、教务处副处长	周应堂	
		浦口校区管理委员会副主任、团委副书记	施雪钢	
		浦口校区管理委员会副主任、计财与国有资产处副处长	郑 岚	
		浦口校区管理委员会副主任、后勤保障部副部长	杨 明	
		浦口校区管理委员会副主任、保卫处副处长	张和生	2021 年 12 月任浦口校区管理委员会副主任、保卫处副处长
	二、群团组织			
1	工会	工会主席	余林媛	
		工会副主席	陈如东	

（续）

序号	工作部门	职务	姓名	备注
2	团委、公共艺术教育中心	团委书记、公共艺术教育中心主任、创新创业学院副院长（兼）	谭智赟	
		团委副书记、公共艺术教育中心副主任（兼）	朱媛媛	

三、学院（部）

序号	工作部门	职务	姓名	备注
1	农学院	农学院党委书记	戴廷波	
		农学院党委副书记、院长	朱 艳	
		农学院党委副书记	殷 美	
		农学院副院长	王秀娥	
		农学院副院长	赵晋铭	
		农学院副院长	曹爱忠	
		农学院副院长	王益华	
2	工学院	工学院党委副书记、院长、南京农业机械化学校校长	汪小旵	
		工学院党委副书记（主持工作）	李 骅	
		工学院党委副书记	刘 平	
		工学院副院长、南京农业机械化学校副校长	何瑞银	
		工学院副院长、南京农业机械化学校副校长	薛金林	
3	植物保护学院	植物保护学院党委书记	邵 刚	
		植物保护学院党委副书记、院长	张正光	
		植物保护学院党委副书记	吴智丹	
		植物保护学院副院长	叶永浩	
		植物保护学院副院长	王兴亮	
		植物保护学院副院长	董莎萌	
4	资源与环境科学学院	资源与环境科学学院党委书记	全思懋	
		资源与环境科学学院院长	邹建文	
		资源与环境科学学院党委副书记	闫相伟	
		资源与环境科学学院副院长	李 荣	
		资源与环境科学学院副院长	郭世伟	
		资源与环境科学学院副院长	张旭辉	

（续）

序号	工作部门	职务	姓名	备注
5	园艺学院	园艺学院党委书记	韩　键	
		园艺学院党委副书记、院长	吴巨友	
		园艺学院党委副书记	文习成	
		园艺学院副院长	陈素梅	
		园艺学院副院长	张清海	
6	动物科技学院	动物科技学院党委书记	高　峰	
		动物科技学院党委副书记、院长	毛胜勇	
		动物科技学院党委副书记	吴　峰	
		动物科技学院副院长	张艳丽	
		动物科技学院副院长	孙少琛	
		动物科技学院副院长	蒋广震	
7	动物医学院	动物医学院党委书记	姜　岩	
		动物医学院党委副书记、院长	姜　平	
		动物医学院党委副书记	刘照云	
		动物医学院党委副书记	熊富强	
		动物医学院副院长	曹瑞兵	
		动物医学院副院长	苗晋锋	
8	食品科技学院	食品科技学院党委书记	孙　健	
		食品科技学院党委副书记、院长	徐幸莲	
		食品科技学院党委副书记	邵士昌	
		食品科技学院副院长	李春保	
		食品科技学院副院长	辛志宏	
		食品科技学院副院长	金　鹏	
9	经济管理学院	经济管理学院党委书记	姜　海	
		经济管理学院院长	朱　晶	
		经济管理学院党委副书记	宋俊峰	
		经济管理学院副院长	耿献辉	
		经济管理学院副院长	林光华	
		经济管理学院副院长	易福金	
10	公共管理学院	公共管理学院党委书记	郭忠兴	
		公共管理学院党委副书记、院长	冯淑怡	
		公共管理学院党委副书记	张树峰	
		公共管理学院副院长	于　水	
		公共管理学院副院长	郭贯成	
		公共管理学院副院长	刘晓光	

（续）

序号	工作部门	职务	姓名	备注
11	理学院	理学院党委书记	程正芳	
		理学院党委副书记、院长	章维华	
		理学院党委副书记	桑运川	
		理学院副院长	吴 磊	
		理学院副院长	朱映光	
		理学院副院长	张 瑾	
12	人文与社会发展学院	人文与社会发展学院党委书记	姚科艳	
		人文与社会发展学院院长	姚兆余	
		人文与社会发展学院党委副书记	冯绪猛	
		人文与社会发展学院副院长	路 璐	
		人文与社会发展学院副院长	朱利群	
13	生命科学学院	生命科学学院党委书记	赵明文	
		生命科学学院党委副书记、院长	蒋建东	
		生命科学学院党委副书记	李阿特	
		生命科学学院副院长	崔 瑾	
		生命科学学院副院长	陈 熙	
14	人工智能学院	人工智能学院院长	徐焕良	
		人工智能学院党委副书记（主持工作）	沈明霞	
		人工智能学院党委副书记	卢 伟	
		人工智能学院副院长	刘 杨	
15	信息管理学院	信息管理学院党委书记	郑德俊	
		信息管理学院副院长（主持工作）	张兆同	
		信息管理学院党委副书记	王春伟	
		信息管理学院副院长	何 琳	
		信息管理学院副院长	李 静	
16	外国语学院	外国语学院党委书记	朱筱玉	
		外国语学院院长	裴正薇	2021年1月任现职
		正处级组织员（外国语学院党委）	石 松	
		外国语学院党委副书记	韩立新	
		外国语学院副院长	游衣明	
		外国语学院副院长（埃格顿大学孔子学院中方院长）	李震红	
		外国语学院副院长	马秀鹏	2021年4月任现职

（续）

序号	工作部门	职务	姓名	备注
17	金融学院	金融学院党委书记	刘兆磊	
		金融学院党委副书记、院长	周月书	
		金融学院党委副书记	李日葵	
		金融学院副院长	张龙耀	
		金融学院副院长	王翌秋	
18	草业学院	草业学院党总支书记	李俊龙	
		草业学院院长	郭振飞	
		草业学院党总支副书记、副院长	高务龙	
19	马克思主义学院（政治学院）	马克思主义学院党总支副书记、院长	付坚强	
		马克思主义学院党总支副书记（主持工作）	屈 勇	
		马克思主义学院党总支副书记	杨 博	
		马克思主义学院副院长	姜 萍	
20	前沿交叉研究院	前沿交叉研究院院长	窦道龙	
		前沿交叉研究院党总支副书记、副院长	盛 馨	2021 年 3 月任前沿交叉研究院党总支副书记
21	体育部	体育部党总支书记、主任	张 禾	
		体育部党总支副书记	许再银	
		体育部副主任	陆东东	

四、直属单位

序号	工作部门	职务	姓名	备注
1	后勤保障部	后勤保障部党委书记	刘玉宝	
		后勤保障部部长	钱德洲	
		后勤保障部党委副书记、后勤保障部副部长	胡会奎	
		后勤保障部副部长	孙仁帅	
2	图书馆（文化遗产部）	图书馆（文化遗产部）党总支书记	朱世桂	
		图书馆（文化遗产部）馆长（部长）	倪 峰	
		图书馆（文化遗产部）党总支副书记、图书馆（文化遗产部）副馆长（副部长）	张 鲲	
		图书馆（文化遗产部）副馆长（副部长）	唐惠燕	
		图书馆（文化遗产部）副馆长	康 敏	

（续）

序号	工作部门	职务	姓名	备注
3	国际教育学院、密西根学院	国际教育学院、密西根学院直属党支部书记	缪培仁	
		国际教育学院院长、密西根学院院长	韩纪琴	
		国际教育学院、密西根学院直属党支部副书记、国际教育学院副院长、密西根学院副院长	童 敏	
		国际教育学院副院长、密西根学院副院长	李 远	
4	继续教育学院	继续教育学院院长	李友生	
		继续教育学院党总支副书记（主持工作）	毛卫华	
		继续教育学院党总支副书记	於朝梅	
		继续教育学院副院长	肖俊荣	
5	资产经营公司	资产经营公司直属党支部书记	夏拥军	
		资产经营公司总经理	许 泉	

（撰稿：唐海洋　审稿：吴　群　审核：周　复）

科级岗位设置情况

科级岗位设置一览表

（截至 2021.12.31）

序号	单位	内设机构	岗位名称	备注
1	党委办公室、党委统战部、机关党委		秘书Ⅰ（主任科员）	
2			秘书Ⅱ（副主任科员）	
3			秘书Ⅳ（主任科员）	
4			机要事务主管（科级正职）	
5			统战事务主管（科级正职）	
6	党委组织部、党校	干部科	科长	
7			副科长	
8			干部监督事务主管（科级正职）	
9		组织科	科长	
10			副科长	
11			组织员（科级正职）	
12		党校办公室	主任	
13	党委宣传部、党委教师工作部	思政教育办公室	主任	
14			副主任	
15		新闻中心	主任	
16		校报编辑部	主任	
17		师德建设办公室	主任	
18			校园文化建设事务主管（科级正职）	
19	纪委办公室、监察处、党委巡察工作办公室		秘书Ⅰ（主任科员）	
20			秘书Ⅱ（主任科员）	
21			秘书Ⅲ（主任科员）	
22			秘书Ⅴ（主任科员）	
23	工会		秘书Ⅰ（主任科员）	
24	团委、公共艺术教育中心		组织建设事务主管（科级正职）	
25			宣传与文化事务主管（科级正职）	
26			青年发展事务主管（科级正职）	
27			双创实践事务主管（科级正职）	

（续）

序号	单位	内设机构	岗位名称	备注
28	校长办公室	综合科	科长	
29			副科长Ⅰ	
30			副科长Ⅱ	
31		文秘科	科长	
32			副科长	
33			制度合规审核事务主管（科级正职）	
34			合同管理与诉讼事务主管（科级正职）	
35			信访与督办事务主管（科级正职）	
36			对外联络事务主管（科级正职）	
37	发展规划与学科建设处	发展规划科	科长	
38			副科长Ⅰ	
39			副科长Ⅱ	
40		学科建设科	科长	
41			副科长	
42			学术委员会事务主管（科级正职）	
43	人力资源部、人才工作领导小组办公室	综合科（江苏省人才流动服务中心南京农业大学分中心）	科长	
44		聘用管理科	科长	
45		师资管理科	科长	
46			副科长	
47		薪酬管理科	科长	
48			副科长	
49		人才科	科长	
50			副科长	
51			博士后事务主管（科级正职）	
52			社保事务主管（科级正职）	
53	教务处、国家级实验教学中心、教师发展与教学评价中心	综合科	科长	
54			副科长	
55		教务运行科	科长	
56			副科长	
57		专业与课程教材建设科	科长	
58			副科长	

（续）

序号	单位	内设机构	岗位名称	备注
59	教务处、国家级实验教学中心、教师发展与教学评价中心	实践教学科（创新创业学院办公室）	科长（主任）	
60			副科长	
61		国家级实验教学中心办公室	主任	
62		教师发展与教学评价科	科长	
63			副科长	
64	学生工作处、党委学生工作部	教育管理科	科长	
65			副科长	
66		招生办公室	主任	
67			副主任	
68		大学生就业指导与服务中心	主任	
69			副主任Ⅰ	
70			副主任Ⅱ	
71		社区学生管理中心	主任	
72		学生资助管理中心	主任	
73			副主任	
74		大学生心理健康教育中心	主任	
75		学生事务管理办公室（民族学生事务管理办公室）	主任	
76	研究生院、党委研究生工作部	综合办公室	主任	
77		研究生教育管理办公室	主任	
78			副主任	
79			研究生社区事务主管（科级正职）	
80		招生办公室	秘书Ⅰ（科级正职）	
81			秘书Ⅱ（科级副职）	
82		培养办公室	秘书Ⅰ（科级正职）	
83			秘书Ⅱ（科级副职）	
84		学位办公室	秘书Ⅰ（科级正职）	
85			秘书Ⅱ（科级副职）	
86	科学研究院	综合办公室	主任	
87		项目管理办公室	主任	
88			副主任Ⅰ	
89			副主任Ⅱ	

（续）

序号	单位	内设机构	岗位名称	备注
90	科学研究院	成果与知识产权办公室	主任	
91			成果转移转化事务主管（科级正职）	
92			平台建设事务主管（科级正职）	
93			科协事务副主管（科级副职）	2021年4月增设岗位
94	人文社科处	项目科	科长	
95		成果科	科长	
96			金善宝农业现代化发展研究院事务主管（科级正职）	
97			中国资源环境与发展研究院事务主管（科级正职）	
98	国际合作与交流处、港澳台办公室	出国（境）管理科	科长	
99		国际交流科	科长	
100			副科长Ⅰ	
101			副科长Ⅱ	
102		外国专家科	科长	
103			世界农业奖事务主管（科级正职）	
104	计财与国有资产处	综合科	科长	
105		会计一科	科长	
106			副科长	
107		会计二科	科长	
108			副科长	
109		收费与财税科	科长	
110		预算科	科长	
111			副科长	
112		资金管理科	科长	
113			副科长	
114		房产科	科长	
115		资产管理科	科长	
116			副科长	
117	审计处	财务审计科	科长	
118			副科长	
119		工程审计科	科长	
120			副科长	
121			专项审计事务主管（科级正职）	

（续）

序号	单位	内设机构	岗位名称	备注
122	采购与招投标中心	采购科	科长	
123		招标科	科长	
124		稽核科	科长	
125	社会合作处、新农村发展研究院办公室	科技推广科	科长	
126		基地管理科	科长	
127		产学研合作科	科长	
128			副科长	
129		乡村振兴科	科长	2021年6月由原"扶贫开发科"更名
130			副科长	2021年6月增设岗位
131	实验室与基地处	综合科	科长	
132		后勤保障科	科长	
133		科教服务科	科长	
134			副科长Ⅰ	
135			副科长Ⅱ	
136		实验室管理科	科长	
137			副科长	
138		技安环保科	科长	
139	基本建设处	工程管理科	科长	
140			副科长	
141		规划管理科	科长	
142			副科长	
143		维修管理科	科长	
144			副科长	
145			综合事务主管（科级正职）	
146	保卫处、党委政保部、党委人武部	综合政保科	科长	
147			副科长	
148		消防安全科	科长	
149			副科长	
150		校园秩序管理科	科长	
151			副科长	
152	信息化建设中心	综合规划部	主任	
153	离退休工作处	老干部管理科	科长	
154		退休管理科	科长	
155			关工委事务主管（科级正职）	

（续）

序号	单位	内设机构	岗位名称	备注
156	校友总会办公室（教育基金会办公室）		校友总会事务主管（科级正职）	
157			教育基金会事务主管（科级正职）	
158	新校区建设指挥部、新校区教师公寓建设指挥部、江浦实验农场		规划设计事务主管（科级正职）	
159			土地事务主管（科级正职）	
160			工程建设事务主管（科级正职）	
161			农场事务主管（科级正职）	
162	浦口校区管理委员会	综合工作办公室	综合事务主管（科级正职）	外派干部
163			综合事务主管（科级正职）	
164			综合事务副主管（科级副职）	
165		教学与科研工作办公室	本科生教务运行事务主管（科级正职）	
166			研究生培养事务主管（科级正职）	
167			科研事务副主管（科级副职）	
168		学生工作办公室	团学事务主管（科级正职）	
169			学生管理事务主管（科级正职）	
170			学生心理咨询事务副主管（科级副职）	
171		财务与资产工作办公室	会计核算事务主管（科级正职）	
172			会计核算事务副主管（科级副职）	
173			房产与资产事务主管（科级正职）	
174		安全保卫工作办公室	安全保卫事务主管（科级正职）	
175			实验室事务主管（科级正职）	
176		后勤保障工作办公室	综合保障事务主管（科级正职）	
177			公共服务事务主管（科级正职）	
178			维修和水电事务主管（科级正职）	
179			维修和水电事务副主管（科级副职）	
180			饮食服务事务主管（科级正职）	
181	东海校区建设工作领导小组办公室		秘书Ⅰ（主任科员）	
182			秘书Ⅱ（主任科员）	
183	三亚研究院		三亚研究院事务主管（科级正职）	
184	作物遗传与种质创新国家重点实验室	国家重点实验室办公室	主任	2021年3月作物遗传与种质创新国家重点实验室调整为由学校直接管理的二级单位

（续）

序号	单位	内设机构	岗位名称	备注
185	后勤保障部	综合科	科长	
186			副科长	
187		监管科	科长	
188		膳食服务中心	主任	
189			副主任	
190			副主任	
191			副主任	
192			副主任	
193		物业服务中心	主任	
194			副主任	
195		维修能源中心	主任	
196			副主任	
197		公共服务中心	主任	
198		幼儿园	园长	
199			副园长	
200		医院院长办公室	主任	
201	图书馆（文化遗产部）	办公室	主任	
202		农业遗产部	主任	
203		综合档案管理部	主任	
204		人事档案管理部	主任	
205			校史馆事务主管（科级正职）	
206			中华农业文明博物馆事务主管（科级正职）	
207	国际教育学院、密西根学院	国际教育学院办公室	主任	
208		密西根学院办公室	主任	
209		来华留学办公室	主任	
210			副主任 I	
211			副主任 II	
212	继续教育学院	办公室	主任	
213		教务科	科长	
214			副科长	
215		远程教育科	科长	
216		自学考试办公室	主任	
217		培训科	科长	
218			副科长	

（续）

序号	单位	内设机构	岗位名称	备注
219	农学院	办公室	主任	
220			秘书Ⅰ（科级正职）	
221		学生工作办公室	主任（团委书记）	
222			副主任（团委副书记）	
223		国家大豆改良中心办公室	主任	
224		国家信息农业工程技术中心办公室	主任	
225	工学院	办公室	主任	
226		学生工作办公室	主任（团委书记）	
227			副主任Ⅰ（团委副书记Ⅰ）	
228			副主任Ⅱ（团委副书记Ⅱ）	
229	植物保护学院	办公室	主任	
230			秘书Ⅰ（科级正职）	
231			组织员（科级副职）	
232		学生工作办公室	主任（团委书记）	
233			副主任（团委副书记）	
234	资源与环境科学学院	办公室	主任	
235			秘书Ⅰ（科级正职）	
236		学生工作办公室	主任（团委书记）	
237			副主任（团委副书记）	
238	园艺学院	办公室	主任	
239			秘书Ⅰ（科级正职）	
240			组织员（科级正职）	
241		学生工作办公室	主任（团委书记）	
242			副主任（团委副书记）	
243	动物科技学院	办公室	主任	
244		学生工作办公室	主任（团委书记）	
245			副主任（团委副书记）	
246	动物医学院	办公室	主任	
247		学生工作办公室	主任（团委书记）	
248			副主任（团委副书记）	
249	食品科技学院	办公室	主任	
250			秘书Ⅰ（科级正职）	
251		学生工作办公室	主任（团委书记）	
252			副主任（团委副书记）	
253		国家肉品质量控制工程技术研究中心办公室	主任	

（续）

序号	单位	内设机构	岗位名称	备注
254	经济管理学院	办公室	主任	
255			秘书Ⅰ（科级正职）	
256			副主任	
257		学生工作办公室	主任（团委书记）	
258			副主任（团委副书记）	
259		MBA 教育中心办公室	主任	
260	公共管理学院	办公室	主任	
261			秘书Ⅰ（科级正职）	
262		学生工作办公室	主任（团委书记）	
263			副主任（团委副书记）	
264		MPA 教育中心办公室	主任	
265	理学院	办公室	主任	
266		学生工作办公室	主任（团委书记）	
267	人文与社会发展学院	办公室	主任	
268		学生工作办公室	主任（团委书记）	
269			副主任（团委副书记）	
270	生命科学学院	办公室	主任	
271		学生工作办公室	主任（团委书记）	
272			副主任（团委副书记）	
273	人工智能学院	办公室	主任	
274		学生工作办公室	主任（团委书记）	
275			副主任（团委副书记）	
276	信息管理学院	办公室	主任	
277		学生工作办公室	主任（团委书记）	
278			副主任（团委副书记）	
279	外国语学院	办公室	主任	
280		学生工作办公室	主任（团委书记）	
281	金融学院	办公室	主任	
282		学生工作办公室	主任（团委书记）	
283			副主任（团委副书记）	
284	草业学院	办公室	主任	
285		学生工作办公室	主任（团委书记）	
286	马克思主义学院	办公室	主任	
287			思政教育事务主管（科级正职）	

（续）

序号	单位	内设机构	岗位名称	备注
288	前沿交叉研究院	交叉研究中心办公室	主任	
289	体育部	办公室	主任	
290			场馆事务主管（科级正职）	

（撰稿：汪瑨芃　审稿：吴　群　审核：周　复）

常设委员会（领导小组）

一、生物安全三级实验室项目建设筹备工作领导小组

组　　长：陈利根　陈发棣

副组长：闫祥林　董维春　丁艳锋　王源超

成　　员（以姓氏笔画为序）：

　　　　毛胜勇　孙雪峰　张红生　陈　巍　陈礼柱　陈庆春　单正丰　姜　平

　　　　姜　东　姜　岩　高　峰　桑玉昆

领导小组下设规划建设、企业联络 2 个工作组，负责做好各项筹建工作。

1. 规划建设组

组　　长：闫祥林

副组长：王源超

成　　员（以姓氏笔画为序）：

　　　　毛胜勇　陈礼柱　陈庆春　姜　平　桑玉昆

2. 企业联络组

组　　长：董维春

副组长：丁艳锋

成　　员（以姓氏笔画为序）：

　　　　毛胜勇　张红生　陈　巍　姜　平　姜　东

二、南京农业大学生物科学基础学科拔尖学生培养计划领导小组和专家委员会

1. 领导小组成员名单

组　　长：陈发棣

副组长：董维春　刘营军　王源超

成　　员（以姓氏笔画为序）：

　　　　朱　艳　刘　亮　吴益东　邹建文　张　炜　张正光　陈　杰　赵明文

　　　　姜　东　黄水清　蒋建东　窦道龙

秘　　书：李刚华

2. 专家委员会成员名单

主　　任：沈其荣

副主任：董维春

成　　员（以姓氏笔画为序）：

　　　　万建民　王源超　朱伟云　朱健康　陈发棣　陈晓亚　赵方杰　章文华

　　　　盖钧镒　强　胜

秘　　书：崔　瑾

三、南京农业大学辐射防护安全工作领导小组

组　长：王源超

副组长：陈礼柱　章维华

成　员（以姓氏笔画为序）：

　　　　丁正霞　王全权　王筱霏　包　平　朱旭东　华　欣　姜　平　姜　东

　　　　夏继飞　崔春红

领导小组下设办公室，挂靠实验室与基地处，办公室主任由实验室与基地处主要负责人兼任。

四、南京农业大学120周年校庆筹备工作领导小组

组　长：陈利根　陈发棣

副组长：胡　锋

成　员：王春春　刘营军　高立国　丁艳锋　董维春　闫祥林　吴　群　王源超

领导小组下设校庆筹备工作办公室，挂靠校长办公室。

五、南京农业大学三亚研究院工作领导小组

组　长：丁艳锋

副组长：胡　锋　董维春　闫祥林　王源超

成　员（以姓氏笔画为序）：

　　　　包　平　许　泉　吴益东　陈　杰　陈　巍　陈庆春　罗英姿　周国栋

　　　　姜　东　顾义军　韩纪琴

领导小组下设办公室，挂靠三亚研究院。

六、特种设备安全管理工作领导小组

组　长：王春春

副组长：闫祥林　王源超

成　员：孙雪峰　单正丰　崔春红　钱德洲　陈礼柱　李昌新　许　泉

领导小组办公室设在校长办公室，办公室成员如下：

主　任：单正丰

副主任：李中华　孙仁帅　杨　明　周国栋　章利华

七、前沿交叉学科建设工作领导小组

组　长：陈利根　陈发棣

副组长：丁艳锋　董维春　闫祥林

成　员（以姓氏笔画为序）：

　　　　王源超　包　平　孙雪峰　吴益东　沈其荣　陈　杰　陈　巍　陈礼柱

　　　　陈庆春　罗英姿　单正丰　姜　东　桑玉昆　黄水清　窦道龙

领导小组下设办公室，挂靠前沿交叉研究院。

八、南京农业大学专业学位研究生教育指导委员会

主 任 委 员：董维春

副主任委员：丁艳锋　吴益东

委　　　员（以姓氏笔画为序）：

丁绍刚　王银泉　王翌秋　石晓平　叶永浩　付坚强　刘晓光　李　荣
何　琳　汪小旵　张　炜　张阿英　陈　巍　陈素梅　苗晋锋　林光华
季中扬　赵明文　姜　平　姜　东　耿献辉　徐焕良　郭振飞　黄　明
黄瑞华　曹爱忠　蒋红梅　蒋高中

秘　书　长：张阿英（兼）

九、南京农业大学经营性资产管理委员会

主　　任：丁艳锋

副 主 任：闫祥林

成　　员：包　平　许　泉　陈　巍　陈庆春　单正丰　姜　东　顾义军

十、作物免疫学国家重点实验室（筹）管理委员会

主　　任：陈利根　陈发棣　赵凌云　郝芳华

副 主 任：丁艳锋　闫祥林　董维春　彭南生

委　　员（以姓氏笔画为序）：

万才新　王源超　包　平　全思懋　刘　勇　孙雪峰　杨亚东　杨光富
肖文精　吴　群　吴益东　邱宝国　邹建文　沈其荣　张正光　陈　杰
陈　巍　陈礼柱　陈庆春　邵　刚　罗英姿　单正丰　段　锐　俞建飞
姜　东　贺占魁　钱德洲　陶小荣　桑玉昆　游　丽

十一、南京农业大学乡村振兴工作领导小组

组　　长：陈利根　陈发棣

副组长：高立国　丁艳锋　闫祥林

成　　员（以姓氏笔画为序）：

尤树林　包　平　刘　亮　刘　勇　许　泉　孙雪峰　李友生　吴　群
吴益东　余林媛　张　炜　张红生　陈　杰　陈　巍　陈庆春　罗英姿
单正丰　胡正平　姜　东　钱德洲　黄水清　窦道龙　谭智赟

领导小组下设办公室，挂靠社会合作处。原南京农业大学扶贫开发工作领导小组自行撤销。

十二、国家重点实验室建设领导小组

组　　长：陈利根　陈发棣

副组长：丁艳锋　闫祥林　董维春

成　　员（以姓氏笔画为序）：

王源超　包　平　刘　勇　刘裕强　孙雪峰　吴　群　吴益东　沈其荣
陈　杰　陈　巍　陈礼柱　陈庆春　罗英姿　单正丰　俞建飞　姜　东
钱德洲　桑玉昆

领导小组下设办公室，挂靠科学研究院。

十三、南京农业大学规章制度清理工作领导小组

组　长：闫祥林

副组长：单正丰　孙雪峰

成　员：校内各相关单位主要负责人

领导小组下设办公室，办公室设在校长办公室。

十四、南京农业大学生物安全领导小组和相关委员会

1. 南京农业大学生物安全领导小组

组　长：陈利根　陈发棣

副组长：王源超

成　员：农学院、植物保护学院、资源与环境科学学院、园艺学院、动物科技学院、动
　　　　物医学院、食品科技学院、生命科学学院、草业学院、研究生院、科学研究
　　　　院、计财与国有资产处、实验室与基地处等单位主要负责人

领导小组下设办公室，挂靠实验室与基地处，办公室主任由实验室与基地处主要负责人
兼任。

2. 南京农业大学农业转基因生物安全委员会

主　任：王源超

副主任：徐国华　曹爱忠

委　员（以姓氏笔画为序）：
　　　　白　娟　刘裕强　陈礼柱　柳李旺　施晓琳　展进涛　陶书田　鲍依群

3. 南京农业大学实验动物管理委员会

主　任：王源超

副主任：毛胜勇　姜　平

委　员（以姓氏笔画为序）：
　　　　马海田　李春保　吴　震　张阿英　陈礼柱　苗晋锋　施晓琳

4. 南京农业大学病原微生物管理委员会

主　任：王源超

副主任：姜　平　蒋建东

委　员（以姓氏笔画为序）：
　　　　王　卉　王　玮　李春保　张艳丽　陈　熙　陈礼柱　苗晋锋　施晓琳

（撰稿：束浩渊　审稿：袁家明　审核：周　复）

民 主 党 派 成 员

南京农业大学民主党派成员统计一览表

（截至 2021 年 12 月）

党派	民盟	九三	民进	农工	致公	民革	民建
人数（人）	213	207	14	12	9	8	2
负责人	严火其	陈发棣	姚兆余	邹建文	刘 斐		
总人数（人）	465						

注：2021 年，共发展民主党派成员 17 人，其中九三 10 人、民盟 5 人、致公党 1 人、民革 1 人。

（撰稿：阙立刚 审稿：丁广龙 审核：周 复）

学校各级人大代表、政协委员

全国第十三届人民代表大会代表：朱　晶
江苏省第十二届人民代表大会常委：姜　东
玄武区第十九届人民代表大会代表：闫祥林
玄武区第十九届人民代表大会代表：吴巨友
浦口区第五届人民代表大会代表：汪小岊
江苏省政协第十二届委员会委员：陈利根
江苏省政协第十二届委员会常委：陈发棣
江苏省政协第十二届委员会委员：周光宏
江苏省政协第十二届委员会委员：严火其
江苏省政协第十二届委员会委员：窦道龙
江苏省政协第十二届委员会委员：王思明
江苏省政协第十二届委员会委员：姚兆余
江苏省政协第十二届委员会委员：邹建文
南京市政协第十四届委员会常委：崔中利
玄武区政协第十三届委员会常委：裴正薇
玄武区政协第十三届委员会委员：房婉萍
栖霞区政协第九届委员会委员：汪良驹

（撰稿：阙立刚　审稿：丁广龙　审核：周　复）

五、党的建设

组　织　建　设

【概况】党委组织部（党校）在校党委的正确领导下，认真学习贯彻习近平新时代中国特色社会主义思想、党的十九届六中全会精神，以党的政治建设为统领，扎实推进基层党组织建设、干部队伍建设。

"四个狠抓"确保高标优质，党史学习教育实效显著。紧扣党史学习教育目标要求和重点任务，坚持统筹谋划、分类指导、创新形式、注重实效，高标准、高质量推进党史学习教育取得实效。一是狠抓统筹促走深走实。成立党史学习教育领导小组和工作组，分类制订工作方案，组织召开动员部署会、领导小组会，统筹对接教育部巡回指导组检查指导，组织、指导和协调全校党史学习教育开展。二是狠抓教育促入脑入心。统筹推进专题学习、现场教学、专题培训、专题党课、专题组织生活会等重点任务，校院两级领导班子成员累计开展90 余场集中学习研讨，处级以上党员领导干部讲授专题党课 214 场，340 多个党支部通过"三会一课"、主题党日等形式开展丰富的学习活动。三是狠抓创新促氛围营造。牵头举办庆祝建党百年"七一"表彰大会、合唱比赛、党史知识竞赛，与新华日报社合作举办"打卡红色地标"活动，用"一组数字"和宣传党史学习教育成果营造浓厚的学习教育氛围。四是狠抓实事促履职担当。召开 3 次党史学习教育工作推进会，扎实推进"我为师生办实事"，推动校领导 11 项实事、处级干部 221 项实事、校内征询到的 110 项意见建议落地见效。学校党史学习教育开展情况在教育部网站专题报道，并在《人民日报》、全国高校思政工作网、学习强国、《新华日报》等主流媒体多次报道，在校内外形成较好的影响和示范推广效应。

强化党的政治建设，落实党建主体责任。一是全面规范基层党建工作。根据中央新修订的《中国共产党普通高等学校基层组织工作条例》，结合学校实际，制订了《南京农业大学贯彻落实〈中国共产党普通高等学校基层组织工作条例〉实施方案》，切实抓好各项规定落地落细，对学校基层党建工作作出了全面规范。二是严格落实党建主体责任。压紧压实党建主体责任，形成"书记抓、抓书记，上下联动，齐抓共管"的党建工作责任体系。深耕"书记项目"工程，完成 2020 年度"书记项目"结项工作和 2021 年度立项工作。开展书记抓党建述职考核评议，在全校范围开展基层党支部书记抓党建考核督查，推动各级党组织履行书记抓党建第一责任人职责。

强化典型示范引领，激发基层党建活力。一是党建"双创"工作显成效。持续推进基层党建示范创建和质量创优工作，有序开展学校标杆院系、样板支部建设；第一批创建单位高标准验收，第二批创建单位高质量考核，第三批申报立项高水平选拔。全年1个院级党组织获评江苏省先进基层党组织，1个研究生支部获评第二批全国百个研究生样板党支部，2个支部获评江苏省高校特色党支部，1名党员获评江苏省高校优秀共产党员，获2019—2020年高校党建工作创新奖一等奖、二等奖各1项，获2020年度高校"最佳党日活动"优胜奖2项。二是高层次人才的政治吸纳工作有突破。全年共发展党员2 780人，创近年之最，发展教职工党员19人，其中国家自然科学基金优秀青年科学基金项目获得者、江苏省特聘教授1人，副教授2人；党员发展结构和质量得到优化，在青年教师和低年级学生中发展党员的比例不断提升。

强化党务队伍建设，夯实党建工作基础。一是进一步充实基层党务工作力量。逐步在学院党组织配齐专（兼）职组织员，各院级党组织均设置专职组织员岗位1个，选配专（兼）职组织员18人。持续推进"双带头人"教师党支部书记培育工程，优化教师党支部设置，探索以实验室和科研团队为基础建设教师党支部，发挥支部书记示范带动作用。二是开展党务工作人员专题培训。通过"双带头人"教师党支部书记和组织员专题培训班，以党史学习、现场教学、理论研讨和实地调研等方式，强化基层党务工作队伍政治素养、理论基础和党务工作能力培养。

强化党校阵地作用，开展党员干部培训。一是完善入党教育培训体系。依托"南京农业大学入党教育在线学习平台"，贯穿党员教育培训全过程，全年参训师生超16 000人次。探索构建线上教学、线下教学、实践教学"三位一体"的教学模式，组织第二轮积极分子线下教学集体备课会，从多个维度开展针对性和实效性的党员教育培训。二是常态化开展处级干部教育。线上以"中国教育干部网络学院在线学习平台"为依托，聚焦党史和习近平新时代中国特色社会主义思想等内容开展培训，处级干部参训率达100%。线下通过集训、调训和自学等形式，全年共选派16位处级干部参加江苏省委党校基地学习，切实增强处级干部科学管理与创新能力。

突出素质培养，抓实"基础链"。一是构建素质培养体系。聚焦忠诚、干净、担当属性，分阶段、分类别、递进式、定制式培养锻炼年轻干部。选派4人参加中组部、教育部调训，举办高层次人才国情研修班、科级干部履职能力提升专题培训班、科级干部成长沙龙等形式多样的培训活动，累计参训110余人次。构建了源头培养、跟踪培养、全程培养的素质培养体系，持续夯实干部政治素养，提升本领能力。二是注重实践锻炼。全年选派40余名干部教师参加援藏、援疆、科技镇长团等项目，鼓励干部人才在扎根大地、服务基层中炼意志、长才干。创新举办科级干部暑期社会实践，开展校内双向挂职项目，首批遴选9人参加，搭建学院和机关互通平台，拓宽选人用人视野，促使干部在不同岗位、不同环境经受历练，全面提升干部素质能力。

突出任人唯贤，抓好"关键链"。一是严把政治标准首关。强化党管人才，实施人才把关和风险防控机制。将政治把关和政治素质考察纳入处级领导干部选拔任用各个环节，做实"政治体检"，建立"政治素质、适岗评价、心理测评、自我画像、廉洁自律"4项清单，打好干部考察"组合拳"。高质量做好"一报告两评议"和干部考核工作，打破"一把尺子"评价机制，强化考核结果运用，构建了全方位、多角度、近距离的干部考核评价体系。二是强化干部源头储备。定期开展科级干部招聘，全年共聘任科级干部30人次，实现科级干部的动态管理。注重实绩导向，对条件成熟、有真才实学的优秀干部，予以大胆使用；新提任处级干部4人，试用期满考核合格7人，鲜明树立重实干重实绩的用人导向。

突出从严管理，抓硬"保障链"。一是严肃个人有关事项报告制度。加强警示教育，2021年因个人事项查核诫勉处理2人，并进行全校通报，营造了严的氛围。细化个人事项填报指导，个人有关事项查核一致率从2020年的82.6%提高至2021年的88.2%。二是严格开展专项规范工作。规范领导干部配偶、子女及其配偶经商办企业行为3项，规范党政领导干部在高校兼职65项。开展干部档案专项审查，已完成222名处级干部档案审核及材料补充工作，营造了风清气正的干事创业环境。

突出正向激励，抓强"支撑链"。一是丰富正向激励手段。从优保障和落实援派挂职干部待遇，对表现突出、作出显著贡献的给予表彰奖励。启动五级、六级职员评聘，出台《南京农业大学职员聘任管理办法》，进一步调动和激励管理人员工作积极性，畅通其职业发展路径。二是加强干部人文关怀。举办"绽放晶彩"等主题沙龙活动，在中秋节等传统节日为挂职干部及其家属送上节日或生日祝福，定期举办外派挂职干部交流座谈会，落实干部谈心谈话制度，增强干部的荣誉感、归属感、获得感，更好地调动广大干部实干担当、攻坚克难的主动性和创造性。

[附录]

附录 1　学校各基层党组织党员分类情况统计表

（截至 2021 年 12 月 31 日）

序号	单位	党员人数（人）							在岗职工人数（人）	学生总数（人）	研究生数（人）	本科生数（人）	党员比例（%）			
		合计	在岗职工	离退休	学生党员			流动党员					在岗职工党员比例	学生党员比例	研究生党员占研究生总数比例	本科生党员占本科生总数比例
					总数	研究生	本科生									
	合计	9 317	2 245	589	6 431	4 086	2 345	52	3 692	26 444	8 917	17 527	60.81	24.32	45.82	13.38
1	农学院党委	786	146	18	587	469	118	35	221	1 784	1 032	752	66.06	32.90	45.45	15.69
2	工学院党委	557	93	28	436	138	298		149	3 188	296	2 892	62.42	13.68	46.62	10.30
3	植物保护学院党委	616	113	19	484	413	71		129	1 378	891	487	87.60	35.12	46.35	14.58
4	资源与环境科学学院党委	519	138	17	364	256	108		208	1 680	916	764	66.35	21.67	27.95	14.14
5	园艺学院党委	756	120	16	620	491	129	11	160	2 141	930	1 211	75.00	28.96	52.80	10.65
6	动物科技学院党委	455	89	20	335	290	45		134	1 065	562	503	66.42	31.46	51.60	8.95
7	动物医学院党委	607	102	23	482	340	142		136	1 763	864	899	75.00	27.34	39.35	15.80
8	食品科技学院党委	522	85	9	428	303	125		117	1 302	535	767	72.65	32.87	56.64	16.30
9	经济管理学院党委	507	63	11	428	296	132	5	89	1 546	438	1 108	70.79	27.68	67.58	11.91
10	公共管理学院党委	502	73	5	424	252	172		79	1 286	407	879	92.41	32.97	61.92	19.57
11	理学院党委	218	98	13	107	32	75		132	785	152	633	74.24	13.63	21.05	11.85
12	人文与社会发展学院党委	362	80	9	273	148	125		105	1 220	284	936	76.19	22.38	52.11	13.35
13	生命科学学院党委	441	94	15	332	217	115		148	1 342	599	743	63.51	24.74	36.23	15.48
14	人工智能学院党委	352	65	6	281	40	241		92	1 861	139	1 722	70.65	15.10	28.78	14.00

（续）

序号	单位	党员人数（人）							在岗职工人数（人）	学生总数（人）	研究生数（人）	本科生数（人）	党员比例（%）			
		合计	在岗职工	离退休	学生党员			流动党员					在岗职工党员比例	学生党员比例	研究生党员占研究生总数比例	本科生党员占本科生总数比例
					总数	研究生	本科生									
15	信息管理学院党委	357	45	7	305	86	219		61	1 648	147	1 501	73.77	18.51	58.50	14.59
16	外国语学院党委	216	61	13	142	51	91		101	822	120	702	60.40	17.27	42.50	12.96
17	金融学院党委	325	41		284	157	127		50	1 270	371	899	82.00	22.36	42.32	14.13
18	机关党委	427	321	106					404				79.46			
19	后勤保障部党委	142	79	63					448				17.63			
20	草业学院党总支	94	29		65	53	12		41	258	129	129	70.73	25.19	41.09	9.30
21	马克思主义学院党总支	79	44	11	23	23		1	52	44	44		84.62	52.27	52.27	
22	前沿交叉研究院党总支	44	16		28	28			33	43	43		48.48	65.12	65.12	
23	体育部党总支	43	37	6					51				72.55			
24	图书馆（文化遗产部）党总支	74	47	27					77				61.04			
25	继续教育学院党总支	25	16	9					20				80.00			
26	离退休工作处党工委	27	7	20					8				87.50			
27	新校区建设指挥部党工委	67	25	42					63				39.68			
28	浦口校区管理委员会党工委	133	74	59					98				75.51			
29	国际教育学院、嵇歆根学院直属党支部	33	13	17	3	3			14	18	18		92.86	16.67	16.67	
30	资产经营公司直属党支部	31	31						272				11.40			

注：1. 以上各项数字来源于2021年党内统计。2. 流动党员主要是已毕业组织关系尚未转出、出国学习交流等人员。

附录 2 学校各基层党组织党支部基本情况统计表

（截至 2021 年 12 月 31 日）

序号	基层党组织	党支部总数（个）	学生党支部数（个）			教职工党支部数（个）	
			学生党支部总数	研究生党支部	本科生党支部	在岗职工党支部数	离退休党支部数
	合计	344	181	122	59	144	19
1	农学院党委	22	14	10	4	8	
2	工学院党委	20	12	4	8	7	1
3	植物保护学院党委	20	13	12	1	6	1
4	资源与环境科学学院党委	17	11	7	4	5	1
5	园艺学院党委	26	20	16	4	5	1
6	动物科技学院党委	18	11	8	3	6	1
7	动物医学院党委	14	10	7	3	4	
8	食品科技学院党委	14	9	7	2	4	1
9	经济管理学院党委	21	16	13	3	4	1
10	公共管理学院党委	15	10	7	3	4	1
11	理学院党委	13	6	4	2	6	1
12	人文与社会发展学院党委	13	6	3	3	7	
13	生命科学学院党委	16	11	7	4	5	
14	人工智能学院党委	11	7	1	6	4	
15	信息管理学院党委	11	7	3	4	4	
16	外国语学院党委	10	4	2	2	5	1
17	金融学院党委	11	8	6	2	3	
18	机关党委	25				24	1
19	后勤保障部党委	7				6	1
20	草业学院党总支	6	4	3	1	2	
21	马克思主义学院党总支	7	1	1		5	1
22	前沿交叉研究院党总支	2	1	1		1	
23	体育部党总支	3				3	
24	图书馆（文化遗产部）党总支	5				4	1
25	继续教育学院党总支	2				1	1
26	离退休工作处党工委	2				1	1
27	新校区建设指挥部党工委	3				2	1
28	浦口校区管理委员会党工委	8				6	2
29	国际教育学院、密西根学院直属党支部	1				1	
30	资产经营公司直属党支部	1				1	

注：以上各项数据来源于 2021 年党内统计。

附录 3　学校各基层党组织年度发展党员情况统计表

（截至 2021 年 12 月 31 日）

序号	基层党组织	总计	学生（人）			在岗教职工（人）	其他
			合计	研究生	本科生		
	合计	2 780	2 762	905	1 857	18	
1	农学院党委	173	173	84	89		
2	工学院党委	271	270	27	243	1	
3	植物保护学院党委	133	131	66	65	2	
4	资源与环境科学学院党委	170	170	79	91		
5	园艺学院党委	214	213	109	104	1	
6	动物科技学院党委	93	92	59	33	1	
7	动物医学院党委	156	156	60	96		
8	食品科技学院党委	125	125	45	80		
9	经济管理学院党委	173	172	62	110	1	
10	公共管理学院党委	158	158	33	125		
11	理学院党委	82	82	24	58		
12	人文与社会发展学院党委	174	169	57	112	5	
13	生命科学学院党委	151	151	59	92		
14	人工智能学院党委	203	203	21	182		
15	信息管理学院党委	196	196	36	160		
16	外国语学院党委	100	100	28	72		
17	金融学院党委	143	143	16	127		
18	机关党委	4				4	
19	后勤保障部党委						
20	草业学院党总支	30	30	18	12		
21	马克思主义学院党总支	13	13	13			
22	前沿交叉研究院党总支	10	9	9		1	
23	体育部党总支	6	6		6		
24	图书馆（文化遗产部）党总支						
25	继续教育学院党总支						
26	离退休工作处党工委						
27	新校区建设指挥部党工委						
28	浦口校区管委会党工委	2				2	
29	国际教育学院、密西根学院直属党支部						
30	资产经营公司直属党支部						

注：以上各项数字来源于 2021 年党内统计。

（撰稿：毕彭钰　审稿：吴　群　审核：周　复）

全 面 从 严 治 党

【概况】学校的全面从严治党工作，以习近平新时代中国特色社会主义思想为指导，强化监督执纪问责，推进纪检监察体制改革和自身能力建设，开展第十二届党委第二轮、第三轮巡察，充分发挥监督保障执行、促进完善发展作用。

党委落实主体责任。学校党委召开全面从严治党工作会议，推进教育部党组巡视反馈问题整改落实。针对巡视巡察、审计、"四个领域"腐败风险专项清理等发现的问题，推进校内单位落实整改、堵塞漏洞、健全长效机制。学校纪委扎实推进政治监督具体化常态化，协助党委组织开展党史学习教育，设立党史学习教育督导组并做好有关工作。以党的纪律建设历程为学习内容，开展"党史中的纪律"学习竞答活动。加强意识形态领域监督检查，组织专职纪检干部对 10 个学院听课听讲并通报有关情况，强化各级党组织对意识形态领域风险的排查和监管。督促抓好疫情防控措施落实，对老生返校、新生入学及常态化疫情防控进行"四不两直"检查，提出《关于严格落实学校疫情防控有关要求的建议》，形成疫情防控工作专项督查报告，从严从紧抓好防控措施落实。

纪委履行好监督职责。着力在新校区廉政建设过程中加强调研督导，开展新校区"廉政教育月"活动，讲授"工地上的廉政课"。聚焦关键少数，组织观看警示教育片、赴警示教育基地参观学习。开展廉洁文化作品征集评选、倡议建设廉洁校园等活动，获多家媒体关注报道。1 件作品入选江苏省纪检监察系统离退休干部庆祝中国共产党成立 100 周年书画摄影作品展。加强风险防控工作，重视校外基地建设中可能存在的风险漏洞，专题调研督查学校淮安研究院、泰州研究院等地。巩固拓展落实中央八项规定及其实施细则精神，督促主责单位开展科研经费和公务用车情况的自查自纠。严格廉政审查，全年出具干部选任、荣誉申报方面廉政意见 530 余份。贯通运用监督执纪"四种形态"，注重加强案件剖析，着力提升以案促建、以案促治的积极效应。全年受理纪检监察信访 35 件，处置问题线索 12 件次，约谈 26 人次，提醒谈话 4 人次，诫勉谈话 3 人，立案 2 件，组织调整 1 人，给予党纪处分 2 人，给予行政处分 1 人；发出纪检监察建议书 2 份，向 1 个部门提出工作建议 1 份。

发挥巡察监督作用。高质量组织开展第十二届党委第二轮、第三轮巡察工作，组建 10 个巡察组对 10 个学院（部）党组织开展常规巡察，共发现问题 142 个。聚焦破解师生身边的腐败问题和不正之风，以问题整改转办单方式，将巡察发现的重要问题事项移交相关部门研究解决，推动 11 个部门和单位进行了有效整改。着力发现和推动解决不担当不作为问题，促进学院提升治理能力与水平。

加强纪检巡察队伍建设。以党史学习教育为契机，学校纪检、巡察系统切实做到走在前列、做好表率，并以此指导实践，推动工作。新聘副处级纪检干部 1 人，细化内设机构，推进纪检监察体制改革。开展专（兼）职纪检干部专题培训，在二级党组织纪检委员中开展"十个一"工作，发挥监督在基层治理中的作用。选派干部参加教育部、江苏省纪委等业务培训。开展纪检巡察相关课题研究，新申报立项江苏省教育厅和校级等课题 4 项。

【全面从严治党工作会议】 3月17日，南京农业大学召开 2021 年全面从严治党工作会议。全体校领导、党委委员、纪委委员出席会议。校党委书记、党的建设和全面从严治党工作领导小组组长陈利根发表讲话。校党委副书记、纪委书记高立国作工作报告。会议由校党委副书记王春春主持。大会设主会场和分会场，以视频直播形式同步进行。会议围绕深入学习贯彻习近平总书记关于全面从严治党的重要论述和十九届中央纪委五次全会精神，贯彻落实教育系统全面从严治党工作视频会和江苏省纪委六次全会部署，总结回顾学校 2020 年全面从严治党工作，分析研判形势，部署安排 2021 年重点任务。陈利根代表学校党委就深入推进全面从严治党向纵深发展作出部署，强调以"五项引领"和"五重保障"确保学校"十四五"开好局、起好步。他强调，2021 年是中国共产党成立 100 周年，是实施"十四五"规划、开启全面建设社会主义现代化国家新征程的开局之年，也是全面贯彻落实学校第十二次党代会目标任务、建设农业特色世界一流大学的关键之年；高质量做好学校全面从严治党工作，对学校改革发展开好局、起好步、迈向新征程意义重大。高立国总结回顾了 2020 年学校党风廉政建设和反腐败工作，指出当前工作中存在的问题、风险和不足，深入分析原因，并强调了 2021 年学校纪检监察工作的 4 项重点任务。王春春在会议总结时指出，各单位党组织要进一步夯实全面从严治党主体责任，提高政治站位、政治能力，坚持政治责任，以优异成绩庆祝建党 100 周年。会上，校领导和二级单位党政负责人签订了《落实全面从严治党主体责任责任书》。全体中层干部、党风廉政监督员、教师代表、专职纪检、监察、巡察、审计干部分别在主会场、分会场参加了会议。

（撰稿：孙笑逸　审核：胡正平　审核：周　复）

宣传思想与文化建设

【概况】 学校宣传文化工作，深入学习习近平总书记关于教育的重要论述，贯彻落实全国教育大会和全国高校思想政治工作会议精神，紧扣立德树人根本任务，加强理论武装，推动意识形态工作责任制落实，完善思想政治体系建设，大力推动文化传承创新，积极讲好南农故事，积极营造健康向上的思想舆论氛围，为学校农业特色世界一流大学建设提供有力思想保证、精神动力、舆论支持和文化氛围。

文化建设工作。扎实开展"十四五"大学精神与文化建设专项规划，围绕建党百年、120 周年校庆等重大主题，广泛开展中华优秀传统文化、革命文化和社会主义先进文化教育。持续深化校园文化精品项目建设，推进校庆文创设计、校庆文化营造等 7 个专项项目建设，营造浓厚校庆文化氛围。启动校庆主题宣传片、新版校歌 MV 脚本、校庆 JP 明信片等创意和摄制工作，用影像语言诠释新时代"诚朴勤仁"南农精神。深入推进文明校园创建，做好省级文明校园自评申报和验收准备工作，以文明引领校园风尚。进一步规范学校橱窗展台、横幅喷绘、标语海报管理，做好重要时间节点、重大事件、传统节日和先进典型人物的校园文化氛围营造，有序推进学校视觉形象标识系统更新工作。以文化发展规划编制为引领，结合学校"十四五"规划，系统梳理学校文化建设现状与不足，对标一流大学建设要求，进一步明确具有南农特色的文化发展路径。

宣传工作。一是围绕中心、服务大局，牢牢把握舆论引导的坐标定位。围绕党史学习教育与建党百年主题，策划"党的光辉照我心"红色专栏，开设"校报里的中国精神""学党史 铸秋魂：红色校史人物"专栏，推出党史学习教育校报特约评论和专稿通讯，营造浓厚的党史学习教育舆论氛围。策划统筹"开新局 谱新篇"系列专访7篇，解读学校发展蓝图、聚焦师生关切。策划"一图读懂'十四五'发展规划"图文推送，创新传播语态、紧扣发展脉动。二是聚焦热点、提升站位，打造重大选题矩阵化传播态势。围绕全面推进乡村振兴战略，聚焦涉农高校时代担当，组织新华社、中新社、《经济日报》等主流媒体资深记者，分赴贵州省麻江县和江苏省内多地，以独特的媒体视角讲述学校全面推进乡村振兴精彩故事；执行涵盖署名文章、主题宣传、深度调研的立体传播方案，光明网理论频道、学习强国平台、新华社客户端均关注刊载，充分展现学校在人才振兴、产业振兴中的"火车头"与"发动机"作用。聚焦"破五唯"，梳理学校改革探索、生动呈现人才故事，采写专题通讯刊载《中国教育报》头版。把握矩阵传播规律，抢抓院士增选结果发布等重大时机，策划专题宣传方案，产生"刷屏"传播效应，极大地鼓舞师生士气。三是创新形态、深度融合，构建内宣、外宣联动的传播格局。创新新闻传播的形态语态，增强可视可感图文素材的传播力、影响力。围绕学校热点事件，及时设计制作新闻网主题海报，有效引导舆论；精心策划设计校庆119周年融媒推送，精美海报引发师生校友强烈共鸣，微信浏览量达10万＋。策划"基地探秘"系列推送，借助动图、视频、文字等多种传播手段，揭秘学校硬核"科研地盘"。借助"一网一报两微多号"展开全媒体矩阵发布，主动链接《经济日报》《科技日报》等专业媒体调研走访，开展《南京农业大学用创新助力乡村振兴》等主题报道，从"科普小切口"带出了"三农大主题"。

［附录］

新闻媒体看南农

南京农业大学 2021 年对外宣传报道统计表

序号	时间	标题	媒体	版面	作者	类型	级别
1	1月7日	珍惜盘中餐　反对浪费风	中央电视台新闻频道			电视台	国家级
2	1月7日	第一届中国资源环境与发展论坛在南京举行	中国社会科学网		王广禄	网页	国家级
3	1月13日	这条"红线"让番茄更甜更美味	江苏科技报	A6	夏文燕	报纸	省级
4	1月20日	双双超40%的背后	农民日报	1	颜旭	报纸	国家级
5	1月20日	知识付费行业必须坚持"内容为王"	中国教育报	2	姜姝	报纸	国家级
6	1月23日	2020年度江苏农村发展报告在南农发布	新华社		严悦嘉	通讯社	国家级
7	1月28日	江苏省政协委员邹建文：长江生态修复应系统推进　而非过度强调景观效果	人民网		耿志超	网页	国家级

（续）

序号	时间	标题	媒体	版面	作者	类型	级别
8	1月28日	如何引得进海归博士留得住本土人才？省政协委员陈发棣：创新从人才做起	现代快报		刘伟娟	网页	省级
9	1月29日	智库专家看两会｜省人大常委会副主任、省社科联主席曲福田：牢记嘱托 担起时代重任	新华日报	4	胡波	报纸	省级
10	1月29日	江苏种业科技工程研究中心主任张红生：提升种业核心竞争力，破解"卡脖子"问题	21财经网		王海平	网页	国家级
11	1月30日	万建民：打好种子翻身仗	中央电视台新闻联播		中央电视台新闻频道	电视台	国家级
12	1月31日	潘根兴："变废为宝"的"秸秆教授"	南京电视台新闻综合频道		汪海燕 万晋 彭亚东	电视台	市级
13	2月2日	钟甫宁：一辈子做好一件事	新华日报	1	杨丽 胡波	报纸	省级
14	2月5日	留校过年 和家一样温暖 师生包饺子过小年 学校准备"新年大礼包"	江苏卫视			电视台	省级
15	2月5日	"减肥"的核心是科学施肥	农民日报		郭世伟 郭俊杰 刘正辉 季煜 王敏 张群峰	报纸	国家级
16	2月9日	年货充足年味浓 生活学习有规律 "我在学校挺好的，爸妈请放心"	新华日报交汇点		王拓 杨频萍	网页	省级
17	2月9日	就地过年 暖在身边	荔枝新闻		王尧 章斌炜 黄迪	网页	省级
18	2月11日	智库专家眼中的"三牛"精神：用"三牛"精神耕耘"三农"沃土	新江苏客户端			网页	省级
19	2月11日	金牛迎春｜南京农业大学祝全市人民新春大吉！	南京广电			电视台	市级
20	2月12日	留校过年，别样温暖！江苏00后大学生：校园就是我们温暖的家	现代快报		仲茜 舒越	网页	省级
21	2月19日	夯实种质资源根基 打造硬核农业"芯片"	科技日报	5	张晔	报纸	国家级
22	2月25日	"凡是脱贫致富，必有科技要素"——小康路上的创新故事	新华社		胡喆 陈席元	网页	国家级
23	3月1日	读懂砂梨不容易 科学家首次对其进行全基因组关联分析	中国科学报	4	李晨	报纸	国家级
24	3月2日	绿色控草 治标又治本	中国科学报	3	张晴丹	报纸	国家级
25	3月3日	朱娅：在疫情防控中推进乡村组织振兴	农民日报	3	朱娅	报纸	国家级
26	3月4日	创新高！南农4项成果获高等学校科学研究优秀成果奖	扬子晚报紫牛新闻		王赟	网页	省级

（续）

序号	时间	标题	媒体	版面	作者	类型	级别
27	3月5日	犇腾2021·校长说｜南农校长陈发棣：人勤春来早，奋进赶秋实！	现代快报		仲茜 楠秾宣	网页	省级
28	3月6日	又软又香、早熟高产，它会不会占据下一个"C"位？	紫金山新闻		王丽华	网页	省级
29	3月8日	全国人大代表朱晶：推进涉农校企深度合作	新京报		吴苹苹	网页	国家级
30	3月11日	全国人大代表朱晶：粮食安全未来要重视的"痛点"有哪些？	新京报		周怀宗	网页	国家级
31	3月11日	人大代表朱晶：农业"走出去"，建议加大复合型农业人才培养	澎湃新闻		王奕澄	网页	国家级
32	3月11日	Government suggested to improve policies supporting agriculture sector：NPC deputy	Global times		Wang Bozun and Zhang Hui	网页	国家级
33	3月11日	一"捞"永逸！南农大绿色控草技术取得突破进展	扬子晚报 紫牛新闻		王赟	网页	省级
34	3月11日	让历史"活"起来！南农大马院用身边坐标带学生触摸历史	新华日报交汇点		王拓	网页	省级
35	3月12日	朱晶代表 农业"走出去"急需高层次复合型人才	中国科学报	4	李晨	报纸	国家级
36	3月12日	南农"教授天团"开直播啦！线上"送技下乡"助力春耕备耕	荔枝网		徐华峰	网页	省级
37	3月14日	活用历史文化资源进行实践教学	中国社会科学网		王广禄 姜姝 邵玮楠 葛笑如	网页	国家级
38	3月15日	绷紧安全弦 端稳"大饭碗"	学习强国		朱梦笛	网页	国家级
39	3月16日	找到水稻突变体"耐砷富硒"开关	中国科学报	3	李晨	报纸	国家级
40	3月17日	一"网"打尽 一"捞"永逸 南京农业大学绿色控草技术成果获突破性进展	江苏科技报	A3	夏文燕	报纸	省级
41	3月19日	烤面包、烤饼干？南京这所高校的实验室里藏着什么秘密？	扬子晚报 紫牛新闻		王赟	网页	省级
42	3月21日	南京农业大学实验室烤面包做饼干 绘制"小麦品质地图"	新京报		周怀宗	网页	国家级
43	3月26日	加强知识产权保护 别让国产新品种败给"仿种子"	科技日报	5	张晔	报纸	国家级
44	3月28日	江苏"好味稻"都有哪些？听听育种专家怎么说	荔枝网		周洋 徐华峰	网页	省级
45	3月28日	干"饭"他们最拿手！全国水稻"高手"齐聚南农只为这件事	扬子晚报 紫牛新闻		王赟	网页	省级

（续）

序号	时间	标题	媒体	版面	作者	类型	级别
46	3 月 29 日	"小书屋　大梦想"读书嘉年华走进农家书屋	学习强国			网页	国家级
47	3 月 30 日	让老百姓吃上优质米！稻米家族新成员"宁香粳 9 号"	江苏卫视			电视台	省级
48	4 月 1 日	南京农业大学：引领阅读风尚　助力乡村文化振兴	学习强国		仲　茜　童云娟	网页	国家级
49	4 月 2 日	春探南农大"梨工程"基地　千树花开师生梨园授粉忙	荔枝新闻			网页	省级
50	4 月 2 日	品青团、学党史，南农师生深切缅怀革命先烈	扬子晚报紫牛新闻		王　赟	网页	省级
51	4 月 10 日	南京农业大学从中共一大会址纪念馆引进中国共产党创建历史的珍贵史料"伟大的开端"党史图片	新华日报	2	万程鹏	报纸	国家级
52	4 月 10 日	这里的党史教育很生动　南农大党史展正式启动	新华社		许天颖　甄亚乐　赵烨烨	通讯社	国家级
53	4 月 13 日	"这些草坪，就是用来踩的"	中国科学报	3	李　晨　余　欢	报纸	国家级
54	4 月 14 日	积极进行活态保护与活态利用　农业文化遗产故事性十足（看·世界遗产）	人民日报海外版	11	朱冠楠	报纸	国家级
55	4 月 14 日	贵州农民和南京教授联手"转化"水稻栽培技术	新华社		刘智强	通讯社	国家级
56	4 月 14 日	南农大教授助力贵州麻江水稻育苗	中国青年报	1		报纸	国家级
57	4 月 16 日	南农大党史展打造校园"红色课堂"	江苏卫视			电视台	省级
58	4 月 19 日	不忘初心路　长征再出发　南京农业大学组织开展师生"重走长征路"党史学习实践活动	新华日报交汇点		王　拓	网页	国家级
59	4 月 20 日	发挥人才振兴的"火车头"作用	光明网		陈利根	网页	国家级
60	4 月 20 日	"重走长征路"、"艺"起悟思想！南京 00 后大学生积极参与党史学习教育	现代快报		仲　茜	网页	国家级
61	4 月 22 日	学以致用共筑美好生活　南京农业大学开展"植物医院"社区义诊	荔枝网		徐华峰	网页	省级
62	4 月 23 日	为蓝莓产业现场"问诊"：南京农业大学将 MBA 移动课堂搬到贵州对口帮扶县	新华日报交汇点		王　拓	网页	省级
63	4 月 25 日	江苏率先实现农业农村现代化专题研讨会在南农召开	新华日报交汇点		王　拓	网页	省级
64	4 月 26 日	原创话剧生动编演　让大中学生共"读"党史	江苏教育新闻网		甄亚乐	网页	省级

（续）

序号	时间	标题	媒体	版面	作者	类型	级别
65	4月26日	跨越1500公里的守望相助！这群江苏师生把论文"写"在黔贵大地上	新华日报交汇点		王 拓 王子杰 刘 畅 方 达 宗 祺	网页	国家级
66	4月26日	江苏破解农业"芯片"卡脖子难题：天涯海角 播种春天	荔枝网		徐仁飞 孙 昕	网页	省级
67	4月26日	"穿越"历史 实景重温英烈故事！南农大通过沉浸式演出创新党史学习教育	新华社		楠秾宣	通讯社	国家级
68	4月29日	南京农业大学和贵州大学在贵州麻江成立乡村振兴研究院	新华网		刘智强	网页	国家级
69	4月30日	对口帮扶｜横跨1500公里！南农为贵州麻江送去乡村振兴希望	学习强国		徐华峰 王教群 梁 瑄	网页	国家级
70	4月30日	"重走长征路"、"艺"起悟思想！南京00后大学生积极参加党史学习教育	学习强国		仲 茜 许天颖 周玲玉 丁 莉 杨 芳 陈泓历	网页	国家级
71	5月6日	南农MBA学子捧得第十届亚太地区商学院沙漠挑战赛"金沙鸥奖"	江苏卫视		徐华峰	电视台	省级
72	5月11日	姜姝：青少年科学精神的养成需要精心设计	中国教育报	2	姜姝	报纸	国家级
73	5月13日	苏淮公猪母猪同时克隆成功，可实现快速扩群	中国科学报		记者：李 晨	网页	国家级
74	5月15日	高产、稳产、大粒！南农破解大豆种源"卡脖子"难题	新华日报交汇点		王 拓 通讯员：许天颖	网页	省级
75	5月16日	农业文化遗产与乡村振兴高端论坛暨南农大文化遗产专业建设研讨会召开	新华日报交汇点		记者：王 拓 通讯员：王 荧 许天颖	网页	省级
76	5月17日	以农业文化遗产为脉 建设新文科培养新农人	江苏公共新闻			电视台	省级
77	5月18日	侯喜林：新时代中国农业科技工作者的国际使命	学习强国		侯喜林	网页	国家级
78	5月18日	建设新文科培养新农人！这个论坛为乡村振兴出新招	荔枝网		记者：王 尧	网页	省级
79	5月18日	以农业文化遗产为脉 建设新文科培养新农人	中国社会科学报		王广禄 王 荧 许天颖	网页	国家级
80	5月18日	大豆新品种南农66成功选育并转让	中国科学报	3	许天颖	报纸	国家级
81	5月19日	青说"十四五"｜南京农业大学沈佳泳：为守护粮食安全贡献青春力量	学习强国			网页	国家级
82	5月21日	学思践悟，推深做实南京农业大学扎实开展党史学习教育	学习强国		赵烨烨 许承保	网页	国家级
83	5月22日	你尝过获得国家金奖的大米吗？来南农大这个国家重点实验室看看吧	现代快报网		记者：李 楠	网页	省级

（续）

序号	时间	标题	媒体	版面	作者	类型	级别
84	5月23日	江苏农业专家追忆袁隆平：把论文写在大地上的"国之大者"	中国江苏网		苑青青 喻 婷 周永金	网页	省级
85	5月23日	"禾下乘凉梦，我们接棒！"南京农业大学师生自发悼念袁隆平院士	新华日报交汇点		记者：王 拓 王子杰	网页	省级
86	5月23日	今日中国·江苏｜坚持放流反哺！不一样的"新渔民"这样守护长江	CCTV13新闻频道			电视台	国家级
87	5月24日	在红色记忆中汲取精神力量！"行进中国 我心向党——打卡红色地标"大型融媒体行动走进南农	新江苏客户端		记者：苑青青 徐春晖 费念渠	网页	省级
88	5月25日	探秘南农大作物遗传与种质创新国家重点实验室 让老百姓吃上优质米、放心米	江苏公共新闻			电视台	省级
89	5月25日	这款金奖大米年底就能吃上了！南京农业大学开放日人气旺	学习强国		记者：王 赟	网页	省级
90	5月29日	南京农业大学：大国"三农"历史变迁与发展经验专题研讨暨乡村振兴论坛召开	新华社		记者：严悦嘉	通讯社	国家级
91	5月30日	高质量发展与资源环境政策创新研讨会在宁召开	新华网		记者：沙佳仪 通讯员：许天颖	网页	国家级
92	5月30日	回首大国"三农"变迁，农业专家齐聚南京共话乡村振兴新路	学习强国		苑青青	网页	国家级
93	6月6日	南农大生态文明公开课：世界环境日里"碳"思政	新华日报交汇点		王 拓	网页	省级
94	6月8日	"唱"出来的生动党课！南农大举行庆祝建党100周年合唱比赛	新华社		赵烨烨 许天颖	网页	国家级
95	6月10日	南农大科研团队利用合成肽技术成功研制猪圆环病毒疫苗	新华日报交汇点		王 拓 许天颖	网页	省级
96	6月11日	红色旗帜永远飘扬！南农大原创话剧跨时空演绎党旗与大地的交响	新江苏		苑青青 许天颖 王 爽	网页	省级
97	6月13日	合成肽技术首次应用于猪圆环病毒疫病防控	中国科学网		李 晨 许天颖	网页	国家级
98	6月14日	南农大师生原创话剧再现党旗诞生历史——党旗所指，心之所向	新华日报	3	王 拓	报纸	省级
99	6月15日	国际首次！南农大利用合成肽技术成功研制猪圆环病毒病疫苗	农民日报		李丽颖	网页	国家级
100	6月16日	野生大象迁徙为什么能找到"北"	新华日报	13	王 拓	报纸	省级
101	6月17日	南京高校毕业生告别校园 "载梦启航"	中国新闻网		泱 波 王 爽	网页	国家级
102	6月18日	三亚探索开展大豆一年育五代工作	海南日报客户端		黄媛艳	网页	省级

（续）

序号	时间	标题	媒体	版面	作者	类型	级别
103	6月20日	惜韶华当有为 向最美青春致敬 南京农业大学举行2021届毕业典礼	荔枝新闻			网页	省级
104	6月23日	用理性为考后跟风消费降温	中国教育报	2	姜姝	报纸	国家级
105	6月24日	紫陶忆党史，非遗传初心：6位"紫砂"非遗文化传承人齐聚南农	新华日报交汇点		记者：王拓	网页	省级
106	6月28日	南农教授走进"乡村振兴云学堂"，助力夏种夏管保丰收	荔枝新闻		记者：徐华峰	网页	省级
107	6月29日	回顾党的百年土地政策发展历程，6位专家学者会聚南农畅谈土地管理新未来	中国江苏网		记者：苑青青	网页	省级
108	6月29日	江苏省大学生"青年红色筑梦之旅"联盟成立	央广总台国际在线		记者：马海君	电视台	国家级
109	6月30日	这项新技术，让江苏桃子好看又好吃	扬子晚报		记者：王赟 通讯员：许天颖	报纸	省级
110	7月1日	"彩妆女郎"跨境迁飞难逃"天眼"	中国科学报	4	李晨	报纸	国家级
111	7月1日	热泪盈眶，初心滚烫！南京农业大学隆重举行庆祝中国共产党成立100周年暨"七一"表彰大会	新华社		严嘉悦 许天颖 王爽	通讯社	国家级
112	7月2日	迈向新征程的豪迈宣言——习近平总书记"七一"重要讲话在社科界引发强烈反响	中国社会科学网		钟哲	网页	国家级
113	7月6日	办好人民满意的教育——奋斗百年路 启航新征程·牢记初心使命 争取更大光荣	光明日报	3	陈鹏	报纸	国家级
114	7月15日	南京农业大学：学习党史 为老区乡村振兴发展把脉支招	中央电视台农业农村频道			电视台	国家级
115	7月16日	亩产超500斤！三亚大豆南繁育种传喜讯	三亚日报		陈惜	报纸	市级
116	7月16日	萤火虫，夜幕下闪耀的小精灵 摄影爱好者一小时等一张成片	江苏公共新闻频道			电视台	省级
117	7月19日	警惕硫酸根自由基二次污染	中国科学报	3	李晨	报纸	国家级
118	7月19日	江东观潮丨江苏数字农业农村发展水平达65.4%——让传统乡村插上"数字翅膀"	新华日报交汇点		杨丽	网页	省级
119	7月19日	贵州麻江：农业专家田间地头"会诊"忙	新华网		杨文斌	网页	国家级
120	7月20日	为传统乡村插上"数字翅膀"	新华日报	14	杨丽	报纸	省级
121	7月23日	新江苏调查丨人多、虫少、图靠P，别去灵谷寺了，给萤火虫喘口气！	中国江苏网		王心婷	网页	省级
122	7月23日	成功研制猪圆环病毒病疫苗	农民日报	5	李丽颖	报纸	国家级
123	7月24日	农作物受灾面积75千公顷！河南暴雨对农业影响有多大？	科技日报		金凤	网页	国家级

（续）

序号	时间	标题	媒体	版面	作者	类型	级别
124	7月24日	亩产突破500斤！南农大三亚研究院南繁育种试验成功提高大豆单产与品质	新华社		严悦嘉　许天颖	通讯社	国家级
125	7月24日	南京农业大学升级版360°立体录取通知书：用"星"为新生点亮梦想的种子	新华社		严悦嘉　许天颖	通讯社	国家级
126	7月24日	种子盲盒里"藏"科技实力，南京农业大学升级版录取通知书新鲜出炉	扬子晚报紫牛新闻		王赟	网页	省级
127	7月24日	教你识五谷、事农桑，还有种子"盲盒"！打开这份录取通知书种下梦想！	荔枝网		王尧　许天颖	网页	省级
128	7月27日	南繁大豆育种试验亩产突破500斤	中国科学报	3	李晨　许天颖	报纸	国家级
129	8月12日	南京农业大学张炜：专创融合　构建农业高校创新创业育人体系	新华网			网页	国家级
130	8月12日	全国政协委员热议粮食生产和安全——坚决扛稳国家粮食安全重任（议政建言）	人民日报	18	杨昊　李昌禹　易舒冉	报纸	国家级
131	8月18日	包平　卢勇：梳理方志物产资料　挖掘传统种质资源	农民日报重农评		包平　卢勇	网页	国家级
132	8月24日	陈发棣：基础研究"领航"　农业科技自立自强	新华网		陈发棣	网页	国家级
133	8月24日	2021年度加拿大工程院院士方真：梦想编纂出专业领域的《十万个为什么》	中国青年报客户端		许天颖　李润文	网页	国家级
134	8月25日	南京智库｜提升高校思政课信息化水平	学习强国		姜萍　邵玮楠　刘战雄	网页	国家级
135	9月3日	南农大300个班级"云班会"开启新学期	中国江苏网		楠秾宣	网页	省级
136	9月7日	陈利根：树立历史自觉　走好赶考之路	新华日报	12	陈利根	报纸	省级
137	9月8日	女科学家朱伟云：科研无边界，人生别设限	新华日报	16	记者：王拓　通讯员：许天颖	报纸	省级
138	9月14日	新方法可克服植物远缘杂交生殖障碍	中国科学报	3	李晨	报纸	国家级
139	9月15日	南农主楼"神还原"，5位新生给学校送上一份特别的"见面礼"	扬子晚报紫牛新闻		俞佳宁　梁夏欣　蔡蕴琦	网页	省级
140	9月16日	火爆！刚刚，南京送出首轮消费券，你"抢"到了吗？	新华日报交汇点		黄欢　范杰逊	网页	省级
141	9月17日	打卡红色地标｜多维融合"沉浸式"学习百年党史，南农学子点亮南京红色火炬	学习强国		郑颖　许天颖　李日葵　李迎军　陈跃　苑青青	网页	国家级
142	9月18日	特别的见面礼！5名大一新生在游戏里神还原南农大主楼	梨视频			网页	国家级
143	9月26日	开学啦！江苏部分高校"特色迎新"	江苏广电总台		王尧　王鹏　黄迪　明玉花　赵凌翔　刘堃　张萌	电视台	省级

（续）

序号	时间	标题	媒体	版面	作者	类型	级别
144	9月27日	真酷！南农大果树博士新生骑行262公里报到	荔枝新闻		李 楠 许天颖 王梦璐 芮伟康	网页	省级
145	10月2日	腊肠等三种中国肉制品纳入国际肉制品标准	新京报		周怀宗	网页	国家级
146	10月9日	南京农业大学开展"南农清风·2021"廉洁文化活动	新华网		孙笑逸	网页	国家级
147	10月11日	盲盒送惊喜、"码上迎新"……南京多所大学别样"入学礼"点燃"第一课"	江苏广电		王 尧 黄 迪 吴红鲸 李海博 颜雨菲 丁 莉 杨 芳 韦 玮 唐 瑭 徐 翎	网页	省级
148	10月11日	南农举行新生开学典礼：以扎根大地的时代担当赋能未来	新华社		许天颖 赵烨烨	通讯社	国家级
149	10月12日	姜姝：用好红色影视资源活教材	中国教育报	2	姜 姝	报纸	国家级
150	10月12日	新华全媒＋｜扎根田野 振兴"稻梦"——"新农人"赵祥榕的耕耘与收获	新华社		杨文斌	通讯社	国家级
151	10月13日	全力奔赴梦想 勇做时代新人 多所在苏高校举行新学期开学典礼	江苏公共频道		王 尧 李 栋 顾啸云 赵凌翔 黄 迪	电视台	省级
152	10月16日	育良种产好粮 端稳饭碗江苏底气满满	学习强国		强慧娟 苑青青 徐春晖	网页	国家级
153	10月18日	南农成立长三角农村基层党建研究院	新华日报交汇点		记者：王 拓 通讯员：郭嘉宁	网页	省级
154	10月19日	江苏各高校开学典礼勉励青年学子——接棒强国梦，传承赤子心	新华日报	5	杨频萍 王 拓	报纸	省级
155	10月24日	南农隆重纪念中国大学第一个农经系成立100周年	新华社		李 芬 楠秾宣	通讯社	国家级
156	10月25日	新时代，青年大学生大有可为	南京日报	2	何 洁	报纸	省级
157	10月27日	亩产812.5千克，"宁香粳9号"水稻通过超级稻第一年验收	中国科技网		金 凤	网页	国家级
158	10月27日	南京农业大学举办"绿色农业发展，助力乡村振兴"全国博士后学术论坛	新华网			网页	国家级
159	10月28日	南京农业大学举办"绿色农业发展，助力乡村振兴"全国博士后学术论坛	新华日报交汇点		王 拓	网页	省级
160	11月10日	南农大举办师生午餐会	江苏教育报	2	许天颖 聂 欣	报纸	省级
161	11月11日	人口老龄化与农村养老服务体系建设高端论坛在南京农业大学召开	交汇点		记者：王 拓 通讯员：朱慧劼	网页	省级
162	11月12日	走进南京农业大学特色产业基地镜观"小草坪大产业"	中国新闻网		泱 波	网页	国家级

（续）

序号	时间	标题	媒体	版面	作者	类型	级别
163	11月13日	全球第一！南农3 000种菊花怒放	中国江苏网		苑青青 徐春晖 许天颖	网页	省级
164	11月18日	南京农业大学沈其荣教授当选中国工程院院士	新华社			通讯社	国家级
165	11月19日	不管处在什么位置 不变的是初心	中国科学报	1	胡珉琦 赵广立 陈彬 韩扬眉 李晨 王昊昊	报纸	国家级
166	11月19日	积极应对人口老龄化 完善农村养老服务体系建设	中国社会科学报	2	王广禄 朱慧劼	报纸	国家级
167	11月22日	南京农业大学：发挥校地桥梁纽带作用，打造乡村振兴的科技"发动机"	新华社			通讯社	国家级
168	11月23日	【署名文章】陈利根 于水：统筹城乡区域发展 探索实现共同富裕	学习强国		陈立根 于水	网页	国家级
169	11月24日	沈其荣院士："魔法"教授，解开土壤的生命密码	新华日报	15	王拓 张宣 仲崇山	报纸	省级
170	11月24日	开创农林业现代化新局面，为生态文明提供科技支撑	新华日报	14	杨频萍 王拓 张宣 葛灵丹 谢诗涵 王甜	报纸	省级
171	11月24日	鼓足干劲开新局 代表热议江苏省第十四次党代会报告	新华网		李南丹 孙姝颖	网页	国家级
172	11月25日	南京农业大学：研究院"下乡"解乡村振兴难题	经济日报客户端		蒋波	网页	国家级
173	11月26日	盘活技术、人才、资源，江苏这样打通乡村振兴堵点	科技日报	7	金凤	报纸	国家级
174	11月26日	盛会关键词④｜千里马	我苏网		周洋 丁凤云 姜奇卉 沈杨 徐仁飞	网页	省级
175	11月26日	陈利根代表：落实立德树人根本任务，提高人才培养质量	荔枝新闻			网页	省级
176	11月27日	【署名文章】卢勇：农业遗产与农耕文化	光明日报	11	卢勇	报纸	国家级
177	11月30日	用不同的尺子量不同的人才：南京农业大学人才分类评价改革探索	中国教育报	1	许天颖 董鲁皖龙	报纸	国家级
178	11月29日	China shares agricultural technology, poverty alleviation experiences with Africa	Global Times（环球时报）		HuangLanlan and Hu Yuwei	网页	国家级
179	12月1日	纪念刘书楷先生诞辰100周年暨土地经济学百年发展论坛在南京农业大学举办	新华日报交汇点		王拓	网页	省级
180	12月3日	高压电场一"过"，食品保鲜又安全	江苏科技报	3	葛思佳	报纸	省级
181	12月3日	【署名文章】科学施肥，促进农业增产与耕地提质双赢	新华日报	7	沈其荣	报纸	省级
182	12月3日	【署名文章】藏碳于地 提升耕地系统固碳减排能力	新华日报	7	邹建文	报纸	省级

（续）

序号	时间	标题	媒体	版面	作者	类型	级别
183	12月4日	农字号毕业生"找婆家"：涉农高端技术人才受青睐	中国新闻网		田相洁 许天颖	网页	国家级
184	12月5日	世界土壤日：与"盐"共生	新京报		周怀宗 聂 欣	网页	国家级
185	12月8日	南京首次发现野生小叶椋种群 生长于溧水、高淳 丰富了南京植物资源"家底"	江苏公共频道			电视台	省级
186	12月10日	南农大学子手工制作农耕模具	中国青年报客户端		赵育卉 李润文	网页	国家级
187	12月13日	担使命 探转型：首届长江经济带高质量发展论坛在南京举行	光明日报		记者：刘已粲 通讯员：许天颖 张 晶	网页	国家级
188	12月13日	陈利根：积极发挥农业高校在国家种业振兴中的作用	南方农村报		马俊炜	网页	省级
189	12月16日	2021中国河蟹区域公用品牌发展指数报告在南京高淳发布	人民网		邢梦甜 张瀚天	网页	国家级
190	12月17日	南农大举办农耕文化图片作品展	江苏教育报	2	赵育卉	报纸	省级
191	12月17日	【把脉2022】李天祥：做好农产品保障要守牢"能力底线"与"激励底线"	中国青年报客户端		魏 婉	网页	国家级
192	12月20日	南农学子青春之声"述"中国故事	中国日报网		江苏记者站	网页	国家级
193	12月20日	南京高校师生共包"状元饺" 为考研学子助力	中国新闻网		泱 波摄	网页	国家级
194	12月29日	国际教育20年：点亮"一带一路"上的"南农方案"	央广总台国际在线		赵烨烨	网页	国家级

（撰稿：葛 焱 审稿：刘 勇 审核：周 复）

统 一 战 线

【概况】学校党委坚持以习近平新时代中国特色社会主义思想为指导，认真贯彻落实习近平总书记关于加强和改进统一战线工作的重要论述精神，按照《中国共产党统一战线工作条例》文件要求，进一步加强民主党派班子建设、制度建设、能力建设。召开年度统战工作会议，建立健全党员校领导联系民主党派、统战团体和党外代表人士制度，配齐配强二级党组织统战委员，成立知联会，顺利落成"一院两室"省级同心教育实践基地，多维构建大统战工作格局。

民主党派组织建设不断加强。坚持政治标准，严格发展程序，把好入门关口，为统一战线参政议政储备人才，不断优化各党派的成员结构。加强党外代表人士的教育和培养，积极推荐党外人士参加业务骨干培训。全年共发展民主党派党员17人。

支持党外代表人士参与学校民主管理。邀请各民主党派、统战团体和无党派人士代表列席新学期工作会议、教职工代表大会等重要会议和党史学习教育重大活动，积极征求民主党派对学校事业发展的意见建议，及时通报学校重要工作。支持党外人士参政议政，设立欧美同学会同心大讲堂，开辟联谊交友"同心茶叙"交流空间。全年各民主党派向各级人大、政协、民主党派中央、省委提交议案、建议和社情民意 20 余项；组织参与大型社会服务活动 40 余次，包括联合南京市委统战部开展"云端庆中秋"华人华侨文化活动；组织党外知识分子和归国留学人员前往贵州省麻江县开展国情、社情、民情考察。

2021 年，学校统一战线荣获"全省统战工作实践创新成果奖""江苏统一战线理论研究主题征文一等奖"等多项表彰。2 个党外教学名师团队获批国家级课程思政建设项目，多名教师获评"江苏留学回国先进个人"称号。民主党派获省部级以上表彰 24 项，其中，民盟南农基层委员会荣获全国"各民主党派工商联无党派人士为全面建成小康社会作贡献先进集体"荣誉称号，是江苏省唯一获评的民主党派基层组织。

（撰稿：阙立刚 审稿：丁广龙 审核：周 复）

安 全 稳 定

【概况】保卫处（党委政保部）在学校党委、行政领导下，始终坚守保卫干部"第一属性"，始终站在疫情防控"第一方阵"，始终担当应急处置"第一梯队"，积极为学校各项事业高质量发展保驾护航。全年未发生有影响的重大事故。荣获江苏省公安厅颁发的 2021 年度单位内部治安保卫工作成绩突出集体，3 月被南京市公安局授予集体三等功。

加强保卫处党支部建设。把方向，管全局，坚持党管工作"主心骨"。紧扣庆祝建党 100 周年主线制订支部工作及学习计划，发动支部党员学党史、上党课 11 次。通过理论学习、观看纪录片、实地参观学习、召开学习研讨交流会等形式，共同回顾共产党百年来所走过的艰辛历程，营造浓厚的学习氛围。保卫处党支部荣获机关党委 2021 年度优秀党支部。

坚持把政保工作作为第一要务。围绕国家重大节假日、重大会议、校内大型活动等敏感节点认真开展形势调查研判，科学部署，密切关注重点人群；加大与上级单位的联系，及时统计与上报学校基础信息及各民族生动态信息，全年配合公安部门开展工作 80 余次，上报重点《信息快报》27 期、《保卫工作月报》6 期，圆满完成了敏感节点管控、重要时期管控、重点人员管控等政治保卫任务。

注重安全教育和宣传。一是前置安全教育，通过移动学习平台，让教育从新生接收录取通知书即开始。二是创新反诈宣传形式，组织"来电"反诈骗剧本杀，开展全校反诈主题班会，集中力量推广反诈 App、U＋反诈联盟宣传，走访学院开展反诈座谈，全面推动反电诈安全教育工作。三是用好学生社团，开展思政教育活动，国旗护卫队和消防安全协会被评为校级优秀社团。四是重视本科生大学生安全教育必修课课程建设，保卫处大学生安全教育课程体系建设工作案例荣获全国高校思想政治工作网、中国高等教育学会保卫学专业委员会、高校思想政治工作队伍培训研修中心、高等教育出版社联合颁发的"2021 年全国高校平安校园建设优秀成果典型案例二等奖"。全年组织安全宣传教育活动 23 场、校级竞赛 2 次，发放宣传品 4 万余份。

多措并举抓消防，确保消防安全形势平稳。一是加强筹划，完善制度，夯实责任。修订《南京农业大学消防安全管理规定》，制定消防泵房、消防控制室等重要场所的消防安全管理制度；落实消防安全责任制，召开学校年度安全工作会议，签订二级单位消防安全责任书 40 余份。二是紧抓消防设施巡修保养。落实积分量化监督考核制度，组织维保单位考核 2 次，提升服务质量；持续做好消防设施日常维修，全年跟进完成"掌上后勤"平台报修 600 余项，维修水泵、控制柜、地下管网等疑难问题 12 次，张贴消防管理规定 18 套，悬挂消防阀门标识 600 份，制作维修保养计划卡片 36 份。三是深入防火检查，推动隐患整改。全年开展各类防火检查 21 次，下达安全隐患整改通知书 13 份，整改安全隐患 40 余处。重点完成卫岗校区楼宇第二安全出口维修改造 142 处，以及生科楼公共区域加装 110 个无线烟感报警系统的立项、招标、安装工作。四是常态化开展消防安全宣传培训，提高应急处突能力。全面开展线上线下宣传，通过消防安全宣传栏、横幅，依托"平安南农"微信公众号等多方位向师生展示消防安全知识和技能，营造浓厚的消防安全氛围。组织各类培训和演练活动 26 次，5 次邀请消防部门专家领导来校开展知识讲座和消防宣传活动。五是完善消防档案管理，严格动火审批。完成卫岗校区 44 栋消防"一楼一档"档案工作，严格审批学校各类维修施工动火动焊 3 处，做到审批前查资质、审批后赴现场，全程加强防火指导和监督。

校园秩序管理稳步推进。继续开展"南京农业大学安全专项整治三年行动"。根据《省教育厅关于印发全省教育系统安全专项整治三年行动实施方案的通知》（苏教安函〔2020〕11 号）要求，继续推进并落实《南京农业大学安全专项整治三年行动实施方案》。印发《南京农业大学校园电动自行车交通违章处理暂行规定》，推进校区电动自行车整治清道活动。一是完成智慧交通管理系统（机动车、电动车、违章管理）建设，建立卫岗校区非机动车信息档案。二是在机动车信息档案建设完成的基础上，进一步加强对来校务工人员、后勤保障车辆人员的管理。三是做好卫岗校区、浦口校区、牌楼校区疫情通道建设，为精准防控做好准备，科学规划交通，实现大门的人、车分流，确保校内车辆畅通无阻、停放有序。坚持高标准、高起点，不断加大投入完善系统，全年投入资金 60 多万元，完成校园测速设备建设、校园车辆管理系统等项目建设。

加强校园治安管理，强化警校联动，通过搭建警校共建平台，打造高标准高校警务工作室，充分发挥警力进校园优势最大化，让校园安全更有保障。强力打击校园犯罪，加强治安防控，全年将校外人员来校作案数压降为 0。全年调查处理（偷骑他人自行车、捡拾他人物品不归还、滋扰女学生等）7 人，有效维护校园安宁和稳定，赢得师生支持和公安部门的好评与肯定。

做好服务，为师生办实事。响应疫情防控要求，引进资源，围绕外卖交接环节，联系外卖企业，为两校区无偿引入外卖柜，减少疫情渗入风险，同时外卖丢失的现象得到整治。在浦口校区引入共享电单车，使师生员工的出行得到明显便利。全年接出警 1 200 余次，录像查阅 950 余次，协助办案 10 余起，校务信箱回复 400 余条，服务监督平台回复 40 余条。圆满完成了学校庆祝建党 100 周年、国家级考试、大型活动、上级领导视察等 30 余项重大活动保障。

做好疫情防控管控工作。制定《南京农业大学新冠疫情校园封控应急处置预案》，建立快速反应和应急处理机制，及时采取措施，确保新型冠状病毒感染不在校园内蔓延；同时，加强演练，提升应急能力和实战效果。严把校门关，面对校园流动人员多、防控要求高、克服部分师生和外来人员不理解不配合的困难，做好每天 43 000 多人次出入校门的防控管理，加强值班备勤，保障学校各项事业高质量发展。

【保卫处获南京市公安局授予集体三等功】 3 月 12 日，南京市公安局"集体三等功"授奖仪式在学校举行。南京市公安局内保支队副支队长卢才勇、南京农业大学党委副书记王春春出席授奖仪式，仪式由保卫处处长崔春红主持。卢才勇简要回顾了年度学校安全保卫工作取得的成绩，介绍了近期驻宁高校安全形势要点。他表示，南京农业大学保卫处及保卫干部在学校党政部门的领导和南京市公安局党委的指导下，围绕中心、服务大局，积极组织实施各项安全保卫工作，全力维护了单位内部政治稳定、治安稳定，为创建平安南京、构建和谐社会作出了应有的贡献。王春春代表学校党委、行政向南京市公安局表示感谢。他表示，学校党委一贯对安全工作高度重视，将其作为建设世界一流农业大学的基础性、稳定性和保障性工作，狠抓责任担当，强化队伍建设，提高信息化水平，推动了校园持续安全稳定。学校将一如既往地持续深化平安校园创建工作，把荣誉维护好，全力以赴确保学校工作平稳有序，确保师生健康、生命安全。最后，卢才勇代表南京市公安局为南京农业大学保卫处颁授集体三等功奖牌，为获得表彰的个人颁发奖励证书。

【玄武公安"平安集市"启幕开张】 4 月 14 日，玄武公安分局"我为群众办实事"主题广场活动——"平安集市"在南京农业大学拉开帷幕。分局相关职能部门、派出所、玄武区高校禁毒联盟学生志愿者、南京公安社会动员力量"石城百姓"和玄武公安社会动员品牌"玄武平安 HUI"成员单位参加活动。"平安集市"是玄武公安分局深入开展队伍教育整顿，倾力打造的为民办实事品牌项目，旨在梳理群众关心关注的高频热点民生服务项目，把握多元受众群体特点，为辖区群众带来一站式平安服务体验、交互型平安知识学习、零距离平安共建共享。在活动现场，"平安集市"通过现场互动、演示教学、在线直播等方式供应了一系列"平安时令产品"，涵盖禁毒、网贷、网赌、反诈、识别假冒伪劣、有毒有害产品、CPR（心肺复苏术）、AED（自动体外除颤仪）操作急救技能等内容，深受好评。近 2 000 名学生、教职工陆续来到"平安集市"，寻找心仪的"平安时令产品"。此外，分局巡特警大队、经侦大队、出入境管理大队等单位还带来了春夏季防身术互动教学、"避雷指南·守好钱袋子"、留学生问询服务、居民身份证到期换领和遗失补领、变更姓名、更正出生日期、南京人才落户政策热点问题等服务内容。活动在快手"巡特警在线"平台全程直播，累计观看人数达 10.9 万余人。"平安集市"活动结束后，参加活动的青年民警和学生代表来到校园草坪上，由"红咖"民警和"红咖"学子领学"初心回眸·红色玄武"。随后，双方结合自身实际交流了党史学习心得体会，表示要将学习成效转化为守护平安和孜孜求学的实效。

（撰稿：班　宏　程　强　许金刚　审稿：崔春红　何东方　审核：周　复）

人　武

【概况】党委人民武装部（以下简称人武部）紧紧围绕国防要求和学校实际，深入推进军地融合共建，继续加强大学生参军入伍宣传教育，结合国际国内形势认真落实国防教育活动，全面做好双拥工作等。

受新冠疫情影响，学校 2021 年度大学生军事训练工作未能开展。

宣传为引，服务为导，认真落实一年双征，鼓励学生踊跃参军。5 月 25 日和 12 月 1 日，分别在校园网发布"开展 2021 年春、秋季应征报名的通知"，制作《南京农业大学 2021 年大学生应征报名政策咨询》宣传册及先进事迹提供给各学院用于宣传动员；在两校区同步设立大学生征兵政策现场咨询点，安排专人现场集中发放宣传册，解说报名入伍、国家资助的具体流程，解读大学生入伍的各项优惠政策，并进行现场登记。6 月 1 日，邀请南京市建邺区人武部政委辛崇波、双闸街道人武部领导、在校退役大学生士兵、有意愿参军入伍的大学生们召开座谈会，校党委副书记王春春出席并致辞。座谈会后，一行人前往玉兰路一同参加 2021 年度征兵工作启动仪式。人武部同志在春、秋两季分别前往南京国防教育基地慰问参加役前训练的学生，同时进行入伍前教育、明确注意事项、巩固训练效果。2021 年，学校有 43 名学生被列为新兵。开展退役在校大学生士兵信息统计工作，进一步摸清底数，为组建民兵排做好准备工作。

积极开展国防教育活动，拓展教育第二课堂。各级党政组织、学生社团充分利用清明节、国家安全日、"一二·九"运动纪念日、"12·13"国家公祭日等时间节点在校内广泛开展各种形式的爱国主义教育和国防教育。12 月 13 日，学校卫岗校区、浦口校区分别开展国家公祭日国防教育活动。两校区在同一时间举行了升旗仪式。各学院自主开展了形式多样的缅怀活动，追忆历史岁月，感悟今日幸福生活，让广大学子进一步了解抗日战争历史，弘扬以爱国主义为核心内容的伟大民族精神，践行社会主义核心价值观，激励学生为实现中华民族伟大复兴的中国梦而努力学习。

优势互补，积极推进军校共建。利用学校技术力量，配合部队做好精准扶贫，到临汾旅对口扶贫单位南京市栖霞区太平村开展图书捐赠活动。开展军校联谊活动，与临汾旅足球队、篮球队进行了足篮球友谊赛。春节前，到临汾旅慰问官兵，开展拥军爱兵活动。为应征入伍学生举行欢送会，发放慰问金和纪念品；为烈军属、转业军人、复员军人、退伍军人 331 人（包括从部队退伍复学在校的学生）发放春节慰问金。

（撰稿：陈　哲　班　宏　审稿：崔春红　何东方　审核：周　复）

工 会 与 教 代 会

【概况】2021 年，是"十四五"开局之年，站在建党 100 周年的历史节点，工会以"忠诚党的事业，竭诚服务职工"工作目标为己任，确定"强化政治引领，突出维权功能，凝聚会员人心，展现南农风采"的工作定位。2021 年，有效执行教职工代表大会制度，召开第六届教职工代表大会第二次全体会议，6 个二级教代会完成换届（建立）选举工作；大会共收到提案建议 12 件，已悉数反馈处理意见。制定《南京农业大学送温暖工程暂行办法》《南京农业大学教职工代表大会执行委员会议事规则》《南京农业大学部门工会工作考核标准》，修订了《南京农业大学教职工大病互助管理办法》等规章制度。完成原工学院 720 多位会员并入学校大病互助系统和工会财务并入学校工会财务系统工作。开设了独立银行账户，进一步明确经费使用方向。

"江苏省模范职工之家"通过复查。9 月 15 日，接受了专家对学校于 2013 年获得的"江苏省模范职工之家"考核检查，在听取汇报、查看材料、实地查勘后，专家组对学校近两年"教工之家"建设给予了高度评价：工作踩点准确、亮点突出、特色鲜明，同意继续保留称号，并建议积极申报"全国模范教工之家"。

开展了一系列"我为师生办实事"活动。组织"迎百年跟党走·党史百题竞答""夏送清凉""唱党歌·颂党恩"歌手大赛等主题活动，参与者达 3 000 余人。建成教工"健康驿站"、新建"智慧工会"信息化管理系统，会员慰问、文体活动等功能已投入使用。建立会员信息库，规范会员入会、退会、转会程序。为近 600 名会员团购重疾保险，已有一位突发脑出血的会员获得保险公司 30 万元的赔付。

进一步优化节日慰问和送温暖工程。工会先后调研了 8 所在宁高校和科研院所慰问工作的方式方法；在确保学校资金安全和慰问品质量的基础上，对生日蛋糕尝试了更加便捷的、与网络平台合作的供货方式。2021 年，完成节日慰问品招标 7 次，开展劳模、退休会员等各类慰问 200 余人次，为就地过年教工发放电话充值卡 2 500 余人次；受理上一年度大病互助补助申请 109 份，涉及金额 770 余万元。与常州市金坛区茅麓小学共建"教工之家"，组织 1 461 位会员参加了"慈善一日捐"活动，捐款 281 175 元。

全年举办参与度高、体现团队意识的龙舟赛、单车骑行、绿道行、小程序健步走、网球、太极拳培训等体育活动 10 场次，参加活动的会员达 2 500 余人次。相继成立了乒乓球、羽毛球（2 个）、篮球、足球、网球 6 个协会。

坚持主题党日活动和"三会一课"。"七一"前夕，全体党员前往淮安，开展"弘扬恩来精神，践行初心使命"的党日主题活动，通过追寻红色足迹，重温入党誓词，感悟宗旨信念；支部书记讲授"中国工运百年历程与新时代工会工作创新"专题党课并开展研讨，不断提高党员的思想素养和政治站位。

【第六届教职工代表大会第二次全体会议】第六届教职工代表大会第二次全体会议听取审议《学校工作报告》《学校财务工作报告》《学校学术委员会工作报告》《教代会提案工作报告》，以及《南京农业大学"十四五"发展规划编制工作的说明》《南京农业大学"十四五"发展规划（审议稿）》《关于深入推进人事制度改革的背景情况及方案说明》，表决通过《南京农业大学学院考核及绩效津贴分配实施办法》。大会共收到提案建议 12 件，已悉数反馈处理意见。

【建成教工"健康驿站"】教工"健康驿站"于 2021 年 9 月建成。目前，"健康驿站"设有咨询区、交流区、健身区 3 个功能性区域，不仅可以开展一对一的心理咨询，举办小型身心健康沙龙，而且教工可以自行健身。"健康驿站"获评 2021 年江苏省教科系统工会示范性教工"健康驿站"。

【开展会员满意度调查】组织会员对近 2 年的工会工作进行了问卷调查，以征询会员的意见和建议。会员对于工会整体工作的满意和基本满意度达 99.4%；认为工作有创新、重规范的，分别为 73.7%、68.6%；认为在保障会员合法权益方面有作为的，为 65.7%；认为增加了活力的，为 74.5%；认为工会工作在学校整体工作中发挥的作用缺乏显示度、需要提高的，为 20.4%。

（撰稿：童　菲　审稿：陈如东　审核：周　复）

离退休与关工委

【概况】离退休工作处（党工委）是学校党委和行政领导下的负责学校离退休工作的职能部门，同时接受教育部和中共江苏省委老干部局的工作指导。南京农业大学关工委是校党委领导下的工作机构，设秘书处，下设办公室，挂靠离退休工作处。离退休工作处下设老干部管理科、退休管理科。离退休工作处党工委下设办公室党支部及离休党支部。学校对离退休教职工实行校、院系（部、处、直属单位）二级服务管理的工作机制；其中，离休干部以学校服务管理为主，退休教职工以院系（部、处、直属单位）服务管理为主。充分发挥关工委、退教协、老科协、老体协等协会，老年大学，以及二级单位（院系、部、处、直属单位）的集体力量；围绕学校中心工作，贯彻落实党和政府给予离退休教职工的政治待遇和生活待遇，全面做好离退休人员服务管理工作。截至 2021 年底，全校共有离退休教职工 1 703 人，其中离休 20 人、退休 1 683 人。

党工委组织建设及党建工作。离退休工作处党工委对下属的两个党支部负责建设，同时统筹协调全校各二级党组织下属的 24 个离退休党支部相关工作。党工委认真落实学校党委关于全面从严治党的要求，抓好党风廉政工作。党工委中心组、处领导班子坚持执行学习制度，每月组织离退休党支部书记开展培训活动，以点带面，全面加强离退休教职工思想政治建设。2021 年，离退休工作处党工委基层书记抓党建被评为"好"；离休党支部获评学校先进党支部，离休党支部党日活动"党旗飘扬，我心向党"获 2020 年度校最佳党日活动三等奖；1 位离休老党员被评为"江苏省百佳离退休干部党员"，5 位离退休老党员被评为"南京农业大学光荣在党 50 年"优秀党员，1 人获评学校"优秀党务工作者"，1 人获评学校"优秀共产党员"。

队伍建设及信息化服务管理工作。开展全校离退休老同志基本信息摸底调查，将相关数据录入离退休管理信息系统，为精准服务提供保障；运用信息技术做好助医、助药、困难帮扶、生病慰问等，努力打造"互联网＋"特色服务，实现常规工作精准化、沟通分享实时化、资源共享集成化。定期为离退休老同志开展信息技术服务活动，在老年大学开办智能手机使用班，帮助老同志跨越数字鸿沟，有效提高老同志使用智能手机能力。7月9日，举办离退休干部工作专题培训班，就离退休工作制度的规范化、服务的精细化、管理的信息化、关工委工作的优质化等方面进行深入交流与探讨。探索居家养老新模式，满足老年人多元化和个性化养老需求。12月7日，邀请钟山颐养园等5家养老机构来校签约，并与老同志们面对面进行交流、咨询，丰富老同志们养老资源，着力于完善嵌入式养老服务。在疫情常态化防控管理中，以健康管理、情感管理、安全管理为抓手，积极动员，加强离退休教职工疫情防控知识的宣传，为老同志们发放口罩、消毒液等防护物资，督促离退休教职工做好基本防护，减少人员聚集，确保零感染；联合校医院和社区医院，定时为离退休老干部开展中医"健康管理与巡诊服务"，完成9位离休干部"家庭医生"签约服务工作；协助校医院在教职工活动中心设"开药点"，方便老同志们开药取药；邀请专家开展健康讲座，为离退休教职工普及预防保健知识和健康养生知识。

开展主题活动和落实待遇工作。扎扎实实进行党史学习教育，开展"我为离退休老同志办实事"实践活动。结合庆祝中国共产党成立100周年，开展"永远跟党走"系列主题活动，包括征文、书画摄影、文艺汇演、宣传展示等，举办了"我看建党百年新成就"主题调研、"讲好入党故事，传承红色基因"主题教育活动。6月30日，组织光荣在党50年及以上的党员参加学校庆祝中国共产党成立100周年暨"七一"表彰大会，为16位离退休党员颁发"光荣在党50年"纪念章。7月1日，组织各支部党员集体收看庆祝中国共产党成立100周年大会盛况，共同庆祝党的百岁华诞。10月14日，在教职工活动中心户外门球场举行2021年离退休教职工集体祝寿活动；校党委书记陈利根、副书记王春春，机关党委、校离退休工作职能部门和寿星所在单位的负责人，学校七十、八十、九十华诞组的寿星等120余人欢聚一堂为老寿星们集体祝寿。开展走访慰问老同志工作，坚持"节日送祝福，床前送慰问"，做到两个全覆盖：一是离休干部年度慰问全覆盖，二是重病老同志慰问全覆盖。春节、"七一"、重阳节期间做到离休老党员、老同志走访慰问全覆盖。全年上门慰问和去医院走访慰问生病住院的老同志百余人次。落实了邵钧、周文俊两位同志的按副省（部）长级标准报销医药费待遇（干薪字〔2021〕574号）；根据《中共中央组织部 财政部 人力资源社会保障部关于在建党100周年之际提高离休干部生活补贴标准的通知》精神，对学校离休干部的生活补贴标准进行了调整。做好日常接待老同志来访，解难帮困、沟通协调等工作。组织每季度集中为离休老同志报销医药费，认真做好53位离退休人员的去世善后工作。

老年群团组织管理服务工作。坚持每月例会制度，每月组织召开由校领导、职能部门和退教协、老体协、老科协等老年群团组织负责人参加的例会，进行工作交流，及时通报校情。办好老年大学，开设10门课程，满足离退休教职工的学习需求。组织开展多种多样的文体活动，丰富老同志精神文化生活。组织学校老教授、老专家开展科技服务，与江苏省靖江市老科协全面合作，建立了南京农业大学老科协靖江科技服务站和南京农业大学老科协靖江鹌鹑科技服务站，帮助靖江市王宏鹌鹑专业合作社将鹌鹑养殖中种蛋孵化率由60%左右提升到88.3%。此外，与滨海现代农业产业园区、泰兴市及句容华甸农产品专业合作社开展科技服务；积极开展科普活动，深入中小学、街道等开展"三农"科普。2021年，根据教育部"银龄教师支援西部计划"要求,选派退休教师徐凤君赴新疆政法学院援教。

关工委自身建设。关工委以"立德树人、强农兴农"为主线,加强体制机制建设,组织建设完善,工作责任明确。每月召开领导班子工作例会和校关工委委员工作会议,传达上级关工委指示精神,研究制订工作方案,重大事项经过集体研究讨论决定。认真学习贯彻落实《中共教育部党组关于加强新时代全国教育系统关心下一代工作委员会工作的意见》(教党〔2021〕34 号)(以下简称 34 号文件)精神,制定了学校贯彻落实 34 号文件的实施意见。校院两级关工委以集中学习、专题研讨、座谈交流等形式认真学习贯彻习近平总书记重要指示精神,通过辅导讲座、走访交流、老少共建、生产实践等形式,将学习成效转化为推进关工委工作高质量发展的实际行动。2021 年,学校关工委被评为"全省教育系统关心下一代工作先进集体"。

关工委优质化建设。强化党建带关建,为优质化建设提供保障;对照优质化建设的 28 项指标,对标找差,完善优化,重点推进关工委平台建设和讲师团建设、老少携手助力"乡村振兴"等工作。加强品牌建设,校关工委与农学院种子科学与工程 212 班、园艺学院园艺 213 班、人文学院旅游管理 191 班、外语学院英语 212 班 4 个班级结对共建;各学院关工委结合实际,所培育的"一院一品"项目特色鲜明。学校以"一院一品"为支撑的关工委品牌创建工作获江苏省教育系统关心一代工作委员会"工作创新奖"一等奖。

理想信念教育工作和"读懂中国"主题活动。大力培育和践行社会主义核心价值观,围绕庆祝中国共产党成立 100 周年,开展社会主义核心价值观教育,推荐经济管理学院关工委选送的"精品案例"获江苏省教育系统关工委一等奖。在全校组织开展"我要成为新楷模"和"榜样的力量"主题征文活动,优秀作品推荐到江苏省教育系统关工委参评,全部获奖,包括一等奖 1 项。开展"读懂中国——讲好入党故事,传承红色基因"主题活动,校关工委和经济管理学院关工委共同选送的《悠悠入党路,拳拳赤子心》、工学院关工委选送的《一名军人退伍后的"战疫"》2 篇征文被教育部关工委评为最佳征文,在中国教育电视台进行了录制和展播;人文与社会发展学院关工委选送的《红船》被评为优秀舞台剧。校关工委荣获教育部关工委 2021 年"读懂中国"活动优秀组织奖,得分位列教育部直属高校第 12 位。

(撰稿:孔育红 审稿:卢忠菊 审核:周 复)

共 青 团

【概况】学校共青团在学校党委和上级团组织的坚强领导下,以习近平新时代中国特色社会主义思想为指导,认真贯彻落实习近平总书记关于青年工作的重要思想,牢牢把握新时代共青团的根本任务、政治责任和工作主线,以党的十九届六中全会精神为指引,认真履行引领凝聚青年、组织动员青年、联系服务青年的职责使命,围绕学校党政中心工作,推进学校共青团改革,实现新发展,带领全校团员青年在建设农业特色世界一流大学新征程中贡献青春力量。

全力推进团支部标准化规范化建设,依托"智慧团建"系统落实基层团支部工作清单制度、"三会两制一课"制度、"对标定级"等团的组织建设工作，做好推优入党、团员发展和团籍管理、团费收缴等基础团务工作。抓好党团衔接，进一步落实推优入党工作；2021年，经团组织规范程序推优入党1 426人，发展团员80人。积极推进"学社衔接工作"，确保毕业生团组织关系及时转接。截至2021年底，学校毕业生团员转接发起率达到99.2%，转出成功率98%，学社衔接率97.7%。在学校范围内，围绕"3＋X"模式创新开展先锋支部立项工作。2021年度选树50名"优秀团务助理"和21个"优秀工作案例"；遴选158名优秀学生骨干担任新生班级团务助理，结合"新生十课"，帮助新生完成大学角色的转变。

不断深化改革学生组织和学生社团。认真贯彻落实教育部、团中央文件要求，深化学生会、研究生会改革。严格落实学生会改革方案，实现校院两级学生会组织职能聚焦、机构人员精减，规范召开校院两级学代会、研代会。以扎实的工作成效，推动社团改革，"宽严相济"，引导学生社团健康有序发展。出台《南京农业大学学生社团管理细则》等规章制度，明确社团管理职责，选聘优秀教师担任社团指导教师，规范学生社团日常管理。开展社团注册和年检审查，完成对两校区共81个校级学生社团的整合、注册、审定工作。加强社团活动顶层设计，实施"社团品牌建设工程"，全年立项资助7.5万元用于支持社团开展精品活动，统一组织开展社团巡礼节和"百团大战"等活动，扩大社团影响力。

加强思想政治引领，常态化推进理论学习教育，多样化开展党史学习教育、主题思想教育。强化第二课堂建设，扎实开展暑期社会实践、志愿服务工作，持续推进双创实践工作，深化美育改革，丰富校园文化活动，提升学生综合素养。学校连续获评江苏省和全国社会实践先进单位。获评大学生志愿服务"苏北计划"优秀组织奖，"七彩四点半"项目获团中央和中国青年志愿者协会立项；2021年度江苏省"挑战杯"大学生课外学术科技作品竞赛荣获特等奖2项、一等奖4项、三等奖2项，首次捧得江苏省"优胜杯"；并获评全国第十七届"挑战杯"竞赛优秀组织奖，再次蝉联iGEM国际基因工程机器设计大赛、日本京都国际创业大赛全球金奖，双创成绩实现一年一个新突破。《北方的篝火》等4项作品斩获全国大学生艺术展演最高奖项，获得历史以来最好成绩。

【第十七届"挑战杯"江苏省大学生课外学术科技作品竞赛学校刷新最好成绩】5月13—15日，第十七届江苏省大学生课外学术科技作品竞赛暨"挑战杯"全国竞赛江苏省选拔赛决赛如期举行，学校6件作品入围省赛决赛，以2项特等奖、4项一等奖的历史最好成绩，首次捧得"挑战杯"江苏省"优胜杯"，同时3项作品获得报国赛资格。此项竞赛由共青团江苏省委员会、江苏省科学技术协会、江苏省教育厅、江苏省社会科学院、江苏省学生联合会主办，南京中医药大学、南京信息职业技术学院、栖霞区政府承办。

【规范化管理意识形态阵地】2021年，学校团委积极加强对团属宣传阵地的监管，全面梳理团属新媒体平台运营现状，定期开展意识形态领域风险点自检自查，设立共青团领域舆情应对方案。2021年度对校内团属宣传平台集中开展排查工作，完成对36个半年内无更新的新媒体平台的关停注销，向江苏省委网信办报送注销76个"僵尸新媒体平台账号"。持续构建"南农青年"传播矩阵，利用团属宣传平台持续优化"新媒体思想引领时间轴"。青年传媒荣获全省"百年辉煌　E心向党"网络主题宣传活动剧本、海报工作室、全国高校新媒体"十佳视觉设计"、江苏省"十佳校园媒体"等多项荣誉。

【承担第30届中国戏剧梅花奖赛会志愿服务工作】5月8—22日，第30届中国戏剧梅花奖竞演在江苏省南京市举行。学校作为第30届中国戏剧梅花奖志愿者唯一指定高校，承担本次梅花奖活动所有相关志愿服务保障工作；经过层层选拔面试及多轮专业岗位培训，86 名志愿者最终走上岗位服务，为活动顺利举办贡献出了一份南农力量。5 月 21 日，学校党委副书记刘营军、共青团南京市委书记吕璟一行赴第 30 届中国戏剧梅花奖闭幕式活动现场，亲切看望并慰问学校参加本届梅花奖闭幕式的志愿者们。学校团委书记谭智赟、南京团市委社会联络部副部长陶涛、学团委副书记朱媛媛及相关负责同志陪同参加。

【积极开展生命健康教育】 结合世界防结核病日、世界无烟日、世界艾滋病日等时间节点，两校区同步开展生命健康周、"三献"科普周、献血车进校园等主题宣传教育活动。邀请省、市红十字会培训师资走进校园开展应急救护知识和技能培训，全年培训应急救护师资 9 人、初级救护员 255 人，帮助 3 471 名 2021 级新生顺利考取红十字救护员 CPR＋AED 合格证。举办校急救知识技能大赛，以赛促学，引导各院级红十字会提升急救知识和救护技能水平，提升院级红十字会业务水平。2021 年，两校区 1 534 名师生参与无偿献血。学校"三献"工作获得江苏省红十字第二批志愿服务项目支持，"博爱青春"暑期志愿服务项目获得江苏省红十字会十佳项目提名奖。工作获得江苏省红十字会公众号、中华学联、创青春、我苏网等权威媒体报道 16 篇。

（撰稿：翟元海　审稿：谭智赟　审核：周　复）

学生会与研究生会

【概况】 在学校党委、江苏省学生联合会领导和学校团委的指导下，学生会、研究生会本着"全心全意为同学服务"的宗旨，秉持着"崇尚理想者请进，追逐名利者莫入"的理念，坚持学生会是学生利益的代表，围绕学校党政中心，做好学校联系学生的桥梁和纽带，以引领大学生思想、维护学生权益、繁荣校园文化、学术交流、提高学生综合能力为重点开展各项工作。

严格落实上级学生联合会组织要求，完成校院两级学生会、研究生会改革；组建南京农业大学"数说三农新语，礼赞百年征程"暑期社会实践团，通过"线上＋线下""专业＋实践"的方式，从"乡村社区新生活""建设发展新经验""强农兴农新故事""南农青年新思想"4 个方面感受中国共产党成立 100 年来农村发展进程中的历史性成就，在学思践悟中切实增强"四个自信"，激励广大青年投身乡村振兴，为祖国发展和社会进步贡献青春力量；举办纪念"一二·九"运动 86 周年主题活动，通过青年学生火炬传递的方式重温爱国运动历史，激发南农学生爱国情怀；举办以第八个国家公祭日为主题的纪念活动，组织学生通过手绘海报、秉烛默哀等方式深切哀悼南京大屠杀遇难同胞；举办"百年恰芳华，青春正歌唱"校园十佳歌手大赛、南农好声音歌唱大赛、周末舞会、研究生演讲风采大赛等，在活动中领会并传承传统文化，研究生会结合传统节日打造"冬至日包饺子""端午节包粽子""茶文化分享会"等社区"家"文化系列活动；在活动中体现拼搏精神，以"神农杯"体育文化节为依托，开展"校园万米长跑"、羽毛球赛、乒乓球赛、"趣味运动会"、篮球赛等特色体育活动。丰富大学生课余文体生活；举办南京农业大学"权益有言，提案为声"校园提案大赛，旨在鼓励广大学生深入关注学校建设，建言献策，增强主人翁意识，并提高学生实践调研能力及提案撰写水平。

【开设"党史上的今天"专栏】 4 月 1 日至 6 月 9 日，学生会推出系列专栏"党史上的今天"。每天由一位学生干部或优秀青年学生领学一个党史故事，带领大家一同重温中国共产党的艰苦岁月，领略新中国成立以来我国完成的诸多壮举。

【完成校院两级学生会、研究生会改革】 下半年，根据共青团江苏省委员会高校部、江苏省学生联合会秘书处下发的《关于开展 2021 年学生会组织改革评价通知》的要求，学生会、研究生会在学校党委的领导及学校团委的具体指导下，学生会顺利完成校学生会改革的 17 项考评指标要求，带动 19 个二级学生会对标 13 项二级学生会考评指标，摒除整改硬性问题，根据各学院院情调整软性要求，让改革落到实处，避免"一刀切"及改革形式主义，在更高的要求中共同探索学生会发展路径，真正让各级学生会工作人员体悟到改革所带来的持续性益处、更好地服务全体学生。研究生会完善了每学期的校、院两级研究生骨干述职评议制度，通过 4 月举办的为期一个月的"精英计划研究生骨干培训"和 10 月举办的全校多功能新媒体培训等形式开展全校研究生骨干思想素质、专业技能和实践能力培训，不断强化校、院两级研究生会向着高亲和力、高凝聚力、高执行力的方向发展。

【举办学术创新活动】 学校研究生会秉持"营造学术氛围，弘扬创新精神"的学术工作宗旨，以学术科技作品竞赛和"聆听"系列访谈活动为依托搭建学术交流平台，通过校院联动的学术交流模式打造钟山学者访谈系列活动、五大学部前沿学术论坛、"我与博士面对面"、"朋辈领航说"等系列品牌学术活动辐射全校各学院研究生。2021 年，累计举办校级学术活动 60 余场，覆盖全校 22 个学院，累计参与总人数超过 5 万人次。

【维护学生合法权益】 11 月 25 日，学生会举办"三方会谈"——走进教务活动，学生代表就课程压力大、考试时间安排不合理、自习教室紧缺、考试名额限制、教师给分标准不统一等问题与教务处老师进行沟通。研究生会总结跟进研究生代表大会的提案工作，积极关注广大研究生的实际生活问题与需求，实行权益群连接全校各学院权益负责人和微信公众号"权益点我"线上与线下双线并行的运行模式，每月定期反馈权益问题，响应研究生诉求举办心理健康讲座，定期与后勤集团开展研究生权益座谈会，定期发布研究生"权益研报"，公示大家最为关心的权益问题解决情况。

（撰稿：王亦凡　审稿：谭智赟　审核：周　复）

六、发展规划与学科建设

发 展 规 划

【概况】围绕建设农业特色世界一流大学奋斗目标，在发展战略规划研制、专项改革调研等方面，为学校提供了政策建议和决策咨询，助推学校高质量发展。

【完成《南京农业大学"十四五"发展规划》编制工作】持续完善"1+5+20+X"的"十四五"规划体系，召开学院领导、校学术委员会、民主党派代表等层面征求意见会6场，多方位听取师生建议，发放征求意见稿100余本，收集意见建议267条，梳理反馈167条。完成《南京农业大学"十四五"发展规划》编制并上报教育部，同时向社会公布。

【系统梳理学院"十四五"发展规划】根据各学院"十四五"发展规划，研究确定各学院发展的长期目标、短期目标、发展策略和方法，梳理完成学院规划OGSM草案20个，完成学院规划OGSM草案20个，明确各学院规划存在的问题和修改方向；完成学校总体规划核心指标任务分解，将总体规划核心指标分解具体至各个学院。

【组织开展学校管理对策项目研究】组织开展2021年度中央高校基本科研业务费人文社科基金管理对策项目相关工作，立项资助项目10个和指导项目14个，启动项目中期检查，为有效提升学校办学治校能力提供决策咨询。

（撰稿：辛 闻 审稿：李占华 审核：张丽霞）

学 科 建 设

【概况】以"双一流"建设为引领，统筹推进学科交叉融合和新增学科点培育，初步构建了"强势农科、优势理工科、精品社科、特色文科"的学科体系。2021年，新增药理学与毒理学2个学科领域进入ESI学科全球排名前1%，ESI学科全球排名前1%学科领域数量达到10个；其中，农业科学、植物与动物科学领域进入全球排名前1‰，跻身世界一流学科行列。

完成新一轮"双一流"建设方案编制。围绕教育部"双一流"建设新要求，以及学校首轮建设存在的问题与不足，充分论证新一轮"双一流"建设拟建设学科及口径范围。完成新一轮"双一流"建设方案编制工作，组织3场由院士等参加的校内外专家论证会。

组织中央高校建设世界一流大学（学科）和特色发展引导专项资金2022—2024年经费

预算、2022 年度项目申报等，完成"双一流"引导专项资金评审表等编制。

持续开展学科评估服务。组织 28 个一级学科参加第五轮学科评估、9 种专业学位类别参加国家专业学位水平评估，完成评估材料上报并持续做好参评学科评估信息核查及公示异议结果反馈工作。

扎实推动省部级学科建设。按照江苏省教育厅要求，组织作物学、农业资源与环境 2 个"双一流"建设学科和食品科学与工程、农业工程、植物保护、园艺学、畜牧学、兽医学、农林经济管理、公共管理 8 个江苏省优势学科开展总结，完成首轮"双一流"建设省级财政支持资金绩效工作评价和 2021 年经费预算编制。

组织草学、生物学、生态学、风景园林学 4 个学科申报国家林业和草原局第三批重点学科；组织科学技术史、草学、生态学、化学、机械工程、生物学、马克思主义理论、图书情报与档案管理、环境科学与工程、风景园林 10 个学科申报江苏省"十四五"重点学科，生态学、草学 2 个学科入选江苏省重点建设 A 类学科，机械工程、化学、环境科学与工程 3 个学科入选江苏省重点建设 B 类学科；组织科学技术史、生态学、草学、化学、机械工程 5 个学科通过"十三五"江苏省重点学科终期验收，科学技术史、草学 2 个学科获评"优秀"；学校 2 个案例入选江苏省高水平大学建设典型案例，是江苏省入选案例最多的高校之一。

［附录］

2021 年南京农业大学各类重点学科分布情况

一级学科国家重点学科	二级学科国家重点学科	"双一流"建设学科	江苏高校优势学科建设工程立项学科	"十四五"省重点学科	所在学院
作物学		作物学			农学院
植物保护			植物保护		植物保护学院
农业资源与环境		农业资源与环境		生态学（A）	资源与环境科学学院
	蔬菜学		园艺学		园艺学院
			畜牧学		动物科技学院
				草学（A）	草业学院
	农业经济管理		农林经济管理		经济管理学院
兽医学			兽医学		动物医学院
	食品科学（培育）		食品科学与工程		食品科技学院
	土地资源管理		公共管理		公共管理学院
			农业工程	机械工程（B）	工学院
				化学（B）	理学院
				环境科学与工程（B）	资源与环境科学学院

（撰稿：康若祎　陈金彦　审稿：潘宏志　审核：张丽霞）

七、人事人才工作

【概况】2021年是"十四五"开局之年，人力资源部、人才工作领导小组办公室、党委教师工作部按照学校党委和行政的统一部署，深入贯彻"1335"发展战略，全面贯彻党的教育方针，落实立德树人根本任务，以培养学生为学、为事、为人的"大先生"为核心任务，面向全体教师实施党史学习教育和师德专题教育，进一步完善教师思想政治和师德师风建设工作体制机制，夯实"五位一体"工作体系，促进教师思想政治素质、师德师风和业务能力全面发展。奋力开创师资队伍建设新局面，为农业特色世界一流大学建设贡献智慧力量。

凝心聚力、迎难而上。人才队伍建设取得重大突破。在全校共同努力下，沈其荣教授当选中国工程院院士，方真教授当选加拿大工程院院士，打破了学校20年无新增"两院院士"的困境，突破了制约人才队伍建设的瓶颈。新增重要国家级人才项目22人次，再创历史新高，其中"长江学者"特聘教授1人、享受国务院政府特殊津贴4人、"四青"人才14人、国家"万人计划"领军人才3人。累计获得江苏特聘教授、双创计划等各类省部级人才项目60人次、创新团队1个。获评江苏省海外高层次人才引进重点平台建设项目。

精心谋划、精准施策。人事制度改革全面落地实施。学校全面深入推进人事制度改革的方案顺利通过第六届教职工代表大会第二次会议投票表决，正式发布《南京农业大学人事制度改革指导意见（2021年修订）》《南京农业大学学院考核及绩效津贴分配实施办法》。各学院根据学校人事制度改革精神，分别研制了符合自身定位、特色的实施方案，均已通过学院教职工代表大会表决，并在本年度的绩效考核和绩效分配中全面实施。至此，学校已全面落实人才评价和综合激励机制改革，逐步构建成科学规范、开放包容、运行高效的人才发展治理体系。

抢抓机遇、创新举措。"钟山学者"引育体系品牌效应凸显。持续打造"钟山学者"人才引育品牌，通过"钟山国际青年学者论坛"广纳贤才、"钟山学者计划"培育人才梯队、"钟山学者青椒会"交流互鉴、"钟山青年研究员"积蓄后备力量。得益于"钟山学者"引智平台，进人质量大幅提升，近3年新入职教师来自全球排名前100位的高校比例由13％增至24％；全年引进高层次人才33人，其中正高级职称占比为30％；"钟山青年研究员"队伍获中科研项目取得新的突破，中国博士后基金创新人才计划4项、特别资助6项、面上资助32项、国际项目3项、国家自然科学基金青年科学基金项目27项、面上项目1项，占全校总数的44.3％。

坚定政治方向，以党建为统领抓好队伍建设。坚持党管人才原则，将党的领导贯穿人才队伍建设全过程。在教师招聘、考核、晋升等关键环节，严把政治关、师德关。加强自身队伍建设，坚持部务会、部长办公会等民主议决事务制度。深入开展党史学习教育，坚持每月集中学习，并赴淮安周恩来纪念馆、南京雨花台烈士陵园等开展实境教学活动。坚持开展组织生活，提升党支部凝聚力、战斗力。

做好专业技术职务评聘和岗位分级工作。积极落实中央深化教育评价改革、职称评审制度改革的相关部署，扎实推进职称评审制度改革，完成高级职称评聘条件和管理办法修订工作。2021年，继续优化职称评审程序，在高评委评审环节分为自科组和社科组，共计302人申报职称，评审通过正高26人、副高58人、师资博士后15人、中级6人。启动2021年专业技术职务岗位分级聘任工作。

完成各类人员公开招聘。开展教学科研岗公开考核面试2场，拟聘32人。其中，17人本科学历来自"双一流"高校、26人博士研究生学历来自一流大学建设高校、14人具有海外留学或工作经历。开展非教学科研岗招聘，共824人报名，拟聘15人。落实国家"六稳、六保"工作任务，开发科研助理岗位95个，实际聘用应届毕业生32人。

博士后工作取得佳绩。承办"绿色农业发展助力乡村振兴"全国博士后论坛，线上线下共2000余人参会。获国家资助指标23人，到账经费368万元；获江苏省资助指标11人，到账经费198万元。

薪酬及社保工作有序开展。扎实推进薪酬及社保改革各项工作，成功申报2014年以后退休教职工"养老保险待遇申领表"，人均养老金上浮782元/月，人均补发2.81万元。为解决新进教师置业困难，调整安家费发放途径和标准，全年发放安家费1635万元。根据相关政策要求，调整职工住房公积金、养老保险、职业年金等缴存基数，增资550.5万元。

开展师德专题教育，涵养教师高尚师德。通过教师思想政治和师德师风座谈，精准设计教育宣传方案，提升工作的针对性和实效性。以"追溯建党初心，共话百年辉煌"为主题，面向全体专任教师开展党史学习教育专题网络培训。组织全校教师学习贯彻习近平总书记给全国高校黄大年式教师团队代表重要回信精神。贯彻落实教育部师德专题教育部署要求，召开学校师德专题教育启动会，建成"南京农业大学师德专题教育网站"，印发《南京农业大学关于开展师德专题教育的通知》，校、院两级协同推出6项教育内容、15项工作举措，开展理论学习、集中宣讲、联学共建、师德教育与教学科研融合、参观考察、红色教育、实习实践等活动200余次，落实全部院长书记宣讲"十项准则"、解读师德规范，形成了全员知准则、守底线，争做先进、争做"好老师"的良好局面。

突出典型高位引领，筑牢立德树人初心。成立南京农业大学师德宣讲团，邀请沈其荣、钟甫宁、洪晓月等师德"大先生"，面向全部二级学院举办3期师德专题报告，讲述师德典型投身教书育人、科学研究，促进学校改革发展，服务"三农"等方面的感人事迹，在全校范围内营造了讲师德、重修养的良好氛围。组织全校专任教师集中观看"师德大讲堂"教师节公益直播、教学名师谈成长系列直播和研究生导师指导行为准则解读专题培训。增加专家提名环节，评选2021年立德树人楷模、师德标兵、优秀教师、优秀教育工作者。深度挖掘师德典型的感人故事，采取橱窗展示、校报专版、微信专栏"师者"等形式广泛宣传。创新活动形式，举办"别样"教师节，校领导深入教师办公室，为师德先进颁奖，看望慰问一线教师和荣休教师，营造尊师重教校园风尚，切实提振师道尊严。积极遴选推荐学院和教师申报上级师德奖项，园艺学院被评为2021年江苏省教育系统先进集体。

探索师德监测预警，全过程严把师德关口。为防范化解师德失范隐患，在全国率先建设师德监测预警系统，利用大数据和评估模型，将教学质量综合评价、师德年度考核、师德日常把关、师德失范行为，以及违法、违纪、违规行为等数据进行一体化分析，精准掌握教师师德动态变化情况，为学校及学院有针对性地开展师德师风建设提供参考。在综合楼、主楼悬挂"十项准则"，推动师德规范入脑入心。开展新教师师德岗前培训，引导新进教师迈好第一步。举办园艺、草业等学院师德专题宣讲，针对学科专业特色提升警示教育实效性。强化覆盖新教师入职、教学科研项目申报、各级各类人才项目申报、职称职级评聘、评奖评优等关键环节的政治思想素质和师德师风情况考察把关，建立教师师德日常考核档案库，为教师全面健康发展夯实基础。探索构建了分级通报和公开通报相结合的通报制度，结合教育部和校内发生的教师师德失范案例，定期编发《南京农业大学师德警示教育材料》，引导教师以案为鉴、以案明纪。编印教师工作指导文本《教师思想政治与师德师风工作文件汇编》，提高学院教师工作的专业性，进一步筑牢基层师德底线。

拓展实践育德平台，促进教师服务"三农"。遴选 2 位海外留学归国教师参加教育部"高校青年教师国情教育研修班"。组织各学院海外留学归国教师赴学校与贵州省麻江县共建的教师德育与社会实践基地，开展涵养"三农"情怀和教育科技扶贫实践活动；并赴遵义会议会址、红军山烈士陵园等革命教育基地，举行党史和师德现场教学，强化教师将论文写在大地上的使命担当。

【沈其荣教授当选中国工程院院士】2021 年，沈其荣教授当选中国工程院院士，打破了学校 20 年"两院院士"无新增的困局。沈其荣院士长期从事有机（类）肥料和土壤微生物研究与推广工作，技术工艺被全国 666 家企业采用，为中国有机（类）肥料产业发展作出了突出贡献，先后获得光华工程科技奖、全国创新争先奖、中华农业英才奖、国家教学名师、作出突出贡献的中国博士学位获得者等荣誉称号。

【方真教授当选加拿大工程院院士】2021 年，方真教授当选加拿大工程院院士。方真教授是世界著名的可再生能源和绿色技术专家，其团队在生物质水解、生物柴油生产、生物燃料合成纳米催化剂等领域作出了重大贡献。

【学校全面开启新一轮人事制度改革】基于 KPI 的学院、教师绩效考核及绩效津贴分配改革方案顺利通过教职工代表大会投票表决，在 2021 年的年度绩效考核、分配中全面落地实施。考核分配办法基于学校发展的总体目标，聚焦关键指标 KPI（随发展动态调整），强化立德树人（占 50%）和破"五唯"的指导思想。未来学校发展将进一步体现校院两级管理，学校定边界，学院定细则；学校考核学院，学院再根据各自发展定位分类考核教师。

【学校举办全国博士后学术论坛】10 月 25—27 日，由全国博士后管委会办公室、中国博士后科学基金会、江苏省人力资源和社会保障厅、江苏省博士后协会主办，南京农业大学承办的"绿色农业发展，助力乡村振兴"全国博士后学术论坛成功举行。中国博士后科学基金会基金管理处柴颖副处长、江苏省人力资源和社会保障厅朱从明副厅长、南京农业大学校长陈发棣分别在开幕式上致辞。来自全国 24 所高校和科研单位的 100 多位博士后、博士后管理人员及特邀专家参加了开幕式。由于疫情原因，本次论坛通过线上平台同步直播，2 000 余名青年学者在线参与了本次论坛。

【学校举办第四届钟山国际青年学者云论坛】5 月 28 日，学校成功举办第四届"钟山国际青年学者云论坛"。南京农业大学党委书记陈利根、校长陈发棣，江苏省委组织部人才处处长叶绪江出席开幕式，来自全球 19 个国家和地区 80 余名青年学者参加论坛。

[附录]

附录 1　博士后科研流动站

序号	博士后流动站站名
1	作物学博士后流动站
2	植物保护博士后流动站
3	农业资源与环境博士后流动站
4	园艺学博士后流动站
5	农林经济管理博士后流动站
6	兽医学博士后流动站
7	食品科学与工程博士后流动站
8	公共管理博士后流动站
9	科学技术史博士后流动站
10	水产博士后流动站
11	生物学博士后流动站
12	农业工程博士后流动站
13	畜牧学博士后流动站
14	生态学博士后流动站
15	草学博士后流动站

附录 2　专任教师基本情况

表 1　职称结构

职称	正高级	副高级	中级	初级	总数
数量（人）	576	633	498	36	1 743
比例（％）	33.05	36.32	28.57	2.06	100

表 2　学位结构

学位	博士	硕士	学士	总数
数量（人）	1 352	281	110	1 743
比例（％）	77.57	16.12	6.31	100

表3　年龄结构

年龄（岁）	≤34	35～44	45～54	≥55	总数
数量（人）	332	722	421	268	1 743
比例（%）	19.05	41.42	24.15	15.38	100

附录3　引进高层次人才

农学院：王松寒

植物保护学院：何亚洲　陈金奕　李　刚　宋　炜　邵小龙

园艺学院：韩琪瑶　王振兴　丁宝清　王利凯　张天奇　周　蓉

资源与环境科学学院：夏少攀　熊　武　刘红军　刘　鹰

动物医学院：李　坤　刘功关　杨丹晨　陆明敏

食品科技学院：张　闯

生命科学学院：孙　迪

工学院：陈　伟　张晓蕾

人工智能学院：翟肇裕　黄君贤

公共管理学院：李长军

经济管理学院：卢　娟　胡　杨

人文与社会发展学院：李　惠　韩　光　何　彬

前沿交叉研究院：刘守阳

附录4　新增人才项目

（一）国家级

1. 中国工程院院士：沈其荣

2. 加拿大工程院院士：方　真

3. 海外高层次人才青年项目：王振兴　刘金鑫　王利凯　马振川　王　明　冯致科　陈彦廷

4. "长江学者"特聘教授：刘裕强

5. 国家自然科学基金优秀青年科学基金：丁宝清　李　姗

6. 国家"万人计划"科技创新领军人才：陈素梅

　国家"万人计划"哲学社会科学领军人才：石晓平　易福金

　国家"万人计划"青年拔尖人才：刘树伟　许冬清　谢彦杰　陈爱群　胡　冰

（二）省部级

1. 江苏省特聘教授：马振川　刘鹏程　刘金鑫　孙　浩　董小鸥

2. 双创人才：甘祥超　李盛本　谭俊杰　王　明

3. 江苏省"333人才工程"

第一层次：陈发棣　王源超

第二层次：陈素梅　柳李旺　刘永杰　刘裕强　毛胜勇　石晓平　孙少琛　王东波　吴巨友　徐志刚　邹建文

第三层次：陈爱群　丁煜宾　段亚冰　胡　冰　黄惠春　黄　骥　黄小三　纪月清
　　　　　凌　宁　刘树伟　龙开胜　陆明洲　孟　凯　王德云　王虎虎　王翌秋
　　　　　吴宗福　谢彦杰　杨晓静　姚　霞　易福金　庾庆华　展进涛　张海峰
　　　　　张万刚　张　炜　张艳丽　张龙耀

4. 江苏省高校"青蓝工程"

　　优秀教学团队：石晓平

　　中青年学术带头人：腊红桂　李　伟　郭贯成

　　优秀青年骨干教师：袁　军　肖　燕　吴梅笙　邱　威　蓝　菁　李昕升

5. 江苏留学回国先进个人奖：张绍铃

6. 南京市最具影响力留学人员：张万刚

附录5　新增人员名单

农学院：王　彤　王松寒　卢　珊　黄　婧

工学院：祁子煜　张晓蕾　陈　伟

植物保护学院：万贵钧　刘昕宇　李　刚　何亚洲　何　波　宋　炜　陈金奕　邵小龙
　　　　　　　党明青　唐莉栋

资源与环境科学学院：王贺飞　王晓萌　计小明　刘红军　刘　鹰　李先平　张　艺
　　　　　　　　　　易荣菲　夏少攀　熊　武

园艺学院：丁宝清　王利凯　王振兴　张天奇　周　蓉　高　媛　韩琪瑶　程春燕
　　　　　程颖娟

动物科技学院：邢　通　刘恒彤　张　昊　陈跃平

动物医学院：刘功关　刘振广　李　坤　李　桥　杨丹晨　陆明敏　高　倩

食品科技学院：吕云斌　张　闯　单　锴　柯维馨　陶正清　詹麒平

经济管理学院：卢　娟　叶潇奕　胡　杨

公共管理学院：冯彩玲　李长军　张　兰

理学院：王娟娟　陈　瑶　罗　凯　葛梦炎

人文与社会发展学院：刘春卉　李　惠　杨博文　何　彬　张兴宇　韩　光

生命科学学院：朱　静　孙　迪　苏娜娜

人工智能学院：邵馨青　秦欢欢　黄君贤　翟肇裕

信息管理学院：宋筱璇　秦可蓉　彭　露

外国语学院：张　娟　胡　顿

金融学院：马钱挺　刘　浩　齐　获　吴雅倩　唐　溧

草业学院：杨　波　姚　慧

马克思主义学院（政治学院）：孙　跃　李　青　焦金磊

前沿交叉研究院：刘守阳　钟德意　徐　山

人力资源部、人才工作领导小组办公室：杨　颖

学生工作处、党委学生工作部：许梓薇

新校区建设指挥部、江浦实验农场：李健雄　郑晓宇

后勤保障部：杨　梅　施　慧　崔京琳

附录 6　2020 年专业技术职务聘任

根据学校专业技术职务特别聘任相关规定，经专业技术职务特别聘任委员会评审、校人事人才工作领导小组审议、校长办公会审定，Milton Brian Traw 等 14 位同志具备相应专业技术职务任职资格，同意予以聘任，开始计算时间分别备注。现将名单公布如下：

一、教授

农学院：Milton Brian Traw（聘任时间自 2019 年 10 月 28 日起算）

资源与环境科学学院：韦　中（聘任时间自 2019 年 9 月 23 日起算）

生命科学学院：张水军（聘任时间自 2019 年 11 月 21 日起算）

　　　　　　　常　明（聘任时间自 2019 年 10 月 28 日起算）

　　　　　　　王保战（聘任时间自 2020 年 1 月 2 日起算）

二、副教授

农学院：黄　驹（聘任时间自 2019 年 11 月 11 日起算）

　　　　和玉兵（聘任时间自 2019 年 12 月 16 日起算）

植物保护学院：严智超（聘任时间自 2019 年 9 月 23 日起算）

　　　　　　　赵　晶（聘任时间自 2019 年 11 月 19 日起算）

资源与环境科学学院：王孝芳（聘任时间自 2019 年 11 月 6 日起算）

　　　　　　　　　　王金阳（聘任时间自 2019 年 12 月 23 日起算）

　　　　　　　　　　赵　迪（聘任时间自 2019 年 12 月 3 日起算）

动物科技学院：侯黎明（聘任时间自 2019 年 11 月 14 日起算）

公共管理学院：王　佩（聘任时间自 2019 年 11 月 13 日起算）

根据学校有关规定，经审核，同意聘任万姗等 91 位同志相应专业技术职务，聘期自 2019 年 12 月 31 日起计算；同意甘芳等 18 位同志同级转聘。现将名单公布如下：

一、专业技术职务聘任

（一）讲师

万　姗　王　青　王　峰　毛菲菲　王　聪（食品科技学院）　邓丽霞　冉　璐
朱禹函　乔　佳　刘金彤　刘　浏　孙　丽　孙　逊　杜焱强　李丹丹　李　亚
李　滕　吴显燕　宋修仕　迟　骋　张　建　张婧菲　张曙光　陈海涛　周立邦
赵文甲　赵　娜　赵　迪（食品科技学院）　段道余　桂思思　夏　青　顾剑秀
高嵩涓　崔韩颖　粘颖群　潘　龙

（二）讲师（学生思想政治教育系列）

丁　群　王誉茜　金洁南　夏　丽　徐冰慧

（三）助理研究员（教育管理研究系列）

冯　薇　刘　莉　孙国成　杨丽姣　王　聪（后勤保障部）　杨思思　肖伟华
邹爱萍　汪瑨芃　周建鹏　赵文婷　赵　晨　桂雨薇　徐敏轮　徐　婷　黄　芳
蒋　斑　魏威岗

（四）**实验师**

田瑞平　包浩然　刘玉洁　李　宁　余洪锋　张国正　赵叶新

（五）**编辑**

徐定懿

（六）**助教**

张　萌

（七）**助教**（学生思想政治教育系列）

田　雨　吉良予　安　琪　孙小雯　李迎军　李杭耘　杨瑞萌　邵传东　邵春妍

周玲玉　周　颖　赵广欣　黄　瑾　曹　璇　梁雨桐　董宝莹

（八）**研究实习员**（教育管理研究系列）

毕彭钰　刘坤丽　严楚越

（九）**助理馆员**

何建霄　薛　蕾

（十）**助理实验师**

田亚男　易雪芳

二、专业技术职务同级转聘

（一）**副教授**

甘　芳　朱锁玲　李昕升　沈丹宇　唐　姝

（二）**高级实验师**

胡　军

（三）**讲师**

马媛春　沈宗专　范虹珏　尚小光　袁　军　梅新良

（四）**助理研究员**（教育管理研究系列）

尤兰芳　庄　森　顾兴平　葛　焱

（五）**助教**（学生思想政治教育系列）

聂　欣

（六）**助理馆员**

郑　力

根据《南京农业大学关于做好 2020 年专业技术职务评聘工作的通知》（校人发〔2020〕113 号）文件精神，经学科评议组评议，校职称评定委员会评审，校长办公会议审定，同意聘任邢莉萍等 99 位同志相应专业技术职务，聘任时间自 2019 年 12 月 31 日开始计算。现将名单公布如下：

一、正高级专业技术职务

（一）**教授**

农学院：邢莉萍

工学院：肖茂华　陆明洲　林亦平

植物保护学院：华修德

园艺学院：王　晨　孙　锦　张　飞　陈　宇　陈　暄　唐晓清

资源与环境科学学院：刘东阳　刘树伟　郑聚锋　凌　宁

动物科技学院：张定东　钟　翔

动物医学院：马　喆　王先炜

草业学院：徐　彬

食品科技学院：肖红梅

经济管理学院：田　曦　葛继红

公共管理学院：刘　琼

金融学院：汤颖梅

人文与社会发展学院：戚晓明

理学院：安红利

外国语学院：曹新宇

马克思主义学院：吴国清

（二）研究员（农技推广）

农学院：刘世家

资源与环境科学学院：焦加国

（三）研究员（教育管理）

外国语学院：石　松

二、副高级专业技术职务

（一）副教授

农学院：孔忠新　田中伟　陈　琳

工学院：李　泊　汪浩祥　张新华　徐禄江　章永年

植物保护学院：于　娜　闫　祺

资源与环境科学学院：沈宗专　俞道远　袁　军　谢婉滢　薛　超

园艺学院：殷　豪　熊劲松

动物医学院：闫丽萍　常广军

动物科技学院：韦　伟　田　亮

草业学院：庄黎丽

食品科技学院：丁世杰　王　沛　孙　健

信息管理学院：庄　倩

生命科学学院：刘宇婧　李　信

经济管理学院：吴蓓蓓

公共管理学院：沈苏燕　胡　畔

金融学院：彭　澎

理学院：陈　智　温阳俊

人文与社会发展学院：尹雪英　刘传俊

外国语学院：李　维

马克思主义学院：刘战雄　姜　姝

体育部：徐东波　管月泉

（二）副教授（思政教育）

动物医学院：熊富强

经济管理学院：张　杨

（三）副研究员

农学院：魏珊珊

植物保护学院：刘木星

园艺学院：刘金义

动物科技学院：张　羽

资源与环境科学学院：刘　婷

生命科学学院：李周坤

（四）副研究员（教育管理）

人力资源部、人才工作领导小组办公室：刘红梅

采购与招投标中心：庄　森　胡　健

教务处、国家级实验教学中心、教师发展与教学评价中心：陈婵娟

社会合作处、新农村发展研究办公室：王克其

（五）高级实验师

动物科技学院：樊懿萱

资源与环境科学学院：李学林

食品科技学院：于小波

（六）高级畜牧师

动物科技学院：陆汉希

三、中级专业技术职务

（一）讲师

人文与社会发展学院：张　萌

（二）讲师（思政系列）

动物医学院：徐　刚

（三）助理研究员（教育管理研究系列）

草业学院：周佳慧

计财与国有资产处：蒋卫红

（四）其他系列

1. 会计师

计财与国有资产处：柳　柳

工学院：潘仙梅

2. 馆员

图书馆（文化遗产部）：吴佳慧

3. 实验师

植物保护学院：唐　玲

4. 主治医师

后勤保障部：胡　峰

根据学校专业技术职务特别聘任相关规定，经专业技术职务特别聘任委员会评审、校人事人才工作领导小组审议、校长办公会审定，农学院李国强、植物保护学院吴顺凡两位同志具备教授专业技术职务任职资格，同意予以聘任，聘任时间自 2020 年 9 月 18 日开始计算。

根据《南京农业大学关于做好 2020 年专业技术职务评聘工作的通知》（校人发〔2020〕113 号）文件精神，经学科评议组评议，校职称评定委员会评审，校长办公会议审定，同意聘任草业学院胡健同志为副教授，聘任时间自 2019 年 12 月 31 日开始计算。

附录 7　2021 年专业技术职务聘任

根据江苏省文化和旅游厅、江苏省人力资源和社会保障厅《关于公布江苏省图书、文博、群文、艺术高级专业技术资格评审委员会评审结果的通知》（苏文旅发〔2020〕100 号）文件精神，经学校评审推荐，江苏省图书、文博、群文、艺术高级专业技术资格评审委员会评审通过，唐惠燕同志具备研究馆员任职资格，时间自 2020 年 10 月 23 日起计算。

根据江苏省人力资源和社会保障厅、省职称办《关于公布江苏省扬州市中小学（幼儿园）教师高级专业技术资格（副高）评审委员会评审结果的通知》（苏职称办〔2021〕15 号）文件精神，经学校评审推荐，江苏省扬州市中小学（幼儿园）教师高级专业技术资格评审委员会评审通过，张仁萍同志具备幼儿园高级教师资格，时间自 2020 年 12 月 22 日起计算。经学校研究，同意聘任以上 2 位同志相应专业技术职务。

根据学校有关规定，经审核，同意聘任王欣歆等 56 位同志相应专业技术职务，同意王鹏等 21 位同志同级转聘，聘期自 2020 年 12 月 31 日起计算。现将名单公布如下：

一、专业技术职务聘任

（一）讲师

王欣歆　石燕青　占华东　朱芳芳　孙莉琼　李延斌　李晓黎　吴　泽
吴　蕾（动物医学院）　张　娜　陈孙禄　周　阳　郑　焕　费明慧
贺　达　徐　野　翁李胜　高雁怩　葛　伟　滕　烜　穆　悦

（二）讲师（学生思想政治教育系列）

芮伟康　杜　超　李扬　陈晓恋　聂　欣　鲁　月

（三）助理研究员（教育管理研究系列）

王英爽　刘泽华　陈　欢　岳志颖　黄　瑾　阙立刚

（四）实验师

王换换　吕青骎

（五）助教（学生思想政治教育系列）

冯建铭　朱熠晟　刘晨钰　许　可　李　柯　汪明佳　宋春池　陈　杰（农学院）
罗舜文　封　筱　路　行　褚阳阳　蔡行楷　樵明玉　戴雨舒南　魏宇宁

（六）研究实习员（教育管理研究系列）

刘美超　孟宁馨　顾维明

（七）助理馆员

    周其慧

（八）幼教二级教师

    雷　赟

二、专业技术职务同级转聘

（一）副教授

    王鹏（园艺学院）　朱冠楠　刘木星　李周坤　邱吉国　魏珊珊

（二）讲师

    冯志洁　张夏香　陶　宇　黄继超

（三）讲师（学生思想政治教育系列）

    汪　薇　邵士昌　颜玉萍

（四）实验师

    杨志香　曾宪明

（五）助理研究员（教育管理研究系列）

    肖　阳　陈　琳（采购与招投标中心）

（六）研究实习员（教育管理研究系列）

    毛书照　朱博樑　吴卫国　何　旭

根据国家有关文件及《南京农业大学关于开展 2021 年专业技术岗位分级聘任工作的通知》（校人发〔2021〕274 号）精神，经个人申请，学院、学部和学科评议组、学校专业技术岗位分级评审委员会评审，并经 2022 年 3 月 11 日学校党委常委会、校长办公会议审定，同意聘用刘裕强等 542 位同志相应的专业技术岗位，聘期五年，时间自 2022 年 1 月 1 日至 2026 年 12 月 31 日。2021 年教师及其他专业技术岗位分级聘任名单如下：

一、教授二级岗位

农学院：刘裕强　罗卫红　郭旺珍　喻德跃

植物保护学院：陶小荣　董莎萌　窦道龙

资源与环境科学学院：胡　锋　徐阳春　高彦征

园艺学院：郭世荣

动物科技学院：刘红林

动物医学院：刘永杰　李祥瑞

食品科技学院：郑永华

经济管理学院：徐志刚

公共管理学院：于　水　冯淑怡

生命科学学院：蒋明义

理学院：杨　红

信息管理学院：黄水清

二、研究员二级岗位

人文与社会发展学院：包　平

三、教授三级岗位

农学院：王益华　田永超　许冬清　李刚华　杨东雷　杨守萍　张文利　孟亚利
　　　　姚　霞　黄　骥　曹爱忠　程　涛
工学院：汪小旵
植物保护学院：马振川　吴顺凡　胡　高　钱国良　高聪芬
资源与环境学院：于振中　韦　中　刘树伟　刘满强　李　荣　李恋卿　陈爱群
　　　　　　　　范晓荣　凌婉婷　蔡天明
园艺学院：丁宝清　王长泉　娄群峰　高志红　渠慎春　蒋甲福　滕年军
动物科技学院：毛胜勇　李齐发　李春梅　高　峰　黄瑞华　熊　波　颜培实
动物医学院：王德云　刘　斐　杨晓静　沈向真　苗晋锋　周　斌
食品科技学院：吕凤霞　李春保　张万刚　黄　明
经济管理学院：纪月清　林光华　周　力　展进涛
公共管理学院：马贤磊　邹　伟　郭贯成　诸培新
人文与社会发展学院：卢　勇　路　璐
生命科学学院：张水军　张阿英　陈亚华　崔　瑾　谢彦杰
金融学院：董晓林
信息管理学院：王东波　茆意宏

四、研究员（教育管理研究系列）三级岗位

社会合作处、新农村发展研究院办公室：陈　巍
国际教育学院、密西根学院：韩纪琴

五、副教授一级岗位

农学院：陈长青
园艺学院：胡春梅
动物医学院：潘翠玲
生命科学学院：戴伟民　张克云
资源与环境科学学院：蒋静艳　任丽轩　张旭辉
理学院：李爱萍　陶亚奇　李国华
食品科技学院：王昱沣　姜　梅
工学院：陈光明　路　琴
人工智能学院：任守纲　蹇兴亮
经济管理学院：王玉峰　刘爱军
公共管理学院：夏　敏　瞿忠琼　王　群
人文与社会发展学院：李　燕　张春兰
信息管理学院：白振田　马开平　彭爱东
外国语学院：游衣明　金锦珠
马克思主义学院：屈　勇

体育部：殷正红

六、副教授二级岗位

农学院：王　慧　邢光南　庄丽芳　刘晓英　李　凯　张大勇　张瑞奇　赵文青
　　　　楚　璞　阚贵珍

植物保护学院：王利民　吴　敏

园艺学院：上官凌飞　王　健　朱旭君　李　季　束　胜　张昌伟　张清海　顾婷婷

动物医学院：白　娟　汤　芳　杨　平　吴文达　郭大伟

动物科技学院：张立凡　潘增祥　吴望军　李向飞　刘　杨　李延森　张　林

草业学院：于景金　刘　君　孙政国

生命科学学院：陈　晨　陈　凯　陈　熙　贺　芹　黄　彦　师　亮

资源环境与科学学院：陈立伟　刘　娟　王电站　武　俊

理学院：徐峙晖　蒋夕平　张　帆　陈朝霞　王全祥　杨　涛　陈园园　张　瑾
　　　　李　瑛　吴梅笙　陈桂云

食品科技学院：王　玮　杨润强

工学院：丁兰英　刘玉涛　耿国盛　周永清　傅秀清　赵三琴

人工智能学院：卢　伟　邹修国　钱　燕　胡　滨　王浩云　徐大华　刘璎瑛

经济管理学院：巩师恩　胡家香

公共管理学院：刘晓光　刘红光　杨建国　黄维海　张艾荣　周　蕾　刘述良

金融学院：姜　涛　杨　军

人文与社会发展学院：王小璐　朱锁玲　刘馨秋　李　明　周辉国　郑华伟

信息管理学院：韩正彪　江亿平　刘金定　唐学玉　阎素兰

外国语学院：顾明生　朱　云　陈兆娟　胡志强　王凤英

马克思主义学院：石　诚　张　松

体育部：孙　建　耿文光　周全富　王　程　杨春莉

七、讲师一级岗位

农学院：王　青　占华东　孙　丽　陈孙禄　尚小光　贺建波

植物保护学院：李　佳

动物医学院：潘子豪

草业学院：张　敬　覃凤飞　赵　娜

生命科学学院：黄　智　张　峥

资源与环境科学学院：王　鹏　于洪霞

理学院：毛敏芳　王　凡　唐中良　魏良淑　朱晓莉　魏　敏

食品科技学院：吕云斌

工学院：王　念　宋仕凤　高辉松　朱　跃　陈　可

人工智能学院：陆　静

经济管理学院：曹历娟

公共管理学院：张兵良

金融学院：高名姿

人文与社会发展学院：吴　昊　院玲玲

信息管理学院：杨建明　张京卫

外国语学院：王　婷　王　薇（英语）　张　倩　戈嫣嫣　刘　青　陈筱婧　徐　黎
　　　　　　严　桢　杨秋兰　姜静静　苏　瑜　曹　娟　吴　丹　朱徐柳　周海滨
　　　　　　王　薇（日语）　万　枫

马克思主义学院：梁玉泉　顾康静

体育部：陆春红　宋崇丽　段海庆　董立兵

前沿交叉研究院：穆　悦

八、助理研究员一级岗位

草业学院：杨　波

公共管理学院：张　兰

九、讲师二级岗位

农学院：王　帅　袁　阳

园艺学院：马媛春　肖　栋

动物医学院：陆钟岩

动物科技学院：陶景丽　林　焱　潘　龙

生命科学学院：乔文静　朱文姣

资源与环境科学学院：李　滕　杨天杰

理学院：张红林　朱钟湖　金　冰　毛菲菲　夏　青　张　楠　张曙光

食品科技学院：史雅凝　李丹丹　赵　迪

工学院：朱顺先　林尽染　朱烨均　王　峰　王胜红

人工智能学院：顾兴健　李玉花　李延斌　熊迎军　代德建

金融学院：于　引　曹　超　陈俊聪

人文与社会发展学院：薛　慧　朱志平　朱慧劼　张　娜　陈丽竹　周　阳　徐　磊
　　　　　　翁李胜　廖晨晨　黎海明

信息管理学院：白　荻　陈　姝　桂思思　石燕青　吴六三

外国语学院：胡苑艳　段道余　邓丽霞　陈海涛　朱禹函

马克思主义学院：冯志洁　杜何琪　陈　蕊　乔　佳　崔韩颖　冉　璐　刘鸿宇

体育部：赵　朦　胡冬临　朱从先

前沿交叉研究院：贾艳晓

十、教育管理、思想政治教育、实验技术及其他专技岗位

（一）副高一级岗位

王建新　石晓蓉　李　远　宋雪飞　张　鲲　陈少华　陈庆春　陈　雯　赵艳兵
胡　军　袁家明　童云娟

（二）副高二级岗位

教育管理、思政教育系列：

冯绪猛	江惠云	汤亚芬	李井葵	李占华	李阿特	李晓晖	吴彦宁	何东方
陈月红	陈如东	赵桂龙	姚雪霞	徐风国	黄 云	崔 滢	康若祎	阎 燕
董志昕	颜 进							

实验技术、卫生、会计等其他专技系列：

丁爱珍	孔令娜	刘怡辰	刘 浩	孙环云	孙 怡	沈 昌	张正慧	张春华
张艳芬	陈卫平	范雪梅	罗国富	周建国	周 勇	赵丹丹	赵艳艳	胡以涛
胡 冰	袁丽霞	耿宁果	钱 猛	曹林凤	章世秀			

（三）中级一级岗位

教育管理、思政教育系列：

马先明	马丽琴	王 雯	邓丽群	卢忠菊	卢 玲	叶海霞	刘智勇	刘照云
张军晖	张亮亮	岳丽娜	赵 珩	殷 美	郭军洋	曹 猛	曹 晶

卫生、图书等其他专技系列：

丁 青	朱建春	朱爱兵	刘强强	李爱平	邱小雷	余 琛	张丽霞	张 勇
陈 军	林 青	周 献	俞海平	徐礼勇	慕莉莉	戴 芳	

（四）中级二级岗位

教育管理、思政教育系列：

于 春	丰 蓉	王梦璐	方 淦	叶 敏	吕一雷	朱 珠	许天颖	孙 月
孙冬丽	孙笑逸	李云锋	李伟锋	李园园	李佳 2	杨海峰	肖 阳	吴智丹
辛 闻	宋林霞	张义东	张天保	张莉霞	张惠娟	张 聪	陈一楠	陈金彦
陈荣荣	陈 琳	陈 新	邵星源	武昕宇	赵玲玲	赵烨烨	郝佩佩	徐晓丽
黄文昕	崔海燕	章 棋	梁立宽	梁 斌	巢 玲	彭 玲	彭益全	葛 焱

实验技术系列：

王小文	王 雪	向小娥	刘恒霞	刘晓雪	严家兴	李龙娜	时晓丽	吴洪彬
张正伟	张 羽	张 芳	陈 洁	陈 敏	金美付	金 梅	郑 颖	赵道远
姜 玲	姜雪婷	徐江艳	徐丽娜	黄 珊	梅新兰	曾宪明	谢智华	窦祥林

卫生、图书、出版等其他专技系列：

丁正霞	王红柳	王 葳	孔 敏	吉 萍	朱 华	刘丹丹	孙忠莲	吴妍妍
张 倩	张 婷	金 巾	金晓明	周 丹	周 丽	施 文	崇小姣	鲁 杨

（五）初级一级岗位

戎武康	陈 哲	单从亮	姜 鹏	黄 洋	蒋 萍

附录 8 出国人员统计表（3 个月以上）

序号	单位	姓名	性别	职称	派往国别学校	出国时间
1	资源与环境科学学院	康福星	男	副教授	丹麦 奥胡斯大学	20210408 - 20220503

（续）

序号	单位	姓名	性别	职称	派往国别学校	出国时间
2	公共管理学院	季璐	女	副教授	美国 南加州大学	20211010－20221009
3	生命科学学院	沈立轲	男	副教授	德国 维尔茨堡大学	20211108－20221107

附录9　退休人员名单

退休月份	姓　名
1月	朱红梅　马永珂　姜卫兵　张　莲　马　顺　赵　宝　盛夕清
2月	张　玮
3月	张兴荣　华　勇
4月	胡秀义　于春才　付锦蓉　郭　盈
5月	滕秀梅　王健国　王树进　朱青华　杨建平　杨宪民　王　宁　钟甫宁　章文凯　王　玲
6月	杨旺生　孟　玲　朱　敏　胡孙苏　林　军
7月	单晓红　王翠花
8月	陈兆夏　刘　立　张　军　辛厚建　杜文兴　冉　炜
9月	丁志鸿　郭　凡　倪爱萍　陆汉希　彭增起　唐怀明　和文龙
10月	马　晶　唐红英　薛彦丹　宋　葵　孙小伍　邓国勇　杨　锦　秦福臻　周　孜　嵇建华
11月	蒋全华　李仕红　徐道安　俞　强　王　群　胡金良
12月	钟志祥

附录10　去世人员名单

纵封安	季玉章	刘绪才	王浩熙	周　铭	吴佩琳	卢　玫	吴仲元	余长儒
王立德	杜宗谦	陈祖义	杨　震	李昌荣	胡自辉	路恒梅	石　英	唐木林
刘长顺	单人耘	冯振华	周幼玲	毕德义	杨双旗	胡运国	曹　琦	楼　竞
李开金	常贵金	耿济国	陆治年	蔡宝祥	施宝坤	熊士兰	陆家云	师　遄
叶长春	戴锡嫦	陈九龄	朱自振	章兆丰	陈婉芬	李玉清	胡东海	孙文正
苗　齐	周铁钧	朱培忠						

（撰稿：陈志亮　权灵通　审稿：蒋建东　刘　勇　审核：张丽霞）

八、人才培养

大学生思想政治教育与素质教育

【概况】围绕学校建设农业特色世界一流大学的战略目标，认真落实"立德树人"根本任务，进一步推动"三全育人"工作，贯彻落实学生工作"四大工程"，提高学生思想政治教育和人才培养质量。不断完善大学生教育管理服务工作体系，开展大学生思想政治教育、心理健康教育、素质教育、社团建设、志愿服务、社会实践、国防教育、军事技能训练等各项工作。

思想政治教育。依托"青年大学习""青年马克思主义培养工程""青年讲师团"等资源，积极探索思想引领工作新思路、新途径、新做法，筑牢"守初心、担使命"的思想根基。开展党史学习教育，举办"学党史、强信念、跟党走"思政技能大比武系列比赛、开展"党史上的今天"团学骨干领学计划、推出"信读党史"主题信仰公开课等专题教育。将党史学习教育纳入学生组织、青马工程、社团骨干、团学干部培训班等培训学习内容，坚持用习近平新时代中国特色社会主义思想引领和带动全校团员青年坚定不移听党话、跟党走。构建"南农青年"传播矩阵，占领网络阵地扩大思想引领覆盖面，利用团属宣传平台持续优化"新媒体思想引领时间轴"，在微信、微博、哔哩哔哩、抖音等青少年聚集的新媒体平台上开展宣传。将宣传工作下沉到基层团支部，引导学校各类团学传媒平台和学生自媒体有序发展，将思政教育融入青年生活点滴。青年传媒荣获江苏省"百年辉煌 E心向党"网络主题宣传活动剧本、海报工作室、全国高校新媒体"十佳视觉设计"、江苏省"十佳校园媒体"等多项荣誉。

引导青年坚定理想信念。抓住中国共产党成立100周年、"九一八"事变90周年、五四青年节、"一二·九"运动纪念日、国家公祭日等重要时间节点，通过集中学习、座谈研讨、宣讲报告、征文演讲等形式，加强团员意识教育和仪式感召，引导青年坚定理想信念。邀请周游、莫砺锋、沈志军、王光等做客"青穗讲堂"，以诗歌文学、名家历史、乡村建设、高雅艺术等为抓手，为青年提供生动的示范教育课堂。举办"瑞华杯"南京农业大学最具影响力学生评选表彰活动，选树青年身边的先进典型，发挥榜样引领作用。举办全校规模的开学典礼、入学教育，开展线上毕业典礼等活动，发挥"第一课"和"最后一课"的重要教育作用。

心理健康教育。必修课"大学生心理健康教育"采用云课堂版新教材，优化该课程教学内容。开展全校新生心理健康普查并建档，提供个体咨询服务940人次（其中含疫情防控期间线上心理支持服务44人次），开展新生适应等主题团体辅导50余场，受益人数近1 600人次。加强心理健康教育队伍建设，新增专职心理健康教师1人；全年开展学工队伍心理健康专题培训 3 场，工作案例督导 1 场，专兼职咨询师、心理辅导员业务学习及案例讨论 14 场，班级心理委员及宿舍长培训各 1 场。以"3·20"心理健康周、"5·25"心理健康教育月为契机，开展广场咨询、心理情景剧比赛、心理手语操比赛等主题教育活动，学校心理情景剧《弓与箭》获仙林大学城心理情境比赛特等奖，武昕宇老师获"心育 10 分钟"江苏省辅导员心理微课竞赛二等奖，农学院 2019 级王彦程同学获评全国百佳心理委员。

志愿服务。以志愿服务引领青年公益风尚，累计招募 2 024 名志愿者，保障学校人大代表选举、疫情防控核酸检测、江苏省大学生戏剧展、江苏省生态环保创意大赛等活动 23 次，并独立承担了第 30 届中国戏剧梅花奖、联合国 2021 南京和平论坛赛会志愿服务工作，学校青年志愿者协会获评江苏省青年志愿服务行动优秀组织奖，1 名学生获评江苏省青年志愿者党史学习教育标兵（江苏省 10 名）。遴选 28 名"西部计划"和"苏北计划"志愿者分别到苏北和西部基层干事锻炼，新设贵州省麻江县第三小学服务点，提升青年志愿者在助力乡村振兴中的贡献度。学校全年累计志愿服务时长 43 万余小时，获评大学生志愿服务苏北计划优秀组织奖，"七彩四点半"项目获共青团中央和中国青年志愿者协会立项。

社会实践。围绕实践主题，组建各类实践团队 323 支，深入开展"百村百行"专项行动，实施"庆祝建党百年""助力乡村振兴"等 5 项专项计划，组织青年在全国 28 个省份的近 1 100 个村（镇、社区）开展党史理论宣讲、典型人物采访、"三农"问题调研等活动，为基层村庄的"红管家""四史"学习联络员和组织干部"加油赋能"，让团员青年在亲身体验中感受建党百年取得的伟大成就。并依托指导教师和学校实验室平台资源，针对当地农牧产品种植养殖开展科技咨询、技术培训、科普讲座等实践，服务走访农户 6 100 余户，举办各类讲座培训 248 场，发放资料 16 500 余份，获得学习强国、《人民日报》、新华社、《中国青年报》等省（市）级以上媒体 193 篇次报道。青年师生参与疫情防控和抗洪救灾社会实践，并收到相关单位荣誉表彰 80 余份、感谢信 32 封。学校连续获评江苏省和全国社会实践先进单位。

社团建设。学校登记注册学生社团 81 个。其中，思想宣传类 8 个、公益实践类 12 个、学术科技类 19 个、助理类 14 个、文化艺术类 11 个、体育竞技类 17 个。学生社团建设以"规范化建设，品牌化发展"为主线，从思想塑造、精准服务和活力提升促进学生社团健康有序发展。设立"学生社团建设""学生社团指导教师费用"等专项经费支持学生社团开展方向正确、格调高雅、形式多样的社团活动，修订《南京农业大学学生社团管理细则》，严格执行活动、物资、场地申请审批制度，强化社团新媒体阵地管理与监控，建立"社团-指导教师-指导单位-团委"四级审核制度，保证社团活动质量与新媒体内容积极健康。逐步完善社团档案建设，实现每周一汇总、每月一归档。实施社团品牌建设工程，共立项支持 93 项社团精品活动，"碳中和"环境规划设计大赛、"庆祝建党 100 周年"摄影展等系列活动在师生中取得良好反响，环境保护协会、视平线工作室、马拉松协会、美术协会等学生社团累计获得省级以上奖励 7 项。

国防教育。开展国防教育活动，拓展教育第二课堂。各级党政组织、学生社团在充分利用清明节、国家安全日、"一二·九"运动纪念日、"12·13"国家公祭日等时间节点在校内广泛开展各种形式的爱国主义教育和国防教育。12 月 13 日，学校卫岗校区、浦口校区分别开展了国家公祭日国防教育活动。两校区在同一时间举行了升旗仪式。各学院自主开展了形式多样的缅怀活动，促进广大学子了解抗日战争历史，弘扬以爱国主义为核心内容的伟大民族精神，激励学生为实现中华民族伟大复兴的中国梦而努力学习。

安全教育。注重安全教育和宣传，前置安全教育，将"安全教育第一课"放入新生录取通知书。创新反诈宣传形式，组织"来电"反诈骗剧本杀，开展全校反诈主题班会，集中力量推广反诈 App、U＋反诈联盟宣传，走访各学院开展反诈座谈，全面推动反电诈安全教育工作。利用国家安全日、征兵动员日、消防安全月、国家公祭日等重要时间节点开展思想政治、安全宣教，强化认知。全年组织宣传教育活动 23 场、校级竞赛 2 次，开展反诈、交通安全、禁毒等主题讲座 6 场，发放宣传资料 4 万余份。

［附录］

附录 1　2021 年百场素质报告会一览表

序号	讲座主题	主讲人及简介
1	信息行为研究热点与发展趋势	邓胜利　武汉大学教授、博士生导师，教育部"青年长江学者"
2	"数智"赋能档案治理现代化	金波　上海大学图书情报与档案教授、博士生导师，《图书情报工作》等杂志编委
3	我与博士面对面	梁继文　2019 级南京大学信息管理学院博士研究生　喻雪寒、钟欢、吕小峰　2021 级南京农业大学图书情报档案博士研究生
4	钟山学者（新秀）访谈	李静　南京农业大学"钟山学术新秀"，信息管理学院副院长、教授、博士生导师
5	基于行为决策的农业管理问题研究	王建华　管理学博士，教授、博士生导师，江南文化研究院、无锡大运河文化带建设研究院副院长，兼任江苏省重点培育智库江苏省食品安全治理研究院副院长
6	谢拉《图书馆学的社会学原理》的阅读分析	党跃武　四川大学图书馆馆长，教育部高等学校图书馆学学科教学指导委员会委员，四川省图书馆学会图书馆学教育与培训委员会主任，四川省社会科学信息学会副秘书长
7	供应链管理研究现状、展望与 NFSC 项目申报	刘斌　上海理工大学沪江领军人才特聘教授
8	图书情报案例性研究的开展与案例性文章的写作	高凡　教育部高校工作指导委员会委员，中国图书馆学会大学生阅读委员会副主任
9	研究生新生入学教育——学术诚信专题讲座	黄水清　南京农业大学信息管理学院教授、博士生导师
10	科技人才流动的动态监测技术	杨波　南京农业大学信息管理学院信息管理科学系教授、博士生导师
11	古文本智能处理：现状与趋势	何琳　南京农业大学信息管理学院教授、博士生导师
12	研究生新生入学教育——创新能力与青年的使命	郑德俊　南京农业大学信息管理学院党委书记、教授、博士生导师
13	研究生新生入学教育——院史院情教育	张兆同　南京农业大学信息管理学院院长、教授、硕士生导师

（续）

序号	讲座主题	主讲人及简介
14	研究生职业生涯规划	王春伟　南京农业大学信息管理学院党委副书记
15	"学习党史，坚定信仰"专题党课	李日葵　南京农业大学金融学院党委副书记
16	"学党史、强素质、增本领"研究生干部素质培训（一）	庄森　南京农业大学采购与招投标中心主任，副研究员
17	学习"两个决议"，树立正确党史观	杨博　南京农业大学马克思主义学院党总支副书记
18	"学党史、强素质、增本领"研究生干部素质培训（二）	郭嘉宁　南京农业大学党委宣传校园官方新媒体平台主理人
19	"新时代的召唤"专题党课	刘照云　南京农业大学动物医学院党委副书记
20	2021级研究生新生入学教育专题会	高务龙　南京农业大学草业学院党总支书记、副院长
21	2021级新生入学仪式暨入学教育大会	李俊龙　南京农业大学草业学院党总支书记
22	长江中下游农区农田生态、耕作制度与饲草生产	董召荣　安徽农业大学农学院教授
23	造血干细胞培训讲座	校红十字会　校级学生组织
24	紫花苜蓿青贮技术	邵涛　南京农业大学草业学院教授
25	"党的十九届五中全会精神解读"专题党课	宋俊峰　南京农业大学经济管理学院党委副书记
26	秸秆饲料化与工厂化生产	丁成龙　江苏省农业科学院畜牧研究所研究员
27	"新农人的使命"专题党课	文习成　南京农业大学园艺学院党委副书记
28	"学党史、强素质、增本领"研究生干部素质培训	董菲　南京农业大学工会文体宣传工作负责人
29	"奋斗百年路、启航新征程：深入学习七一讲话"专题党课	桑运川　南京农业大学理学院党委副书记
30	识变应变、跬步千里	顾明生　南京农业大学英语语言文学博士、英语系副教授、硕士生导师
31	2021年春季入党积极分子培训班党课教育	张松　南京农业大学马克思主义学院副教授
32	研究生学术论文写作与投稿专题辅导报告	刘雪琴　南京农业大学日语系青年教师，博士
33	"学史明理，增信力行"师生交流座谈会	贾翠芳　南京农业大学关工委副主任 韩立新　南京农业大学外国语学院党委副书记，外国语学院关工委主任
34	考编交流分享会	赵敏、王静、何培媛　南京农业大学外国语学院在读硕士研究生
35	重温红色旋律、感悟初心使命	李燕　南京农业大学外国语学院艺术系党支部书记
36	赋权增能型外语教育理路与新文科外语 人才培养路径	张文忠　南开大学外国语学院教授、博士生导师
37	大学生职业规划讲座	宦苏庆　杭州子了教育创始人，日语高考专家，东阳蓝天补习学校校长

（续）

序号	讲座主题	主讲人及简介
38	世界是一个舞台——莎士比亚戏剧改编与演出	厄文·艾普尔（Irwin Appel） 美国加利福尼亚大学圣芭芭拉分校戏剧与舞蹈系主任、教授、导演
39	巴西的语言和文化	路易斯·克鲁斯 博士，中国农业科学院农业资源与农业区划研究所访问学者
40	新文科背景下的英语专业建设探索与实践	卞建华 青岛大学外国语学院院长、教授
41	首届校友创新创业论坛	高艳丽 2008 级日语专业本科生、2012 级日语硕士研究生 田琛 2008 级英语专业本科生 栗智 2001 级日语专业本科生 崔祥芬 2009 级英语专业本科生、2013 级英语硕士研究生 赵孔 2002 级日语专业本科生
42	"好即是坏，坏即是好"——莎士比亚戏剧《麦克白》的改编与演出	厄文·艾普尔（Irwin Appel） 美国加利福尼亚大学圣芭芭拉分校戏剧与舞蹈系主任、教授、导演
43	科研论文作图入门及实践	孙钦伟 南京农业大学动物医学院教师
44	农场动物兽医成长之路	杨振 南京农业大学动物医学院教师
45	2021 级研究生新生入学教育之实验安全教育讲座	平继辉 南京农业大学高层次引进人才、教授、博士生导师
46	畜禽重要疫病发病机制与防控	Yoshihiro Kawaoka 美国科学院院士、美国微生物科学院院士、教授，世界著名病毒学家
47	罗清生大讲坛——中国兽药产业面临的挑战与对策	才学鹏 农业农村部突出贡献的中青年专家
48	罗清生大讲坛——共患病毒病与综合防控	金宁一 中国工程院院士，军事科学院军事医学研究院分子病毒学与免疫学实验室主任
49	Sustainable control of disease resistance – the case for GM wheat	Brande Wulff 著名小麦遗传育种家、博士
50	小麦抗赤霉病基因的发掘及育种应用	李国强 南京农业大学农学院教授，国家自然科学基金优秀青年科学基金获得者
51	小麦重要性状基因的克隆	付道林 山东农业大学"泰山学者"兼职教授，美国爱达荷大学助理教授，泉脉农业科技有限公司董事长
52	水稻丰产与稻田减排的协同研究	江瑜 南京农业大学教授、博士生导师，国家自然科学基金优秀青年科学基金获得者
53	农业环境研究热点及 AGEE 投稿建议	李勇 洪堡学者，入选中国科学院百人计划，广西大学二级教授、博士生导师，农林学科 SCI 一区期刊 *Agriculture, Ecosystems and Environment* 主编
54	水稻抗稻飞虱及其传播病毒病基因发掘与育种利用	刘裕强 南京农业大学农学院教授、博士生导师
55	鬼吹灯之多倍体秘境	宋庆鑫 南京农业大学农学院教授、博士生导师

（续）

序号	讲座主题	主讲人及简介
56	大豆光周期适应性的分子遗传基础	孔凡江　广州大学生命科学学院教授、博士生导师
57	功能基因组学研究助力玉米分子育种：进展与挑战	王海洋　华南农业大学生命科学学院教授、博士生导师
58	抗病与生长发育之间的平衡	杨东雷　南京农业大学农学院教授、博士生导师
59	我国粳稻生产形势及发展策略	陈温福　中国工程院院士，沈阳农业大学教授、沈阳农业大学水稻研究所所长
60	南北方优质食味粳稻品质特征的初浅试验分析	张洪程　中国工程院院士，扬州大学教授、扬州大学水稻产业工程技术研究院院长
61	粮食安全的前世今生	胡培松　水稻遗传育种与品质改良专家、中国水稻研究所所长
62	水稻遗传种研究 20 年回顾与展望	万建民　中国工程院院士，中国农业科学院副院长、中国农业科学院作物科学研究所所长
63	Chromatin & transcription regulation in plant hormone andstress responses	乔红　南京农业大学农学院教授
64	基于反射光谱的稻瘟病早期监测机理与方法	程涛　南京农业大学农学院教授、博士生导师
65	水稻谷蛋白分选分子调控网络的构建与育种利用	王益华　南京农业大学农学院副院长，教授、博士生导师
66	智能滴灌：研究现状、基本框架及展望	李思恩　中国农业大学农业水利工程系教授、博士生导师
67	全球植被光合作用的时空变化格局及其归因分析	王松寒　南京农业大学农学院教授
68	多样化 CRISPR－Cas 植物基因组编辑工具开发及应用	张勇　电子科技大学生命科学与技术学院教授、博士生导师
69	植物非传统肽的大规模挖掘及在玉米抗病中的潜在应用	吴刘记　河南农业大学农学院教授、博士生导师，教育部"青年长江学者"
70	基于标记分布学习的分类	耿新　东南大学计算机科学与工程学院、软件学院院长、教授，国家自然科学基金杰出青年科学基金获得者
71	Big data computing，modeling and application	计智伟　南京农业大学人工智能学院教授、博士生导师
72	植物精准基因组编辑的研究和高效递送系统的开发	王延鹏　中国科学院遗传与发育生物学研究所青年研究员
73	多组学 QTL 定位方法进展与软件开发	徐海明　浙江大学农业与生物技术学院农学系教授、博士生导师
74	微区 X 射线荧光光谱成像仪简介及其在农业研究中的应用	武媛媛　Bruker X 射线荧光光谱仪应用专家
76	植物-微生物共生和营养吸收	王二涛　中国科学院分子植物科学创新中心/上海植物生理生态研究所研究员
77	植物根系天然免疫响应的可视化	周峰　中国科学院分子植物科学创新中心/上海植物生理生态研究所研究员

（续）

序号	讲座主题	主讲人及简介
78	植物育种前沿技术的讨论	王克剑　研究员，中国水稻研究所水稻生物学国家重点实验室副主任，中国农业科学院科技创新工程基因组编辑及无融合生殖创新团队首席科学家
79	节水抗旱稻的理论与实践	罗利军　上海市农业生物基因中心首席科学家、研究员，华中农业大学兼职教授、博士生导师
80	小麦高产稳产优质育种探讨	夏中华　研究员，江苏瑞华农业科技有限公司创始人、总经理
81	玉米育种的历史回顾和未来	柏大鹏　博士，原美国杜邦先锋种业派驻中国首席科学家
82	蔬菜种源创新与产业发展	侯喜林　南京农业大学园艺学院教授、博士生导师
83	现行版《种子法》及第4次拟修订内容解读	郭旺珍　南京农业大学农学院教授、博士生导师
84	国际种业发展主要趋势	张红生　教授、博士生导师，中国水稻研究所兼职研究员
85	调控水稻环境响应的"超级多面手"——钙离子通道 OsCNGC9	江玲　南京农业大学农学院教授、博士生导师
86	引入叶绿素荧光参数改善作物生长模型预测长期/重度干旱对作物生长的影响	罗卫红　南京农业大学农学院教授、博士生导师
87	水稻粒长基因 qGL3 的分子调控网络构建	黄骥　南京农业大学农学院教授、博士生导师
88	表观基因组：作物科学中的暗物质	杨东雷　南京农业大学农学院教授，民盟南京农业大学委员会副主委
89	玉米自交退化的表观遗传机制	宋庆鑫　南京农业大学农学院教授，入选国家青年人才项目、江苏特聘教授
90	新疆半野生小麦的起源和重要农艺性状基因的挖掘	肖进　南京农业大学农学院副教授
91	棉纤维品质关键基因功能解析及优质材料创制	尚小光　南京农业大学农学院讲师
92	重要农艺性状基因的鉴定和功能分析	贾海燕　南京农业大学农学院教授
93	大豆种子活力遗传基础研究和沙产业创新	麻浩　南京农业大学农学院教授、博士生导师
94	棉花黄萎病抗性基因的挖掘与利用	刘康　南京农业大学农学院教授
95	耕作制度与农田生态创新团队主要研究进展	李凤民　南京农业大学农学院教授
96	浅谈二氧化碳施肥效应	王松寒　南京农业大学农学院教授、博士生导师
97	在水稻中探索 DNA 片段编辑新方法	董小鸥　南京农业大学农学院教授、博士生导师
98	传统涉农专业创新创业育人路径探索	李刚华　南京农业大学农学院教授、博士生导师
99	2018—2021 年江苏省小麦籽粒品质报告	周琴　南京农业大学农学院教授、博士生导师
100	优质食味水稻新品种宁香粳9号的推广应用	田云录　南京农业大学农学院教授
101	智慧农业研究进展	赵春江　中国工程院院士、农业信息化专家
102	提高光能利用效率的策略	朱新广　中国科学院分子植物科学卓越创新中心（植物生理生态研究所）研究员

（续）

序号	讲座主题	主讲人及简介
103	水稻免疫反应的两极：广谱抗病或感病	何祖华　中国科学院上海植物生理生态研究所植物分子遗传国家重点实验室研究员、博士生导师
104	本世纪我国小麦育种的主要进展及面临的挑战	许为钢　中国工程院院士
105	科研创新团队建设：特征与路径	曹卫星　南京农业大学智慧农业研究院院长、国务院学位委员会作物学学科评议组共同召集人、全国政协常委、民盟中央副主席
106	计算与统计基因组学	甘祥超　南京农业大学农学院教授、博士生导师
107	学海无涯乐作舟——一位科学粉丝在科研道路上遇到的彷徨与欢乐	董小鸥　南京农业大学农学院教授、博士生导师
108	HR 教你做简历	赵世萍　丰尚公司招聘经理
109	HR 带你做"面霸"	陶婷　丰尚公司招聘经理
110	科学划界和实验的可重复性	石诚　南京农业大学马克思主义学院副教授、硕士生导师
111	新时代马理论研究和学科发展前沿问题	王永贵　南京师范大学马克思主义学院二级教授、博士生导师
112	"一体健康"视角下的生命政治与动物伦理	段伟文　中国社会科学院哲学所科技哲学研究室主任、研究员，中国社科院科学技术和社会研究中心主任，中国社会科学院大学岗位教授、博士生导师
113	渡江战役与渡江精神	刘俊　南京农业大学马克思主义学院讲师
114	关于思政课教学的若干思考	何畏　南京航空航天大学马克思主义学院副院长、教授、博士生导师
115	康德"乐观主义"之检讨	马彪　哲学博士，南京农业大学马克思主义学院副教授
116	弘扬伟大的抗美援朝精神	邵玮楠　南京农业大学马克思主义学院讲师、博士
117	机器人伦理问题研究	刘鸿宇　南京农业大学马克思主义学院讲师、博士
118	学术论文交流	刘战雄　南京农业大学马克思主义学院副教授、硕士生导师，哲学博士
119	让学术照进生活——几则经济学叙事	叶初升　武汉大学经济与管理学院教授、博士生导师，《经济评论》执行主编
120	Writing and publishing your research paper	林秉旋　美国罗德岛大学金融系教授、博士生导师
121	Using online auction experiments to investigate Chinese consumers' support for anti - poverty through willingness - to - pay for food produced by poor farmers	王红　美国普渡大学农业经济系教授
122	高管特质与企业社会责任正反面	徐月华　山东大学管理学院博教授、博士生导师，齐鲁青年学者
123	金融的本质与治理	丁灿　中国银行保险监督管理委员会江苏监管局党委委员、副局长，博士

（续）

序号	讲座主题	主讲人及简介
124	金融科技、普惠金融与银行绩效	李建军　中央财经大学金融学院院长教授、博士生导师，中财首批龙马学者特聘教授
125	Resolve the global risk – related agency conflict: evidence from U. S. foreign institutional investors	李东辉　深圳大学经济学院金融与财务学特聘教授
126	前瞻性与逆周期性的系统性风险指标构建	方意　中央财经大学金融风险与金融监管、金融科技教授
127	学术论文选题设计	刘西川　华中农业大学经济管理学院教授
128	艾瑞培训机构理学院公益讲座	陈韩　艾瑞培训机构徐庄软件园实训中心负责人
129	化学遗传学解析植物根系发育的分子机制	宣伟　南京农业大学资源与环境科学学院教授
130	回顾百年党史，继续书写新的奋篇章	桑运川　南京农业大学理学院党委副书记
131	宏基因组研究的过去十年	金桃　深圳华大基因研究院研究员、博士
132	从根际到生物圈：微生物、互惠关系和陆地生态系统的结构	Kabir G. Peay　加利福尼亚大学伯克利分校教授
133	城市微生物组与抗生素耐药	苏建强　中国科学院城市环境研究所研究员
134	植物根系与共生真菌的生物地理格局与机制	马泽清　中国科学院地理科学与资源研究所研究员，国家自然科学基金优秀青年科学基金获得者
135	农药污染下的土壤微生态响应与风险预测	钱海丰　日本京都大学 JSPS 研究员，浙江省中青年学术带头人
136	从土壤微生物电化学到光电化学	周顺桂　福建农林大学资源与环境学院院长、国家"万人计划"创新领军人才
137	真菌的耐盐机制	蔡枫　中山大学生态学院副教授
138	中外文化交流、制度变迁与盛唐产生——兼论制度变迁的思想文化资源	周建波　北京大学经济学院经济史学系主任、教授、博士生导师
139	结构化面试的组织与管理	左亮　南京农业大学人文与社会发展学院 2020 级科学技术史博士研究生
140	职引未来，助力研途——朋辈领航说人文学院专场	侯玉婷　南京农业大学人文与社会发展学院 2017 级科学技术史专业博士研究生
141	写作技巧与公文常识探讨	丁斌　南京农业大学人文与社会发展学院研究生会执行主席
142	数理考古	曲安京　西北大学科学史高等研究院院长、教授、博士生导师
143	守正、固本、开新——对新时代农史研究的期待和建议	王利华　南开大学杰出教授
144	新生开学季专题讲座	苏静　南京农业大学人文与社会发展学院副教授 左亮　南京农业大学人文与社会发展学院 2020 级科学技术史博士研究生

（续）

序号	讲座主题	主讲人及简介
145	学术研究与论文写作的基本理念、步骤与方法——以中国古代耕织图为例	王加华　山东大学文史哲研究院民俗学研究所教授
146	乡村振兴论坛第八期专家主题报告	高凯　江苏省生产力促进中心农村科技服务中心主任 高志刚　浙江大学特聘教授、通威集团藻类首席科学家
147	新媒体写作技巧学生干部培训会	姚菁舒　南京农业大学人文与社会发展学院研究生会新媒体部部长 朱怡瑾　南京农业大学人文与社会发展学院研究生会学术部部长
148	第十八届研究生神农科技文化节之"我与博士面对面"	任思博　南京农业大学人文与社会发展学院2020级科学技术史专业博士研究生 陈尔东　南京农业大学人文与社会发展学院2018级教育经济与管理专业博士研究生 冯跃　南京农业大学动物医学院2018级基础兽医学专业博士研究生
149	形塑地景与人文：浙江宁绍平原的水利景观与水利遗产	耿金　复旦大学历史地理研究中心任职博士
150	博物馆"大宝库"跨学科利用	黄洋　南京师范大学社会发展学院文物与博物馆学系副教授
151	技术、文化与生态：谈谈灾害民族志研究与书写	邵侃　吉首大学教务处副处长、武陵山区农业文化遗产研究中心主任
152	中国水力机械史研究的学术进路与他山之石	方万鹏　南开大学历史学院讲师
153	农业遗产与新中国农业编史学的转变	杜新豪　中国科学院自然科学史研究所副研究员
154	捞铁砂：清代以来大别山区铁砂矿资源的开发与利用	王旭　扬州大学社会发展学院讲师、硕士生导师
155	奇器消费、技术"山寨"与知识破解：欧洲光学玩具在清朝流传与影响	石云里　中国科学技术大学科技史与科技考古系教授兼人文与社会科学院执行院长、博士生导师
156	人文与社会发展学院青年教师学术沙龙	姚科艳　南京农业大学人文与社会发展学院党委书记，副研究员 姚兆余　南京农业大学人文与社会发展学院院长，教授
157	"记忆、口述史与民间叙事"国际学术研讨会	姚兆余　南京农业大学人文与社会发展学院教授 林继富　中央民族大学民族学与社会学学院教授
158	史学研究的心得与体会	朱英　华中师范大学中国近代史研究所教授、博士生导师
159	社会分层、社会分群与乡村建设	冯仕政　中国人民大学社会与人口学院院长、教授、社会学博士
160	新时代耕读教育背景下中文写作课程教与学	白延庆　对外经济贸易大学中文学院教授
161	农业起源的进化论视角	赵志军　中国社会科学院考古研究所研究员、中国社会科学院考古研究所科技考古中心主任

（续）

序号	讲座主题	主讲人及简介
162	以稻作农业起源为例，上山文化与稻作起源	蒋乐平　浙江省文物考古研究所研究员
163	人口老龄化与农村养老服务体系建设高端论坛	陈利根　南京农业大学党委书记、江苏省重点高端智库金善宝农业现代化发展研究院院长 刘维林　中国老年学和老年医学学会会长 杜鹏　中国人民大学副校长、教授 朱启臻　中国农业大学农民问题研究所所长、教授
164	计算生物学简介及其在肿瘤研究中的应用	李虹　中国科学院上海营养与健康研究所研究员、博士生导师
165	线粒体功能与代谢调控	周犇　中国科学院上海营养与健康研究所研究员、博士生导师
166	植物细胞内免疫受体工作的分子机理研究	万里　中国科学院分子植物科学卓越创新中心研究员
167	植物与昆虫相互作用	毛颖波　中国科学院上海生命科学研究院植物生理生态研究所研究员
168	肿瘤转移的代谢调控	鲁明　中国科学院上海营养与健康研究所研究员
169	Inter – organelle communication and metabolism	周章森　中国科学院上海营养与健康研究所研究员
170	颅内钙化致病机理及其潜在防治	刘静宇　中国科学院上海生命科学研究院植物生理生态研究所研究员
171	空间认知和记忆的神经基础	毛盾　中国科学院脑智卓越中心神经科学研究所研究员
172	蛋白质设计近况	张少庆　中国科学院分子细胞科学卓越创新中心研究员
173	肿瘤免疫互作——从肿瘤免疫逃逸到免疫治疗	王广川　中国科学院分子细胞科学卓越创新中心研究员
174	衰老的神经生物学机制	蔡时青　中国科学院脑智卓越创新中心研究员
175	睡眠觉醒的神经调控	刘丹倩　中国科学院脑科学与智能技术卓越创新中心研究员
176	哺乳动物生殖遗传过程的非编码 RNA 调控及染色质重塑	苟兰涛　中国科学院分子细胞科学卓越创新中心研究员
177	表观遗传与转录调控	柳欣　中国科学院分子细胞科学卓越创新中心研究员
178	樊庆笙论坛——蛋白代谢多组学专题	张琪　华东师范大学研究员、博士生导师
179	大咖面对面：优秀校友访谈——蔡韬	蔡韬　南京农业大学生命科学学院杰出校友，曾在微生物学经典刊物 Mol Microbiol 发表论文
180	第十期博友会	陈铭佳　南京农业大学高层次引进人才、理学博士、硕士生导师
181	How to improve plant resilience to stress：Lessons from nutrient homeostatic interactions	Hatem Rouached　密歇根州立大学植物、土壤与微生物学系，植物逆境适应研究所助理教授
182	我国农业微生物资源保藏与信息数据	顾金刚　国家农业微生物数据中心首席专家
183	樊庆笙论坛——环境微生物生理生态专题	蒋瑀霁　博士，中国科学院南京土壤研究所研究员 王保战　南京农业大学生命科学学院微生物系教授、博士生导师

（续）

序号	讲座主题	主讲人及简介
184	花药发育与雄性不育	杨仲南　上海师范大学生命科学学院教授、博士生导师，上海师范大学学术委员会主任，国家自然科学基金杰出青年科学基金获得者
185	健康中国与中医药发展的机遇和挑战	余伯阳　中国药科大学中药学院教授、博士生导师，江苏省中西医结合一级重点学科带头人，江苏省中药评价与转化重点实验室主任
186	江苏桃产业发展和实践	俞明亮　江苏省农业科学院果树研究所所长、二级研究员、博士生导师，江苏省现代农业桃产业体系首席专家
187	基于"亲自然"理念的儿童户外环境设计实践	刘剑　中国农业大学园艺学院观赏园艺与园林系副教授、园林景观设计高级工程师
188	科研入门实用经验分享会	曹丽芳　南京农业大学园艺学院 2020 级果树学博士研究生
189	睡莲基因组相关工作和相关的花色花香研究	张亮生　浙江大学博士生导师，《求是》特聘教授，Horticultural Plant Journal 副主编
190	乙烯诱导月季花朵开放的分子机制	马男　中国农业大学园艺学院教授
191	月季花瓣脱落的分子调节机制	马超　中国农业大学园艺学院教授
192	月季花色花香研究进展	于超　北京林业大学园林学院副教授、博士
193	De - mixing of genome surveillance	Jungnam Cho　中国科学院分子植物科学卓越创新中心研究员
194	江村 4.0：更新计划——整体视觉下的有限介入设计法	张川　南京大学城市规划设计研究院直属小城镇与乡村规划院院长
195	毛茛科植物花和花瓣形态结构多样化的分子机制	张睿　西北农林科技大学园艺学院教授
196	如何开启科研之路	王长泉　南京农业大学园艺学院教授
197	甜瓜属异源多倍体化研究进展	虞夏清　南京农业大学园艺学院讲师
198	柑橘细胞工程育种技术创新与无核新品种培育	郭文武　华中农业大学果树学教授、博士生导师
199	葡萄根域限制的原理和技术	王世平　上海交通大学教授、博士生导师
200	Modern techniques for apple breeding	戴洪义　湖南农业大学博士生导师
201	中药炮制的传承与创新	李伟东　南京中医药大学博士生导师
202	中医药在日常生活中对新冠肺炎的预防保健作用	史红专　南京农业大学园艺学院中药材研究所副教授、硕士生导师
203	百合文化与应用	滕年军　南京农业大学园艺学院教授、博士生导师，百合团队负责人
204	Detection of badnaviruses and their integration into the genome of cocoa（Theobroma cacao）	Jim Dunwell　英国雷丁大学植物生物技术学家
205	我与博士面对面	郭志华　南京农业大学园艺学院 2019 级果树学博士研究生 徐素娟　南京农业大学园艺学院 2019 级观赏园艺专业博士研究生

（续）

序号	讲座主题	主讲人及简介
206	科学观茶	房婉萍　南京农业大学教授、博士生导师，茶学学科学术带头人，南京农业大学茶叶科学研究所所长
207	姜花花香形成的物质基础及分子调控网络	范燕萍　华南农业大学花卉研究中心主任、教授、博士生导师，广东省园艺学会常务理事
208	植物多倍化的那些事	宋庆鑫　南京农业大学农学院教授、博士生导师
209	RdDM 在拟南芥跨倍性杂交障碍中的作用	王振兴　南京农业大学园艺学院讲师
210	转录激活子 EIN3 抑制下游基因表达的分子机制研究	王利凯　南京农业大学园艺学院教授、博士生导师
211	细胞自噬在番茄环境适应性中的功能研究	周杰　浙江大学园艺系教授、博士生导师，国家自然科学基金优秀青年科学基金获得者
212	葡萄与葡萄酒	房经贵　南京农业大学园艺学院教授、博士生导师
213	"宝"在民间——设计实践中的偶遇	章俊华　日本千叶大学景观设计学系主任、教授
214	人参（西洋参）的功效与商品规格	吴健　南京农业大学中药材科学系教师
215	设施农业与无土栽培的创新与创业实践	卜崇兴　上海孙桥溢佳农业技术股份有限公司法定代表人，南京农业大学创新创业兼职导师
216	茶资源与品种研究进展	刘本英　博士，云南省农业科学院茶叶研究所副所长，云南省现代农业（茶叶）产业技术体系岗位专家
217	科创中国"一带一路"背景下的茶文化、茶科技与茶营销	林荣溪　杰出中华茶人、中国制茶大师、全国茶叶标准化技术委员会委员
218	一起去黄瓜大观园	程春燕　南京农业大学园艺学院青年教师
219	中国茶产业发展与科技创新	王岳飞　茶学博士，国家一级评茶师，国务院学科评议组成员，浙江大学茶学学科带头人、教授、博士生导师，浙江大学茶叶研究所所长
220	解读景观政策——日本最新的思考	秋田典子　千叶大学大学院园艺学研究科教授，日本都市计划学会理事
221	"一带一路"背景下中国高校管理与发展趋势	周清明　二级教授，湖南农业大学原校长和党委书记
222	同一片蓝天：大气污染协同治理的理论机制与经验证据	陈晓光　博士，SSCI 国际期刊 *Environment and Development Economics* 副主编
223	中国农业农村改革的几点启示	朱信凯　中国人民大学党委常委、副校长，教授、博士生导师
224	新模式、新业态、新主体——我国粮食稳定发展机制研究	钟钰　中国农业科学院农业经济与发展研究所产业经济研究室主任、研究员、博士生导师，粮食安全与发展政策创新团队首席专家
225	中国高铁与城市经济增长	姚树洁　重庆大学经济学教授、博士生导师，教育部特聘教授，重庆大学社会科学部副主任，重庆市首席专家工作室领衔专家

（续）

序号	讲座主题	主讲人及简介
226	乡村振兴的地方路径与创新举措	龚成　中共盱眙县穆店镇委员会委员 姜海　南京农业大学经济管理学院党委书记，教授 耿献辉　南京农业大学经济管理学院副院长，教授
227	种源创新与产业发展——不结球白菜优异种质创新及系列品种选育	侯喜林　南京农业大学"钟山学者计划"特聘教授、博士生导师，国家大宗蔬菜产业技术体系不结球白菜遗传改良岗位科学家
228	The costs of green agriculture in Germany	于晓华　德国哥廷根大学教授
229	Agriculture trade in flux：Trade wars，phase one，and a global pandemic	Jason H. Grant　美国弗吉尼亚理工大学农业贸易中心教授，《美国农业经济学杂志》副主编
230	卜凯论坛——做有中国特色的农经研究	罗必良　博士，华南农业大学经济管理学院院长、教授、博士生导师
231	农经百年，成长对话——我与名家校友面对面	罗必良　华南农业大学学术委员会副主任 张林秀　联合国环境规划署高级职员 樊胜根　全球食物经济与政策研究院院长 黄季焜　北京大学新农村发展研究院院长
232	"粮安天下　种业先行"——浅谈百年大变局之际全球粮食安全与种业国际化战略	江三桥　广东荃银种业科技有限公司、合肥荃萃科技合伙企业（有限合伙）等公司法定代表人
233	当前社科研究的主要特点与精品生产	徐之顺　江苏省哲学社会科学界联合会副主席、党组成员
234	经济史的回顾与展望	魏明孔　博士，中国社会科学院经济研究所研究员、中国社会科学院研究生院博士生导师
235	Plant NLR resistosomes	柴继杰　清华大学生命科学学院教授，德国马克斯普朗克植物育种研究所/科隆大学教授，博士生导师
236	2021届毕业生论文写作及就业说明会	岳丽娜　南京农业大学植物保护学院研究生秘书 李艳丹　南京农业大学植物保护学院团委书记
237	细菌信号感知：从寄主互作到微生物互作	钱韦　中国科学院微生物研究所研究员、博士生导师
238	产酶溶杆菌 OH11：土壤微生物组的一名细菌"武者"	钱国良　南京农业大学植物保护学院教授、博士生导师
239	组蛋白甲基化动态调控的分子机理	曹晓风　中国科学院遗传与发育生物学研究所研究员、博士生导师
240	水稻高产优质的分子基础与品种设计	李家洋　中国科学院院士，中国科学院遗传与发育生物学研究所研究员、博士生导师
241	Macroevolution of plant NLR immune receptors	Kamoun　英国诺维奇研究园区塞恩斯伯里实验室资深研究员、博士生导师
242	瘿螨物种多样性及形态演化研究	薛晓峰　南京农业大学植物保护学院昆虫系教授、博士生导师
243	利用喷雾诱导基因沉默（SIGS）防治水稻纹枯病	牛冬冬　南京农业大学植物保护学院植病系副教授、硕士生导师

（续）

序号	讲座主题	主讲人及简介
244	鱼尼丁受体的结构功能研究及杀虫剂开发	尉迟之光　天津大学特聘教授、博士生导师
245	做绿领新农人，积极投身乡村振兴	王光　江苏艾津功能农业研究院有限公司副总经理、子公司南京艾津植保有限公司董事长
246	细菌六型分泌系统的非接触功能	沈锡辉　西北农林科技大学生命科学学院教授、博士生导师
247	黏细菌——土壤微生态系统的中心枢纽微生物	崔中利　南京农业大学生命科学学院教授、博士生导师
248	Simplistic complexity：Never - ending arms - race between virus and host	徐毅　南京农业大学植物保护学院教授、博士生导师
249	水稻病毒与植物激素途径互作的分子机理研究	孙宗涛　宁波大学植物病毒学研究所研究员、博士生导师
250	Regulation of surface immunity by the receptor kinase FERONIA	Cyril Zipfel　瑞士苏黎世大学教授、博士生导师
251	灰飞虱传播水稻条纹病毒的分子机制	崔峰　中国科学院动物研究所研究员、硕士生导师
252	基因调控-昆虫生殖生理的分子基础	刘鹏程　南京农业大学植物保护学院教授、博士生导师
253	生物固氮机制解析及人工体系智能设计	燕永亮　中国农业科学院生物技术研究所研究员、博士生导师，长期从事生物固氮研究
254	根际微生物与宿主互作：从益生菌根际定殖到根际微生物组装配	张瑞福　南京农业大学资源与环境科学学院教授、博士生导师
255	Plant interactions with pathogenic and commensal bacteria	Kenichi Tsuda　华中农业大学植物科学技术学院教授、博士生导师
256	如何完成本科生到研究生的角色转换	于娜　南京农业大学植物保护学院副教授、硕士生导师
257	Helper NLRs in plant immunity	李昕　加拿大英属哥伦比亚大学教授、博士生导师
258	我与博士面对面	艾干、贾忠强、何宗哲　南京农业大学植物保护学院在读博士研究生
259	生物物理方法研究蛋白质分子互作的一些探索	宋炜　南京农业大学植物保护学院实验公共平台高级实验师
260	蛋白质纯化基本原理和策略	周少霞　南京农业大学植物保护学院实验公共平台实验师
261	稗草抗常用除草剂的非靶标酶机理	柏连阳　中国工程院院士、博士生导师
262	动物如何感知磁场	谢灿　中国科学院强磁场科学中心研究员、博士生导师
263	植物中蛋白质组合分子互作的一些探索	宋炜　南京农业大学植物保护学院实验公共平台高级实验师
264	生长激素型除草剂抗药性研究进展	李俊　南京农业大学植物保护学院副教授、硕士生导师
265	稻瘟病菌与水稻互作早期侵染机制研究	刘昕宇　南京农业大学植物保护学院副教授、硕士生导师
266	细胞"密码"——植物单细胞生物学研究	张天奇　南京农业大学园艺学院教授、博士生导师
267	"土壤微生物操控者"——原生动物与植物健康	熊武　南京农业大学资源与环境科学学院教授、博士生导师
268	如何更好地利用赤眼蜂资源	严智超　南京农业大学植物保护学院副教授、硕士生导师
269	迁飞昆虫迁飞调控的磁响应机探究	万贵钧　南京农业大学植物保护学院讲师

（续）

序号	讲座主题	主讲人及简介
270	靶向分子设计与类药性优化	何波　南京农业大学植物保护学院讲师
271	天然来源的新抗真菌、活性物质研究	严威　南京农业大学植物保护学院副教授、硕士生导师
272	基因编辑技术的优化和新技术的开发	赵晶　南京农业大学植物保护学院副教授、硕士生导师
273	昆虫 GABA 受体及以其为靶标的新型杀虫剂	赵春青　南京农业大学植物保护学院教授、博士生导师
274	钟山学者（新秀）访谈系列活动	赵春青　南京农业大学植物保护学院教授、博士生导师
275	紧跟时代脉搏，保持科研初心	顾沁　南京农业大学植物保护学院植病系副教授、硕士生导师
276	大豆疫霉和大豆围绕致病因子 PsXEG1 的多层次相互作用研究	夏业强　南京农业大学植物保护学院大豆疫病课题组博士后
277	大豆疫霉效应分子 Avrld 的毒性机制研究	林桠春　南京农业大学植物保护学院在读博士研究生
278	嗅觉受体介导植物精油诱导果蝇和蚊虫空间驱避的作用机制	王强　江苏大学副教授、硕士生导师
279	新型 3D 细胞培养基在癌症预防中的应用	徐静雯　上海海洋大学食品学院副教授
280	食品安全检测新技术与新方法	匡华　江南大学食品学院教授，食品科学与技术国家重点实验室副主任
281	微生物次级代谢：从生物合成到合成生物学	陈义华　中国科学院微生物研究所研究员
282	茯砖茶来源冠突散囊菌：有潜力的益生真菌	黄勇　中南大学湘雅国际转化医学联合研究院研究员，新药组合生物合成国家地方联合工程研究中心副主任
283	废弃物全细胞催化炼制：生物解聚与高值化	董维亮　教授，南京工业大学新农村发展研究院副院长
284	特医食品及低 GI 淀粉主食产品的开发	金征宇　江南大学食品学院教授、博士生导师，食品科学与技术国家重点实验室主任
285	Protein nanofibrils for sustainable water purification	Mohammad Peydayesh　瑞士联邦理工学院食品与软材料实验室教授、博士生导师
286	Environment control of amyloid polymorphism by hydrodynamic stress	周江涛　博士，就职于苏黎世联邦理工学院健康科学系食品与软材料实验室
287	Spatial science of human–environment systems for sustainable development	Dr. Chuan Liao　亚利桑那州立大学可持续发展学院助理教授，《世界发展》杂志主编
288	Agriculture green development, experience in China	Fusuo Zhang　中国农业大学资源与环境学院教授 Nico Heerink　瓦赫宁根大学与研究中心教授
289	The sense and nonsense of nature–inclusive agriculture：experiences in the Netherlands	Martijn van der Heide　荷兰格罗宁根大学自然包容性农村发展组教授
290	Governance reform for sustainable and equitable forest management：Evidence from Ethiopia	Erwin Bulte　瓦赫宁根大学与研究中心教授，荷兰皇家艺术与科学院成员
291	Using behavioral economics to effectively reduce campus waste	Hu Wuyang　俄亥俄州立大学教授、博士生导师，加拿大农业经济学杂志主编

（续）

序号	讲座主题	主讲人及简介
292	从干细胞、癌症干细胞到肿瘤靶向治疗	张定校　湖南大学生命医学交叉研究院教授、博士生导师，湖南省杰出青年基金获得者，岳麓学者晨星A岗
293	家畜环境控制与智慧生产研究（1）	张强　加拿大曼尼托巴大学生物系统工程系教授，曼尼托巴省注册专业工师
294	家畜环境控制与智慧生产研究（2）	严晓婕　加拿大曼尼托巴大学生物系统工程系讲师
295	家禽智能化养殖技术与实践	王晓冰　江苏深农智能科技有限公司董事长兼首席执行官，南京农业大学-江苏深农智能未来牧场研究院院长
296	家畜环境控制与智慧生产研究中心深农智能未来牧场研究院学术讲座	Bungo Takashi　日本广岛大学大学院统合生命科学研究科教授
297	营养表观遗传学与脂肪沉积调控	王新霞　浙江大学动物科学学院教授、博士生导师，国家生猪产业技术创新战略联盟常务理事，浙江省畜牧兽医学会副秘书长
298	细胞内血红素稳态调控	陈才勇　浙江大学教授、博士生导师
299	国际联合研究中心第一百一十五期动物消化道营养精品学术沙龙	洪鹏程、吴鹏晖、叶艳新、沙拉木　南京农业大学在读硕士研究生
300	从欧美畜牧饲料的发展看我国养殖饲料业的挑战与机遇	金立志　博士，广州美瑞泰科公司和新加坡 Meritech International 公司董事总经理，南京农业大学兼职教授、中国科学院及中国农业科学院客座研究员
301	生物酶的艺术	井龙晖　南京瑞美利特生物科技有限公司法定代表人
302	建强战斗堡垒，在肩负历史使命中奋发有为	吴峰　南京农业大学动物科技学院党委副书记
303	高效液相色谱理论学习和仪器使用培训	向小娥　南京农业大学动物科技学院助教
304	实时荧光定量PCR理论学习和仪器使用培训	向小娥　南京农业大学动物科技学院助教
305	凯氏定氮仪理论学习和仪器使用培训	丁立人　南京农业大学动物科技学院教学实验中心实验师
306	微波消解和ICP理论学习和仪器使用培训	时晓丽　南京农业大学动物科技学院教学实验中心实验师
307	如何做个新时代合格的农牧学生	余大军　武汉兰灵农业科技开发有限责任公司法定代表人
308	2021级研究生实验室安全知识培训	叶敏　南京农业大学实验室与基地处实验室管理科长
309	International webinar on rumen microbiome and methane reduction	朱伟云　南京农业大学动物科技学院教授、博士生导师
310	"兴牧"动科大讲堂——学院与巴基斯坦辛德大学 Nazar 博士举行线上学术交流会	纳扎尔丁-阿里（Dr. Nazar Ali）　巴基斯坦辛德大学副教授
311	"公务员、事业单位"校友分享会	顾伟程　南京农业大学动物科学专业2012级本科生，任职于江苏省南通市如东县畜牧总站 吴一秀　南京农业大学动物科学专业2015级本科生，任职于江苏省镇江市珥陵镇人民政府 李亚南　南京农业大学2019级畜牧专业研究生，任职于江苏省动物卫生监督所

（续）

序号	讲座主题	主讲人及简介
312	第六期"企业家讲坛"	洪伟 上海美农生物科技股份有限公司董事长兼总经理
313	饲料学课程思政及教学设计初探	王恬 南京农业大学动物科技学院教授、博士生导师
314	动物繁殖学首批国家一流课程建设实践	王锋 南京农业大学动物科技学院教授、博士生导师
315	动物科技学院与肯尼亚埃格顿大学举办线上交流会	毛胜勇 教授、博士生导师，南京农业大学动物科技学院院长
316	猪体细胞重编程机制、早期胚胎发育监测与视频预测分析	Kristine Freude 博士，丹麦哥本哈根大学兽医与动物科学系副教授
317	"兴牧"动科大讲堂	涂赣军 丹麦奥胡斯大学农业智能博士，丹麦奥胡斯大学农业科学学院统计顾问
318	联合构建反刍动物胃肠道微生物组基因和基因组集	毛胜勇 教授、博士生导师，南京农业大学动物科技学院院长
319	中华绒螯蟹肝胰腺坏死综合症	刘文斌 教育部水产学教学指导委员会委员、中国水产学会水产动物营养与饲料专业委员会委员、江苏省水产学会常务理事
320	解析哺乳期 DEHP 暴露对子代卵泡发育的危害	孙少琛 南京农业大学教授，博士生导师，国家自然科学基金优秀青年科学基金获得者、江苏省杰出青年基金获得者、教育部霍英东青年教师奖获得者、江苏省"333人才工程"中青年带头人
321	"动物科技学院企业家讲坛"第一期	张立忠 南京农业大学动物科技学院1998届校友，大北农科技集团股份有限公司总裁
322	动物消化道营养国际联合研究中心举行实验室管理系列培训	孙晓妮 南京农业大学动物消化道营养国际联合研究中心管理人员
323	芳香族氨基酸代谢在微生物-肠脑轴中的作用	朱伟云 南京农业大学动物科技学院教授、博士生导师
324	反刍家畜胃肠道微生物组及其与宿主互作	谢斐 南京农业大学动物科技学院博士研究生
325	猪饲料原料营养价值评定的意义与进展	刘岭 中国农业大学农业农村部饲料工业中心博士
326	争当科研先锋，做中国梦的践行者	李坤权 教授、博士生导师，南京农业大学农业工学院工程系主任，南京农业大学"钟山学者"
327	"筑牢安全防线，护航建党百年"安全知识讲座	金美付 南京农业大学工学院实训中心副主任
328	钟山学术讲座	郑恩来 工学博士，南京农业大学工学院教授、博士生导师
329	高端装备关键部件深度学习故障诊断模型优化及其迁移	沈长青 苏州大学轨道交通学院教授、博士生导师
330	拖拉机品牌企业质量提升措施及重要性	廖汉平 江苏悦达智能农业装备有限公司副总经理、研究员级高工
331	Overview of emerging manufacturing technologies: sustainability perspective	Ghulam Hussain 巴基斯坦 GIK 工程技术学院教授
332	适用于智慧农业的虚拟传感器与 DOSCON 智控系统	王晓东 挪威 DOSCON AS 项目总监、青岛道斯康环保科技有限公司总经理

（续）

序号	讲座主题	主讲人及简介
333	适用于农机装备的非传统材料的动态断裂研究进展	王永健　南京农业大学工学院副教授
334	基于深度信息融合的大功率拖拉机智能健康诊断技术	肖茂华　南京农业大学工学院教授
335	把"冷门"焐热，让"热门"升华	邓子新　中国科学院院士、上海交通大学生命科学技术学院院长、武汉大学药学院院长、武汉生物技术研究院院长
336	植物表型遥感平台研发与信息智能提取	郭庆华　北京大学城市与环境学院教授
337	作物表型设施建设关键技术及产学研一体化经验交流	庞树鑫　中国科学院植物研究所工程师
338	遵循"两个决议"学习百年党史	葛笑如　南京农业大学马克思主义学院教授
339	紫砂陶艺欣赏	宗良纲　南京农业大学资源与环境科学学院教授
340	点亮信仰之光，迈向崭新征程	魏艾　南京农业大学马克思主义学院副教授
341	LIG 基穿戴式植物传感器：面向农业信息原位实时监测	张诚　南京农业大学工学院副教授
342	人工智能学院院史情介绍	沈明霞　南京农业大学人工智能学院教授、博士生导师，人工智能学院党委副书记（主持工作）
343	科研小讲——个人浅见	林相泽　南京农业大学人工智能学院教授、博士生导师
344	投稿期刊的选择与发展	舒磊　南京农业大学人工智能学院教授、博士生导师

注：收录内容和材料的时间为 2021 年 1 月 1 日至 2021 年 12 月 31 日。

附录 2　2021 年校园文化活动一览表

序号	项目名称	承办单位	活动时间
1	2021 年高雅艺术进校园之美育讲堂：我们的国歌	校团委	4 月
2	"青春心向党，社团新征程"百团大"绽"校级学生社团风采展示暨招新活动	校团委	4 月
3	第 74 期汇贤大讲堂：履行大国担当，维护世界和平——联合国维和行动与中国的参与	浦口团工委	4 月
4	第十三届读书月暨第四届"楠小秾"读书嘉年华	图书馆（文化遗产部）	4 月
5	南京农业大学"权益有言，提案为声"校园提案大赛	校学生会	4 月
6	"流金岁月，共享书香"读书交流会	农学院	4 月
7	南京农业大学第三届"绿野仙踪"足球场规划设计大赛	草业学院	4 月
8	青穗讲堂 41 期："苏东坡对我们的六点启示"	校团委	5 月
9	电影《阳光姐妹淘》点映会暨主创见面会	浦口团工委	5 月
10	2021 年江苏省高雅艺术进校园拓展项目"向上的青春"南京农业大学专场文艺汇演	大学生艺术联合会	5 月

（续）

序号	项目名称	承办单位	活动时间
11	"RESONANCE 共鸣的力量"西洋乐团专场音乐会	大学生艺术联合会	5 月
12	"廿载佳期又逢君"第二十届在宁高校戏曲票友联谊会	大学生艺术联合会	5 月
13	2021 年"活力三走 悦动青春"三走嘉年华暨第十五届体育文化节	学生会	5 月
14	"百年恰芳华·青春正歌唱"2021 南京农业大学校园十佳歌手大赛	学生会	5 月
15	"不忘初心铸辉煌,乡村振兴谱新篇"第四届农业科技文化节	农学院	5 月
16	第 40 期青穗讲堂"做绿领新农人,积极投身乡村振兴"	植物保护学院	5 月
17	第四届"声韵南农"朗读大赛	草业学院	5 月
18	南京农业大学"民族心·中华情"主题征文演讲比赛	动物科技学院	5 月
19	青穗讲堂第 42 期暨高雅艺术进校园美育讲堂:"诗联中的党史"专题讲座	校团委	6 月
20	大艺联专场汇报演出《致乘风破浪的你》文艺晚会	浦口团工委	6 月
21	第 75 期汇贤大讲堂:拼搏,做自己的奥运冠军	浦口团工委	6 月
22	"清风拂晚愔 民乐撩心弦"民乐团专场演奏会	大学生艺术联合会	6 月
23	"红心永向党,唱响新征程"南京农业大学庆祝中国共产党成立 100 周年合唱比赛	党委宣传部、人文与社会发展学院	6 月
24	南京农业大学原创话剧《党旗飘扬》首演	党委宣传部、校团委、马克思主义学院	6 月
25	南京农业大学"潮变新生,播出有型"电商直播主持人大赛	人文与社会发展学院	6 月
26	南京农业大学第十五届新农村建设规划设计大赛	农学院	10 月
27	第七期"21 天行动派"	浦口团工委	11 月
28	高雅艺术进校园之《经典诵读·追梦中国》名家名篇朗诵音乐会	浦口团工委	11 月
29	"百年建党峥嵘路,百廿南农正启航"南京农业大学 2021 年寻找"最美演说家"演讲比赛	农学院	11 月
30	"花漾生活、情满艺香"庆祝园艺建系百年花艺教学活动	园艺学院	11 月
31	南京农业大学第十八届外文配音大赛	外国语学院	11 月
32	青穗讲堂 43 期:电影《雄狮少年》主创团队见面会	校团委	12 月
33	"缤纷校园,汇生汇社"2021 年度社团巡礼节	校团委	12 月
34	戏曲名家进校园之锡剧《烛光在前》	浦口团工委	12 月
35	第 76 期汇贤大讲堂:探寻文物背后的文化	浦口团工委	12 月
36	"青春正当时"南京农业大学学生艺术联合会期末汇报演出	大学生艺术联合会	12 月

（撰稿:田心雨 王 敏 翟元海 赵玲玲 徐东波 班 宏 杨海莉
审稿:吴彦宁 林江辉 谭智赟 张 炜 张 禾 崔春红 杨 博
审核:王俊琴）

本 科 生 教 育

【概况】学校贯彻全国教育大会精神，落实新时代全国高等学校本科教育工作会议各项要求，学习领会习近平总书记给全国涉农高校书记校长和专家代表的回信精神，以立德树人为根本，以强农兴农为己任，深化教育教学改革，提升本科教学质量。

开展教育教学研究与改革。学校全面总结新农科建设与改革成效，在教育部新农科简报宣传学校成果。组织开展江苏省高等教育教改研究立项课题申报工作，获批 10 项。其中，重中之重项目 1 项、重点项目 3 项。一般项目 6 项。总结凝练教育教学改革成果，组织申报江苏省教学成果奖，获批 9 项。其中，特等奖 1 项、一等奖 1 项、二等奖 7 项。

学校根据"六卓越一拔尖"计划 2.0 总体实施方案，申报生物学科拔尖学生培养基地并获批。推进金善宝书院建设，通过开展书院制、导师制、学分制，推进一流人才培养。多举措推动耕读教育和劳动教育落地，制订《南京农业大学关于加强耕读教育的指导意见》和《南京农业大学本科生劳动周实施方案》，整合现有资源，在学校白马教学科研基地规划和建设面向华东地区的高水平多功能综合性的新农科实践教育高地；利用学校白马教学科研基地有利条件和南京白马国家农业高新技术产业示范区涉农企业资源，合作共建南京农业大学耕读教育实践基地。深化与京博控股集团的产学研合作，探索校企全方位共建、共育、共享合作模式；挖掘耕读教育资源，与安徽科技学院和安徽省凤阳市小岗村共建耕读教育实践基地。

全面推动专业课程教材建设。学校开展一流专业建设，8 个专业获批国家级一流本科专业建设点，7 个专业获批省级一流本科专业建设点。学校累计共有国家级一流专业建设点 22 个、省级一流本科专业建设点 8 个，占全校本科专业数量的 47%。继续推进专业认证，全面梳理学校授予工学学位的全日制四年制本科专业，明晰与达标工程教育认证标准之间的差距，制定专业认证计划。机械设计制造及其自动化专业接受了中国工程教育专业认证协会专家现场考察。加强专业布局顶层设计，主动培育新兴产业发展和民生急需相关专业。文化遗产专业获批 2020 年度普通高等学校新增备案本科专业。在充分调研的基础上，组织开展"智慧农业""农业智能装备工程""食品营养与健康"3 个新专业申报工作。

学校成立"南京农业大学课程思政教学研究中心"，统筹推进课程思政建设。以校级"课程思政"示范课程建设项目为依托，持续推进课程思政建设工作。3 门本科课程被认定首批江苏高校课程思政示范课程，3 个专业被认定江苏省首批课程思政示范专业，学校被认定江苏省首批课程思政示范高校，2 门课程入选首批国家级课程思政示范课程，2 个团队入选首批国家课程思政教学名师和团队。组织开展一流本科课程申报，学校累计有国家级一流课程 30 门、省级一流课程 39 门。

组织首届国家教材奖申报，获国家教材建设先进个人 1 人，获国家教材一等奖 1 部、二等奖 2 部。10 部教材入选首批江苏省本科优秀培育教材，13 种教材获批江苏省高等学校重点教材立项建设，3 部教材获国家林业和草原局林草领域规划教材立项，12 部教材获科学出版社立项。

全员招生热情高涨，宣传方式不断创新。开设视频号，发布原创视频 22 个，累计浏览量超 41 万次，单篇视频阅读量最高达 10 万。创新设计"五谷"主题升级版立体录取通知书，获多家媒体关注报道。通过制作一图读懂专业、专业 MG 动画、专业创意宣传视频、学院招生宣传片等方式突出学院和专业招生宣传。招生微信公众号开设多个原创专题，累计关注用户超 2.5 万，有效扩大学校影响力和美誉度。志愿填报期间，组织 608 名师生面向全国 26 个省份开展中学宣讲及高招咨询会 466 场，其中教师人数 448 人，占比 73.7%。

改革省份定位精准，生源质量持续提升。在全国 31 个省（自治区、直辖市）录取分数线高于一本线/特殊类型线的平均值继续增长（文科/历史类达 55 分，理科/物理类达 73 分）。优化宣传策略，全力打好第三批高考改革省份生源保卫战。江苏省录取分数线再创新高，历史类超特殊类型线 48 分，理工类超特殊类型线 69 分；理工类不限组录取最低位次提升 1 500 余名，理工类大农科组录取最低位次提升 200 余名；是江苏省部属高校中录取分数线超特殊类型线/一本线分值唯一实现七连升的高校，圆满完成改革之年"定好身高"预期目标。

紧扣"立德树人"根本任务和学生成长成才需求，优化"一核四维"发展型资助育人模式。开展 2020—2021 学年家庭经济困难学生认定和学生综合测评工作，确保资助工作精准化；全年累计发放各类资助 5 000 余万元，100% 覆盖在校家庭经济困难学生，助力教育脱贫攻坚；对受疫情或洪涝灾害影响较重特殊学生进行紧急救助，保障其基本生活和学习；开展"五彩斑斓成长计划"受资助学生系列培训，夯实资助育人成效；完善资助类社团育人项目，夯实社团育人载体。连续第十年获评江苏省高校学生资助绩效评价优秀。

健全"双促双融"民族学生教育管理服务工作机制。通过新生入学教育、爱国主义教育、300 位学生一对一谈心谈话、累计走访学生宿舍 120 次、开展学业交流座谈会和各年级座谈会等 13 余场，掌握学生思想动态和心理需求，更好地服务少数民族学生；组织 143 位 2020 级、2021 级新疆、西藏籍学生开展"普通话、英语、化学等学业辅导班"16 周，评审发放"新疆、西藏籍少数民族学生学业奖励"3.7 万元，帮助和激励学生提升学习能力；加强少数民族学生干部培养，进行常用应用文写作、微信推送等培训；精准服务少数民族学生就业，组织新疆、西藏籍少数民族毕业生考研交流座谈会、实习经验分享会、公务员考试培训等，以"南农夏木夏提工作室"微信公众号为平台推送"榜样学子""新疆西藏招聘信息"等，线上线下共同促进少数民族学生就业。2021 届新疆、西藏籍毕业生中，2 名学生保送和考取研究生，有 55% 以上回乡就业，分别就职于西藏林业规划研究院所属的国企、乡镇农牧综合服务中心、新疆屯垦历史博物馆等企事业单位。

及时高效采取措施，确保就业大局稳定。通过开展"就业促进周系列活动""毕业生校园招聘月系列活动"等工作，全方位布局就业市场，深度推进"就业战略合作伙伴计划"，为毕业生建立高质量就业市场。开展全校性就业创业指导教学技能竞赛，3 名教师分获江苏省第六届高校就业创业指导教师教学技能大赛三等奖、优秀奖。持续开展"大学生职业能力工作坊系列活动"近 20 期，5 名学生参加江苏省职业生涯规划大赛分获一、二、三等奖。精准开展日常就业指导与帮扶工作，开展"朋辈领航说"系列活动 10 期，建立分类指导 QQ 群，实现精准信息推送与就业指导服务。经过努力，全校毕业生年终就业率达 90%，60% 实现高质量就业；其中，本科毕业生深造率达 44.16%，公务员、事业单位就业率达 24.63%，在 500 强企业就业的比例超过 25%。毕业生连续两年获评"江苏省就业创业年度人物"。在园创业团队的两个项目被评为江苏省大学生优秀创业项目，其中一个项目被评为紫金山英才宁聚青年大学生优秀创业项目一等奖，并入选南京市鼓楼区高层次创新创业人才项目。获国家发明专利 5 项，实用新型专利 18 项，软件著作权 15 项。

提升辅导员职业能力，推进学工队伍发展工程。健全专兼职辅导员选聘机制，招聘兼职辅导员 38 人。构建分层次、多形式的辅导员培训体系，先后举办学工系统素质拓展活动、辅导员"隽拔计划"、第六届辅导员素质能力大赛，促进辅导员专业化、职业化发展。开展班主任队伍建设调研，优化班主任队伍机制建设，举行 2021 级本科生班主任聘任仪式暨培训会。2021 年，学校学工干部累计发表研究论文 50 余篇，获省级奖项 30 余项。

学校有本科专业 65 个，涵盖农学、理学、管理学、工学、经济学、文学、法学、艺术学、历史学 9 个大学科门类。其中，农学类专业 13 个、理学类专业 8 个、管理学类专业 14 个、工学类专业 21 个、经济学类专业 3 个、文学类专业 2 个、法学类专业 2 个、艺术学类专业 1 个、历史学类专业 1 个。在校生 17 498 人，2021 届应届生 4 178 人，毕业生 4 008 人，毕业率 95.93%；学位授予 4 006 人，学位授予率 95.88%。

【"两在两同促就业"招聘周】12 月 4 日，江苏省农林生物类暨南京农业大学 2022 届毕业生专场招聘会在南京农业大学举行，200 余家单位携万余岗位抛出橄榄枝。3 000 余名学校毕业生参加了招聘会。南京农业大学党委副书记刘营军、江苏省高校招生就业指导服务中心副主任黄炜在现场与用人单位代表和部分应聘学生进行了交流。

【南京农业大学耕读教育实践基地揭牌】11 月 10 日，南京农业大学耕读教育实践基地揭牌仪式在南京白马国家农业高新技术产业示范区举行，副校长董维春、白马高新区管理委员会主任杨兵为耕读教育实践基地揭牌。南京农业大学教务处、实验室与基地管理处、研究生院，以及白马高新区管理委员会相关职能部门负责同志出席揭牌仪式。建设耕读教育实践基地是认真贯彻《中共中央　国务院关于全面加强新时代大中小学劳动教育的意见》、积极落实教育部《加强和改进涉农高校耕读教育工作方案》的重要举措。

［附录］

附录 1　本科按专业招生情况

序号	录取专业	人数（人）
1	农学	121
2	种子科学与工程	60
3	人工智能	60
4	植物保护	150
5	环境科学与工程类	214
6	园艺	114
7	园林	30
8	茶学	26
9	设施农业科学与工程	31
10	风景园林	63

（续）

序号	录取专业	人数（人）
11	中药学	56
12	动物科学	117
13	水产养殖学	48
14	国际经济与贸易	60
15	农林经济管理	95
16	工商管理类	92
17	动物医学类	181
18	食品科学与工程类	200
19	信息管理与信息系统	60
20	计算机科学与技术	60
21	数据科学与大数据技术	60
22	公共管理类	182
23	人文地理与城乡规划	30
24	英语	92
25	日语	77
26	社会学类	161
27	文化遗产	30
28	表演	41
29	信息与计算科学	60
30	应用化学	64
31	统计学	60
32	生命科学与技术基地班	50
33	生物学基地班	30
34	生物科学类	101
35	金融学	92
36	会计学	81
37	投资学	50
38	草业科学	25
39	机械类	582
40	电子信息类	300
41	交通运输	62
42	工业工程	124
43	工程管理	121
44	物流工程	86
合计		4 399

附录 2 本科专业设置

学院	专业名称	专业代码	学制	授予学位	设置时间（年）
生命科学学院	生物技术	071002	四	理学	1994
	生物科学	071001	四	理学	1988
农学院	农学	090101	四	农学	1902
	种子科学与工程	090105	四	农学	2006
植物保护学院	植物保护	090103	四	农学	1921
资源与环境科学学院	生态学	071004	四	理学	2000
	农业资源与环境	090201	四	农学	1952
	环境工程	082502	四	工学	1993
	环境科学	082503	四	理学	2001
园艺学院	园艺	090102	四	农学	1921
	园林	090502	四	农学	1985
	中药学	100801	四	理学	1985
	设施农业科学与工程	090106	四	农学	2004
	风景园林	082803	四	工学	1985
	茶学	090107T	四	农学	2014
动物科技学院	动物科学	090301	四	农学	1921
无锡渔业学院	水产养殖学	090601	四	农学	1994
经济管理学院	农林经济管理	120301	四	管理学	1921
	国际经济与贸易	020401	四	经济学	1983
	市场营销	120202	四	管理学	2002
	电子商务	120801	四	管理学	2002
	工商管理	120201K	四	管理学	1992
动物医学院	动物医学	090401	五	农学	2003
	动物药学	090402	五	农学	2004
食品科技学院	食品科学与工程	082701	四	工学	1986
	食品质量与安全	082702	四	工学	2003
	生物工程	083001	四	工学	2000
公共管理学院	土地资源管理	120404	四	管理学	1992
	人文地理与城乡规划	070503	四	管理学	1996
	行政管理	120402	四	管理学	2003
	人力资源管理	120206	四	管理学	2000
	劳动与社会保障	120403	四	管理学	2002
外国语学院	英语	050201	四	文学	1993
	日语	050207	四	文学	1996

（续）

学院	专业名称	专业代码	学制	授予学位	设置时间（年）
人文与社会发展学院	旅游管理	120901K	四	管理学	1996
	社会学	030301	四	法学	1996
	公共事业管理	120401	四	管理学	1998
	农村区域发展	120302	四	管理学	2000
	法学	030101K	四	法学	2000
	表演	130301	四	艺术学	2008
	文化遗产	060107T	四	历史学	2020
理学院	信息与计算科学	070102	四	理学	2002
	统计学	071201	四	理学	2002
	应用化学	070302	四	理学	2003
草业学院	草业科学	090701	四	农学	2000
金融学院	金融学	020301K	四	经济学	1985
	会计学	120203K	四	管理学	2000
	投资学	020304	四	经济学	2013
工学院	机械设计制造及其自动化	080202	四	工学	1994
	农业机械化及其自动化	082302	四	工学	1952
	农业电气化	082303	四	工学	1960
	工业设计	080205	四	工学	2002
	交通运输	081801	四	工学	2003
	材料成型及控制工程	080203	四	工学	2005
	车辆工程	080207	四	工学	2008
人工智能学院	电子信息科学与技术	080714T	四	工学	2004
	自动化	080801	四	工学	2001
	人工智能	080717T	四	工学	2018
	计算机科学与技术	080901	四	工学	2000
	网络工程	080903	四	工学	2007
	数据科学与大数据技术	080910T	四	工学	2019
信息管理学院	工程管理	120103	四	工学	2006
	工业工程	120701	四	工学	2002
	物流工程	120602	四	工学	2004
	信息管理与信息系统	120102	四	管理学	1986

注：专业代码后加"T"为特设专业；专业代码后加"K"为国家控制布点专业。

附录 3 本科生在校人数统计表

学院	专业名称	学制	学生数（人）	学生数合计（人）
生命科学学院	生命科学实验班（金善宝书院）	4	40	741
	生物技术	4	84	
	生物技术（国家生命科学与技术基地）	4	209	
	生物科学	4	90	
	生物科学（国家生物学理科基地）	4	113	
	生物科学（金善宝书院）	4	19	
	生物科学类	4	186	
农学院	农学	4	390	753
	农学（金善宝实验班）	4	64	
	农学（金善宝书院）	4	28	
	植物科学实验班（金善宝书院）	4	60	
	种子科学与工程	4	211	
植物保护学院	植物保护	4	465	487
	植物保护（金善宝实验班）	4	6	
	植物保护（金善宝书院）	4	16	
资源与环境科学学院	环境工程	4	99	764
	环境科学	4	173	
	环境科学与工程类	4	185	
	农业资源与环境	4	209	
	农业资源与环境（金善宝书院）	4	17	
	生态学	4	81	
园艺学院	茶学	4	86	1 215
	风景园林	4	264	
	设施农业科学与工程	4	107	
	园林	4	119	
	园艺	4	421	
	园艺（金善宝实验班）	4	15	
	园艺（金善宝书院）	4	15	
	中药学	4	188	
动物科技学院	动物科学	4	369	382
	动物科学（金善宝书院）	4	13	
无锡渔业学院	水产养殖学	4	140	140

（续）

学院	专业名称	学制	学生数（人）	学生数合计（人）
经济管理学院	电子商务	4	59	1.125
	工商管理	4	101	
	工商管理类	4	177	
	国际经济与贸易	4	269	
	农林经济管理	4	353	
	农林经济管理（金善宝实验班）	4	36	
	社会科学实验班（金善宝书院）	4	60	
	市场营销	4	47	
	土地资源管理（金善宝实验班）	4	23	
动物医学院	动物科学（金善宝实验班）	4	25	883
	动物科学（金善宝书院）	4	15	
	动物药学	5	85	
	动物医学	5	499	
	动物医学（金善宝实验班）	5	55	
	动物医学（金善宝书院）	5	38	
	动物医学类	5	166	
食品科技学院	生物工程	4	65	767
	食品科学与工程	4	132	
	食品科学与工程（金善宝书院）	4	41	
	食品科学与工程（卓越班）	4	53	
	食品科学与工程类	4	353	
	食品质量与安全	4	123	
信息管理学院	工程管理	4	463	1 495
	工业工程	4	441	
	物流工程	4	344	
	信息管理与信息系统	4	247	
公共管理学院	公共管理类	4	176	862
	劳动与社会保障	4	90	
	人力资源管理	4	98	
	人文地理与城乡规划	4	109	
	土地资源管理	4	290	
	行政管理	4	99	
外国语学院	日语	4	318	697
	英语	4	379	

（续）

学院	专业名称	学制	学生数（人）	学生数合计（人）
人文与社会发展学院	表演	4	159	935
	法学	4	212	
	公共事业管理	4	99	
	旅游管理	4	89	
	农村区域发展	4	92	
	社会学	4	99	
	社会学类	4	155	
	文化遗产	4	30	
理学院	统计学	4	176	627
	信息与计算科学	4	225	
	应用化学	4	226	
草业学院	草业科学	4	115	129
	草业科学（国际班）	4	14	
金融学院	会计学	4	341	892
	金融学	4	407	
	投资学	4	144	
工学院	材料成型及控制工程	4	190	2 792
	车辆工程	4	426	
	工业设计	4	210	
	机械类	4	573	
	机械设计制造及其自动化	4	592	
	交通运输	4	213	
	农业电气化	4	265	
	农业机械化及其自动化	4	323	
人工智能学院	电子信息科学与技术	4	421	1 812
	电子信息类	4	297	
	计算机科学与技术	4	280	
	人工智能	4	129	
	数据科学与大数据技术	4	130	
	网络工程	4	127	
	自动化	4	428	
合计				17 498

附录4　本科生各类奖、助学金情况统计表

类别	级别	奖项	金额（元/人）	总计	
				总人数（次）	总金额（元）
奖学金	国家级	国家奖学金	8 000	150	1 200 000
		国家励志奖学金	5 000	510	2 550 000
	校级	"三好学生"一等奖学金	1 000	930	930 000
		"三好学生"二等奖学金	500	1 745	872 500
		单项奖学金	200	1 686	337 200
		金善宝奖学金	5 000	36	180 000
		大北农励志奖学金	5 000	10	50 000
		亚方奖学金	2 000	14	28 000
		江苏山水集团奖学金	2 000	20	40 000
		刘宜芳奖学金	5 000	6	30 000
		林敏端奖学金	8 000	5	40 000
		中农立华奖学金	2 000	15	30 000
		瑞华杯·最具影响力人物奖	10 000	10	100 000
		瑞华杯·最具影响力人物提名奖	5 000	10	50 000
		燕宝奖学金	4 000	91	364 000
		唐仲英德育奖学金＊4	4 000	121	484 000
		台湾奖学金（教育部）	4 000	1	4 000
		台湾奖学金（教育厅）	3 000/2 000	4	10 000
		新疆、西藏籍少数民族学生学业进步奖金和单项进步奖金	2 000/1 000	23	37 000
助学金	国家级	国家助学金	4 400/3 300/2 200	3 745/3 797	12 444 300
	校级	学校助学金一等助学金	2 000	1 621	3 242 000
		学校助学金二等助学金	400	15 789	6 315 600
		西藏免费教育专业校助	3 000	61	183 000
		姜波奖助学金	2 000	50	100 000
		瑞华本科生助学金	5 000	360	1 800 000
		伯藜助学金＊4	5 000	199	995 000
		吴毅文助学金	5 000	10	50 000

附录 5 学生出国（境）交流名单

序号	学院	学号	姓名	项目类型/名称	国别（地区）	邀请/主办单位	项目日期	形式（赴境外/线上课程）
1	草业学院	15519131	韩怡洋	线上冬令营项目	韩国	庆北大学	1月25日至2月5日	线上
2	动物科技学院	35118209	孙 露	线上冬令营项目	韩国	庆北大学	1月25日至2月5日	线上
3	动物科技学院	35118216	张瀚文	线上冬令营项目	韩国	庆北大学	1月25日至2月5日	线上
4	动物科技学院	35118218	金宏莉	线上冬令营项目	韩国	庆北大学	1月25日至2月5日	线上
5	动物医学院	17118211	杨佳茂	线上冬令营项目	韩国	庆北大学	1月25日至2月5日	线上
6	动物医学院	15118325	谢雅茜	线上冬令营项目	韩国	庆北大学	1月25日至2月5日	线上
7	动物医学院	17119319	陈洪壮	加利福尼亚大学戴维斯分校"全球健康线上研讨会"	美国	加利福尼亚大学戴维斯分校	1月25日至2月5日	线上
8	动物医学院	17117416	陆佳萱	加利福尼亚大学戴维斯分校"全球健康线上研讨会"	美国	加利福尼亚大学戴维斯分校	1月25日至2月5日	线上
9	动物医学院	17118223	姜秋宇	加利福尼亚大学戴维斯分校"全球健康线上研讨会"	美国	加利福尼亚大学戴维斯分校	1月25日至2月5日	线上
10	动物医学院	17118222	段 滢	加利福尼亚大学戴维斯分校"全球健康线上研讨会"	美国	加利福尼亚大学戴维斯分校	1月25日至2月5日	线上
11	工学院	30217424	孙佳慧	线上冬令营项目	韩国	庆北大学	1月25日至2月5日	线上
12	公共管理学院	22718109	许 欣	线上冬令营项目	韩国	庆北大学	1月25日至2月5日	线上
13	公共管理学院	9172210414	余 欢	线上冬令营项目	韩国	庆北大学	1月25日至2月5日	线上
14	公共管理学院	20419102	王佳瑛	线上冬令营项目	韩国	庆北大学	1月25日至2月5日	线上
15	公共管理学院	9192210212	李佳轩	线上冬令营项目	韩国	庆北大学	1月25日至2月5日	线上
16	公共管理学院	20219212	李 博	线上冬令营项目	韩国	庆北大学	1月25日至2月5日	线上
17	公共管理学院	9192210106	党晨睿	线上冬令营项目	韩国	庆北大学	1月25日至2月5日	线上
18	金融学院	16319419	赵佳琚	线上冬令营项目	韩国	庆北大学	1月25日至2月5日	线上
19	金融学院	16317320	曹墨含	线上冬令营项目	韩国	庆北大学	1月25日至2月5日	线上
20	金融学院	9181310128	黄安立	线上冬令营项目	韩国	庆北大学	1月25日至2月5日	线上
21	金融学院	16818218	周绮颖	线上冬令营项目	韩国	庆北大学	1月25日至2月5日	线上
22	经济管理学院	21219316	乔易敏	线上冬令营项目	韩国	庆北大学	1月25日至2月5日	线上
23	经济管理学院	9191610130	甄 天	线上冬令营项目	韩国	庆北大学	1月25日至2月5日	线上
24	经济管理学院	12119227	郭紫玥	线上冬令营项目	韩国	庆北大学	1月25日至2月5日	线上
25	经济管理学院	12118214	张清扬	线上冬令营项目	韩国	庆北大学	1月25日至2月5日	线上

（续）

序号	学院	学号	姓名	项目类型/名称	国别（地区）	邀请/主办单位	项目日期	形式（赴境外/线上课程）
26	经济管理学院	31119420	田之阳	线上冬令营项目	韩国	庆北大学	1月25日至2月5日	线上
27	经济管理学院	9183011928	赵 悦	线上冬令营项目	韩国	庆北大学	1月25日至2月5日	线上
28	经济管理学院	16119316	张忱昕	线上冬令营项目	韩国	庆北大学	1月25日至2月5日	线上
29	经济管理学院	9171610303	王昊宇	线上冬令营项目	韩国	庆北大学	1月25日至2月5日	线上
30	经济管理学院	9171610227	童慧宗	线上冬令营项目	韩国	庆北大学	1月25日至2月5日	线上
31	经济管理学院	9181610126	赵 喆	线上冬令营项目	韩国	庆北大学	1月25日至2月5日	线上
32	经济管理学院	9191610304	王玮雪	线上冬令营项目	韩国	庆北大学	1月25日至2月5日	线上
33	经济管理学院	9191610322	徐 越	线上冬令营项目	韩国	庆北大学	1月25日至2月5日	线上
34	农学院	31318332	朱子怡	线上冬令营项目	韩国	庆北大学	1月25日至2月5日	线上
35	农学院	11218119	郑滢颖	线上冬令营项目	韩国	庆北大学	1月25日至2月5日	线上
36	农学院	11218106	刘镇鑫	线上冬令营项目	韩国	庆北大学	1月25日至2月5日	线上
37	人工智能学院	32217330	祝忠钲	线上冬令营项目	韩国	庆北大学	1月25日至2月5日	线上
38	人文与社会发展学院	9182210323	周雯怡	线上冬令营项目	韩国	庆北大学	1月25日至2月5日	线上
39	人文与社会发展学院	35118210	杜 欣	线上冬令营项目	韩国	庆北大学	1月25日至2月5日	线上
40	人文与社会发展学院	9182210223	徐星星	线上冬令营项目	韩国	庆北大学	1月25日至2月5日	线上
41	人文与社会发展学院	9182210514	孙思男	线上冬令营项目	韩国	庆北大学	1月25日至2月5日	线上
42	人文与社会发展学院	31119318	苏思娴	线上冬令营项目	韩国	庆北大学	1月25日至2月5日	线上
43	人文与社会发展学院	9192210203	陈文燕	线上冬令营项目	韩国	庆北大学	1月25日至2月5日	线上
44	人文与社会发展学院	9191610108	孙黄彬	线上冬令营项目	韩国	庆北大学	1月25日至2月5日	线上
45	人文与社会发展学院	9192210615	郭真真	线上冬令营项目	韩国	庆北大学	1月25日至2月5日	线上
46	人文与社会发展学院	9191810106	叶子涵	线上冬令营项目	韩国	庆北大学	1月25日至2月5日	线上
47	人文与社会发展学院	9192210204	池晨沂	线上冬令营项目	韩国	庆北大学	1月25日至2月5日	线上
48	人文与社会发展学院	9192210325	吴雅雯	线上冬令营项目	韩国	庆北大学	1月25日至2月5日	线上

（续）

序号	学院	学号	姓名	项目类型/名称	国别（地区）	邀请/主办单位	项目日期	形式（赴境外/线上课程）
49	人文与社会发展学院	9192210534	赵怡璇	线上冬令营项目	韩国	庆北大学	1月25日至2月5日	线上
50	外国语学院	21119125	俞滢欣	线上冬令营项目	韩国	庆北大学	1月25日至2月5日	线上
51	园艺学院	14819107	龙虹郡	线上冬令营项目	韩国	庆北大学	1月25日至2月5日	线上
52	园艺学院	14419208	刘雪瑾	线上冬令营项目	韩国	庆北大学	1月25日至2月5日	线上
53	园艺学院	14619230	樊澄珉	线上冬令营项目	韩国	庆北大学	1月25日至2月5日	线上
54	园艺学院	14318135	颜琪	线上冬令营项目	韩国	庆北大学	1月25日至2月5日	线上
55	园艺学院	14118408	任新玥	线上冬令营项目	韩国	庆北大学	1月25日至2月5日	线上
56	园艺学院	21217305	任欣琦	线上冬令营项目	韩国	庆北大学	1月25日至2月5日	线上
57	植物保护学院	12118115	张瓅	线上冬令营项目	韩国	庆北大学	1月25日至2月5日	线上
58	植物保护学院	12118217	尚彬彬	线上冬令营项目	韩国	庆北大学	1月25日至2月5日	线上
59	植物保护学院	12117403	代畅阳	线上冬令营项目	韩国	庆北大学	1月25日至2月5日	线上
60	资源与环境科学学院	9193011722	谢亦梅	线上冬令营项目	韩国	庆北大学	1月25日至2月5日	线上
61	资源与环境科学学院	9191310123	陈彦廷	线上冬令营项目	韩国	庆北大学	1月25日至2月5日	线上
62	资源与环境科学学院	9191310513	李晓佳	线上冬令营项目	韩国	庆北大学	1月25日至2月5日	线上
63	资源与环境科学学院	9171310321	张舜泽	线上冬令营项目	韩国	庆北大学	1月25日至2月5日	线上
64	资源与环境科学学院	9191310209	苏雅琪	线上冬令营项目	韩国	庆北大学	1月25日至2月5日	线上
65	资源与环境科学学院	9191310331	温凯琪	线上冬令营项目	韩国	庆北大学	1月25日至2月5日	线上
66	公共管理学院	31118318	汤凌	剑桥大学格顿学院寒假在线国际组织项目	英国	剑桥大学格顿学院	1月28日至2月19日	线上
67	公共管理学院	20219327	曾迅	剑桥大学格顿学院寒假在线国际组织项目	英国	剑桥大学格顿学院	1月28日至2月19日	线上
68	公共管理学院	22719112	李淑芳	剑桥大学格顿学院寒假在线国际组织项目	英国	剑桥大学格顿学院	1月28日至2月19日	线上
69	金融学院	10319121	徐翊曼	剑桥大学格顿学院寒假在线国际组织项目	英国	剑桥大学格顿学院	1月28日至2月19日	线上
70	金融学院	14819115	李香锦	剑桥大学格顿学院寒假在线国际组织项目	英国	剑桥大学格顿学院	1月28日至2月19日	线上

（续）

序号	学院	学号	姓名	项目类型/名称	国别（地区）	邀请/主办单位	项目日期	形式（赴境外/线上课程）
71	金融学院	16319307	吴星慧	剑桥大学格顿学院寒假在线国际组织项目	英国	剑桥大学格顿学院	1月28日至2月19日	线上
72	金融学院	27118121	刘梦玥	剑桥大学格顿学院寒假在线国际组织项目	英国	剑桥大学格顿学院	1月28日至2月19日	线上
73	金融学院	16319321	谢佳怡	剑桥大学格顿学院寒假在线国际组织项目	英国	剑桥大学格顿学院	1月28日至2月19日	线上
74	金融学院	27118127	杨天欣	剑桥大学格顿学院寒假在线国际组织项目	英国	剑桥大学格顿学院	1月28日至2月19日	线上
75	经济管理学院	12118426	胡韵涵	剑桥大学格顿学院寒假在线国际组织项目	英国	剑桥大学格顿学院	1月28日至2月19日	线上
76	经济管理学院	9182210328	陶冶	剑桥大学格顿学院寒假在线国际组织项目	英国	剑桥大学格顿学院	1月28日至2月19日	线上
77	经济管理学院	27118122	陈梓琪	剑桥大学格顿学院寒假在线国际组织项目	英国	剑桥大学格顿学院	1月28日至2月19日	线上
78	经济管理学院	16218103	叶佳佳	剑桥大学格顿学院寒假在线国际组织项目	英国	剑桥大学格顿学院	1月28日至2月19日	线上
79	经济管理学院	9181610103	王馨儿	剑桥大学格顿学院寒假在线国际组织项目	英国	剑桥大学格顿学院	1月28日至2月19日	线上
80	经济管理学院	21217322	贺菲融	剑桥大学格顿学院寒假在线国际组织项目	英国	剑桥大学格顿学院	1月28日至2月19日	线上
81	经济管理学院	35118117	赵嘉欣	剑桥大学格顿学院寒假在线国际组织项目	英国	剑桥大学格顿学院	1月28日至2月19日	线上
82	农学院	1121819	周爽	剑桥大学格顿学院寒假在线国际组织项目	英国	剑桥大学格顿学院	1月28日至2月19日	线上
83	人文与社会发展学院	9192210133	张育菲	剑桥大学格顿学院寒假在线国际组织项目	英国	剑桥大学格顿学院	1月28日至2月19日	线上
84	人文与社会发展学院	9182210222	钱文婧	剑桥大学格顿学院寒假在线国际组织项目	英国	剑桥大学格顿学院	1月28日至2月19日	线上
85	人文与社会发展学院	9182210108	刘新鹏	剑桥大学格顿学院寒假在线国际组织项目	英国	剑桥大学格顿学院	1月28日至2月19日	线上
86	人文与社会发展学院	31118426	杨谨如	剑桥大学格顿学院寒假在线国际组织项目	英国	剑桥大学格顿学院	1月28日至2月19日	线上

（续）

序号	学院	学号	姓名	项目类型/名称	国别（地区）	邀请/主办单位	项目日期	形式（赴境外/线上课程）
87	人文与社会发展学院	9182210407	齐畅	剑桥大学格顿学院寒假在线国际组织项目	英国	剑桥大学格顿学院	1月28日至2月19日	线上
88	人文与社会发展学院	9182210325	施敏娴	剑桥大学格顿学院寒假在线国际组织项目	英国	剑桥大学格顿学院	1月28日至2月19日	线上
89	人文与社会发展学院	9192210204	池晨沂	剑桥大学格顿学院寒假在线国际组织项目	英国	剑桥大学格顿学院	1月28日至2月19日	线上
90	园艺学院	14418119	莫君宜	剑桥大学格顿学院寒假在线国际组织项目	英国	剑桥大学格顿学院	1月28日至2月19日	线上
91	植物保护学院	12118315	武颖珂	剑桥大学格顿学院寒假在线国际组织项目	英国	剑桥大学格顿学院	1月28日至2月19日	线上
92	资源与环境科学学院	9191310203	方一依	剑桥大学格顿学院寒假在线国际组织项目	英国	剑桥大学格顿学院	1月28日至2月19日	线上
93	金融学院	27118121	刘梦玥	交换生项目	韩国	首尔大学	2月12日至6月中旬	赴境外
94	园艺学院	14118304	毛怡馨	交换生项目	韩国	首尔大学	2月12日至6月中旬	赴境外
95	金融学院	16820115	王书敏	加利福尼亚大学河滨分校项目	美国	加利福尼亚大学河滨分校	2月16—27日	线上
96	金融学院	16820213	师艺菲	加利福尼亚大学河滨分校项目	美国	加利福尼亚大学河滨分校	2月16—27日	线上
97	金融学院	16319222	赖昕怡	加利福尼亚大学河滨分校项目	美国	加利福尼亚大学河滨分校	2月16—27日	线上
98	金融学院	27119130	戴雪吟	加利福尼亚大学河滨分校项目	美国	加利福尼亚大学河滨分校	2月16—27日	线上
99	外国语学院	21218123	耿一宁	2＋2双学位项目	日本	北陆大学	2021年3月至2023年3月	线上
100	外国语学院	21218104	左玉林	交换生项目	日本	千叶大学	4—8月	线上
101	外国语学院	21218212	张佳琪	交换生项目	日本	千叶大学	4—8月	线上
102	园艺学院	14117101	马冉	交换生项目	日本	茨城大学	4—8月	线上
103	园艺学院	14118329	戴锋	交换生项目	日本	茨城大学	4—8月	线上
104	外国语学院	21217221	孟琳君	日本语言文化线上项目	日本	石川县	5月31日至6月11日	线上
105	外国语学院	21220212	李妍蕾	日本语言文化线上项目	日本	石川县	5月31日至6月11日	线上
106	外国语学院	21220311	陈丝睿	日本语言文化线上项目	日本	石川县	5月31日至6月11日	线上
107	外国语学院	21219118	宋河星	日本语言文化线上项目	日本	石川县	5月31日至6月11日	线上
108	外国语学院	21219216	强宇铭	日本语言文化线上项目	日本	石川县	5月31日至6月11日	线上
109	外国语学院	21219222	王坤垚	日本语言文化线上项目	日本	石川县	5月31日至6月11日	线上
110	外国语学院	21218121	郑金屿	日本语言文化线上项目	日本	石川县	5月31日至6月11日	线上

（续）

序号	学院	学号	姓名	项目类型/名称	国别（地区）	邀请/主办单位	项目日期	形式（赴境外/线上课程）
111	外国语学院	21117220	柴润洁	日本语言文化线上项目	日本	石川县	5月31日至6月11日	线上
112	园艺学院	14319119	林芯宇	日本语言文化线上项目	日本	石川县	5月31日至6月11日	线上
113	园艺学院	14319124	徐子琳	日本语言文化线上项目	日本	石川县	5月31日至6月11日	线上
114	理学院	23318116	陈敏	哥德堡大学"2021可持续夏令营"线上项目	瑞典	哥德堡大学	7月5—30日	线上
115	园艺学院	11218103	田源	哥德堡大学"2023可持续夏令营"线上项目	瑞典	哥德堡大学	7月5—30日	线上
116	植物保护学院	12118218	罗沁怡	哥德堡大学"2022可持续夏令营"线上项目	瑞典	哥德堡大学	7月5—30日	线上
117	金融学院	16818218	周绮颖	2021年江苏高校学生境外学习政府奖学金项目	中国澳门	澳门科技大学	7月11—24日	赴境外
118	金融学院	16318304	李欣然	2021年江苏高校学生境外学习政府奖学金项目	中国澳门	曼彻斯特大学	7月11—24日	赴境外
119	金融学院	16320208	梁家宁	2021年江苏高校学生境外学习政府奖学金项目	中国澳门	曼彻斯特大学	7月11—24日	赴境外
120	金融学院	16320205	郭仁杰	2021年江苏高校学生境外学习政府奖学金项目	中国澳门	曼彻斯特大学	7月11—24日	赴境外
121	经济管理学院	16120115	刘嘉诚	2021年江苏高校学生境外学习政府奖学金项目	中国澳门	澳门科技大学	7月11—24日	赴境外
122	经济管理学院	9191610203	白晨宇	2021年江苏高校学生境外学习政府奖学金项目	中国澳门	澳门科技大学	7月11—24日	赴境外
123	经济管理学院	9183010326	孔苏扬	2021年江苏高校学生境外学习政府奖学金项目	中国澳门	曼彻斯特大学	7月11—24日	赴境外
124	经济管理学院	19119219	庞舒元	2021年江苏高校学生境外学习政府奖学金项目	中国澳门	曼彻斯特大学	7月11—24日	赴境外

（续）

序号	学院	学号	姓名	项目类型/名称	国别（地区）	邀请/主办单位	项目日期	形式（赴境外/线上课程）
125	经济管理学院	16218124	逢雪菲	2021年江苏高校学生境外学习政府奖学金项目	中国澳门	曼彻斯特大学	7月11—24日	赴境外
126	人文与社会发展学院	9192210403	陈馨悦	2021年江苏高校学生境外学习政府奖学金项目	中国澳门	杜克大学	7月11—24日	赴境外
127	人文与社会发展学院	14119127	楼馨元	2021年江苏高校学生境外学习政府奖学金项目	中国澳门	杜克大学	7月11—24日	赴境外
128	人文与社会发展学院	9192210325	吴雅雯	2021年江苏高校学生境外学习政府奖学金项目	中国澳门	杜克大学	7月11—24日	赴境外
129	外国语学院	21119324	叶婉婷	2021年江苏高校学生境外学习政府奖学金项目	中国澳门	爱丁堡大学	7月11—24日	赴境外
130	信息管理学院	19120118	邱薇月	2021年江苏高校学生境外学习政府奖学金项目	中国澳门	曼彻斯特大学	7月11—24日	赴境外
131	资源与环境科学学院	15119307	冯 祺	2021年江苏高校学生境外学习政府奖学金项目	中国澳门	爱丁堡大学	7月11—24日	赴境外
132	金融学院	16820203	陈天芮	2021年江苏高校学生境外学习政府奖学金项目	中国澳门	澳门科技大学	7月12—25日	赴境外
133	金融学院	16320221	赵思蕊	2021年江苏高校学生境外学习政府奖学金项目	中国澳门	澳门科技大学	7月12—25日	赴境外
134	经济管理学院	14620209	毕馨娅	2021年江苏高校学生境外学习政府奖学金项目	中国澳门	澳门科技大学	7月12—25日	赴境外
135	经济管理学院	9183010208	贺晓琳	2021年江苏高校学生境外学习政府奖学金项目	中国澳门	澳门科技大学	7月12—25日	赴境外

（续）

序号	学院	学号	姓名	项目类型/名称	国别（地区）	邀请/主办单位	项目日期	形式（赴境外/线上课程）
136	经济管理学院	16119302	万芊	2021年江苏高校学生境外学习政府奖学金项目	中国澳门	澳门科技大学	7月12—25日	赴境外
137	经济管理学院	20419113	李培森	2021年江苏高校学生境外学习政府奖学金项目	中国澳门	澳门科技大学	7月12—25日	赴境外
138	经济管理学院	23318122	郭宁静	2021年江苏高校学生境外学习政府奖学金项目	中国澳门	澳门科技大学	7月12—25日	赴境外
139	经济管理学院	9191610314	刘馨雨	线上夏令营项目	韩国	全北大学	7月12—30日	线上
140	经济管理学院	9201610326	张翰	线上夏令营项目	韩国	全北大学	7月12—30日	线上
141	经济管理学院	16120305	董文槟	线上夏令营项目	韩国	全北大学	7月12—30日	线上
142	理学院	23219211	李璇	2021年江苏高校学生境外学习政府奖学金项目	中国澳门	澳门科技大学	7月12—25日	赴境外
143	人文与社会发展学院	9192210115	梁夏欣	2021年江苏高校学生境外学习政府奖学金项目	中国澳门	澳门科技大学	7月12—25日	赴境外
144	人文与社会发展学院	9182210211	孙傲	2021年江苏高校学生境外学习政府奖学金项目	中国澳门	澳门科技大学	7月12—25日	赴境外
145	人文与社会发展学院	22819128	侯小龙	2021年江苏高校学生境外学习政府奖学金项目	中国澳门	澳门科技大学	7月12—25日	赴境外
146	人文与社会发展学院	9192210524	宋怡颖	2021年江苏高校学生境外学习政府奖学金项目	中国澳门	澳门科技大学	7月12—25日	赴境外
147	人文与社会发展学院	9202210429	高子珂	线上夏令营项目	韩国	全北大学	7月12—30日	线上
148	人文与社会发展学院	9202210431	董怡然	线上夏令营项目	韩国	全北大学	7月12—30日	线上
149	人文与社会发展学院	9202210426	胡颖	线上夏令营项目	韩国	全北大学	7月12—30日	线上
150	人文与社会发展学院	9192210525	王安琪	线上夏令营项目	韩国	全北大学	7月12—30日	线上

（续）

序号	学院	学号	姓名	项目类型/名称	国别（地区）	邀请/主办单位	项目日期	形式（赴境外/线上课程）
151	外国语学院	21220129	魏心怡	2021年江苏高校学生境外学习政府奖学金项目	中国澳门	澳门科技大学	7月12—25日	赴境外
152	外国语学院	21118317	张合澐	2021年江苏高校学生境外学习政府奖学金项目	中国澳门	澳门科技大学	7月12—25日	赴境外
153	外国语学院	21218323	靳晓凡	2021年江苏高校学生境外学习政府奖学金项目	中国澳门	澳门科技大学	7月12—25日	赴境外
154	外国语学院	32319312	卢家阳	2021年江苏高校学生境外学习政府奖学金项目	中国澳门	澳门科技大学	7月12—25日	赴境外
155	外国语学院	21219216	强宇铭	2021年江苏高校学生境外学习政府奖学金项目	中国澳门	澳门科技大学	7月12—25日	赴境外
156	外国语学院	21118114	杜　典	线上夏令营项目	韩国	全北大学	7月12—30日	线上
157	外国语学院	21119116	邵　晨	线上夏令营项目	韩国	全北大学	7月12—30日	线上
158	外国语学院	21119123	杨　萌	线上夏令营项目	韩国	全北大学	7月12—30日	线上
159	外国语学院	21119117	谈灵芝	线上夏令营项目	韩国	全北大学	7月12—30日	线上
160	公共管理学院	20219110	李金海	2021年江苏高校学生境外学习政府奖学金项目	中国澳门	澳门科技大学	7月12—25日	赴境外
161	公共管理学院	20219203	王梦圆	线上夏令营项目	韩国	全北大学	7月12—30日	线上
162	公共管理学院	22719113	何一凡	线上夏令营项目	韩国	全北大学	7月12—30日	线上
163	公共管理学院	20219316	陆昭伊	线上夏令营项目	韩国	全北大学	7月12—30日	线上
164	人工智能学院	32218119	孙铭鸿	线上夏令营项目	韩国	全北大学	7月12—30日	线上
165	人工智能学院	32218411	黎卓龙	线上夏令营项目	韩国	全北大学	7月12—30日	线上
166	资源与环境科学学院	9193012229	字睿怡	线上夏令营项目	韩国	全北大学	7月12—30日	线上
167	工学院	9203011013	李业成	麻省理工学院“人工智能：用机器学习解决实际问题”线上课程官方课程项目	美国	麻省理工学院	7月17日至8月28日	线上

（续）

序号	学院	学号	姓名	项目类型/名称	国别（地区）	邀请/主办单位	项目日期	形式（赴境外/线上课程）
168	理学院	23119216	金鹏	麻省理工学院"人工智能：用机器学习解决实际问题"线上课程官方课程项目	美国	麻省理工学院	7月17日至8月28日	线上
169	园艺学院	9201410707	邢菲	麻省理工学院"人工智能：用机器学习解决实际问题"线上课程官方课程项目	美国	麻省理工学院	7月17日至8月28日	线上
170	生命科学学院	10118217	张煜恒	"生物科技，农业与食品：新技术与趋势"2021暑期在线项目	荷兰	瓦赫宁根大学	7月18—30日	线上
171	生命科学学院	10120112	张乐宁	"生物科技，农业与食品：新技术与趋势"2021暑期在线项目	荷兰	瓦赫宁根大学	7月18—30日	线上
172	生命科学学院	10118214	邹晓天	"生物科技，农业与食品：新技术与趋势"2021暑期在线项目	荷兰	瓦赫宁根大学	7月18—30日	线上
173	食品科技学院	9181810304	王晓蕾	"生物科技，农业与食品：新技术与趋势"2021暑期在线项目	荷兰	瓦赫宁根大学	7月18—30日	线上
174	食品科技学院	9181810306	龙樱姿	"生物科技，农业与食品：新技术与趋势"2021暑期在线项目	荷兰	瓦赫宁根大学	7月18—30日	线上
175	食品科技学院	9181810416	何炜玥	"生物科技，农业与食品：新技术与趋势"2021暑期在线项目	荷兰	瓦赫宁根大学	7月18—30日	线上
176	食品科技学院	9183012230	赵泽润	"生物科技，农业与食品：新技术与趋势"2021暑期在线项目	荷兰	瓦赫宁根大学	7月18—30日	线上

（续）

序号	学院	学号	姓名	项目类型/名称	国别（地区）	邀请/主办单位	项目日期	形式（赴境外/线上课程）
177	食品科技学院	9181810212	张微	"生物科技，农业与食品：新技术与趋势"2021暑期在线项目	荷兰	瓦赫宁根大学	7月18—30日	线上
178	食品科技学院	9191810530	蔡笛萱	"生物科技，农业与食品：新技术与趋势"2021暑期在线项目	荷兰	瓦赫宁根大学	7月18—30日	线上
179	食品科技学院	9191810417	范宇晗	"生物科技，农业与食品：新技术与趋势"2021暑期在线项目	荷兰	瓦赫宁根大学	7月18—30日	线上
180	食品科技学院	9191810429	蒋颖涵	"生物科技，农业与食品：新技术与趋势"2021暑期在线项目	荷兰	瓦赫宁根大学	7月18—30日	线上
181	食品科技学院	9201810123	张桠菲	"生物科技，农业与食品：新技术与趋势"2021暑期在线项目	荷兰	瓦赫宁根大学	7月18—30日	线上
182	食品科技学院	9201810401	王乙婷	"生物科技，农业与食品：新技术与趋势"2021暑期在线项目	荷兰	瓦赫宁根大学	7月18—30日	线上
183	食品科技学院	9181810214	陈磊	"生物科技，农业与食品：新技术与趋势"2021暑期在线项目	荷兰	瓦赫宁根大学	7月18—30日	线上
184	食品科技学院	9191810513	陈诗蕾	"生物科技，农业与食品：新技术与趋势"2021暑期在线项目	荷兰	瓦赫宁根大学	7月18—30日	线上
185	食品科技学院	9191810617	陈杨阳	"生物科技，农业与食品：新技术与趋势"2021暑期在线项目	荷兰	瓦赫宁根大学	7月18—30日	线上

（续）

序号	学院	学号	姓名	项目类型/名称	国别（地区）	邀请/主办单位	项目日期	形式（赴境外/线上课程）
186	食品科技学院	9201810118	汪昱柯	"生物科技，农业与食品：新技术与趋势"2021暑期在线项目	荷兰	瓦赫宁根大学	7月18—30日	线上
187	食品科技学院	9201810313	安琪	"生物科技，农业与食品：新技术与趋势"2021暑期在线项目	荷兰	瓦赫宁根大学	7月18—30日	线上
188	食品科技学院	9201810402	王雨露	"生物科技，农业与食品：新技术与趋势"2021暑期在线项目	荷兰	瓦赫宁根大学	7月18—30日	线上
189	园艺学院	14119317	陈婧雯	"生物科技，农业与食品：新技术与趋势"2021暑期在线项目	荷兰	瓦赫宁根大学	7月18—30日	线上
190	园艺学院	14118322	明宏婧	"生物科技，农业与食品：新技术与趋势"2021暑期在线项目	荷兰	瓦赫宁根大学	7月18—30日	线上
191	资源与环境科学学院	15518121	胡亦舒	"生物科技，农业与食品：新技术与趋势"2021暑期在线项目	荷兰	瓦赫宁根大学	7月18—30日	线上
192	资源与环境科学学院	9191310412	许家正	"生物科技，农业与食品：新技术与趋势"2021暑期在线项目	荷兰	瓦赫宁根大学	7月18—30日	线上
193	资源与环境科学学院	9191310121	张秋怡	"生物科技，农业与食品：新技术与趋势"2021暑期在线项目	荷兰	瓦赫宁根大学	7月18—30日	线上
194	资源与环境科学学院	17119420	张雅婷	"生物科技，农业与食品：新技术与趋势"2021暑期在线项目	荷兰	瓦赫宁根大学	7月18—30日	线上

（续）

序号	学院	学号	姓名	项目类型/名称	国别（地区）	邀请/主办单位	项目日期	形式（赴境外/线上课程）
195	资源与环境科学学院	9183011208	郝文溯	"生物科技，农业与食品：新技术与趋势"2021暑期在线项目	荷兰	瓦赫宁根大学	7月18—30日	线上
196	生命科学学院	13219208	孙明知	威斯康星大学麦迪逊分校在线农学交流项目	美国	威斯康星大学麦迪逊分校	7月19日至8月6日	线上
197	生命科学学院	10118215	张易	威斯康星大学麦迪逊分校在线农学交流项目	美国	威斯康星大学麦迪逊分校	7月19日至8月6日	线上
198	园艺学院	14118228	蒋歆怡	威斯康星大学麦迪逊分校在线农学交流项目	美国	威斯康星大学麦迪逊分校	7月19日至8月6日	线上
199	园艺学院	14218127	袁潇	威斯康星大学麦迪逊分校在线农学交流项目	美国	威斯康星大学麦迪逊分校	7月19日至8月6日	线上
200	植物保护学院	12118221	姚天池	威斯康星大学麦迪逊分校在线农学交流项目	美国	威斯康星大学麦迪逊分校	7月19日至8月6日	线上
201	植物保护学院	12118305	包水镜	威斯康星大学麦迪逊分校在线农学交流项目	美国	威斯康星大学麦迪逊分校	7月19日至8月6日	线上
202	植物保护学院	12118130	瞿秋玉	威斯康星大学麦迪逊分校在线农学交流项目	美国	威斯康星大学麦迪逊分校	7月19日至8月6日	线上
203	植物保护学院	12120429	魏然	威斯康星大学麦迪逊分校在线农学交流项目	美国	威斯康星大学麦迪逊分校	7月19日至8月6日	线上
204	植物保护学院	12118217	尚彬彬	威斯康星大学麦迪逊分校在线农学交流项目	美国	威斯康星大学麦迪逊分校	7月19日至8月6日	线上
205	植物保护学院	12119128	谢可心	威斯康星大学麦迪逊分校在线农学交流项目	美国	威斯康星大学麦迪逊分校	7月19日至8月6日	线上

（续）

序号	学院	学号	姓名	项目类型/名称	国别（地区）	邀请/主办单位	项目日期	形式（赴境外/线上课程）
206	植物保护学院	12118202	吕长宁	威斯康星大学麦迪逊分校在线农学交流项目	美国	威斯康星大学麦迪逊分校	7月19日至8月6日	线上
207	资源与环境科学学院	17119420	张雅婷	威斯康星大学麦迪逊分校在线农学交流项目	美国	威斯康星大学麦迪逊分校	7月19日至8月6日	线上
208	资源与环境科学学院	9191310624	施玉洁	威斯康星大学麦迪逊分校在线农学交流项目	美国	威斯康星大学麦迪逊分校	7月19日至8月6日	线上
209	资源与环境科学学院	9201310229	高曼宸	威斯康星大学麦迪逊分校在线农学交流项目	美国	威斯康星大学麦迪逊分校	7月19日至8月6日	线上
210	金融学院	16319122	谭天宇	剑桥暑期格顿学院在线未来商业领袖项目	英国	剑桥大学	7月19日至8月6日	线上
211	金融学院	27119119	武倩宇	剑桥暑期格顿学院在线未来商业领袖项目	英国	剑桥大学	7月19日至8月6日	线上
212	金融学院	16819223	蔡嘉依	剑桥暑期格顿学院在线未来商业领袖项目	英国	剑桥大学	7月19日至8月6日	线上
213	动物医学院	17116210	宋天颖	学位项目	美国	艾奥瓦州立大学	7月23日至2023年8月4日	赴境外
214	外国语学院	21119212	马文婷	加利福尼亚大学河滨分校未来管理领袖体验营（在线）	美国	加利福尼亚大学河滨分校	7月26日至8月6日	线上
215	动物医学院	17118211	杨佳茂	加利福尼亚大学戴维斯分校"全球健康线上研讨会"	美国	加利福尼亚大学戴维斯分校	7月26日至8月6日	线上
216	动物医学院	17119411	孙榕泽	加利福尼亚大学戴维斯分校"全球健康线上研讨会"	美国	加利福尼亚大学戴维斯分校	7月26日至8月6日	线上
217	动物医学院	17418113	闵 敏	加利福尼亚大学戴维斯分校"全球健康线上研讨会"	美国	加利福尼亚大学戴维斯分校	7月26日至8月6日	线上
218	动物医学院	9201710204	王怡樱	加利福尼亚大学戴维斯分校"全球健康线上研讨会"	美国	加利福尼亚大学戴维斯分校	7月26日至8月6日	线上

（续）

序号	学院	学号	姓名	项目类型/名称	国别（地区）	邀请/主办单位	项目日期	形式（赴境外/线上课程）
219	经济管理学院	16218201	于馨宁	加利福尼亚大学河滨分校未来管理领袖体验营（在线）	美国	加利福尼亚大学河滨分校	7月26日至8月6日	线上
220	人文与社会发展学院	22818120	张雨欣	加利福尼亚大学河滨分校未来管理领袖体验营（在线）	美国	加利福尼亚大学河滨分校	7月26日至8月6日	线上
221	金融学院	16319409	刘 淼	伦敦政治经济学院暑期在线专业学习课程	英国	伦敦政治经济学院	8月2—20日	线上
222	金融学院	16319402	王若寒	伦敦政治经济学院暑期在线专业学习课程	英国	伦敦政治经济学院	8月2—20日	线上
223	金融学院	16819217	赵思薇	线上夏令营项目	韩国	庆北大学	8月9—20日	线上
224	经济管理学院	16218201	于馨宁	密歇根州立大学线上夏令营数字媒体推广课程	美国	密歇根州立大学	8月9—20日	线上
225	经济管理学院	21119110	刘 昉	线上夏令营项目	韩国	庆北大学	8月9—20日	线上
226	经济管理学院	16120305	董文槟	线上夏令营项目	韩国	庆北大学	8月9—20日	线上
227	经济管理学院	9191610314	刘馨雨	线上夏令营项目	韩国	庆北大学	8月9—20日	线上
228	经济管理学院	9201610326	张 翰	线上夏令营项目	韩国	庆北大学	8月9—20日	线上
229	经济管理学院	16119323	茹琮舒	线上夏令营项目	韩国	庆北大学	8月9—20日	线上
230	经济管理学院	9201610124	杨子恺	线上夏令营项目	韩国	庆北大学	8月9—20日	线上
231	人文与社会发展学院	21219201	陈梦醒	线上夏令营项目	韩国	庆北大学	8月9—20日	线上
232	人文与社会发展学院	9182210530	程涿筠	线上夏令营项目	韩国	庆北大学	8月9—20日	线上
233	人文与社会发展学院	9192210115	梁夏欣	线上夏令营项目	韩国	庆北大学	8月9—20日	线上
234	人文与社会发展学院	9202210211	李文轩	线上夏令营项目	韩国	庆北大学	8月9—20日	线上
235	人文与社会发展学院	22818104	田 媚	线上夏令营项目	韩国	庆北大学	8月9—20日	线上
236	人文与社会发展学院	9202210315	张 叶	线上夏令营项目	韩国	庆北大学	8月9—20日	线上
237	生命科学学院	9201010415	张晨阳	线上夏令营项目	韩国	庆北大学	8月9—20日	线上
238	外国语学院	21219309	李明潇	线上夏令营项目	韩国	庆北大学	8月9—20日	线上

（续）

序号	学院	学号	姓名	项目类型/名称	国别（地区）	邀请/主办单位	项目日期	形式（赴境外/线上课程）
239	信息管理学院	19119217	周彦君	密歇根州立大学线上夏令营数字媒体推广课程	美国	密歇根州立大学	8月9—20日	线上
240	信息管理学院	31118409	李虹阳	线上夏令营项目	韩国	庆北大学	8月9—20日	线上
241	园艺学院	9201410524	唐思怡	线上夏令营项目	韩国	庆北大学	8月9—20日	线上
242	植物保护学院	12119113	沈佳泳	线上夏令营项目	韩国	庆北大学	8月9—20日	线上
243	植物保护学院	15119412	汪嘉婧	线上夏令营项目	韩国	庆北大学	8月9—20日	线上
244	植物保护学院	12120428	潘俊衡	线上夏令营项目	韩国	庆北大学	8月9—20日	线上
245	资源与环境科学学院	9181310618	金秋池	密歇根州立大学线上夏令营数字媒体推广课程	美国	密歇根州立大学	8月9—20日	线上
246	资源与环境科学学院	9191310104	毛汇一	线上夏令营项目	韩国	庆北大学	8月9—20日	线上
247	资源与环境科学学院	9191310103	王馨羚	线上夏令营项目	韩国	庆北大学	8月9—20日	线上
248	经济管理学院	9182210328	陶冶	交换生项目	丹麦	奥胡斯大学	8月15日至2022年1月15日	赴境外
249	外国语学院	21118227	解欣然	交换生项目	丹麦	奥胡斯大学	8月15日至2022年1月15日	赴境外
250	动物医学院	17118116	邹云彤	交换生项目	丹麦	奥胡斯大学	8月15日至2022年8月15日	赴境外
251	经济管理学院	16218211	孙冉	普渡大学线上课程	美国	普渡大学	8月17—27日	线上
252	经济管理学院	15518122	胡馨媛	普渡大学线上课程	美国	普渡大学	8月17—27日	线上
253	经济管理学院	9191610322	徐越	普渡大学线上课程	美国	普渡大学	8月17—27日	线上
254	经济管理学院	9191610202	付亦丹	普渡大学线上课程	美国	普渡大学	8月17—27日	线上
255	经济管理学院	31418230	张园园	普渡大学线上课程	美国	普渡大学	8月17—27日	线上
256	经济管理学院	16119214	沈程炼	普渡大学线上课程	美国	普渡大学	8月17—27日	线上
257	经济管理学院	16119210	李家桢	普渡大学线上课程	美国	普渡大学	8月17—27日	线上
258	经济管理学院	16120324	徐泽琦	普渡大学线上课程	美国	普渡大学	8月17—27日	线上
259	经济管理学院	16220129	张雅雯	普渡大学线上课程	美国	普渡大学	8月17—27日	线上
260	经济管理学院	16119229	翟萍	普渡大学线上课程	美国	普渡大学	8月17—27日	线上
261	经济管理学院	16119116	辛怡静	普渡大学线上课程	美国	普渡大学	8月17—27日	线上
262	经济管理学院	12118426	胡韵涵	普渡大学线上课程	美国	普渡大学	8月17—27日	线上
263	经济管理学院	9191810405	支晓旭	普渡大学线上课程	美国	普渡大学	8月17—27日	线上

（续）

序号	学院	学号	姓名	项目类型/名称	国别（地区）	邀请/主办单位	项目日期	形式（赴境外/线上课程）
264	经济管理学院	16119225	唐永利	普渡大学线上课程	美国	普渡大学	8月17—27日	线上
265	经济管理学院	19118207	龙钰凡	普渡大学线上课程	美国	普渡大学	8月17—27日	线上
266	经济管理学院	16219105	王惠雯	普渡大学线上课程	美国	普渡大学	8月17—27日	线上
267	经济管理学院	16119302	万芊	普渡大学线上课程	美国	普渡大学	8月17—27日	线上
268	经济管理学院	16219207	李妍琪	普渡大学线上课程	美国	普渡大学	8月17—27日	线上
269	经济管理学院	9191610314	刘馨雨	普渡大学线上课程	美国	普渡大学	8月17—27日	线上
270	经济管理学院	16120129	周雨璇	普渡大学线上课程	美国	普渡大学	8月17—27日	线上
271	经济管理学院	16220201	包馥瑜	普渡大学线上课程	美国	普渡大学	8月17—27日	线上
272	经济管理学院	15119426	曾碧君	普渡大学线上课程	美国	普渡大学	8月17—27日	线上
273	经济管理学院	16120324	徐泽琦	普渡大学线上课程	美国	普渡大学	8月17—27日	线上
274	经济管理学院	9202010420	魏君霖	普渡大学线上课程	美国	普渡大学	8月17—27日	线上
275	经济管理学院	9191610115	杨婉晴	普渡大学线上课程	美国	普渡大学	8月17—27日	线上
276	经济管理学院	9191610106	刘薇	普渡大学线上课程	美国	普渡大学	8月17—27日	线上
277	经济管理学院	16119229	翟萍	普渡大学线上课程	美国	普渡大学	8月17—27日	线上
278	经济管理学院	16118224	林子博	普渡大学线上课程	美国	普渡大学	8月17—27日	线上
279	经济管理学院	23319119	周菁怡	线上课程	美国	杜克大学	8月17—27日	线上
280	动物医学院	35117203	王思淇	"3＋X"学位项目	美国	加利福尼亚大学戴维斯分校	9月15日至2022年7月18日	赴境外
281	外国语学院	15118217	陈浩龙	交换生项目	日本	千叶大学	10月至2022年2月	线上
282	外国语学院	21219323	夏玥滢	交换生项目	日本	千叶大学	10月至2022年8月	线上
283	生命科学学院	10118219	郑奕彤	国际比赛	英国	爱丁堡大学	10月16—17日	线上
284	生命科学学院	10119219	袁瑞	国际比赛	英国	爱丁堡大学	10月16—17日	线上
285	生命科学学院	10118209	许也	国际比赛	英国	爱丁堡大学	10月16—17日	线上
286	生命科学学院	14819125	耿溥泽	国际比赛	英国	爱丁堡大学	10月16—17日	线上
287	生命科学学院	10118207	朱羽平	国际比赛	英国	爱丁堡大学	10月16—17日	线上
288	生命科学学院	10319111	许珂	国际比赛	英国	爱丁堡大学	10月16—17日	线上
289	生命科学学院	10120122	陶文慧	国际比赛	英国	爱丁堡大学	10月16—17日	线上
290	动物医学院	9211710301	王欣瑶	国际会议	美国	加利福尼亚大学戴维斯分校美国西部食品安全与保障中心	10月26—28日	线上
291	动物医学院	17117223	徐瑄嬿	国际会议	美国	加利福尼亚大学戴维斯分校美国西部食品安全与保障中心	10月26—28日	线上

（续）

序号	学院	学号	姓名	项目类型/名称	国别（地区）	邀请/主办单位	项目日期	形式（赴境外/线上课程）
292	动物医学院	17116316	张舒婷	国际会议	美国	加利福尼亚大学戴维斯分校美国西部食品安全与保障中心	10月26—28日	线上
293	动物医学院	9211710505	王嘉诺	国际会议	美国	加利福尼亚大学戴维斯分校美国西部食品安全与保障中心	10月26—28日	线上
294	动物医学院	17117105	古柏霖	国际会议	美国	加利福尼亚大学戴维斯分校美国西部食品安全与保障中心	10月26—28日	线上
295	动物医学院	9201710106	刘雨桐	国际会议	美国	加利福尼亚大学戴维斯分校美国西部食品安全与保障中心	10月26—28日	线上
296	动物医学院	17117309	刘雅雯	国际会议	美国	加利福尼亚大学戴维斯分校美国西部食品安全与保障中心	10月26—28日	线上
297	动物医学院	9211710125	徐 杰	国际会议	美国	加利福尼亚大学戴维斯分校美国西部食品安全与保障中心	10月26—28日	线上
298	动物医学院	L17118136	黄星凭	国际会议	美国	加利福尼亚大学戴维斯分校美国西部食品安全与保障中心	10月26—28日	线上
299	动物医学院	9211710204	王逸舟	国际会议	美国	加利福尼亚大学戴维斯分校美国西部食品安全与保障中心	10月26—28日	线上
300	动物医学院	9211710618	官子莛	国际会议	美国	加利福尼亚大学戴维斯分校美国西部食品安全与保障中心	10月26—28日	线上
301	动物医学院	35117203	王思淇	国际会议	美国	加利福尼亚大学戴维斯分校美国西部食品安全与保障中心	10月26—28日	线上
302	动物医学院	17118422	陈一泓	国际会议	美国	加利福尼亚大学戴维斯分校美国西部食品安全与保障中心	10月26—28日	线上
303	动物医学院	9211710508	白玛玉珍	国际会议	美国	加利福尼亚大学戴维斯分校美国西部食品安全与保障中心	10月26—28日	线上

（续）

序号	学院	学号	姓名	项目类型/名称	国别（地区）	邀请/主办单位	项目日期	形式（赴境外/线上课程）
304	动物医学院	9211710127	郭润琳	国际会议	美国	加利福尼亚大学戴维斯分校美国西部食品安全与保障中心	10 月 26—28 日	线上
305	动物医学院	17118118	张佩豪	国际会议	美国	加利福尼亚大学戴维斯分校美国西部食品安全与保障中心	10 月 26—28 日	线上
306	资源与环境科学学院	9201310412	刘亦舟	线上交流	日本	日中友好会馆	11 月 24 日	线上
307	资源与环境科学学院	9201310113	孙鸣泽	线上交流	日本	日中友好会馆	11 月 24 日	线上
308	资源与环境科学学院	9201310407	韦炎平	线上交流	日本	日中友好会馆	11 月 24 日	线上
309	资源与环境科学学院	9201310505	王可馨	线上交流	日本	日中友好会馆	11 月 24 日	线上
310	资源与环境科学学院	9201310310	刘子嘉	线上交流	日本	日中友好会馆	11 月 24 日	线上
311	资源与环境科学学院	9201310331	唐义珂	线上交流	日本	日中友好会馆	11 月 24 日	线上
312	资源与环境科学学院	9201310320	邹宛珊	线上交流	日本	日中友好会馆	11 月 24 日	线上
313	资源与环境科学学院	9201310532	盛优莹	线上交流	日本	日中友好会馆	11 月 24 日	线上
314	资源与环境科学学院	9201310526	周睿	线上交流	日本	日中友好会馆	11 月 24 日	线上
315	资源与环境科学学院	9201310528	修博然	线上交流	日本	日中友好会馆	11 月 24 日	线上
316	资源与环境科学学院	9211310120	杨威	线上交流	日本	日中友好会馆	11 月 24 日	线上
317	资源与环境科学学院	9201310614	肖劲涛	线上交流	日本	日中友好会馆	11 月 24 日	线上
318	资源与环境科学学院	9191310112	李恒奕	线上交流	日本	日中友好会馆	11 月 24 日	线上
319	资源与环境科学学院	9201310604	王锦宁	线上交流	日本	日中友好会馆	11 月 24 日	线上

（续）

序号	学院	学号	姓名	项目类型/名称	国别（地区）	邀请/主办单位	项目日期	形式（赴境外/线上课程）
320	资源与环境科学学院	9201310117	张艺辉	线上交流	日本	日中友好会馆	11月24日	线上
321	资源与环境科学学院	9201310332	喻钊	线上交流	日本	日中友好会馆	11月24日	线上
322	资源与环境科学学院	9201310102	王拓凯	线上交流	日本	日中友好会馆	11月24日	线上
323	资源与环境科学学院	9201310524	林伯正	线上交流	日本	日中友好会馆	11月24日	线上
324	资源与环境科学学院	9201310101	卫鑫	线上交流	日本	日中友好会馆	11月24日	线上
325	资源与环境科学学院	9201310116	宋家骏	线上交流	日本	日中友好会馆	11月24日	线上
326	资源与环境科学学院	9201310433	龚婧雯	线上交流	日本	日中友好会馆	11月24日	线上
327	公共管理学院	11118209	刘雅楠	国际比赛	日本	京都大学生国际创业大赛执行委员会	11月26日至12月5日	线上
328	公共管理学院	31118318	汤凌	国际比赛	日本	京都大学生国际创业大赛执行委员会	11月26日至12月5日	线上
329	金融学院	16819218	赵榕	国际比赛	日本	京都大学生国际创业大赛执行委员会	11月26日至12月5日	线上
330	外国语学院	21118226	鲍昕	国际比赛	日本	京都大学生国际创业大赛执行委员会	11月26日至12月5日	线上
331	外国语学院	21118321	昌伦越	国际比赛	日本	京都大学生国际创业大赛执行委员会	11月26日至12月5日	线上
332	外国语学院	21118318	张凌怡	国际比赛	日本	京都大学生国际创业大赛执行委员会	11月26日至12月5日	线上
333	资源与环境科学学院	9191310303	朱璧合	国际比赛	日本	京都大学生国际创业大赛执行委员会	11月26日至12月5日	线上
334	资源与环境科学学院	9191310213	李森森	国际比赛	日本	京都大学生国际创业大赛执行委员会	11月26日至12月5日	线上
335	资源与环境科学学院	9201310310	刘子嘉	国际比赛	日本	京都大学生国际创业大赛执行委员会	11月26日至12月5日	线上
336	资源与环境科学学院	9191310620	柯欣仪	国际比赛	日本	京都大学生国际创业大赛执行委员会	11月26日至12月5日	线上

（续）

序号	学院	学号	姓名	项目类型/名称	国别（地区）	邀请/主办单位	项目日期	形式（赴境外/线上课程）
337	资源与环境科学学院	9191310304	许钧杰	国际比赛	日本	京都大学生国际创业大赛执行委员会	11月26日至12月5日	线上
338	资源与环境科学学院	9191310123	陈彦廷	国际比赛	日本	京都大学生国际创业大赛执行委员会	11月26日至12月5日	线上
339	草业学院	2018220005	代童童	线上冬令营项目	日本	京都大学	12月18日至2022年2月6日	线上
340	草业学院	15518110	庄立涵	线上冬令营项目	日本	京都大学	12月18日至2022年2月6日	线上
341	草业学院	15518105	申欣宜	线上冬令营项目	日本	京都大学	12月18日至2022年2月6日	线上
342	动物科技学院	35118126	储小雨	线上冬令营项目	日本	京都大学	12月18日至2022年2月6日	线上
343	动物科技学院	35118121	郭琦	线上冬令营项目	日本	京都大学	12月18日至2022年2月6日	线上
344	动物医学院	17117203	王奕青	线上冬令营项目	日本	京都大学	12月18日至2022年2月6日	线上
345	工学院	9193012220	翁楚涵	线上冬令营项目	日本	京都大学	12月18日至2022年2月6日	线上
346	工学院	9183011609	林颖	线上冬令营项目	日本	京都大学	12月18日至2022年2月6日	线上
347	公共管理学院	20218223	曾丹盈	线上冬令营项目	日本	京都大学	12月18日至2022年2月6日	线上
348	经济管理学院	21219322	吴若琦	线上冬令营项目	日本	京都大学	12月18日至2022年2月6日	线上
349	经济管理学院	21219316	乔易敏	线上冬令营项目	日本	京都大学	12月18日至2022年2月6日	线上
350	经济管理学院	16119302	万芊	线上冬令营项目	日本	京都大学	12月18日至2022年2月6日	线上
351	经济管理学院	9191610314	刘馨雨	线上冬令营项目	日本	京都大学	12月18日至2022年2月6日	线上
352	经济管理学院	31119327	张璐	线上冬令营项目	日本	京都大学	12月18日至2022年2月6日	线上
353	理学院	23119216	金鹏	线上冬令营项目	日本	京都大学	12月18日至2022年2月6日	线上

（续）

序号	学院	学号	姓名	项目类型/名称	国别（地区）	邀请/主办单位	项目日期	形式（赴境外/线上课程）
354	农学院	2021101189	石姜懿	线上冬令营项目	日本	京都大学	12月18日至2022年2月6日	线上
355	农学院	2021801201	屈倚伸	线上冬令营项目	日本	京都大学	12月18日至2022年2月6日	线上
356	前沿交叉研究院	2021101172	张宋寅	线上冬令营项目	日本	京都大学	12月18日至2022年2月6日	线上
357	人工智能学院	32218411	黎卓龙	线上冬令营项目	日本	京都大学	12月18日至2022年2月6日	线上
358	人工智能学院	32219306	高文汉	线上冬令营项目	日本	京都大学	12月18日至2022年2月6日	线上
359	生命科学学院	10319123	唐雨滢	线上冬令营项目	日本	京都大学	12月18日至2022年2月6日	线上
360	生命科学学院	30217431	周 垚	线上冬令营项目	日本	京都大学	12月18日至2022年2月6日	线上
361	生命科学学院	10119120	侯旭田	线上冬令营项目	日本	京都大学	12月18日至2022年2月6日	线上
362	生命科学学院	10119219	袁 瑞	线上冬令营项目	日本	京都大学	12月18日至2022年2月6日	线上
363	生命科学学院	11319216	汪广旭	线上冬令营项目	日本	京都大学	12月18日至2022年2月6日	线上
364	生命科学学院	30217431	赵御佳	线上冬令营项目	日本	京都大学	12月18日至2022年2月6日	线上
365	食品科技学院	2021808111	彭恺琳	线上冬令营项目	日本	京都大学	12月18日至2022年2月6日	线上
366	外国语学院	21219224	夏心怡	线上冬令营项目	日本	京都大学	12月18日至2022年2月6日	线上
367	外国语学院	21218323	靳晓凡	线上冬令营项目	日本	京都大学	12月18日至2022年2月6日	线上
368	外国语学院	30219110	开 欣	线上冬令营项目	日本	京都大学	12月18日至2022年2月6日	线上
369	外国语学院	21219202	程星博	线上冬令营项目	日本	京都大学	12月18日至2022年2月6日	线上
370	外国语学院	21219208	李 奥	线上冬令营项目	日本	京都大学	12月18日至2022年2月6日	线上

（续）

序号	学院	学号	姓名	项目类型/名称	国别（地区）	邀请/主办单位	项目日期	形式（赴境外/线上课程）
371	外国语学院	21219206	洪盈盈	线上冬令营项目	日本	京都大学	12月18日至2022年2月6日	线上
372	外国语学院	9183012126	赵一阳	线上冬令营项目	日本	京都大学	12月18日至2022年2月6日	线上
373	园艺学院	9193011917	唐柯	线上冬令营项目	日本	京都大学	12月18日至2022年2月6日	线上
374	园艺学院	14619204	刘兆艺	线上冬令营项目	日本	京都大学	12月18日至2022年2月6日	线上
375	园艺学院	14818117	张文晶	线上冬令营项目	日本	京都大学	12月18日至2022年2月6日	线上
376	园艺学院	14319103	王若琪	线上冬令营项目	日本	京都大学	12月18日至2022年2月6日	线上
377	园艺学院	14118326	郭文慧	线上冬令营项目	日本	京都大学	12月18日至2022年2月6日	线上
378	园艺学院	14118304	毛怡馨	线上冬令营项目	日本	京都大学	12月18日至2022年2月6日	线上
379	园艺学院	14118402	马沁宇	线上冬令营项目	日本	京都大学	12月18日至2022年2月6日	线上
380	园艺学院	14119327	胡君宇	线上冬令营项目	日本	京都大学	12月18日至2022年2月6日	线上
381	园艺学院	2021804285	殷方远	线上冬令营项目	日本	京都大学	12月18日至2022年2月6日	线上
382	园艺学院	2020104076	郝旖旎	线上冬令营项目	日本	京都大学	12月18日至2022年2月6日	线上
383	植物保护学院	12118206	李佳融	线上冬令营项目	日本	京都大学	12月18日至2022年2月6日	线上
384	植物保护学院	12118327	崔敏蓉	线上冬令营项目	日本	京都大学	12月18日至2022年2月6日	线上
385	植物保护学院	12119223	周志恒	线上冬令营项目	日本	京都大学	12月18日至2022年2月6日	线上
386	植物保护学院	12119221	季敏慧	线上冬令营项目	日本	京都大学	12月18日至2022年2月6日	线上
387	植物保护学院	12119128	谢可心	线上冬令营项目	日本	京都大学	12月18日至2022年2月6日	线上

（续）

序号	学院	学号	姓名	项目类型/名称	国别（地区）	邀请/主办单位	项目日期	形式（赴境外/线上课程）
388	资源与环境科学学院	9191310308	吴晨曦	线上冬令营项目	日本	京都大学	12月18日至2022年2月6日	线上
389	资源与环境科学学院	9193010712	廖浠越	线上冬令营项目	日本	京都大学	12月18日至2022年2月6日	线上

附录6　学生工作表彰

表1　2021年度优秀辅导员（校级）（按姓氏笔画排序）

序号	姓名	学院
1	王未未	资源与环境科学学院
2	李　扬	经济管理学院
3	李　鸣	资源与环境科学学院
4	李迎军	金融学院
5	李欣欣	动物医学院
6	李艳丹	植物保护学院
7	汪　越	植物保护学院
8	汪　薇	动物科技学院
9	陈　杰	农学院
10	陈　菊	工学院
11	邵春妍	食品科技学院
12	武昕宇	草业学院
13	金洁南	动物医学院
14	周玲玉	理学院
15	郑冬冬	资源与环境科学学院
16	赵　瑞	园艺学院
17	聂　欣	资源与环境科学学院
19	夏　丽	园艺学院
20	曹　璇	外国语学院
21	章　棋	人工智能学院
22	湛　斌	人工智能学院
23	窦　靓	园艺学院

表2　2021年度优秀学生教育管理工作者（校级）（按姓氏笔画排序）

序号	姓名	序号	姓名	序号	姓名	序号	姓名
1	丁 群	12	杜 超	23	邵春妍	33	顾维明
2	王亦凡	13	李 扬	24	邵星源	34	高 强
3	韦 中	14	吴智丹	25	金洁南	35	高新南
4	田心雨	15	吴 寒	26	金 巍	36	郭小清
5	田 雨	16	辛 闻	27	赵春青	37	郭文娟
6	吉良予	17	汪 浩	28	赵烨烨	38	曹夜景
7	巩师恩	18	汪 越	29	赵 瑞	39	章 棋
8	师 亮	19	张树峰	30	聂 欣	40	彭 澎
9	朱志平	20	陈 卫	31	夏木夏提·阿曼秦	41	曾宪明
10	刘子健	21	陈 菊			42	雷 玲
11	芮伟康	22	邵士昌	32	夏丽君	43	蔡行楷

表3　2021年度学生工作先进单位（校级）

序号	单位
1	食品科技学院
2	植物保护学院
3	动物医学院
4	经济管理学院
5	园艺学院
6	农学院

表4　2021年度学生工作创新奖（校级）

序号	单位
1	食品科技学院
2	园艺学院
3	农学院
4	公共管理学院
5	植物保护学院
6	动物医学院

附录7　学生工作获奖情况

项目名称	颁奖单位	获奖人
江苏省辅导员"心育十分钟"大学生心理健康教育微课教学竞赛二等奖	江苏省心理学会、大学生心理专业委员会	武昕宇

（续）

项目名称	颁奖单位	获奖人
高校学生思想政治工作百佳案例	教育部高校思想政治工作队伍培训研修中心（中南大学）、湖南省高校思想政治工作队伍培训研修中心（中南大学）	金洁南
江苏省第六届高校就业创业指导教师教学技能大赛优秀奖	江苏省高校就业创业指导教师教学技能大赛组委会	金洁南
江苏省大中专学生志愿者暑期文化科技卫生"三下乡"社会实践活动 2020 年"社会实践先进工作者"	中共江苏省委宣传部、江苏省文明办、江苏省教育厅、共青团江苏省委员会、江苏省学生联合会	徐　刚
江苏省高校网络教育优秀作品推选展示活动优秀网络文章征集活动二等奖	中共江苏省委教育工作委员会、江苏省教育厅	赵广欣
2021 年江苏省教学成果奖（高等教育类）二等奖	江苏省教育厅	李　扬
江苏省 2021 年"我心向党"中华经典诵读大赛教师组特等奖	江苏省语言文字工作委员会办公室	周玲玉
蓝桥杯全国软件和信息技术专业人才大赛（C/C＋＋）江苏赛区优秀指导教师	工业和信息化部人才交流中心	湛　斌
蓝桥杯全国软件和信息技术专业人才大赛（Java）江苏赛区优秀指导教师	工业和信息化部人才交流中心	湛　斌
第十一届"挑战杯"江苏省大学生创业计划竞赛"优秀指导教师"	共青团江苏省委员会、江苏省教育厅、江苏省科学技术协会、江苏省学生联合会	王誉茜
2020 年江苏省大中专学生志愿者暑期社会实践先进工作者荣誉	中共江苏省委宣传部、江苏省文明办、江苏省教育厅、共青团江苏省委员会、江苏省学生联合会	邵春妍
"CIFST-首届科拓生物杯"益生菌科普知识竞赛第三名指导教师	中国食品科学技术学会	邵春妍
"CIFST-首届科拓生物杯"益生菌科普知识竞赛最佳视频奖指导教师	中国食品科学技术学会	邵春妍
江苏省高校网络教育优秀作品推选展示活动优秀网络文章征集活动三等奖	中共江苏省委教育工作委员会、江苏省教育厅	甄亚乐
首届江苏省研究生精准植保科研创新实践大赛先进工作者	江苏省农学类研究生教育指导委员会	李艳丹
江苏省第六届高校就业创业指导教师教学技能大赛微课赛道（本科组）三等奖	江苏省高校就业创业指导教师教学技能大赛组委会	李艳丹
江苏省首届精准植保科研创新实践大赛先进工作者	江苏省农学类研究生教育指导委员会	汪　越
第五届"全国高校网络教育优秀作品推选展示活动"网络文章优秀奖	教育部思想政治工作司	汪　越
江苏高校校报优秀作品评选言论类二等奖	江苏省高校校报研究会	聂　欣
江苏省大学生在行动暨千乡万村环保科普行动优秀指导教师	江苏省环境科学学会	聂　欣

附录 8 2021 届参加就业本科毕业生流向（按单位性质流向统计）

毕业去向	本科	
	人数（人）	比例（%）
机关	126	6.82
科研设计单位	5	0.27
高等教育单位	35	1.88
中初教育单位	10	0.54
医疗卫生单位	3	0.16
其他事业单位	32	1.72
国有企业	331	17.87
三资企业	96	5.21
其他企业	1 183	63.82
部队	9	0.48
城镇社区	4	0.21
其他	19	1.02
合计	1 853	100.00

附录 9 2021 届本科毕业生就业流向（按地区统计）

毕业地域流向	本科	
	人数（人）	比例（%）
北京市	65	3.51
天津市	15	0.81
河北省	18	0.97
山西省	6	0.32
内蒙古自治区	9	0.49
辽宁省	11	0.59
吉林省	4	0.22
黑龙江省	12	0.65
上海市	126	6.80
江苏省	932	50.30
浙江省	100	5.40
安徽省	39	2.10
福建省	34	1.82
江西省	11	0.59
山东省	49	2.64
河南省	32	1.73

（续）

毕业地域流向	本科	
	人数（人）	比例（%）
湖北省	25	1.35
湖南省	33	1.78
广东省	105	5.67
广西壮族自治区	24	1.30
海南省	3	0.16
重庆市	22	1.19
四川省	36	1.94
贵州省	15	0.81
云南省	20	1.08
西藏自治区	22	1.19
陕西省	15	0.81
甘肃省	17	0.92
青海省	11	0.59
宁夏回族自治区	9	0.49
新疆维吾尔自治区	32	1.73
台湾省	1	0.05
合计	1 853	100.00

附录10 2021届优秀本科毕业生名单

农学院（69人）

张照炜	常乐	成博	姜园源	常梦洁	宋晔	黄毓杰	宋昀程	黄蓉
艾紫荷	刘冬	徐可欣	邓天朔	师越	张泽梁	袁私会	陈珊	董超锋
钟力宇	涂欣宇	邓倩	陈景轩	唐雅婷	杨若妍	张强	张尧	史茗钰
蒋薇	周泽妍	沈袁媛	薛启寒	师敬尧	杨璇	吴文轩	刘卿	徐弘毅
赵磊	赵亚南	李雨薇	潘炜	薛龙朔	李珏	王鑫慧	赵立民	陈孟明
喻鑫怡	陈子燕	曹丽淼	楼雅欣	胡楮元	祝翠晶	朱元涛	夏萌霜	李璐琪
高晗	王馨雪	张金鹏	黄舒颖	郑启翔	易诗淇	庞可心	杨帆	郝陈惠
莫倩茹	贺子欣	孙毓琳	刘梦淳	王誉晓	裴蕾			

植物保护学院（38人）

张竞一	孙瑞	何颖诗	张译心	沈鞠	李玥	陆潇楠	裘圆圆	王鑫
王亚馨	潘伟业	卢之皓	李嘉诚	刘叶乔	王钰琪	舒润国	陈萍	段瑞川
刘畅	吴紫珊	尚子烨	李博一	郡玮楠	陈瑾	张小艺	逯倩钰	郭龙秀
董赛玉	冯玉冰	陈雪	张颖	叶露露	李源	张文瑶	钟珂翘	肖云霞

蔡小威　代畅阳

资源与环境科学学院（62 人）

栾梦迪	张　坤	张舜泽	林家玉	程田甜	王瑞烁	倪梓愉	谢梓豪	余　睿
李　珺	孙雅琳	陈天一	胡玉洁	傅培瑶	崔嘉丽	周续缘	舒茹晨	王　童
吴洪川	陈哲宇	简　悦	吕梓萱	王梦晓	王雪炜	葛莲蓬	马婧萱	胡夏茹
徐敏峰	刘静怡	李佩桓	杜琪琪	姚心倩	成　越	刘翔宇	陆雯逸	黄　华
赖丽妃	吴雅婷	孟云杉	李诗琪	刘珍珍	周　怡	李妍慧	吕冰薇	陆晔宇
王定一	吕启汇	杨惟肖	宋梦馨	赵朝琪	陈　婧	李雨珈	陈山国	魏　薇
陈雨琦	黄可含	曾月芝	高钲媛	窦雪丹	周　晨	丁沐阳	谢望亮	

园艺学院（88 人）

鲁晓蓓	陈梦娇	潘娇艳	田传正	杨熠路	薄雨心	戴雨沁	赖俊彦	赵雅洁
彭家琳	李嘉裕	舒　秀	董涵筠	陈皓炜	金臣太	郭婉婷	李歆渝	吴昌琦
孙艳艳	郝天翙	张　懿	苏凌云	周祉祺	张雨晴	刘志强	张爽爽	黄　颖
周灿彧	陈佳颖	包亚菁	李炘烨	胡莎莎	欧阳彤	王若绮	程小芳	杨佳慧
陈语凡	张欣然	王尚菲	彭馨墨	张　咪	孙祎涛	万明暄	张　越	王艺璇
赵一萌	陆佳瑶	王声涵	张家维	王　贺	瞿方茜	钟成希	刘　畅	杨凯琳
李　娇	陈庆蓉	贺圆圆	黄如容	韩佳沛	徐晨晨	成　琳	翟春祥	何彩玲
雷　萌	董树廷	高　阳	范迎新	郝亦欣	李旭阳	钱川一舟	梁　坤	曾诗瑶
吴昭明	关之琳	丁凌琪	陈筱滢	张旭冉	欧晓琪	吴玉婷	赵宏有	唐梦婷
施雅蓉	高小钧	赵姝君	鲁　凡	李世俊	徐纪行	杨冰冰		

动物科技学院（41 人）

赵文轩	何家乐	姜洪玲	赖　婷	杨培萱	王悦悦	李晓庆	向明慧	魏毅鑫
徐健健	余婉君	郭丽丽	谢泽晨	曹笑谦	姚瑞芬	李京真	祝华鑫	贾明辉
郑舒丹	尹　畅	李雅楠	汪长建	李棉燕	王苏羽	凌欣宇	常浩森	熊　玮
刘相平	李政达	郭津晶	周运翔	马笑晗	李安祺	康俊创	任晓亮	刘子上
孔欣茹	冯春阳	华皓坤	廖河庭	聂子盈				

经济管理学院（88 人）

何欣珂	刘　蓓	静　峥	李　理	刘乐怡	侯海兰	房昊天	马家瑶	张一宁
石玮怡	蔡姝悦	戴旻蕾	徐依婷	张未曦	吴德婧	付王楠	何益瑶	王雪晴
祝赛男	何银亚	张思蓓	陈斯懿	陆静芬	孙梦雪	张一鸣	马雯慧	段定芝
侯曼婕	符家豪	黄晓宇	米雨昕	杨骐蔓	张雅歌	李雨晴	耿欣悦	曾美媛
王一晶	王翠玲	吴　婧	崔蓉蓉	谭　超	沈　逸	王可心	刘玉婷	张文文
洪书颖	谭沚丹	徐曦雯	柳一梅	童慧宗	王　萌	颜芳芳	周春艳	潘晓昀
毛依婷	陈静妍	杜淑敏	王雨婷	孙万琦	孙　星	叶淑蕾	夏　迎	魏婧瑶
沈　婷	王柏雨	周芯巧	范心怡	刘　月	尚广悦	闫姝雅	赵　研	周　倩

陈　超　张国淼　吴淑瑶　王曼琪　芦文琴　王润营　周　睿　张雨薇　欧阳新杰
赵文欣　陶宇涵　王雅婧　石钰炜　陈欣媛　李欣阳　魏晨媛

动物医学院（59 人）

李　奎　陆　露　杨诗鑫　朱子瑄　张凯铭　张晓婷　孔令雪　陈小竹　肖　霜
刘舒玉　邓世宇　娄怡欣　赵健彬　易　霞　刘怀成　麻润雯　刘敏天义　李盛敏
李慧敏　贾雪娇　杨　帆　刘成荫　吴德胜　于红艳　初亚婕　杨浴晨　张　萍
段　梦　刘芮伶　臧雪羽　于凌云　谷云菲　李萌青　陈楷文　易玮婕　黄笑君
于　琳　鄢梓晴　曾　洁　管海飞　李　璠　马　慧　王宁宁　蔡怡秦　陈子祺
刘雅琳　刘　妍　彭可欣　徐　楚　周沁怡　李雅睿　申青怡　李秦玲　方成竹
陈　璐　余昊天　傅予彤　康露渊　季　晶

食品科技学院（46 人）

肖雁双　郝月静　郑子萌　陈　晨　陈怡霏　陈　璐　吴佳美　张　涵　陈珊珊
韩　清　任嘉颖　王　奕　陈紫麟　周天明　蔡琴琴　刘静宇　刘春池　张　顶
程诗瑶　张夏寅　杨景惠　金　璐　吴莎莎　李怡婷　杜佳馨　杨　倩　蒋文琪
郭芊含　高倩妮　田欣怡　李　坤　高云帆　周　净　张子玉　郭潆璐　赵枢璇
张苍萍　付雨萌　徐　晨　蒋飞燕　耿雅倩　闫丽华　许雅茹　牛晓康　付楚靖
王雪艳

公共管理学院（84 人）

马赞宇　杨晞雅　武宇涵　龚雨欣　常悠悠　张洁文　李晨霏　蒋慧琳　黄雨萱
周　巧　王越欣　王　岩　徐燊馨　赵墨凝　卢晓婷　王森钰　谷　萌　叶育芳
赵　薇　聂钰双　张雅婷　肖欣茹　刘芳汝　文佳月　张玉玲　欧旭辉　刘诺佳
姜运成　刘　庆　梅　倩　林佳琪　刘天昊　叶泽扬　严　敏　李可星　魏文佳
杨庆礼　李　京　常钰琪　魏湖滨　吴格格　张奕琪　周倩雯　佟佳霖　侯玉莹
陆希诚　姜一鸣　艾佳璇　余　欢　刘梓涵　华佳琦　张凯丽　黄文颖　谷晨焯
王泽坤　廖为华　王谦翔　夏　宇　吴　楠　张毓珊　杨　杰　孟春妍　陈沁怡
赵义明　钱弘意　任一帆　朱俐叶　许贝贝　任佳男　张小蒙　肖　萌　万　朵
余　迩　解菁菁　王逸楠　臧乂茹　周冰玉　马思雨　周　婷　倪　淳　李瑶瑶
贺丽群　许　静　李超群

外国语学院（38 人）

张智喆　刘斫宇　孟岚清　肖　蓉　张申申　陈妙蓉　洪容若　魏紫勤　宋丽鋆
刘　慧　蒋小诺　况　彪　黄淑君　陈冰钰　蒲昱竹　裴　杨　孙嘉慧　马瑜含
相　榕　张麟慧　沈凌霄　应青烜　林彦初　肖沣芮　张欣雨　杨佳琦　任盈盈
唐雨馨　俞　洁　刘婉玲　吴佳宁　闫楠楠　胡可越　陈　云　刘思彤　熊　玥
印　雯　王　蕊

人文与社会发展学院（64 人）

苏春阳	杨文静	李 晗	王 莹	艾广成	李绿阳	姜宛坤	刘宇冉	陶嘉诚
刘家辉	杨 岚	张欣宇	蒋 师	朱志明	臧 静	李可欣	张 静	刘子郡
欧阳文婕	杨心怡	倪 妍	陈丽珊	徐鑫玉	赵珂铭	黄倩倩	施俊好	陈子君
冯 博	吴 霞	宋 轶	陈洁玥	闫若瑾	宋赛男	冯安琪	朱 婕	焦琪源
蔡雨倩	朱明月	林悦凡	花之璇	钟 华	刘思凡	许雪纯	王一凡	陈 阳
孟璁瑢	尹心韵	蒋广清	夏 彤	石慧君	姜 顺	武泽原	周冠岚	孟欢欢
沈俊彤	朱真逸	邵灵喆	许漪桐	张 瑞	杨晓雨	杨雯景	张露芊	潘瑞勤
谢 青								

理学院（43 人）

冷锦阳	朱 可	郭颖聪	向 琼	李嘉巍	俞森燚	陈 宇	孙建龙	黄 艳
杨力臻	陈胜林	朱泽林	岳圆润	左 思	金凯迪	王友轩	丁宁徐进	吴彦慧
罗 琴	罗家豪	姜毅杰	陈思璐	曹芝瑗	徐飞燕	周思涵	汪雨蝶	齐咏冰
武晶雨	王泽虎	谭隽杨	徐 聪	王 琛	刘汉钦	程佩文	李婉如	丁跃影
马若洵	王丽颖	王艳萍	吴倩婷	夏心语	李 瑞	俞雪纯		

生命科学学院（46 人）

谢信心	吕紫晔	苏天琪	李喆思	兰泽君	赵君苗	任雨婷	孙禄加	何诗雨
江雯逸	吴姝悦	郑 悦	梁 亮	胡馨月	孙煜杰	高与盟	廖 简	胡天翼
肖泽玲	黄小娜	徐逸菲	叶航婷	黄 金	张靖艾	于 杰	张 楠	顾超德
章雨婷	贺雅婷	朱政全	马越益	李冰玉	沈 威	唐 璜	潘凯华	夏安琪
顾巍巍	李华兰	蔡 珉	戚锦簇	王 迎	赵品清	李雅昕	谢心宇	蒋昕怡
冯 灿								

金融学院（75 人）

耿一彪	孙子涵	刘 珊	霍文欢	徐菁娅	陈 婧	王 鹏	汤悦坤	马晓蝶
任平芳	刘馨忆	陈思远	曹一丁	周箐怡	张靖雅	刘辛锐	刘 展	陈 瑜
余敏霞	唐雨婷	庞凌霄	韦 佳	牛晓睿	吴敏慧	梁歆月	王姗姗	蒋佳雯
赵钰菡	袁 驿	王维彪	冯高远	白子玉	邓 获	黄 煦	黄美华	李 星
张 旭	戴旭旻	刘涵琪儿	郁文涛	王海森	吴姝芃	吕 凡	高 源	刘 琦
余语婷	刘静如	李雅雪	唐 琦	赵琳燕	高博文	胡 琪	金 子	余王蕾
周心语	唐思语	张东旭	郑家乐	黄姚怡	王 琪	钱 懿	杜孟单	吴易珍
张倩馨	郭 丽	席飞扬	徐君轩	姚 悦	马 尧	王昭莹	王思琪	陈慧玲
吴诗宇	施 展	李其芳						

草业学院（9 人）

王怡婷	严 妍	姬佳翼	刘 程	伏秀珍	王 虎	王荟茹	黄诚晟	郭雷姣

工学院（174 人）

李菲尔	刘 慧	史陈晨	王 硕	刘佳乐	李 斌	黎 凯	王得志	李 佳
卢 斌	车方婷	赵明明	赵泊祺	绳晓露	周锦婷	王刘欢	许 珂	李晴晴
李芝雨	佘智超	吕懿娴	程 颖	刘锦阳	王春文	焦碧玉	穆晓蝶	樊佳欣
朱香原	郑昌雄	高 慧	李欣悦	李庆睿	丁思尹	段荣荣	黄 珍	王 琳
段 琪	孙佳慧	张飞雨	钱家豪	王栋辉	杨晋强	方伟健	龙胜文	邹天余
陈诗佳	姚新月	杨惠敏	吴雯珺	林建军	刘 洋	欧阳思莹	付明明	赵 霖
冯 灿	石晓雷	孔 萌	陈志远	李 超	温 瑜	王 源	周德时	李 田
钟笑听	奚 特	张 萌	征 程	侯佳琦	白金涛	张怡琳	谢 珂	张 政
李赟莎	田琪煜	毛雅婷	王宇飞	张 昂	邹明萱	郑 伟	柳若楠	朱琪瑶
魏煜宁	刘肖强	杨 希	王继浩	冯 浩	师晓欣	田露旭	李亦哲	郑健乐
李晓萱	刘欣然	周 辉	朱煜辰	万福健	龙 漫	夏 劼	蒋民杰	王 慧
廖亚兵	齐观超	姜紫薇	王烁晗	杨 悦	夏 硕	闫新如	黄丽锦	李金源
郝江帆	杨佳宁	田若辰	陈玉华	杜海燕	左浩然	杨惠钧	李孟朔	邓笑之
赵操玺	刘明嘉	黄雅萍	刘 奇	蒋雪飞	曹盛昌	竺文帆	张 薇	陶 健
禹张泽	任娜娜	张国欣	刘思思	马鹏飞	韩 钊	张成新	林 军	王 威
朱文杰	武娟娟	李啸文	吴春鹏	田佳运	宋晨艳	王苏北	潘中伟	方思然
门彦宁	彭雅林	周彩莹	陈 浩	曾志强	刘 浩	王志豪	冯玉洁	张胜姿
余桢梓	邱 玥	黎卓杰	赵 敏	王东荔	崔 越	管司瑜	刘彤畅	倪文健
余星召	黄泽宇	袁宇辰	宋思远	席扬越	謇 瑜	艾佳鑫	幸晓玥	王 怡
韩雯宇晴	毛 展	傅金花						

人工智能学院（111 人）

刘通宇	汪嘉铭	汪立睿	钱佳慧	张宇豪	何 成	宋庆婕	成永康	黄姮祎
徐婷立	杨 洁	甘凌霄	朱林刚	张耀午	龚曦明	毛亚琛	叶宇晖	张紫月
许文文	刘晓颖	陈惠颖	梁耀元	梁叶剑	陈文瀚	曾沛莹	邓 强	余 凡
潘成婷	刘 欣	田佳琦	贺 宁	潘 琦	张雨荷	钟雅琪	邱珂泰	山巾芝
徐 舜	张清东	柴茵茵	黎荣蓉	刘紫琪	杨 晴	张 瑞	袁策策	赵蔚星
许叶葳	余衡臻	江 涛	朱万欣	韩 雪	张亚成	冷雪敏	王 向	郑佳琦
张 璐	平博文	毛诗涵	祝忠钲	赵立敢	陈为祥	刘宇琛	陈梦清	朱佳琪
沈 轩	薛云帆	董 晖	徐志全	林岷毅	夏琳琳	巫笑言	林 宇	高海钦
杨安琪	秦 禛	罗 星	王浩宇	胡庆迎	徐泽颖	蔡苗苗	张孜谞	徐林欣
吴佳鸿	徐前进	陆 虎	闫胜琪	陈佳琪	贾紫珂	刘雅彤	吴婷晖	林宸宇
王凌飞	叶树沁	许崇旸	高 玥	李思雅	郭 宁	曹志宾	任玉钱	章清伟
邵昱宁	郭云香	吴 坤	沈思汛	杨云涛	李捷姝	包星星	杨 洋	谢袁欣
应 楠	陈 艺	卢雨晨						

信息管理学院（103 人）

高 阳	李丹怡	郭祥月	李佳新	丛天时	吕夏怡	孙 暖	秦天允	张逸勤

杨 帆	伊 凡	刘 欢	李艺帆	马缨舒	李婷婷	吴 瑾	林文卫	王佩贝
刘振辉	王之韵	商锦铃	李佳静	郭盈盈	何李敏	陈慧敏	高树杰	杨雨烟
胡雨欣	卢巧玲	邓 佩	项怡然	张静怡	龚依晨	田 楠	吴小兰	张 锴
周乐诗	张新美	徐宗瑜	王曼琪	王 敏	胡佳宁	朱子怡	黄 铖	潘 登
朱政彦	白宝凤	张修涛	张皓月	杨洪陈	魏 飘	周柳青	侯嘉秀	王文静
斛如晗	韦文鑫	何文琪	李 鑫	张馨元	周妍捷	李艳薇	曹 文	刘新君
何 欢	朱安琪	毕罗傲	马 丽	李嘉莉	李发巧	孙一铭	高灵敏	尹佳月
宦文涵	谢建勋	钟文燕	王天琳	陆诗雨	颜雅琦	盛 梦	谢雨霏	刘孟阳
邓超伟	陈 澳	陆文哲	许志帮	李卓芸	吕一帆	王雨欣	庞欣怡	张 静
刘新宇	杨 玫	周子烨	李雪娟	杨吉荣	朱 钰	王紫晗	王晨丹	许馨予
路 晶	王瑞涛	武 辉	段未珣					

附录 11   2021 届本科毕业生名单

农学院（198 人）

王凯丽	王雪妮	王麒钰	井康乐	艾紫荷	成 博	朱明玉	任宗梁	刘 飞
严鑫山	李 晨	杨苏渝	宋昀程	宋 晔	张文姝	张 寅	张照炜	周登科
姜园源	徐明睿	黄 蓉	黄毓杰	常 乐	常梦洁	符奇迹	揭婉蓉	温圣炜
潘舒婧	杞欣桐	王 沐	王姝媚	邓天朔	师 越	任旭晨	任晓飞	刘 冬
刘远朝	江瑞波	李钦瑶	李 康	李墨扬	杨晨桉	张亦涵	张泽梁	陈 珊
旺久多吉	罗云雪	周子钧	段菲菲	施阳操	袁私会	徐可欣	高山晗	董超锋
张居正	唐雅婷	马祖凯	王庚尧	王新月	邓 倩	史茗钰	央金卓玛	严天才
李 飞	李 杨	杨若妍	吴思余	谷嘉睿	狄世宇	张 尧	张 强	陈景轩
周泽妍	赵姝楠	钟力宇	秦浩越	徐欣雨	唐树鹏	涂欣宇	蒋 薇	薛宇昆
闵雪晨	王子豪	王秋翔	王 勤	师敬尧	吕佳为	吕琦特	刘 卿	孙远帆
杜 玥	李雨薇	李 竺	杨 璇	吴文轩	沈袁媛	宋佳伟	张玉甜	陈 云
陈欣然	陈镕佳	赵亚南	赵玮敏	赵 磊	徐弘毅	徐君杰	黄子琪	董瑞熙
薛 云	薛启寒	高凡淇	莫倩茹	卞子豪	林淳昊	贺子欣	高 晗	杨 帆
刘梦淳	易诗淇	裴 蕾	张秦瑞	王誉晓	余 凡	郝陈惠	刘文瀚	庞可心
石姜懿	尚念民	孙毓琳	原小年	周奕扬	冯炎琪	王瑞祥	王 赫	王鑫慧
尹 博	石雅菲	叶晨惠	吉皓天	闫 婧	孙 擎	李 珏	杨小庆	张延琼
张雅南	陈子燕	陈孟明	拉巴普赤	郑 仪	郑治裕	赵书宏	赵立民	胡钰涵
胡楮元	施 倩	贾冬冰	顾 彪	曹丽森	龚恒畅	喻鑫怡	楼雅欣	潘 炜
薛龙朔	王连南	王馨雪	冯小晗	朱元涛	朱安琦	李依洁	李璐琪	杨弘毅
何羽喆	汪雨菲	张劢文	张金鹏	武思攘	范一帆	周 盎	郑启翔	宗吉拉姆
赵世祺	胡 浩	祝翠晶	夏萌霜	倪雪颖	徐臻赟	陶雨晴	黄舒颖	韩节律
廖杰雷	魏学轲	热衣拉·艾克木		协依代木·热依木		阿曼古丽·艾尔肯		

买买提依明·吐逊　阿依登古丽·吐热阿别克　木尼瓦尔·麦麦提托合提
热汗古丽·赛都拉木

植物保护学院 （117 人）

马子涛	王世纪	王亚馨	王奕涵	王 鑫	代长瑞	朱哲轩	孙天奕	孙 瑞
严雅文	李 晖	何颖诗	余佩涵	汪书超	沈 鞠	张译心	张竞一	陆潇楠
陈贝贝	周圣答	周 健	赵晗希	赵默然	钟婧尹	贺诚斌	曾学彬	裴圆圆
李 玥	吴 轲	万晓霖	王晓艳	孔宇薇	左 龙	卢之皓	叶茂林	吕 涤
伍丽华	刘叶乔	刘海燕	许 诺	李汪洋	李嘉诚	杨莉莉	陈 萍	林宇航
洛桑卓玛	黄韶秋	曹赜轩	龚 雪	常育腾	商万祺	葛逸飞	舒润国	蔡露文
熊泽诚	潘伟业	左 晨	闫阳阳	王钰琪	万郅睿	石景怡	尼玛桑嘎	刘志寅
刘 畅	李方瑄	李博一	李翔宇	李嘉林	杨柏林	吴紫珊	何东懿	张小艺
陆 艳	陈 瑾	尚子烨	周欣彤	邰玮楠	钱 壮	高振圳	黄 洁	逯倩钰
彭祖荫	彭 榛	陈克俊	段瑞川	徐天禹	叶露露	田 喆	代畅阳	冯玉冰
李 源	杨正义	杨志远	杨逸诚	肖云霞	张文瑶	张 颖	张 福	陈 雪
周 宇	郑孜勉	泽仁扎西	钟珂翘	姚玉林	夏 燃	徐珊珊	郭文祺	郭龙秀
黄晓婷	黄景玲	董赛玉	曾培琪	蔡小威	谭玉婷	熊雨蝶	熊朝阳	
珠丽德孜·叶尔肯								

资源与环境科学学院 （195 人）

陈天一	陈 昂	赵 昕	倪梓愉	刘 权	刘鹤怡	闫 珂	李 珺	余 睿
陈秋怡	郝 雨	梁佳琦	舒茹晨	方梅萱	吴洪川	高佳钰	帅宏鸿	孙雅琳
周续缘	胡玉洁	崔嘉丽	傅培瑶	王 童	王瑞烁	吴盼菲	王明辉	孔苏雯
付佳微	张译文	谢梓豪	樊品镐	农 莹	薛思怡	李一锋	陈梦瑜	季红冉
王云舟	王雪纯	王雪炜	吕梓萱	彭今彦	雷生彤	夏 萌	柴光远	张轶欣
徐敏峰	乐佳潞	任莹飞	程 维	曾建峰	马婧萱	王梦晓	刘静怡	李本威
陈哲宇	郭 婧	葛莲蓬	刘 彤	刘妍妍	胡夏茹	简 悦	关 欣	岳泓伸
董旭栋	林志鹏	曹佳璐	成 越	赖丽妃	杜琪琪	张 琛	东宁正	刘家傲
李诗琪	肖雅婷	季 林	孟云杉	万 江	李震宇	杨昊玮	余俊毅	张甜甜
刘翔宇	李佩桓	杨钰琳	吴雅婷	黄 华	曾 歆	李 歌	张钧淳	姚心倩
孙卓妮	方文浩	陆雯逸	肖仁攀	谢 语	乔 婵	王甲果	李雨珈	杨惟肖
宋梦馨	徐晶晶	苏呷萨妮	李妍慧	宋浣煜	陈彦宇	林钰泓	赵朝琪	郭芮嘉
叶薛铠	冉滨源	朱天祥	许 曼	陈江玲	周 怡	魏 薇	刘珍珍	杨 那
裴荣华	吕启汇	李兴鹏	陆晔宇	陈 婧	徐 晟	王心怡	王定一	王锦澜
陈山国	罗梓维	郭宇轩	冯筱晗	丁沐阳	张 珅	周牧青	黄可含	崔格格
马安凌洋	马鸿亮	周 兴	周 晨	谢沐希	马行聪	王 雪	田丰华	李尚尚
张舜泽	曾月芝	马若寒	牛子孺	张 露	钱 浩	高一川	窦雪丹	王 翔
叶圣泽	乔 颖	陈雨琦	晏融融	徐 健	吕冰薇	陈思雨	郝 烨	秦昭玮
高钲媛	谢望亮	邱 予	程田甜	高 萌	刘建霖	刘思辰	李心怡	陈雨霏
林家玉	周奕琛	赵逸涵	胡珺涵	毛乐顾	李启知	李 峰	彭 超	王兴宇
王桂宁	那好为	施浩楠	栾梦迪	张晴薇	陈嘉祺	王祉雅	刘旭童	丁 宇

李如悦　吴云玲　虎灵燕　翁鹏鹏　廖小宁　赵修齐治蓁

园艺学院（300 人）

王尚菲	尤秋爽	田茂荣	刘丹蓓	闫　兴	李依璐	杨佳慧	吴小翔	张丽琴
张欣然	张　咪	张涵奕	陆书涵	陈佳豪	陈语凡	周　璇	段兆翔	姚　瑶
衷　青	益西措姆	陶静静	彭馨墨	程小芳	廖希美	薛　昊	彭藐漫	蒋念峡
丁凌琪	王一婷	王玉安	王安奇	王敏学	刘静远	关之琳	李悦森	李瑞锐
杨路宁	吴昭明	谷源清	张芃子	张雨青	陈婷婷	范迎新	周一航	郝亦欣
聂元婴	钱川一舟	高启迪	黄乐淇	常庆宇	梁　坤	覃业倍	鞠佳逸	刘修贤
曾诗瑶	李　锐	王莹雪	农振坤	吴弦浩	王琬莹	王鹏欢	韦羿帆	毛森琦
付舒然	朱恺成	刘天宜	刘鑫涛	许轶涵	孙宇倩	李佳璇	李涵琦	杨雪颖
吴玉婷	何一凡	张旭冉	张涵阅	陈筱滢	欧晓琪	赵宏有	施雅蓉	高小钧
唐梦婷	黄尧玥	黄　洋	曾　姝	游春碧	雷妍妍	李　璇	赵姝君	王兆丰
方云霄	白玛央金	邢玉珊	吕桂芳	伍　月	向璐洁	次仁琼达	李世俊	李旭阳
李宣德	杨冰冰	张奉宇	张雅馨	陈雅妮	娄晨晨	索朗仓决	钱梦佳	徐纪行
郭明珍	曹庆涛	梁文文	韩庆远	鲁　凡	裴振昊	王　晗	张家维	王声涵
万明暄	王艺璇	王加倍	王　贺	邢春碧	朱亦非	刘奂岑	刘　畅	孙祎涛
杜晨涛	李超楠	何秋贤	余文森	张祖豪	张　越	张　越	陆佳瑶	赵一萌
胡家祯	柏逸林	钟成希	修禹萌	侯浩旗	夏　馨	黄希言	董　悦	谢盈盈
谢　晴	瞿方茜	马　冉	王宇萧	卢炫羽	田传正	刘芳宇	江梓欣	许佳妮
孙　婧	杨熠路	谷　昱	张　晟	张　磊	阿旺卓嘎	陈星采	陈梦娇	陈敏涵
陈慧颖	苗长久	孟亚依	顾佩乾	彭湘涵	程奕秋	潘娇艳	薄雨心	戴雨沁
鲁晓蓓	王　婷	于　洋	王之豪	王林艳	王枫叶	王　茹	王　靓	刘志宇
安宇宁	李嘉裕	杨淇淇	肖雅寅	陈皓炜	赵雅洁	钟家豪	彭家琳	董涵筠
舒　秀	谢炘言	蒲应艳	赖俊彦	德吉白珍	任欣琦	蒋　名	屈　浩	陈慧晶
王　彤	任雅倩	刘　静	孙艳艳	苏凌云	李歆渝	吴昌琦	余　涛	谷月瑞
张正远	张　懿	阿旺措姆	陈　壮	罗荣峥	金臣太	周雨秀	郝天翊	胡孟婷
高若诚	郭婉婷	矫宜霖	蔡月琳	魏婉婷	于　跃	王若绮	王英杰	叶高峰
包亚菁	朱紫纯	刘志强	李炘烨	杨　玥	张雨晴	张爽爽	张靖童	张馨心
陈业臻	陈佳颖	陈　晨	邵冬仪	欧阳彤	周灿彧	周祉祺	庞馨莹	胡莎莎
凌晓欣	郭启政	席浩杰	唐雨蕊	黄　颖	王婧怡	成　琳	任佳慧	刘　畅
闫慧慧	汤景华	杜金彪	李　娇	李　逸	李　强	杨　柳	张桂榕	张鼎溥
陈庆蓉	陈德奥	赵　润	贺圆圆	徐晨晨	黄如容	彭皓正	韩佳沛	谢超凡
雷　阳	谭显锐	杨凯琳	刘燕敏	马　峰	艾　玥	李红筲	杨铃艳	肖　燕
邹亚茹	张姗姗	张楚熠	陈春明	陈　茜	周昕格	郑晓薇	赵　坤	段　煜
高　阳	黄嘉鑫	梁英旭	董树廷	覃　芳	雷　萌	翟春祥	何彩玲	陆莹颖
麦尼尕尔汗·阿布力米提		热依艳古力·麦麦提			姑丽卡妈尔·木合塔尔			

动物科技学院（101 人）

刘　佳　丁腾鑫　王悦悦　刘思懿　关钦泽　杨培萱　何家乐　陈义桢　陈施培

赵文轩	胡颖	段飞宇	姜洪玲	徐成	郭子杨	陶淑婷	韩雨欣	陶玉莎
康子绮	汪睿	颜莎	向明慧	李晓庆	石林栗	朱学怡	羊阳	李尚来
杨昌露	张佳敏	陆庆鑫	陈倩倩	陈焕银	赵丽颖	郗焕磊	祝华鑫	姚瑞芬
贾明辉	徐健健	高敏	郭丽丽	黄子欣	曹笑谦	谢泽晨	魏毅鑫	李京真
余婉君	王玉伟	郑舒丹	王汉元	王苏羽	毛嘉妮	尹畅	刘思彤	李涛
李黄金子	李雅楠	杨道鑫	肖培源	吴乐欢	汪长建	张相雷	姜显菲	黄茂荣
梅笑放	李东颖	李棉燕	袁贵和	凌欣宇	彭麒	马笑晗	王铭洋	刘相平
孙钰鑫	芮建涛	李安祺	李军	李政达	李茗柯	杨若凝	杨嘉骅	邱子健
张丽君	张琰	周运翔	胡加格	郭津晶	常浩淼	康俊创	熊玮	禤润楠
李旺	杨雅迪	吐尼牙孜·加马力		沙黑拉·胡尼西		拉扎提·开米勒汗		
哈米旦·杰恩西		热娜古丽·肉孜		衣力亚斯·木明		古丽旦·赛肯		
阿尼萨尔·坎加力木		古丽努尔·巴合提亚						

无锡渔业学院（27人）

王磊	毛晶	孔欣茹	冯春阳	任晓亮	华皓坤	刘子上	刘婷燕	孙海博
严盈	何文昌	岳紫畑	赵凡菲	钱叶	龚良琛	曾靖然	阮萌	杨杨
吴思燃	何宜贤	何意	张小雨	聂子盈	赖婷	裴佳巧	廖河庭	端国超

经济管理学院（288人）

陈仁寒	邵碧薇	康鹏飞	董星宇	王昊	仲可卿	吴辉	辛宇	陈燕珠
青怡君	金佩	柳一梅	袁瑞娜	韩烁	鲁芮妍	童慧宗	谭沁丹	潘晓昀
戴立星	于艾鑫	万里	王萌	王储	杨成楠	陈佳毅	罗静	周春艳
徐曦雯	颜芳芳	王思宇	王柏雨	田婧怡	贺菲融	魏婧瑶	焦奕凯	杜淑敏
李雪阳	范心怡	郭雅菲	王承鼎	郭晓齐	洪琪祥	刘月	毛依婷	郑卿
王艺瑾	白鲁昕	刘佳音	刘爽	肖昊阳	吴睿菲	宋文闻	张文欣	张仕誉
陈雅靖	周智超	赵琦	查佩玉	姜钰	梁伟豪	韩日	叶淑蕾	孙星
李菊	邹宇	胡慧敏	冉欣	闫姝雅	孙万琦	张艳玲	陈宏伟	陈静妍
范笑妍	尚广悦	项泽堃	袁媛	周芯巧	王雨婷	杨煜晨	沈婷	孙琦琦
耿欣悦	刘逸凡	符家豪	马雯慧	王乐欣	王君鹏	朱梓涵	刘俊嵩	刘晓英
刘婧怡	米雨昕	李泓林	杨骐蔓	吴迪	吴清林	张钰莹	张雅歌	陈伟杰
武越	周萌	相奇含	段定芝	侯曼婕	姜雅图	徐颖	董文龙	程婧怡
游艳梅	薛靖	杜彧	钱惠文	黄晓宇	李雨晴	毛天润	王一晶	于紫微
王亚娟	王妍	卞雪艳	台嘉豪	曲可	朱金名	刘双成	刘玉婷	闫晓梅
李东珏	李彤彤	李盼盼	李炳义	李素莹	李梓榆	佟旭澎	余婷	张文文
张绍宇	张绮婧	陈修乐	邵畅	姜帆	洪书颖	郭世磊	曾美媛	黄思蓉
谭超	王翠玲	沈逸	崔蓉蓉	王可心	柏梓原	吴婧	沈惠泽	李理
何欣珂	史诗怡	戴旻蕾	石玮怡	江柯佳	马心怡	马家瑶	艾昕辰	任婧楠
刘云飞	刘乐怡	刘江南	刘蓓	苏伟	李守林	李雨欣	肖晗煜	沈子怡
张一宁	张越	张潇月	陈玮琦	陈桢桢	侯海兰	黄钰儿	戚文绘	静峥

蔡姝悦	谭冬玥	熊欣月	魏思淼	刘敏萱	苟明睿	李　愿	陈嘉兴	姜　波
骆蕴仪	刘永恒	房昊天	鲁　艺	徐依婷	孙梦雪	张思蓓	张一鸣	翟天阳
孙　伟	张　锴	于　倩	卫粲晨	王　勐	王鑫杨	付王楠	宁恬悦	兆润钰
刘书言	刘楠楠	许鑫蕊	严雅靖	严紫烨	李勇利	李殊与	杨嘉乐	何益瑶
何银亚	张可歆	张　颖	陆静芬	陈峙屹	陈斯懿	金永浩	郑　爽	祝赛男
喻子怡	游诗涵	谢颖菲	吴德婧	许　晴	张未曦	朱沐清	王雪晴	张绮伦
金　钊	赵元祺	王润营	李欣阳	夏　迎	魏晨媛	周　睿	陶宇霄	石钰炜
赵文欣	孙　举	张雨薇	梁怀文	陈运开	王雅婧	陈欣媛	欧阳新杰	张心悦
郭笑男	黄圣杰	王露莹	温雨轩	储　洁	彭宇新	陶宇涵	顾蕴琛	胡迪华
杨智翔	吴淑瑶	赵　研	邓　瑞	代明书	刘新超	芦文琴	沈子烨	郎　燕
夏茂胜	黄佳瑜	王曼琪	石佳璇	刘晓秋	李梓莹	宋佳曦	张进周	孔　湘
刘克剑	吴旭炜	张国淼	张　傲	周　倩	赵　轩	程晓珊	李　赫	陈　超

动物医学院（170人）

刘俊杰	刘　琛	余昊天	季　晶	涂佳钰	傅予彤	谷家民	康露渊	朱　赫
黄　嘉	马　慧	王宁宁	王　婧	乐　婷	朱　啸	朱　媛	刘雅琳	刘墨馨
安亚辉	折祥祥	李　璠	张云依	陈子祺	陈莹皎	周琪璇	周　儒	赵　熠
蔡怡秦	王　瑞	朱家伟	周祉玉	刘　妍	董子璇	丁启航	马韦韦	王可欣
王　钰	方忆炎	孔令雪	朱子瑄	伍惠娴	刘美宁	刘婷婷	李克寻	李　奎
杨诗鑫	肖　霜	吴崇瑜	张凯铭	张晓婷	陆　露	陈小竹	邵玮博	庞帅赛
钟黄欣	晁华芳	翁水兰	郭艳芳	董心仪	臧琦铭	关皓元	邹彤彤	赵炳枢
李力枢	刘敬天义	刘舒玉	娄怡欣	赵健彬	胡　婕	刘怀成	周珏冰	万　韵
王子凝	王泽睿	邓世宇	刘　余	李盛敏	宋亚楠	张力引	张子博	张润奇
张释丹	陈正阳	范潞钰	易　霞	岳一芃	金圣爱	郑宇娜	胡泽源	黄健雯
梅天乐	麻润雯	熊文杰	蒋怀德	王瑜琪	王嘉冀	卢秋楠	刘成荫	李慧敏
杨　帆	杨浴晨	吴德胜	初亚婕	张晓旭	张　萍	张雪彤	陈树屿	金佳昱
赵烨婵	郝蓺菲	胡晶惠	贾雪娇	顾宋濂	徐恭达	黄玲玲	商　阳	雷虹筠
管其标	张沁莹	于红艳	张欣雅	唐紫妍	王语畅	罗酒榕	薛瑜琪	王一聿
于凌云	于　琳	付春玉	吕思敏	朱亮亮	许　濛	阳欣悦	李萌青	李博然
杨　博	谷云菲	张宵艳	张得康	陈楷文	武梦蓉	易玮婕	赵妩琼	段　梦
钱雨鑫	郭昕怡	屠敏慧	臧雪羽	鄢梓晴	管海飞	曾　洁	黄笑君	刘芮伶
杨铭洋	彭可欣	束羽佳	李秦玲	周沁怡	何成蹊	方成竹	申青怡	孙青泠
盛　琦	朱　铭	李俊杰	毛玎懿	李宸健	陈　璐	李雅睿	徐　楚	

食品科技学院（178人）

于文典	王嘉妮	卢　鑫	吴子成	秦　耿	刘晓可	张子玉	张屹得	张　珅
胡　心	姚羿安	王阿强	宁晓彤	周　净	秦青宁	彭桢昊	计宛彤	李　博
陈立新	陈逸凡	赵枢璇	高云帆	王怀洋	王韬霖	徐紫恩	郭潆璐	唐源林
李　坤	王曦迎	宁珍珍	马林丽	王　馨	杨语柔	杨　甜	宋雅琪	陈　璐

江一凡　张思远　陈　晨　张　涵　邰冉希　郝月静　石家萌　朱　迅　芮　环
杨荞瑞　肖雁双　吴佳美　陈怡霏　相奕利　邓　笳　吴　限　王泽翔　许　暄
郑子萌　郑　斌　顾天悦　任嘉颖　刘安琪　刘春池　张　顶　周天明　麻筱璇
李乐陶　时逸之　吴非正　邱祺栋　查伟康　徐靓薇　郑　逸　马　园　王　奕
许芊芊　陈曦芃　顾雨晴　吴　彪　陈紫麟　侯佳曼　傅志鹏　戴勤宇　刘静宇
张临风　陈珊珊　陈俐君　韩　清　蔡琴琴　宋加音　戴沛桢　牛晓康　王雪艳
闫丽华　陈彩雯　高佳华　付雨萌　付楚靖　许雅茹　张叶菲　张苍萍　张昊真
刘　桐　耿雅倩　徐　晨　高倩妮　常　乐　蔡歆雅　朱　灿　阮斯佳　张　迪
黄明萱　蒋飞燕　郭付正　佟科践　吴莎莎　金　璐　彭春阳　李信亮　李　娜
张夏寅　贺钰雯　秦苏瑞　程诗瑶　于英剑　卯倩倩　汪　荣　张志明　陈俊琦
周天瑞　黄园园　康家森　鲁成昊　马斯卓　周冰倩　钱于寒　郭谢蕾娅　余　影
程瑞华　王子豪　王　尧　齐泽鑫　杨景惠　徐雅静　王一飞　李　同　李怡婷
陈汉森　林淑敏　郭芊含　蒋文琪　路　畅　肖　方　林家豪　胡　月　胡清妍
段雨初　高端菊　崔心平　章敏伟　蔡浩天　肖博文　经彤欣　郭思岐　崔相鹏
田欣怡　万志勇　韦　祎　杜佳馨　李汶珊　杨　倩　马佳铭　王清楠　易　波
热依拉·西热甫　热娜古丽·艾热提　米尔提扎·麦麦提　涅鲁排尔·萨迪克
祖丽胡玛·吐逊江　迪丽夏提·杰克写外　迪丽努尔·迪力木拉提

信息管理学院（350 人）

钟佳玲　曹晏玮　陈思洁　戴博文　冯景一　高绪阳　何佳慧　康　薇　李思雨
李永丽　刘思玛　陆诗雨　罗佳颖　牟　童　盛　梦　王天琳　谢建勋　谢雨霏
许亦凡　颜雅琦　杨　杉　张胡青　张　艳　钟城龙　朱卉昕　邹李鹏　曾　迪
陈　澳　陈　希　邓超伟　冯崴崴　高忠瀚　何姝莹　雷道林　李明睿　李　霞
李卓芸　刘孟阳　刘雯颖　陆文哲　罗思雨　吕一帆　庞欣怡　宋佳凝　王从容
王雨欣　熊正银　徐静玮　许志帮　杨乐妍　姚鑫炘　张靖芸　朱文嘉　陈　鸿
陈纪元　窦伟健　杜安迪　何尚炯　何玮珊　李梦妍　李欣然　李雪娟　刘新宇
刘雨萌　陆奕璇　吕雯婧　潘宇凡　屈庆青　王倩华　王琰樟　王紫晗　徐　尧
许　娜　杨吉荣　杨　玫　尹宇欢　张　静　钟明橙　周子烨　朱　钰　陈青峰
冯春骥　蒋月亮　廖文锋　刘子越　滕　腾　武　辉　徐宗瑜　杨其睿　张　航
朱政彦　陈佳仪　段未珣　何慧川　江雨春　李　佩　李　阳　刘　琴　陆海滢
路　晶　马碧萱　尚可心　王晨丹　王瑞涛　吴　聪　许馨予　袁　畅　钟文燕
陈慧敏　陈媚澜　邓　佩　高树杰　郭盈盈　何李敏　贺鹏飞　胡雨欣　黄新宇
李佳静　林乔树　卢巧玲　芦永杰　齐子涵　苏发慧　汤立杰　王非凡　王　扬
郗望钦　严　锐　杨雨烟　张佳一　赵心怡　周福新　周兆禹　朱　敏　金　语
曾星星　陈小婕　丁　苗　龚依晨　李　晗　李嘉彤　李岩石　刘宛新　刘玉洁
罗慧颖　罗开兰　邱棋杰　田　楠　童　坤　王一鸣　王媛媛　王远召　吴小兰
项怡然　谢　溪　徐子康　杨治国　余　奕　张静怡　张　立　张凌风　郑翔宇
陈　静　陈宇龙　陈玉鹏　费子龙　冯　智　龚谢虎　胡佳宁　胡骞月　季文一
金文逸　李晓霞　刘　成　珥瑞卿　任育欣　桑雪希　王曼琪　王　敏　吴兆涵

张 浩	张 锴	张思琪	张新美	张旭晨	张 燚	张 玥	周乐诗	周义博
朱晨晖	白宝凤	卜兵兵	曹天宇	陈金鑫	崔晓敏	代堂逸	黄 铖	姬文祥
李晓雯	刘惠佳	刘 政	潘 登	孙 铖	王心豪	王 燕	王 怡	杨弘宇
杨洪陈	杨舒文	张皓月	张仁瑶	张修涛	钟 垣	朱子怡	陈泽犇	付 壮
傅文皓	侯嘉秀	斛如晗	江 宁	蒋 坤	刘俊杰	陆荣仙	王文静	王 言
王 瑶	韦文鑫	魏 飘	徐 灿	杨洪静	杨 攀	姚宇婷	张拂熙	张吉翔
周柳青	朱苑青	毕罗傲	卜美连	曹 文	陈博越	陈圆圆	丁 锴	韩金豆
何 欢	何文琪	黄天育	蒋 超	李 鑫	李艳薇	林沛奇	刘新君	刘营营
马禀岳	孙世琦	汪火平	吴超鹏	徐莉莎	杨亚婷	翟启月	张馨元	周妍捷
朱安琪	蔡新建	陈 鑫	成 闯	崔凯钥	高立阳	高灵敏	高向远	宦文涵
康子安	李发巧	李佳蔓	李嘉莉	李 雪	路苗苗	马 丽	邱振娜	隋雨珊
孙一铭	王雪晴	信博洋	阳思诗	杨雪松	尹佳月	张星芸	王语萱	王文欣
丛天时	吕夏怡	伊 凡	刘玉婷	刘雨婷	孙思宇	孙 暖	李丹怡	李佳新
李浩坤	杨 帆	杨 颖	张世倩	张逸勤	陈星宇	陈 律	罗 思	孟德杰
赵珈翔	秦天允	殷钰骞	高 阳	郭祥月	程周芳菲	鲍 栋	戴源达	韩艺璇
刘 欢	吴伟民	郭志浩	刘佳铭	吴倩莹	马缨舒	王之韵	王佩贝	王显武
王 鑫	尹太哲	叶晓宇	冯宇能	华天舒	刘振辉	李艺帆	李晨铭	李婷婷
杨 林	杨盛琪	吴婉芳	吴 瑾	何 贝	张吉儿	林文卫	周禧圆	祝张缘
贺诗月	盛显雅	商锦铃	雷函倩	蔡适文	付雪莹	胡高智	唐翼龙	

公共管理学院（222 人）

马思雨	王伟宏	王祎然	朱治国	向彬维	刘 乐	许 静	李超群	李瑶瑶
吴 双	余乡芸	张 越	周冰玉	周 婷	贺丽群	索朗贡宗	夏宇翔	倪 淳
徐 蕊	陶志钢	曹 语	淳韵竹	葛思源	蔡伊杰	臧义茹	杨晞雅	卢晓婷
袁湘怡	吴 盼	马赞宇	王 岩	王越欣	王森钰	叶育芳	邢紫欣	吕钰琪
闫丹妮	孙佩佩	李晨霏	李豪杰	杨启凡	谷 萌	宋坤元	张洁文	张琳鋆
张 强	陆依儿	罗佳乐	周天齐	周 巧	周舒靖	周 磊	赵凌雪	赵墨凝
徐燊馨	黄雨萱	龚雨欣	常悠悠	温丽馨	蒋慧琳	武宇涵	王 欢	陈欣怡
万 朵	王泽田	王晓乐	王逸楠	王 琰	卢 昭	朱俐叶	朱祥如	任佳男
任 洁	许贝贝	严怡雯	李延欢	李昀晓	李根深	肖 萌	邱炳涛	余 迩
张小蒙	张慧婷	陆妍霏	明昊霖	金思危	桑巴扎西	蒋榕基	韩子骞	解菁菁
嘎松丁多	阚 敏	潘 浩	吕 欣	郭 祥	丁俊伟	于雪洁	王昕妍	孔令怡
邢嫣然	成婧文	严 敏	李可星	李 京	吴格格	张为东	林佳琪	周飞瑶
周润菲	赵佳怡	祝祺祯	姚靖宇	徐高梵	董一睿	韩雅男	景丝雨	魏湖滨
魏文佳	刘天昊	霍青君	梅 倩	杨庆礼	叶泽扬	常钰琪	张奕琪	王 尊
艾佳璇	司 印	华佳琦	刘梓涵	杨 娇	佟佳霖	张 妍	张凯丽	陆希诚
陈 希	苑恒源	金善卿	周倩雯	胡珍国	段浩然	侯玉莹	姜一鸣	倪 菁
郭 音	陶 然	黄文颖	梁晨钰	翟裕婷	刘雨菁	彭 婷	张 锐	余 欢
谷晨焯	任一帆	张毓珊	王泽坤	文 琳	朱子涵	许琳婷	李成曦	李 荣

李　敖　李嘉胤　杨　杰　吴漪琳　吴　楠　张　奇　陆才英　陈沁怡　孟春妍
封梦阳　赵义明　聂碧颖　夏　宇　钱弘意　韩丹妮　廖为华　谢　炜　苏逸凡
陈禹铭　朱朦朦　王谦翔　莫　逸　聂钰双　李诗禹　尤　曼　尹文静　旦增桑姆
白玛央拉　朱媛媛　刘　庆　刘芳汝　孙伊凡　肖欣茹　张玉玲　张雅婷　张媛媛
陈秋硕　赵　薇　郝雨欣　胡　旭　胡锦萍　姜运成　胥炜煜　聂小慧　崔卓文
梁文会　靳　玉　颜学婧　薛　悦　许盼望　陈文昊　张宇涵　欧旭辉　文佳月
刘诺佳　阿丽亚·阿卜杜热西提　努尔比耶·阿卜力克木　阿力亚·艾力
非罗兰木·阿布都瓦哈甫　海仁萨·阿卜力克木

外国语学院（159 人）

金　瑛　许可欣　张新月　林彦初　丁一非　马志超　王　艳　王　挹　仇诗怡
叶小羽　任盈盈　华雨璇　刘玉瑄　刘　鹏　杨佳琦　张欣雨　张倩文　范语馨
赵雨丝　胡　君　袁　苑　徐嘉徽　高伊陌　程语贤　廖偲璇　宋博涵　钟日洲
王　元　王春蕾　王钰婷　孔晨佳　吉雪萌　伍　强　刘乂粼　刘　青　刘婉玲
闫雨晴　许桂源　李羽鹏　吴佳宁　张星辰　赵芷熠　俞　洁　唐雨馨　崔　萱
耿钰淞　王兴标　印　雯　师彦博　刘思彤　刘鑫宇　孙心宁　李汉丰　李　佩
李逸升　李　婧　杨欣昕　肖沣芮　余红汝　张　晴　陈　云　胡可越　寇星星
熊　玥　程婕茹　王　蕊　闫楠楠　陈　琲　朱丽琪　王佳琛　王盈晰　邓可晗
申佳琪　冯　瑗　朱雯薇　刘斫宇　杜玲莉　李夏斐　李凌雅　肖　蓉　宋佳文
张智喆　陈妙蓉　范玲玲　岳钶丹　孟岚清　顾　心　谈思琦　黄弋珍　黄柯雨
魏紫勤　张申申　洪容若　李　萌　吴瑕沁　莫蒙露　周骄阳　胡静怡　高梦超
潘　岳　王清扬　王　婕　龙秋利　刘云平　刘景怡　李正莘　杨　薇　吴倩玫
况　彪　沈涓榕　宋丽鋆　陈士宵　陈　声　范露萌　夏同济　陶梦圆　黄淑君
梁　思　蒋丽丽　雷　楠　潘与点　林　欣　刘　慧　蒋小诺　胡泽宇　陈舒婷
任溱镭　马瑜含　王亚男　王怡婷　王　萃　许耀文　孙嘉慧　苏雨婷　杜梦迪
沈凌霄　张　楠　金学童　建卓坤　相　榕　倪佳月　高永山　郭　旗　蔡　洁
裴　杨　樊孚铭　魏　然　方　影　许茹欣　左荆蕾　应青烜　王　頔　蒲昱竹
罗彩霞　梁　潇　张麟慧　陈冰钰　麦里瓦提·阿哈力　夏依丹·帕拉哈提

人文与社会发展学院（206 人）

杨旗典　王钰涵　钟卓安　王宇烁　方雨蔷　朱志明　朱真逸　刘铭毅　刘智尧
江　颖　许漪桐　孙文韬　李　欣　李茜茜　杨羽寒　杨雨萌　杨晓雨　杨雯景
吴鹏程　余艺川　辛　玥　沈俊彤　张沁雪　张　瑞　张露芊　陈宁翔　邵灵喆
郑亚林　赵志兰　赵喜闻　费　于　钱雨婷　徐　伟　陶思竹　龚　雪　童　静
曾川峰　谢　青　潘泽昆　潘瑞勤　薛　航　焦琪源　张茞茞　花之璇　林悦凡
朱玉青　冯安琪　朱　婕　丁子彧　祁忠静　央　吉　孙文心　陈学子　易　凡
施勇廷　蔡雨倩　尼玛曲宗　李　蓉　宋赛男　陈　政　冯　媛　时章棋　宗　天
孙　蕾　王雅来　朱明月　闫若瑾　张　晨　白　莹　石　晨　韦余健　王　强
刘思凡　李镇宁　孟欢欢　姜　顺　李　榕　原凡斯　顾鑫维　刘妍蔚　宋海伦

陈 阳	陈 雨	陈 瑶	武泽原	周冠岚	孟璁瑢	于蕴青	尹心韵	石慧君
许雪纯	慕易婷	王一凡	次旦多吉	武娇利	钟 华	夏 彤	蒋广清	德庆雍措
万紫欣	冯 博	王 芹	毛新凯	施俊妤	王伟州	刘栩冰	吴 霞	陈子君
林雯熹	黄 敏	王采薇	孙铃玲	余鲲鹏	宋 轶	陈洁玥	央吉措姆	张钰晗
胡晨笛	吴 克	张逸清	宣珂昕	钱艳蝶	潘怡婷	吴 阳	张霁雯	洪思齐
周 玥	徐鑫玉	王哲宇	赵珂铭	夏 繁	王诗琦	李 澳	杨心怡	吴国都
陈丽珊	王榕萌	董磊成	马 超	王 懋	朱 月	李佳明	吕子璇	闫若沂
赵远泽	姚昕昊	倪 妍	黄倩倩	王宇阳	王宇辰	曲鑫娟	陈艳芳	段淞元
刘家辉	陈雅茹	刘宇冉	李 晗	杨文静	张 干	陈自杰	赵彦哲	王 莹
艾广成	刘爱宏	苏春阳	李绿阳	杨艳芳	林雨欣	姜宛坤	杨 琼	施运虎
倪馨雅	陶嘉诚	陆 燕	周 毅	梁秋红	杨雨禾	刘子郡	孙笑寒	李可欣
何睿婕	徐 颖	殷倩文	张欣宇	张 静	蒋 师	臧 静	薛肖敏	马玉珉
陈丽娟	彭 心	程清扬	石 昕	刘 柱	孙若萌	郭珂彤	蔡湘茹	肖姗娜
罗三川	孟挺凯	苏 婧	杨 岚	范雨露	欧阳文婕	夏美鑫	琚嘉硕	

理学院 （140 人）

石涵钰	蒋俊豪	谷泊延	丁跃影	马若洵	马欣佚	王宇雪	王丽颖	王艳萍
毛 翔	朱裕华	刘汉钦	许海亮	孙文宇	李子月	李华圣	李婉如	李 瑞
杨 澜	何钰宸	沈 培	陈春双	陈福涛	林文茜	林 莺	欧阳杰滔	罗奥丹
赵怡婕	曹馨仪	淡馨雅	舒格溪	赖安瑜	夏心语	吴倩婷	颜如玉	刘子涵
王振乾	黄建民	程佩文	俞雪纯	马 珉	王瑄琪	卢雨盈	朱 可	向 琼
刘子昂	刘文丽	刘玥悦	刘 馨	严家琪	李嘉巍	何 芮	余潇竹	冷锦阳
俞森燚	高志远	郭颖聪	黄柳颜	潘叡文	薛子建	岳小贺	邹 圆	万文芳
王友轩	王琪瑄	王 辞	韦巧玲	左 思	朱泽林	刘 妍	李 升	杨力臻
杨鼎淳	邹 萌	陈司琪	陈 宇	陈胜林	岳圆润	金凯迪	段雨濛	黄 艳
孙建龙	耿 珩	史学甜	吴彦慧	丁宁徐进	邓诗思	卢鸣凤	向 靓	刘佳萌
江俊岑	花伟杰	严佳维	杜奕霖	杨 杨	吴迎莹	邱润玲	张 帅	张雪斌
陆相儒	陈思璐	邵嘉旋	罗家豪	罗 琴	宛玉强	胡孝东	姜洪宇	姜毅杰
徐飞燕	曹芝瑷	曹嘉轩	康赛蕾	周思宇	陈小菲	王振中	于桐炎	万 萌
王泽虎	王 莹	王 琛	刘雨薇	齐咏冰	李晓光	李晓行	李 娟	余永凯
汪雨蝶	陈俊羽	陈润南	武晶雨	侍钊平	岳培昊	周思涵	周蓉蓉	胡海蓉
洪 叶	徐 聪	康 钰	谭隽杨	黎旭莲				

生命科学学院 （173 人）

马越益	王 磊	朱政全	李冰玉	杨伊秋	吴子锐	张 楠	陈 宇	金 英
周安杰	贺雅婷	贾南豫	顾雨杉	顾超德	唐 璜	章雨婷	沈 威	常 宁
丁玉祥	卫家禹	王雪颖	庄得阳	许 锐	李华兰	肖凌君	张博文	张豫清
陈 池	庞一非	赵阳平	夏安琪	顾巍巍	戚锦簇	蒋 浩	童 歆	蔡 珉
滕 玥	潘凯华	吴若芊	王诗语	叶雨明	兰泽君	任雨婷	孙奉圆	苏天琪

李喆思	吴炜顺	沈 颖	宋柳影	陈 轩	赵君苗	郝全才	殷倩兰	郭艾婧
唐家杰	黄琨宁	梁 璐	谢信心	樊 昊	滕信悦	陆倩颖	吕紫晔	吴嘉琪
龚寒啸	于立群	王心怡	王润芃	王静捷	付红阳	向禹铭	刘伟栋	江雯逸
汤易平	孙禄加	孙煜杰	李克玉	杨梓桐	何诗雨	何禹辰	季鑫磊	周 颢
郑 悦	赵宁辉	胡馨月	袁玮乐	高与盟	黄治珏	黄 皓	梁 亮	吴姝悦
张季秀	王玥涵	王芬芬	王雨欣	朱 祎	刘 丽	李沐紫	李 晨	吴俣泓
邱东艺	张 玥	陈景玉	赵 军	赵 微	郝 洋	胡雅雯	姚世博	徐 祥
郭嘉欣	唐梦玥	黄媛玲	常志远	曾盈悦	鲍彦伶	薛 冬	薛华晨	宋 博
李瑞涛	王 伟	王 迎	王 昊	冯 灿	兰洪秀	朱雅琳	刘正龙	刘昆昆
杜玮捷	李雅昕	杨丹丹	张先倩	陈嘉禾	邵 林	赵品清	莫小燕	黄伟烨
彭 越	蒋昕怡	谢心宇	蔡凌帆	于 杰	马文闯	叶航婷	田欣煜	任依依
刘卜郡	李宜泽	杨丙辰	肖泽玲	宋怡杰	张钧凯	张靖艾	陈梓嫣	邵子腾
邵 杰	胡天翼	洪梦婷	夏逸凡	徐逸菲	郭家成	黄小娜	黄 金	黄 炎
曹 臻	彭 澍	韩莹莹	廖 简	戴翔宇	魏子洋	谢力潘木·艾力		
哈丽代姆·图尔荪		白热组·库地来提		玛日比耶·安外尔		阿衣巴塔·塞力克		

金融学院（235 人）

高 源	万宜宁	王英健	王海淼	王雪琦	龙戴月	吕 凡	刘诗琦	刘涵琪儿
刘 琦	刘禛一	李 星	李梓音	吴姝芃	何子轩	宋楚青	张丹阳	张 旭
张轩顿	张致一	张黛茜	陈晓玲	周心悦	姚冰星	徐世姣	陶 然	黄天祥
曹鸣洋	童 妍	郁文涛	戴旭旻	丁 缘	胡 琪	金 子	马昕妤	王永琦
王秋茹	朱 立	朱沁钰	刘锦涛	刘 溯	刘静如	刘 睿	孙宇薇	李元君
李雅雪	杨 涵	余王蕾	余星好	余语婷	宋荣杰	张宇琪	赵琳燕	赵 耀
姜 好	顾长春	徐大康	徐雨双	高博文	唐 琦	黄芸洁	黄沁宇	蒋慧悦
丁明惠	王 琪	王嘉明	白宇辰	邢卓玥	仲思衡	江逸夫	孙宇情	杜孟单
杨 珊	吴易珍	张文雅	张东旭	张信超	陈 乾	罗穗梅	周心语	郑家乐
赵 弟	胡菲彦	钱 懿	唐思语	黄姚怡	褚凌榕	蔡渊博	樊浩月	魏明怡
张倩馨	杨颖婕	王雪梅	徐 昂	霍文欢	陈 婧	王 鹏	田 檬	吕思莹
朱安南	向语谦	刘丛源	刘 珊	汤悦坤	孙子涵	李照希	李新亚	张天歆
张雅静	金陈华	周 旋	姜佳帅	耿久易	徐 岩	徐菁娅	殷秋霞	黄思嘉
常琪悦	臧佳伟	耿一彪	王欣萌	马晓蝶	王子乔	王晨阳	任 烁	刘思静
孙紫箬	邹钰金	汪子晗	汪冰燕	沈向聪	张永佳	张寅笑	张靖雅	陆露洁
陈思远	周 航	周箬怡	庞涵尹	姜 智	高梓瑜	曹一丁	曹可仁	谢浪情
任平芳	刘馨忆	刘鹏涛	刘辛锐	王绍函	王晨锋	牛晓睿	冯天阳	刘 展
齐志鹏	孙 芊	吴敏慧	余敏霞	沈志燃	初欢欢	张海奕	陈 涵	陈 瑜
金润铭	庞凌霄	徐雨晴	曹伟琪	曹墨含	梁晶晶	梁歆月	蒋佳雯	唐雨婷
韦 佳	王姗姗	袁 驿	赵钰菡	王昕琛	王维彪	邓 荻	冯高远	孙荣杰
李静达	张子芊	张佳瑾	张婧怡	陈雨露	陈梓轩	林同同	周玲丽	孟晏征
黄诗杰	黄思琦	黄美华	黄鸿杰	黄 煦	蒋伟楠	蒋懿琳	谢思远	熊玥洋

白子玉	张　娴	席飞扬	刘　影	郑子昕	丁芷佩	王昭莹	王思琪	叶雅婷
李青竹	李其芳	吴诗宇	余宗建	张月美	张佳缘	张浩东	张蕴涵	陈韵盛
陈慧玲	金　骋	周振宇	周龚博	赵佳意	胡晋钒	姚　悦	徐邱航	徐君轩
徐皓矾	郭　丽	郭铖铭	陶润雨	董羽飞	滕　岳	潘嘉桢	薛　铭	马　尧
施　展								

草业学院（33 人）

马　丹	马千翔	马鹏飞	王　虎	王怡婷	王荟茹	白　羽	白玛措吉	达珍措
乔云云	伏秀珍	刘昊鹏	邹丽娜	张华东	陈思如	陈静仪	耿加美	郭　铖
姬佳翼	黄梦凡	隆海宝	谢启贤	蔡天宇	严　妍	卓可儿	戴　圆	买梓杰
杨朋三	刘　程	郭起冲	黄诚晟	郭雷姣	金培源			

人工智能学院（388 人）

胡庆迎	郭　皓	白嘉豪	蔡苗苗	陈　昊	丁啸天	冯媛媛	江颜君	焦泓渊
李炎胤	李梓昂	刘海通	陆　虎	任万鑫	沈熠婷	童　杨	王浩宇	王勋宇
王志方	吴佳鸿	徐林欣	徐前进	徐泽颖	杨盈盈	禹泽艺	张文军	张孜谙
周晓航	陈　博	张　翀	薄子杨	陈佳豪	陈佳琪	程星智	董民星	高　玥
龚　琰	李明远	李思雅	李　元	林宸宇	刘雅彤	陆军雄	任衍政	盛阳烨
王凌飞	王小婉	王衍超	吴建东	吴婷晖	徐　蓉	许崇旸	闫胜琪	杨啸南
叶树沁	张博涵	张壹峰	赵康怡	周暄谌	贾紫珂	马慧童	李捷姝	沈思汛
郭云香	刘博洋	杨阅江	白宇曦	曹志宾	陈明阳	陈　茜	崔永林	杜博鑫
郭　宁	李佩浩	李心语	李月阳	林永坤	卢　帆	马翔宇	任玉钱	邵昱宁
涂志松	王　爽	王　昕	王彦飞	吴　坤	喜　卡	徐淑晴	闫　涛	杨云涛
张　灏	张灵玺	章清伟	周佳英	刘晓颖	包星星	陈　晨	陈　艺	丁海舟
范志昊	冯　婧	黄海平	黄学瑞	李兴昊	李越诜	梁嘉莉	刘晓丰	卢雨晨
潘　祎	邵义刚	孙美花	王必兵	王泰山	王渊默	翁小艳	谢袁欣	徐铭扬
徐欣然	严宇宏	杨　洋	应　楠	张景裕	张怡宁	章天翮	朱姜怡	李泽渊
白天浩	蒋天蔚	马小晴	王奕燔	王嘉琪	成永康	朱　晨	朱　银	刘　健
刘通宇	李弘尧	杨智慧	杨　颖	吴　雪	何　成	汪嘉铭	宋庆婕	张宇豪
张振宇	张　逸	范毛烨	孟　源	钱佳慧	倪鎏佳	黄锦鹤	曹　笛	董佳德
谢海涛	蔡伟豪	廖益雄	潘毓雯	贺天一	刘　宇	汪立睿	施嘉城	赵亚东
王宇涛	艾田歌	于　哲	马　晗	王令声	王　强	甘凌霄	卢苗苗	叶宇晖
朱林刚	刘璇浩	关　蕊	孙　志	杨　洁	余乘涛	宋冠武	张紫月	张耀午
陆逸涵	陈凯琦	陈　越	季洋洋	封佳珺	胡丁昊	莎　娜	徐婷立	黄姮祎
章启建	彭震岳	董一鸣	穆海波	朱志畅	杨弋宸	龚曦明	张峻鑫	毛亚琛
王宇航	殷佳来	王安乐	邓　强	刘方烨	许文文	孙顺涛	李向辉	吴津泽
何　昱	余　凡	张筱琦	陈文瀚	陈师师	陈惠颖	范子尧	欧阳露	赵　赫
郝　璇	袁依同	顾　妍	徐艺文	黄美钰	梁叶剑	梁耀元	曾沛莹	赖鸿辉
熊天宇	潘成婷	潘政伍	魏金池	钟慧珍	李　杰	胡华东	刘　攀	潘　琦

徐瑞龙	山巾芝	王彤伟	王泳明	王程远	王 蓉	田佳琦	刘 欣	刘斯斯
苏成阳	李家齐	杨孜彤	张一凡	张永博	张雨荷	张 健	周 傲	郑子秋
郑啸岩	郑 睿	胡茹燕	钟雅琪	姜 萌	贺 宁	徐 舜	郭浩成	曹 蕊
崔军明	王一轩	邱珂泰	廖聪兴	曾 祥	窦佳轩	段朕智	房玥昕	国文玉
胡 昱	黄 芃	雷恒晴	黎荣蓉	李天士	马江南	石 逍	史濮源	吴 庭
雒昊翔	邢亚宁	许叶葳	杨 晴	袁策策	袁 震	张清东	张 瑞	赵晨光
赵尚毅	赵天羽	赵蔚星	赵忆酒	周旭玚	朱家豪	柴茵茵	刘紫琪	余衡臻
冷雪敏	史一然	曹文韬	曾 鑫	龚天宇	韩 雪	韩泽宇	黄永祺	江 涛
李千越	李长春	梁正泽	罗永康	平博文	王海亮	王 向	王薪纪	王星宇
文成军	杨 枭	于 蒙	张红彬	张 璐	张焱琪	赵胜超	郑佳琦	周 野
朱万欣	张亚成	侯 璐	薛云帆	董 晖	方子博	包 博	暴荣芳	陈梦清
陈为祥	郭炳良	郭兴彦	韩凯欣	郝梦圆	何昱晟	郎博名	李兵兵	林宸立
刘陈轶	刘宇琛	罗嘉宇	邢殊涵	马 亮	毛诗涵	沈 轩	苏闻涛	王翔宇
王雪心	武 迪	修 瑞	徐志全	杨 丰	赵立敢	朱佳琪	祝忠钲	姜 理
戴苏阳	高海钦	何剑豪	胡青正	金逸敏	金正南	李俊潇	梁天天	林岷毅
林 宇	刘馨蔓	卢煌铃	罗 星	彭 丁	秦 祺	王 焕	王子钰	巫笑言
吴松谕	夏琳琳	熊飞宇	杨安琪	杨俊禹	余新炬	张义鑫	张泽雨	朱书杰
王心怡								

工学院（698 人）

戴子豪	吕世杰	韩天鹏	江佳明	王魏魏	周 扬	朱江帆	丁 丽	高淑影
何 晓	胡付丹	葛成浩	胡 瑞	王钰涵	杨惠钧	赵 霖	龙 漫	杨文志
王 正	刘双丽	方 正	雷 蕾	高靖雯	许天睿	傅金花	毛 展	赵泊祺
刘宇林	杨智超	黄良正	杨哲熙	张家源	林晓涛	覃正永	张希成	黄 帅
刘浚哲	唐 波	陈建宇	方伟健	汪银胜	朱博涵	邹天余	梅佳琦	邵宇豪
王振旭	郑 捷	钟真言	龙胜文	夏达菲	刘 鑫	张飞雨	钱家豪	杨春石
向 旺	陈泰来	郑凯戈	曹佐强	王栋辉	王登文	杨晋强	杨志豪	高 翔
凌思景	郭大钰	许 鹏	周森康	欧阳思莹	陈诗佳	李 钊	田 波	韩 江
何小玉	刘英镖	杨惠敏	姚新月	张耀升	朱筱筱	李溪桐	王晓宏	吴雯珺
常震宇	陈志龙	刘佳晖	刘天增	朱 杰	韩宇飞	林建军	朱韩浩哲	陈 策
李自宇	刘孟夺	刘 洋	谢 昊	任浩翔	邵益帆	顾宇浩	侯仕宝	李澄鑫
吴 松	张 磊	陈柏一	陈俊男	吴佳玉	张志鹏	曾金辉	商 凯	余沾磊
章明理	周家鼎	陈 啸	冯 灿	付帅淇	李 超	李永太	周慎远	孔 萌
陆沛文	马祺森	石晓雷	王 鑫	张 浩	付明明	屈非莹	石 宇	朱智强
薛雅丹	包仕政	范鹏宣	何凯歌	陈志远	王银柱	钱 凯	王杨阳	张 松
耿 洋	周 珩	柳志新	王 源	奚 特	张渤衢	董浩东	李 田	罗 旭
周德时	陈圣伟	游 勇	王 超	徐阿青	余俊杰	温 瑜	樊瑞梁	高华君
杨沂锟	龙石桂	韩雨洳	于 晴	钟名海	钟笑听	宋宇森	詹高杰	王西子
王东荔	余桢梓	方国安	崔 越	徐庆龙	赵 敏	彭文俊	张越宁	潘艳青

乔泽鹏	黎卓杰	童 杰	张顺新	邱 玥	张胜姿	冯玉洁	刘昕翰	陈斯琦
张薇薇	陈佳祺	吴冬梅	谢 欢	曾璐瑾	金秋予	李子维	邱继康	宋思远
余星召	管司瑜	孙靖贤	袁茵茵	刘彤畅	曲 林	孙孝凡	张 妍	张子昂
倪文健	王恩柱	詹韩雯钰	朱玉颜	黄泽宇	姜铭月	庞心烛	袁宇辰	常启正
陈海梅	唐 润	张书锦	郭 奇	李由春	吴乃婷	姚正周	叶孟君	刘靖怡
王 怡	张 凝	何逸凡	张静于	艾佳鑫	李全弘	幸晓玥	杨振成	卢逸芃
谭 栋	韩雯宇晴	吴 仪	师靖云	骞 瑜	席扬越	王晨光	张王一博	杜乾瑞
田程程	朱煜辰	张玉淼	董森瀚	黄 晟	彭晨元	刘欣然	田露旭	李晓萱
夏一磊	郑健乐	陈奕庭	柯立通	伍开福	周 辉	师晓欣	殷志昂	钟浩男
陈俊齐	宋 旸	彭浩鹏	郭延旭	李亦哲	万福健	冯 浩	孔浩然	张 龙
陈小丹	齐观超	钟濠屹	王 慧	王烁晗	朱 童	邹宇轩	林泉锋	戚元杰
施晓敏	王欣欣	姜紫薇	蒋民杰	夏 劼	刘泽松	刘 颖	侯瑞琦	廖亚兵
李雄轶	杨 斐	王雨薪	徐 慧	胡清元	卢有钰	陶 喆	杨 悦	倪 阳
夏 硕	杨佳宁	刘靖川	郝江帆	田若辰	闫新如	吴 俣	杨玉华	王黎明
张 进	李金源	娄 欣	周静宇	姬 丽	陈玉华	孟庆杰	黄丽锦	李文豪
曲梦龙	张 航	李金福	韩 萌	张耀之	华 伦	王昌浩	叶泽帆	杨文文
曾 赫	杜海燕	皮佳玲	陈泊林	邓笑之	李孟朔	张 玮	赵操玺	刘 奇
石 林	刘一贤	左浩然	何俊淞	罗宇航	王小民	曹彪彪	朱大杰	陈谢瑞
黄雅萍	刘明嘉	宋一帆	曹盛昌	何奇沏	蒋雪飞	张寅嘉	邓绍清	蔡振兴
李路路	陈伟权	谭 容	王常懿	陈鸿誉	石雅松	刘思思	冯 林	贺文彦
孙乐凯	陈 磊	任娜娜	张 薇	韩 冰	刘可成	张亚菲	张寅武	陶 健
禹张泽	郭昊天	牛春建	张国欣	竺文帆	韩 钊	廉高欣	潘自立	陈远路
林 军	程德民	周星呈	王亚洲	李 兴	李 磊	顾庭伟	刘兴明	张驰北
武娟娟	杨彦霏	郭天宇	孙菀林	王 威	张成新	南佳兴	苏克兵	刘胜利
任景民	马鹏飞	朱文杰	田佳运	杨俊杰	刘子仪	刘杰腾	严欣喆	周思宇
郝志豪	王苏北	杨一帆	潘中伟	张文强	梁智超	肖 汕	宇 琴	李啸文
赵 俊	宋晨艳	田春鹏	金子熙	门彦宁	杨 辉	方思然	吴春鹏	陶 鹏
蒋 冬	秦鑫超	孙钰炎	曾志强	苟子惟	王志豪	孙铭翙	吴佳楠	周彩莹
李宁宁	彭雅林	常晓婷	贾才俊	梅艳芳	王俞鑫	赵 燕	廖 方	陈 浩
何子坤	莫钰俊	刘 浩	秦 磊	罗 楠	朱永琪	蔡奇琪	陈美菱	陈自强
段嘉懿	傅玮东	李晴晴	李 伟	李芝雨	梁 冬	刘振杰	片 多	绳晓露
谭莎莎	谭鑫杰	王刘欢	吴正杰	许 珂	杨德鹤轩	杨霄鹏	张 鼎	张焱杰
周锦婷	左 振	郑 可	陈一奇	程 颖	丁 菲	格桑多吉	葛李伟	胡子义
简天山	焦碧玉	刘锦阳	罗永欣	吕懿娴	穆晓蝶	佘智超	舒孟琳	孙瑞凡
孙旭云	唐浩洋	唐 旋	童梦雨	王春文	杨 震	张泽桦	郑云霞	周子翔
朱德青	陈 京	曾梓成	陈旖黎	樊佳欣	高 慧	高 锐	高愉权	格桑伦珠
黄苏平	李东梅	李华健	李欣悦	马 雪	宋晓晖	王云云	杨晨光	杨家富
杨振珑	张少烽	赵思宜	郑昌雄	周 佳	朱香原	敖宏贵	曹 福	陈汉平
陈瑞亭	程 驰	程鉴泓	丁思尹	段家明	段 琪	段荣荣	韩 璐	郝彦冬

贺兴鹏	洪康锐	黄 珍	李庆睿	廖华禹	彭天然	孙佳慧	王 琳	谢璧任
杨胜寒	殷小思	余一伟	左瑞林	胡长丽	白金涛	陈小涛	董海玉	方 宇
侯佳琦	侯子菊	胡传胜	贾志芮	鞠佩芸	李 鹏	李鹏玉	厉 健	刘国倩
刘佳敏	马承喜	马利强	施映光	帅 霖	宋沛哲	徐 越	杨文明	张 萌
张亚洲	张怡琳	征 程	郑家乐	施佳佑	丛 正	樊 旭	范 鑫	康旭娟
李玉洁	李赟莎	毛雅婷	孙 博	田琪煜	田 震	王国君	王乐瑶	王宇飞
谢 珂	徐 鹏	徐 松	杨凯鑫	杨媛媛	阴宇宁	於 超	俞格格	张 昂
张生泽	张 政	赵杰明	郑文琳	蔡嘉奇	刁 勇	黄勇斌	李嘉煜	李文海
李 钰	刘 琪	刘肖强	刘兴睿	柳若楠	龙雄维	罗大卫	马思瑛	倪博文
乔家栋	孙竞豪	万希同	王继浩	王书婷	王泽宇	魏煜宁	杨 希	游礼端
赵正鹏	郑 伟	郑轶凡	周加俊	朱琪瑶	邹明萱	王 硕	刘 慧	刘 瑾
赵亚宁	周 航	王小红	张舒桐	铁 瑞	兰雪琦	任炳霖	段长勇	蔡 宇
史陈晨	付成洋	王赟赟	程家琦	周佳伟	何思涛	李菲尔	刘佳乐	肖鑫泽
万和川	张 骞	侯仁凯	王 菁	徐 争	穆朝友	哈布尔	陈雨静	黎 凯
王 硕	苟光康	高 辉	韩 正	陈 城	罗灿星	谢凌龙	朱子豪	籍 旸
殷梓城	李 斌	王艺升	邰 升	符 信	李贤梁	李文浩	李政积	张佳宁
孙玺航	米玮玮	张 枭	黎靖宇	李 滕	车方婷	高 飞	黄志雄	王得志
张金鑫	姬鹏涛	王逸凡	赵明明	侯威捷	黄煜峰	周建旗	李 佳	陆 亿
赵忠妍	李翊诚	石俊阳	吴文杰	马子平	曹 猛	金 鑫	李 凯	周顺航
林国斌	程则铭	杨振宇	卢 斌	阿卜杜萨拉木·买托合提				

附录12　2021届本科生毕业及学位授予情况统计表

学院	应届人数 （人）	毕业人数 （人）	毕业率 （％）	学位授予人数 （人）	学位授予率 （％）
生命科学学院	173	170	98.27	170	98.27
农学院	198	192	96.97	192	96.97
植物保护学院	117	112	95.73	112	95.73
资源与环境科学学院	195	192	98.46	192	98.46
园艺学院	300	295	98.33	295	98.33
动物科技学院（无锡渔业学院）	128	120	93.75	120	93.75
经济管理学院	288	281	97.57	281	97.57
动物医学院	170	166	97.65	166	97.65
食品科技学院	178	177	99.44	177	99.44
公共管理学院	222	219	98.65	219	98.65
外国语学院	159	155	97.48	154	96.86
理学院	140	135	96.43	135	96.43
草业学院	33	32	96.97	32	96.97
金融学院	235	227	96.60	227	96.60

（续）

学院	应届人数 （人）	毕业人数 （人）	毕业率 （%）	学位授予人数 （人）	学位授予率 （%）
人文与社会发展学院	206	195	94.66	195	94.66
工学院	698	643	92.12	642	91.97
信息管理学院	350	340	97.14	340	97.14
人工智能学院	388	357	92.01	357	92.01
合计	4 178	4 008	95.93	4 006	95.88

附录 13　2021 届本科毕业生大学外语四、六级通过情况统计表

学院		毕业生人数 （人）	四级通过人数 （人）	四级通过率 （%）	六级通过人数 （人）	六级通过率 （%）
生命科学学院		173	170	98.27	133	76.88
农学院		198	187	94.44	116	58.59
植物保护学院		117	108	92.31	66	56.41
资源与环境科学学院		195	192	98.46	128	65.64
园艺学院		300	291	97.00	159	53.00
动物科技学院		101	85	84.16	44	43.56
经济管理学院		288	283	98.26	227	78.82
动物医学院		170	165	97.06	116	68.24
食品科技学院		178	169	94.94	125	70.22
公共管理学院		222	203	91.44	158	71.17
外国语学院	英语专业	91	90	98.90	73	80.22
	日语专业	68	68	100.00	46	67.65
人文与社会发展学院		206	178	86.41	115	55.83
理学院		140	134	95.71	86	61.43
草业学院		33	30	90.91	21	63.64
金融学院		235	234	99.57	190	80.85
工学院		698	638	91.40	181	25.93
人工智能学院		388	370	95.36	160	41.24
信息管理学院		350	336	96.00	157	44.86
无锡渔业学院		27	27	100.00	18	66.67
合计		4 178	3 958	94.73	2 319	55.51

附录 14　首批新文科研究与改革实践项目

序号	项目名称	项目负责人
1	农业伦理学通识教育新课程体系的探索与实践	姜　萍
2	基于学科融合的金融科技人才培养模式改革与实践	王翌秋
3	面向乡村振兴的农林经济管理人才培养改革研究与实践	林光华
4	新文科 ESP 教师专业发展能力标准体系探索与构建	孔繁霞

附录 15　江苏省高等教育教改研究立项课题

序号	课题名称	课题主持人	立项类别
1	新时代农科大学生知行合一实践育人模式的研究与实践	邹建文　李　真	重中之重
2	面向新农科的卓越农林人才分类培养模式研究与实践	张　炜　宋　菲	重点课题
3	食品质量与安全国家一流专业建设路径构建与探索	辛志宏　吴菊清	重点课题
4	慕课三维度立体化线上线下混合式教学的探索与实践——以计算机网络课程为例	钱　燕　邹修国	重点课题
5	以学生为中心的公共管理人才培养模式变革研究	于　水　郭贯成	一般课题
6	涉农大学"美育＋专业"融合人才培养的理论解析与实践探索	谭智赟　吴　震	一般课题
7	"基于慕课和虚拟仿真猪场的混合式金课"建设与实践——以猪生产学课程为例	黄瑞华	一般课题
8	东西部高校农业生物类虚拟仿真教学资源共建共享及教学模式协同创新——以南京农业大学和西藏农牧学院为例	崔　瑾　次仁央金	一般课题
9	探索蕴含思政元素的主题式案例教学法提高课程思政育人效果的实践研究——以动物（医）药学专业核心课"兽医药理学"为例	王丽平	一般课题
10	数字出版对高等教育改革发展重要性探索与实践	阎　燕　施　璐	出版社合作项目

附录 16　国家级和省级一流专业清单

序号	专业名称	专业代码	专业负责人	立项时间	级别
1	金融学	020301K	周月书	2019 年	国家级
2	社会学	030301	姚兆余	2019 年	国家级
3	生物科学	071001	强　胜	2019 年	国家级
4	农业机械化及其自动化	082302	方　真	2019 年	国家级
5	食品科学与工程	082701	徐幸莲	2019 年	国家级
6	农学	090101	丁艳锋	2019 年	国家级
7	园艺	090102	陈发棣	2019 年	国家级
8	植物保护	090103	王源超	2019 年	国家级

（续）

序号	专业名称	专业代码	专业负责人	立项时间	级别
9	种子科学与工程	090105	张红生	2019 年	国家级
10	农业资源与环境	090201	徐国华	2019 年	国家级
11	动物科学	090301	王 恬	2019 年	国家级
12	动物医学	090401	姜 平	2019 年	国家级
13	农林经济管理	120301	朱 晶	2019 年	国家级
14	土地资源管理	120404	冯淑怡	2019 年	国家级
15	生物技术	071002	蒋建东	2020 年	国家级
16	农业电气化	082303	汪小旵	2020 年	国家级
17	食品质量与安全	082702	辛志宏	2020 年	国家级
18	水产养殖学	090601	刘文斌	2020 年	国家级
19	草业科学	090701	郭振飞	2020 年	国家级
20	会计学	120203K	王怀明	2020 年	国家级
21	农村区域发展	120302	朱利群	2020 年	国家级
22	行政管理	120402	于 水	2020 年	国家级
23	英语	050201	王银泉	2019 年	省级
24	国际经济与贸易	020401	徐志刚	2020 年	省级
25	应用化学	070302	章维华	2020 年	省级
26	人文地理与城乡规划	070503	欧名豪	2020 年	省级
27	生态学	071004	刘满强	2020 年	省级
28	风景园林	082803	丁绍刚	2020 年	省级
29	动物药学	090402	王丽平	2020 年	省级
30	信息管理与信息系统	120102	黄水清	2020 年	省级
31	环境科学	082503	占新华	2021 年	省级
32	园林	090502	房伟民	2021 年	省级
33	设施农业科学与工程	090106	郭世荣	2021 年	省级
34	中药学	100801	唐晓清	2021 年	省级
35	市场营销	120202	常向阳	2021 年	省级
36	电子商务	120801	周曙东	2021 年	省级
37	人力资源管理	120206	冯彩玲	2021 年	省级
38	投资学	020304	黄惠春	2021 年	省级
39	工商管理	120201K	何 军	2021 年	省级
40	法学	030101K	付坚强	2021 年	省级
41	机械设计制造及自动化	080202	康 敏	2021 年	省级
42	计算机科学与技术	080901	徐焕良	2021 年	省级

附录17 国家级和省级课程思政示范课程名单

序号	类型	课程名称	层次	课程负责人	所属专业
1	省级＋国家级	植物学	本科	强 胜	生物科学
2	国家级	农业政策学	本科	林光华	农林经济管理
3	省级	作物栽培学各论	本科	丁艳锋	农学
4	省级	土地经济学	本科	冯淑怡	土地资源管理

附录18 首批江苏省一流本科课程名单

序号	课程类别	课程名称	课程负责人	其他主要成员
1	线上	农业气象学	王翠花	樊多琦、徐丽娜
2	线上	动物生物化学	张源淑	马海田、苗晋锋、刘斐、徐媛媛
3	线上	兽医寄生虫学	李祥瑞	严若峰、徐立新、宋小凯
4	线上	劳动经济学	谢 勇	周蕾、陆万军、沈苏燕
5	线上	概率论与数理统计	张新华	孔倩、张浩、王全祥、毛敏芳
6	线下	农业昆虫学	李元喜	洪晓月、薛晓峰、孙荆涛
7	线下	植物保护通论	韩召军	武淑文、侯毅平、刘红霞、王兴亮
8	线下	环境学	高彦征	葛滢、凌婉婷、周权锁、巢玲
9	线下	固体废物处理处置与资源化	周立祥	方迪、崔春红、王电站、梁剑茹
10	线下	园艺学概论	侯喜林	吴震、房经贵、陈暄、殷豪
11	线下	发展经济学（双语）	朱 晶	李天祥、展进涛、葛伟
12	线下	计量经济学	易福金	田曦、杨馨越、刘惠英、沈建芬
13	线下	猪生产学	黄瑞华	韦习会、周波、李平华、侯黎明
14	线下	食品微生物学	别小妹	陆兆新、吕凤霞、张充、周立邦
15	线下	行政管理学	于 水	刘晶、张艾荣、徐军、刘述良
16	线下	工科英语	孔繁霞	王歆、姜姝
17	线下	农村社会学	姚兆余	朱慧劼、张娜
18	线下	农业伦理学概论	姜 萍	刘战雄、郭辉、魏艾、严火其
19	线下	金融与生活	周月书	张龙耀、王翌秋、董晓林、林乐芬
20	混合式	生物化学实验	谢彦杰	王卉
21	混合式	生物统计与试验设计Ⅰ	管荣展	冯建英、赵晋铭
22	混合式	作物育种学各论	刘玲珑	亓增军、唐灿明、严远鑫
23	混合式	土壤、地质与生态学综合实习	张旭辉	李真、陈小云、李学林、王洪梅
24	混合式	普通生态学	刘满强	胡锋、郭辉、吴迪、李先平
25	混合式	饲料学	王 恬 张莉莉	庄苏、刘强、王超
26	混合式	兽医微生物学	姚火春	潘子豪、刘永杰、吴宗福、刘广锦

（续）

序号	课程类别	课程名称	课程负责人	其他主要成员
27	混合式	土地经济学	冯淑怡	蓝菁
28	混合式	土地法学	陈会广	龙开胜、尹雪英
29	混合式	工程测量	赵吉坤	姜玲、高新南
30	混合式	数字图像处理	刘璎瑛	
31	社会实践	现代农业技术实践	李刚华	王益华、王友华、刘小军、钱虎君
32	社会实践	大学生社会实践	全思懋	李荣、郑冬冬、郑聚锋、王未未
33	社会实践	旅游策划学	黄颖	崔峰、刘庆友、宋熙、史浩玉
34	虚拟仿真	房屋财产税征收虚拟仿真实验	邹伟	陈利根、夏敏、张兵良、陈轶
35	虚拟仿真	小麦变量播种施肥机控制参数设计与实验	汪小旵	丁永前、章永年、林相泽、余洪锋
36	虚拟仿真	农用地基准地价评估虚拟仿真实验	郭贯成 吴群	唐焱、彭建超、严思齐
37	虚拟仿真	植物养分吸收与缺素症状诊断虚拟仿真实验	郭世伟	尹晓明、胡军、凌宁、朱毅勇
38	虚拟仿真	食用菌工厂化生产虚拟仿真实验	赵明文	成丹、师亮、陈军、鲁燕舞
39	虚拟仿真	植物细胞染色体分析虚拟仿真实验	郭旺珍	庄丽芳、叶文雪、冯祎高、王慧

附录 19　首批江苏省本科优秀培育教材名单

序号	教材名称	第一作者	出版单位
1	农业经济学（第五版）	钟甫宁	中国农业出版社
2	土地经济学（第四版）	曲福田	中国农业出版社
3	畜产品加工学（双色板）（第二版）	周光宏	中国农业出版社
4	植物学（第二版）	强胜	高等教育出版社
5	试验统计方法（第四版）	盖钧镒	中国农业出版社
6	农业昆虫学（第三版）	洪晓月	中国农业出版社
7	饲料学（第三版）	王恬	中国农业出版社
8	家畜环境卫生学（第四版）	颜培实	高等教育出版社
9	兽医微生物学（第五版）	陆承平	中国农业出版社
10	动物生物化学（第五版）	邹思湘	中国农业出版社

附录 20　江苏省高等学校重点教材名单

序号	学院	教材名称	主编	出版社
1	农学院	种子学（第二版）	张红生	科学出版社
2		作物生理生态学实验	李刚华	科学出版社

（续）

序号	学院	教材名称	主编	出版社
3	植物保护学院	农业昆虫学（第三版）	洪晓月	中国农业出版社
4	园艺学院	果蔬营养与生活	高志红	中国农业出版社
5	动物科技学院	猪生产学	黄瑞华	中国农业大学出版社
6	经济管理学院	农业经济学：原理与拓展	易福金	北京大学出版社
7	动物医学院	动物解剖学	雷治海	科学出版社
8	食品科技学院	现代食品生物技术（第二版）	陆兆新	中国农业出版社
9	公共管理学院	公共管理学	于 水	科学出版社
10	外国语学院	"一带一路"国家英语听力能力提升教程	裴正薇	中国农业出版社
11	金融学院	农业投资学	黄惠春	科学出版社
12	人文与社会发展学院	农村社区概论	戚晓明	南京大学出版社
13	理学院	有机化学（第四版）	杨 红 章维华	中国农业出版社

（撰稿：赵玲玲 田心雨 满萍萍 审稿：张 炜 吴彦宁 董红梅
审核：王俊琴）

研 究 生 教 育

【概况】2021年，研究生院（部）在校党委、校行政的领导下，全面贯彻落实党的十九大、习近平总书记对研究生教育重要指示和全国研究生教育会议精神，坚持立德树人根本任务，紧紧围绕学校农业特色世界一流大学建设目标，构建"三全育人"格局，持续深化研究生教育综合改革，不断提升研究生培养质量。

全年度共录取博士生669人、硕士生2 973人，其中录取"推免生"493人、"直博生"15人、"硕博连读"155人和"申请-审核"博士生499人。认真做好导师年度招生资格审定工作，审定博士生导师488人、硕士生导师659人。承担2021年全国硕士研究生报名考试考点工作，全面推进自命题科目改革，规范自命题工作流程，全面推行自命题网上阅卷，做好2021年全国硕士研究生招生南京农业大学考点相关工作。学校荣获2021年"江苏省研究生优秀报考点""江苏省研究生招生管理工作先进单位"荣誉称号。

累计获得国家留学基金委员会资助公派出国73人，其中联合培养博士56人、攻读博士学位者11人、攻读硕士学位者1人，CSC乡村振兴人才专项联合培养博士2人、联合培养硕士3人。

全年共授予博士学位350人，其中兽医博士学位2人；授予硕士学位2 653人，其中专业学位1 454人。共评选校级优秀博士学位论文40篇、优秀学术型硕士学位论文50篇、专业学位硕士学位论文50篇。获评江苏省优秀博士学位论文5篇、优秀学术型硕士学位论文

8篇、优秀专业学位硕士学位论文6篇。

2021年，江苏省研究生科研与实践创新计划立项127项，其中科研创新计划98项、实践创新计划29项；获批新设立江苏省研究生工作站16家、江苏省优秀研究生工作站2家；入选全国农业专业学位研究生教育指导委员会特色基地1家，入选全国各专业学位教学指导委员会案例库5项，入选中国管理案例共享中心案例库2个，获评全国优秀金融硕士教学案例1个；组织完成江苏省教育教学改革项目结题，其中重大委托课题1项。

修订《南京农业大学硕士、博士学位授予工作实施细则》，改革学位授予标准，突出学科特点和学位论文质量在学位授予中的核心作用；明确博士、硕士学位申请学位论文的基本要求和质量监督环节要求，强化学位授予时间维度管理，筑牢以学位论文为核心的学位授予质量保证体系。

2021年，共增列博士生指导教师39人，增列学术型硕士生指导教师68人、专业学位硕士生指导教师57人。组织完成了2021年江苏省产业教授（兼职）岗位的需求备案和选聘工作，共获聘8人；完成37位在岗产业教授的年报和考核工作。

暑期联合贵州大学组织开展"永远跟党走！南农-贵大（2+1）硕博学子麻江行"社会实践活动，完成贵州省麻江县乡村振兴"两规划一方案"。团队获"首届江苏省社会实践和志愿服务十佳研究生团队""2021年全国农科研究生志愿者暑期实践活动优秀成果一等奖""2021年江苏省三下乡社会实践优秀团队"等多项荣誉。

传承"研究生神农科技文化节"品牌活动，开展"聆听"院士访谈、五大学部前沿论坛、钟山学术新秀访谈、"我与博士面对面"等系列学术交流活动200余场，参与研究生15 000余人次。成功申报并举办1个省级研究生创新大赛和4个省级创新论坛，新设立13个精品学术论坛、28个精品学术沙龙。举办2021年研究生学术科技作品竞赛，组织20余名硕士、博士研究生参加全国第三届中国研究生乡村振兴+科技作品竞赛等全国赛事。2021年，南京农业大学研究生获得省级及以上各类学术科技竞赛荣誉137项。

2021年度，共9 552人次获得各类研究生奖学金，总金额达8 369万元；共有8 078人获得国家助学金、学校助学金、助研津贴等各类助学金，共计8 087.41万元；为特殊困难研究生、受疫情灾情等影响的临时困难研究生发放生活补贴48.35万元。全年办理国家助学贷款的研究生共有1 215人，贷款金额共1 287.138 6万元。

【与江苏省教育厅开展党支部共建活动】 10月26日，南京农业大学机关党委研究生院（部）党支部、园艺学院观赏园艺硕士第一党支部与江苏省教育厅研究生处党支部在南京农业大学湖熟菊花基地开展共建活动。江苏省教育厅一级巡视员洪流，南京农业大学党委常委、副校长、研究生院院长董维春，江苏省教育厅研究生处处长、江苏省学位委员会办公室主任、党支部书记李国荣，南京农业大学研究生院常务副院长、学位办公室主任吴益东，园艺学院党委书记韩键，园艺学院副院长、全国首批双带党支部工作室观赏茶学教师党支部书记陈素梅等，以及江苏省教育厅研究生处党支部全体党员、南京农业大学园艺学院观赏园艺硕士第一党支部全体党员、南京农业大学研究生院（部）党支部全体党员参加共建活动。

【新增3个《研究生教育学科专业目录》外二级学科和交叉学科】 8月20日，教育部下达了《学位授予单位（不含军队单位）自主设置二级学科和交叉学科名单》，学校2021年自主增设的植物表型组学、动物药学和智能科学与技术3个学科被正式公布；3个学科进入学校招生专业目录，均可进行博士研究生、硕士研究生人才培养。

【全国兽医专业学位研究生教育指导委员会秘书处工作】注重加强宏观指导，充分发挥全国兽医教育指导委员会的引领作用。召开全国兽医专业学位研究生教育指导委员会四届五次全会，通过专题报告、政策解读、领导讲话及讨论修订等多项议题，对年度工作和未来计划进行了梳理；举办全国兽医专业学位研究生教育第九次培养工作会议，以兽医专业学位研究生教育培养相关报告、部分培养单位交流报告及分组讨论等形式，总结近年来兽医专业学位教育的经验、研究培养过程中存在的问题；开展第一批全国兽医专业学位研究生联合培养示范基地遴选工作，进一步完善产学研结合的培养研究生新途径。

【疫情防控工作】制订周密的研究生离校、返校工作方案，做好2800余名2021届毕业生离校和3600余名2021级新生报到工作。根据疫情变化，开展研究生校园管理，审核研究生返校名单，及时调整研究生进出校黑名单、白名单，做好研究生出入校园请销假登记备案工作。组织在校研究生参加新冠疫苗接种，研究生全程疫苗接种率超过90%。

[附录]

附录1 授予博士、硕士学位学科专业目录

表1 学术型学位

学科门类	一级学科名称	二级学科（专业）名称	学科代码	授权级别	备注
哲学	哲学	马克思主义哲学	010101	硕士	硕士学位授权一级学科
		中国哲学	010102	硕士	
		外国哲学	010103	硕士	
		逻辑学	010104	硕士	
		伦理学	010105	硕士	
		美学	010106	硕士	
		宗教学	010107	硕士	
		科学技术哲学	010108	硕士	
经济学	应用经济学	国民经济学	020201	博士	博士学位授权一级学科
		区域经济学	020202	博士	
		财政学	020203	博士	
		金融学	020204	博士	
		产业经济学	020205	博士	
		国际贸易学	020206	博士	
		劳动经济学	020207	博士	
		统计学	020208	博士	
		数量经济学	020209	博士	
		国防经济学	020210	博士	

（续）

学科门类	一级学科名称	二级学科（专业）名称	学科代码	授权级别	备注
法学	法学	经济法学	030107	硕士	
	社会学	社会学	030301	硕士	硕士学位授权一级学科
		人口学	030302	硕士	
		人类学	030303	硕士	
		民俗学（含：中国民间文学）	030304	硕士	
	马克思主义理论	马克思主义基本原理	030501	硕士	硕士学位授权一级学科
		思想政治教育	030505	硕士	
文学	外国语言文学	英语语言文学	050201	硕士	硕士学位授权一级学科
		日语语言文学	050205	硕士	
		俄语语言文学	050202	硕士	
		法语语言文学	050203	硕士	
		德语语言文学	050204	硕士	
		印度语言文学	050206	硕士	
		西班牙语语言文学	050207	硕士	
		阿拉伯语语言文学	050208	硕士	
		欧洲语言文学	050209	硕士	
		亚非语言文学	050210	硕士	
		外国语言学及应用语言学	050211	硕士	
理学	数学	应用数学	070104	硕士	硕士学位授权一级学科
		基础数学	070101	硕士	
		计算数学	070102	硕士	
		概率论与数理统计	070103	硕士	
		运筹学与控制论	070105	硕士	
	化学	无机化学	070301	硕士	硕士学位授权一级学科
		分析化学	070302	硕士	
		有机化学	070303	硕士	
		物理化学（含：化学物理）	070304	硕士	
		高分子化学与物理	070305	硕士	
	生物学	植物学	071001	博士	博士学位授权一级学科
		动物学	071002	博士	
		生理学	071003	博士	
		水生生物学	071004	博士	
		微生物学	071005	博士	
		神经生物学	071006	博士	
		遗传学	071007	博士	
		发育生物学	071008	博士	

（续）

学科门类	一级学科名称	二级学科（专业）名称	学科代码	授权级别	备注
理学	生物学	细胞生物学	071009	博士	博士学位授权一级学科
		生物化学与分子生物学	071010	博士	
		生物物理学	071011	博士	
		生物信息学	0710Z1	博士	
		应用海洋生物学	0710Z2	博士	
		天然产物化学	0710Z3	博士	
	科学技术史	不分设二级学科	071200	博士	博士学位授权一级学科，可授予理学、工学、农学、医学学位
	生态学	不分设二级学科	0713	博士	博士学位授权一级学科
工学	机械工程	机械制造及其自动化	080201	硕士	硕士学位授权一级学科
		机械电子工程	080202	硕士	
		机械设计及理论	080203	硕士	
		车辆工程	080204	硕士	
	计算机科学与技术	计算机应用技术	081203	硕士	硕士学位授权一级学科
		计算机系统结构	081201	硕士	
		计算机软件与理论	081202	硕士	
	农业工程	农业机械化工程	082801	博士	博士学位授权一级学科
		农业水土工程	082802	博士	
		农业生物环境与能源工程	082803	博士	
		农业电气化与自动化	082804	博士	
		环境污染控制工程	0828Z1	博士	
		智能科学与技术	0828Z1	博士	
	环境科学与工程	环境科学	083001	硕士	硕士学位授权一级学科，可授予理学、工学、农学学位
		环境工程	083002	硕士	
	食品科学与工程	食品科学	083201	博士	博士学位授权一级学科，可授予工学、农学学位
		粮食、油脂及植物蛋白工程	083202	博士	
		农产品加工及贮藏工程	083203	博士	
		水产品加工及贮藏工程	083204	博士	
	风景园林学		0834	硕士	硕士学位授权一级学科

（续）

学科门类	一级学科名称	二级学科（专业）名称	学科代码	授权级别	备注
农学	作物学	作物栽培学与耕作学	090101	博士	博士学位授权一级学科
		作物遗传育种	090102	博士	
		农业信息学	0901Z1	博士	
		种子科学与技术	0901Z2	博士	
	园艺学	果树学	090201	博士	博士学位授权一级学科
		蔬菜学	090202	博士	
		茶学	090203	博士	
		观赏园艺学	0902Z1	博士	
		药用植物学	0902Z2	博士	
		设施园艺学	0902Z3	博士	
	农业资源与环境	土壤学	090301	博士	博士学位授权一级学科
		植物营养学	090302	博士	
	植物保护	植物病理学	090401	博士	博士学位授权一级学科，农药学可授予理学、农学学位
		农业昆虫与害虫防治	090402	博士	
		农药学	090403	博士	
	畜牧学	动物遗传育种与繁殖	090501	博士	博士学位授权一级学科
		动物营养与饲料科学	090502	博士	
		动物生产学	0905Z1	博士	
		动物生物工程	0905Z2	博士	
	兽医学	基础兽医学	090601	博士	博士学位授权一级学科
		预防兽医学	090602	博士	
		临床兽医学	090603	博士	
		动物药学	0906Z1	博士	
	水产	水产养殖	090801	博士	博士学位授权一级学科
		捕捞学	090802	博士	
		渔业资源	090803	博士	
	草学		0909	博士	博士学位授权一级学科
医学	中药学	不分设二级学科	100800	硕士	硕士学位授权一级学科
管理学	管理科学与工程	不分设二级学科	1201	硕士	硕士学位授权一级学科
	工商管理	会计学	120201	硕士	硕士学位授权一级学科
		企业管理	120202	硕士	
		旅游管理	120203	硕士	
		技术经济及管理	120204	硕士	

（续）

学科门类	一级学科名称	二级学科（专业）名称	学科代码	授权级别	备注
管理学	农林经济管理	农业经济管理	120301	博士	博士学位授权一级学科
		林业经济管理	120302	博士	
		农村与区域发展	1203Z1	博士	
		农村金融	1203Z2	博士	
	公共管理	行政管理	120401	博士	博士学位授权一级学科，教育经济与管理可授予管理学、教育学学位
		社会医学与卫生事业管理	120402	博士	
		教育经济与管理	120403	博士	
		社会保障	120404	博士	
		土地资源管理	120405	博士	
	图书情报与档案管理	图书馆学	120501	博士	博士学位授权一级学科
		情报学	120502	博士	
		档案学	120502	博士	
	作物学、生物学、农业工程	植物表型组学	99J1	博士	交叉学科
	作物学、农业工程、园艺学、畜牧学、水产	智慧农业	99J2	博士	

注：另有植物表型组学和智慧农业2个交叉学科，均为博士二级学科，不单独属于某一个一级学科。

表2 专业学位

专业学位代码、名称	专业领域代码和名称	授权级别	备注
0854 电子信息		硕士	
0855 机械		硕士	
0856 材料与化工		硕士	
0857 资源与环境		硕士	
0860 生物与医药		硕士	
0951 农业	095131 农艺与种业	硕士	
	095132 资源利用与植物保护	硕士	
	095133 畜牧	硕士	
	095134 渔业发展	硕士	
	095135 食品加工与安全	硕士	
	095136 农业工程与信息技术	硕士	
	095137 农业管理	硕士	
	095138 农村发展	硕士	
0952 兽医		博士、硕士	

（续）

专业学位代码、名称	专业领域代码和名称	授权级别	备注
0953 风景园林		硕士	
1252 公共管理		硕士	
1251 工商管理		硕士	
0251 金融		硕士	
0254 国际商务		硕士	
0352 社会工作		硕士	
1253 会计		硕士	
0551 翻译		硕士	
1056 中药学		硕士	
0351 法律		硕士	
1255 图书情报		硕士	
1256 工程管理		硕士	

附录 2　入选江苏省普通高校研究生科研创新计划项目名单

编号	申请人	项目名称	项目类型	研究生层次
KYCX21_0550	蔡晨晨	"出口示范企业"政策对农产品出口企业的影响研究	人文社科	博士
KYCX21_0551	笪钰婕	数字化农业产业链金融运行机制研究	人文社科	博士
KYCX21_0552	郭云奇	农业生态视野下的明清黄河故道滩地变迁研究	人文社科	博士
KYCX21_0553	刘宗志	三权分置与农村内部收入不平等的机制研究	人文社科	博士
KYCX21_0554	苗欣茹	"双循环"下市场一体化对农产品流通产业集聚的区域差异研究	人文社科	博士
KYCX21_0555	丁冠乔	耕地保护背景下城乡建设用地对生态安全格局的影响研究	人文社科	博士
KYCX21_0556	王太文	乡村治理视域下的社区营造研究——以资源型特色小镇香泉镇为例	人文社科	博士
KYCX21_0557	韩　霜	专业学位博士教育质量的影响机制研究——以教育、工程、兽医专业学位博士为例	人文社科	博士
KYCX21_0558	李　娜	村庄治理规则、农地产权状态与农村要素市场发育研究	人文社科	博士
KYCX21_0559	杨　慧	江苏省研究生科研创新计划项目申报书	人文社科	博士
KYCX21_0560	孔　玲	交叉科学的学术全文本知识关联机制与影响模式研究	人文社科	博士
KYCX21_0561	张宝一	基于基因组大数据和人工智能技术的水稻重要性状位点挖掘和效应估测	自然科学	博士
KYCX21_0562	乔禹欣	OsBR6ox 参与水稻中两种残留农药代谢降解的研究	自然科学	博士
KYCX21_0563	胡丽彦	自由基糖基化反应构建新型水稻控蘖剂	自然科学	博士
KYCX21_0564	张明亮	细菌降解异菌脲的分子机制研究	自然科学	博士
KYCX21_0565	周明健	MAPKKK18 的硫巯基化修饰及其功能分析	自然科学	博士

（续）

编号	申请人	项目名称	项目类型	研究生层次
KYCX21_0566	韩 婧	NAD＋依赖的 GlSirt1 通过去乙酰化修饰调控灵芝酸的合成机制研究	自然科学	博士
KYCX21_0567	曹亚君	大豆根瘤菌与大豆疫霉在大豆中的互作机制研究	自然科学	博士
KYCX21_0568	李梦荣	Ca²⁺ 在甲状旁腺激素受体变构调控中的作用机理研究	自然科学	博士
KYCX21_0569	吴志明	厌氧电化学修复 BTEXs 污染土壤过程中的微生物互作机制研究	自然科学	博士
KYCX21_0570	蒋中权	砷酸盐-蒙脱石-莱茵衣藻复合体系相互作用和机制研究	自然科学	博士
KYCX21_0571	方贤滔	稻田种养结合生态系统甲烷和氧化亚氮排放研究	自然科学	博士
KYCX21_0572	钱 煜	重型拖拉机液压机械无级变速箱起步与换段控制策略研究	自然科学	博士
KYCX21_0573	徐高明	基于秸秆-土壤-机具交互机理的少免耕作业效果研究	自然科学	博士
KYCX21_0574	柴喜存	秸秆纤维/聚乳酸复合材料降解机制和降解速率研究	自然科学	博士
KYCX21_0575	谢允婷	不同动植物肉摄入对小鼠胃肠道功能及肝脏代谢的影响机制探究	自然科学	博士
KYCX21_0576	陈 鑫	超声提取金针菇多糖肠道免疫稳态调控机理及构效关系	自然科学	博士
KYCX21_0577	葛志文	瑞士乳杆菌胞外多糖原位合成及其结构解析	自然科学	博士
KYCX21_0578	陈 敏	基于生物荧光传感器的鸡肉鼠伤寒沙门氏菌快速检测技术研究	自然科学	博士
KYCX21_0579	朱宗帅	鸡肉蛋白质氧化与 AGEs 的关联机制研究	自然科学	博士
KYCX21_0580	侯媛媛	钙信号调控枇杷果实冷害木质化的分子机制	自然科学	博士
KYCX21_0581	孙圣伟	新型邻苯二甲酸酯降解酶的挖掘与鉴定研究	自然科学	博士
KYCX21_0582	池慧兵	地衣芽孢杆菌 L-天冬酰胺酶 I 型底物特异性分子改造	自然科学	博士
KYCX21_0583	谷洋洋	多源数据融合的小麦三维表型性状高通量反演技术研究	自然科学	博士
KYCX21_0584	张思宇	DNR1 介导温度对水稻氮肥利用效率的分子机制研究	自然科学	博士
KYCX21_0585	孙丽园	基于转录组学分析盐胁迫下施钾调控棉花纤维发育的机制	自然科学	博士
KYCX21_0586	于羽嘉	转录因子 GhNAC140 调控棉纤维发育的机制解析	自然科学	博士
KYCX21_0587	蒋 红	水稻微管相关蛋白 MAP70 调控籽粒灌浆的机理研究	自然科学	博士
KYCX21_0588	张 茜	GmPAL 参与高温高湿胁迫下春大豆种子活力形成机制的研究	自然科学	博士
KYCX21_0589	王永贤	基于多光谱成像技术的作物生长监测仪研发	自然科学	博士
KYCX21_0590	姚 波	水稻临界氮浓度及其在作物生长模型中的不确定性研究	自然科学	博士
KYCX21_0591	宋昭庆	大豆 GmHY5 调控光合效率的分子机制研究	自然科学	博士
KYCX21_0592	穆可彬	高温高湿胁迫下转录因子 GmSBH1 上游调控春大豆种子活力蛋白的筛选	自然科学	博士
KYCX21_0593	谢 婷	基于 MutMap 的水稻穗发芽控制基因 PHS39 的克隆与功能验证	自然科学	博士
KYCX21_0594	史 航	稻虾种养系统环境风险评估与防控研究	自然科学	博士
KYCX21_0595	刘 鑫	黑麦多态性染色体效应及小黑麦种质创新	自然科学	博士
KYCX21_0596	苏 茜	水稻穗叶光谱特征与生长参数的遥感监测研究	自然科学	博士
KYCX21_0597	杨宗锋	基于深度学习的水稻叶穗光截获比值（LPR）量化及其应用	自然科学	博士
KYCX21_0598	印玉明	基于日光诱导叶绿素荧光估测高温干旱下小麦生产力研究	自然科学	博士

（续）

编号	申请人	项目名称	项目类型	研究生层次
KYCX21_0599	吴佳雯	酪蛋白激酶 CTK1 参与调控水稻耐冷性的分子机理研究	自然科学	博士
KYCX21_0600	于胜男	农地经营规模对粮食产量及生态系统碳氮循环影响的研究	自然科学	博士
KYCX21_0601	刘富杰	澳洲棉抗黄萎病新基因 REV2 的分子机制研究	自然科学	博士
KYCX21_0602	张艾岑	水稻多倍化诱导的表观修饰及基因表达变化研究	自然科学	博士
KYCX21_0603	杨 娜	新疆喀什地区棉花品种耐高温性需求研究	自然科学	博士
KYCX21_0604	张孟茹	BR 合成基因 CsDWF5 调控黄瓜紧凑株型的机理研究	自然科学	博士
KYCX21_0605	武 超	苹果 MdCPK2 不同亚型在响应 Alternaria alternata 侵染中的功能研究	自然科学	博士
KYCX21_0606	董雨菡	南通小方柿矮化相关 microRNA 的筛选及功能验证	自然科学	博士
KYCX21_0607	王雅慧	番茄红素代谢在胡萝卜肉质根着色精细调控分子机制研究	自然科学	博士
KYCX21_0608	李静文	CsWRKY13 调控茶树新梢木质素合成及对持嫩性影响的分子机制	自然科学	博士
KYCX21_0609	王新慧	菊花 CmHsfA4 整合 ABA 信号调控耐盐的分子机制研究	自然科学	博士
KYCX21_0610	应佳丽	水果萝卜肉质根叶绿素合成代谢关键基因挖掘及功能验证	自然科学	博士
KYCX21_0611	余钟毓	菊花及近缘种属植物多倍体化表型变异机制研究	自然科学	博士
KYCX21_0612	倪知游	绿色草莓 S-RNase 基因表达调控机制的研究	自然科学	博士
KYCX21_0613	刘 成	生物质炭抑制人参根腐病发生的微生物学机制	自然科学	博士
KYCX21_0614	朱林星	氮素形态驱动下根际碳沉积与微生物组装对枯萎病的影响	自然科学	博士
KYCX21_0615	朱昌达	基于土壤系统分类的土系分布数字制图研究	自然科学	博士
KYCX21_0616	谢 坤	水稻核因子 OsNF-YC3 响应和调控菌根共生的分子机制研究	自然科学	博士
KYCX21_0617	张 娜	番茄抑病型土壤微生物区系维持机制	自然科学	博士
KYCX21_0618	徐昕彤	生物质炭对稻麦轮作系统土壤团聚体分布和碳氮矿化研究	自然科学	博士
KYCX21_0619	李 钰	Streptomyces pseudovenezuelae 中肽类化合物的生物合成研究	自然科学	博士
KYCX21_0620	黄 申	番茄免疫受体 Sw-5b 激活后启动 ABA 途径抗病毒的分子机制研究	自然科学	博士
KYCX21_0621	刘晓微	CO_2 浓度升高对西花蓟马与寄主植物的影响及内在机理研究	自然科学	博士
KYCX21_0622	沈晨辉	昆虫致病细菌 Enterobacter cancerogenus 杀虫毒素鉴定	自然科学	博士
KYCX21_0623	王 豪	抗五氟磺草胺稗对氯氟吡啶酯的多抗性研究	自然科学	博士
KYCX21_0624	汪 震	基于斑马鱼模型评价手性农药氟唑菌酰羟胺的潜在生态风险	自然科学	博士
KYCX21_0625	黄秋堂	溴虫氟苯双酰胺去甲基化激活机制的研究	自然科学	博士
KYCX21_0626	曾 彬	褐飞虱共生菌介导噻嗪酮抗性的研究	自然科学	博士
KYCX21_0627	王岩松	外来入侵猎物对本土捕食性瓢虫肠道菌群结构的影响	自然科学	博士
KYCX21_0628	郭盘龙	表皮蛋白在稻纵卷叶螟幼虫热适应中的作用	自然科学	博士
KYCX21_0629	高浩力	褐飞虱唾液蛋白 G2 激发寄主植物防卫反应的机制	自然科学	博士
KYCX21_0630	张亚光	茉莉酸信号蛋白 JAZ 家族差异调控水稻免疫水平的机制研究	自然科学	博士
KYCX21_0631	宋吉昌	SDHIs 杀菌剂调控禾谷镰孢菌线粒体动态平衡研究	自然科学	博士
KYCX21_0632	何 煜	甜菜夜蛾 PBP4 基因的功能研究	自然科学	博士

（续）

编号	申请人	项目名称	项目类型	研究生层次
KYCX21_0633	杨 花	LncRNA TCONS_01981470 靶向 CYP19A1 调控高繁湖羊卵巢雌激素分泌的机制研究	自然科学	博士
KYCX21_0634	田时祎	低聚半乳糖缓解哺乳仔猪小肠上皮细胞免疫应激的分子机制	自然科学	博士
KYCX21_0635	李荣阳	趋化因子受体 CXCR3 调控骨骼肌再生的机制探究	自然科学	博士
KYCX21_0636	曹 言	自噬参与 DDRGK1 调控小鼠胎儿成纤维细胞凋亡的机制探究	自然科学	博士
KYCX21_0637	李明阳	基于 CFD 技术的笼养肉鸡舍空气质量特征与调控研究	自然科学	博士
KYCX21_0638	姜 强	UFL1 通过介导 ASC1 类泛素化修饰调控骨髓造血影响牛低氧适应的分子机制	自然科学	博士
KYCX21_0639	李晓丹	PPP2R2A 通过激活 PIK3/AKT 通路调控子宫发育及容受性的机制研究	自然科学	博士
KYCX21_0640	王苗苗	lnc4325 调控猪卵泡闭锁和颗粒细胞凋亡的机制	自然科学	博士
KYCX21_0641	何超凡	一套水产养殖颗粒饲料专用投喂设备	自然科学	博士
KYCX21_0642	张 悦	山药多糖皮克乳液佐剂活性的研究	自然科学	博士
KYCX21_0643	郭庚霖	决定猪链球菌宿主特异性靶点的筛选及功能验证	自然科学	博士
KYCX21_0644	谢 霜	创新型乳酸杆菌拮抗 PEDV 感染机制的研究	自然科学	博士
KYCX21_0645	刘姝慧	雌激素受体 α 参与双酚 A 致蛋鸡脂肪沉积的机制研究	自然科学	博士
KYCX21_0646	于 恒	草鱼稚鱼蛋白质精准营养及其代谢调控机制研究	自然科学	博士
KYCX21_0647	董 东	暖季型牧草青贮过程中结构性碳水化合物降解规律研究	自然科学	博士

附录3　入选江苏省普通高校研究生实践创新计划项目名单

编号	申请人	项目名称	项目类型	研究生层次
SJCX21_0213	李 颖	邮银协同服务乡村振兴路径与模式创新研究——以安徽邮储为例	人文社科	硕士
SJCX21_0214	任 禾	江苏对外农业投资企业知识转移研究	人文社科	硕士
SJCX21_0215	张 懿	江苏省农村青年婚恋观的研究	人文社科	硕士
SJCX21_0216	谢以荟	"垃圾分类" 公示语英文译写研究——以江苏省为例	人文社科	硕士
SJCX21_0217	王昕玥	跨文化传播视角下日本侵华南京大屠杀史料翻译研究	人文社科	硕士
SJCX21_0218	刘政杰 沈知琴	生态翻译学视角下南京民间抗战博物馆文本日译研究	人文社科	硕士
SJCX21_0219	董宝莹	城市公园水体空间使用状况（POE）评价及优化策略研究——以南京市为例	人文社科	硕士
SJCX21_0220	范雷明	多刺激驱动 PVA 纳米复合材料的可编程运动实现	自然科学	硕士
SJCX21_0221	陈 晨	基于激光雷达的导航车辆障碍物探测系统研究	自然科学	硕士
SJCX21_0222	仇 昊	白肉灵芝与灵芝杂交选育高活性的灵芝菌种	自然科学	硕士
SJCX21_0223	齐泽中	设施农业智能电动拖拉机的研究	自然科学	硕士

（续）

编号	申请人	项目名称	项目类型	研究生层次
SJCX21_0224	张泽鑫	新型炭基高铁材料去除水产养殖尾水中抗生素的应用研究	自然科学	硕士
SJCX21_0225	刘晓峰	豆丹养殖特用大豆品种遴选与集成应用	自然科学	硕士
SJCX21_0226	方志园	EMS 诱致小麦低分蘖突变体的鉴定与遗传研究	自然科学	硕士
SJCX21_0227	苏贝贝	小麦叶茸基因 Hl4 的克隆与育种利用	自然科学	硕士
SJCX21_0228	王鸾鸣	一种新型防治烟草黑胫病的植物次生代谢产物的研究	自然科学	硕士
SJCX21_0229	曹治国	菊花白锈病绿色防控技术研发	自然科学	硕士
SJCX21_0230	李瑶	溴虫氟苯双酰胺对斜纹夜蛾适合度的影响	自然科学	硕士
SJCX21_0231	韩礼新	PopW 蛋白飞防用制剂——水悬浮剂的研发及生防效果	自然科学	硕士
SJCX21_0232	陈少梅	基于时间序列影像的农作物分类制图与轮作监测	自然科学	硕士
SJCX21_0233	赵莹	睡莲组培快繁体系及遗传转化条件研究	自然科学	硕士
SJCX21_0234	李辰轩	菊花黑斑病、枯萎病抗性资源挖掘	自然科学	硕士
SJCX21_0235	王翔宇	新型千叶豆腐开发及其保藏技术研究	自然科学	硕士
SJCX21_0236	刘再美	乳酸菌生物膜形成机制及其在发酵乳生产中的应用	自然科学	硕士
SJCX21_0237	张润	木耳多糖高效萃取及其肠道益生特性研究	自然科学	硕士
SJCX21_0238	王小豪	如皋江段生态浮床对刀鲚早期资源的修复作用初探	自然科学	硕士
SJCX21_0239	刘永仕	OH-SeMet 与大蒜素和姜黄素联合应用抗氧化应激效果作用评价	自然科学	博士
SJCX21_0240	仇亚伟	基于动物行为学变化及代谢组学分析的奶牛乳腺炎症智能预警及防控	自然科学	博士
SJCX21_0241	纪晓霞	鸡血管紧张素转化酶 2 蛋白的克隆表达及酶联免疫吸附定量检测方法的建立	自然科学	博士

附录4　入选江苏省研究生工作站名单

序号	所属单位	企业名称	负责人
1	农学院	江苏丰庆种业科技有限公司	王秀娥
2	农学院	安徽省连丰种业有限责任公司	郭旺珍
3	农学院	江苏中农物联网科技有限公司	刘小军
4	农学院	江苏明天种业科技股份有限公司	鲍永美
5	农学院	江苏省大华种业集团有限公司	张红生
6	园艺学院	江苏佳境农业科技发展有限公司	王晨
7	动物科技学院	淮安新势畜牧服务有限公司	李平华
8	动物科技学院	江苏叁拾叁信息技术有限公司	虞德兵
9	动物医学院	宁夏回族自治区动物疾病预防控制中心兽医实验室	沈向真
10	食品科技学院	江苏立华食品科技学院有限公司	王鹏
11	食品科技学院	青岛海尔电冰箱有限公司	叶可萍
12	工学院	南京宁庆数控机床制造有限公司	章永年

（续）

序号	所属单位	企业名称	负责人
13	生命科学学院	江苏爱佳福如土壤修复有限公司	宋小玲
14	生命科学学院	山东省花生研究所	张 群
15	生命科学学院	金埔园林股份有限公司	夏 妍
16	南京农业大学	山东京博控股集团有限公司	吴益东

附录5　入选江苏省优秀研究生工作站名单

序号	所属单位	企业名称	负责人	认定期限
1	资源与环境科学学院	江苏大丰盐土大地农业科技有限公司	隆小华	2022—2026
2	园艺学院	吴江东之田木农业生态园	张绍铃	2022—2026

附录6　荣获全国农业专业学位研究生教育
指导委员会实践教学成果奖

成果名称	获奖等级	获奖者	主办方
农林特色专业学位研究生实践基地建设体系探索创新	一等奖	张阿英、郭晓鹏、孙国成、吕美泽	全国农业专业学位研究生教育指导委员会

附录 7 荣获全国农业专业学位研究生实践教育特色基地

成果名称	获奖者	主办方
全国农业专业学位研究生实践教育特色基地	南京农业大学宿迁研究院实践教育特色基地	全国农业专业学位研究生教育指导委员会

附录 8 荣获江苏省优秀博士学位论文名单

序号	作者姓名	论文题目	所在学科	导师	学院
1	冯明峰	植物分节段负链 RNA 病毒反向遗传学体系的突破与创新研究	植物病理学	陶小荣	植物保护学院
2	蔡茂红	水稻抽穗期关键基因 DHD4 和 EH7 的功能分析	作物遗传育种	翟虎渠	农学院
3	王孝芳	噬菌体抑制土传青枯菌入侵番茄根际的效果及进化生态学机制研究	植物营养学	徐阳春	资源与环境科学学院
4	张宗利	工资上涨背景下中国居民食物浪费行为研究	农业经济管理	徐志刚	经济管理学院
5	张国磊	基层社会治理中的跨层级治理模式研究——基于桂南 Q 市"联镇包村"的个案分析	行政管理	张新文	公共管理学院

附录 9 荣获江苏省优秀硕士学位论文名单

序号	作者姓名	论文题目	所在学科	导师	学院	备注
1	沈 杰	硫化氢介导 DES1 和 RBOHD 的硫巯基化修饰调控保卫细胞 ABA 信号转导的机理研究	生物化学与分子生物学	谢彦杰	生命科学学院	学硕

（续）

序号	作者姓名	论文题目	所在学科	导师	学院	备注
2	阚旭辉	枸杞玉米黄素双棕榈酸酯的提取纯化、乳液制备及体外模拟消化特性研究	食品科学与工程	曾晓雄	食品科技学院	学硕
3	林丽梅	基于瘤胃微生物与宿主互作研究早期补饲开食料促进羔羊瘤胃上皮发育的机制	动物营养与饲料科学	毛胜勇	动物科技学院	学硕
4	黄秋堂	新型杀虫剂氟雷拉纳对非靶标生物的毒性研究	农业昆虫与害虫防治	赵春青	植物保护学院	学硕
5	张鹏越	水稻和拟南芥基因组中 R-loop 影响 H3K27me3 分布的分子机制研究	作物遗传育种	张文利	农学院	学硕
6	周梦飞	ENSO 信息的产量指数保险应用价值研究	农业经济管理	易福金	经济管理学院	学硕
7	刘壮壮	面向建设用地减量化和区域协同的生境网络优化研究——以苏锡常地区白鹭为例	土地资源管理	吴未	公共管理学院	学硕
8	乔粤	春秋时期社会变迁分析：文本挖掘视角	情报学	何琳	信息管理学院	学硕
9	李逍然	社会工作介入儿童家暴的实务研究——以南京市 Q 社区 Z 家庭为例	社会工作	姚兆余	人文与社会发展学院	专硕
10	季艳龙	论赖斯文本类型理论对农业科技文本翻译的指导性——以 The Chloroplast View of the Evolution of Polyploid Wheat 汉译为例	翻译	马秀鹏	外国语学院	专硕
11	莫嘉栋	礼貌原则视角下指示性公示语翻译研究——以"残疾人"相关公示语翻译为例	翻译	曹新宇	外国语学院	专硕
12	吴月	检测四种猪病毒性疫病抗体的多重蛋白芯片研制与初步应用	兽医	周斌	动物医学院	专硕
13	杨鑫仪	金融科技、冗余雇员与商业银行绩效	会计	周月书	金融学院	专硕
14	储苗苗	基于生态系统服务供需变化的土地生态分区研究——以盐城市大丰区为例	公共管理	欧维新	公共管理学院	专硕

附录10　校级优秀博士学位论文名单

序号	学院	作者姓名	导师姓名	专业名称	论文题目
1	农学院	巫明明	万建民	作物遗传育种	水稻胚乳发育关键基因 FLO10 的图位克隆和功能分析
2	人文与社会发展学院	郭欣	严火其	科学技术史	动物福利科学兴起的研究——基于行动者网络理论的分析
3	动物科技学院	薛艳锋	毛胜勇	动物营养与饲料科学	重度限饲诱发妊娠后期湖羊母子肝脏脂质代谢紊乱和氧化应激的机制
4	工学院	康睿	陈坤杰	农业机械化工程	基于显微高光谱成像和深度学习技术的食源性致病菌快速检测识别研究

（续）

序号	学院	作者姓名	导师姓名	专业名称	论文题目
5	农学院	柏文婷	赵志刚	作物遗传育种	水稻花药发育调控基因 EDT1 的图位克隆与功能分析
6	农学院	刘金洋	章元明	作物遗传育种	大豆油分相关性状遗传网络构建与基因 GmPDAT 功能分析
7	资源与环境科学学院	顾少华	徐阳春	农业资源与环境	根际细菌铁载体产生及其影响土传青枯病发生的机制研究
8	农学院	王 方	陈增建	作物遗传育种	水稻生物钟核心基因 OsCCA1 和 OsPRR1 的克隆及功能分析
9	园艺学院	王丽君	蒋甲福	观赏园艺学	菊花'优香'CmBBX8 调控成花的机理研究
10	植物保护学院	高楚云	董莎萌	植物病理学	马铃薯广谱抗病受体 Rpi－vnt1.1 识别致病疫霉的分子机制研究
11	农学院	苗 龙	李 艳	作物遗传育种	大豆籽粒油脂性状相关基因的自然变异与功能解析
12	金融学院	许玉韫	张 兵	金融学	中国农村金融市场中的小额信贷：运行机制及其市场进入的影响
13	信息管理学院	黄思慧	包 平	图书情报与档案管理	高校图书馆组织氛围测评的实施模式及应用研究
14	动物医学院	阿得力江·吾斯曼	王德云	临床兽医学	刺糖多糖 PLGA 纳米粒和皮克乳液的免疫增强作用及机理的研究
15	生命科学学院	程继亮	强 胜	发育生物学	多倍化驱动加拿大一枝黄花成功入侵的机制研究
16	农学院	孙 挺	朱 艳	作物栽培学与耕作学	花后高温对水稻生长及产量形成影响的模拟研究
17	动物科技学院	唐 倩	李春梅	动物营养与饲料科学	保育猪舍空气 PM2.5 特性分析及其诱导肺部炎症反应的机制研究
18	农学院	邵丽萍	罗卫红	作物栽培学与耕作学	全球变暗背景下太阳辐射变化对小麦和水稻生长与产量的影响
19	草业学院	陈继辉	张英俊	草学	氮沉降对草甸草原温室气体排放的影响及机制
20	动物医学院	李龙龙	马海田	基础兽医学	基于 AMPK 信号探究（-）-羟基柠檬酸对肉鸡糖脂代谢的影响及其机制
21	园艺学院	冯 凯	熊爱生	蔬菜学	紫色芹菜花青苷合成的分子机制
22	植物保护学院	冯明峰	陶小荣	植物病理学	植物分节段负链 RNA 病毒反向遗传学体系的突破与创新研究
23	生命科学学院	李文钰	章文华	细胞生物学	利用 FRET 技术研究逆境下拟南芥细胞膜磷脂酸的时空变化
24	资源与环境科学学院	王孝芳	徐阳春	植物营养学	噬菌体抑制土传青枯菌入侵番茄根际的效果及进化生态学机制研究

（续）

序号	学院	作者姓名	导师姓名	专业名称	论文题目
25	食品科技学院	薛思雯	徐幸莲	食品科学与工程	基于蛋白质理化性质和分子动力学探究超高压处理改善肉蛋白凝胶功能特性的机理
26	生命科学学院	刘 磊	张阿英	植物学	ZmCCaMK 自磷酸化及 ZmBSK1 磷酸化 ZmCCaMK 在 BR 诱导的抗氧化防护中的功能分析
27	植物保护学院	王 敬	吴益东	农业昆虫与害虫防治	基于 CRISPR/Cas9 基因编辑技术的棉铃虫 Bt 抗性基因鉴定和功能验证
28	资源与环境科学学院	罗功文	沈其荣	农业资源与环境	有机培肥下土壤微生物群落及其功能特征的变化与机制研究
29	食品科技学院	赵 雪	徐幸莲	食品科学与工程	酸碱处理改善类 PSE 鸡肉蛋白加工特性研究
30	动物医学院	张 帅	杨 倩	基础兽医学	TfR1 介导 TGEV 和 PEDV 入侵猪肠上皮细胞机制的研究
31	公共管理学院	张国磊	张新文	行政管理	基层社会治理中的跨层级治理模式研究——基于桂南 Q 市"联镇包村"的个案分析
32	农学院	蔡茂红	翟虎渠	作物遗传育种	水稻抽穗期关键基因 DHD4 和 EH7 的功能分析
33	资源与环境科学学院	秦 超	高彦征	环境污染控制工程	典型金属阳离子和有机污染物影响下水中 DNA 的团聚、吸附和酶解过程及机制
34	食品科技学院	吕永梅	Josef Voglme	食品科学与工程	N-乙酰氨基葡萄糖单体脱乙酰酶的挖掘及其在功能糖全酶法合成中的应用
35	资源与环境科学学院	郭 楠	徐国华	植物营养学	水稻氨基酸转运体 OsLHT1 的基因型分析及对氨基酸吸收分配和抗稻瘟病影响的研究
36	园艺学院	陆 俊	王长泉	观赏园艺学	RcCOL4 和 RcCO 在月季日中性成花中的作用机制研究
37	经济管理学院	张宗利	徐志刚	农业经济管理	工资上涨背景下中国居民食物浪费行为研究
38	植物保护学院	刘晓龙	董双林	农业昆虫与害虫防治	小菜蛾和双委夜蛾的特定气味受体基因及其功能鉴定
39	动物科技学院	卢亚娟	熊 波	动物遗传育种与繁殖	染色体黏合蛋白 Esco1 和 Esco2 调控哺乳动物卵母细胞成熟的机制研究
40	理学院	夏运涛	吴 磊	天然产物化学	金属纳米簇选择性还原含氮杂环、共轭烯炔及其产物抗菌活性的研究

附录 11 校级优秀硕士学位论文名单

序号	学院	作者姓名	导师姓名	专业名称	论文题目	备注
1	农学院	张嘉懿	刘小军	作物栽培学与耕作学	基于固定翼无人机影像的小麦生长诊断与氮肥调控研究	学硕

（续）

序号	学院	作者姓名	导师姓名	专业名称	论文题目	备注
2	农学院	王 睿	黄 骥	作物遗传育种	非编码小 RNA 介导的 OsSPL 基因家族调控网络探究	学硕
3	农学院	鲁 楠	薛树林	作物遗传育种	小麦广谱抗白粉病基因 PmDTM 的精细定位和候选基因分析	学硕
4	农学院	张鹏越	张文利	作物遗传育种	水稻和拟南芥基因组中 R－loop 影响 H3K27me3 分布的分子机制研究	学硕
5	农学院	李朋磊	程 涛	农业信息学	基于地基激光雷达的水稻生物量与产量监测研究	学硕
6	农学院	周 萌	姚 霞	农业信息学	基于高时空分辨率卫星和无人机影像的小麦生育期监测研究	学硕
7	植物保护学院	王 雨	王备新	农业昆虫与害虫防治	环境 DNA 宏条形码技术监测溪流底栖动物多样性研究	学硕
8	植物保护学院	黄秋堂	赵春青	农业昆虫与害虫防治	新型杀虫剂氟雷拉纳对非靶标生物的毒性研究	学硕
9	植物保护学院	贾亚龙	吴顺凡	农药学	tmc 基因调控褐飞虱与黑腹果蝇的产卵行为	学硕
10	植物保护学院	温 勇	王鸣华	农药学	手性杀虫剂七氟菊酯对映体环境行为和生物效应研究	学硕
11	资源与环境科学学院	赵庆洲	胡水金	生态学	干旱和氮添加对青藏高原常见物种叶片养分重吸收和地上地下营养分配的影响	学硕
12	资源与环境科学学院	孙思路	高彦征	环境科学	施用不同氮素对土壤中抗生素抗性基因丰度和细菌群落的影响	学硕
13	资源与环境科学学院	赵恒轩	陆隽鹤	环境工程	过硫酸盐氧化过程中有机卤污染物的转化	学硕
14	资源与环境科学学院	晁会珍	刘满强	土壤学	土壤抗生素胁迫下蚯蚓肠道细菌生态功能多样性研究	学硕
15	资源与环境科学学院	武 华	潘根兴	土壤学	中国主要粮食作物生产碳氮水足迹集成分析	学硕
16	园艺学院	何莎莎	汪良驹	果树学	NO 参与 ALA 诱导的草莓根系截留盐离子效应的研究	学硕
17	园艺学院	段奥其	熊爱生	蔬菜学	赤霉素和 NAC 转录因子调控芹菜木质素合成的分子机制	学硕
18	园艺学院	柳丽娜	管志勇	观赏园艺学	茶用菊品种的黑斑病抗性鉴定及抗性机理研究	学硕
19	园艺学院	屈仁军	唐晓清	中药学	菘蓝不同氮素水平转录组分析及 IiWRKY 基因家族鉴定	学硕
20	动物科技学院	贺勇富	顾 玲	动物遗传育种与繁殖	HDAC3 缺失诱发老化卵母细胞减数分裂缺陷的机制研究	学硕

（续）

序号	学院	作者姓名	导师姓名	专业名称	论文题目	备注
21	动物科技学院	李笑寒	孙少琛	动物遗传育种与繁殖	PRC1 在卵母细胞成熟及 CHK2 在早期胚胎发育过程中的作用	学硕
22	动物科技学院	施其成	成艳芬	动物营养与饲料科学	生物强化和蒸汽爆破对共存甲烷菌的厌氧真菌降解秸秆的影响及其阿魏酸酯酶表达	学硕
23	动物科技学院	林丽梅	毛胜勇	动物营养与饲料科学	基于瘤胃微生物与宿主互作研究早期补饲开食料促进羔羊瘤胃上皮发育的机制	学硕
24	经济管理学院	周湘余	巩师恩	产业经济学	中国工业部门劳动收入份额的决定机制研究——基于可变要素替代弹性与偏向性技术进步视角	学硕
25	经济管理学院	周沁楠	王学君	国际贸易学	双边关系对农产品贸易的影响——基于中国月度数据的检验	学硕
26	经济管理学院	沈怡宁	何 军	农业经济管理	社会资本对我国中西部农村家庭贫困脆弱性影响的研究——基于性别差异视角	学硕
27	经济管理学院	周梦飞	易福金	农业经济管理	ENSO 信息的产量指数保险应用价值研究	学硕
28	动物医学院	周艺琳	苗晋锋	基础兽医学	白藜芦醇在缓解乳房链球菌诱发乳腺氧化损伤过程中的作用与机制研究	学硕
29	动物医学院	王梦莉	王丽平	基础兽医学	江苏猪源 poxtA 阳性屎肠球菌的流行及水平转移机制研究	学硕
30	动物医学院	谢 霜	庾庆华	基础兽医学	饲料镉污染加剧肠道病原菌损伤肠黏膜屏障机制的研究	学硕
31	动物医学院	王 欣	刘 斐	预防兽医学	基于纸芯片定量检测四环素和氯霉素系统的开发与应用	学硕
32	动物医学院	李 虎	陈兴祥	临床兽医学	赭曲霉毒素 A 诱导肾损伤及硒锌对其的保护作用研究	学硕
33	食品科技学院	尤 秀	李 伟	食品科学与工程	藏灵菇源瑞士乳杆菌 LZ-R-5 和戊糖乳杆菌 LZ-R-17 免疫调节、抗肿瘤及肠道益生功能研究	学硕
34	食品科技学院	黄明远	徐幸莲	食品科学与工程	可食用纳米活性涂膜的制备及其对烧鸡货架期的影响	学硕
35	食品科技学院	阚旭辉	曾晓雄	食品科学与工程	枸杞玉米黄素双棕榈酸酯的提取纯化、乳液制备及体外模拟消化特性研究	学硕
36	食品科技学院	王莹莹	张万刚	食品科学与工程	蛋白质亚硝基化对 PSE 猪肉形成的影响研究	学硕
37	公共管理学院	陶 芹	欧维新	地图学与地理信息系统	基于生态系统服务供需关系的长三角生态空间管控研究	学硕
38	公共管理学院	吴天航	冯淑怡	土地资源管理	地方政府土地出让干预对区域碳排放的影响差异研究	学硕
39	公共管理学院	刘壮壮	吴 未	土地资源管理	面向建设用地减量化和区域协同的生境网络优化研究——以苏锡常地区白鹭为例	学硕

（续）

序号	学院	作者姓名	导师姓名	专业名称	论文题目	备注
40	人文与社会发展学院	蒋　静	何红中	科学技术史	汉唐时期西域小麦种植拓展与动因研究	学硕
41	理学院	刘　悦	吴　磊	化学	可见光催化绿色合成靛红及其参与的硅氢化/胺甲基化串联反应研究	学硕
42	理学院	程文静	章维华	化学	香豆素超分子荧光传感体系的构建与应用研究	学硕
43	工学院	沈莫奇	傅秀清	机械制造及其自动化	磁场辅助喷射电沉积制备 $Ni-P-ZrO_2$ 复合镀层工艺及其性能研究	学硕
44	无锡渔业学院	刘　博	刘　波	水产养殖	罗氏沼虾胚胎发育不同时期微生物研究	学硕
45	信息管理学院	乔　粤	何　琳	情报学	春秋时期社会变迁分析——文本挖掘视角	学硕
46	生命科学学院	胡　婷	黄　星	微生物学	乳氟禾草灵降解菌株 HME-24 的新种鉴定及其酯酶 LanE 降解机制的研究	学硕
47	生命科学学院	赵莹莹	沈文飚	生物化学与分子生物学	过氧化氢和谷胱甘肽参与甲烷和硫化氢诱导侧根发生的分子机理	学硕
48	生命科学学院	沈　杰	谢彦杰	生物化学与分子生物学	硫化氢介导 DES1 和 RBOHD 的硫巯基化修饰调控保卫细胞 ABA 信号转导的机理研究	学硕
49	生命科学学院	李　婷	杨　清	生物化学与分子生物学	茄子 miRm0002 靶基因 SmNTF3 的验证、克隆及其在响应盐旱胁迫中功能的初步分析	学硕
50	金融学院	祝云逸	王翌秋	金融学	僵尸企业的投融资挤出效应与企业全要素生产率抑制	学硕
51	工学院	黄宇珂	王兴盛	机械工程	基于流动水层的皮秒激光诱导等离子体微加工工艺研究	专硕
52	园艺学院	汤肖玮	张　飞	农艺与种业	茶用菊苗期耐旱性和耐涝性的综合评价	专硕
53	植物保护学院	张华梦	赵弘巍	资源利用与植物保护	水稻纹枯病生防细菌的筛选及防治机理分析	专硕
54	经济管理学院	陈　霞	林光华	农业管理	苹果种植户对有机肥替代化肥补贴政策的认知及行为反应研究——以陕西省洛川县为例	专硕
55	经济管理学院	李　婷	巩师恩	国际商务	CAGE 四维距离对中国在"一带一路"国家直接投资的影响研究	专硕
56	资源与环境科学学院	董青君	焦加国	资源利用与植物保护	餐余废弃物的蚓堆肥及蔬菜育苗和栽培基质技术研究	专硕
57	植物保护学院	王天硕	陈法军	资源利用与植物保护	草地贪夜蛾飞行与生殖互作关系研究	专硕
58	公共管理学院	陆佳琦	郑永兰	公共管理	"最多跑一次"背景下商事登记制度改革研究——以绍兴市越城区为例	专硕
59	金融学院	杨鑫仪	周月书	会计	金融科技、冗余雇员与商业银行绩效	专硕

（续）

序号	学院	作者姓名	导师姓名	专业名称	论文题目	备注
60	动物科技学院	尹杭	李齐发	畜牧	猪 BMP7 和 BMP15 基因 3′-UTR 多态性及其与繁殖性能的关系	专硕
61	经济管理学院	孔乐兰	张兵兵	国际商务	全球价值链视角下中国贸易地位的网络分析——基于 30 个行业附加值的研究	专硕
62	工学院	张世凯	邹修国	农业工程	基于 CFD 的精细化养殖鸡舍夏季内环境模拟研究	专硕
63	理学院	杨智宇	丁煜宾	化学工程	基于四苯乙烯和卟啉荧光传感阵列的构建与糖胺聚糖检测应用	专硕
64	动物医学院	吴月	周斌	兽医	检测 4 种猪病毒性疫病抗体的多重蛋白芯片研制与初步应用	专硕
65	工学院	李玲玲	江亿平	物流工程	基于时空网络的大型网超日用品订单处理及车辆派遣联合优化研究	专硕
66	植物保护学院	来祺	施海燕	资源利用与植物保护	二甲酰亚胺类杀菌剂代谢产物——3,5-二氯苯胺的降解行为与生态毒性效应	专硕
67	动物医学院	刘倩倩	邓益锋	兽医	邻苯二酚-壳聚糖纳米银溶胶的制备及其对兔感染创的疗效研究	专硕
68	外国语学院	莫嘉栋	曹新宇	翻译	礼貌原则视角下指示性公示语翻译研究——以"残疾人"相关公示语翻译为例	专硕
69	经济管理学院	吕晓栋	何军	工商管理	昌盛小额贷款公司的信贷业务模式转型之路	专硕
70	植物保护学院	赵云霞	吴顺凡	资源利用与植物保护	草地贪夜蛾和甜菜夜蛾的抗药性监测及甜菜夜蛾对四唑虫酰胺的抗性风险评估	专硕
71	人文与社会发展学院	储睿文	黎孔清	农村发展	江苏省家庭农场农药减量施用影响因素研究——以水稻种植为例	专硕
72	经济管理学院	孙姣姣	应瑞瑶	国际商务	中鼎股份国际化战略研究——基于海外连续并购策略	专硕
73	园艺学院	李柯	唐晓清	中药学	干旱胁迫对荆芥生长生理及次生代谢的影响	专硕
74	农学院	傅兆鹏	朱艳	农艺与种业	基于无人机多光谱影像的小麦产量与蛋白质含量预测模型研究	专硕
75	信息管理学院	李中乾	杨波	图书情报	外文引文水平对国内学术论文的影响及学科差异性比较——以图书情报学、作物学为例	专硕
76	园艺学院	张文泽	孙锦	农艺与种业	丛枝菌根真菌促进连作基质中作物生长的效应及其作用机理	专硕
77	金融学院	李良玉	王翌秋	金融	延迟退休视角下城镇职工养老金财富和养老金替代率分析	专硕
78	公共管理学院	储苗苗	欧维新	公共管理	基于生态系统服务供需变化的土地生态分区研究——以盐城市大丰区为例	专硕

（续）

序号	学院	作者姓名	导师姓名	专业名称	论文题目	备注
79	园艺学院	张明昊	俞明亮	农艺与种业	桃品种资源需冷量和需热量评价及需冷量评价新方法的建立	专硕
80	资源与环境科学学院	蒋倩红	凌 宁	资源利用与植物保护	长江中下游冬油菜有机无机配施技术及其增产促效原理分析	专硕
81	金融学院	韩璐垚	周月书	会计	农村商业银行业务多元化对经营绩效和风险的影响	专硕
82	农学院	杜宇笑	程 涛	农艺与种业	不同产量水平稻茬小麦氮素需求规律及诊断指标研究	专硕
83	食品科技学院	吕青骎	徐幸莲	食品加工与安全	禽蛋及其制品中 42 种农药及其代谢物残留检测方法的建立及应用研究	专硕
84	经济管理学院	刘 艳	何 军	农业管理	产业扶贫对农户可持续生计的影响——以云南省漾濞彝族自治县核桃产业为例	专硕
85	经济管理学院	吴善超	常向阳	工商管理	基于高等教育市场超星"一平三端"智慧教学系统营销策略研究	专硕
86	人文与社会发展学院	陈 倩	朱利群	农村发展	稻虾共作模式农户采纳意愿及行为研究——基于江苏省的调查	专硕
87	资源与环境科学学院	殷小冬	焦加国	资源利用与植物保护	畜禽粪污和园林废弃物的好氧堆肥及基质化开发	专硕
88	园艺学院	王荣辕	渠慎春	农艺与种业	江苏苹果产区主要虫害发生情况调查及生物防治技术研究	专硕
89	无锡渔业学院	王钰钦	吴 伟	渔业发展	池塘养殖尾水沉淀处理单元中净化材料的筛选及运行参数优化	专硕
90	动物医学院	耿金柱	刘永杰	兽医	共表达嗜水气单胞菌 Hcp 和鲤疱疹病毒 2 型 ORF131 的重组乳酸菌构建及其免疫效力	专硕
91	园艺学院	刘婧愉	庄 静	农艺与种业	茶树谷胱甘肽转移酶与脱氢抗坏血酸还原酶家族分析及逆境表达分析	专硕
92	经济管理学院	李佳敏	朱战国	农业管理	市场风险、政策支持与田阳县农产品电商发展研究——基于农户视角的分析	专硕
93	外国语学院	季艳龙	马秀鹏	翻译	论赖斯文本类型理论对农业科技文本翻译的指导性——以 The Chloroplast View of the Evolution of Polyploid Wheat 汉译为例	专硕
94	农学院	许 昊	周 济	农艺与种业	基于计算机视觉和深度学习的水稻花期动态表型自动化分析算法研究	专硕
95	动物科技学院	汪 棋	张艳丽	畜牧	AMPK 对绵羊睾丸发育、睾丸间质细胞增殖以及精液冷冻保存的作用研究	专硕

（续）

序号	学院	作者姓名	导师姓名	专业名称	论文题目	备注
96	人文与社会发展学院	李逍然	姚兆余	社会工作	社会工作介入儿童家暴的实务研究——以南京市 Q 社区 Z 家庭为例	专硕
97	工学院	柴喜存	刘玉涛	农业工程	室内条件下模拟秸秆还田后氮素周转对禾谷镰刀菌致病力的影响	专硕
98	食品科技学院	邹波	李春保	食品工程	宰前驱赶应激对猪肉品质的影响及控制	专硕
99	工学院	王天宇	郑恩来	机械工程	铝合金板材成形过程数值模拟与仿真	专硕
100	经济管理学院	纪文轩	纪月清	农业管理	村级公益事业建设"一事一议财政奖补"政策研究——基于江苏省宝应县 X 镇的案例分析	专硕

附录12 2021级研究生分专业情况统计

表1 全日制研究生分专业情况统计

所属单位	学科专业	总计（人）	录取数（人）					
			硕士研究生			博士研究生		
			合计	非定向	定向	合计	非定向	定向
南京农业大学	全小计	3 252	2 593	2 584	9	659	633	26
农学院 （共369人，硕士260人、博士109人）	遗传学	7	5	5	0	2	2	0
	生物信息学	2	0	0	0	2	2	0
	作物栽培学与耕作学	78	54	54	0	24	23	1
	作物遗传育种	167	106	106	0	61	57	4
	农业信息学	45	25	25	0	20	20	0
	农艺与种业	62	62	61	1	0	0	0
	农业工程与信息技术	8	8	8	0	0	0	0
植物保护学院 （共308人，硕士238人、博士70人）	植物病理学	100	62	62	0	38	37	1
	农业昆虫与害虫防治	61	43	43	0	18	18	0
	农药学	30	30	30	0	0	0	0
	资源利用与植物保护	103	103	103	0	0	0	0
	农药学	14	0	0	0	14	14	0
资源与环境科学学院 （共309人，硕士236人、博士73人）	生态学	37	26	26	0	11	11	0
	环境科学	20	20	20	0	0	0	0
	环境工程	20	20	20	0	0	0	0
	资源与环境	39	39	39	0	0	0	0
	土壤学	28	28	28	0	0	0	0
	植物营养学	52	52	52	0	0	0	0
	资源利用与植物保护	51	51	51	0	0	0	0
	环境污染控制工程	13	0	0	0	13	13	0
	农业资源与环境	49	0	0	0	49	47	2

（续）

所属单位	学科专业	总计（人）	录取数（人）					
			硕士研究生			博士研究生		
			合计	非定向	定向	合计	非定向	定向
园艺学院 （共 365 人，硕士 303 人、 博士 62 人）	风景园林学	5	5	5	0	0	0	0
	果树学	60	41	41	0	19	19	0
	蔬菜学	47	32	32	0	15	15	0
	茶学	13	7	7	0	6	6	0
	观赏园艺学	49	31	31	0	18	18	0
	药用植物学	3	0	0	0	3	3	0
	设施园艺学	7	6	6	0	1	1	0
	农艺与种业	129	129	129	0	0	0	0
	风景园林	28	28	28	0	0	0	0
	中药学	10	10	10	0	0	0	0
	中药学	14	14	14	0	0	0	0
动物科技学院 （共 161 人，硕士 123 人、 博士 38 人）	动物遗传育种与繁殖	61	41	41	0	20	20	0
	动物营养与饲料科学	58	40	39	1	18	18	0
	畜牧	42	42	42	0	0	0	0
经济管理学院 （共 155 人，硕士 125 人、 博士 30 人）	区域经济学	1	0	0	0	1	1	0
	产业经济学	12	11	11	0	1	1	0
	国际贸易学	17	13	13	0	4	4	0
	国际商务	25	25	25	0	0	0	0
	农业管理	34	34	33	1	0	0	0
	企业管理	11	11	11	0	0	0	0
	技术经济及管理	8	8	8	0	0	0	0
	农业经济管理	47	23	23	0	24	22	2
动物医学院 （共 287 人，硕士 204 人、 博士 83 人）	基础兽医学	50	36	36	0	14	14	0
	预防兽医学	74	51	51	0	23	22	1
	临床兽医学	27	21	21	0	6	6	0
	兽医	136	96	96	0	40	35	5
食品科技学院 （共 201 人，硕士 163 人、 博士 38 人）	食品科学与工程	115	77	77	0	38	35	3
	生物与医药	49	49	49	0	0	0	0
	食品加工与安全	37	37	35	2	0	0	0
公共管理学院 （共 111 人，硕士 79 人、 博士 32 人）	行政管理	20	15	15	0	5	5	0
	教育经济与管理	6	4	4	0	2	2	0
	社会保障	13	10	10	0	3	3	0
	土地资源管理	72	50	50	0	22	22	0

（续）

所属单位	学科专业	总计（人）	录取数（人）					
			硕士研究生			博士研究生		
			合计	非定向	定向	合计	非定向	定向
人文与社会发展学院（共113人，硕士101人、博士12人）	经济法学	5	5	5	0	0	0	0
	社会学	5	5	5	0	0	0	0
	民俗学	4	4	4	0	0	0	0
	社会工作	29	29	29	0	0	0	0
	科学技术史	25	13	13	0	12	10	2
	农村发展	41	41	41	0	0	0	0
	旅游管理	4	4	4	0	0	0	0
理学院（共60人，硕士47人、博士13人）	数学	7	7	7	0	0	0	0
	化学	20	20	20	0	0	0	0
	生物物理学	3	2	2	0	1	1	0
	材料与化工	18	18	18	0	0	0	0
	天然产物化学	12	0	0	0	12	12	0
工学院（共105人，硕士82人、博士23人）	机械制造及其自动化	1	1	1	0	0	0	0
	机械电子工程	1	1	1	0	0	0	0
	机械设计及理论	1	1	1	0	0	0	0
	车辆工程	2	2	2	0	0	0	0
	农业机械化工程	32	22	22	0	10	10	0
	农业生物环境与能源工程	4	1	1	0	3	3	0
	农业电气化与自动化	24	14	14	0	10	9	1
	机械	40	40	40	0	0	0	0
无锡渔业学院（共70人，硕士63人、博士7人）	水产养殖	23	23	23	0	0	0	0
	渔业资源	1	1	1	0	0	0	0
	渔业发展	39	39	38	1	0	0	0
	水生生物学	2	0	0	0	2	2	0
	水产	5	0	0	0	5	4	1
信息管理学院（共71人，硕士62人、博士9人）	管理科学与工程	6	6	6	0	0	0	0
	情报学	10	10	10	0	0	0	0
	图书情报	27	27	27	0	0	0	0
	物流工程与管理	19	19	18	1	0	0	0
	图书情报与档案管理	9	0	0	0	9	8	1
外国语学院（共55人，硕士55人）	外国语言文学	10	10	10	0	0	0	0
	翻译	45	45	45	0	0	0	0

（续）

所属单位	学科专业	总计（人）	录取数（人）					
			硕士研究生			博士研究生		
			合计	非定向	定向	合计	非定向	定向
生命科学学院（共199人，硕士155人、博士44人）	植物学	55	34	34	0	21	20	1
	动物学	3	3	3	0	0	0	0
	微生物学	61	44	44	0	17	17	0
	发育生物学	5	5	5	0	0	0	0
	生物化学与分子生物学	23	17	17	0	6	6	0
	生物与医药	52	52	52	0	0	0	0
马克思主义学院（共15人，硕士15人）	哲学	5	5	5	0	0	0	0
	马克思主义理论	10	10	10	0	0	0	0
金融学院（共162人，硕士153人、博士9人）	金融学	26	17	17	0	9	8	1
	金融	50	50	50	0	0	0	0
	会计学	8	8	8	0	0	0	0
	会计	78	78	77	1	0	0	0
人工智能学院（共69人，硕士69人）	计算机科学与技术	11	11	11	0	0	0	0
	电子信息	58	58	57	1	0	0	0
草业学院（共48人，硕士41人、博士7人）	草学	26	19	19	0	7	7	0
	农艺与种业	22	22	22	0	0	0	0
密西根学院（共19人，硕士19人）	食品科学与工程	9	9	9	0	0	0	0
	农业经济管理	10	10	10	0	0	0	0

表 2　非全日制研究生分专业情况统计

所属单位	学科专业	总计（人）	录取数（人）					
			硕士研究生			博士研究生		
			合计	非定向	定向	合计	非定向	定向
南京农业大学	全小计	390	380	0	380	10	0	10
园艺学院	风景园林	9	9	0	9	0	0	0
经济管理学院	工商管理	179	179	0	179	0	0	0
动物医学院	兽医	11	1	0	1	10	0	10
公共管理学院	公共管理	127	127	0	127	0	0	0
信息管理学院	工程管理	10	10	0	10	0	0	0
金融学院	会计	54	54	0	54	0	0	0

附录13 国家建设高水平大学公派研究生项目录取人员一览表

表1 联合培养博士录取名单

序号	学院	学号	姓名	留学类别	国别	留学院校
1	农学院	2018201023	江峥嵘	联合培养博士	法国	法国西部农学院
2	农学院	2018201024	苏炜宣	联合培养博士	美国	佛罗里达大学
3	农学院	2018201028	陈友桃	联合培养博士	法国	图卢兹大学联盟（图卢兹大学）
4	农学院	2018201089	任婷婷	联合培养博士	美国	密歇根州立大学
5	农学院	2018201091	潘嫄嫄	联合培养博士	荷兰	特文特大学
6	农学院	2018201093	朱 杰	联合培养博士	美国	加利福尼亚大学戴维斯分校
7	农学院	2019201013	刘文哲	联合培养博士	澳大利亚	澳大利亚国立大学
8	农学院	2019201082	徐 可	联合培养博士	英国	克兰菲尔德大学
9	农学院	2019201086	苏 茜	联合培养博士	德国	科隆大学
10	植物保护学院	2018202012	车 舒	联合培养博士	英国	詹姆士哈顿研究所
11	植物保护学院	2018202036	贾忠强	联合培养博士	英国	牛津大学
12	植物保护学院	2018202040	曲毓立	联合培养博士	澳大利亚	昆士兰大学
13	植物保护学院	2019202018	孙碧莹	联合培养博士	美国	美国农业部农业研究院
14	植物保护学院	2019202020	申 希	联合培养博士	美国	蒙大拿州立大学
15	植物保护学院	2019202038	戈昕宇	联合培养博士	英国	英国自然历史博物馆
16	植物保护学院	2019202044	陈 辉	联合培养博士	瑞典	隆德大学
17	植物保护学院	2019202049	刘晓微	联合培养博士	日本	东京大学
18	植物保护学院	2019202052	武洛宇	联合培养博士	德国	凯撒斯劳滕大学
19	植物保护学院	2019202057	曾 彬	联合培养博士	英国	埃克斯特大学
20	资源与环境科学学院	2017203028	江尚焘	联合培养博士	比利时	新鲁汶大学
21	资源与环境科学学院	2018203023	季凌飞	联合培养博士	英国	约克大学
22	资源与环境科学学院	2019203009	李 镇	联合培养博士	美国	加利福尼亚大学戴维斯分校
23	资源与环境科学学院	2019203019	吴 杰	联合培养博士	英国	埃克斯特大学
24	资源与环境科学学院	2019203022	李婧璇	联合培养博士	英国	约克大学
25	资源与环境科学学院	2019203025	王婷婷	联合培养博士	法国	雷恩第一大学
26	资源与环境科学学院	2019203028	刘 成	联合培养博士	澳大利亚	西澳大学
27	资源与环境科学学院	2019203053	马若亚	联合培养博士	法国	法国气候变化与环境研究所
28	资源与环境科学学院	2019203054	张 溪	联合培养博士	德国	哥廷根大学
29	资源与环境科学学院	2020203001	黄凯灵	联合培养博士	美国	俄勒冈大学

（续）

序号	学院	学号	姓名	留学类别	国别	留学院校
30	资源与环境科学学院	2020203020	曾能得	联合培养博士	美国	马萨诸塞大学阿默斯特分校
31	园艺学院	2018204007	冯娇	联合培养博士	新西兰	新西兰皇家植物与食品研究所
32	园艺学院	2019204002	贡鑫	联合培养博士	瑞典	瑞典农业科学大学
33	园艺学院	2019204014	武超	联合培养博士	美国	康奈尔大学
34	经济管理学院	2018206002	潘超	联合培养博士	日本	千叶大学
35	经济管理学院	2018206015	周莹	联合培养博士	德国	哥廷根大学
36	经济管理学院	2018206029	臧星月	联合培养博士	丹麦	哥本哈根大学
37	动物医学院	2019207042	季程远	联合培养博士	日本	筑波大学
38	动物医学院	2020207025	何婉婷	联合培养博士	美国	加利福尼亚大学洛杉矶分校
39	食品科技学院	2018208004	杨莎	联合培养博士	澳大利亚	蒙纳士大学
40	食品科技学院	2018208012	田娟娟	联合培养博士	美国	哈佛医学院/波士顿儿童医院
41	食品科技学院	2018208022	宋留丽	联合培养博士	新加坡	新加坡国立大学
42	食品科技学院	2018208027	殷燕涛	联合培养博士	西班牙	西班牙埃斯特雷马杜拉大学
43	食品科技学院	2019208019	周望庭	联合培养博士	美国	北卡罗来纳农业技术州立大学
44	食品科技学院	2019208032	卞珺	联合培养博士	加拿大	西门菲莎大学
45	公共管理学院	2019209015	丁冠乔	联合培养博士	丹麦	哥本哈根大学
46	公共管理学院	2019209029	李敏	联合培养博士	美国	普渡大学
47	公共管理学院	2020209027	刘雪晴	联合培养博士	比利时	根特大学
48	工学院	2019212014	杨星	联合培养博士	英国	林肯大学
49	信息管理学院	2019214002	孔玲	联合培养博士	韩国	延世大学
50	信息管理学院	2019214003	周好	联合培养博士	丹麦	哥本哈根大学
51	信息管理学院	2019214004	韩燕	联合培养博士	日本	筑波大学
52	信息管理学院	2019214005	崔竞烽	联合培养博士	新加坡	新加坡高性能计算研究所
53	生命科学学院	2018216027	张妍	联合培养博士	匈牙利	匈牙利科学院生物学研究中心
54	生命科学学院	2018216028	司阳	联合培养博士	德国	慕尼黑工业大学
55	生命科学学院	2019216008	陈嘉慧	联合培养博士	新加坡	新加坡国立大学
56	资源与环境科学学院	2019203024	尹悦	联合培养博士	法国	里昂大学

表 2　攻读博士学位人员录取名单

序号	学院	学号	姓名	留学类别	国别	留学院校
1	动物医学院	2018107015	万智信	攻读博士学位	法国	巴黎文理研究大学
2	植物保护学院	2018102122	祁圆林	攻读博士学位	澳大利亚	阿德莱德大学
3	资源与环境科学学院	2018103083	柯贤林	攻读博士学位	意大利	都灵大学

（续）

序号	学院	学号	姓名	留学类别	国别	留学院校
4	园艺学院	2018104057	龙 言	攻读博士学位	西班牙	马德里自治大学
5	农学院	11117123	高凡淇	攻读博士学位	英国	埃克斯特大学
6	动物科技学院	2018105011	陶瑞鑫	攻读博士学位	丹麦	哥本哈根大学
7	园艺学院	2019804138	管鹭斌	攻读博士学位	意大利	博洛尼亚大学
8	园艺学院	2018104083	陈雪飞	攻读博士学位	比利时	根特大学
9	资源与环境科学学院	2018103021	唐凌逸	攻读博士学位	加拿大	阿尔伯塔大学
10	动物医学院	2019807112	陈碧霞	攻读博士学位	比利时	根特大学
11	经济管理学院	2017106067	周家俊	攻读博士学位	德国	慕尼黑工业大学

表 3　草地管理和草地植物育种研究生联合培养项目录取名单

序号	学院	学号	姓名	留学类别	国别	留学院校
1	草业学院	2020220007	丁鋆嘉	联合培养博士研究生	美国	新泽西州立罗格斯大学
2	草业学院	2019220005	安 聪	联合培养博士研究生	美国	新泽西州立罗格斯大学
3	草业学院	2020820038	姜恒越	联合培养硕士研究生	美国	新泽西州立罗格斯大学
4	草业学院	2020820042	毛峥洋	联合培养硕士研究生	美国	新泽西州立罗格斯大学
5	草业学院	2020820024	周冰姿	联合培养硕士研究生	美国	新泽西州立罗格斯大学

表 4　攻读硕士学位人员录取名单

序号	学院	学号	姓名	留学类别	国别	留学院校
1	工学院	33216122	林 泓	攻读硕士学位	英国	爱丁堡大学

附录 14　博士研究生国家奖学金获奖名单

序号	姓名	学院	序号	姓名	学院
1	蒋欣羽	农学院	11	贾忠强	植物保护学院
2	田 龙	农学院	12	陈 贺	植物保护学院
3	刘慧敏	农学院	13	何宗哲	植物保护学院
4	雷康琦	农学院	14	陈议亮	植物保护学院
5	江峥嵘	农学院	15	孙新丽	资源与环境科学学院
6	江 杰	农学院	16	郭 赛	资源与环境科学学院
7	张 旭	农学院	17	孔志坚	资源与环境科学学院
8	张思宇	农学院	18	韩召强	资源与环境科学学院
9	艾 干	植物保护学院	19	贾乐天	资源与环境科学学院
10	徐康文	植物保护学院	20	顾 毅	资源与环境科学学院

（续）

序号	姓名	学院	序号	姓名	学院
21	黄霄	园艺学院	35	许玉娟	食品科技学院
22	关云霄	园艺学院	36	田娟娟	食品科技学院
23	郭志华	园艺学院	37	陈尔东	公共管理学院
24	徐素娟	园艺学院	38	杨杨	公共管理学院
25	李诚瑜	动物科技学院	39	祁睿格	工学院
26	沈丹	动物科技学院	40	王艳新	生命科学学院
27	张岳	经济管理学院	41	张明亮	生命科学学院
28	李成龙	经济管理学院	42	周明健	生命科学学院
29	李建达	动物医学院	43	焦健	理学院
30	冯跃	动物医学院	44	熊健	金融学院
31	于正青	动物医学院	45	高俊	无锡渔业学院
32	何婉婷	动物医学院	46	梁媛	信息管理学院
33	李嘉豪	动物医学院	47	耿博豪	草业学院
34	杨莎	食品科技学院			

附录 15 硕士研究生国家奖学金获奖名单

序号	姓名	学院	序号	姓名	学院
1	韦生宝	农学院	19	毕莲玉	植物保护学院
2	巫月	农学院	20	陶莎	植物保护学院
3	袁逸帆	农学院	21	孙晓芳	植物保护学院
4	王梓怡	农学院	22	李瑶	植物保护学院
5	朱庆权	农学院	23	王赟	资源与环境科学学院
6	朱丽梅	农学院	24	王志军	资源与环境科学学院
7	陈雅萍	农学院	25	王鑫伟	资源与环境科学学院
8	曾健	农学院	26	李月月	资源与环境科学学院
9	司清新	农学院	27	卢佳欣	资源与环境科学学院
10	金姝雯	农学院	28	谌凯	资源与环境科学学院
11	斯冬梅	农学院	29	张秀秀	资源与环境科学学院
12	曹莉	植物保护学院	30	刘志颖	资源与环境科学学院
13	兰驰	植物保护学院	31	黄星瑜	资源与环境科学学院
14	杨森	植物保护学院	32	韩晨	资源与环境科学学院
15	赵晓林	植物保护学院	33	王亚	园艺学院
16	薛媚	植物保护学院	34	王昊	园艺学院
17	李妮	植物保护学院	35	王雪平	园艺学院
18	汪莹	植物保护学院	36	吕金花	园艺学院

（续）

序号	姓名	学院	序号	姓名	学院
37	孙道金	园艺学院	73	丁学谦	公共管理学院
38	李宏波	园艺学院	74	王林艳	公共管理学院
39	余 琪	园艺学院	75	丁 斌	人文与社会发展学院
40	张子璇	园艺学院	76	袁行重	人文与社会发展学院
41	郑琨鹏	园艺学院	77	高鹏程	人文与社会发展学院
42	常宝亮	园艺学院	78	张 懿	人文与社会发展学院
43	崔 峰	园艺学院	79	齐家馨	理学院
44	葛礼姣	园艺学院	80	柳晶鑫	理学院
45	张浩琳	动物科技学院	81	史 可	工学院
46	王恒洁	动物科技学院	82	范雷明	工学院
47	陈 莹	动物科技学院	83	郭航言	工学院
48	李东旭	动物科技学院	84	徐 昊	无锡渔业学院
49	单蒙蒙	动物科技学院	85	李鸣霄	无锡渔业学院
50	汪 婷	动物科技学院	86	马俊蕾	无锡渔业学院
51	白 林	经济管理学院	87	陈思钒	信息管理学院
52	张 静	经济管理学院	88	梁 柱	信息管理学院
53	许鑫怡	经济管理学院	89	王昕玥	外国语学院
54	顾宇南	经济管理学院	90	周 娟	外国语学院
55	张永占	经济管理学院	91	刘金悦	生命科学学院
56	毛欣茹	动物医学院	92	江 可	生命科学学院
57	冯子安	动物医学院	93	钟玲丽	生命科学学院
58	林立山	动物医学院	94	张德瑞	生命科学学院
59	丁 蕊	动物医学院	95	左金娇	生命科学学院
60	李 意	动物医学院	96	鲍艺萱	生命科学学院
61	高张珊	动物医学院	97	李 强	马克思主义学院
62	何文森	动物医学院	98	韩 玥	金融学院
63	林鑫广	动物医学院	99	杨倩文	金融学院
64	邵良婷	食品科技学院	100	朱政廷	金融学院
65	张维义	食品科技学院	101	范莹莹	金融学院
66	李丽湲	食品科技学院	102	谢诗颖	金融学院
67	岳 美	食品科技学院	103	林柳吟	人工智能学院
68	祁 悦	食品科技学院	104	舒翠霓	人工智能学院
69	刘 珍	食品科技学院	105	陶亭亭	草业学院
70	单梦圆	食品科技学院	106	代梦瞳	草业学院
71	信莹莹	公共管理学院	107	王 泽	前沿交叉学院
72	陈 鑫	公共管理学院			

附录16 校长奖学金获奖名单

序号	姓名	学号	所在学院	获奖类别
1	王龙飞	2015201021	农学院	博士生特等奖
2	段星至	2017202028	植物保护学院	博士生校长奖学金
3	李婷	2017203014	资源与环境科学学院	博士生校长奖学金
4	孙晶晶	2017204039	园艺学院	博士生校长奖学金
5	吴一恒	2016209025	公共管理学院	博士生校长奖学金
6	袁晨	2017207001	动物医学院	博士生校长奖学金
7	张浩	2016209021	公共管理学院	博士生校长奖学金
8	张可	2017201080	农学院	博士生校长奖学金
9	周扬	2017202002	植物保护学院	博士生校长奖学金
10	房琳琳	2018107068	动物医学院	硕士生校长奖学金
11	郜莹莹	2018102131	植物保护学院	硕士生校长奖学金
12	韩妙华	2018104089	园艺学院	硕士生校长奖学金
13	侯会	2018108074	食品科技学院	硕士生校长奖学金
14	刘源	2018105006	动物科技学院	硕士生校长奖学金
15	庞雅倩	2019811033	理学院	硕士生校长奖学金
16	神国卿	2018113012	无锡渔业学院	硕士生校长奖学金
17	沈浩杰	2018103088	资源与环境科学学院	硕士生校长奖学金
18	时小燕	2018105032	动物科技学院	硕士生校长奖学金
19	王冕	2018108018	食品科技学院	硕士生校长奖学金
20	徐旻	2018103066	资源与环境科学学院	硕士生校长奖学金
21	杨兴浩	2017116110	生命科学学院	硕士生校长奖学金
22	尹莲	2018104072	园艺学院	硕士生校长奖学金
23	于爱华	2018106053	经济管理学院	硕士生校长奖学金
24	张乘运	2018111017	理学院	硕士生校长奖学金
25	张苏玲	2018104042	园艺学院	硕士生校长奖学金
26	张正荣	2018107070	动物医学院	硕士生校长奖学金
27	赵兴凯	2018107107	动物医学院	硕士生校长奖学金
28	赵卓均	2018120009	草业学院	硕士生校长奖学金
29	朱烨	2018103005	资源与环境科学学院	硕士生校长奖学金

附录 17　研究生名人企业奖学金获奖名单

金善宝奖学金（20 人）

董雨菡　高　丹　高浩力　顾　军　管宁宁　胡诗琪　黄品于　黄日升　季　旸
康　晨　李荣阳　刘　询　马若亚　魏自航　谢以荟　杨　涛　赵　丹　郑澎坤
祝孟茹　邹　旭

陈裕光奖学金（20 人）

曹　际　陈嘉慧　陈　玲　陈龙景　高　雅　韩伟康　黄凯灵　季　珂　李菲儿
李　建　刘文哲　田双清　涂丽琴　王志敏　徐高明　徐　娜　杨宗耀　于舒函
张　贺　周　南

吴毅文助学金（10 人）

仓　鲁　曹铁毅　蒋良贤　蒋中权　孔祥一　郎丽丽　李秋果　许梦寒　张晋豪
张茹茹

大北农励志奖学金（10 人）

陈欣仪　郭庚霖　后丽丽　钱琳洁　单祥保　宋禹昕　孙小淳　田时祎　肖　康
谢　斐

江苏山水集团奖学金（12 人）

董宝莹　高　旭　黄禹蒙　李昉娟　刘　轩　倪雨淳　万传旭　杨志明　张嵩楠
赵晨晓　郑唤唤　周　钰

中农立华奖学金（10 人）

曹治国　陈玉华　高健博　宫青涛　胡琪琪　康金博　李芳芳　逯燕腾　石仲慧
魏云浩

拜耳奖学金（20 人）

白梦娟　陈家辉　陈兆杰　冯　慧　巨飞燕　柯智健　李梦荣　李维希　毛雪伟
薛雍松　杨　航　杨　坤　叶　紫　张　健　张孟茹　张如玉　赵　干　赵玲玲
赵睿秋　周鑫鹏

附录 18　优秀毕业研究生名单

一、优秀博士毕业研究生（78 人）

农学院（16 人）

常忠原　房　帅　冯逸龙　刘佳倩　孙亚利　陶申童　王桂林　王龙飞　闫飞宇

闫文凯　姚立立　于鸣洲　詹成芳　张　可　张培培　章建伟

植物保护学院（10 人）

段星至　高贝贝　黄海宁　李连山　刘　军　马　健　司杰瑞　王利媛　赵双双
周　扬

资源与环境科学学院（12 人）

陈　爽　冯　坤　黄　辉　孔德雷　李　鹏　李舜尧　李　婷　刘志伟　王双双
徐琪程　张　琳　张前前

园艺学院（7 人）

何明明　刘德才　刘众杰　宋蒙飞　孙晶晶　王　武　赵勤政

动物科技学院（5 人）

程　康　高霄霄　牛　玉　王艺如　周长银

经济管理学院（4 人）

陈晓虹　崔美龄　李　丹　李亚玲

动物医学院（5 人）

侯　伟　李阳阳　刘丹丹　杨　阳　袁　晨

食品科技学院（3 人）

季娜娜　张　森　仲　磊

公共管理学院（6 人）

陈昌玲　姜　璐　孔冬艳　王　鹏　张　浩　赵晶晶

人文与社会发展学院（1 人）

侯玉婷

理学院（1 人）

王晓斌

工学院（1 人）

丛文杰

无锡渔业学院（1 人）

罗明坤

生命科学学院（3 人）

李晓江　连玲丹　沐　阳

金融学院（1 人）

彭媛媛

草业学院（2 人）

孙启国　赵　杰

二、优秀硕士毕业研究生（467 人）

农学院（38 人）

包孟梅　储靖宇　丁志锋　高静静　高梦涛　郭庆玲　郭　展　胡慧敏　胡壮壮
黄保崴　贾光红　李吉宁　李鑫格　李　怡　李逸凡　凌　鑫　卢　城　卢一帆
孟凯文　穆换青　钮　鑫　彭门路　施美琪　宋晓倩　王　磊　王　梦　王　兴
韦海敏　熊传曦　徐先超　轩瑞瑞　尹春红　于欣茹　张海鹏　张　融　张　雪
张玉霞　朱俊俊

植物保护学院（43 人）

陈东月　陈俊敏　成媛媛　崔鹏程　郜莹莹　葛抒文　郭　迪　郭　荣　胡　慧
胡淑珍　姜临红　蒋　洁　来继星　李　柯　李路遥　李卓苗　林培炯　刘福宇
刘士领　刘一阳　卢天宇　聂韦华　彭长武　屈　琼　饶　聪　沈　宁　石　鑫
宋章蓉　孙　硕　陶　娴　王俊平　王琳婷　王　帅　王兴仔　王英帆　吴宏伟
夏芊蔚　曾　杰　查思思　赵佳佳　赵雪君　周晓莉　庄桂苓

资源与环境科学学院（41 人）

代子雯　杜亚楠　段振宇　方　成　胡世民　季晓波　金雨濛　匡志明　李　颢
李其胜　李瑞敏　李帅帅　李婉秋　李圆宾　连万里　刘瑞卿　刘仕祺　刘　涛
刘耀斌　卢　丹　罗佳琳　马爱媛　马　宁　宁婧媛　沈浩杰　石伟希　唐凯迪
唐可欣　唐凌逸　王红喆　王　静　徐　锋　徐　旻　闫　娇　杨　洁　杨　凯
杨婷文　俞　卿　郑　超　郑晓璇　朱　烨

园艺学院（53 人）

曹　婧　陈梦霞　陈紫龄　丁　旭　方馨妍　韩妙华　何　兰　黄思远　黄雨晴
霍冰洁　贾浩然　贾丽丽　蒋　程　赖秋洁　蓝　令　李　菲　李嘉伟　李上云
李卓琪　林娇阳　林士佳　林　烨　刘丽萍　刘天华　马司光　孟　雅　尚明月
苏　颖　万绮雯　汪安然　王春孟　王　将　王巧妹　王迎港　王雨萌　魏义凡
徐园园　宣旭娴　杨　豪　杨培芳　杨诗扬　银慧兰　尹　莲　于长虹　张帮秀

张榕蓉　张苏玲　张昱镇　张孜博　郑　直　周冉冉　朱小磊　朱晓璇

动物科技学院（23 人）

安　冬　蔡　玉　陈璟玥　高　仁　郜思源　韩红丽　姜　君　李　誉　梁雅旭
刘　源　裴明财　任　玉　沈家鲲　时小燕　王明礼　吴佳庆　夏振海　徐　奕
杨　敏　袁杨斌　张　玲　周　阳　邹　彦

经济管理学院（21 人）

岑　丹　高嘉琪　韩桂馨　韩子旭　金俪雯　李慧奇　李若冰　李玉娇　刘贤石
刘晓燕　宋昌昊　王　宁　熊紫龙　许永钦　益　西　于爱华　张婷婷　张晓娜
张晓琪　赵艺华　周　靖

动物医学院（36 人）

陈碧霞　陈　瑾　陈晓榕　陈延宗　陈　雨　崇金星　房琳琳　郭仕琦　黄　晗
霍晓丽　蓝日国　黎伟中　李彤彤　李文慧　李　悦　梁　荣　毛　宁　倪　珺
聂　蒙　邱思语　汤智辉　王　晴　吴睿智　薛　娇　于　栋　张宏竹　张静静
张路捷　张鹏皓　张　睿　张　颖　张正荣　赵兴凯　周天缘　朱慧欣　朱琳达

食品科技学院（31 人）

白依璇　董　薇　韩　璐　韩　烁　侯　会　黄苏红　黄　艺　孔雅雯　李建中
李　冉　李粟晋　李文倩　刘　畅　柳晓晨　罗明洋　牛家峰　唐敏敏　田　媛
王　冕　王　未　王越溪　邬明杰　武敬楠　杨耿涵　杨宗韫　俞莉莉　张馨月
赵欢欢　周　婷　朱静怡　邹丹丹

公共管理学院（15 人）

曹伟情　陈慧琴　崔益邻　韩小二　胡林伟　姜怡航　李安琪　李雪蕾　汤　瑜
王猛猛　王昭雅　魏　铭　张健培　张晓可　周君颖

人文与社会发展学院（19 人）

陈天平　方　圆　管　哲　郭海丽　郭　莹　黄凝伟　纪迎晓　蒋乐畅　金逸伦
陆天雨　田海笑　王安琪　王心璨　杨超群　杨　悦　尤　峰　章　云　赵梦君
仲翔宇

理学院（9 人）

范亮飞　何　菡　胡浩冉　庞雅倩　易云蕾　袁　泉　张乘运　张德运　张雨欣

工学院（22 人）

陈　昊　管清苗　黄　放　纪玲玲　任安华　沈振宇　宋圆圆　王飞翔　魏天翔
吴雪妮　吴永栓　谢以林　许志强　姚　亮　张亨通　张俊媛　张任飞　张婉丽

周凌蕾　周　爽　周　玮　左　毅

无锡渔业学院（12 人）

樊梓豪　林善婷　刘香丽　吕　彬　神国卿　吴龙华　吴新燕　阎明军　杨一帆
张　丽　郑冰清　周振宇

信息管理学院（11 人）

艾毓茜　卞　贝　陈盼盼　纪有书　江　川　刘四维　马晓雯　沈洁漪　王梅月
吴　越　朱子赫

外国语学院（11 人）

何培媛　胡婷婷　季梦云　贾　琼　李　然　刘维杉　刘伟婷　唐倩芸　汪梦元
王晶晶　魏媛媛

生命科学学院（30 人）

陈晓培　董超南　方　波　郭妍婧　何享蓉　孔令帅　兰敏健　李　玉　刘贵平
刘　晓　刘　雅　楼　望　陆俞萍　宋锦雪　苏晓静　孙立静　孙　宇　王海燕
王　涛　王益虹　徐鉴昳　徐文照　杨　澜　杨乐乐　杨图南　杨兴浩　叶　俊
悦晓孟　张亚见　赵迎月

马克思主义学院（3 人）

林陈桐　刘　硕　孙钰捷

金融学院（38 人）

陈嘉炜　陈　爽　邓　超　干婷婷　高仁杰　耿　云　郭婉婷　胡　俊　贾俊雅
李嘉雯　李露露　李茹茹　梁煜雯　刘　凡　刘佳莹　濮娇娇　钱二仙　任童童
孙洪雪　孙　婉　孙晓璐　邰小芳　谭　涛　滕　菲　汪　曼　王宇强　魏珈玮
席　田　邢朝辉　薛煜民　杨　影　姚　聪　易慧琳　郁丰榕　袁　方　曾歆格
章　丹　朱　璇

人工智能学院（4 人）

贾馥玮　太　猛　肖海鸿　周子俊

草业学院（7 人）

李昕芫　宋俊龙　孙灿灿　吴金鑫　张　晴　赵卓均　朱九刚

附录 19　优秀研究生干部名单

（175 人）

柏　宇　曹　锐　曹西月　陈　晨　陈佳琪　陈明颖　陈姝延　陈思衡　陈思洁

陈伟钟	陈玮	陈晓静	陈欣	陈怡名	陈盈蒙	陈玉华	程敏荻	崔鑫妍
戴崇丞	戴妍贤	单蒙蒙	邓肃霜	翟允瑞	丁凤	丁妮枫	丁笑南	董杨
杜虹锐	范晓芬	冯慧	付仙蓉	高峰	高健博	高玉莹	葛孟清	葛云杰
顾志伟	韩冰	韩伟康	韩玥	何佳伟	侯玉涵	胡海静	胡健	胡玲玉
胡琪琪	胡途	胡臻钰	贾璐	姜恒越	孔祥一	况玉玉	郎丽丽	李丹丹
李怀民	李剑男	李翎旭	李梦烁	李鸣霄	李奈夏	李芮	李尚君	李思玟
李玮	李文龙	李贤	李晓璇	李鑫	林海燕	林红	林家宝	林湘岷
刘蓓	刘畅	刘楯	刘浩然	刘萌萌	刘云婷	刘真	刘状状	陆敬德
逯燕腾	马世豪	孟繁荣	倪慧敏	欧顺婷	彭静	彭芮	彭雅萍	濮叶昕
秦亮	瞿昊宏	上官艺馨	邵良婷	沈妍	石仲慧	宋国红	苏霞珠	孙金涛
孙萌	孙明珠	孙依含	陶园	田莉	王红玉	王洪壮	王静娴	王康宁
王磊	王荔霄	王路瑶	王璐瑶	王世祺	王天妹	王小豪	王心璨	王欣蕊
王新权	王雪纯	王钇霏	王怿	王羽坚	王雨彤	王煜	王志远	魏波
魏祯倩	吴佳璇	吴永杰	吴钰楠	肖孟超	谢诗颖	谢文逸	谢欣然	谢燊晶
辛怡宁	徐鹤挺	徐可	徐倩	徐文涛	徐越	许佳明	薛洋	杨轶文
杨林睿	杨倩文	杨瑞萌	杨瑶	杨子懿	姚婷婷	叶艳新	尹静	曾少毅
张丹	张明莎	张念念	张卫浩	张稳乐	张煜	张紫超	赵桂樱	赵慧
赵建婷	赵莹	赵泽瑞	植政	周鑫鹏	周宇晴	周钰	朱家兴	朱丽娟
朱鹏伟	朱雅雯	诸葛雅贤	诸钰婷					

附录 20　毕业博士研究生名单

（合计 350 人，分 17 个学院）

一、农学院（62 人）

于善祥	李炜	韩同文	沈颖超	陈妍	王高鹏	王龙飞	刘成	徐鹏
李阳	裴延飞	邵宇航	侯森	王荣琪	陈文静	孙亚利	郑慧慧	徐冰洁
高敏	闫飞宇	章建伟	常忠原	崔永梅	杨茂	王亮	詹成芳	李程
甄凤贤	姚立立	张培培	闫海生	郑克志	王汝琴	殷金龙	臧毅浩	孔令朋
王桂林	王枟刘	吴楠	蔡升	石燕楠	王小龙	鲁井山	范敏	葛冬冬
陶洋	肖枫	陈林峰	潘天	常芳国	刘佳倩	冯逸龙	曹帅	阮辛森
张可	蒋欣羽	Aqib Mahmood		Balew Yeshanbele Alebele			Muqadas Aleem	
Imran Haider Khan		Iftikhar Ali		Wajid Ali Khattak				

二、植物保护学院（50 人）

王小冰	林桠春	田甜	周泽华	李晨浩	徐愿鹏	王浩南	李升云	戴瀚洋
高博雅	陈玲	倪缘	李连山	周扬	何龙	刘军	司杰瑞	王利媛
余睿	冯婉珍	孔孟孟	马健	段星至	丁银环	赵珊	夏雪	黄镜梅
高贝贝	陈稳产	朱原野	盛涛	陈虹宇	王琳	霍诗梅	李涛	田盼盼

陈晓晨　洪　浩　杨　莹　赵双双　徐　敏　王云超　张　婷　张　某　黄海宁
陈正强　李袭杰　俞　姗　李开怀　Muhammad Ayaz

三、资源与环境科学学院（53 人）

韩立思　张明超　方　遒　李　根　陶　能　刘　桓　张　旭　李　鹏　张　琳
胡正锟　吕杰杰　陈　爽　冯　坤　李舜尧　王子恺　李　婷　戴　军　常家东
张前前　黄　辉　张　勇　梁志浩　王双双　孔德雷　胡若愚　王　静　徐琪程
刘　超　潘勇辉　王炫清　崔春红　张胜田　权灵通　刘铭龙　付蕊欣　康亚龙
马　磊　杨　菲　朱仪方　刘　款　于亚群　孟晓青　朱家辉　刘志伟　袁先福
朱　虹　徐向瑞　罗　茜　谷鹏远　张慧慧　池志濑　Mbao Evance
Muhammad Faseeh Iqbal

四、园艺学院（32 人）

郭冰冰　王文丽　章如强　王艺光　刘众杰　王　武　宋蒙飞　刘德才　唐明佳
赵勤政　文军琴　孙晶晶　何明明　田　真　侯应军　孙　超　张勤雪　滕人达
胡恩美　钱　铭　吴　潇　杜建科　郭明亮　俞　滢　李　菲　黄尧瑶　张万博
胡月姮　齐开杰　Shahid Iqbal　Martin Kagiki Njogu　Mohammad Shah Jahan

五、动物科技学院（25 人）

谢海强　高霄霄　邝美倩　张　雪　姚　望　邓凯平　蒋　毅　王艺如　李照见
余兰林　牛　玉　郭会朵　程　康　张民扬　张莹莹　余　燕　周长银　陈芳慧
郑肖川　Hesham Eed Saad Desouky　Ilyas Ali　Sherif Awad Aziz Melak
Hossameldin Abdelmonem Seddik Hussein　Talat bilal Yasoob
Abdur Rauf Khalid

六、经济管理学院（19 人）

薛　洲　薛　超　李幸子　刘立军　万　悦　陈晓虹　李　丹　李亚玲　崔美龄
郑继媛　王善高　夏振荣　刘婷婷　黄炳凯　周春芳　宛　睿　张　凡
Ali Sher　Qasir Abbas

七、动物医学院（24 人）

吴诚诚　黄剑梅　孙刘妹　袁　晨　陈静龙　陈　丽　杨　阳　李阳阳　侯　伟
廉乐乐　赵　雯　高晓娜　马娜娜　刘丹丹　邹君彪　徐晨阳　杜柳阳　明　鑫
郝　盼　徐皆欢　徐孝宙　Muhammad Haseeb　Abid Ullah Shah
Shakeel Ahmed

八、食品科技学院（15 人）

安秀娟　聂　挺　乔家驹　朱玉霞　焦琳舒　张　森　季娜娜　尹丽卿　赵见营
海　丹　王晓婷　张牧焓　Jailson Aldacides Semedo Pereira　Azi Fidelis

Hafiz Abdul Rasheed

九、公共管理学院（15 人）

关长坤　魏宁宁　李发志　吴一恒　高　啸　李学增　南光耀　姚瑞平　赵晶晶
王　鹏　周佳宁　Tayyaba Sultana　Touseef Hussain　Moshi Goodluck Jacob
Awais Jabbar

十、人文与社会发展学院（6 人）

刘　涛　周红冰　陈海珠　于　帅　侯玉婷　Aghabalayev Faig

十一、理学院（2 人）

王晓斌　于　翔

十二、工学院（3 人）

丛文杰　陶镛汀　Okinda Cedric Sean

十三、无锡渔业学院（7 人）

扶晓琴　轩中亚　顾郑琰　胡宇宁　李红霞　吕　富　李　冰

十四、信息管理学院（2 人）

周海晨　崔　斌

十五、生命科学学院（26 人）

陈　敏　石兴宇　许志晖　田全祥　李　云　韩　童　项　阳　李晓江　李　鹏
刘　斌　姜万奎　程　聪　闫绍闯　井广琴　周义东　赵莉莉　段星亮　宋腾钊
郭政飞　袁星星　张　刚　王　杰　邱申申　连玲丹　谷东方　Sarfraz Hussain

十六、金融学院（5 人）

许黎莉　徐章星　彭媛媛　陈秋月　朱晨露

十七、草业学院（4 人）

孙启国　谢哲倪　赵鹏程　赵　杰

附录 21　毕业硕士研究生名单

（合计 2 653 人，分 20 个学院）

一、农学院（190 人）

韩玉洲　曹姝琪　李鑫格　朱俊俊　仲开泰　郭子瑜　卢　城　魏慧娟　王　凡

韦海敏　李全新　王　梦　李　怡　黄保崴　凌　鑫　方国文　郭万婷　王晓莹
汪雪琴　王凯璐　宋佳敏　凌丹丹　李逸凡　方　乾　黄　宁　孟凯文　郑启杭
乔芳园　尹春红　贾光红　鲁　甜　文　莉　张洪锟　张雅轩　刘再东　王　磊
汪　思　曹　雨　高梦涛　彭门路　李威岩　郭　展　王　兴　任亚美　陈思琦
李玉龙　李　静　胡　鹏　王　珍　张　融　蔡　晗　陈　洁　潘　阆　王龙杰
邱媛媛　刘　林　谭嵩娟　杨　明　胡慧敏　唐玉清　姚乐沙　于欣茹　王　侃
赵欢欢　彭　超　周　聪　李红斌　王玲玲　吴志医　程怡璠　王　彤　赵玮莹
张玉霞　包孟梅　胡壮壮　汪　强　杨博明　李　瑶　李方哲　郭庆玲　张琪琪
王松明　施美琪　张舒钰　张诗溪　李吉宁　钮　鑫　蔡　广　田　铮　熊传曦
穆换青　高静静　李鑫旭　谢　萍　郑灵益　张莉萍　聂　阳　薛　松　邢良帅
马芝凤　吴豪琴　逯雪莹　高杨明睿　张巧凤　杨金波　张　雪　毛晶晶　符天玉
章项斌　刘海燕　方　圆　王　颖　孙　港　丁志锋　张婧宇　李　晨　张涛荟
任秋韵　宋晓倩　顾君妍　林海珍　李中华　李田田　刘丽芳　张海浩　董　鹏
朱　湘　俞慧莲　丁　锋　尹　帝　侯炳旭　马　琛　赵保收　陈圆圆　张海鹏
刘顾蓉　胡新宜　丁　鑫　王伟康　席　辉　刘　卉　王楠艺　陈祥龙　廖　锋
卢一帆　任凯莉　王至玉　梁志妍　王雅嘉　徐先超　许文琴　储靖宇　边叶挺
徐超凡　张世浩　汪丽霞　轩瑞瑞　耿雪婷　王莹莹　张　春　王　洋　单壮壮
高　静　罗　琴　顾伟航　孟艺璇　雷美歌　周雅倩　刘　菁　陶雨佳　常春义
董明明　张小秋　郭宗源　何茂盛　谭秋怡　王　康　王俊凯　王永祥　李俊儒
赵　烜　杜　双　程　默　袁海云　张　晗　徐瀚文　王　昱　王　冕　韩旭杰
胡梦梅

二、植物保护学院（210人）

刘　近　陈　蒙　王　忻　李　平　胡淑珍　田　艳　徐章燕　富盛桂　吴宏伟
宋文睿　徐若飞　程　铭　聂韦华　高　璐　徐钰姣　陈宝慧　王元杰　元　青
李　冉　高方园　尹毛珠　杨念达　陈明龙　郭　荣　蔡雅真　李路遥　田海洋
张云欢　张露露　张璐璐　任　元　李亚男　段伟伟　刘　婷　罗　酸　伍秋萍
张　奥　申雪童　叶子园　周晓莉　贺　婵　李　娇　张智超　李　柯　成媛媛
王晓辉　王艳辉　苗春丽　侯　雯　彭　月　彭长武　宋章蓉　王　垚　林培炯
石　鑫　李志伟　李卓苗　赵佳佳　庄桂芩　曾　杰　孙晓婉　刘　玉　韩前前
侯楠楠　王琳婷　盛天进　王春雨　韩湘豫　屈　琼　孙　硕　姜　东　陆文杰
陈梓钰　查思思　张美倩　姚良飞　江倩倩　金文仲　王炳然　赵维诚　王俊平
黄　卉　李浩然　陶　娴　王　帅　项艳君　徐雅莉　宗凌烽　祁圆林　徐家琪
崔鹏程　来继星　李懿航　樊剑锋　尤天阳　郜莹莹　郭　迪　季文霞　田铠霖
崔少勃　曹晓蔓　任　莉　王英帆　陈荣荣　王　璐　蒋　岚　万玉莹　娄天成
沈方圆　张　铭　柯　灵　项秉晗　曲苇苇　朱俣伟　傅小伟　洪孝典　唐莉栋
燕婧媛　张　玉　张　昊　蒋永雪　韩　旸　倪　欢　于明芯　胡　慧　陈　卓
刘家彤　赵非凡　刘一阳　孙旭军　崔　宇　秦　爽　胡君妍　陈　惠　王兴仔
张晴晴　史星星　韦应琛　汪　聪　刘姝含　郭永丽　张振华　万琳琳　郑　希

苗成琪	包 艳	章丽丹	汪 婧	许昌珍	王婧萱	刘慧敏	姜文栋	李风顺
余文杰	付朝晋	陈俊敏	卢欣欣	吕 柯	张恩慧	王延冰	夏芊蔚	王冰倩
管佳欢	蔡利娜	郝思佳	赵雪君	刘士领	王丹卉	刘少斐	戴凯新	周燕霜
裴新国	刘雅婷	张雅铭	李晨晨	梁常安	沈 慧	葛抒文	秦添亮	牟士超
刘松涛	刘佳代	李宁宁	孙 莹	卢天宇	张金辉	沈 宁	李 涛	崔馨方
刘福宇	徐 晨	陈东月	汪 微	黎楚楚	司方洁	刘佳文	姜临红	汪炳耀
欧阳夏语	王 震	蒋 洁	倪天泽	沈明明	陈铭轩	张 含	秦玉玲	班新超
饶 聪	Pokharel Sabin Saurav		Teresiah Nyawira Karani					

三、资源与环境科学学院（212人）

李 颖	陈雪梅	王赛男	陈双双	郑 超	连 丹	庄 硕	朱 烨	刘安鸿
崔晓宇	刘瑞卿	曹惠翔	李 帅	杨 敏	吴馨怡	何腾飞	郑晓璇	任竹红
周璐瑶	王小艺	靳 楠	张莉莉	尹京京	唐凌逸	陈梦菲	孔德宁	欧阳凤
李其胜	姚钧能	黄 萌	方 成	何 竹	王子谦	吴亦飞	张荣民	段振宇
程粟裕	唐凯迪	俞 卿	杨 洁	张 藤	成梁艺	蔡美玲	贾炜辰	刘 迪
沈 杨	卢 丹	华 晟	章 蕾	孙 雪	吴 秀	娄梦函	季晓波	严崇森
赵 伟	段 颖	朱 艳	刘仕祺	李小龙	陈 宇	郭雨亭	徐 旻	丁葆亭
王 雪	王丹琴	胡世民	李小萌	李颖慧	杨 凯	周 铭	李婉秋	康亚鑫
徐 锋	王春兰	曾 西	李孟迪	张 晨	柯贤林	连万里	卢晓丽	蒋雪洋
沈浩杰	代子雯	顾明吉	冷雪梅	刘 伟	闫安宁	于亚楠	安祥瑞	金雨濛
徐 曼	赵利梅	李帅帅	梁爱晨	张雅文	郑利华	龙素娴	朱成之	李明辉
梅怡然	杜亚楠	王 媛	黄 倩	闫 娇	方 丹	蒋忠纯	沈 杏	胡思文
李梦雅	王文丽	曹可豪	王 震	刘 涛	杨婷文	何盼盼	王红喆	马 宁
宁婧媛	朱孝东	李 申	康 安	唐思宇	刘梓豪	娄曼曼	骆菲菲	王 静
曾 莎	夏秋林	杨海燕	朱 睿	赵 丹	漆 群	闫晨曦	杨 莉	张天宇
张 阳	高若楠	占海生	文 悦	彭云萱	周朱梦	杨玉雪	李永昌	张曼秋
吕宗祥	汪嘉伟	刘耀斌	雷丙哥	唐可欣	初 晨	朱旭锋	王 丹	李竹焘
胡 靖	曾德超	王盼星	王佳俊	房文祎	罗佳琳	王志文	杜海粟	刘沣漫
杨凯利	李圆宾	王舒华	章志航	石伟希	张思奇	张西凯	张喻哲	史 航
岳 冰	王 群	刘雨晴	张 蕊	包建平	谢 丹	马学伟	李瑞敏	李洪旭
杨海燕	魏梦玉	李 莹	陈冰琼	周 犇	赵金星	殷玲威	李映萱	方榆莉
张潞潞	董宏章	管 玉	匡志明	张淑敏	朱志明	肖 铭	陈 胜	马爱媛
舒 霞	张 曦	吴文婷	龙国刚	洪文丹	牛国庆	金泽阳	陈 洁	高 景
宋元园	王 滢	李凌波	陈柯豪	朱 乾				

四、园艺学院（274人）

丁玉荣	张文霞	刘亚萍	彭怡琳	尹 桐	逯星辉	宋居宇	何 兰	张孜博
张孟伟	贾浩然	李涵韬	胡国峰	吴若凡	王春孟	汪 涛	叶夏林	耿晓月
陈梦霞	徐献斌	余 欣	袁 诚	刘若南	陶星宇	李 晓	邓佳丽	兰黎明

朱晓璇	李小强	程梦雨	宋波波	孙满意	汤子凯	常文静	陶　鑫	曾维维
刘春欣	张苏玲	张雨馨	李庆蓉	魏义凡	孟　雅	穆　琴	张宇航	林　烨
陈　斌	王团团	皮　颖	杨欣欣	陈兆玉	龙　言	邵　岑	周　颖	徐园园
刘昱希	陈　静	张　蒙	朱珍花	李梦倩	张榕蓉	尹　莲	丁　旭	辛爱景
曾玉兰	李灵慧	王　丹	李金秋	韩兆岚	陈雪飞	周少锋	武子辰	任太钰
林士佳	韩妙华	杨雅焯	何　汐	许媚琳	陈　宇	王　悦	胡　馨	唐　云
李嘉伟	聂洧洁	李　菲	司超娜	汤佳怡	袁国振	侯慧中	范春国	吴思琳
王世尧	马翠亭	曹　婧	杨英楠	方馨妍	韩绍丽	周冉冉	马司光	刘伟康
徐碧霞	左　琳	杨培芳	李赞赞	张　慧	戴玉叶	李　凯	高建华	黄　超
李长伟	黄学熹	袁志涛	罗丽娜	汤晓晓	马良驹	杨秀伟	马晓莹	王　慧
陈方涛	银慧兰	汪安然	王潇浦	程　静	金欢淳	管鹭斌	王　瑶	刘国栋
程慧敏	赵　艺	陈倩茹	周鹏羽	陈　涛	任　悦	郑哲雨	张思凯	徐　旭
宋建成	王成森	张帮秀	蒋　程	李小双	陈紫龄	李　腾	于长虹	林娇阳
李　丽	李红月	伍若彤	黄威剑	王新雅	尚明月	张　强	孙　沛	张春静
孙博文	朱　丽	李芳竹	姜露萍	刘天华	陈　春	卞　越	王　越	张璐瑶
徐雅各	郑　直	毛学龙	孙丽娟	王苗苗	鲁　彬	蓝　令	杨　豪	王净玉
闫　卓	秦金凤	李上云	宣旭娴	杨香环	霍冰洁	厉恩铜	朱小磊	何青青
李泽鑫	李旭艳	李鲁飞	单燕飞	梁雯静	贾丽丽	王迎港	徐子媛	徐慧敏
潘尧铧	李赵晴	王巧妹	苏　颖	张晶晶	徐雯语	穆建鑫	张云月	罗孟婷
王　珊	万绮雯	唐艺睿	刘　雪	荣晗琳	马晓舟	徐　婷	李卓琪	孙　冉
王雨萌	郜　晴	王　艺	刘　敏	张昱镇	刘淑敏	姚文培	李思嘉	黄思远
任益民	杨诗扬	李　猛	赵婵婵	王　羿	吴光炎	王雅琴	王　将	赖秋洁
沙仁和	王绮皎	李　越	王　静	何　敏	张婉婷	任一鸣	吴倩倩	魏　莲
郑子琳	胡　晶	罗国舟	封杰铭	蒋林钫	何英子	邱　阳	曹改革	曹　倩
马　晨	王　瑞	鲍彦达	邱赵萍	周　哲	田志强	王梦丽	陈俊杰	史彩云
刘晓丽	杨　宇	刘素莎	刘丽萍	邵海燕	郝雯菁	王丹琪	李延娜	孙杨炀
马创举	石庆龙	陈亚茹	杨志歌	朱和源	李　岚	陈　超	包锡曙	刘　丽
朱俊衡	刘晶晶	王　娟	李逸民					

五、动物科技学院（113人）

陈晓璐	盛　乐	邹　彦	郭潇潇	唐永航	邢　菲	刘　源	朱　靖	李开军
刘　航	唐宇杰	陶瑞鑫	王玲芳	周佳奇	张　轩	张良良	朱　墨	马梦楠
王　喆	戴宏健	徐　奕	邹媛婧	卢佳伟	梁雅旭	蔡　玉	杨彩霞	杨　敏
张锡英	李　誉	时小燕	许红霞	陈　蓉	毛明雨	赵　伟	罗　丹	李淑雅
沈家鲲	郗蒙雪	张　玲	任　玉	张子珩	黄洋洋	张彩燕	梅士俊	亓王盼
张　涛	贾梦兰	徐　洁	高　仁	侯国珺	季书立	贾沛璐	韩红丽	赵祖艳
杨运南	王　强	吴嘉敏	王　超	靳　蕊	顾云锋	周　阳	马玉萍	陈中卫
王瑞秀	贾晓燕	张　亭	郭莹莹	何　畅	刘昭君	郜思源	巢麟锋	张　群
邓绍山	高　鹏	贾学敬	夏振海	杨海悦	周雅琦	田金洁	詹春艳	苏扬超

裴明财	李英英	齐伟彪	王明礼	卢浩诚	李亚南	蔺成刚	叶明文	杨辉生
陈恒光	吕筱雯	任奕会	李思梦	卢志阳	吴佳庆	李英奇	李晓帆	陈璟玥
王欣宇	刘康	葛建雅	刘畅	查萍萍	安冬	姜君	袁杨斌	田聪
林祥盛	王绿阳	窦衍超	张含	周天威				

六、经济管理学院（252 人）

芦月	崔丹	金俪雯	张敏	刘相芳	李慧奇	张海燕	刘烨	王柱焱
徐梦沁	杜珊	周靖	岑丹	李丽	姚尧	顾晓慧	孙哲	张婷婷
张晓琪	马文娟	闻益华	张守真	孔紫薇	蔡琦雯	张晓娜	邓黍心	李若冰
宰舒红	郭倩	曹鑫	韩桂馨	李斌元	郑海燕	王月	车晶晶	高珊
王宁	史雪阳	赵艺华	于洁	刘贤石	宋昌昊	许永钦	王依雯	于爱华
邢钰杰	高群	刘晓燕	周甜甜	秦婉莹	张红	韩子旭	魏政	陈湘
童芳琴	陆秋	周激扬	徐一醒	沈丹丹	冯杰宇	姜敬萱	李菁	任磊
杜晶一	张杨	朱文彬	陈迎娅	何微漪	林琳	刘冰莹	王西西	刘璟
戴祯宁	范静言	胡枫	林玲	刘宝寅	吕友萍	马宇文	潘娟	王海燕
俞诚	朱倩影	尹玉霜	蒋振宇	吴丹	张立	卞国宁	徐园园	许芮
王子晗	杨琛盛	黄杭芳	王凯	秦静静	史竞男	吴睿琳	陈萌	庞勇
沈玮	曹琴	赵纺纺	黄润诗	邱晓明	邹孜	张婧	潘星	蔡若碧
陈秀华	戴丹丹	董文	杜林娜	范洁晶	范蓉蓉	范澍怡	方甜	胡辰思
江浩	孔一鸣	林祥	刘斌	刘桓宇	刘天	刘小云	刘晓彤	柳柳
马佳	乔婷	秦锐	邱叶露	沈祥	宋婧	苏建华	孙佩	孙志军
王宇婷	徐凡	徐弋	许兰馨	薛攀	杨文华	杨文清	余俐斌	俞志洁
张爱华	张佳佳	张丽	张燕	张云璐	章丽丽	周珂	朱明玉	邹运
黄亚娟	俞婷	蒋昆峰	刘睿	徐庭波	方杰	张妍	毛昕桐	魏瑶
查天豪	蒋泽	杨晨	杨国庆	郭越	田宇	陈璐	庞俊雪	仲莉
朱媛	张思琪	夏晨妍	史筱宇	毛娴	邓文祥	周欣	葛伟芹	王江鹏
范伟玉	李嘉	蒋璐怿	白玛德吉	李思言	陈朦	苏林	孔繁迪	江北雁
赵鹏	刘翔	马妍	徐小梦	苏圣辉	李玉娇	谢可欣	庞晓丽	郭蔷雯
熊紫龙	李晓飞	肖敦琪	袁瑞秋	高嘉琪	益西	许昕	胡子越	薛文祺
宋成城	汪明煜	田阳	张庆华	蒋锵	王栋彬	佟亚轩	刘钟	黄明遥
秦皓辰	庄海霞	徐捌	龚成	刘君	张晶	张瑶	李天庆	苏畅
李招娣	徐春翔	黄刚	赵维明	李超	魏琰琪	李玲玲	刘小平	夏清普
郑琳莉	金星	韩丽媛	支荣荣	仲明月	马卫星	闵丽璇	王弘成	王惠
虞倩倩	岳嘉明	周昊坤	陈婧婷	陈永丹	郭超	王加秀	Abdul Latif	
Kiplimo Kevin Pello								

七、动物医学院（182 人）

高诗杏	方茜	臧铭慧	罗欣然	孙彤彤	李源	沙俊舟	陈畅	吴睿智
温佳	季春雷	张静静	李悦	邱思语	张慧慧	杨忠妙	杨雅枝	蓝日国

万智信	陈子衿	冯宇妍	陈雅飞	伊思达	丁佰韬	张鹏皓	金玉欣	王丹萍
赵永森	朱琳达	朱 斌	李 帅	张琰雯	敖清莹	朱慧欣	余 都	巩倩雯
周 洲	李敏雪	刘峻池	梁 荣	张 则	张路捷	尹园英	陈思颖	刘佳斌
周天缘	于 栋	祝可心	李宝杰	李思宇	聂 蒙	范梦璐	黄 楠	田 苗
张 睿	陈玉凤	王茗悦	苏靖茵	张文艳	钱新杰	房琳琳	陈 琳	张正荣
赵凯颖	薛 娇	叶红榴	曹 洁	何培娟	肖宇屹	胡夏佩	高 雅	程 颜
毛 健	李彤彤	陈佳静	李 娟	刘 恺	李珍珍	乐冠男	王 晴	林籽满
李文慧	粟灵琳	陈延宗	倪 珺	张宏竹	魏国振	苗雨凡	李 思	李洋洋
贺 瑾	顾 超	邓 威	赵兴凯	田忠园	朱清俊	丁文偀	李师莹	武华钰
孙培培	陈碧霞	于秋辰	章晨昕	冯梦琴	李本睿	李 帅	高敬涵	李路路
殷涵臻	李陈飞	何力力	陈 果	卢 婷	黎 欣	刘馨怡	陈晓榕	夏文萍
姜 瑶	牛贝贝	马 平	叶 洋	张 越	张时雨	王 颖	周宇杰	黄 晗
曹 婧	王美霞	张 钰	扶绍东	王灿阳	夏慧芝	张婕妮	罗丽平	陈虹百
汤智辉	师新泽	陈文静	程婷婷	殷晗杰	徐佳萌	毛宁宁	程 序	郭仕琦
刘培育	蒋孟娟	安 昊	卜 晨	周艳清	黎伟中	陈 雨	高 源	赖旭东
颜霜静	崇金星	张 雪	蒋 梦	苏泽楠	霍晓丽	张 颖	毛 宁	赵珈翊
宋海鑫	陈 瑾	沈丽雅	付亚丽	张 昱	陈 欢	彭雪艳	乐建铭	郭太宁
缪颖雪	谢盛达	曹金虎	冯笑笑	利 雷	王宁雅	蒋文夺	李 强	戚雪芹
刘 爽	葛红帆							

八、食品科技学院（150人）

刘欣悦	贺羽佳	何淑雯	笪丹丹	黄 洁	郑丽平	沈宇飞	徐霞红	戴意强
武月冉	向晨晨	常建伟	董 铭	李粟晋	王 冕	董 薇	余亚洁	张亚莉
黄苏红	张 飞	黄鸿晖	王 懿	蔺小雪	俞莉莉	韩 烁	郭晶宇	朱和权
韩宇星	陶 嘉	叶子谦	高 慧	牛家峰	李 悦	朱静怡	王 未	孔雅雯
叶子青	张 琴	韩 璐	龙家美	杨宗韫	吴颖峰	邹丹丹	闫珍珍	王越溪
张婷婷	侯佳迪	谢志勇	李天慧	诸琼妞	魏巧云	王 晨	王艺月	姚孟佳
侯 会	刘 畅	卢晓烁	程紫薇	张 萌	曹婷婷	李 冉	王娟娟	王 玮
吕鑫地	涂 婷	包美娇	周珊珊	李 震	王 浩	马登科	许 仪	孟 康
黄 艺	林鹏程	冷 雪	袁 欣	梁小环	罗明洋	武敬楠	赵欢欢	谢哲政
魏 璨	齐晓晗	李文倩	林雨晴	周炜玮	范安琪	王宁宁	邬明杰	高荣静
张玲玲	金美娟	唐敏敏	刘少伟	辛家金	周苗苗	张毅航	高廷轩	金 宵
胡晓杰	王露露	吴雨桐	刘砺志	李建中	范刘优	魏舒楠	张馨月	石 洁
柳晓晨	郑冬霞	张 曼	李世超	刘 畅	周 婷	汪江琦	田 媛	时佩文
李皖梅	白依璇	苗 杏	王昭钰	陈晓铭	陈明路	李小强	李 点	葛晓佳
王晓洁	丁丽萍	宋相宇	丁 宁	张俊杰	李新甜	刘 凡	郭淑婷	张颖晨
王 倩	杨耿涵	戴俊健	杨家乐	胡荣蓉	路 彤	孙延勤	徐 进	高 婷
闫 静	董小丽	杜晓兰	刘鸿中	张晓倩	周 磊			

九、公共管理学院（219 人）

胡林伟	魏 铭	金 晨	孟婷婷	许志中	黄鑫怡	汪婉玉	张健培	周君颖
李清华	江 宁	孟伟林	汤 瑜	孙文娟	张凤仪	王利娟	王丽敏	刘 慧
韩楚煜	张晓可	丁晓敏	朱 莉	李安琪	安 静	徐 敏	李雪蕾	邹德文
毛 雪	李 菲	薛梦颖	李 皓	汪 惠	蒋佳琪	郭 蕾	刘蓝惠	尹 萍
倪 俊	刘俊杰	王昭雅	杜 鹏	何宇豪	何鸿飞	姜怡航	魏咏馨	曹伟情
王猛猛	朱忠翔	罗玮幸	祝令聚	王 慧	李昕璐	王怀友	王鑫淼	胡潇月
朱 醒	邹 怡	谢沛沛	钟建涛	于博源	周 宇	符进城	邱婧雯	舒美惠
刘文锋	谭素英	周许豪	袁思怡	陈慧琴	朱羽洁	徐晓梅	严晓君	杨晓霞
曹 铖	林 雪	卢雯雯	薛爱芹	蒋 锐	刘 婷	王京京	温崇明	相 军
李佳佳	吴 悦	孟泽铭	徐劲松	蒋华英	董 栋	王睿郁	陈立萍	梁永殿
宋佳妮	刘一兵	高 棠	张玉佩	张 鼎	符庆伟	李心月	阎 琼	徐 灏
顾逸仙	王洋洋	王 川	韩 雪	许计琴	马颖睿	朱 笛	袁 艳	田 颖
戴晓玥	王 怡	胡 岭	朱庆云	包 霞	宋时方	艾红涛	陈 皓	陈菊维
陈诗颖	何艰奋	吕晶晶	倪红霞	潘 虹	潘其武	裘青清	孙素林	屠方华
魏艺行	夏宁宁	谢勤宇	杨璐璐	叶异燕	殷毅刚	袁 洁	张 峰	张 杭
单婷婷	刘 韬	邵 阳	王佳伟	郭 蒙	孔 宁	孙逸舟	王 臻	沈 月
吴 怡	韩小二	童 文	崔益邻	陈佳伟	金 丽	赵 钦	傅崇伟	倪 李
张建钊	朱 冬	肖 毅	姜自豪	徐文瑜	朱晓龙	阮亭颜	余美娜	吴春涛
卞红伟	石旭峰	黄小峰	李璐婷	陈飞宇	李杰林	石佳丽	单国虎	黄立言
贺双双	黄子栩	解 嫡	章吉旦	金颖君	鲍明鲲	李泽华	罗丹萍	蓝海翡
庞晶榕	邢 涛	魏 丹	褚小慧	向 瑞	朱 强	陈 健	马海雷	魏金静
陈 怡	金 雷	吴伟栋	李姿璇	韩 悦	孙 婷	廖承荣	梁俊佩	张佳梅
房 萍	尹 星	毕 清	陈曼青	陈 韬	蒋玉龙	吕建春	王 淼	周浩樑
王奇男	冯 翔	陆君权	沈 芳	许成林	苗梦秋	张 婧	乔启月	刘 钰
Joyce Chepkirui	Bomer Alvin	Cherono Benedate						

十、人文与社会发展学院（97 人）

高嘉琪	董宜凡	郭 莹	王 欣	戴韵清	章文欣	郭海丽	尤 峰	丁少康
吴国泰	管 哲	田海笑	张进宝	刘 予	陆天雨	曾 聪	蒋乐畅	袁红艳
贾松松	周龙兴	李晶瑶	陈雪音	段 彦	金逸伦	阮明心	刁国魏	陈惠兵
晁啊敏	陶 冶	张 彬	赵蕴艺	刘子越	庞轩宇	郭雨秋	王 娟	章 云
黄凝伟	陈天平	雷棋文	纪迎晓	于素雅	郭 莹	籍晓菲	廖姗姗	李 民
王 心	刘益馨	仲翔宇	陈俍宇	胡 乐	张晴晴	姚佩佩	汤家慧	骆梦情
谢建锋	陈 星	刘 江	赵梦君	王心璨	舒馨月	徐鸿杰	陈 奇	王 萍
秦 雨	吴可威	刘 露	杨 悦	尚久杨	毛妤婕	王安琪	吴尚运	赵子锐
李嘉颂	顾晓兰	顾 晨	黄启威	苏莎媛	李开星	王玉玲	王昆仑	张 帆
申宇航	索威峰	霍元龙	张园培	杨超群	方 圆	范雨璇	张梦杰	任亨通

谢萍萍　余梦雪　纪春荟　王恺溪　刘新语　胡钰爽　徐敏菁

十一、理学院（43 人）

孙　立　杨志新　申大峰　张宇欣　贾旻茜　徐凤姣　张雨欣　王有佳　余贤安
翟诗曼　张德运　毕　蓉　崔苏航　张乘运　胡浩冉　赵　旭　吕　云　翟晓燕
谭　鑫　骆　倩　陈　彬　何　菡　施　瑶　范亮飞　李心雨　张同飞　曹淑鑫
庞雅倩　周　秦　胡晋越　黄梦露　袁　泉　彭申跃　任竹娟　戴丹琴　王　狮
张　杰　邱玲玲　吴召召　许佳伟　杨雨倩　易云蕾　冯建伟

十二、工学院（108 人）

纪玲玲　黄　放　刘　伟　姚　亮　吴永栓　丰佳男　张　伟　王正幸　熊　序
王伟臣　曹梓建　李雨晴　谢以林　陈　杰　管清苗　王　杰　徐　勇　潘兴家
赵汝东　孙晓旭　陈　昊　朱宇磊　梁友斌　张文海　左　毅　吴雪妮　孙国峻
张婉丽　张俊媛　许志强　张　伟　庄　超　魏天翔　张先洁　陈秀珍　周凌蕾
张任飞　李祥森　胡鹏杰　李德胜　唐　帅　钱学林　沈振宇　宋朝阳　苏子超
周鹏鹏　柴　超　宋元清　汪晨乘　徐成进　刘　鑫　周　玮　王秋金　陈　楠
沈　博　章　剑　张亨通　周　爽　林旭翔　魏世奇　缪洁良　陈　骞　向　尧
秦林虎　陶亚满　宋凌峰　申　涛　陈哲琪　刘海龙　王　凯　吴庚宸　王飞翔
任安华　方　锐　武亚楠　郭　栋　张　骁　丁　想　邹　玮　姚业浩　郭广川
陈慧杰　周天宇　李志勇　施浩楠　姜春鑫　梁钊董　李帅帅　杨元刚　费艳如
徐金元　陈福旭　陈永旺　李雯婧　宋圆圆　张　杰　宋明翰　李　康　李路平
刘　卓　罗　俊　苏永喜　陈星皓　刘　聪　吕庆冬　于　峰　陆高勇　张经纬

十三、无锡渔业学院（83 人）

张晨光　秦　璐　刘香丽　安　睿　翟书华　周振宇　张　亮　林善婷　吕　彬
神国卿　杨　坤　吴家玉　张　丽　阎明军　李　楠　何　勤　冯　伟　徐逾鑫
张明豪　东新旭　李　良　杨晓曦　卢　奇　樊梓豪　龚雅婷　周春妙　毛成诚
乐　达　刘　洋　唐伟祥　刘　凯　李芳源　金　燕　骆薇竹　叶　琦　阚雪洋
冉火焱　张世杰　李连歌　吴龙华　王　柠　张明胤　梁建超　钱信宇　赵玉洲
丁　旺　刘鹏飞　李元冬　隗　阳　郑冰清　杨一帆　谢敏敏　张希昭　刘　威
叶伦哲　陈　倩　吴新燕　王子玥　武峰印　王　亮　Dusenge Nahayo Benjamin
Nsekanabo Jean Damascene　Sahar Mohammed Adam Bakhiet
Yossief Ghebrekidan Samuiel　Sintayehu Gerachew Andine　Asue Thao
Souksakhone Chanthalaphone　Christopher Peterson Daniel　Majory Chama
Victor Daka　Montshwari Molefe　Joshua David Wilson　Jewel Jargbah
Tracy Naa Adoley Addotey　Justice Frimpong Amankwah　Phala Tep
Sokevpheaktra Aing　Baba N O Darboe　Hamza Bensam
Bishoy Nasser Mosaad Yassa　Kiweewa Rashidi　Ibrahim Musa Ibrahim Jamus
Martin Oliwai Andrea Lohufe

十四、信息管理学院（58 人）

邓芳敏	卞 贝	胡佳莹	陈盼盼	刘四维	刘一繁	袁月戎	艾毓茜	马晓雯
纪有书	臧 蔚	朱子赫	江 川	李子璇	赵 扬	黄 鹏	朱宇飞	沈洁漪
谢慧军	徐 悦	李坤如	李 燕	刘志轩	罗 诗	王梅月	吴 越	高 伟
王维维	徐雪燕	林倩倩	傅梦洁	李 劲	高 芹	孙志宇	王 磊	夏 磊
岳 杭	何宇婷	李 琦	孙 帆	张惠敏	宋旭雯	林子唯	敬 敏	熊 敏
刘 肖	王璐璐	陈 琦	黄顺华	魏 薇	许 敏	郦天宇	闫思盟	张 淼
杨一珂	张科政	苑承冉	杨 煜					

十五、外国语学院（55 人）

贾 琼	程思思	费晓静	苏琦惠	刘伟婷	曹 坤	赵 敏	刘维杉	潘丽雯
汪梦元	唐倩芸	季梦云	王晶晶	胡婷婷	崔艺楠	张 逸	葛米兰	胡 鑫
王婧瑶	孙慧青	胡 蓉	雷 燕	魏媛媛	罗亚兰	李 然	王润玲	何培媛
马小银	刘元萍	姜宇洁	柴慧子	陈丹仪	汤玮琛	李 敏	张瑞嘉	汪正国
孙婉晴	蒋达茹	张艳艳	钱琳芸	王 静	余 蕾	王 玲	李文凌	张亚婷
徐淑燕	王 瞻	刘 璐	唐 燕	郑雅茜	韦子航	曹 倩	周 怡	王 芳
董学伟								

十六、生命科学学院（160 人）

李海霞	储凤莲	杨保玲	吴慧丽	张 杰	宋喻鑫睿	陈 婧	赵海浩	杨兴浩
肖 霄	罗 俊	陆俞萍	李晨曦	赵 轩	张昕哲	宋锦雪	王 涛	悦晓孟
于申伯	李 乐	刘亚萍	沈松松	唐 玲	李鹤卫	张嫚嫚	章 欣	濮建威
刘 雅	杨 澜	唐逸文	杨乐乐	赵浩强	叶 俊	胡敬梅	钟欢欢	张 博
兰敏健	陈晓培	董超南	李 旭	徐鉴昳	曾 仟	张亚见	胡世珊	张 璐
吴呈龙	相 云	张燕林	苏晓静	刘贵平	徐海倩	许 辉	王庆祥	孙立静
舒润东	孙 宁	何享蓉	李 玉	王益虹	徐文照	宋书琪	王云晓	黎明旭
盛泽文	陆秋萍	陈 超	刘 晓	吴 丹	房 硕	刘 欣	李婷婷	余义鸿
戴 琳	赵迎月	洪昕悦	刘飞杰	楼 望	孔令帅	张 凤	林元秘	薛春梅
赵亚宁	操宏伟	王莉萍	巩长义	戴 霞	高荣嵘	张姬雯	路书山	张东豪
杨图南	黄 波	汪 岚	严 斌	周慧敏	丁 佩	侯雅楠	方 波	王海燕
葛立刚	徐铭阳	吕 娜	曹 悦	吴 兴	刘 威	孙 宇	陈皖松	王 曙
刘宇昊	王 苗	徐 兵	李 震	叶森柯	花少伟	姚世敏	关立康	张治荣
陈欣然	邱钰丰	周亚飞	姚晓亮	金 勤	吴 琦	王 浩	刘维佳	戴建成
徐 珩	冯 冰	牛会娇	田 薇	王玉龙	凌 飞	陈 皓	朱艳平	汤道平
窦振国	柳番邹	杨蕃名	项 婕	寇凤莲	袁超群	郭妍婧	张皓文	付 涛
董映华	张 丽	赵梦梦	朱敬知	曹奇奇	陈瑶瑶	原中原	代经晖	程晓月
黄中艺	黄佳佳	褚 轩	孙茜茜	张 静	Hamna Shazadee			
Dyaaaldin Ahmed Barakat Abdalmegeed								

十七、马克思主义学院（16 人）

孟　瑶　蒋晓月　孙钰捷　宫钦浩　卫　东　高　航　于彦娟　张雅琪　殷　萌
林陈桐　杨曼玉　刘　硕　王　楠　袁铮一　涂　靓　常　蕊

十八、金融学院（173 人）

章　丹　闻　媛　高仁杰　席　田　梅　楠　滕　菲　孙美琳　蔡惠芳　祝贺雯
谭　涛　徐　敏　盛洋虹　胡慧展　耿　云　邢朝辉　王国庆　汪　曼　胡　俊
曹　阳　邓雯雯　李月晔　钱二仙　魏珈玮　朱　璇　易慧琳　姚　聪　薛煜民
曾歆格　沈佳琪　郁丰榕　谢　玉　钟紫薇　汪　颖　冒亚琴　史蕴玉　黄婷茹
马雨昕　姚安琪　徐碧云　杨柳青　张　颖　夏舒畅　杨智淇　卢秋葛　陈士银
吕景芸　王雨濛　姜雨画　祝艺璇　沈　悦　高智敏　姜奕帆　王　爽　杨　桦
于　蓝　江慧怡　代　森　田泽丰　张　雷　殷茜茹　宗凡策　李露露　刘佳莹
杨　影　顾逸凡　邓明慧　孙　祺　袁　方　穆高子楚　黎倩仪　孙艳梅　孙鹏鸣
郭婉婷　王建宇　卓　丹　徐诗雅　张　林　江天娇　龙佳玲　赵天然　邰小芳
韩帝利　干婷婷　王娇文　李康涛　徐雨婷　冯长兴　王瑞华　蔡琳蕊　张一鸣
张　宇　曹　潇　曾　婷　邓　超　李茹茹　任童童　封雨虹　刘　凡　王艺霖
张蓓佳　曾洪晶　谢　蕾　侯媛媛　王宇强　夏魏百合　赵　然　迟子凯　沈　琪
孙　婉　潘　登　杜若男　孙洪雪　张红英　王陶陶　黄　露　刘小芃　王维其
柯金陵　王雅雯　杨震宇　范志阳　林轩羽　邹雪娇　藕　然　周苗苗　刘　京
金　香　季　瑞　孙　悦　毛　雅　树碧菲　信　佟　陈梦佳　张含香　盛　月
沈思雯　李世兰　张可欣　管雨露　田　帝　李　莹　陈嘉炜　刘亚琴　李嘉雯
高　飞　施培阳　于　婷　魏　儒　张文宇　陈　爽　曲　艺　濮娇娇　陈雁楠
张逸眉　梁煜雯　冯　杰　孙晓璐　王伟强　曹　云　滕伟健　王　玥　廖婧涵
朱靖雯　宋欣怡　燕　颖　梁小玉　贾俊雅　高雨生　丁乐怡　张红娴　陈　娅
杨云通　Bushra Sarwar

十九、人工智能学院（20 人）

太　猛　贾馥玮　曹雪莲　陈　龙　卞立平　毕　蓉　朱剑峰　汤保虎　李　越
冯讴歌　肖海鸿　孙云晓　周子俊　陈昕荣　陈　尧　霍　傲　王贝贝　季呈明
王万亮　李　俊

二十、草业学院（38 人）

吴晓月　孙灿灿　陆佳馨　季晓敏　刘雅洁　吴金鑫　孙茹茹　唐小月　羿明璇
李　月　赵卓均　王乐琪　张　晴　邢　瑞　李昕芫　张晓敏　赵冉冉　韩　鹏
吴如月　吴翠芹　朱九刚　史浩嘉　马　瑞　王艳杰　吉玲珍　殷庭超　宋俊龙
徐锐真　杨紫荆　罗思敏　肖婉莹　张亚欣　邹　月　周旭晨　任婷婷　夏　骏
李　晶　朱冰怡

（撰稿：张宇佳　审稿：林江辉　审核：戎男崖）

继 续 教 育

【概况】 学校继续教育以习近平新时代中国特色社会主义思想为指导，认真贯彻落实学校第十二次党代会精神，立足农业特色世界一流大学建设，全面服务乡村人才振兴，以服务需要、适度规模、争创一流为原则，以规范管理为切入点，调整办学策略，优化办学结构，创新办学模式，强化内部管理，不断提高校外教学点的管理水平，提升学历继续教育的教学质量，持续推动学校继续教育事业健康发展。

录取函授、业余新生 7 438 人，累计在籍学生 19 945 人，毕业学生 6 362 人；录取二学历新生 49 人，累计在籍学生 351 人；专科接本科注册入学 1 378 人，累计在籍学生 2 429 人；中专接大专招生 603 人，累计在籍学生 1 740 人。组织助学 2 873 门次课程报考，其中二学历毕业学生 93 人，均获学士学位。组织专接本 853 人的毕业论文指导和论文答辩，毕业学生 601 人，其中授予学位 373 人。组织自学考试实践线上辅导 11 场、线上考核 7 场，共 802 人参加。社会大自考毕业学生 1 300 人；自学考试阅卷 39 883 份，命题 54 门，集体备课 28 门。

完成函授和业余 814 个班级、5 698 门次课程的教学管理任务；完成本科学位英语水平测试、学位专业课、专科计算机校统考等 2 700 名考生的报名、考务和成绩处理，以及 579 人的学位申报工作；完成 6 362 人的毕业资格审核及注册验印工作。

完善以省统考、校统（抽）考、现场督导、问卷调查、师生座谈、电话抽查、过程资料档案管理为主要环节的函授站（点）质量控制体系。以校统（抽）考为重点监控措施，依据校统考课程目录或随机抽取课程进行考试，全年组织 43 879 人次学生参加了 22 门课程的校统考，通过率 98.58%（含免考）。根据考试通过率调整教学环节，保障教学效果。以档案资料与试卷抽查为落脚点，不定期对函授站（点）的教学过程资料进行检查梳理，全年累计教学督导、论文指导及答辩、巡考、疫情防控期间多渠道沟通共计 2 216 人次，抽查 1 052 名毕业生 22 092 门次试卷，发放并回收有效"教学质量效果评价"及"满意度调查"问卷表 43 879 份，抽样整体评价为"满意"。

聘请专职、兼职师资授课，不定期组织部分师资进行培训与集体备课，与教师签订师德师风承诺书 5 698 人次。对 84 个专业类别进行教学计划调整，严格教材选用，思想政治课教材使用教育部指定教材。全年共有 377 名学生积极报名参军。

加强网络课程体系建设，全面改革学校继续教育在疫情常态化形势下的教学和管理模式。作为牵头单位参加了江苏高校"助力乡村振兴，千门优课下乡"大型公益教育行动，145 门课程入选省级在线开放课程。依据教学计划，在上线 354 门课件的基础上，优化替换 105 门课件，已覆盖各专业基础课程和专业课程。首次实行线上考试，进行 2 轮共计 32 个场次的线上考试。缴费平台实现了各类缴费项目的全面覆盖。

举办各类专题培训班 50 个 66 班次，培训学员 4 851 人。重点打造了"农业农村管理干部能力提升培训""乡村振兴专题培训""农业经理人培训""基层农技推广技术培训""农村基层党建培训""农业创新发展培训"等品牌培训项目。创新培训采取"2＋3 教学模式"，线上直播（2天）与线下教学（3天）结合；公共课程与特色课程相结合、课堂讲授与实践教学相结合；结合学校课程资源及专业优势，加入线上培训、在线考试环节；在培训班中举行"厅长会客厅""典型交流会""名师点评"等形式新颖的教学培训形式。

【**承办江苏省高等教育学会高校成人教育研究会"乡村振兴"专题研讨会**】3月12日，江苏省高等教育学会高校成人教育研究会"乡村振兴"专题研讨会在学校继续教育学院召开。本次会议重点围绕江苏高校继续教育在新的历史时期，如何为助力国家乡村振兴战略作贡献，展开研讨。江苏省教育厅高教处处长邵进、南京农业大学副校长董维春、南京大学等10个江苏省高校成人教育研究会理事长单位的负责人参加了会议。与会者对活动方案进行详细讨论并提出了意见和建议，研讨会形成了下一个阶段的工作思路和落实方案。

【**2021年函授站（点）工作总结会暨成人招生工作动员会召开**】6月17—18日，南京农业大学成人高等教育2021年函授站（点）工作会议暨招生工作动员会在常州函授站召开，来自江苏省内外的27个函授站（点）的80名代表参会。南京农业大学副校长董维春参加会议并作重要讲话；继续教育学院院长李友生作成人学历继续教育工作报告，对成人招生、教学管理进行了工作部署。继续教育学院招生办、教务科进行了招生动员和教学工作安排。函授站（点）代表分别就教学管理和招生方面的特色做法进行了经验交流。会上对在2020年度表现突出的6个单位和23名个人进行了表彰。

［附录］

附录1　成人高等教育本科专业设置

层次	专业名称	类别	学制	科类	上课站（点）
高升本	动物医学	函授	5年	理工	南京农业大学卫岗校区 广西水产畜牧学校 海南职业技术学院
	工程管理	函授	5年	理工	南京农业大学卫岗校区 盐城生物工程高等职业学校 无锡市名联教育培训中心
	机械设计制造及其自动化	函授	5年	理工	南京农业大学卫岗校区 常州天宁区江南职业培训学校 盐城生物工程高等职业学校 无锡市名联教育培训中心
	计算机科学与技术	函授	5年	理工	南京农业大学卫岗校区 盐城生物工程高等职业学校 无锡市名联教育培训中心
	食品科学与工程	函授	5年	理工	南京农业大学卫岗校区 广西水产畜牧学校 海南职业技术学院
	水产养殖学	函授	5年	理工	南京农业大学卫岗校区 广西水产畜牧学校

（续）

层次	专业名称	类别	学制	科类	上课站（点）
高升本	园林	函授	5 年	理工	南京农业大学卫岗校区 海南职业技术学院 盐城生物工程高等职业学校
	园艺	函授	5 年	理工	南京农业大学卫岗校区 海南职业技术学院
	茶学	函授	5 年	理工	南京农业大学卫岗校区
	电子商务	函授	5 年	文、理	广西水产畜牧学校
	工商管理	函授	5 年	文、理	南京农业大学卫岗校区 常州天宁区江南职业培训学校 无锡市名联教育培训中心
	会计学	函授	5 年	文、理	南京农业大学卫岗校区 常州天宁区江南职业培训学校 盐城生物工程高等职业学校 无锡市名联教育培训中心
	人力资源管理	函授	5 年	文、理	南京农业大学卫岗校区 常州天宁区江南职业培训学校 盐城生物工程高等职业学校 无锡市名联教育培训中心
	行政管理	函授	5 年	文、理	南京农业大学卫岗校区 无锡市名联教育培训中心
专升本	电子商务	函授	3 年	经管	南京农业大学卫岗校区 广西水产畜牧学校 南通科技职业学院
	工程管理	函授	3 年	经管	南京农业大学卫岗校区 南京农业大学无锡渔业学院 南京交通科技学校 南通科技职业学院 盐城生物工程高等职业学校 无锡市名联教育培训中心
	工商管理	函授	3 年	经管	南京农业大学卫岗校区 南京农业大学浦口校区 常州天宁区江南职业培训学校 苏州农业职业技术学院 无锡市名联教育培训中心
	国际经济与贸易	函授	3 年	经管	南京农业大学卫岗校区 南通科技职业学院 苏州农业职业技术学院

（续）

层次	专业名称	类别	学制	科类	上课站（点）
专升本	行政管理	函授	3 年	经管	南京农业大学卫岗校区 南京农业大学无锡渔业学院 南通科技职业学院 无锡市名联教育培训中心
	会计学	函授	3 年	经管	南京农业大学卫岗校区 南京农业大学浦口校区 南京农业大学无锡渔业学院 常州天宁区江南职业培训学校 淮安生物工程学校 江苏农民培训学院 江苏农牧科技职业学院 连云港职业技术学院 南通科技职业学院 无锡技师学院（立信） 徐州生物工程职业技术学院 盐城生物工程高等职业学校 无锡市名联教育培训中心
	农林经济管理	函授	3 年	经管	南京农业大学卫岗校区 中共宝应县委党校
	人力资源管理	函授	3 年	经管	南京农业大学卫岗校区 南京农业大学浦口校区 常州天宁区江南职业培训学校 连云港职业技术学院 南京交通科技学校 无锡技师学院（立信） 徐州生物工程职业技术学院 盐城生物工程高等职业学校 无锡市名联教育培训中心
	市场营销	函授	3 年	经管	南京农业大学卫岗校区 南通科技职业学院 徐州生物工程职业技术学院
	土地资源管理	函授	3 年	经管	南京农业大学卫岗校区 徐州生物工程职业技术学院
	物流工程	函授	3 年	经管	南京农业大学卫岗校区 南通科技职业学院
	环境工程	函授	3 年	理工	南京农业大学卫岗校区 常州天宁区江南职业培训学校 南通科技职业学院

（续）

层次	专业名称	类别	学制	科类	上课站（点）
专升本	机械设计制造及其自动化	函授	3年	理工	南京农业大学卫岗校区 南京农业大学浦口校区 常州天宁区江南职业培训学校 淮安生物工程学校 江苏农牧科技职业学院 南京交通科技学校 南通科技职业学院 无锡技师学院（立信） 徐州生物工程职业技术学院 盐城生物工程高等职业学校 无锡市名联教育培训中心
	计算机科学与技术	函授	3年	理工	南京农业大学卫岗校区 南京农业大学浦口校区 常州天宁区江南职业培训学校 南通科技职业学院 苏州农业职业技术学院 盐城生物工程高等职业学校 无锡市名联教育培训中心
	食品科学与工程	函授	3年	理工	南京农业大学卫岗校区 南京农业大学浦口校区 广西水产畜牧学校 海南职业技术学院 南通科技职业学院 苏州农业职业技术学院 徐州生物工程职业技术学院
	动物医学	函授	3年	农学	南京农业大学卫岗校区 南京农业大学无锡渔业学院 广西水产畜牧学校 海南职业技术学院 淮安生物工程学校 江苏农林职业技术学院 江苏农民培训学院 江苏农牧科技职业学院 南通科技职业学院 徐州生物工程职业技术学院 盐城生物工程高等职业学校
	农学	函授	3年	农学	南京农业大学卫岗校区 淮安生物工程学校 江苏农民培训学院 南通科技职业学院 徐州生物工程职业技术学院 盐城生物工程高等职业学校

（续）

层次	专业名称	类别	学制	科类	上课站（点）
专升本	水产养殖学	函授	3 年	农学	南京农业大学卫岗校区 广西水产畜牧学校 江苏农牧科技职业学院
	园林	函授	3 年	农学	南京农业大学卫岗校区 海南职业技术学院 淮安生物工程学校 江苏农民培训学院 江苏农牧科技职业学院 连云港职业技术学院 南通科技职业学院 苏州农业职业技术学院 徐州生物工程职业技术学院 盐城生物工程高等职业学校
	园艺	函授	3 年	农学	南京农业大学卫岗校区 海南职业技术学院 淮安生物工程学校 江苏农牧科技职业学院 南通科技职业学院 徐州生物工程职业技术学院
	植物保护	函授	3 年	农学	南京农业大学卫岗校区 江苏农民培训学院 南通科技职业学院
	茶学	函授	3 年	农学	南京农业大学卫岗校区

附录 2　成人高等教育专科专业设置

专业名称	类别	学制	科类	上课站（点）
机电一体化技术	函授	3 年	理工	南京农业大学卫岗校区 南京农业大学浦口校区 江苏省盐城技师学院 盐城生物工程高等职业学校
汽车制造与试验技术	函授	3 年	理工	南京农业大学卫岗校区 江苏省盐城技师学院
铁道交通运营管理	业余	3 年	理工	南京农业大学卫岗校区 南京交通科技学校

（续）

专业名称	类别	学制	科类	上课站（点）
现代农业经济管理	函授	3 年	文、理	南京农业大学卫岗校区 淮安生物工程学校 江苏农民培训学院 连云港职业技术学院 徐州生物工程职业技术学院 盐城生物工程高等职业学校
人力资源管理	函授	3 年	文、理	南京农业大学卫岗校区 南京农业大学浦口校区 南京农业大学无锡渔业学院 江苏农民培训学院 连云港职业技术学院 南京交通科技学校 无锡技师学院（立信） 徐州生物工程职业技术学院 盐城生物工程高等职业学校
现代物流管理	函授	3 年	文、理	南京农业大学卫岗校区 江苏农民培训学院 南京交通科技学校

附录 3　各类学生数一览表

学习形式	录取人数（人）	在校生人数（人）	毕业生人数（人）
成人教育	7 438	19 945	6 362
自考二学历	49	351	93
专科接本科	1 378	2 429	601
中专接专科	603	1 740	0
总数	9 468	24 465	7 056

附录 4　培训情况一览表

序号	培训项目	委托单位	培训对象	培训人数（人）
1	部级高素质农民项目太仓市班	江苏省农业农村厅	职工技能	1 320
2	陕西省 2021 年全面推进乡村振兴专题培训班	陕西省农业农村厅	干部教育	100
3	苏州农村干部学院异地现场教学	苏州农村干部学院	职工技能	48
4	部级高素质农民项目农业经理培训班	江苏省农业农村厅	职工技能	100
5	重庆万州区大政协常委履职能力提升班	南京市发展改革委支援合作处	干部教育	50

（续）

序号	培训项目	委托单位	培训对象	培训人数（人）
6	山东滨州市惠民县基层农技员能力提升班	山东省滨州市惠民县农业农村局	专业技术人员	104
7	贵州省农产品加工与品牌培育专题示范培训班	贵州省委组织部	干部教育	53
8	陕西省委新任党组织书记示范培训班	陕西省委组织部	干部教育	100
9	青海省草原生态治理培训班	青海省林业和草原局	干部教育	80
10	榆林市横山区"学党史、强党建"促乡村振兴专题培训班	榆林市横山区委组织部	干部教育	50
11	贵州省级农业龙头企业和省级示范合作社培育专题示范培训班	贵州省委组织部	干部教育	50
12	常熟动物疫病预防控制中心基层农技推广	常熟市农业农村局	专业技术人员	50
13	张家港农产品质量安全专题培训	张家港市农业农村局	干部教育	50
14	2021年广西农民教育培训师资及管理骨干班	广西农业广播电视学校	其他	91
15	勃林格家禽学院解剖诊断高级精英培训	南昌勃林格动物保健公司	企业经营管理人员	15
16	南京市处级干部乡村振兴战略背景下农业绿色可持续发展	南京市委组织部	干部教育	100
17	海南省三亚市农村电商培训班	三亚市农业农村局	职工技能	180
18	广西农业农村厅罐区农产品质量安全监管能力提升专题培训班	广西壮族自治区农业农村厅	干部教育	52
19	陕西省领导干部"巩固脱贫攻坚成果、助推乡村振兴"专题培训班	渭华干部学院	干部教育	53
20	2021年青海省门源县农牧水利与科技局基层农技推广专题	青海友联职业技术培训学校	专业技术人员	20
21	威海市文登区畜牧兽医技术员培训班	威海市文登区畜牧发展中心	专业技术人员	132
22	海南省三亚市农村电商精修班	三亚市农业农村局	职工技能	32
23	湖南省农机事务中心青年干部业务能力提升专题培训班	湖南省农机事务中心	干部教育	50
24	中共重庆市万州区委组织部建设规划管理专题培训班	南京市发展改革委	干部教育	50
25	内蒙古基层农牧专业技术干部知识更新培训班	阿拉善滕格里经济技术开发区农牧林水局	专业技术人员	22
26	贵州龙里县全面推进乡村振兴促进农业农村现代化专题培训班	贵州省龙里县农业农村局	干部教育	87
27	贵州省深化农村体制机制改革示范培训班	贵州省委组织部	干部教育	50
28	诸城市畜牧业发展中心基层农技推广员专题培训班	诸城市畜牧发展中心	专业技术人员	50

（续）

序号	培训项目	委托单位	培训对象	培训人数（人）
29	贵州省农业产业结构调整及绿色低碳产业发展示范培训班	贵州省委组织部	干部教育	52
30	泰州姜堰农产品质量安全专题培训	泰州市姜堰区农业农村局	干部教育	50
31	滨州邹平市基层农技推广体系改革与建设项目农技推广才培训班	邹平市农业农村局	专业技术人员	100
32	广西桂林农业学校师资培训	广西八桂职教传媒公司	其他	30
33	南京市农业农村"头雁种苗"培训班	南京市农业农村局	职工技能	100
34	宠物健康养护师课程	伍德企业管理咨询（南京）有限公司	企业经营管理人员	20
35	黔东南州新时代基层干部乡村振兴主题培训示范班	黔东南苗族侗族自治州委组织部	干部教育	142
36	常州市新北区乡村振兴专题培训班	常州市新北区农业农村局	干部教育	50
37	"绵州育才计划"绵州农业英才专题培训	绵阳市农业农村局	干部教育	8
38	丹阳市基层农技推广培训	丹阳市农业农村局	专业技术人员	58
39	南京市处级干部班——农业农村可持续发展	南京市委组织部	干部教育	100
40	BIPA 实验室诊断精英培训班	南昌勃林格动物保健公司	企业经营管理人员	15
41	2021 年克州住房和城乡建设系统高质量发展专题培训班	克孜勒苏柯尔克孜自治州住房和城乡建设厅	干部教育	21
42	东营市垦利区基层农技推广体系改革与建设补助项目现代高效农业发展专题培训班	东营市垦利区农业农村局	专业技术人员	35
43	高淳区委组织部乡村振兴专题培训	高淳区委组织部	干部教育	60
44	2021 基层农技推广体系改革与建设补助项目培训班园艺、畜牧	江苏省农业农村厅	专业技术人员	326
45	南京市处级干部班——农业农村可持续发展	南京市委组织部	干部教育	100
46	2021 定点帮扶麻江线上培训	南京农业大学	专业技术人员	100
47	中国农业发展银行江苏省分行 2021—2022 年度重点专业人才行校联办培训班	中国农业发展银行江苏省分行	企业经营管理人员	35
48	黔东南州 2021 年乡村振兴系统干部培训班	黔东南苗族侗族自治州委组织部	干部教育	60
49	南京市处级干部班乡村振兴背景下的产业兴旺	南京市委组织部	干部教育	100
50	南京市高素质农民培训班	南京市农业农村局	职工技能	150

附录 5   成人高等教育毕业生名单

2018 级农林经济管理（专升本科）、2018 级农业经济管理（专科）

（宝应县氾水镇成人教育中心校）（71 人）

胡国花	顾 阳	王永阳	王 云	夏存露	刘来丽	华道力	张 璐	张园园
高剑波	彭 超	朱 燕	王传德	江春阳	张 艳	冀文兵	朱仕龙	李崇德
秦才富	王启东	郑 莉	张 勇	姜桂兰	徐宏顺	华庆霜	唐苹阳	华 芹
赵晓翔	凌 冰	周鸣轩	张 良	张 周	高 峰	葛 荣	华 涛	陆莉莉
张新翠	刘 军	张晓菲	高丙勋	高春荣	董大林	王晶晶	张爱青	孙金华
徐 婷	潘兆龙	周 君	王荣斌	袁 芳	蒋学玲	钱 芸	芦 风	朱春娣
杨发友	沈 明	赵 军	高申华	居爱萍	王 芹	华悦名	张 健	张 飞
周永剑	庾长明	韩有梅	周 华	李 斌	夏 云	刘桂栋	周玲玲	

2018 级工程管理（专升本科）、2018 级会计学（专升本科）、2017 级机械工程及自动化（专升本科）、2018 级机械设计制造及其自动化（专升本科）、2018 级人力资源管理（专科）、2015 级人力资源管理（专科）、2018 级人力资源管理（专升本科）、2017 级人力资源管理（专升本科）、2018 级物流工程（专升本科）、2018 级物流管理（专科）、2018 级园林（专升本科）

（常熟总工会职工学校）（404 人）

刘长龙	杨晓康	周晓东	赵 珂	唐成龙	朱 军	张 萌	金 潇	许 君
冯 炯	苏逸君	沈 茜	马云倩	金婉怡	金 燕	沈 霏	张耀耀	李 骅
张 科	戴晓巍	顾行成	蔡晓冬	干晓波	张福洋	缪敏辉	金振国	董 伟
潘 煜	唐宇晖	邹 杰	赵 青	陆志刚	徐志刚	钱 昀	王 伟	陈宇超
宋 熠	张晓慧	王亚兵	凌 涛	张 靓	王顺利	马晓蔚	罗子健	陈晓良
夏琳樱	濮 威	刘 维	赵 波	陈 宇	王 柯	吴 健	徐艳春	应 周
徐 胜	邹育文	何 怡	陆贤文	郝大伟	汤永刚	陆 伟	叶昕昱	沈 峰
陶宇超	王宏宇	史 峰	毛萃芳	秦 琦	范 俭	陈 晶	蔡雨波	凌兴玲
秦珠宇	王吉祥	王月敏	宋文宾	黄 俊	丁 涛	孙 猛	王寰宇	刘 苗
蒋蔚卓	陈维新	季 伟	张 健	刘秀绢	叶 威	朱宏涛	王俊宝	陈敏雅
陶俊宇	余锦洋	陈 伟	吴 胜	李祥飞	王儒商	高 令	李坷均	樊宇恒
吴文涛	王振庭	李 寒	钱国华	王 芳	林知音	陈宏军	姚宇杰	沈宏义
陆佳伟	马新林	解卫锋	许 琪	吴逸磊	朱志涵	钱 程	梁献周	吴 斌
胡桂龙	艾盼成	孙红运	王爱磊	叶子杰	周德胜	刘萌萌	司马刚	徐庆峰
余文琪	陶缘桔	薛 莲	罗知丽	杨刘珍	周 强	王佳子	顾建新	代绪良
林 芬	翁志强	李 飞	李银岭	金 芮	唐文韬	张金华	查晓蓓	潘娟娟
鲁叶芳	陶锦华	夏 蓝	吴元通	邵颖粟	张宝花	陈 健	陶 欢	陆星宇
沈 科	徐欢欢	刘青青	徐 磊	沈梦婷	丁均呈	朱海娟	陈文娴	谢 娴
颜紫微	夏春光	张 静	刘 红	陈 翔	盛弋迨	李智辰	陆 洋	孔帅飞
任 维	钱怡佳	张昌丽	周丽静	林丽丽	李 标	武友春	杨 静	汤 洁
范 莉	尤丽娜	魏中山	李明燕	廖田梅	顾霞静	陈嘉懿	钱 阳	尹桥娜
陆文华	王 炜	汪 伟	邵成雷	薛佳慧	贺一菲	吴 芸	周小清	刘志峰

程　凯	谈晓薇	季敏秋	王　维	薛　虹	朱伟忠	濮银兰	史黎中	钱　丹
吴涵辉	黄梦瑶	许伟峰	王静芳	陶文嘉	李　琴	黄立云	陈　东	姚彩英
王良志	周文杰	吴骏强	高煜蕾	翁晨晨	邵宇成	曹　晨	梅洪健	徐丽安
施　恒	龚　雪	邵怡雯	洪　奕	王敏姿	顾志敏	谭明夏	屈婷艳	吴丽娜
蔡喜红	刘加卫	蔡梦娇	杨　帆	高　华	范华明	晏文静	陶佳萍	顾宇清
盛　磊	赵　静	胡　梦	邹文嘉	苏祎奇	王　俊	石丽娜	梅　萍	林　琳
熊曾霖	应　怡	沈柯彤	严代飞	陆叶丹	李金超	何晨洁	朱幕天	沈子骞
周　文	唐梦蝶	王　哲	王静霞	毛　健	瞿静华	马益梅	祝亚琴	王　艳
沙敏姣	季敏佳	孙玉柱	许美玲	殷立新	邢著明	李建美	嵇亚亚	王　蕊
朱　力	蔡　燕	石静燕	徐　晔	陈　夏	倪亚芳	薛　佳	赵雪栋	濮丽娟
王　欢	臧培培	顾颖萍	薛　燕	赵红军	方秀富	胡　欢	孙　彬	邹丽红
王理群	平金笺	张立群	薛梦霞	王丽雅	杨　燕	沈莉莉	张士霞	季　健
周　飞	盛亮亮	张　都	吴　雨	吴　萍	唐伽晨	程欢欢	陈雯青	顾梦月
周惠芳	桑怡珠	邵　逸	陈　茜	戈吴意	朱婷钰	陈　希	张　俊	居春平
袁庆飞	钱　顺	马文俊	戈　昕	毛　波	尤　慧	沈　斌	苏　明	王秉伟
方　伟	侯旭初	戈　丹	陈春燕	陆春艳	吴　侠	钱艳红	杜　洁	阳春艳
董云升	朱文海	杜进旺	徐影红	陆姣姣	钱　俊	李　琛	倪　坚	刘豪杰
浦志军	陈新亚	鱼志英	夏永良	邱俊丰	顾建东	殷　列	陆怡超	成　商
杨　琴	庞小锦	凌　欢	夏宗聪	张　晔	丁　伟	毛晓钒	周　国	朱心怡
郏雪敏	陈会娜	钱祖林	王　洋	缪毅辰	陈虎宁	李萌艳	刘鸿兵	翁燕军
高　雅	邵梦煜	孙　燕	徐　显	马文彬	田志娟	刘梦雨	何　鸣	许芝萍
曹秋香	王志明	李　静	朱　江	吴秋怡	顾芳榕	张　恒	吴艺琼	谢　凯
陈　吉	陈　燕	孙　达	赵振平	卞陈荣	殷芝琦	徐宁霞	陶勇强	

2018 级工商管理（专升本科）、2018 级会计学（专升本科）、2018 级机电一体化技术（专科）、2017 级机械工程及自动化（专升本科）、2016 级机械设计制造及其自动化（高升本科）、2018 级机械设计制造及其自动化（专升本科）、2018 级人力资源管理（专科）、2018级人力资源管理（专升本科）、2018 级园林（专升本科）

（常州市天宁区江南职业培训学校）（272 人）

丁亚江	杨　琴	罗海涛	王　丽	姚　磊	俞　洁	周嫦芬	鹿存玲	李　雪
孔悦焱	徐华娣	马明升	李　艳	郑万义	张　茜	陈广云	丁亚峰	王美萍
周雄伟	聂宇飞	岳　涔	陈　劼	杨贵红	戴敏华	姚豪哲	谢丽蓉	许　娟
徐红霞	李　娜	王新燕	曹梦颖	李　宇	徐燕芳	周　蓉	祁秀珍	杨雅娟
周锁锁	许　婷	周佳妮	吕明俊	徐海兰	韩　英	周梦迪	王　丹	赵晨妍
沈瑜虹	屠剑兰	袁彩萍	郭　婷	殷晓楠	潘志萍	刘　引	章袁凤	石晓华
张郑妮	王　霞	陶乃琦	李　琼	陶　然	顾银花	王　静	卞石英	丁菊芳
刘　敏	张　静	陈　亮	吴小进	申昆仑	龚恒才	李光明	沈　杨	陈冬明
陈　佳	薛建芬	张亚书	孙正亮	张伟丽	浮立秋	赵佳森	韩姗姗	韩伟伟
吴长龙	霍如康	张　威	刘伟国	陶晶晶	朱行行	蒋　润	楚恒钦	冷　远
路永生	吴卫荣	刘皓舟	浦逸凡	徐美明	吴利强	崔德广	严　鑫	沙志浩

黄红旗　陆长海　宋　尧　鲍少鹏　张小奎　王　啸　姬康姝　张松伟　张　林
崔建国　叶　凯　张余凯　仝令申　孙钟涛　许丰收　孙亚林　王红斌　吴　刚
张生富　潘龙宫　赵　启　崔荣静　顾兴光　马恩红　张偏偏　许明明　徐　勇
祝为海　姚　佳　樊纯源　孙富城　杜文龙　顾　昕　于鑫航　孙　浩　蔡正志
安振国　李涛涛　梅　波　吴志君　薄舒军　王　圣　陈泓年　李浩林　谭清林
蒋　冲　樊　程　刘国锋　林　玲　李昌明　时　瑞　周　阳　谈彦清　李　帅
胡林利　赖昌荣　陈亚娟　王　焕　曾府运　卜凯平　杨传浩　盛晶晶　董同华
韩启超　李　季　独行法　丁　亮　汤　健　周柠檬　王小波　陈露璐　周曙初
张潇杰　司芳芳　曹婷婷　陈　红　刘海英　李　丽　钱寒汐　陈　鹏　赵爱华
陈　余　申凤娟　冯菊艳　王华芳　盛　兰　骆旻杰　许　艳　利　婷　熊燕华
宁玉婷　徐海英　吴晓青　周　莹　张　海　肖佳丽　周　娴　陈庆连　王玉婷
仇培培　秦莉香　刘铨娣　朱雪霞　谢　衍　陈鋆斐　陶冶冰　陈林林　朱鲁婷
丁佳运　管　蕾　武文晴　何大岗　蔡雯静　陈亚露　高晔奇　陈振琳　王殿领
潘靠山　万　倩　徐梦菲　薛梅香　戴鸽欣　黄燕妮　陈裔娇　薛　飞　李斯红
张　婷　徐朱萍　薛　莲　邱文洁　沈一峰　徐　烨　吉梅珍　史春锦　王丹丽
黄明杰　钱　晶　王　佳　代　婷　朱兰敏　汤丽娜　王　赟　张俊柯　袁　媛
严文玉　张利琴　左婷婷　顾　滢　赵正华　杨梦迪　李　双　戴晶晶　陈晓雯
徐冬梅　陈晔韬　李明珠　林敏瑞　闫　晓　章　翔　孔　星　邹　丽　王　倩
李　静　杨柳青　郑　婷　步国华　符　俊　黄　磊　吴　颖　顾兰兰　方　玉
袁小文　陈　晶

2018 级工程管理（专升本科）、2016 级工商管理（高升本科）、2015 级会计（农村会计方向）（专科）、2016 级会计学（高升本科）、2018 级会计学（专升本科）、2018 级机电一体化技术（专科）、2016 级机械设计制造及其自动化（高升本科）、2018 级机械设计制造及其自动化（专升本科）、2016 级人力资源管理（高升本科）、2014 级人力资源管理（高升本科）、2018 级人力资源管理（专科）、2016 级人力资源管理（专升本科）、2018 级人力资源管理（专升本科）、2018 级土地资源管理（专升本科）、2016 级土木工程（高升本科）、2015 级土木工程（专升本科）、2016 级物流管理（高升本科）、2015 级物流管理（专升本科）、2016 级信息管理与信息系统（高升本科）、2018 级人力资源管理（专科）

（高邮建筑工程学校）（333 人）

吴　建　史晓栋　恽晓晨　谢　熠　吴俊霖　苏时青　吕　峰　陈　浩　谢正丽
赵桢亚　郝兴玲　俞成松　唐红林　潘晓青　詹亚兰　朱建美　周　燕　夏小燕
张　妍　黄苏扬　乔文芳　陈培培　范　骏　胡馨木　陈世文　王　媛　曹飞飞
王　超　糜　蕾　钟宗毅　赵媛媛　袁瑜梅　单百花　陈秀秀　高冬琴　万青青
赵　敏　吕　骏　黄　虹　毛龙飞　郭佳琪　郭　昭　毕　磊　贾　丽　宋晓舒
张　田　吴　越　查晓月　许　智　王兴秋　居　婷　薛　伟　陈贵娟　王　萍
张　静　彭　璐　姚　平　朱　云　刘华康　汪　琴　李　谨　孙　菁　赵　兴
钱　霖　刘　英　何玉梅　宋丹丹　尤　鹏　翁　阳　赵　燕　卢　剑　鲍锡贝
庞煜明　窦朝兴　王　勇　蒋生国　王　超　辛建豪　唐　赫　刘萧爽　刘家卫
孙　伟　陈唯康　童华明　王　伟　汤　静　黄家明　张邦勇　左元华　陈　群

陈建海	朱佳艳	张 健	罗 艺	李令宝	钱立飞	焦世龙	朱 垒	成 阳
杨 乐	李靠靠	李成勇	丁 文	刘 俊	马荣跃	浦千舟	鲍 锐	王丽莉
缪启梅	王 顺	刘飞艳	沈加超	张晨迪	胡 志	王 欢	徐鹏飞	宋 斌
沈智伟	沈泽民	俞佳杰	傅 铖	施 阳	钱 程	朱慧宇	陈星月	刘婷婷
徐 凯	刘 云	相恒涛	谭 欣	陈 江	乔铭烁	付 军	庞煜林	朱西坤
罗建强	顾秋银	朱长银	王登峰	朱星芬	张 盼	魏 平	葛 巧	孙宝妹
周 阳	李正东	李晓凤	郁 巧	张 娟	吴 倩	马 超	钟梦凡	周临飞
王 鹏	朱成霞	张文敬	李 慧	刘 伟	陈志刚	黄 双	赵 康	刘 娟
万立琴	朱金凤	黄正超	鲁从文	包 磊	龚祖慧	杨 丽	周继虎	徐以春
石 艳	金兆丹	鲁 琦	贾潇心	李文军	王海蓉	李跃海	管青青	陈于勇
刘晶晶	高国栋	朱 苏	居 萍	訾丽丽	夏葛芳	吴中飞	孙勤富	王留君
梁金娟	陆菲菲	周 延	田健健	杨朝香	赵 丽	刘 璐	王小琼	连德梅
连德香	曾 燕	邹亚华	王玉荣	何 燕	王 磊	陈 斐	姚娜娜	翁 晔
黄紫怡	周 婷	姚荣芬	石 杨	李 洁	胡冬梅	王 钧	刘 权	张志鹏
管平霞	王 伟	王 新	蒋 宇	冯 雯	吴文霞	颜俊峰	丁 禹	翁传丽
王 清	刘 莉	郭爱梅	冯正祥	陈艳红	张思雨	陆佰宇	郑 晨	马 季
陈 瑜	王 腾	瞿 香	方慧芹	夏卫琴	蒋余星	王 君	袁 建	汪国新
王美玲	季永佳	陈 慧	徐 颖	陆安晟	廖金平	张 杰	马 月	陈修武
祝晨龙	顾 宇	史丰景	夏 菁	王友芳	陈 希	徐 婷	侍鹏飞	徐春时
熊琴香	刘 冬	韩 芳	郑玉妹	孙 滟	徐 宇	刘臣鹏	季文才	吴 倩
费婷婷	鄱 蓉	杨 玲	苗长梅	张 澎	吴贞华	俞春阳	王龙女	吴金梅
吴 慧	张 锦	刘子杰	王富伟	尤兴栋	徐 萍	王 琳	吴丽华	李 君
姚朱英	黄 荷	袁晓雪	李婷婷	张晓雯	朱毅杰	朱嘉梁	王 艳	金晨伟
陈然成	宋民安	邵晓俊	黄 麟	董文君	顾云建	刘昀昌	陈 强	孙振波
李 英	王明善	李红艳	卜笑笑	张义熙	宋厚冬	黄继红	张克敏	赵宏梅
王福兵	陆元凯	杨 帆	朱 智	胡国平	董一帆	赵兴国	苏 艳	宰立力
曾永超	丁学君	陈素琴	赵 韦	刘 璐	赵 盼	陈晓梅	王 刚	沈国琴

2016 级国际经济与贸易（高升本科）、2015 级国际经济与贸易（专科）、2016 级会计学（高升本科）、2018 级会计学（专升本科）、2018 级机电一体化技术（专科）、2018 级机械设计制造及其自动化（专升本科）、2018 级人力资源管理（专科）、2018 级人力资源管理（专升本科）、2018 级物流管理（专科）、2015 级土木工程（高升本科）

（南京农业大学工学院）（244 人）

徐 浩	杨莎莎	仲 姗	沈方方	葛贞佑	马晓宇	王敏敏	余 芳	王 露
朱婷婷	李成效	黄 晶	王 秀	王金霞	徐 香	陈 杨	刘瑞敏	张 梅
曹明月	赵 冀	时 悦	王嘉琪	董瑶玲	胡平平	宋翠华	张兰兰	李维媛
田 皓	梁 玉	吴斗斗	唐 星	丁海燕	钱 霞	姚姿汝	高 芹	侍莹莹
徐慧阳	谭 影	刘中慧	褚 茜	韩 辰	李茜珊	周 伟	夏清晨	张登杰
伍 帆	姬圣超	汤冰冰	王 丽	揭圳丽	王甜甜	龚姝洁	许志成	侯佳昊
刘 义	魏浩东	衡肖帅	王 蕾	张修远	赵大豪	韩 帅	解非凡	高晓宇

杨洪记	张　静	姚继坤	陈威儒	郭万里	沈浩松	豆正旺	孟凡金	刘　志
马诗杰	戴小龙	韩　磊	谭　超	苏　岩	徐礼亮	杨　鹏	孙海瑞	邢秋章
秦开远	王国庆	林子祥	刘世伟	胡永进	王　侃	陈　翔	闵　祥	王　乾
周贵国	周小娟	刘立新	汤　进	张雨龙	章　武	沈明明	周小丽	李晨智
佘天帅	王　亮	顾昊暄	程运建	高雪松	孙　亮	钱天瑜	狄　忠	张红福
贾国飞	宋阳品	朱晓燕	杜建亚	刘婷婷	郑利芹	谷永强	凡萍莉	朱　芮
李文洁	韩庆鏊	王　浩	王忠容	李　游	刘　静	贺帮艳	卜仙艳	章　青
陈　妍	吴　阳	张亚楠	郑鄯善	韦　成	张　敏	赫新坤	陈　姚	李　赛
刘　炙	魏　芳	陈建兵	张艳梅	王　欣	周　红	曹锐锐	张子伶	徐璇璇
马丽梅	吴宽文	刘天宇	袁　璐	刘　倩	郑兆辉	邢　坤	叶晓东	胡应学
严冬林	张　兰	肖　阳	陈昌霞	谷大萍	陆敬伟	邵小明	王　利	王　铃
王建坤	孙婵婵	周　燕	王　冲	张雪瑶	王以国	胡芙蓉	潘科委	王宝华
周　敏	霍玉萍	高振华	徐　华	陶瑜杰	罗丽萍	马晓宁	梁智惠	王东卫
王建卫	孙学生	蒋　超	吴新建	金唯娇	孙欢欢	张　兵	李　飞	王思阳
王　超	彭荣荣	高　正	张远珍	贾元楚	孟　星	邢友鹏	徐泽崐	任佳佳
武　凯	陈　玲	陈燕燕	杨马超	杨志杰	吴　燕	陈澜芬	刘　芳	杨　婧
李学彬	沈余豪	臧天石	周俊文	杨祯彬	陈晓慧	张庆艳	单慧洁	张　玉
徐　亮	徐海勤	宗远乐	王　雷	袁　朋	李召伟	王　昶	庆　典	王亚江
沈小亮	徐文素	丁荣荣	何小溪	王亦鹏	徐　伟	李　娟	马加妹	张　硕
吴先飞	陶延美	张雪艳	负艳花	陆宝龙	张洋洋	黄　盛	计洪森	宋明利
文自军								

2018 级动物医学（专升本科）

（广西水产畜牧学校）（1 人）

韦彩明

2018 级动物医学（专升本科）、2017 级动物医学（专升本科）、2017 级会计（专科）、2018 级会计学（专升本科）、2017 级会计学（专升本科）、2018 级农业经济管理（专科）、2018 级园林（专升本科）、2018 级园艺（专升本科）

（淮安生物工程高等职业学校）（175 人）

吴高亚	吴高升	尹　红	王航军	徐　璐	潘雪响	卢文学	袁建朋	朱　飞
韩　磊	张　意	牛贝贝	周为威	居立生	刘广祥	顾　勇	王学宇	蒋海陆
李成阳	崔　颖	高　霞	宋　扬	蒋　庆	张　雷	曾　敏	郁建旺	郁亚红
葛沈娟	高梦宇	韩文波	唐　伟	陈刘育	于　荣	龚　浩	王　威	王艳龙
孙　辉	朱　超	尹　昆	徐　鹏	孙　伟	郑雨欣	吴　忌	周北羽	支　泳
徐金金	马菊英	杜丽萍	陈　希	孙明星	刘　婕	田　甜	王丹丹	顾　莉
王伟娜	王　雅	顾　浩	戚银萍	田青青	隽　霞	沈　慧	李国健	花银春
陈月娇	张　清	薛丽霞	万　磊	许　敏	盛　雪	贾　同	韩建慧	张婷婷
陈　悦	徐　萌	王　静	卢海云	赵传佳	于　蒙	蔡永洁	李　云	张　振
周兴驰	张　婷	王洪武	刘　婷	韩　琴	张秋雨	陈晓雪	孟　群	高　凡
陈　芮	徐　燕	王　建	程倩倩	董军瑶	朱政浩	樊冬梅	马　艳	曹雨晴

孙雪婷	张 璐	陈 祥	李 敏	郑 栋	徐 娜	袁海峰	高 科	蒋大俊
王 魏	彭国平	王维宽	刘雷霆	王少翔	孙宝军	戴 岳	张 飞	赵娴华
王兆兰	张 莹	王 琨	朱晓燕	袁 丽	杨跃志	高 洋	卢 娟	雷东梅
张 博	张亚平	管姗姗	管鑫帮	樊冬春	刘海燕	姜志娟	胡 军	窦爱伟
宋永建	成 路	周 琳	严怀琛	杜 娟	叶 敏	张菊琴	秦 旭	许津闻
张井闯	顾汉兵	陈晓雷	赵 乐	张 昊	耿淮禹	李明泽	何超男	高 帆
严 群	孙 欢	张泽华	吴 晁	王耀飞	梁 玥	黄信宇	张 淮	张 勇
朱 笛	张祖豪	高 峰	李 玲	王启冉	孙 旺	韩亚奇	刘婷婷	李沛泽
赵诗语	杨鹏远	皇 慧	黄海波					

2018 级动物医学（专升本科）、2016 级园林（专升本科）

（江苏农林职业技术学院）（21 人）

俞志鹏	高 昆	顾 虹	邓贝贝	许 鑫	刘楠楠	李金俊	鞠学勇	卜寒梅
张培培	林嘉麒	张 楠	李 响	周华跃	于洪磊	刘 松	吴 猛	仝振业
张石莲	张绪衍	陆淑娴						

2016 级动物医学（专升本科）、2018 级动物医学（专升本科）、2014 级动物医学（专升本科）、2018 级会计学（专升本科）、2018 级机械设计制造及其自动化（专升本科）、2018 级农学（专升本科）、2018 级人力资源管理（专升本科）、2018 级水产养殖学（专升本科）、2018 级园林（专升本科）

（江苏农牧科技职业学院）（389 人）

张文进	李宸峰	武 丁	翟 凯	杨 昊	季玲玲	施园霞	姚黄江	刘 鹏
杨 振	刘 明	钱佳璐	聂 文	宋宗杰	马益益	王 辉	林 涛	李晓霞
耿丹丹	陈 锡	张剑李	李晶晶	王恒盛	沙向前	徐 雯	祁蕾蕾	仲梦石
林玉嫦	包云月	徐振翔	毛辛成	孙克树	李雷雷	田培余	王万腾	谢鹏飞
周亚军	谢剑艳	徐 斌	陈旦华	张 俊	朱彦豪	唐培峰	杨 倩	金志刚
于 军	褚朝勇	陆泽平	卞定华	杨 玲	杨圣陶	张 涛	王雨祺	李 学
赵 帅	杨 丽	李小周	李 双	季祥龙	周自莉	王 峥	蔡小管	高益达
李继成	王子成	胡静怡	陈茂文	刘明意	熊子珺	王亚洲	杨钦成	沈丹彤
时盼盼	张 蕾	张晶晶	朱凯凯	张重阳	李 琳	蒋 科	栾金帅	高 哲
高 林	黄号争	郑 洁	胡鹏举	代宪渠	范 萌	吕满意	余春晖	魏玥怡
张 靓	高如东	李严霜	张石建	石 凯	陶嘉豪	阮荣钰	蔡永嘉	李维康
李光明	刘长月	林汉清	林 磊	景艳霓	张吉发	庄荣乐	曹文杰	徐颢玮
韩小慧	宫社明	陈学锋	吉 慧	曹 景	张 童	蒋楚倩	凡传涛	王志文
郑 浩	季红春	尤永林	吴小芳	李 剑	葛 兵	张云芹	史文娟	杨 星
魏言正	夏 鑫	树 健	傅鹤霞	贾珉泮	尚庆乐	蒋 薇	王召贝	王美坤
孙海燕	刘金明	朱勇俊	宾柱英	李文豪	周光平	戴 琪	袁月坤	龚 萍
鲁 洋	朱俊峰	于书云	卞云云	张 炜	郭 敏	戚立夏	陈冬进	刘 倩
钱佳萍	蒋玉芳	王启昱	石 静	孙 龙	朱 佳	顾 贝	刘 佳	宋素萍
李龙华	徐宝胜	朱婷婷	向 军	从云峰	刘体达	王 义	韦刚才	曹金亮
张玉璟	孙玉强	朱 宁	郑 典	赵 兵	宋冬艳	贺雪川	张启飞	李国锋

李文军	严 敏	熊文华	沙 洲	仲斌斌	刘 旭	周 旭	陈洪益	严 帆
何 晓	陈智勇	陈昌卫	陈 明	于海成	杨培荣	朱 丽	杨 洁	乔 威
孙 荣	章 颖	刘 勇	卞冬梅	陈永华	李旭东	唐永红	陈 林	宫会听
桑友刚	王春俊	崔克香	王树叶	周 雯	周志远	丁 悦	姚志飞	许 勇
葛荣华	高桂超	周航航	赵 荣	沈于兵	徐庆标	葛 甫	钱明诗	王高凡
车忠学	徐 波	董洪宇	李 雷	陈蔚然	曹翠芬	苏立东	卢 婷	王 琦
陆柯帆	肖 凯	宋 盼	张 聪	王 震	刘玉华	吴泽雄	吴 霜	戴红霞
王 敏	汪为利	袁珍金	吴保珠	冯 艺	戴丽红	高 雅	张 斌	焦 露
包重庆	袁 野	王礼进	王 彤	雷 娟	李营营	陶存敏	刘 泉	郑莎莎
顾丽霞	瞿志文	袁玉婷	沈霄龙	陈 欢	杨 佳	李 敏	倪新新	王 婷
鲁焕丽	韩晶晶	孙丽慧	张 垒	孙正辉	谢锦凌	葛 亮	姚 敏	张 帅
夏承宇	周益民	张嘉勋	伍爱萍	李 玲	张专科	孙季平	张 志	刘志通
王 真	管青青	付吉强	蒋永利	葛扣成	刘明明	朱彩云	朱丽莉	胡海生
陈维扬	倪双丽	周 佳	陈 颖	周振仕	郁林森	董爱艳	王 鹏	徐 标
朱 亮	王 镇	王 婷	孔 倩	郑兴邦	张 亮	胡妍君	卓 硕	王文君
张永森	齐 辉	舒雨青	李 明	陈 雅	华 琴	徐 成	杨振兴	王 敏
陈 兰	李良明	李易纯	周 潇	姜伟康	陈 强	鲁 月	黄瑞欣	徐 丹
顾晋菁	陈更新	朱亚生	陆新新	杨 菲	朱 晴	胡学和	姜 萍	周建平
孙斌华	倪明辉	王 强	田荣伟	徐俊华	曹迎庆	杨国洪	吴 芳	赵有鑫
祖 雷	陈 鲍	侯 杰	黄 娟	王雅君	刘 炜	陈 岗	鞠 鑫	秦诚浩
邱 宇	刘 惠	杨 杰	张春霞	孙银龙	张苏徽	谢天宝	张 宇	崔齐鸣
吴 昊	童 浩	濮 涛	冒晶晶	戴其刚	朱 涛	费正山	纪昌安	杨炎之
余乐泉	杨 剑	李 超	苏仔祥	张逸群	钱丽丽	洪 伟	毛鹏程	孙 珣
翟晓松	钟庆龙							

2016 级国际经济与贸易（高升本科）、2016 级会计学（高升本科）、2016 级信息管理与信息系统（高升本科）、2015 级信息管理与信息系统（高升本科）

（南京金陵高等职业技术学校）（32 人）

蔡昆朋	余 鹏	王 刚	王 腾	唐京文	倪 涛	沈紫星	朱梦智	马 越
杨 震	刘娇娇	马妍婧	陈康乐	姜泽正	李青青	佘云磊	任晓士	孙向雨
秦 怡	刘 佳	芦 峰	伍雅琪	徐 玲	邹金杉	刘 鑫	徐宁菲	刘耕宝
连旭蕾	王 旭	武卫华	马诗文	王寅娜				

2018 级会计学（专升本科）、2017 级会计学（专升本科）、2018 级园林（专升本科）

（连云港职业技术学院）（90 人）

鲍 倩	韩成芳	张 茹	鹿 潇	张玉玉	张 晴	王 笛	王智慧	赵雪敏
李伟楠	许浩然	张金金	李宇婷	李冉迪	王梓莹	李闪闪	陈相羽	吕海艳
熊含玉	吴海燕	顾明皓	孙梦婷	朱 娇	刘根连	汤惠棉	孙 涛	刘金枝
常纳华	李姝瑶	许瀚月	刘 娟	姚懿珊	金 丹	谢 娜	丛 阳	刘丽瑾
顾天懿	姜彤彤	赵馨冉	武 迪	李佳宁	李 洁	穆 瑛	刘 青	孙敬洁
胡 悦	傅 娜	孙景林	夏晴晴	李 云	魏阳光	梁婉晴	陈孟秋	张 帅

苗 敏	鞠 媛	孙 悦	谷梦怡	张 涛	徐 勇	鲍诗钰	张曼曼	徐 艳
潘苏雅	张军霞	张 欣	胡笑笑	鲍笑云	朱雨芳	程善文	韩亚利	汪栋梁
卞光辉	鲍加恒	张 威	王恒涛	朱文文	沈 辉	徐贵兵	季余岗	徐纬臣
沈正杨	陈 辰	章 翔	谷冬冬	乔俊洁	王庆洋	蒋红旗	朱海文	李 可

2018级动物医学（专升本科）、2018级工商管理（专升本科）、2018级农学（专升本科）、
2018级人力资源管理（专科）、2018级物流管理（专科）、2016级物流管理（专科）
（苏州干部学院）（27人）

柳进一	童 威	李一洲	罗 毅	张 培	陶 峰	陆育清	丁 诚	沈美玲
马雅琴	夏雪芬	陆雯锋	夏雪兰	王 林	华晓瑛	张 娟	卢 丹	石 伟
奚文贤	邵志杰	蒋芳芳	李华伟	林 华	王国雄	吴晚霞	陈玉林	卓高峰

2018级园林（专升本科）
（苏州农业职业技术学院）（21人）

杨晓平	陆 燕	周 杰	赵 园	杜 平	陆 娟	伍奇超	王 维	丁雪岗
张泽瑞	朱灶亮	糜万冬	杜 丹	居 颖	黄泽琪	曹书孝	沈宇鹏	崔笑天
孔丹泓	严欣绮	李 慧						

2016级会计学（高升本科）、2016级机械设计制造及其自动化（高升本科）
（无锡技师学院）（42人）

梁香姣	张 燕	曹燕琴	刘嘉琳	俞晓莉	汤晓丽	孙 静	刘 琪	徐雨晴
薛梦瑶	黄雨琪	申 磊	宋中迪	罗洪洪	储晨阳	朱嘉懿	王志荣	姚妍杰
沈金鹏	朱 琰	陈 勇	宣晓澄	叶 琪	杨耀华	周 斌	陆凌俊	方 浩
徐 馨	任 豪	马晨雨	奚天杰	高梓栋	杜义彬	王嘉会	廖财盛	高 鑫
梁少林	梁小平	陈许超	朱文渊	符敏锐	朱红梅			

2016级国际经济与贸易（高升本科）、2015级会计学（高升本科）
（无锡现代远程教育）（13人）

| 张 源 | 夏淼苗 | 任晨杰 | 任益广 | 顾丹丹 | 张红丽 | 过文洁 | 张寅杰 | 沈瑞吉 |
| 孔文浩 | 高 祥 | 王运华 | 王 旭 | | | | | |

2018级动物医学（专升本科）、2018级工程管理（专升本科）、2018级会计学（专升本科）、
2017级会计学（专升本科）、2018级农学（专升本科）、2018级人力资源管理（专科）、
2018级人力资源管理（专升本科）、2018级水产养殖学（专升本科）
（无锡渔业学院）（114人）

余奕宏	周 亚	魏 彬	丁道春	郁怀华	陈 卫	房鹏成	潘 腾	陈华林
魏 扩	邱建新	郑书高	王小雪	徐秋艳	梁祖伟	江 峰	陈 慧	祝春晨
张全生	董 娟	陆艳艳	朱立磊	周建波	季 娜	王 佳	刘 艳	黄建波
刘亚楠	王志彬	秦 霞	汤 艳	简佑新	闫 震	董恒胜	陶 博	何 鹏
刁贞光	陈敏晔	杜丹凤	王云开	华静怡	邹一凡	陆 明	沈垚尧	刘 羿
李克井	俞明明	徐 青	刘利民	陆苏英	谭海霞	王 蓉	李亚飞	顾 佳
鲍 玮	刁淑婷	邵 星	朱志成	何 华	吴 阳	周炳喜	季明香	蔡 顿
李海燕	吴正荣	杨爱新	吉 净	季晓群	唐艳娟	施凯峰	梁金利	崔立左
李林华	李锦斌	孟凡芹	李仲勋	华婷婷	宋宁宇	过宏晓	吴静燕	严 蕾

王正涛　王小妹　吴珊珊　夏　云　陈美花　郭敏燕　韩梦月　张影丽　刘　彬
朱善平　童　鑫　马　华　张叶晨　袁小惠　刘娟莉　张海波　叶忠立　张　弥
周煜彬　杜　樱　王华曼　周文婷　孙斌君　何　龙　张春雷　季益东　陆星艳
施　辰　许　珠　王　芳　周轩宇　朱歆峰　陈　超

2018级会计学（专升本科）、2018级农学（专升本科）、2018级农业经济管理（专科）、2018级人力资源管理（专科）、2018级物流管理（专科）、2018级园林（专升本科）
（江苏农民培训学院）（49人）

顾秀玲　马　越　韩双双　张新聪　李雯静　陆亚文　董力维　胡小燕　吴雨晨
黄　蓉　徐　帅　蔡　楠　袁章龙　朱瑞玲　李　伟　单士山　朱　超　王立岭
张家磊　蒋　慧　荣　玲　朱静波　王小涧　刘晓芹　康汉美　孙军松　朱　丽
高志飞　冉保国　周永刚　陈春营　王　东　蒋怀乐　黄梓璇　陆　明　倪月玉
陶力宁　彭忠兰　汪　勇　李　想　王　超　刘　威　许　航　刘　海　李先武
孙尤军　高婧鑫　袁　远　姬生成

2016级机械设计制造及其自动化（高升本科）、2012级机械设计制造及其自动化（高升本科）、2018级汽车检测与维修技术（专科）、2016级土木工程（高升本科）、2014级土木工程（高升本科）、2016级信息管理与信息系统（高升本科）
（盐城技师学院）（459人）

吴　娜　曾　森　王　仲　周　雷　刘思诚　杨　宸　蒋　荣　徐　笑　董　杰
王耀辉　周料正　刘　鹏　夏样海　单　晖　单　成　金建国　陈　涛　韩梦圆
周定国　邹海强　刘益辉　董　豪　稽德军　杨　寅　李　吉　冯　昊　李　宇
张瑞洋　卞　棋　周梦媛　王星雨　杨　霞　朱　倩　骆晶晶　林　玲　陈泽明
胡　菲　房长江　唐如钰　葛　凌　蔡　聪　谢艺婷　征东华　李广春　高　婷
王志毅　陈　联　孙晨静　李　烨　顾恒银　张　悦　花　杰　王　磊　毛建国
王　成　施正杰　葛吉洋　李建涛　唐　锋　薛文涛　陈　龙　王传龙　李　华
茆中生　杨正晖　张　威　徐维伟　何成诚　管银杉　刘　杰　沈　杰　蔡铜升
吉林波　陈仁亮　汪飞羽　樊　阳　陈星睿　陈　霞　王曙冬　汪泽龙　汪紫强
陈　行　陈飞宇　张顺杰　张荣耀　臧　健　潘华阳　朱文斌　徐淙淙　董建余
陈　甫　章　涛　张大周　周子强　张云龙　陈之豪　廖　杨　陆体龙　王智灏
熊祝根　朱立杨　许　波　倪　明　颜　伟　刘有成　居峻岭　周俊杰　杨　健
韩　溯　徐加朋　张　龙　韩文俊　姜礼明　徐　鑫　刘　胜　杨云杰　顾　涛
孙　童　夏立文　凌　杰　钱　畅　邓正坤　姚永杰　唐新波　杨　兵　王永阳
周晓峰　丁　飞　仇文杰　李成龙　罗　运　蔡　健　王　岩　邱冬林　戴　响
吴　季　黄　剑　刘　鹏　李　陈　郑亚冬　张周成　陈诗伟　陈　辉　马忠斌
方文连　王　译　尹宏宇　王品钟　路培龙　蒋兴宗　王海生　蔡志伟　陈欣宇
周宇龙　印春李　王彬彬　周意杭　刘加超　倪　扬　金龙祥　朱　宪　胥　杰
陈　露　许　泉　陈尚坤　陈　峰　陈　龙　张　超　耿寅明　张正龙　罗海龙
季兆展　高朋坤　何　宇　杭伟林　李　季　沈文斌　李沐轩　张廷峰　霍建鑫
葛培翔　陈扬阳　杜昕雨　王鹏飞　董亮亮　韦正星　龚志元　缪　奇　郑刘陈
郭强强　孟永康　李乐章　顾生祥　何　坤　李育响　陈澜武　姜　波　周立跃

李嗣伟	薛锦琪	曹建军	刘青文	费 凡	刘强强	陈长春	徐 瑞	陈亚钦
吴根涛	刘建坤	刘 佳	陈 涛	邹其翰	王 晖	陈传斌	彭大勇	季 杰
周立斌	许世杰	顾启迪	周 泳	赵 磊	翟树林	陆宇杨	肖 为	项俊杰
沈青松	陈明建	陈金龙	高浩天	王士龙	陈 童	张俊豪	刘建成	陈 胜
刘立盛	杨君杰	许 华	郭立阳	王朱意	沈义富	唐 宏	张爱勇	黄家豪
宋健康	曾 杰	杨欢欢	陈志鹏	陈志鹏	唐古俊	卞佳隆	封树帅	姚陈陈
刘益强	杭治旺	陈云龙	程胜圣	王亦奇	季 健	史程恺	崔千禧	钟 旭
吴振洲	刘 发	仇泽荣	胥加年	潘 杰	王 珩	张栋然	杨振新	还明智
杨 勋	姜文龙	陈 峰	王 波	吴欣宇	沈祥辉	董浩文	姜志鹏	束东瀚
徐建军	刘 飞	夏喜祥	刘 乾	吕正雄	孙为洋	李子豪	张家旺	郑 宇
朱叶天	王浩洲	王涛生	林金龙	苏志祥	孟 昊	王叶茂	马志远	程 辉
张 京	葛登海	祁鹏程	董 溢	瞿 政	祁彦龙	陈林河	万新宇	蔡鹏程
徐 露	王 梁	凌 鑫	施 建	王礼磊	王云涛	吴 健	赵 清	许冬平
贾 洵	顾遇声	蔡华健	李金龙	张 锁	曲朋鹏	陈祁吉	丁家乐	潘 伟
赵 磊	孙琪程	陈 健	张宇龙	宋明轩	郭少峰	侍 阳	卞书浩	薛露生
庞 宇	陈皓南	黄 旭	刘 杰	卢成专	贾济彬	周 伟	郑天元	陈文杰
田培健	祁杭宇	胥 超	沈文华	陈允虎	刘 一	时 文	钮效沛	周长海
程焕著	王亮玉	潘金成	周朝勇	徐 波	王 磊	陈伟东	韦景鸿	周 进
周锡庆	刘蕴萱	刘延鹏	王立鑫	蒋煜民	吴然森	陆志明	薛洲泉	严 城
徐 明	王 浩	王舜楷	宋长清	田 杨	周伟杰	高 凯	周永超	刘振华
杨 华	张健程	曹征鑫	韩志文	蒋光辉	杨吕浩	李一祎	车 浩	袁满超
范晨阳	季锦伟	顾洪涛	苗子元	高梯程	蒋志远	肖万云	孙留明	张仁辉
潘家泰	李俊杰	杨 睿	周阳贤	刘必文	周 杰	周 威	朱奕帆	胡振飞
徐晓光	朱月林	邱 滨	龚志远	刘 瑞	王玉霞	贾欣燕	刘 鑫	韩祝清
单国二	陈 梁	段红玉	李建华	沈郅茗	征必成	赵 健	周 翔	王世杰
刘迈新	周 磊	王婷婷	贾海豪	万 冰	陈 鑫	陈 玲	杜振涛	杨晓建
吴春来	张学东	陈 龙	王 伟	李朱豫	宋祥健	刘鑫鑫	孙王胤	孙泓梅
叶为葳	裴 慧	邓晓慧	潘 姣	潘芷珊	姜 琳	韩元元	蔡未来	丁 昊
邵丹萍	崔熊雷	葛凡浩	金陈丽	刘 泽	张 清	薛 成	邹 恺	周 兰

2017 级畜牧兽医（专科）、2016 级电子商务（高升本科）、2018 级工程管理（专升本科）、2017 级会计（专科）、2016 级会计学（高升本科）、2015 级会计学（高升本科）、2018 级会计学（专升本科）、2018 级机电一体化技术（专科）、2017 级机电一体化技术（专科）、2017 级机械工程及自动化（专升本科）、2018 级机械设计制造及其自动化（专升本科）、2017 级计算机应用技术（专科）、2017 级建筑工程管理（专科）、2018 级农学（专升本科）、2017 级农业机械应用技术（专科）、2016 级农业机械应用技术（专科）、2018 级农业经济管理（专科）、2014 级汽车运用与维修（专科）、2017 级汽车运用与维修（专科）、2018 级人力资源管理（专科）、2018 级人力资源管理（专升本科）、2017 级人力资源管理（专升本科）、2013 级数控技术（专科）、2018 级园林（专升本科）、2017 级园林技术（专科）、2010 级计算机科学与技术（高升本科）

（盐城生物工程高等学校）（245人）

蒯国伟	张云朋	沈玉兵	赵凯杰	李海涛	毛冠军	陈 明	杨 哲	唐 飞
薛智锴	于翔宇	王玉国	何 勇	李 广	戚龙美	马晓春	金 秋	黄季伟
姜瑞萍	张庆秀	张仁华	周红梅	冯志豪	刘红勤	朱淑贞	顾刘一	韦佳盛
应 园	刘婷婷	单 妍	陈 洁	陈 晨	任丽丽	孟兰妹	蔡昔然	田 艳
蔡 丹	王本昌	蔡 旭	温静玉	崔林妹	周灵芝	倪 婧	任小敏	朱惠蓉
李卫秀	汪 树	郭雨澎	孙高强	黄早童	占红祥	董德华	韩祥敏	蒋 波
潘华楠	王 琪	曹志伟	张 科	邵东振	马有星	吴伟业	陈世纪	蔡书芹
王沈琦	丁锦荣	刘 涛	刘 涛	竺思楠	吴 欣	陆伟伟	殷有鑫	史清平
李海粟	颜丰泽	施文杰	周哲宇	高 宇	何希城	裘林龙	倪小礼	戴佳伟
顾文嵩	周廷亮	朱小杰	杨 鹏	陈国生	徐 成	高春旺	李 磊	郑晶晶
杨 权	仇进晖	孙玉高	戴 斌	沈郁波	吴万胜	吴圣新	王 军	刘 刚
王桂琴	沈蓉蓉	许怀萍	冯 凡	潘玲玲	薛友荣	陈 琳	单 鹏	刘 浩
刘 羿	尹志祥	陈开健	袁小薪	王姝蓉	史海艳	张 祁	杨 飞	周才荣
刘羽佳	沈卫青	陈玉林	郭 震	李 慧	江 涛	周书岗	潘仰进	王 梅
蔡 娟	袁小莉	王正杰	李 昊	李志敏	吴 巧	周煜轩	顾启洁	邹 刚
顾小兵	邹 建	刘亚男	郑 磊	吴 雨	顾云龙	刘 军	李保旭	陈昱杰
崔书明	徐莉娟	陈 鹏	黄小军	马 鑫	吴小勇	杨旭刚	荀 兵	周家家
卞加路	仇桂芳	李 涛	周彩芳	陈丽丽	徐 宏	朱 丽	刘晓灵	周玉娟
杭成鹏	余 芹	缪华龙	董思婕	王梦璇	孙玉梅	王且明	刘 扬	张 瑛
戴玉琴	茆俊成	郭佳佳	蔡 静	徐建玉	曹 阳	董冀达	张文礼	宋俊銮
顾思怡	朱 进	袁界芹	王海利	钱婷婷	曾宪红	戴陈成	潘贵明	万 霞
蔡 敏	周 莹	单 静	周 志	张元宵	吴加春	蔡 鑫	刘祝竹	徐玉辉
顾 磊	王兰兰	李 玉	潘微伟	费文林	金辉东	孙莹莹	王 忠	朱 阳
蔡文娟	曾玉兰	张玉霞	陈 静	孟晚晚	严 坤	刘利丽	董 悦	姜 曼
纪海艳	梅 芳	陈明明	赵明坤	张逸潇	高 近	刘启梁	吴 杰	魏 望
王学操	葛春来	陈晓娟	杨思月	徐立婷	邓长荣	刘羽婷	马克岭	黄子杰
陈妍蓉	戴春艳	刘青青	叶 巧	张 飞	姚妙妙	林叶平	蔡婷婷	蔡冬晶
孙伟轶	陆启贤							

2016级车辆工程（高升本科）、2013级工程造价（专科）、2017级工程造价（专科）、2016级工程造价（专科）、2016级会计学（高升本科）、2013级机械设计制造及其自动化（高升本科）、2016级计算机网络技术（专科）、2017级建筑工程管理（专科）、2018级汽车检测与维修技术（专科）、2016级汽车检测与维修技术（专科）、2017级图形图像制作（专科）、2016级土木工程（高升本科）、2016级网络工程（高升本科）

（扬州技师学院）（155人）

高 尚	巩书炀	周永杰	陈汪银	孙孝洲	吕 成	蒋鹏程	董云宏	凌子杰
袁启龙	陈佳乐	孙 宇	印旻子	徐 珊	顾纹如	薄晓宇	蒋东霖	王 全
梅晨阳	曹 旭	葛春晨	朱子豪	张志鹏	魏 鑫	秦佳文	印天翔	丁可凡
宰州超	李欣龙	冯天赐	吴 凡	黄守诚	茆 亮	王佳滨	杨在源	房 震

曹天麒	聂振苏	刘健谈	卢 岩	杨 康	李 杰	杨 涛	陈佳伟	孙 跃
王 坤	黄 昊	单 雨	刘雨泓	肖礼贤	张 勤	卜礼斌	王宏泽	任明进
侍 旭	曹海川	薛永康	刘伟豪	郭子豪	曹宇轩	涂福鑫	梁柏诚	赵 晨
杭远鑫	居伟高	叶天欣	陈德华	居学文	王 霈	朱金龙	赵宝龙	鲍成龙
陈阳智	张伟业	姜 伟	仇 亮	孟 超	张英杰	王 康	姚圣宇	冯沈洋
卜金网	张之淮	王 辉	陶东琦	朱 涛	许大鹏	顾 毅	韩仁峰	殷 程
戴瑞彦	陈钱超	邓栩栩	朱浩宇	李忠宇	洪 杨	徐 轩	丁春斌	朱耀晨
纪伟东	朱柏文	鲁 杨	刘 阳	高晗冰	刘虹乐	刘 帅	毛年星	陈 龙
孙 宇	迮思涛	吴轩辕	罗安乐	杜政嵘	肖文峰	周云宵	窦 胜	张浩杰
从志强	马 鑫	杨厚程	杨郭洪	宋 俫	万泽伟	陆咸纪	刘家辉	梅永慧
陈 宸	董克雨	余云凤	杨伟宁	杨 帆	韦 成	郑远航	葛 聪	蒋 昊
张智超	殷海燕	江 星	何乃波	王嘉扬	耿 超	袁鑫康	夏益敏	潘 伟
刘 阳	杨俊宇	陈 宇	蒋 飞	解小辉	杨 洁	蔡沅锦	徐生旺	杜鹏程
唐子钧	曹美玲							

2018 级铁道交通运营管理（专科）、2017 级铁道交通运营管理（专科）、2016 级铁道交通运营管理（专科）、2018 级工程管理（专升本科）、2018 级会计学（专升本科）、2018 级机电一体化技术（专科）、2016 级机械设计制造及其自动化（高升本科）、2018 级机械设计制造及其自动化（专升本科）、2016 级人力资源管理（高升本科）、2018 级人力资源管理（专科）、2018 级人力资源管理（专升本科）、2016 级土木工程（高升本科）、2018 级物流管理（专科）、2016 级信息管理与信息系统（高升本科）

（南京交通科技学校）（2 755 人）

胡 巍	李能能	蒋 铃	孔 稳	姚冬梅	施羽亮	张慧婷	李嘉玟	王雨欣
陈泽康	常志云	王雪晴	曾小蓓	徐晓冉	张 颖	王盼盼	许梦越	崔雨荣
陈心怡	朱晓慧	樊昌语	俞 雯	白 娜	夏雨虹	李婉婷	王葛媛	杜 倩
潘欣悦	王梓芸	罗 可	王甜甜	赵 云	沈张萍	张晓曼	吴婷婷	朱明月
徐萌萌	孙 月	张 月	郑凯欣	陈雨琪	曹子涵	盛 童	孙罗玉	缪靖茹
邵晶晶	夏文慧	周思雨	查念慈	高雨璐	张莉萍	徐 晔	姚宏玉	钱继佳
张庆云	严鑫雯	王慧敏	许冒慧	仲小曼	杨 敏	邵佳怡	喻笑笑	朱 嫄
威开玉	梁雪晴	方晶晶	石 颖	时袁苏	康晨晨	徐 鑫	陈同民	芦志航
刘敦奇	汤宋祥	张冲冲	刘阿豪	袁德海	葛坤涛	张 宁	高 翔	顾啸凡
章守奇	贾兴政	路万亿	叶 聪	刘 雨	徐庆锁	徐佳濠	陈小龙	杨胜利
何星瀚	吴纪春	李 笑	曹原嘉	施登军	吴马春	张 磊	王亚明	王 超
马 凡	陈 余	陆雨昂	吴 健	孙晓彬	王健臣	鲍子涵	赵 帅	吴学成
施则凯	牛广缘	宋坤值	杨迎昭	张平霖	孙浩育	孙青华	朱忠清	徐泽义
花雨阳	周苏缘	朱兴禹	王 兴	周 江	陈俊智	顾 烨	柏广翔	刘 瑞
严一梵	尹龙生	时英诚	葛攀瑞	张 晨	宫晗峰	李 胜	杨语诚	穆炳均
何 帅	曹伟康	卞思伟	刘崇瑄	王 浩	汤洪宇	董 磊	刘 宇	朱忠伟
张洪博	朱超凡	秦冯彪	朱 超	顾兴杰	于 飞	卢志成	石钰杰	颜泽宇
麻润龙	赵 君	陈宇航	张银春	陆佳鹏	陈林宇	胡丰泉	张鑫元	刘家国

黄　禹	吉汤静	毛林超	潘子豪	何　昊	陈　智	李太龙	何丙闯	董　鑫
王　睿	杜　超	江乃星	移志鹏	董　迪	詹良亮	高　清	徐家豪	杨静儒
马仲骏	黄雨菲	吴梅娟	田佳敏	梁　静	郭　悦	侯新悦	黄思雨	张　洁
江美琪	袁先卓	张丽婧	娄希雨	李金星	郝庆文	孙　燕	郑梦雅	高思琪
李　倩	夏　雨	晁先云	瞿　娟	俞　婷	张　娜	黄梦婷	张晴晴	王　陈
董成红	陈雨婷	陈宵玉	王　慧	曹晓婉	王维维	孙　月	邵清清	卢子安
李　玲	赵媛媛	陈文文	朱兰兰	郑一诺	廖　悦	李心悦	丁思语	吴　梅
李佳晨	张　帆	李心怡	李　然	胡　云	刘欣雨	尤紫莹	朱　莉	孙海琴
钱家雪	王　乐	刘　健	蒋　珺	刘豫龙	周海阳	孙　昊	杜　越	贡昌臣
刘立帅	王　朋	鹿鹏宇	郑智贤	张昊杰	廖振斌	傅天乐	林梓豪	傅旭东
王良磊	王　威	李加杰	陈　颖	常凤强	王国豪	张彩运	钱　宇	凌　恒
刘昌盛	黄　蕾	王子淳	韩　暴	马　瑞	刘　洋	包　轩	甘雨阳	崔　翔
丁叶飞	陈　猛	陆荣翔	付文豪	封景轩	李　岩	武　祥	郑学科	王　雨
朱重阳	朱加加	胡　飞	王青云	张　硕	袁鹏振	娄景瑞	陈虔忠	魏赵雨
周　洋	张洪魁	赵田恒	杜吉祥	郝　迈	吴姗姗	蔡雷雷	李东志	刘礼政
曹光辉	王佳伟	杨万政	陈天杰	崔　峻	董天乐	武文卓	郭　瑞	盖雨婷
韩　峰	陈　慧	郑　兴	杨　骏	许　珂	徐春晨	于文慧	刘俊豪	邵雨婷
赵　薇	薛子涵	刘梓檬	刘书媛	王润琪	王　鑫	狄惠玲	贾紫君	朱婉莹
李　萍	李文静	葛天添	关冬冬	吕　彤	张平平	马添玉	胡钰婷	李　玲
孙　薇	余　成	严　梅	田　冉	崔　玥	房　颖	许　晴	姬　冉	许永丹
石凯宁	吴梦然	杨菁菁	石佳莉	郝芋微	王昕芳	殷　乐	吴倩倩	费　腾
刘　欣	夏金晶	陈建雅	黄心如	王　蕊	方　瑶	金思晨	郑　凡	邹　萍
王凯欣	王嘉月	申晨虎	卢佳盈	康江楠	李雪玲	许　鑫	苏慕婕	刘世宏
刘思琦	朱宗芳	张林驰	朱　然	贾文轩	刘　磊	林紫妍	蒋　昱	顾嘉诚
何　凯	田士强	赵雅志	侍志坚	徐瑞元	杨　超	李飞阳	唐　正	何　进
张永权	毛　闻	马恩昊	李　然	李庆生	叶　帅	马振杰	夏俊杰	刘亚栋
李子豪	马浩杰	杨　阳	谢佳奇	许　鹏	邓　杰	汪志洋	张紫贺	李宇彬
赵振业	杨许祥	孙加文	周益波	汪　怀	陆启蒙	吴　双	王国耀	钱　俊
黄　旭	李佳雨	范瀚彬	陈功汕	曹启豪	任开创	王展鹏	王世鹏	丁文宝
徐品佳	李　响	范新沛	王　梓	李　涛	黄纪振	陆　毅	赵世伟	张成杰
张志强	金志成	唐秋硕	李奥杰	陶文杰	蒋子逸	王杨阳	陈永杰	徐承康
曹　睿	陈志恒	陆家乐	董军驿	许仕嵚	徐锦琦	单科豪	戴鑫健	梁　奎
钱相宇	张龙雨	李坤生	黄　俊	祁梦凡	陈靖宇	袁　昊	许兆昕	周建廷
周敏杰	戚晓杰	胡心雨	房建业	李兴涌	朱童亮	王天赐	曹永振	朱国瑞
范德坤	陈一楼	王　泳	马钰翔	熊伟伟	高　伟	韩家奇	李青云	乔龙伟
谢　硕	朱信实	杜如鑫	宦　焕	祁浩然	薛家乐	朱成志	姜鑫昱	潘　逸
崔天恒	朱世杰	万立业	卞华君	付雪成	林　徽	洪少华	蔡成杰	黄　振
潘东泉	王　旭	丁　威	贺宜康	吴　俊	王庄元	苏宇祥	朱子钰	蒋欣龙
王保武	吴思帆	李　垚	吉江伟	陈淞炜	刘　聪	周亚军	季　凯	张晶晶

宁　岩	杨子钪	袁先戈	王子鹏	李照新	李　昊	王　驰	张志祥	贾雨婷
冯静伊	杨传月	凌　静	杨传星	封语涵	邹昕宇	王嘉琪	唐　昱	卢玫静
王星雨	郭子璇	王思雯	曹冰冰	陈伊慧	周贝贝	张爱慧	张华玉	赵柳诗
汤　祎	孙梦醒	管玉婷	王欣雨	刘雅情	秦咏蝶	陈梦梦	陈娇娇	徐　成
钱　宇	唐咸浩	汤　淼	杨　青	蔡琳贤	龙　颖	朱家怡	钱安娜	李文静
缪　祺	夏雨朦	陈　晨	徐梦菲	郑心怡	班　琪	陈　宇	夏雨珊	孙子媛
孙　影	张雪梅	汤嘉静	盛文清	李瑞婷	张皖宁	何盼盼	王婷婷	于美娟
史莹莉	朱李莹	蔡雨婷	缪佳君	谢　艺	吴秀秀	张宇恒	杨　茜	张玉玲
孙鸣亮	胡雯倩	谢晨雪	王梓欣	何　栋	唐欣月	吴芳怡	田　鑫	金博文
刘欣怡	李保国	侯浩然	钱雅婕	朱昶翰	张　鼎	袁玮骏	陈　宇	孙俊雷
郑　淦	秦怀友	王　杰	全柽艾	李中文	许泽洋	孔令飞	何　洋	沈明铭
许　洋	蒋佩坤	戴冬冬	郭黄龙	汪　堡	丁浩轩	黄广鑫	方子豪	周　雨
刘明言	严　聪	潘　武	李　陆	李冬雾	杨　俊	洪禹鑫	宋子夜	龚博文
李　辉	汪　明	伏原辉	张吕丞	李光明	褚一帆	张　雨	孟伟康	刘志义
许正锋	程　龙	任　帅	蒋春远	居志强	万雄韬	马文博	姜树国	潘雪辰
夏一龙	阮晓雪	郑柏涛	袁　康	秦雨涵	孙宗乐	许　诺	吴佳丽	李　倩
顾丽娜	杭妍芸	陈雨欣	高思琪	马翔云	宋庆红	陈　玥	廉梦婷	关文博
曾庆圆	宋雅婷	陈小凤	尤　蓉	秦鸿燕	王文馨	曾令荣	谢冰倩	康　健
吴思雨	魏文静	王子墨	张芷源	陈宇静	李思懿	刘兰兰	何　雨	潘玉青
余冰冰	王红燕	郑雨轩	袁梓涵	曹语萌	李京京	尹熙媛	杭彤星	朱文华
王馨悦	宋杨萍	张雨轩	黄春竹	葛静文	窦梦玲	王星雨	刘苏影	高志森
张泽文	薛齐齐	张丞硕	刘大利	司元培	王　翔	宋宗澳	张远方	王永彬
李天运	刘世品	王义冰	王　贝	渠东旭	王　彭	郭　帅	宋福兴	唐　杰
陈修伟	王维尧	穆　贺	季金伟	裴天烁	赵成雄	王　博	李　聪	王腾飞
徐文强	曹源昌	范超炜	王严迪	张启元	刘晓辉	陈　勇	金　普	陈是问
张显峰	尹子堃	吴佐民	陶华清	郭炳政	周寅杰	王　峥	刘鹏飞	耿加炯
邵亚希	王加康	于　放	刘志成	丁世洲	周家辉	叶厚钦	崔淮翔	郑　瀚
季戴逸	徐　洲	马苏琪	祁　遇	曹嘉琦	陈梓俊	吴宇奇	朱　宝	徐天宇
耿王鹏	缪天琪	陶严龙	杨成康	刘轩昂	钱杨扬	黄铭剑	耿文轩	李宗昊
高　宇	蒋腾飞	王宏宇	郁　林	戴欣烨	冯宸安	刘浩男	史鹏飞	李凌霄
封金华	徐梓衡	张国峰	屠志勇	常鉴心	陈　沐	任　毅	周子衡	杨昊达
石亚鹏	吴诣维	徐世龙	苏帅康	刘新宇	刘　阳	周星明	季天琦	倪　鑫
孟东东	孙兴伟	于春河	邵东龙	常　进	陈　翔	魏　可	芦政宇	吴　险
臧　鑫	张树敏	蒋子龙	孙书涵	唐　杰	马　恒	王新宇	钱子豪	储颖杰
王孙阳	胡　欢	施惠中	冯一凡	田　君	刘　宁	周　威	谢大志	徐俊龙
陈　杨	秦仔仪	胡中策	罗　曦	缪汇晨	王　坚	王　新	刘　元	代　毓
曹耀元	谢朝刚	董书康	张期翔	钱均溢	俞鑫宇	史秀东	吴　曦	丁永康
于　果	蔡承舜	肖子杰	胡坤宏	王建国	邢波阳	朱梓豪	宗子扬	贾锐鹏
吴　浩	艾　伟	皋轶凡	高佳欢	濮强昊	庞　笑	张　睿	王龙杨	王瑞祺

仇伟东	毕杰	周宇航	谢天磊	赵宏超	张骏	陈浩伟	潘跃生	李天翔
王晨铭	周星宇	周楠	王乐乐	王晶	王龙豪	范泽成	葛旭	刘乘屹
王腾飞	高正康	刘广保	张忠国	赵志文	王雪帅	吴昊	王超	韦海鹏
戴德龙	张家伟	夏新	卢雨欣	陈奕恺	刘长顺	薛皓文	吴有杰	赵弘炜
汪陵	周伟	潘勇菖	王顺	丁骏杰	葛英杰	孟文达	殷宏伟	李鑫
张永强	朱文浩	房文超	韩志星	徐子杨	张俊	袁超	王锁男	刘磊
张哲睿	陈勇杰	张志稳	汪金	倪晨晨	张鹏	陈宇轩	梁加伟	滕侃文
孙祥宇	江锦华	沈放	尤雨轩	梁天隆	孙硕	侯硕	刘贺	陈虹任
梅加颖	衡恩鹏	严子栋	李勤政	袁伟强	韩昊男	刘伟	满建毅	陈必康
孙明龙	李敬泉	李小龙	陈啸	王浩	顾琪超	陈铭宇	贾金铭	夏兆翔
朱俊朋	洪田李	张明华	江礼来	王盛良	焦毅	杨晋靖	刘福源	房磊
胡迪	孙继祥	蒲凯璇	陈云辉	乔仕宇	邵佳强	王高杰	袁志晗	盛佳浩
王子豪	陈功	陈永杰	杨振儒	印刘鹏	王良俊	张子龙	周运顺	陆应成
高康	李贻鑫	周成志	张远程	卢远博	袁凯	张登军	蔡浩	王日锋
王珏一凡	尹本科	陈纪帅	金星宇	任文杰	吴飞	曹广达	黄海珏	施金京
胡露雨	罗德庆	吴贺	王敏浩	庞文宇	朱迎杰	张驰	闫轩霖	钱浩元
孙俊杰	翁迪	薛辰弛	芦嘉豪	左兴成	樊志文	吴佳炫	张苏岩	奚修园
瞿申	顾硕硕	徐鹏程	王帅	汤浩文	颜杰	张妍	曹祥荣	李金晶
吉祥	王子彦	孙璇	潘文慧	李裕恺	李俊彤	许晓涛	薛怡晨	任文强
王子豪	刘军	陆凯宇	金小淳	冯忠华	卢鹏光	黄永昊	吴浩楠	温佳楠
张鹏鹏	陈宇昂	王楚楚	秦添韵	晋馨雨	赵洁	孔韵茹	任思雨	陈嘉蝶
刘文秀	周颖	朱亚楠	赵心雨	韦敏	储婷婷	徐紫辉	史佳佳	陈欣雨
张莹	易鸿	张紫阳	孙有为	孙俊杰	徐皓冉	王若鉴	孙泽光	李家乐
沈俊伟	冯伟	王子旻	彭啟文	杨智坤	施杭	张覿枥	钱俊超	史鑫煜
于亚民	丁艺	陈乾	翟绵杰	李涛	杜君格	李宇	蒋文杰	姜苗艺
吴志强	马泽雨	徐宗磊	缪鑫钰	王勇奕	马帅帅	卢龙	周子轩	高强
董庭龙	高宇	张扬	刘洋	叶婷婷	李娜	陈贻冬	宋俊阳	伍益槿
潘佳辰	朱安东	洪宇航	刘旭然	李思齐	李豪	戴志伟	施旭	孙靖然
刘海航	严超	王有磊	吕嘉维	朱伍涵	李永杰	董家辉	戴珍浩	孟凡顺
陶嘉祥	李坤泽	桑野	钱逸凡	褚俊杰	雷大勇	谢宇深	蔡自豪	吴泽鹏
宋凯锋	陈佳湜	陈佳昕	陶国振	祁佳乐	管泽爽	张悦宾	胡健	王金辉
李福坤	陶飞跃	汪思佟	王辉	戴英杰	芮裕杨	朱海	曹志强	王铭浩
王跃	陈康华	贾忠俊	卢兴旺	王道平	潘华博	陈治先	郑阳	熊文轩
李鑫	俞洋	金洲	潘宇文	芮然	黄迪	鲁晨宇	柏广龙	刘海生
李喆	张童亮	张楠	于丰魁	包健	于耀	王洋	鲍宜鑫	杜昊天
王欣泽	杨文浩	陈嘉龙	卞乐	陈飞	高丰	沈昊	徐睿泽	吴冰寒
徐义航	何宇聪	汤俊杰	徐成龙	庄星宇	马伟杰	章俊杰	靖邵哲	戴伟
茆嘉骏	王驰	王远帆	严登兴	吴昊宇	杨宇轩	岳昌文	孙吕洋	陈龙
曹志强	万启龙	栾承成	黄培杰	刘翔飞	孙思杰	梅雨齐	潘学磊	毛鸿宇

周正坤	朱 钱	张智然	王 鑫	张吴均	叶 骥	孙旭辉	李 阳	唐思奇
朱宇晨	牛振州	金永基	廖晨宇	陶纵宇	邵 伟	宣子阳	王 楠	石 晨
汪家豪	马友敬	郭崇旭	王 旭	王 顺	童诗凡	樊谷健	朱贵江	李大龙
徐 阳	赵 航	高嘉翼	张 涵	虞博文	李汤晨	孙 毅	姜昀志	赵俊杰
彭家辉	朱润泽	蒋俊杰	路振洲	沈 祥	汪茂德	季子轩	谢昌霖	方建成
韩方旭	朱泽伟	姜亚威	孔 骏	李 告	李 果	章 宇	王旭炜	李玉龙
张杨洋	汤鑫宇	印 康	顾孙骏	程 涛	生宇昂	陈浩然	黄嘉琦	赵天鹏
邓传军	丁 寒	翟天逸	陈 旭	侯星豪	纪孟韩	王苏南	周汶龙	陈国栋
周张权	徐成浩	陈 凯	王月田	马本森	黄祖源	刘 融	梁 競	王小鹏
吴 桐	姜 凯	赵义龙	周国荣	李智洋	涂嘉熙	徐子龙	郑 泽	秦嘉铭
湛培炀	李孝扬	郭 政	曹骏傑	丁江云	倪 杨	曹翔洲	李启翔	孙立邦
顾佳男	江博文	王 鑫	陈 吉	倪文豪	叶 强	张宗远	郁建伟	柯 达
常 硕	邵佳乐	申欣荣	刘宏宇	何政洁	王 政	郑自修	朱一顺	吴逸飞
倪一鸣	吏万鑫	刘星宇	王佳文	季伟业	刘永成	杨学光	高 健	于天乐
周 凯	高 智	张文洋	许金飞	霍 柳	郭方旭	王家林	王殿远	束殷龙
王声伶	张善杨	高 赟	张郑铭	赵正越	吴浩铭	黄俊涛	张纯龙	胡一凡
赵文豪	丁 峰	李 凡	缪 言	许文强	张刘港	王文杰	王富康	荣发达
董 畅	冯凯之	薛博文	夏旭东	程海鹏	王 浩	陶海涛	邹家田	马俊杰
张前程	周星亮	吴思源	孟祥盛	刘永庆	王雅宁	张祖天	李 迪	董晨阳
李 坚	许子毅	范恒明	童俞楠	曹桀新	刘尊省	成光之	古 超	王炳琪
邓传海	范文耀	纪成功	崔 康	岳子豪	陈 华	王嘉涵	杨开创	陈君豪
沈康亮	鲁智强	吴晶龙	左世豪	许天琦	廖忠楠	鲁家慧	王雅婷	刘雅萱
王雯清	韩吉祥	孔王杰	秦争辉	欧阳文博	蒋子阳	丁正宇	潘 鑫	李逸凡
顾天宇	谢宇骏	黄 楷	孙俊阳	王 生	蒋行舟	顾 勇	洪鑫棚	刘曌熙
戴子贤	陈恒通	田 波	吴陈晨	陈子轩	邓作宇	卞 超	梁 龙	符成硕
华网骏	张 宇	徐亚凌	陈 杰	李欣桐	何 涛	黄明辉	程宇豪	朱泾冶
石雨果	徐杭程	毛于亮	费志军	徐永福	李浩然	葛 昊	刘易安	赵 冉
谢 好	祝梓翔	孔 维	毕 凡	王斯杰	董自飞	万顺杰	刘振东	王泽均
查文涛	周骏驰	孙伟昊	尹嘉豪	王 康	陶 晨	吕 骏	孙梓豪	姚福达
邓建国	刘祥何	李济任	朱星宇	高振华	徐 承	王梓诚	谢正阳	胡学良
阚 靖	吴 益	嵇 周	刘浩天	付成雷	符志强	王昊杰	张雨兴	刘昕冉
曹祥成	王聿虎	王哲文	朱云峰	花子涵	陶鑫鹏	陈 帆	周宇迪	丁秋雨
朱自琪	张恒瑞	马欣雨	魏星康	仲维信	嵇 娟	叶 杏	金 灿	张镜柔
皋晓雅	黄可盈	盈 莹	丁井秀	王佳惠	唐心月	蒋亚轩	费海红	石 坤
葛林慧	曹文倩	陆 莹	杜 凡	张钰蓉	葛诗雯	蔡雅雯	许文轩	邱 月
李永秀	宋甜歆	王 柳	狄梦娇	严 睿	范玲玲	刘雅静	孙 爽	孙静怡
蔡文倩	彭应芬	丁睿颖	杨婷婷	祝诗雨	朱思雨	王斯娃	丁月彤	凌 丽
朱筱芮	陈 过	笪 莹	潘 瑶	王乔悦	王情云	黄靖茹	夏 华	王 嘉
陈肖丽	徐文婷	钱欣瑶	王佚苏	李梦雪	王亚靖	朱钰洁	于文霞	周婉琦

石静薇	张梦萱	马欣月	葛祖月	陈钰莹	吉梦瑶	李夕玉	强舒婷	沈舒婷
吴星祝	林子捷	解旻洁	周玉婷	余滢滢	孙秋雨	连雯雯	吴倩倩	朱宇琪
尹沁雪	白韦莲	别梦凡	孙子怡	史叶菲	高柯云	曹隆芳	赵婉池	崔海旗
王然然	朱瑜	史甜甜	严思颖	孔令霞	王雨	钱颖	李欣	刘康妍
陈一萍	陈莹	蒋琳	王楚珺	衡梦琪	欧婷	夏莹秋	徐岩	崔扬
魏鑫	孙诺	薛文轩	倪佳慧	杨婷婷	姚瑄	解羽涵	张露	连慧敏
刘艳艳	高安琪	鲁雪姣	卞雯	张跃	胡国悦	于玲璟	张璟	王政
张宇峰	朱信哲	潘添乐	王新红	陶雅晶	王鑫鑫	张子骏	赵宇	丁辉军
严士杰	陆洋	杨浩文	张文俊	韩鹏	郭静轩	胡俊马	化永健	秦文涛
蒋佳恒	张宇涛	王建	王子源	张伟	刘逸龙	韩毅	江君豪	尹旭
张金师	高树礼	钟晴	韩子炎	唐唯	胡圆岭	袁建华	俞楠	王海岚
陈晓妍	何林	赵薇	金圣林	唐碧瑶	杨逸梦	庄冉冉	纪甜甜	朱子琪
杨幸子	王欣瑶	朱梦婷	邵丽丽	祝旭蕾	钱瑜	夏袁	周雨婷	胡金娇
赵彦婷	吴秋雨	王丹	程雨迪	孙慧	陈静	潘雨润	朱陈欣	童瑶
孙文轶	孙佳妮	王运	李婧文	付依蓉	苏秋雨	张世佳	邵宏飘	徐欣雨
寇京蓉	王钰颖	柏锦锦	曹千	郭欣悦	张嘉嘉	曹珂荧	孟璐	陆炜
王冬菊	张丽婷	辜梦雅	江佳璐	戴欣妍	李煜洁	王清	刘佳怡	许莹
陈姝彤	魏倩云	刘俞能	马旭凡	纪维康	韩玲	吴柯佳	葛紫嫣	王欣羽
李雪	李笑	卞婉琳	田颖雯	时秋雨	赵佳颖	林欣	陈宣筱	徐力颖
袁雨露	王雅婷	孟芊芊	高雨莹	赵文婕	储彤	班定梅	凌珊	卢萍
蒋雨轩	祁妍	丁歆玥	王璐瑶	马一凡	曹蕊琪	李文慧	成倩倩	王雪
徐源璟	潘媛	胡梦雅	马妍鑫	周钰	仇佳贝	吴羽彤	赵薇	魏立文涛
姜城	董雨迪	余婷婷	吴凡	丁玲	韩京颖	吕丹依美	陆柯颖	王婷
韩歆悦	张钰	刘鑫	胡嘉	田倩	蒋兰	李文	王跃跃	何媛媛
杨洁	张欣怡	刘吉长	侯文静	倪星月	卢蕾	黄钟毅	朱梦妮	眭钰
谢伟洁	高梦云	武冰	孙欣雨	陆情雅	张启艳	吴颖	沈琳瑗	袁嘉雯
戴珍玲	陈一寒	谢文静	董天乐	吴艳楠	陶晶	龚金婷	余悦	王梦远
周沁柔	尹航	黄珊	李源	杜嘉怡	陈蒙	吴晶晶	韩圣洁	孙萌萌
范树娟	周彤彤	李茜	钱可馨	刘思冶	施宁静	王雪	韩祺	庄思雨
王晨	陈佳铭	刘佳	杨佳欣	李魏佳	丁佳雯	徐丽	任静伶	罗沙
李肇艺	张敬	姜慧	俞婧雯	董丽	朱婷婷	葛婷婷	黄薇薇	瞿玲玲
高曼	李雯	张妍	姜洁	高琳	张莹	李金凤	王菲裕	陈祖韵
陶李蕊	陈容威	王仕梅	杨晨慧	马蕊	邹星星	韩倩怡	叶子青	丁家宜
朱悦	马楠	王乐乐	咸子璇	蒋周涵	张瑾	陈馨	陈思琪	万子欣
董慧萍	赵清	史凡玉	狄星宇	高星洋	陈舒婷	孙皞	赵紫意	马文博
邢雯瑶	李晨蕊	张芹	李欣奕	司佳袁	吴玉洁	梁雯	陈依婷	李洁
李亚萍	范文程	陈怡	赵莲	张馨悦	周裕欣	杜俊瑾	单婵娟	裴云
侯爽	梁艳丽	蔡雨婷	乔敏辉	刘杰	高欣茹	宗辉	袁嘉展	张智杰
张瀚文	季俊毅	孙宇祥	毕云蕊	韩宇彤	施梦露	王丽倩	王欣萍	仇星驰

罗伊盈	林淑婷	万心怡	汤燕芳	司马佳璐	解 梅	杨 悦	刘明雪	贾可心
庄小雨	刘子楠	秦晓妍	沙婷婧	曾桂宇	陈 露	王佳敏	李 宁	王思羽
满珊珊	夏文洁	陆纪龙	闫 越	晋巧玉	平贝贝	曹青菁	罗春艳	周 宇
杨 荷	刘金芝	孙艳雯	陶 琦	鲁昱含	于美珊	欧泽平	代 莉	沃 娇
王徐静	方欣然	戴梦君	陈慧琳	戴 莹	张曦文	赵 颖	陈嘉琦	杜雨倩
宋 敏	王晓培	邢可莹	倪 萍	徐 方	朱诗琦	王珺璇	杨一凡	陈恒莲
汪紫蒙	严 蕾	杨苗苗	寇雨萱	朱 妍	李倩倩	周 安	徐 敏	吕 漫
霍慧敏	王 宣	徐 敏	时慢婷	徐晨艳	张 雪	姜语娴	徐冰洁	王艺洁
史 琪	高 婕	张 莉	杜 方	许 颖	沈 悦	卢天一	许婉凤	张琪钰
齐泽英	周婉君	叶萌萌	宋园园	曾佳佳	赵炳艳	杨 玲	杨锦漪	明 昕
谢荪慧	黄晓慧	范雯雯	张金金	周丹丹	姬 绪	吴仪仪	方荣云	王袁媛
陈文锌	王 媛	沈潘潘	刘 毅	刘晓婉	卢 慧	周余敏	孙文青	石佳颖
石钰铭	孙 妍	刘雨霞	匡加慧	胡雅雯	刘家彤	於 莹	王 珂	孙雨欣
李 慧	沙 蓝	雍梦繁	王向璐	季茜莹	耿佳怡	沈雨婷	王子昂	房欣欣
何文宜	狄珺奕	顾 菊	袁 悦	谢 意	蒋 雯	袁 潇	王慧楠	毛雪婷
翟 颖	胡 悦	赵炜一	俞 玟	黄英姿	蒋 蓉	邓嘉怡	韩迎萍	朱姝与
周圆圆	迟国玉	李景晨	黄剑涛	王 苏	李 畅	刘雅婷	汪 莹	吴玉婷
陶丽娜	毛晗笑	王文馨	姜 颖	丁永琦	曹小嫚	张皖君	胡慧敏	潘 璐
姜书琪	仲娅雯	佘 彤	王子莹	马 莹	徐柏蕙	陈 晖	钟孙嫣然	王思蒙
汪恬旖	孙圣男	王佳棋	罗 慧	赵 薇	张雪婷	刘禹琪	黄品楠	缪晨溪
申雅婷	汪 笑	王 苗	肖海蓉	唐 茹	王 淼	魏淑桦	陈雨菲	武念念
吴文仪	汤 文	王明柯	崔凯琴	阮 双	汪礼双	严千慧	孙培婷	刘 端
陈美玲	王凯丽	周暐楠	陈嘉琪	刘 蕾	沈思怡	蒋 西	刘子嫣	缪静祎
钟梓萌	沈晨曦	芮丽雯	吴欣桐	谢雨欣	姜 茜	胡秋雨	左艳宇	丁 玲
盛 婷	廖钰涓	吕晔丹	姜雨婷	王 倩	王思雨	虞佳宁	沙梦圆	梁 晔
钱 锦	申雨凡	立千千	梁书绮	申严萍	黄雅慧	曹安琦	徐 彤	张 妍
钱韵婷	芦 倩	夏佳煜	张曦匀	赵 瑜	俞子晨	孙 玥	葛董畅	张梦云
于梦雪	张心茹	杨睿琦	段利民	史 恬	吴康婷	毛昕雨	洪佳颖	肖亚涵
潘思洁	李梓萌	鲁 慧	李文清	肖 逸	侍文静	于 洁	梁 燕	丁 琴
黄晓岚	江屹卉	李 莎	李千钰	李欢欢	岑政芳	赵瑞琪	华文倩	曹 丹
张贝贝	张 玥	李佳迎	林晓敏	朱英敏	丁玉苹	李悦雯	周新群	杨 琦
何嘉怡	张永翠	徐湘君	田 婧	王 涵	施江陈	韩晶晶	陈夏荷	蒋会芳
王 颖	圣宇枫	杨婷婷	陈 欣	王 莹	李媛媛	朱孟香	金 晶	杨雨婷
袁 青	朱 迪	衡海燕	查 赟	刘雨婷	宰文静	申 月	隋华雨	蒋 韵
潘俞成	戴 婉	花燕铭	缪宇冯	黄君洁	俞国香	陈 静	唐淑敏	叶韵秋
谢春静	宗沁雨	史嘉欢	郭 瑶	方洁云	纪颖玥	吴承蕴	黄佳铃	陈 阳
马文静	滕 慧	罗锦雯	程佳欣	宋苏洋	赵子航	谈逸飞	杨 敏	韩 磊
马孟婕	马丙康	丁 洁	曾可欣	李若婷	张 倩	缪 蕊	卢 旭	杨靖宇
丁勇霞	徐 瑞	郭 旭	王佳莎	肖璐云	姚梓凡	朱少坤	陆 楠	刘 葛

张明禄	尹恒政	罗 聪	孙庚辰	郭岳岚	任佳其	曾 智	李丰乐	孙梦蝶
王 鑫	邓 杨	王新宇	张子晗	冯治美	杜明慧	王蓓蕾	董洪锐	王 倩
朱 旭	刘 杰	罗雨露	石婷轩	宋子越	陈 琰	吴 琪	黄美圆	张冬阳
俞 敏	尹 伊	杨 爱	刘雨婷	陈兆月	贲志雯	吴慧敏	薛 影	赵锦纯
校丹滢	顾 雷	霍冠融	张紫薇	许 晴	张 丽	顾千倩	闫文婷	吴家雨
刘思琪	陈姝蒨	季平萍	李翼羽	周 倩	刘 薇	任一文	杨雨霏	王媛媛
张 涛	钱雨聪	王号杰	徐飞龙	裴吉庆	蔡 伦	石欣程	李华金	夏 磊
朱献轩	田书源	张 浩	徐景路	刘磊基	张晓坤	徐建淇	赵寅凯	蒋睿元
张 浩	黄扬祖	钱政良	蔡俊辉	陈启胜	李 权	郭 伟	朱言锦	陶 聪
马彦骓	张宇航	李 斌	王广通	蒋宇辉	刘玉虎	徐诚诚	谷镕智	许轩轩
陈志洁	姚梦如	朱明磊	花佳俊	吴宇轩	周子涵	朱政瑞	纪祥敏	陈志豪
金乐乐	徐静洁	孙 容	马苏雨	赵 京	吴俊杰	吕 洁	蔡静怡	金玉婷
石 银	钱姝帆	张 佩	刘雅雯	郑 楠	张 宁	孙慧慧	马乙荃	付 阳
颜丹妹	崔 瑜	耿梦妮	曹 宇	吴世凡	吴东琰	胡 强	李小虎	刘 康
许 达	刘柏瑞	李翰文	颜传伟	吕赛赛	陈 晨	徐 涛	颜世博	陈开鑫
张 艳	赵 洁	张海欣	侍如雅	王晨凡	刘 倩	汤瑞琦	殷唯一	鲁翔帆
牛睿瑜	刘梦柔	张 莹	周 君	孙俊杰	李建成	周梦欣	王雪涛	张 莉
朱福燕	李文强	方 晨	李永康	马好爽	施天泉	张修凯	吕品迎	李仁华
郭春丽	吴金霞	秦永康	梁 超	庄 圳	朱剑飞	闫生如	张 陈	潘泰衡
任 静	张 敏	滕 强	朱建国	李晓明	陶 涛	孟庆云	刘长琴	刘长燕
滕衍卿	檀时金	郑福康	李学合	田玮玮	沈先鑫	蒋 军	滕之乐	赵宇庭
朱梦梅	滕衍武	张 坤	吴正梅	秦 磊	范 杨	陈东远	王敬维	张友菊
韩业俊	钱 晨	万仁民	郑 银	龚 敏	崔益祥	王晶晶	史昕冉	许晓丽
林 童	林 晨	张 鹏	翁恩宽	王 震	汲红辉	贾 坤	郑 锦	李洪翔
左洪双	朱富城	张 旭	杨 昊	王高祥	侍 鹏	周 超	孙孟雨	李海明
王一鹏	黄海强	张亚星	袁国鹏	康 迪	王慎龙	黄 磊	曹广权	植洪飞
成宇飞	张 俊	宋文博	周 康	王 启	杨 震	张如军	邵 鹏	杨天龙
陈 刚	袁开坤	唐 银	张志新	李 将	高智恺	赵新洲	周兆辉	成国翔
吴志龙	朱文武	朱荣飞	李 响	季秦宇	王 涛	王新宝	周 翔	杨 宇
刘生文	徐连杰	蒋德龙	胡玉龙	赵建富	吕贝杰	管伟丞	李章飞	周浩楠
曹文凯	黄泽科	赵海龙	王 亮	张云龙	程佩宇	蒯雨欢	张 龙	史进松
吉 玉	化永强	钱 凯	陈 鹏	招庆月	李士飞	衡文磊	纪 权	谢 堃
吴玉华	祁 健	陈 洋	李 惠	董浩倩	郁 婷	卞婷婷	王黎华	周扬扬
魏 瑶	严继玲	严永玲	韩飞羽	吴兰兰	杨星月	赵春艳	王 圆	顾 伟
唐国涛	林 敏	刘长宾	张 祯	顾天瑞	韦 麟	严泽玉	魏 艳	马宏乐
杨建平	刘 楠	张晓燕	伍彩云	严 威	董 洋	严 猛	张金成	张家豪
徐 豪	周星球	王宇浩	赵 航	严晓雅	卜诗琪	丁一茹	董在楚	袁心怡
张少坤	胡玉龙	张 旭	陈智豪	王序凤	邵海翔	曹青青	赵 敏	姜昱洋
李思恩	汪世华	楚 宇	刘 洁	刘悟新	徐爱康	张 梅	张芸霞	崔 健

梁　甜	孙长兴	薛成军	孙静悦	王成芳	蔡芹芹	王龙梅	张可心	王兴林
张永亮	王海伟	李　云	王松伟	陈　成	孙玉玲	孙厚栋	石　磊	张世伟
杨　武	朱　磊	田　云	周丹丹	顾昊天	袁雨朦	卜苏苏	潘海潇	杨晓权
周传锦	吴　凡	熊传飞	万　静	卢　焱	季　猛	朱　祥	曹金诚	张水芹
史晓媛	王　燕	方园园	柏　艳	鞠承涛	张国富	陈如祥	常忠梅	许泽花
谷　翔	华经武	王可微	薛泽源	王刘月	王从伟	胡泽锋	马倩倩	周　路
朱海林	钱　鹏	高　洁	戚　姣	王顺达	霍桃源	彭中阳	王英红	张　叶
张婉蓉	邵　琦	陈美玲	黄雨云	季　丽	潘　燕	赵雅宣	涂　凤	陈　雅
郑宝倩	蒋　雯	朱　颖	高梦雅	赵雅芝	刘海莹	万　慧	张子琪	吴玉立
高玉宁	王婷婷	徐　佳	崔　璐	赵　薛	郭　倩	曹凤敏	程　露	陆馨月
黄楚涵	戚荣芹	陈广丽	顾灵芝	赵　霞	阮金敏	谢　婷	郭　毅	周志德
孙磊磊	贝仕明	李立清	周孝凯	王友霞	吕　静	徐美华	钱　宁	厉婷婷
李　云	许梦婷	刘　静	高玉强	董友龙	袁　硕	朱家会	王严梦	唐　豆
张　莹	段福民	赵　瑞	薛杨超	蒯　雨	刘　玮	叶思雨	孙雨萱	赵　檬
赵余祥	鲍　洁	黄雨婷	赵　祥	刘婉婷	徐　婧	化永翠	张　冉	王建松
王　欢								

2017级畜牧兽医（专科）、2016级电子商务（高升本科）、2018级动物医学（专升本科）、2017级动物医学（专升本科）、2018级工商管理（专升本科）、2018级国际经济与贸易（专升本科）、2016级会计学（高升本科）、2010级会计学（高升本科）、2018级会计学（专升本科）、2015级会计学（专升本科）、2017级会计学（专升本科）、2018级机电一体化技术（专科）、2018级金融学（专升本科）、2018级农林经济管理（专升本科）、2018级农学（专升本科）、2016级农学（专升本科）、2018级农业机械化及其自动化（专升本科）、2018级农业经济管理（专科）、2016级人力资源管理（高升本科）、2018级人力资源管理（专科）、2018级人力资源管理（专升本科）、2017级人力资源管理（专升本科）、2018级食品科学与工程（专升本科）、2017级市场营销（专科）、2013级市场营销（专升本科）、2018级水产养殖学（专升本科）、2018级土地资源管理（专升本科）、2018级物流管理（专科）、2012级园林（高升本科）、2018级园林（专升本科）、2013级园林（专升本科）、2016级园林（专升本科）、2017级园林（专升本科）、2016级园艺（高升本科）、2018级园艺（专升本科）、2018级植物保护（专升本科）、2016级植物保护（专升本科）

（南京农业大学校本部）（169人）

孙　勇	马　原	吴雨雷	吴元龙	陆元进	蒋　俣	秦宇豪	刘宁政	史学珺
张德过	秦绪芳	马　莉	韩　敏	王皓晖	贾天赐	刘　瑞	张如意	唐　敏
李　杰	魏筱婷	罗　洁	王　振	姬　彪	王　欣	朱嘉源	沈玉婷	唐　琼
王健宇	卢　山	郭　涛	仲小霞	王骏飞	张小垒	张　荀	李　妍	常　江
周智骋	陈耀辉	叶爱华	张皓宇	周　颖	武添森	朱　玥	赵天宇	丁青云
蒋珊珊	陆　娟	胡国华	余祥斌	毕　勇	江　舟	周　政	韩　婷	张　勇
侯新菊	王少杰	陈　娜	徐璐雅	陆雅娟	刘　菲	袁艳阳	徐　彧	杨　阳
端义俊	张文韬	孙　盼	王　杭	王　晖	陈　芳	张锦锦	孙美艳	朱栋梁
聂　哲	杨建祥	郑爱霞	刘　炎	陈足青	欧阳秋晨	李　昕	陈　瑞	邵明霞

王向霞	贾国许	胡新玥	杨志娟	陆 欣	吕晓晨	董 伟	何晶玲	梁 燕
李 群	张 艳	聂 迪	吴文静	徐进宽	魏圆圆	吴 键	李 娜	徐丽丽
孙佳佳	李梦然	张幸幸	王潇蒙	杨国敏	王梦文	李红梅	包曼曼	徐江南
万齐芳	汪 凯	张芝恺	王 鹏	雍太文	佘 政	陈 康	王舒羽	苏 峰
刘 港	陈桂如	周 勇	张 丽	裘冉冉	吉 祥	刘洋洋	任宸震	蓝 源
石 扬	郑 婷	郭晓玲	卢婷婷	谢修选	安香荣	张 欢	王双江	朱为娟
夏清翠	韩正隆	何方兵	廖成香	杨文清	胡光权	王成扬	张荣冬	张德新
周 伟	唐明珠	朱 猛	李 磊	金 陵	李 变	张 锐	吴 珊	张新集
孙 菲	王建军	张杨雷	王 慧	钱学成	官富金	李景城	胡正云	丁一恒
陆茸茸	窦雪娇	马 艳	李 明	孙钰晨	孙 慧	魏菊华		

2016 级电子商务（高升本科）、2018 级电子商务（专升本科）、2018 级动物医学（专升本科）、2018 级工程管理（专升本科）、2016 级工商管理（高升本科）、2016 级国际经济与贸易（高升本科）、2018 级国际经济与贸易（专升本科）、2018 级行政管理（专升本科）、2016 级环境工程（高升本科）、2018 级环境工程（专升本科）、2016 级会计学（高升本科）、2018 级会计学（专升本科）、2016 级机械设计制造及其自动化（高升本科）、2018 级机械设计制造及其自动化（专升本科）、2016 级计算机科学与技术（高升本科）、2018 级计算机科学与技术（专升本科）、2018 级农学（专升本科）、2018 级食品科学与工程（专升本科）、2018 级物流工程（专升本科）、2016 级信息管理与信息系统（高升本科）、2018 级园林（专升本科）、2016 级园艺（高升本科）、2018 级园艺（专升本科）、2018 级植物保护（专升本科）

（南通科技职业学院）（281 人）

张峰铨	陆盛予	李 畅	陈刘旭	茅震宇	耿 澄	陈 锐	缪鹏宇	罗锦程
徐 永	王 嘉	朱宸邑	周 游	杨春旭	杨焱程	陆炜博	王 炎	包俊伟
梁秋亮	胡加星	倪 霖	杨佳伟	李 坚	陶吉祥	高孟岩	王 洁	王东岩
陆施娟	唐烨松	张 俊	李宝杰	郑运昌	黄泽鋆	冯雨燕	黄云婷	季 睿
周智铭	王嘉婧	丁 楠	周 宇	吴亚梅	顾嘉辉	王子锐	尹 磊	王宇航
蔡鑫鑫	姚钰辰	邢 栋	韩 杰	施亮亮	刘永生	袁天雄	张顾聪	邵 春
李海东	顾 超	韦庆凤	陈祥祥	马鑫辉	李思誉	李颂颂	王少杰	陈徐鑫
王 涛	范存晔	徐 浩	陆羽晨	袁曦泓	朱颖秋	甘小可	陈重利	陈 宁
尉孟然	闫 彤	殷子旭	郭冬冬	朱 明	薛 瑜	朱幸福	刘腊梅	黄剑金
陈 露	吉富红	杨世明	秦博文	张 铭	何留明	许元亮	王忠引	唐 静
张 强	徐圣南	李小洁	金 典	吴 越	常 梅	尹琴琴	管星明	钱 浩
相掠掠	朱浩浩	朱 涛	倪沁烨	张洋洋	戚 峰	吴 凡	马茜茜	王 芳
陈媛媛	岳姣姣	高陈梅	吴园园	朱 珏	程 华	陈一鼎	翟梦怡	朱蕾蕾
商 颖	吴 伟	顾 新	曹玉娟	贾 舒	卢思佳	蒋 利	顾思雨	沈晨华
吴露露	周 娟	姜 菊	毛凯娟	马宇娇	赵志坚	戎惠娟	李丹丹	陈 实
成 亮	高铖熙	周 佳	钱玲敏	曹 兰	吕海华	缪迎春	陈军军	彭东秀
陈泓宇	黄海磊	黄莉莉	孙佳莉	郑加如	葛榭嘉	蔡安琴	程训英	徐煜程
蒋尧禹	王伟诚	曹东镇	朱文杰	徐顾晨	龚梓坚	陆 圣	吴张祺	张忠祥
陆 怡	朱钱彬	张 乐	陆亦林	洪 霞	顾 凯	孙 桐	李海东	孙小飞

黄雨雷	乔 磊	孙将华	李晓伟	张玲玲	宋正祥	朱金林	管熠阳	万 奎
谢海琴	章晓勇	李鼎翰	李 京	周佳新	王冬梅	邹美成	成 伟	钱晓云
姚一峰	缪小龙	徐培培	顾丽霞	蔡晓波	吴杨洋	范家庆	梁 熙	黄慧慧
沈 瑜	赵正杰	王约谷	周洪洪	袁红燕	吕志超	伏鹏飞	王锦波	张桂霞
刘春燕	周云翔	沈 硕	施 潼	张 超	吴伊炜	朱家帅	张 云	钱惠兰
王 磊	江胜男	徐 懿	梁 悦	孙 薇	李 园	朱嘉欣	力小蒙	汤维维
钱 佳	金 晨	王林丽	陈申强	顾 炎	程艳荣	姚佳琪	王 振	杨 飚
周晓林	耿亚香	陈宇燕	侯程程	彭凯利	罗文辉	张 伟	高自强	葛 艳
马 煜	陆 璐	马 昊	施海丰	王艺皓	阚祝林	周伟桦	陶雪飞	冯 茹
朱亚飞	邱烽梅	吴 掺	徐瑞瑞	李 涌	丁杨婷	刘 欣	胡宇博	冒朱楠
吴连勇	张 群	茅宇辉	汤嘉鑫	冯学意	王陆建	朱小燕	韦文静	保书龙
张春华	马博仁	沈安全	陈名蔚	王 峰	施 辉	周丽华	吴 璇	邢 呈
庄彩霞	王冀苏							

（撰稿：董志昕 汤亚芬 孟凡美 梁 晓 沙 丹
审稿：李友生 毛卫华 於朝梅 肖俊荣 审核：戎男崖）

国 际 学 生 教 育

【概况】以"立德树人"为根本任务，以实现联合国千年发展目标为己任，主动对接中国特色大国外交战略和国家"一带一路"倡议，服务学校"双一流"建设和国际化人才培养目标，立足"提质增效，创新发展"，探索后疫情时代来华留学教育发展路径。2021年度，共培养长短期来华留学生1411人，其中学历生468人，非学历生943人。学历生中，本科生47人、硕士研究生158人、博士研究生263人，研究生占比89.96％。学历生来自77个国家，其中"一带一路"沿线国家22个，其留学生占总数的50.21％。

来华留学生所学专业分布于16个学院，主要有农业科学、植物与动物科学、环境生态学、生物与生物化学、工程学、微生物学、分子生物与遗传学、管理学、经济学等重点优势学科。

科学谋划"十四五"发展。系统梳理国际教育学院建院20周年办学经验，深入总结"十三五"工作，科学谋划"十四五"来华留学教育发展工作思路和重点任务。

创新育人模式。针对留学生思想教育特点，立足"知华、友华、爱华"育人目标，从"国际理解、感知中国、学在南农、安全教育"4个方面组织开展思想教育主题活动，以国家治理、教育政策和高校使命为切入点，组织"我眼中的中国治理""讲述'新农科'故事""农业高校对脱贫攻坚的贡献"等文化育人系列活动30次。

优化生源布局。强化国别区域研究，开展中东欧地区农业发展和高等教育调研。开拓校际交流渠道，与罗马尼亚、保加利亚等中东欧国家5所涉农重点高校签署合作意向书。

保障在线教学。根据境内外疫情防控变化，及时调整教学工作重心，统筹兼顾线上线下教学资源，顺利完成 111 门全英文课程的教学任务，有效降低疫情对教学工作的负面影响。

推动全英文专业建设。持续推进全英文专业建设，2021 年度开展了第六期全英文课程立项工作，并在已建设的 121 门全英文授课研究生课程基础上，完成了作物学、国际商务和渔业发展 3 个研究生层次全英文授课专业建设。

【牵头成立中国-中东欧高校联合会农业与生命科学合作共同体】 10 月 29 日，学校举行"南京农业大学-中东欧国家高校合作交流云端论坛"，来自保加利亚、罗马尼亚、乌克兰、匈牙利 4 个国家 5 所高校的校领导和相关学者专家参加研讨。12 月，学校与罗马尼亚布加勒斯特农业与兽医大学共同牵头成立"中国-中东欧高校联合会农业与生命科学合作共同体"，成为全国 10 个学科共同体牵头单位之一。

【与安徽荃银高科种业签署国际化人才培养协议】 11 月 12 日，学校与安徽荃银高科种业股份有限公司签署农业管理国际人才培养协议，试点"产学融合、校企融通"的来华留学生培养体系。加强校企合作，了解人力资源市场需求，对 40 所对外农业投资企业开展调研，增强国际学生培养的针对性，更好地服务于国家农业"走出去"战略。

【举办江苏省高等教育学会外国留学生教育管理研究委员会 2021 年年会】 12 月 27 日，正值学校国际教育学院成立 20 周年之际，学校承办江苏省高等教育学会外国留学生教育管理研究委员会 2021 年年会。校党委书记陈利根参加开幕式并致辞。江苏省高等教育学会外国留学生教育管理研究委员会理事长、河海大学副校长徐卫亚，以及江苏省教育厅、江苏省公安厅、江苏省外事办公室等相关单位负责同志参加大会。江苏省高校代表共 120 人参加线下会议。会议通过视频连线形式在全省 43 所高校开设"云"端会场。

【获得"江苏省来华留学生教育先进集体"荣誉称号】 2021 年，学校不断完善来华留学生教育管理体制机制建设，创新性地开展来华留学生育人教育系列活动，加强来华留学生管理队伍建设，尤其是将精准扶贫中国案例融入"四位一体"来华留学生思政教育模式中，具有鲜明的特色。学校荣获 2021 年度"江苏省来华留学生教育先进集体"荣誉称号。

[附录]

附录 1　2021 年来华留学生第二课堂活动一览表

四位一体	活动内容	时间
国际理解	组织学生线上参加"'一带一路'南南合作农业教育科技创新联盟""乡村振兴与节粮科技"中外青年人文交流活动	9 月
	组织学生参加"音"为梦想，驭梦翔翔——外国语学院十佳歌手决赛暨 2021 级迎新晚会。肯尼亚硕士生 Mwangi Faith Njeri 获得第一名	11 月
	举办南京农业大学-中东欧国家涉农高校合作交流云端论坛并签署教育与科研交流合作意向书	11 月
	学校与安徽荃银高科种业股份有限公司签署农业管理国际人才培养协议	11 月
	组织学生参加"2021'一带一路'青年体育交流周——国际青年男子 3×3 篮球邀请赛"	12 月
	组织学生参加"百年农情，声动金陵"南农好声音大赛。肯尼亚硕士生 Mwangi Faith Njeri 获得冠军	12 月

（续）

四位一体	活动内容	时间
感知中国	国际教育学院院长韩纪琴为国际学生开设专题讲座——"我眼中的中国治理"之"中国的民主治理"	3月
	组织学生参加"我眼中的中国治理"之论文和短视频比赛	4月
	组织召开专题学习会、留学生座谈会，传达学习习近平总书记给北京大学留学生们的回信精神	6月
	新生入学教育之疫情防控教育。校医院主任中医师杨桂芹为来华留学新生开展以"'疫'路同心护佑健康"为主题的知识讲座。展示中医的博大精深以及中医药在防治病毒性传染病的特色优势	10月
	韩纪琴教授以"How Universities Contribute to Poverty Alleviation in China"为主题为留学生讲述南农扶贫故事、中国脱贫故事	10月
	副校长董维春教授以"新农科：人类生活与自然社会系统的新对话"为主题为全国主要涉农高校的国际学生讲述中国"新农科"的故事，并开展了"新农科"故事征文比赛活动	11月
学在南农	国际学生迎新春：院领导慰问寒假留校国际学生	2月
	组织"我眼中的中国治理"之"两会基础知识宣讲"教育活动	3月
	组织开展"我在白马等你来——绿色希望之行"暨"种一方小树，绿一方净土——学在南农"主题教育活动	3月
	组织学生参加"南京农业大学第49届校运会男子、女子篮球比赛"	4月—5月
	组织学生参加"南京农业大学第49届校运会排球比赛"	4月—5月
	新生入学教育之图书资源检索辅导。联合校图书馆读者服务部带领新生参观图书馆，并对新生进行了图书馆资源检索方面的培训	10月
	新生入学教育之国情校情介绍。院长韩纪琴为2021级国际学生开设讲座	10月
	组织学生参加第50届校运会男子足球比赛小组赛，以小组第一出线	10月—11月
	组织2021级新生来到学校白马教学科研基地参观与实践	11月
	新生入学教育之校情篇。观南农画卷，赏"红"篇"菊"制。组织学生到学校湖熟菊花基地参观学习	11月
	组织"我用英语讲我称"主题演讲比赛。中外学生联合组队讲述南农历史故事	11月
安全教育	我与警官面对面：组织参加由南京市公安局玄武分局举办的"我为群众办实事"活动。就签证办理的疑问、预防诈骗的措施、勤工助学的办理等话题与警官面对面进行交流、咨询	4月
	联合南京警方开展"反诈反赌"社会宣传教育进校园活动，向留学生普及我国关于电信诈骗和跨境赌博的法律法规	5月
	组织开展"创平安迎七一"宿舍安全大检查	6月
	组织开展"禁毒宣传"活动	6月
	新生入学教育之校纪校规教育。内容涉及校纪校规解读、日常管理规范及程序、突发安全事件防范及处置等	10月

附录 2 2021 年来华留学状态数据

（一）2021 年来华留学生人数统计表（按学院）

单位：人

学院	本科生	硕士研究生	博士研究生	普通进修生	总计
草业学院			1		1
动物科技学院		5	22		27
动物医学院	13	7	31		51
工学院		7	21		28
公共管理学院		8	27		35
金融学院	1		1		2
经济管理学院	8	38	29		75
农学院	16	7	42		65
人文与社会发展学院	1	1	1		3
生命科学学院	3	4	6		13
食品科技学院	2	4	22		28
信息管理学院		2			2
无锡渔业学院		50	1		51
园艺学院	1	8	24		33
植物保护学院		10	21		31
资源与环境科学学院	2	7	14	1	24
总计	47	158	263	1	469

（二）2021 年来华留学生长期生人数统计表（按国别）

单位：人

国别	本科生	硕士研究生	博士研究生	普通进修生	总计
阿尔及利亚		2			2
阿富汗		2	6		8
阿根廷	1				1
阿塞拜疆		5	1		6
埃及		8	23		31
埃塞俄比亚		5	14		19
安哥拉	1				1
澳大利亚			1		1
巴布亚新几内亚		1			1
巴基斯坦		16	110		126
巴西		1			1
贝宁		2	1	1	4

（续）

国别	本科生	硕士研究生	博士研究生	普通进修生	总计
波斯尼亚与黑塞哥维那			1		1
博茨瓦纳		2			2
赤道几内亚	1				1
多哥		1	4		5
俄罗斯	4				4
厄瓜多尔		1			1
厄立特里亚		1	1		2
法国			1		1
斐济	2				2
佛得角			1		1
冈比亚		1			1
哥伦比亚		1			1
古巴			1		1
哈萨克斯坦	2	3	1		6
韩国			1		1
荷兰			2		2
几内亚	1				1
加纳		5	12		17
柬埔寨		3			3
津巴布韦	1	1	1		3
喀麦隆			1		1
科特迪瓦		1	1		2
肯尼亚		22	35		57
老挝	3	5			8
利比里亚		3	1		4
卢旺达		4	1		5
马达加斯加		2			2
马拉维	1	1			2
马来西亚	8	1			9
马里			1		1
美国		1			1
蒙古		4			4
孟加拉国		4	3		7
密克罗尼西亚	1				1
摩洛哥		1			1
莫桑比克	1	1	1		3

（续）

国别	本科生	硕士研究生	博士研究生	普通进修生	总计
南非	2	6			8
南苏丹		3			3
尼泊尔	3	4	1		8
尼日利亚		2	10		12
萨尔瓦多	1				1
塞拉利昂		4			4
塞内加尔	1				1
沙特阿拉伯		1			1
苏丹		3	9		12
苏里南		1			1
所罗门群岛		1			1
塔吉克斯坦	3				3
泰国		1	1		2
坦桑尼亚		3	4		7
土库曼斯坦	2	1			3
瓦努阿图	1				1
委内瑞拉	1	1			2
乌干达	1	5			6
叙利亚		1			1
也门			2		2
伊拉克		1			1
伊朗		1	3		4
印度			1		1
印度尼西亚	1				1
约旦			1		1
越南		3	3		6
赞比亚	3	5	1		9
中非	1		1		2
总计	47	158	263	1	469

（三）2021年长期来华留学生人数统计表（分大洲）

单位：人

洲别	本科生	硕士研究生	博士研究生	普通进修生	总计
亚洲	22	54	134		210
大洋洲	4	2	1		7
欧洲	4		4		8

（续）

洲别	本科生	硕士研究生	博士研究生	普通进修生	总计
美洲	3	6	1		10
非洲	14	96	123	1	234
总计	47	158	263	1	469

（四）2021年来华留学生经费来源人数统计

单位：人

经费来源	学生人数
江苏省优才计划（TSP）项目	17
留学江苏全额奖	1
南非自由州政府奖学金	4
巴基斯坦政府奖学金	5
沙特政府奖学金	1
中非高校"20＋20"奖学金	20
南京市政府外国留学生奖学金	27
南京农业大学外国留学生校级奖学金	2
商务部MPA项目	48
中国政府奖学金	342
自费	2
总计	469

（五）2021年国际毕业、结业学生人数统计表

单位：人

学院	毕业	结业	总计
动物科技学院	6		6
动物医学院	4		4
工学院	1		1
公共管理学院	8		8
金融学院	1		1
经济管理学院	4		4
农学院	4	193	197
人文与社会发展学院	1		1
生命科学学院	4		4
食品科技学院	3		3

（续）

学院	毕业	结业	总计
无锡渔业学院	23	749	772
园艺学院	4		4
植物保护学院	4		4
资源与环境科学学院	2	1	2
总计	69	943	1 012

（六）2021年度国际毕业生情况表

单位：人

学院	本科生	硕士研究生	博士研究生	总计
动物科技学院			6	6
动物医学院	1		3	4
工学院			1	1
公共管理学院		3	5	8
金融学院	1			1
经济管理学院		1	3	4
农学院			4	4
人文与社会发展学院			1	1
生命科学学院		2	2	4
食品科技学院			3	3
无锡渔业学院		23		23
园艺学院			4	4
植物保护学院		2	2	4
资源与环境科学学院			2	2
总计	2	31	36	69

（七）2021年国际毕业生名单

英文名	中文名	专业
动物科技学院		
博士研究生		
Ilyas Ali	伊利亚斯	动物遗传育种与繁殖
Hesham Eed Saad Desouky	萨德西哈姆	动物营养与饲料科学
Hossameldin Abdelmonem Seddik Hussein	胡萨姆	动物营养与饲料科学
Sherif Awad Aziz Melak	梅拉克	动物遗传育种与繁殖
Talat Bilal Yasoob	塔拉	动物营养与饲料科学
Abdur Rauf Khalid	冉福	动物营养与饲料科学

（续）

英文名	中文名	专业
动物医学院		
博士研究生		
Muhammad Haseeb	穆哈卜	预防兽医学
Abid Ullah Shah	阿彼得	基础兽医学
Shakeel Ahmed	沙启尔	预防兽医学
本科生		
Mata Alvarez Selene	沈琳	动物医学
工学院		
博士研究生		
Okinda Cedric Sean	奥坚	农业电气化与自动化
公共管理学院		
博士研究生		
Touseef Hussain	胡桑尼	土地资源管理
Awais Jabbar	爱魏斯	土地资源管理
Moshi Goodluck Jacob	毛德柯	教育经济与管理
Mehdi Hassan	梅和狄	教育经济与管理
Aamir Abbas Malik	马利克	教育经济与管理
硕士研究生		
Joyce Chepkirui	乔爱思	教育经济与管理
Bomer Alvin	阿尔文	教育经济与管理
Cherono Benedate	晨兰	教育经济与管理
金融学院		
本科生		
Wong Jia Xian	黄嘉贤	金融学
经济管理学院		
博士研究生		
Ali Sher	佘阿里	农业经济管理
Qasir Abbas	阿巴斯	农业经济管理
Amal Tarek Moustafa Moustafa Eldomyaty	阿茂	农村与区域发展
硕士研究生		
Kiplimo Kevin Pello	凯文	农业经济管理
农学院		
博士研究生		
Muqadas Aleem	爱莉玛	作物遗传育种
Imran Haider Khan	爱玛郎	农业信息学
Wajid Ali Khattak	瓦佳德	作物栽培学与耕作学

（续）

英文名	中文名	专业
Balew Yeshanbele Alebele	阿勒贝	作物信息学

人文与社会科学学院

博士研究生

Aghabalayev Faig	福琅克	科学技术史

生命科学学院

博士研究生

Sarfraz Hussain	沙郎瑞	微生物学
Baiome Abdelmaguid Ali Baiome	巴奥米	微生物学

硕士研究生

Hamna Shazadee	哈米娜	生物化学与分子生物学
Dyaaaldin Ahmed Barakat Abdalmegeed	达丁	生物化学与分子生物学

食品科技学院

博士研究生

Hafiz Abdul Rasheed	海斐志	食品科学与工程
Jailson Aldacides Semedo Pereira	佩雷拉	食品科学与工程
Azi Fidelis	爱志飞	食品科学与工程

无锡渔业学院

硕士研究生

Phala Tep	太部	农业（渔业发展）
Sokevpheaktra Aing	安杰尔	农业（渔业发展）
Asue Thao	斯奥	农业（渔业发展）
Souksakhone Chanthalaphone	塔拉	农业（渔业发展）
Kiweewa Rashidi	拉希迪	农业（渔业发展）
Baba N O Darboe	达布	农业（渔业发展）
Joshua David Wilson	威尔逊	农业（渔业发展）
Jewel Jargbah	贾拉索	农业（渔业发展）
Tracy Naa Adoley Addotey	德斯	农业（渔业发展）
Justice Frimpong Amankwah	亚玛谢	农业（渔业发展）
Ibrahim Musa Ibrahim Jamus	詹姆斯	农业（渔业发展）
Martin Oliwai Andrea Lohufe	洛伊	农业（渔业发展）
Montshwari Molefe	莫莱费	农业（渔业发展）
Dusenge Nahayo Benjamin	杜塞尔	农业（渔业发展）
Nsekanabo Jean Damascene	达马塞诺	农业（渔业发展）
Yossief Ghebrekidan Samuiel	塞缪尔	农业（渔业发展）
Christopher Peterson Daniel	丹尼尔	农业（渔业发展）
Bishoy Nasser Mosaad Yassa	亚萨	农业（渔业发展）

（续）

英文名	中文名	专业
Sintayehu Gerachew Andine	安迪	农业（渔业发展）
Sahar Mohammed Adam Bakhiet	巴希特	农业（渔业发展）
Majory Chama	茶马	农业（渔业发展）
Victor Daka	达卡	农业（渔业发展）
Hamza Bensam	本萨姆	农业（渔业发展）
园艺学院		
博士研究生		
Shahid Iqbal	夏喜德	果树学
Martin Kagiki Njogu	马丁	蔬菜学
Muhammad Fiaz	菲亚兹	果树学
Mohammad Shah Jahan	杉加汉	蔬菜学
植物保护学院		
博士研究生		
Muhammad Ayaz	阿亚	植物病理学
Ola Barakat Abdel Hafeez Barakat	欧娜	植物病理学
硕士研究生		
Pokharel Sabin Saurav	萨斌	农业昆虫与害虫防治
Teresiah nyawira karani	卡冉妮	农业昆虫与害虫防治
资源与环境科学学院		
博士研究生		
Mbao Evance	伊万斯	生态学
Muhammad Faseeh Iqbal	伊法辛	植物营养学

（撰稿：程伟华　王英爽　陆　玲　芮祥为　审稿：童　敏　韩纪琴　审核：戎男崖）

创 新 创 业 教 育

【概况】学校贯彻落实《国务院办公厅关于深化高等学校创新创业教育改革的实施意见》（国办发〔2015〕36 号）与《江苏省深化高等学校创新创业教育改革实施方案》（苏政办发〔2015〕137 号）要求，进一步深化创新创业教育改革，培养造就创新创业生力军。推荐国家级大学生创新创业训练计划项目 111 项、江苏省大学生创新创业训练计划项目 108 项、校级大学生创新训练计划项目 659 项、实验教学中心开放立项项目 12 项，已形成国家、省、校、院四级大学生创新创业训练计划体系，增强学生的创新精神、创业意识和创新创业能力。

搭建"就业见习"帮扶平台，提升学生就业实践能力。深化实施"百校千企万岗"大学生就业帮扶行动，举办"送岗直通车"直播荐岗活动，共邀请60多家国内知名企业，募集2 000余个就业岗位，直播在线观看人数超5 000余人，全方位助力毕业生实现更高质量就业；引导专职团干部帮扶就业困难毕业生，拓宽学生就业渠道，提升学生就业能力。以"新农菁英"培育发展计划实施为抓手，共面向江苏省590家企业募集3 788个就业见习岗位，通过涉农训练营、就业见习和农村青年创新创业大赛，引导团员青年投身乡村振兴。

疫情防控常态化情况下，通过线上开展"抱团分享会""在线课堂""大学生创新创业启蒙训练营"等"三创"学堂活动6场，参与学生500余人次。通过线上路演遴选8支创业团队入驻创客空间。大学生创客空间累计孵化创业团队101个，在园团队获批实用新型专利18项、软件著作权15项。在园团队全年实现营业收入1 900余万元，利润近870万元，缴税80余万元，带动就业106人。2个项目入选第十四届全国大学生创新创业年会展示，2个创业项目获评江苏省大学生优秀创业项目。

对标教育部高等教育学会全国高校学科竞赛榜单，调整学科专业竞赛立项，去除5项竞赛，新增7项竞赛；以大学生智能农业装备国际创新大赛校内选拔赛等30项本科生学科专业竞赛活动为载体，搭建专业素质能力提升平台，累计6 000余名师生参与。全年共计开展双创系列活动28场，引导全校师生广泛开展科技创新活动，打造职能部门、学院、专家教授、行业专家共同参与双创教育新格局，提升双创教育实效，营造浓郁双创氛围。在第七届中国国际"互联网＋"大学生创新创业大赛江苏省决赛中，学校共推荐22个项目，获得一等奖7项、二等奖4项、三等奖10项的历史最好成绩，荣获江苏省高校高教主赛道与"青年红色筑梦之旅"赛道优秀组织奖。学校共有4个项目入围全国总决赛，包括3个高校主赛道项目和1个"青年红色筑梦之旅"赛道项目，创学校晋级总决赛项目数历史最高纪录；经过各赛道的激烈角逐，斩获1金3银，首次获得该比赛的全国金奖。在"挑战杯"江苏省大学生课外学术科技作品竞赛中，获特等奖2项、一等奖4项、三等奖2项，捧得江苏省"优胜杯"；并获评全国第十七届"挑战杯"竞赛优秀组织奖，双创竞赛成绩实现一年一个新突破。此外，学校还接连获得国际基因工程机器设计大赛金奖、京都国际大学生创业大赛一等奖等重量级奖项。

【南京农业大学首届"振兴杯"创新创业大赛暨第十四届全国大学生创新创业年会参展作品选拔赛决赛启动仪式】 4月29日，南京农业大学首届"振兴杯"创新创业大赛暨第十四届全国大学生创新创业年会参展作品选拔赛决赛启动仪式在金陵研究院三楼报告厅举行。南京农业大学副校长董维春、江苏省教育厅高教处副处长魏永军、往届国赛和省赛评委、创新创业学院负责人、创新创业导师、参赛师生代表等200余人参加活动。决赛启动仪式由创新创业学院院长、教务处处长张炜主持。

【"青年红色筑梦之旅"活动启动仪式】 6月19—20日，学校组织并参加第七届江苏"互联网＋"大学生创新创业大赛"青年红色筑梦之旅"活动启动仪式。作为活动主办单位之一，组织人文与社会发展学院承担启动仪式上音诗画《永恒的青春誓言》、《跨越时空的雨花英烈精神：对话雨花英烈》、沉浸式感受雨花精神3个环节的工作。推荐学校红旅项目"红篇菊制"项目负责人沈妍作为江苏省的唯一一个学生代表在启动仪式上发言。

【江苏省大学生"青年红色筑梦之旅"联盟第一次代表大会】 6月20日，江苏省大学生"青年红色筑梦之旅"联盟第一次代表大会在南京市顺利召开。江苏省教育厅高教处处长郡进，南京农业大学党委常委、副校长董维春，南京邮电大学党委常委、副校长孙力娟，以及"青年红色筑梦之旅"联盟代表 80 多人参加本次大会。本次会议由南京农业大学创新创业学院院长、教务处处长张炜主持，会议旨在通过搭建平台助力大学生投身国家乡村振兴的建设，并加大院校之间的交流。

［附录］

附录 1　国家级大学生创新创业训练计划立项项目一览表

学院	项目编号	项目类型	项目名称	主持人	指导教师
农学院	202110307001	创新训练	基于地基激光雷达和改进的体积提取法的小麦地上部生物量研究	马洵轶	姚　霞
	202110307002	创新训练	粳稻穗瘟抗性新基因 Pb - 2 介导广谱抗稻瘟病分子机制解析	徐华楠	鲍永美
	202110307003	创新训练	融合土壤-气象-光谱信息的冬小麦追氮算法研究	李昕宇	曹　强
	202110307004	创新训练	水稻功能非编码小 RNA 与靶基因互作数据库构建	肖汉卿	黄　骥
	202110307005	创新训练	水稻籼粳间杂种不育基因 qHMS8 的精细定位	戚浩男	赵志刚
	202110307006	创新训练	纤毛鹅观草抗条锈病位点 Yr2Yrc 候选基因的预测和功能验证	刘梅妍	王秀娥
	202110307007	创新训练	小麦胚乳细胞 PCD 过程及其空间分布差异	梁美龄	姜　东
植物保护学院	202110307008	创新训练	稻飞虱中共生菌 Wolbachia 的温度适应性研究	汪嘉婧	洪晓月
	202110307009	创新训练	防治蔬菜病害的新型微生物组农药创制	谭羽翀	高学文
	202110307010	创新训练	辅酶 Q10 合成关键基因 NbCOQ2 在植物铁死亡与辣椒疫霉互作中的基本功能研究	张雨诗	景茂峰　窦道龙
	202110307011	创新训练	水稻恶苗病和干尖线虫病防治药剂筛选试验	曹清怡	周明国
园艺学院	202110307012	创新训练	氮钾营养与梨果实品质的关系研究	曾凡玉	张绍铃
	202110307013	创新训练	改良型荷花、睡莲深水栽培设施的设计与应用	秦润佳	徐迎春
	202110307014	创新训练	高铝条件下茶树细胞膜离子转运系统对锰离子的响应分析	朱　瑾	黎星辉
	202110307015	创新训练	光强对大青叶活性成分及清热作用的影响	李鑫垚	郭巧生
	202110307016	创新训练	基于驻点研究法的南京紫金山绿道游人行为研究	沈书钰	丁绍刚
	202110307017	创新训练	梨愈伤组织的 CRISPR - Cas9 基因编辑系统建立和花青苷调控基因编辑	龙虹郡	吴　俊
	202110307018	创新训练	利用 CRISPR - Cas9 技术获得抗除草剂菊花的研究	丁明鸣	蒋甲福

（续）

学院	项目编号	项目类型	项目名称	主持人	指导教师
园艺学院	202110307019	创新训练	纳米炭基质对设施蔬菜生长、光合、产量及品质的影响	路 雪	郭世荣
	202110307020	创新训练	葡萄种质资源物候期调查与分析	范伊静	房经贵
动物医学院	202110307021	创新训练	YAP1对湖羊子宫发育及容受性的影响	王雅涵	王 锋
	202110307022	创新训练	大蒜辣素的体内外抗炎活性及其机制研究	葛子枫	王丽平
	202110307023	创新训练	副溶血弧菌噬菌体的分离及初步应用	秦夏妍	张 炜
	202110307024	创新训练	甘草多糖脂质体/桦木酸-活性肽自组装纳米粒对猪肺脏巨噬细胞免疫调控机理的研究	覃 森	武 毅
	202110307025	创新训练	刚地弓形虫原癌基因Ras蛋白纳米材料DNA疫苗的构建及其对雏鸡的免疫保护作用	曹万迪	李祥瑞
	202110307026	创新训练	鸭星状病毒颗粒抗原的表达与免疫特性研究	孙榕泽	曹瑞兵
	202110307027	创新训练	猪繁殖与呼吸综合征病毒优势流行毒株荧光定量PCR鉴别检测试剂盒的构建与应用	许馨木	姜 平
动物科技学院	202110307028	创新训练	miR-423作为猪卵泡闭锁的生物标志物的可行性研究	张卓凡	李齐发
	202110307029	创新训练	黄曲霉毒素B_1对卵母细胞的细胞器损伤研究	张彦哲	孙少琛
	202110307030	创新训练	青虾适宜烟酸需求量及其对能量感知和代谢机能的影响	王晶雯	李向飞
草业学院	202110307031	创新训练	高铁酸钾对草地早熟禾耐湿热性的影响	王亚榕	杨志民
资源与环境科学学院	202110307032	创新训练	MOFs对抗生素抗性基因横向迁移的影响及机理	李晓佳	高彦征
	202110307033	创新训练	面向生态系统服务的喀斯特小流域土壤质量评价	高梦阳	程 琨
	202110307034	创新训练	微生物复合磷酸盐的土壤修复剂研制	许钧杰	李 真
	202110307035	创新训练	乙醇脱氢酶基因家族对哈茨木酶响应及耐酸胁迫的机制研究	史晓腾	沈其荣
生命科学学院	202110307036	创新训练	NtrC的表达及其调控沙雷氏菌运动性调控元件的鉴定	胡梦华	冉婷婷
	202110307037	创新训练	鸡传染性支气管炎病毒侵染机制的研究及其复制细胞系的筛选	陈天欣	林 建
	202110307038	创新训练	枯草芽孢杆菌B12胞外多聚物钝化土壤Cd的机制	詹 语	何琳燕
	202110307039	创新训练	灵芝中Snf1调控灵芝酸生物合成的分子机制研究	唐雨滢	师 亮
	202110307040	创新训练	氢气对过氧化氢酶和超氧化物歧化酶活性的影响及作用机制初探	尚钰静	沈文飚

（续）

学院	项目编号	项目类型	项目名称	主持人	指导教师
生命科学学院	202110307041	创新训练	一株枯草芽孢杆菌棉酚降解基因的克隆与表达	王燕苗	曹慧
	202110307042	创新训练	猪流行性腹泻病毒重组亚单位疫苗的设计与表达	龚诺	张水军
理学院	202110307043	创新训练	带电卟啉自组装纳米探针的设计构建与生物活性阴离子识别	胡瑞月	丁煜宾
	202110307044	创新训练	新型双功能 Zn/Fe－MOF 及其衍生材料制备与性能研究	王晨	吴华
	202110307045	创新训练	植物生物钟基因网络的数学建模与计算分析	税尧	游雄
食品科技学院	202110307046	创新训练	Bacillomycin D 非核糖体合成酶系的分子修饰及新型脂肽的合成和构效规律研究	钟裔	别小妹
	202110307047	创新训练	发酵香肠中单增李斯特菌污染及其在消化系统中的暴露评估	赵子驭	叶可萍
	202110307048	创新训练	乳酸菌引导 4 种杂豆蛋白凝胶形成及特性研究	李秋艳	芮昕
工学院	202110307049	创新训练	车载自动装袋技术研究	王佳龙	薛金林
	202110307050	创新训练	规模化养鸡场智能巡检机器人结构设计与运动控制研究	王从年	肖茂华
	202110307051	创新训练	机器人采摘目标姿态估计与多指手采摘机制理解及采摘规划	刘宸宇	顾宝兴
	202110307052	创新训练	基于 YOLOv5 的雨天环境条件下的交通标志识别	陈超	薛金林
	202110307053	创新训练	基于物联网技术的水产养殖智能化控制系统研发	牛原魁	汪小旵 施印炎 孙晖
	202110307054	创新训练	可食用型一次性餐具设计、制作及其综合性能研究	徐瑾	何春霞
	202110307055	创新训练	面向康复训练的绳驱并联机器人力反馈与防护墙的研究	张彦泽	章永年
	202110307056	创新训练	温室番茄实时识别定位与智能采摘装置研发	周新竹	孙国祥
	202110307057	创新训练	养殖场粪便清理机器机械结构设计与应用研究	郑之鹤	陈光明
	202110307058	创新训练	阵列式无人飞行采摘智能机器人系统研制	邬伊浩	邱威
信息管理学院	202110307059	创新训练	非洲猪瘟背景下生猪运输车辆消毒清洗流程的优化设计	苏杏绮	张兆同 熊燕华
	202110307060	创新训练	基于成熟度数据的香蕉采摘与打包联合优化研究	詹雅珺	代德建
	202110307061	创新训练	基于传动装置及单片机技术的多功能激励型垃圾箱的研究	徐清暄	马开平

（续）

学院	项目编号	项目类型	项目名称	主持人	指导教师
信息管理学院	202110307062	创新训练	基于二十四史的传记人物情感研究	高 艺	黄水清
	202110307063	创新训练	面向学术论文视频的多模态搜索算法研究	鱼汇沐	王东波
	202110307064	创新训练	农作物高通量测序数据采集、标注及在线分析平台的构建	张雅茹	刘金定
人工智能学院	202110307065	创新训练	仿生鸟嘴型柔性抓手设计及育苗机器人高速无损啄取与扦插控制	刁琪琦	张保华
	202110307066	创新训练	非结构化农业场景下机器人多传感器融合定位与导航	钮欣泽	熊迎军
	202110307067	创新训练	基于3D卷积神经网络的母猪哺乳行为监测系统的设计与实现	王圣元	沈明霞
	202110307068	创新训练	基于RGB-D多源图像融合的麦田杂草的检测方法及系统开发	江志健	倪 军
	202110307069	创新训练	基于光声光谱成像技术的大豆种子质量快速无损检测方法研究	杨凯云	卢 伟
	202110307070	创新训练	基于航空影像的农田田埂地图快速绘制软件研发	王徐迎	舒 磊
	202110307071	创新训练	基于深度相机的肉鹅体尺特征获取及体重预测系统的设计与实现	郭振涛	刘璎瑛
	202110307072	创新训练	集成学习与生长模型结合的大豆群体基因型物候期建模	张志鹏	姜海燕
	202110307073	创新训练	牛羊智能饲喂机器人研究	杨岸松	王 玲
经济管理学院	202110307074	创新训练	"金华两头乌"产业链组织形式与产业升级——基于浙江宝仔农业有限公司的案例研究	王陈媛	应瑞瑶
	202110307075	创新训练	捐助与受助者信息公开视角下消费帮扶行为研究——以"黔货出山"为例	辛怡静	姜 海
	202110307076	创新训练	农户对人工智能技术与农业保险相结合的接受意愿及影响因素研究	陈泽昊	易福金
	202110307077	创新训练	双重嵌入视角下农民合作社的发展路径研究——基于麻江县蓝莓合作社的案例分析	支晓旭	何 军
	202110307078	创新训练	随迁子女入学门槛对农业转移人口市民化的挤出效应研究——以上海为例	曾碧君	刘 华
	202110307079	创新训练	消费者行为对农产品区域品牌建设的影响——基于区域公用品牌"丽水山耕"的实证研究	付亦丹	田 曦
	202110307080	创新训练	新冠冲击下农业劳动就业"蓄水池"功能研究	万歆钰	纪月清

（续）

学院	项目编号	项目类型	项目名称	主持人	指导教师
公共管理学院	202110307081	创新训练	"三权分置"背景下农户宅基地使用权流转意愿的区域差异与影响因素分析——基于浙江德清、江西余江、四川泸县的实证研究	周慧馨	马贤磊
	202110307082	创新训练	村镇尺度下耕地"非粮化"与粮食安全的权衡关系与协同路径——以溧阳市为例	丁洲	欧维新
	202110307083	创新训练	基于人才保障房供给视角的城中村闲置宅基地盘活利用模式研究——以上海乡村人才公寓为例	赵蓓蕾	冯淑怡
	202110307084	创新训练	乡村振兴背景下农村宅基地流转梗阻及其治理研究——基于苏南苏北的考察	谢沙岑	郭贯成
	202110307085	创新训练	乡村振兴背景下宅基地退出对农户生计资本的影响——以江苏省阜宁县为例	吴舒浛	诸培新
人文与社会发展学院	202110307086	创新训练	稻虾共作模式农户生产行为决策环境影响研究——以江苏省为例	葛笑婷	朱利群
	202110307087	创新训练	农村宅基地使用权抵押的相关问题及法律对策研究——以江苏省南京市高淳区为例	叶子涵	付坚强
	202110307088	创新训练	文化传承与转化视角下大运河苏州段非物质文化遗产保护与利用研究	吴雅雯	李明
	202110307089	创新训练	乡村振兴背景下农村社区治理中的媒介及其作用机制研究——以抖音为例	楼馨元	戚晓明
外国语学院	202110307090	创新训练	从中日新冠疫情的报道看中日大众媒体传播差异与现实影响	夏玥滢	游衣明
	202110307091	创新训练	中国当代科幻文学在英日世界的译介与传播研究——以《三体》系列作品为例	强宇铭	卢冬丽
金融学院	202110307092	创新训练	女性家庭决策赋权对农户家庭金融资产配置的影响——基于江苏省南京市和徐州市的调研数据	谭天宇	董晓林
	202110307093	创新训练	区块链赋能供应链金融对农户融资行为的影响研究	张桐	王翌秋
	202110307094	创新训练	区块链技术对会计信息披露质量影响	王纯	汤晓建
	202110307095	创新训练	疫情背景下数字普惠金融对返乡创业的影响——以浙江省丽水市遂昌县为例	徐翊曼	刘丹
	202110307096	创新训练	疫情冲击对居民个人风险认知与商业健康保险购买意愿的影响研究	江岩	杨军
	202110307097	创新训练	疫情冲击下数字金融对农户创业影响实证分析——基于湖北、江苏两省的农户调查	蔡嘉依	张龙耀

（续）

学院	项目编号	项目类型	项目名称	主持人	指导教师
创新创业学院	202110307098	创新训练	胶红酵母的重金属毒理研究及应用开发	陈彦廷	顾婷婷
	202110307099	创新训练	农地承包权退出及其保障功能的替代机制研究	李淑芳	严思齐
	202110307100	创新训练	数字金融助力乡村振兴的有效性研究——以江苏省为例	崔佳媛	朱　晶 李　扬
	202110307001X	创业训练	木霉生物有机肥在蓝莓上的示范推广	叶培彤	陈　巍
	202110307002X	创业训练	基于嵌入式技术和机器学习的规模化养鸡场智能巡检机器人	胡江雪	章世秀
	202110307003X	创业训练	纪念性博物馆定级评估系统的开发与推广	吴秋雨	刘传俊 闻慧斌
	202110307004X	创业训练	食赏两用微型盆栽黄瓜的培育与推广	王宇珠	李　季 高逸慧
	202110307005X	创业训练	源绿生物科技公司	李森森	李　真
	202110307001S	创业实践	"一颗红蒜的重生"——麻江红蒜品牌与营销策划	陈虹先	吴　震
	202110307002S	创业实践	伴田伴园——农业与景观一体化助力农业产业升级	田　源	陈　宇 姚敏磊 吴　樵
	202110307003S	创业实践	大能生物：一站式的奶牛乳房炎监测系统	法可依	潘子豪
	202110307004S	创业实践	基于视觉技术和边缘计算的城市内涝监测预警系统	刘尚昆	邹修国 李　想
	202110307005S	创业实践	莓好相约——麻江特色农产品营销推广方案探索	米嘉豪	雷　颖 黄　武
	202110307006S	创业实践	设计栽培助力水稻高质高产	王庆凯	李刚华

附录 2　江苏省大学生创新创业训练计划立项项目一览表

学院	项目编号	类型	项目名称	主持人	指导教师
农学院	202110307101Y	创新训练	基于不同叶位日光诱导叶绿素荧光信息的水稻叶瘟病早期监测	程宇馨	程　涛
	202110307102Y	创新训练	解析水稻赤霉素分解基因 OsGA2ox7 在种子萌发中的作用	尹　璐	程金平
	202110307103Y	创新训练	小麦氮素获取的根系生长与菌根形成权衡策略研究	尹慧娟	杨海水
	202110307104Y	创新训练	新型高效宽窗口腺嘌呤单碱基编辑器的开发	高　睿	李　超

（续）

学院	项目编号	类型	项目名称	主持人	指导教师
植物保护学院	202110307105Y	创新训练	大豆根腐病生防菌株的筛选与应用探索	张以奇	叶文武
	202110307106Y	创新训练	野燕麦对精噁唑禾草灵和甲基二磺隆抗药性的研究	周志恒	董立尧
园艺学院	202110307107Y	创新训练	不同酸铝条件对茶树富集氟元素的影响机制研究	刘韵晴	陈暄
	202110307108Y	创新训练	城市地铁出入口景观系统性设计研究——以南京主城区为例	吴佳倩	张清海
	202110307109Y	创新训练	氮营养对大青叶碳、氮代谢与药用品质的影响	高莉	唐晓清
	202110307110Y	创新训练	梨花粉机械敏感离子通道 MSL 的克隆及功能验证	唐柯	吴巨友
	202110307111Y	创新训练	睡莲地下茎芽发育及越冬休眠特性研究	谢超珍	金奇江
	202110307112Y	创新训练	智慧校园景观规划设计：以南京农业大学为例	王若琪	韩凝玉
动物医学院	202110307113Y	创新训练	阿法沙龙对子代大鼠学习能力的影响	刘棋	周振雷
	202110307114Y	创新训练	基于 telocyte 的切入点对治疗皮炎的影响	朱兆轩	杨平
	202110307115Y	创新训练	犬源优质益生菌的筛选及其抗腹泻功能的研究	乔禹磐	庚庆华
	202110307116Y	创新训练	猪呼吸道冠状病毒 S 蛋白的原核表达及 ELISA 方法的建立	周欣	周斌
动物科技学院	202110307117Y	创新训练	低氧通过诱发 DNA 氧化损伤抑制猪卵泡颗粒细胞增殖的研究	魏甲园	申明
	202110307118Y	创新训练	植物木脂素在瘤胃内的降解规律及其对羔羊瘤胃发育的影响	苏若琬	刘军花
	202110307119Y	创新训练	玉米赤霉烯酮对绵羊睾丸间质细胞增殖和凋亡的影响	苏晓彤	万永杰
草业学院	202110307120Y	创新训练	海滨雀稗 WAK2L 和 WAK5 调控耐盐性的功能分析	李艺馨	郭振飞
资源与环境科学学院	202110307121Y	创新训练	稻田土壤氧化阶段镉释放机制探究	戚洪源	汪鹏
	202110307122Y	创新训练	番茄抑病型土壤可培养微生物资源库的建立及其关键微生物功能研究	王馨羚	李荣
	202110307123Y	创新训练	基于无人机航拍的土地/土壤调查与评价	束宇翔	李兆富
	202110307124Y	创新训练	抗生素胁迫下蚯蚓肠道细菌生态功能多样性研究	文灵越	孙明明
生命科学学院	202110307125Y	创新训练	绿豆花距发育的细胞生物学和基因克隆研究	刘娴	李信
	202110307126Y	创新训练	青藏高原硝化微生物生理生态特征研究	胡若宁	王保战
	202110307127Y	创新训练	天然免疫诱抗剂 MPR 对番茄抗逆抗病活性的研究	孙铄力	陈世国

（续）

学院	项目编号	类型	项目名称	主持人	指导教师
理学院	202110307128Y	创新训练	基于深度学习理论识别蛋白质羰基化位点	邓嘉玥	骈 聪
	202110307129Y	创新训练	一类超临界平均场方程在刺孔区域上解的存在性	胡佳美	张懿彬
	202110307130Y	创新训练	植物根系分泌物介导的含砷施氏矿物光致溶解和转化	潘晴雯	国 静
食品科技学院	202110307131Y	创新训练	基于黑芥子酶水解菜籽粕硫苷脱毒技术研究	高戎光	杨润强
	202110307132Y	创新训练	细菌纤维素的3D打印可行性	莫畏贤	董明盛
	202110307133Y	创新训练	小麦麸皮活性成分的绿色制备技术研究	董梓桐	辛志宏
工学院	202110307134Y	创新训练	基于EDEM的大蒜圆盘播种机理及装置研究	王浩屹	李 骅
	202110307135Y	创新训练	高强钢板材热成形过程数值模拟与模具结构设计	罗 旭	姚昊萍
	202110307136Y	创新训练	废弃咖啡渣制备生物柴油的研究	曹新雨	方 真
	202110307137Y	创新训练	大空间智能温室无线传感器供电的研究与实践	孔艾旸	徐 进
	202110307138Y	创新训练	成形负载干扰条件下含间隙柔性多连杆传动系统动态误差分析与补偿控制	连子豪	郑恩来
	202110307139Y	创新训练	不锈钢皮秒激光精密微孔加工工艺研究	崔文卓	王兴盛
	202110307140Y	创新训练	基于YOLOv3深度学习网络的复杂背景下成熟番茄视觉识别方法	卓玛才仁	顾宝兴
	202110307141Y	创新训练	基于糖度检测的西瓜分拣分级技术与装置设计	张艺龙	耿国盛 朱烨均
	202110307142Y	创新训练	激光诱导石墨烯用于水体富营养化的检测和处理	崔艺蕾	张 诚
	202110307143Y	创新训练	秸秆基生物炭制备及其催化油脂脱氧制备高品质液体燃料	何子健	李坤权 徐禄江
	202110307144Y	创新训练	离心式变量撒肥机关键结构优化与数值模拟	辛亚鹏	施印炎 汪小旵
	202110307145Y	创新训练	硫化亚铁改性生物炭电极制备与电化学性能测试	费思杨	李坤权
	202110307146Y	创新训练	履带式远射程苗圃风送喷雾机研制	史荣凯	陈云富
	202110307147Y	创新训练	轮式拖拉机半主动座椅悬架的设计及性能分析	张咏淇	姚昊萍 张 静
	202110307148Y	创新训练	面向水产养殖监测的水下机器人设计	郝圣钊	章永年
	202110307149Y	创新训练	压电式精密播种机播量与播种均匀度检测方法研究	刘星雨	姬长英
	202110307150Y	创新训练	阳光玫瑰葡萄智能弥雾微喷系统设计	冒 杨	杨 飞

（续）

学院	项目编号	类型	项目名称	主持人	指导教师
信息管理学院	202110307151Y	创新训练	粉条加工工位改善研究	刘景钰	李 静
	202110307152Y	创新训练	基于 Ecotect 的塑料大棚节能优化设计	卢艳玲	刘 伟 高新南
	202110307153Y	创新训练	基于物联网技术的原位阵列式根系表型监测系统研究	魏佳音	孙国祥
人工智能学院	202110307154Y	创新训练	基于 SEIDR 模型的规模化畜养猪场疾病传播网络构建与疾病传播特征分析	李 怡	沈 毅
	202110307155Y	创新训练	基于多特征融合 SVM 算法的稻种品质检测系统	蔡齐扬	钱 燕
	202110307156Y	创新训练	基于机器学习的手语自动翻译研究	辛天乐	车建华
	202110307157Y	创新训练	基于激光技术棉花打顶移动机器人	李 解	王 玲
	202110307158Y	创新训练	基于深度学习的平养鸡场鸡只健康识别算法研究	杨博文	李玉花
	202110307159Y	创新训练	基于深度学习的自然场景下通用文本检测	吴定邦	舒 欣
	202110307160Y	创新训练	基于视觉和电子鼻数据融合的鸡肉新鲜度分级研究	史翰卿	李玉花
	202110307161Y	创新训练	计算机类课程的可视化辅助教学系统设计与实现	方定磊	朱淑鑫
	202110307162Y	创新训练	面向家禽疾病诊断治疗的智能问答技术研究	张馨天	胡 滨
经济管理学院	202110307163Y	创新训练	"退养还湖"的农民福利效应研究——以江苏省邵伯湖的调研为例	刘 昉	刘爱军
	202110307164Y	创新训练	"政府＋企业＋农户"视角下农村一二三产业融合机制研究——基于山东金乡县大蒜产业的案例分析	韩睿怡	孙顶强
	202110307165Y	创新训练	《中欧地理标志协定》生效背景下农产品企业品牌升级路径研究——以江西省婺源大鄣山绿色食品有限公司为例	张佳璐	耿献辉
	202110307166Y	创新训练	保护性耕作深松作业农户采用行为与作业补贴政策优化研究	李妍琪	葛 伟
	202110307167Y	创新训练	玉米种植户的重大病虫害适应性行为及其邻里效应研究	张舒薇	展进涛
公共管理学院	202110307168Y	创新训练	发达地区城乡居民医疗服务可及性研究——以南京为例	于浩森	刘述良
	202110307169Y	创新训练	合村并居政策农民满意度调查研究——以山东省诸城市为例	石俊辉	蓝 菁

（续）

学院	项目编号	类型	项目名称	主持人	指导教师
公共管理学院	202110307170Y	创新训练	农村"以地养老"对农民土地产权保护的理论分析及政策创新	宋国庆	唐焱
	202110307171Y	创新训练	退养还湖对农民收入影响研究——以"高宝邵伯湖"调研为例	赵可晴	邹伟
	202110307172Y	创新训练	新村民对农村生态环境的影响机制分析：消耗还是保护？——基于长三角典型乡村的社会调查与实证分析	刘悦洋	陈利根 杜焱强
人文与社会发展学院	202110307173Y	创新训练	都市再生理论下历史建筑的城市记忆挖掘研究——以南京市谭延闿旧居为例	白雯静	刘传俊 沈志忠
	202110307174Y	创新训练	平台化组织对设施果蔬规模农户绿色生产技术采纳行为的影响——以社会关系网络为视角	刘子安	余德贵
	202110307175Y	创新训练	循环经济视角下我国快递包装回收立法问题研究	黄可欣	周樨平
外国语学院	202110307176Y	创新训练	基于LCS＋模型的荷源英语外来词社会文化影响因素研究	马文婷	贾雯
金融学院	202110307177Y	创新训练	第三方组织对农地抵押贷款信贷约束的影响——基于银行供给激励的视角	高安然	黄惠春
	202110307178Y	创新训练	金融素养对农户创业决策的影响及异质性分析——基于浙江淳安县的实证调研	李静蕾	惠莉
	202110307179Y	创新训练	期货市场的价格发现功能与产业投资者投资行为的研究——基于中国豆粕产业投资者套期保值与产能扩张的研究	刘晓宇	潘军昌
	202110307180Y	创新训练	我国上市公司财务共享服务中心职能的影响因素研究——基于价值创造的实证分析	周芳卉	张娆
创新创业学院	202110307186T	创新训练	低维护花卉植物"云养花＋盲盒"创业项目	栗天依	张明娟
	202110307187T	创新训练	活性天然产物氯链素及其衍生物的市场开发	刘佳木	张明智
	202110307188T	创新训练	基于双目视觉的自走式草莓柔性低损采收技术与装备	齐浩越	耿国盛
	202110307189T	创新训练	基于图像处理的小麦苗期姿态测量装置	侯培	丁兰英
	202110307190T	创新训练	基于网络泛娱乐IP市场的衍生周边产品开发	蒋筱轩	常向阳
	202110307191T	创新训练	基于物联网技术的生猪运输智能决策系统	范毓升	傅雷鸣
	202110307192T	创新训练	面向康复训练的绳驱并联机器人	雷志豪	史立新 章永年
	202110307193T	创新训练	植遇文化教育有限公司	潘垚文	范加勤 汪越
	202110307200P	创业实践	彩色果蔬助力"三农"项目	邵嘉轩	胡春梅

（续）

学院	项目编号	类型	项目名称	主持人	指导教师
创新创业学院	202110307201P	创业实践	草坪病害线上及线下诊断与服务	王轩晨	胡健
	202110307202P	创业实践	大学羽毛球在线联盟	杨世龙	谢元澄
	202110307203P	创业实践	基于北斗导航的温室多功能智能电动耕整机	马业	肖茂华 费秀国
	202110307204P	创业实践	卫岗1号文化创意产品设计研发	刘航妤	陈宇 姚敏磊
	202110307205P	创业实践	益生活性饮品生产关键技术开发与商业应用	任哲炎	姜梅 王旭

附录3　大学生创客空间在园创业项目一览表

序号	项目名称	项目类别	入驻地点	负责人	专业	学历
1	楠小秾研产一体化供销平台项目	农林畜牧＋互联网	牌楼基地大学生创客空间	张世纪	公共事业管理	2018级本科
2	零代码 SaaS 工场	农林畜牧	牌楼基地大学生创客空间	李英瑞	农业资源与环境	2017届硕士
3	Mr. M 实用英语	P 教育	牌楼基地大学生创客空间	罗丞栋	园艺	2015届硕士
4	南农小町——优质农产品供应商	农林畜牧＋互联网	牌楼基地大学生创客空间	康敏	农业信息学	2021级博士
5	中药类宠物医药保健品	农林、畜牧相关产品	牌楼基地大学生创客空间	刘振广	临床兽医学	2015级博士
6	宠物第三方检测服务	生物技术、农业畜牧	牌楼基地大学生创客空间	寇程坤	生物工程	2015届硕士
7	医无隅	农林畜牧＋互联网	牌楼基地大学生创客空间	李佳丹	工商管理	2019级本科
8	水质生物检测和健康评价	环境监测、技术咨询、服务	牌楼基地大学生创客空间	秦春燕	农业昆虫与害虫防治	2017级博士
9	欣家文旅	服务类	牌楼基地大学生创客空间	张宇欣	数学	2018级硕士
10	牛至草类产品（爱牛至创业团队）	生物技术、农业畜牧	牌楼基地大学生创客空间	王怡超	农艺与种业	2018级硕士
11	数字化-大学来了	科技教育＋互联网	牌楼基地大学生创客空间	张启飞	科学技术哲学	2020届硕士
12	磁珠法核酸提取试剂盒项目	生物技术	牌楼基地大学生创客空间	刘悦洋	农林经济管理	2018级本科
13	森信达：非洲猪瘟快速检测创造者，为万物健康保驾护航	农林畜牧＋互联网	牌楼基地大学生创客空间	康文杰	基础兽医学	2019届硕士
14	"莓"好相约——"肥"胖蓝莓走出深闺	农林、畜牧相关产品	牌楼基地大学生创客空间	陈俊同	资源利用与植物保护	2020级硕士

（续）

序号	项目名称	项目类别	入驻地点	负责人	专业	学历
15	浔衍文创	文化创意	牌楼基地大学生创客空间	孙　辉	风景园林	2020级硕士
16	伴田伴园——农业与景观一体化助力农业产业升级	农林畜牧	牌楼基地大学生创客空间	田　源	风景园林	2019级本科
17	新生科技：国内智能动物诊疗领跑者	农林畜牧＋互联网	牌楼基地大学生创客空间	王润营	农林经济管理	2021届本科
18	蝶梦金陵	生物技术＋互联网＋服务类	牌楼基地大学生创客空间	邹欣芮	植物保护	2018级本科
19	绛引珠——一款食用油新鲜度可持续检测产品	新材料＋互联网	牌楼基地大学生创客空间	杨子懿	食品科学与工程	2016级本科 2020级硕士
20	电商助力高原藏区脱贫致富	农林、畜牧相关产品＋互联网	牌楼基地大学生创客空间	嘎松丁多	人文地理与城乡规划	2017级本科
21	南京摆渡人网络信息技术有限公司	互联网	牌楼基地大学生创客空间	袁孝林	物流工程	2017届本科
22	心田工坊	文化创意服务类	牌楼基地大学生创客空间	朱志明	表演	2017级本科
23	青提研习社	线下线上旅游活动＋就业实习考研等教育行业	牌楼基地大学生创客空间	李嘉祺	中药	2019级本科
24	绿信恒迅	社会服务＋互联网	牌楼基地大学生创客空间	周小敏	金融	2018级本科
25	木木速跑	互联网＋服务	牌楼基地大学生创客空间	王　委	生命技术	2016届本科
26	艺考生PLUS艺考生一站式交流服务平台	教育培训	牌楼基地大学生创客空间	李　全	表演	2018届本科

附录4　大学生创客空间创新创业导师库名单一览表

序号	姓名	所在单位	职务	校内/校外
1	王中有	南京全给净化股份有限公司	总经理	校外
2	卞旭东	江苏省高投（毅达资本）	投资总监	校外
3	石风春	南京艾贝尔宠物有限公司	经理	校外
4	刘士坤	江苏天哲律师事务所	合伙人	校外
5	刘国宁	南京大学智能制造软件新技术研究院	运营总监	校外
6	刘海萍	江苏品舟资产管理有限公司	总经理	校外
7	闫希军	天士力集团	董事长	校外
8	许朗	南京农业大学经济管理学院	教授	校内
9	许明丰	无锡好时来果品科技有限公司	总经理	校外

（续）

序号	姓名	所在单位	职务	校内/校外
10	许超逸	深圳市小牛投资管理有限公司	总经理	校外
11	孙仁和	华普亿方集团圆桌企管	总经理	校外
12	吴思雨	南京昌麟资产管理管理有限公司	董事长	校外
13	吴培均	北京科为博生物集团	董事长	校外
14	何卫星	靖江蜂芸蜜蜂饲料股份有限公司	总经理	校外
15	余德贵	南京农业大学人文与社会发展学院	副研究员	校外
16	张庆波	南京微届分水生物技术有限公司	董事长	校外
17	张健权	南京方途企业管理咨询有限公司	总经理	校外
18	陈军华	上海闽泰环境卫生服务有限公司	总经理	校外
19	周应堂	南京农业大学发展规划处	副处长	校内
20	胡亚军	南京乐咨企业管理咨询有限公司	总经理	校外
21	段 哲	求精集团	董事长	校外
22	姚锁平	江苏山水环境建设集团	董事长	校外
23	徐善金	南京东晨鸽业股份有限公司	总经理	校外
24	高海东	南京集思慧远生物科技有限公司	总经理	校外
25	黄乃泰	安徽省连丰种业有限责任公司	总经理	校外
26	曹 林	南京诺唯赞生物技术有限公司	董事长	校外
27	葛 胜	南京大士茶亭	总经理	校外
28	葛 磊	上海合汇合管理咨询有限公司	副总经理	校外
29	童楚格	南京美狐家网络科技有限公司	总经理	校外
30	缪 丹	康柏思企业管理咨询（上海）有限公司	创始合伙人、高级培训师	校外
31	吴玉峰	南京农业大学农学院	教师	校内
32	徐晓杰	江苏（武进）水稻研究所	所长	校外
33	郭坚华	南京农业大学植物保护学院	教师	校内
34	杨兴明	南京农业大学资源与环境科学学院	推广研究员	校内
35	钱春桃	南京农业大学常熟新农村发展研究院	研究员、常务副院长、总经理	校外
36	王 储	南京青藤农业科技有限公司	总经理	校外
37	黄瑞华	南京农业大学动物科技学院	淮安研究院院长	校内
38	张创贵	上海禾丰饲料有限公司	总经理	校外
39	张利德	苏州市未来水产养殖场	场长	校外
40	刘国锋	中国水产科学研究院淡水渔业研究中心暨南京农业大学无锡渔业学院	副研究员	校外
41	黄 明	南京农业大学食品科技学院	教师	校内
42	李祥全	深圳市蓝凌软件股份有限公司	副总经理	校外
43	任 妮	江苏省农业科学院	信息服务中心副主任	校外
44	马贤磊	南京农业大学公共管理学院	教师	校内

（续）

序号	姓名	所在单位	职务	校内/校外
45	刘吉军	江苏省东图城乡规划设计有限公司	董事长	校外
46	李德臣	南京市秦淮区朝天宫办事处	市民服务中心副主任	校外
47	吴 磊	南京农业大学理学院	副院长	校内
48	周永清	南京农业大学工学院	教师	校内
49	曾凡功	南京风船云聚信息技术有限公司	总经理	校外
50	单 杰	江苏省舜禹信息技术有限公司	总经理	校外
51	任德箴	南京市鼓楼区科技中心	副主任	校外
52	樊国民	英泰力资本、江苏诺法律师事务所	创始人	校外
53	连文杰	江苏创业者服务集团有限公司	董事长	校外
54	文 能	南京能创孵化器管理有限公司	总经理	校外
55	王 璟	高瞻咨询	董事长	校外
56	丁玉娟	南京中青汇企业管理有限公司	财务经理	校外
57	姜鹏飞	南京紫金科技创业投资有限公司	投资总监	校外
58	韩 晗	南京东南汇金融服务有限公司	投资总监	校外
59	刘 轶	南京兆峰文化传播有限公司	总监	校外
60	黄 轩	南京欣木防水工程有限公司	董事长	校外
61	仲祎东	中北联合集团	董事长	校外
62	崔中利	南京农业大学生命科学学院	教授	校内
63	陈 巍	南京农业大学新农村发展研究院	常务副院长	校内
64	陈良忠	南京本兆和农业科技有限公司	经理	校外
65	顾剑秀	南京农业大学公共管理学院	讲师	校内
66	刘 洋	齐鲁银行	营销部主任	校外
67	王德云	南京农业大学动物医学院	教授	校内
68	胡春梅	南京农业大学园艺学院	副教授	校内
69	侯喜林	南京农业大学园艺学院	教授	校内
70	高志红	南京农业大学园艺学院	教授	校内
71	陈龙云	南京市龙力佳发展有限公司	总经理	校外
72	王备新	南京农业大学植物保护学院	教授	校内
73	李艳丹	南京农业大学植物保护学院	讲师	校内
74	娄群峰	南京农业大学园艺学院	教授	校内
75	李 真	南京农业大学资源与环境科学学院	教授	校内
76	陈 宇	南京农业大学园艺学院	副教授	校内
77	周建鹏	南京农业大学就业指导中心	副科长	校内
78	张春永	南京农业大学理学院	副教授	校内
79	金 梅	南京农业大学农学院	实验师	校内

（续）

序号	姓名	所在单位	职务	校内/校外
80	刘国峰	中国水产科学研究院淡水渔业研究中心	副研究员	校外
81	胡 燕	南京农业大学教务处	副处长	校内
82	汪小旵	南京农业大学工学院	教授	校内
83	谈才双	华普亿方集团培训总监	总监	校外
84	黄 海	服务于百事可乐、摩托罗拉等公司	生涯规划师（CCP）	校外

附录 5 "三创"学堂活动一览表

序号	主题	主讲嘉宾	嘉宾简介
1	从 0 到 1，摆渡人如何把握节点，打破大学生创业"3 年"魔咒	袁孝林	南京农业大学 2017 届物流工程专业本科毕业生，南京摆渡人网络信息技术有限公司创始人
2	创新为帆，创业为桨，用创意和技术构筑坚实壁垒	杨子懿	南京农业大学食品科技学院食品科学与工程专业 2020 级研究生，南京绛升生物科技有限公司创始人
3	把兴趣做成事业——遇见平行世界的另一个自己	沈昊天	南京农业大学 2020 届风景园林硕士毕业生，南京初开息隐文化传播有限公司创始人
4	求学和创业路上的选择	于 超	南京农业大学园艺学院设施农业专业本科毕业生，南京耐特菲姆农业科技公司创始人
5	以农科学子之心助力乡村振兴	徐瀚文	南京农业大学农学院作物栽培学与耕作学专业 2018 级研究生，南京朴侬农业科技有限公司创始人
6	"莓"丽人生	吴中平	南京金色庄园农产品有限公司董事长、总经理。中国优质农产品开发服务协会草莓分会常务副会长、江苏省安徽商会副会长、《江苏农业科学》杂志理事会副理事长、中国农业银行股份有限公司南京分行服务"三农"高级顾问

附录 6 创新创业获奖统计（省部级以上）

序号	竞赛名称	奖项	级别	获奖人员	颁奖单位
1	国际定向进化大赛	团队铜奖	国际级	刘晓蕊	中国科学院深圳先进技术研究院、爱丁堡大学、伦敦帝国理工学院、剑桥 MRC 分子生物学实验室
2	国际定向进化大赛	团队铜奖	国际级	陶文慧	中国科学院深圳先进技术研究院、爱丁堡大学、伦敦帝国理工学院、剑桥 MRC 分子生物学实验室
3	国际定向进化大赛	团队铜奖	国际级	耿溥泽	中国科学院深圳先进技术研究院、爱丁堡大学、伦敦帝国理工学院、剑桥 MRC 分子生物学实验室

（续）

序号	竞赛名称	奖项	级别	获奖人员	颁奖单位
4	国际定向进化大赛	团队铜奖	国际级	袁　瑞	中国科学院深圳先进技术研究院、爱丁堡大学、伦敦帝国理工学院、剑桥 MRC 分子生物学实验室
5	国际定向进化大赛	团队铜奖	国际级	石国龙	中国科学院深圳先进技术研究院、爱丁堡大学、伦敦帝国理工学院、剑桥 MRC 分子生物学实验室
6	国际基因工程机器设计大赛	金奖	国际级	秦夏妍	美国麻省理工学院
7	国际基因工程机器设计大赛	金奖	国际级	高戎光	美国麻省理工学院
8	国际基因工程机器设计大赛	金奖	国际级	金逸池	美国麻省理工学院
9	国际基因工程机械设计大赛	金奖	国际级	杜　鑫	美国麻省理工学院
10	国际基因工程机械设计大赛	金奖	国际级	杨毅恒	美国麻省理工学院
11	国际基因工程机械设计大赛	金奖	国际级	陈天欣	美国麻省理工学院
12	国际基因工程机械设计大赛	金奖	国际级	赵海阳	美国麻省理工学院
13	国际基因工程机械设计大赛	金奖	国际级	范芷君	美国麻省理工学院
14	国际基因工程机械设计大赛	金奖	国际级	尚钰静	美国麻省理工学院
15	国际基因工程机械设计大赛	金奖	国际级	石国龙	美国麻省理工学院
16	国际基因工程机械设计大赛	金奖	国际级	蒋欣玥	美国麻省理工学院
17	国际基因工程机械设计大赛	金奖	国际级	马昊雨	美国麻省理工学院
18	国际基因工程机械设计大赛	金奖	国际级	汪广旭	美国麻省理工学院
19	"殷博海康杯"全国大学生智能互联创新应用设计大赛	特等奖	国家级	刘尚昆、王茜格、程婧烨	中国电子学会
20	"殷博海康杯"全国大学生智能互联创新应用设计大赛	一等奖	国家级	公　菲、郭振涛、杨舒绮	中国电子学会
21	"殷博海康杯"全国大学生智能互联创新应用设计大赛	二等奖	国家级	熊黄瑞、王圣元、郑王冠东	中国电子学会
22	2021 中国机器人大赛暨 RoboCup 机器人世界杯中国赛机器人旅游专项赛	一等奖	国家级	郭振涛、王茜格、公　菲、王迎龙、冯义博	中国自动化学会
23	2021 中国机器人大赛暨 RoboCup 机器人世界杯中国赛机器人旅游专项赛	二等奖	国家级	郑王冠东、王圣元、汪再冉、高文汉、公　菲	中国自动化学会
24	2021 中国机器人大赛暨 RoboCup 机器人世界杯中国赛总决赛	一等奖（季军杯）	国家级	郭振涛、公　菲、王茜格、王迎龙、高文汉	中国自动化学会
25	2021 中国机器人大赛暨 RoboCup 机器人世界杯中国赛总决赛	二等奖	国家级	王圣元、郑王冠东、汪再冉、高文汉、冯义博	中国自动化学会

（续）

序号	竞赛名称	奖项	级别	获奖人员	颁奖单位
26	第十三届"中国电机工程学会杯"全国大学生电工数学建模竞赛	三等奖	国家级	刘尚昆、李雨竹、王圣元	中国电机工程学会
27	APMCM 亚太地区大学生数学建模竞赛	二等奖	国家级	李睿奕、佟泽霖、祁 杰	北京图像图形学会
28	"华数杯"全国大学生数学建模竞赛	二等奖	国家级	李春雨	中国工业与应用数学学会
29	"华数杯"全国大学生数学建模竞赛	二等奖	国家级	陈汝佳	中国工业与应用数学学会
30	"华教杯"全国大学生数学建模竞赛	三等奖	国家级	吉寒冰	中国工业与应用数学学会
31	"华数杯"全国大学生数学建模竞赛	三等奖	国家级	许 可	中国工业与应用数学学会
32	"华数杯"全国大学生数学建模竞赛	三等奖	国家级	江 南	中国工业与应用数学学会
33	"泰迪杯"数据挖掘挑战赛全国	三等奖	国家级	俞超芝	全国大学生数学建模竞赛组委会
34	2021年第二届全国大学生财经素养大赛	二等奖	国家级	叶芸如	中国商业经济学会教育培训分会
35	2021"优必选杯"中国机器人技能大赛	二等奖（季军杯）	国家级	郭振涛、公 菲、王迎龙、冯义博、王茜格	中国人工智能学会
36	2021"优必选杯"中国机器人技能大赛	二等奖	国家级	郑王冠东、汪再冉、高文汉、王圣元、郭振涛	中国人工智能学会
37	2021年第四届全国大学生计算机技能应用大赛	优秀奖	国家级	郭振涛	中国软件行业协会
38	全国大学生嵌入式芯片与系统设计竞赛全国总决赛一等奖	一等奖	国家级	熊黄瑞、王圣元、郑王冠东	中国电子学会
39	全国大学生嵌入式芯片与系统设计竞赛全国总决赛二等奖	二等奖	国家级	刘尚昆、王茜格、程婧烨	中国电子学会
40	全国大学生嵌入式芯片与系统设计竞赛全国总决赛二等奖	二等奖	国家级	公 菲、郭振涛、杨舒绮	中国电子学会
41	华数杯全国大学生数学建模竞赛	一等奖	国家级	李睿奕、卢 宁	中国未来研究会大数据与数学模型专业委员会
42	华数杯全国大学生数学建模大赛	二等奖	国家级	江志健、徐子龙、刘佳木	中国未来研究会大数据与数学模型专业委员会
43	全国大学生生命科学竞赛（2021，创新创业类）	团体二等奖	国家级	汪小军	全国大学生生命科学竞赛委员会
44	第十一届 MathorCup 高校大数据挑战赛	二等奖	国家级	徐子龙、江志健、李 晓	中国优选法统筹法与经济数学研究会

（续）

序号	竞赛名称	奖项	级别	获奖人员	颁奖单位
45	第十一届 MathorCup 高校数学建模挑战赛	三等奖	国家级	刘尚昆、熊黄瑞、王茜格	中国优选法统筹法与经济数学研究会
46	全国大学生生命科学竞赛（2021，创新创业类）	三等奖	国家级	关惠泽、孙宇彤、孙丹清、王妍妍、方 舒、王忠洋	全国大学生生命科学竞赛委员会
47	第二届全国大学生财经素养大赛	一等奖	国家级	方 奕	全国大学生财经素养大赛组委会
48	2021"读懂中国"微视频征集大赛	优秀奖	国家级	葛笑婷	教育部关工委
49	2021"读懂中国"微视频征集大赛	优秀奖	国家级	张 萍	教育部关工委
50	2021"读懂中国"微视频征集大赛	优秀奖	国家级	骈浩文	教育部关工委
51	2021"读懂中国"微视频征集大赛	优秀奖	国家级	吴雅雯	教育部关工委
52	2021年"白马杯"全国大学生畜产品创新创业大赛	三等奖	国家级	王苏滢	中国畜产品加工研究会
53	2021年"白马杯"全国大学生畜产品创新创业大赛	三等奖	国家级	赵庆尧	中国畜产品加工研究会
54	2021年"白马杯"全国大学生畜产品创新创业大赛	三等奖	国家级	石婷婷	中国畜产品加工研究会
55	2021年"白马杯"全国大学生畜产品创新创业大赛	三等奖	国家级	高彤瑶	中国畜产品加工研究会
56	第十七届全国大学生数智化企业经营沙盘大赛全国总决赛	三等奖	国家级	米昊田、张怡晨、黄莉雯、李轶赫、龙 姣	中国高等教育学会高等财经教育分会
57	2021年"白马杯"全国大学生畜产品创新创业大赛	三等奖	国家级	高歆仪	中国畜产品加工研究会
58	2021年"白马杯"全国大学生畜产品创新创业大赛	银奖	国家级	蒋颖涵	中国畜产品加工研究会
59	2021年"白马杯"全国大学生畜产品创新创业大赛	银奖	国家级	徐欣蕊	中国畜产品加工研究会
60	2021年"白马杯"全国大学生畜产品创新创业大赛	银奖	国家级	高戎光	中国畜产品加工研究会
61	2021年"白马杯"全国大学生畜产品创新创业大赛	银奖	国家级	苏芸颉	中国畜产品加工研究会
62	2021年"白马杯"全国大学生畜产品创新创业大赛	银奖	国家级	陈 宇	中国畜产品加工研究会
63	2021年"白马杯"全国大学生畜产品创新创业大赛	银奖	国家级	陆晨红	中国畜产品加工研究会
64	2021年"白马杯"全国大学生畜产品创新创业大赛	银奖	国家级	沈书钰	中国畜产品加工研究会

（续）

序号	竞赛名称	奖项	级别	获奖人员	颁奖单位
65	2021年"白马杯"全国大学生畜产品创新创业大赛	银奖	国家级	贺军宝	中国畜产品加工研究会
66	"中国希望杯"全国青少年儿童书画摄影作品大赛青年组	一等奖	国家级	陈 慧	"中国希望杯"组委会、世界华人华侨艺术团、北京笔墨艺术交流中心、海天图书出版中心
67	2021年第14届中国大学生计算机设计大赛	二等奖	国家级	韩志成	大学生创新创业训练中心
68	2021年全国大学生科学素质知识竞答活动初赛	二等奖	国家级	宋家骏	全国大学生科学素质知识竞赛组委会
69	MathorCup 高校大数据挑战赛	二等奖	国家级	徐浩书	中国优选法统筹法与经济数学研究会
70	XPRIZE CARBON REMOVAL 中国预热赛	优秀奖	国家级	范亚菁	XPRIZE CARBON REMOVAL 中国预热赛
71	XPRIZE CARBON REMOVAL 中国预热赛	优秀奖	国家级	陈泓锦	XPRIZE CARBON REMOVAL 中国预热赛
72	第五届全国大学生环保知识竞赛	优秀奖	国家级	孟亦茹	全国大学生环保知识竞赛组委会
73	第五届全国大学生环保知识竞赛	优秀奖	国家级	张楚姗	中国生物多样性保护与绿色发展基金会、四川省生态文明促进会
74	第五届全国大学生环保知识竞赛	二等奖	国家级	吴昕昀	中国生物多样性保护与绿色发展基金会、四川省生态文明促进会
75	第五届全国大学生环保知识竞赛	优秀奖	国家级	叶芸如	中国生物多样性保护与绿色发展基金会、四川省生态文明促进会
76	2021年全国大学生数学建模竞赛	二等奖	国家级	胡冰馨	中国工业与应用数学学会
77	第五届全国大学生环保知识竞赛	优秀奖	国家级	方 奕	中国生物多样性保护与绿色发展基金会、四川省生态文明促进会
78	第六届全国大学生学术英语词汇竞赛	三等奖	国家级	开 欣	上海高校大学英语教学指导委员会
79	第六届全国大学生学术英语词汇竞赛	三等奖	国家级	郭振涛	上海高校大学英语教学指导委员会
80	美国大学生数学建模竞赛	Finalist Mention	国家级	徐子龙、江志健、李 晓	美国数学及其应用联合会
81	美国大学生数学建模竞赛	Honorable Mention	国家级	刘尚昆、熊黄瑞、李雨竹	美国数学及其应用联合会
82	美国大学生数学建模竞赛	Honorable Mention	国家级	徐翊曼、孔艺臻、李睿奕	美国数学及其应用联合会
83	ASC 世界大学生超算竞赛	二等奖	国家级	李海波、辛天乐、何青青、江志健、李睿奕	ASC 世界大学生超级计算机组委会

（续）

序号	竞赛名称	奖项	级别	获奖人员	颁奖单位
84	全国大学生财经素养大赛	二等奖	国家级	蓝海香	中国商业经济学会教育培训分会
85	第六届全国大学生预防艾滋病知识竞赛	优秀奖	国家级	张 林	中国预防性病艾滋病基金会
86	第六届全国学术英语词汇竞赛	优胜奖	国家级	葛笑婷	中国学术英语教学研究会
87	第六届学术英语词汇大赛	优胜奖	国家级	吴雅雯	中国学术英语教学研究会、上海高校大学英语教学指导委员会
88	2021 年全国大学生英语竞赛（NECCS）	C类二等奖	国家级	钱文婧	高等学校大学外语教学研究会
89	第七届全国学术英语词汇竞赛复赛	二等奖	国家级	闫美君	中国 EAP 协会
90	全国青少年全民健身知识竞赛	三等奖	国家级	张 林	国家体育总局社会体育指导中心全民健身运动推广委员会
91	全国学术英语词汇竞赛	一等奖	国家级	徐子璇	中国学术英语教学研究会
92	认证杯数学中国数学建模国际赛	二等奖	国家级	徐子龙、江志健、李 晓	全球数学建模能力认证中心
93	生物加国际青年作品展评大会	优秀（优胜）奖	国家级	秦夏妍	中国科协、浙江省人民政府
94	生物加国际青年作品展评大会	优秀（优胜）奖	国家级	高戎光	中国科协、浙江省人民政府
95	生物加国际青年作品展评大会	优秀（优胜）奖	国家级	杜 鑫	中国科协、浙江省人民政府
96	生物加国际青年作品展评大会	优秀（优胜）奖	国家级	杨毅恒	中国科协、浙江省人民政府
97	生物加国际青年作品展评大会	优秀（优胜）奖	国家级	陈天欣	中国科协、浙江省人民政府
98	生物加国际青年作品展评大会	优秀（优胜）奖	国家级	赵海阳	中国科协、浙江省人民政府
99	生物加国际青年作品展评大会	优秀（优胜）奖	国家级	范芷君	中国科协、浙江省人民政府
100	生物加国际青年作品展评大会	优秀（优胜）奖	国家级	尚钰静	中国科协、浙江省人民政府
101	生物加国际青年作品展评大会	优秀（优胜）奖	国家级	余博远	中国科协、浙江省人民政府
102	生物加国际青年作品展评大会	优秀（优胜）奖	国家级	胡冰馨	中国科协、浙江省人民政府
103	生物加国际青年作品展评大会	优秀（优胜）奖	国家级	闫开拓	中国科协、浙江省人民政府

（续）

序号	竞赛名称	奖项	级别	获奖人员	颁奖单位
104	生物加国际青年作品展评大会	优秀（优胜）奖	国家级	石国龙	中国科协、浙江省人民政府
105	生物加国际青年作品展评大会	优秀（优胜）奖	国家级	蒋欣玥	中国科协、浙江省人民政府
106	首届"书画中国"全国书画大赛金奖	金奖	国家级	陈慧	中国书画家协会
107	首届 CATIC 杯全国传译大赛	二等奖	国家级	徐子璇	中国外文局翻译院、全国翻译专业学位研究生教育指导委员会
108	首届 CATIC 杯全国传译大赛	三等奖	国家级	开欣	中国外文局翻译院、全国翻译专业学位研究生教育指导委员会
109	首届 CATIC 杯全国翻译大赛	三等奖	国家级	徐子璇	中国外文局翻译院、全国翻译专业学位研究生教育指导委员会
110	首届 CATIC 杯口语大赛全国一等奖	一等奖	国家级	昌伦越	中国外文局翻译院、全国翻译专业学位研究生教育指导委员会
111	首届全国农业资源与环境专业大学生实践技能竞赛	特等奖	国家级	许家正、徐志豪、刘良回	国务院学术委员会第八届农业资源与环境学科评议组秘书处
112	数维杯国际大学生数学建模挑战赛	二等奖	国家级	徐子龙、江志健、李晓	内蒙古创新教育资源开发研究院
113	第七届中国国际"互联网＋"大学生创新创业大赛	国赛金奖	国家级	寇程坤、刘雅楠、李淑芳、严超、蔡金洋、陈梦醒、宁轶凡、尚泽慧、刘凯迪、李雅婕、龚珣、申屠湘洁、杨林睿、臧雪羽、于正青	教育部、中央统战部、中央网络安全和信息化委员会办公室、国家发展和改革委员会、工业和信息化部、人力资源和社会保障部、农业农村部、中国科学院、中国工程院、国家知识产权局、国家乡村振兴局、共青团中央、江西省人民政府
114	第七届中国国际"互联网＋"大学生创新创业大赛	国赛银奖	国家级	沈妍、张尤嘉、毛辰元、李响千辰、周绮颖、夏灿灿、徐子琳、张文数、梁中旗、刘奕彤、尚泽慧、徐艺帆、雷晨、何俊、余钟毓	教育部、中央统战部、中央网络安全和信息化委员会办公室、国家发展和改革委员会、工业和信息化部、人力资源和社会保障部、农业农村部、中国科学院、中国工程院、国家知识产权局、国家乡村振兴局、共青团中央、江西省人民政府
115	第七届中国国际"互联网＋"大学生创新创业大赛	国赛银奖	国家级	裘晶晶、胡亦舒、关惠泽、孙丹清、孙宇彤、高雅楠、汤育楷、李森森、朱璧合、许钧杰、陈彦廷、柯欣仪、李香锦、周睿、刘佳佩	教育部、中央统战部、中央网络安全和信息化委员会办公室、国家发展和改革委员会、工业和信息化部、人力资源和社会保障部、农业农村部、中国科学院、中国工程院、国家知识产权局、国家乡村振兴局、共青团中央、江西省人民政府

（续）

序号	竞赛名称	奖项	级别	获奖人员	颁奖单位
116	第七届中国国际"互联网＋"大学生创新创业大赛	国赛银奖	国家级	汪瑜辉、王庆凯、徐朝阳、查欣妍、李　欣、张　桐、魏潇田、丁　茜、叶雨欣、由雨欣、吴雨声、刘佩彤、张然、江峥嵘、杨弘毅	教育部、中央统战部、中央网络安全和信息化委员会办公室、国家发展和改革委员会、工业和信息化部、人力资源和社会保障部、农业农村部、中国科学院、中国工程院、国家知识产权局、国家乡村振兴局、共青团中央、江西省人民政府
117	全国大学生组织管理能力竞技活动	一等奖	国家级	黄彦祚	中国商业经济学会教育培训分会
118	第三届全国高校创新英语挑战活动综合能力赛	非专业组一等奖	国家级	李浩源	《海外英语》杂志、全国文化信息协会创新文化传播专业委员会、全国高校创新英语挑战活动组委会
119	全国大学生英语竞赛	C类二等奖	国家级	孔文婷	高等学校大学外语教学研究会
120	全国大学生英语竞赛	C类三等奖	国家级	周芃霄	高等学校大学外语教学研究会
121	第十一届全国大学生红色旅游创意策划大赛	省二等奖	国家级	吴雅雯	全国大学生红色旅游创意策划大赛组委会
122	全国大学生英语竞赛	三等奖	国家级	刘尚昆	国际英语外语教师协会中国英语外语教师协会
123	全国大学生英语竞赛	一等奖	国家级	陈雨昕	国际英语外语教师协会中国英语外语教师协会
124	第七届全国学术英语词汇竞赛	优胜奖	国家级	周倩雯	中国学术英语教学研究会
125	第二届全国节水知识大赛	优秀奖	国家级	张楚姗	全国节约用水办公室
126	中国大学生计算机设计大赛（有省级比赛）	国家级二等奖，省级一等奖	国家级、省部级	骈浩文	中国大学生计算机设计大赛江苏省级赛组委会
127	"外教社·词达人杯"全国大学生英语词汇能力大赛（有省级比赛）	国家级三等奖、省特等奖	国家级、省部级	周芃霄	"外教社·词达人杯"全国大学生英语词汇能力大赛组委会
128	首届"外教社·词达人杯"全国大学生英语词汇能力大赛	二等奖	省部级	李妍蕾	"外教社·词达人杯"江苏省大学生英语词汇大赛组委会
129	首届"外教社·词达人杯"全国大学生英语词汇能力大赛江苏赛区	一等奖	省部级	周　予	"外教社·词达人杯"江苏省大学生英语词汇大赛组委会
130	"LSCAT"江苏省笔译大赛	三等奖	省部级	石　琛	江苏省翻译协会、江苏省高校外语教学研究会、南京翻译家协会、中国翻译协会语言服务行业创业创新中心

（续）

序号	竞赛名称	奖项	级别	获奖人员	颁奖单位
131	"LSCAT"江苏省笔译大赛	一等奖	省部级	何杨洋	江苏省翻译协会、江苏省高校外语教学研究会、南京翻译家协会、中国翻译协会语言服务行业创业创新中心
132	"外教社·词达人杯"全国大学生英语词汇能力大赛	三等奖	省部级	靳晓凡	中国外语教材与教法研究中心、上海外语教育出版社
133	"外教社·词达人杯"全国大学生英语词汇能力大赛	三等奖	省部级	董怡然	"外教社·词达人杯"全国大学生英语词汇能力大赛组委会
134	"外教社·词达人杯"全国大学生英语词汇能力大赛	一等奖	省部级	李心琪	中国外语教材与教法研究中心、上海外语教育出版社
135	"外教社·词达人杯"全国大学生英语词汇能力大赛江苏赛区	一等奖	省部级	张誉允	"外教社·词达人杯"江苏省大学生英语词汇大赛组委会
136	"外教社·词达人杯"全国大学生英语词汇能力大赛江苏赛区	二等奖	省部级	王泽润	"外教社·词达人杯"江苏省大学生英语词汇大赛组委会
137	"外教社·词达人杯"全国大学生英语词汇能力大赛江苏赛区	二等奖	省部级	俞超芝	"外教社·词达人杯"江苏省大学生英语词汇大赛组委会
138	"外研社·国才杯"全国大学生英语阅读大赛省级	三等奖	省部级	许恩博	外语教学与研究出版社、教育部高等学校大学外语教学指导委员会、教育部高等学校英语专业教学指导分委员会、中国外语与教育研究中心
139	"外研社·国才杯"全国英语写作大赛省级复赛	三等奖	省部级	开 欣	外语教学与研究出版社、教育部高等学校大学外语教学指导委员会、教育部高等学校英语专业教学指导分委员会、中国外语与教育研究中心
140	"梧桐林杯"江宁区第六届青年大学生创业大赛	优秀项目奖	省部级	方 舒、王忠洋、王妍妍、马雪凝、孙丹清、孙宇彤、关惠泽、李森森	南京市江宁区政府
141	"正大杯"2021年大学生创新创业实战营销大赛	三等奖	省部级	刘筱婷、刘笑笑	中国青年创业就业基金会、正大集团
142	2021"外研社·国才杯"全国英语阅读大赛	三等奖	省部级	嵇筱杨、史骏驰	"外研社·国才杯"全国英语阅读大赛组委会
143	2021年江苏省第七届"LSCAT"杯笔译大赛汉译英一等奖	一等奖	省部级	昌伦越	中国翻译协会
144	2021年江苏省第七届"LSCAT"杯笔译大赛英译汉三等奖	三等奖	省部级	昌伦越	中国翻译协会
145	2021江苏省企业竞争模拟大赛	二等奖	省部级	杨爱敏、刘禹函、贾泽萱	中国管理现代化研究会决策模拟专业委员会

（续）

序号	竞赛名称	奖项	级别	获奖人员	颁奖单位
146	2021年"科创江苏"创新创业大赛食品科技领域决赛	一等奖	省部级	蒋颖涵	江苏省科学技术学会
147	2021年"科创江苏"创新创业大赛食品科技领域决赛	一等奖	省部级	徐欣蕊	江苏省科学技术学会
148	2021年"科创江苏"创新创业大赛食品科技领域决赛	一等奖	省部级	涂乐怡	江苏省科学技术学会
149	2021年"科创江苏"创新创业大赛食品科技领域决赛	一等奖	省部级	苏芸颉	江苏省科学技术学会
150	2021年"科创江苏"创新创业大赛食品科技领域决赛	一等奖	省部级	陈 宇	江苏省科学技术学会
151	2021年"科创江苏"创新创业大赛食品科技领域决赛	一等奖	省部级	陆晨红	江苏省科学技术学会
152	2021年"科创江苏"创新创业大赛食品科技领域决赛	一等奖	省部级	黄华莹	江苏省科学技术学会
153	2021年"科创江苏"创新创业大赛食品科技领域决赛	一等奖	省部级	贺军宝	江苏省科学技术学会
154	2021年"科创江苏"创新创业大赛食品科技领域决赛	二等奖	省部级	蒋颖涵	江苏省科学技术学会
155	2021年"科创江苏"创新创业大赛食品科技领域决赛	二等奖	省部级	张 慧	江苏省科学技术学会
156	2021年"科创江苏"创新创业大赛食品科技领域决赛	二等奖	省部级	高戎光	江苏省科学技术学会
157	2021年"科创江苏"创新创业大赛食品科技领域决赛	二等奖	省部级	陈 宇	江苏省科学技术学会
158	2021年"科创江苏"创新创业大赛食品科技领域决赛	二等奖	省部级	黄华莹	江苏省科学技术学会
159	2021年"科创江苏"创新创业大赛食品科技领域决赛	二等奖	省部级	贺军宝	江苏省科学技术学会
160	2021年第七届"LSCAT"杯江苏省笔译大赛	三等奖	省部级	洪 芳	中国翻译协会
161	2021年江苏省企业竞争模拟大赛	三等奖	省部级	冯子文、吴远钊、陈英杰	中国管理现代化研究会决策模拟专业委员会
162	2021年全国大学生传染病预防知识竞赛	一等奖	省部级	田文秀	大学生传染病预防知识竞赛内蒙古西部散文学会
163	2021年全国大学生数学建模竞赛	二等奖	省部级	刘佳木	中国工业与应用数学学会
164	2021年全国大学生数学建模竞赛	一等奖	省部级	许宇鹏	中国工业与应用数学学会

（续）

序号	竞赛名称	奖项	级别	获奖人员	颁奖单位
165	2021年全国大学生英语竞赛	二等奖	省部级	李心琪	国际英语外语教师协会中国英语外语教师协会
166	2021年全省乡村振兴软科学课题	一等奖	省部级	屈浩然	江苏省农村经济研究中心
167	2022微软"创新杯"全球学生科技大赛	二等奖	省部级	公 菲、郭振涛、杨舒绮	2022微软"创新杯"全球学生科技大赛江苏赛区组委会
168	CUPT华东赛区	三等奖	省部级	余佳欣	中国大学生物理学术竞赛（华东赛区）组委会
169	CUPT华东赛区	三等奖	省部级	凌一凡	中国大学生物理学术竞赛（华东赛区）组委会
170	ICAN全国大学生创新创业大赛江浙赛区选拔赛	二等奖	省部级	刘尚昆、熊黄瑞、王茜格、郑王冠东、程婧烨	ICAN全国大学生创新创业大赛组委会
171	第26届中国日报社"21世纪杯"全国英语演讲大赛江苏省赛区	二等奖	省部级	昌伦越	中国日报社与可口可乐（中国）
172	第二届"外教社·词达人杯"江苏省大学生英语词汇大赛（本科组）	三等奖	省部级	苏思娴	"外教社·词达人杯"江苏省大学生英语词汇大赛组委会
173	第二届"外教社·词达人杯"江苏省大学生英语词汇大赛	三等奖	省部级	楼馨元	"外教社·词达人杯"全国大学生英语词汇能力大赛组委会
174	第二届"外教社·词达人杯"江苏省大学生英语词汇大赛（本科组）	二等奖	省部级	张天时	"外教社·词达人杯"江苏省大学生英语词汇大赛组委会
175	第二届"外教社·词达人杯"江苏省大学生英语词汇大赛（本科组）	三等奖	省部级	赵 伟	"外教社·词达人杯"江苏省大学生英语词汇大赛组委会
176	第二届"外教社·词达人杯"江苏省大学生英语词汇大赛（本科组）	三等奖	省部级	许佳迪	"外教社·词达人杯"江苏省大学生英语词汇大赛组委会
177	第二届"外教社·词达人杯"全国大学生英语词汇能力大赛江苏赛区	三等奖	省部级	唐文超	"外教社·词达人杯"江苏省大学生英语词汇大赛组委会
178	第二届"外教社·词达人杯"全国大学生英语词汇能力大赛江苏赛区	三等奖	省部级	冯一尘	"外教社·词达人杯"江苏省大学生英语词汇大赛组委会
179	第二届"外教社·词达人杯"全国大学生英语词汇能力大赛江苏赛区	三等奖	省部级	韩佳怡	"外教社·词达人杯"江苏省大学生英语词汇大赛组委会
180	第二届"外教社·词达人杯"全国大学生英语词汇能力大赛江苏赛区	二等奖	省部级	陈 璇	"外教社·词达人杯"江苏省大学生英语词汇大赛组委会

（续）

序号	竞赛名称	奖项	级别	获奖人员	颁奖单位
181	第二届"外教社·词达人杯"全国大学生英语词汇能力大赛江苏赛区	三等奖	省部级	张雅雯	"外教社·词达人杯"江苏省大学生英语词汇大赛组委会
182	第二届"外教社·词达人杯"全国大学生英语词汇能力大赛江苏赛区	二等奖	省部级	陈嘉蕙	"外教社·词达人杯"江苏省大学生英语词汇大赛组委会
183	第二届"外教社·词达人杯"全国大学生英语词汇能力大赛江苏赛区	二等奖	省部级	阮楚颖	"外教社·词达人杯"江苏省大学生英语词汇大赛组委会
184	第二届"外教社·词达人杯"全国大学生英语词汇能力大赛江苏赛区	二等奖	省部级	付晨佳	"外教社·词达人杯"江苏省大学生英语词汇大赛组委会
185	第二届"外教社·词达人杯"全国大学生英语词汇能力大赛江苏赛区	二等奖	省部级	戴梦昕	"外教社·词达人杯"江苏省大学生英语词汇大赛组委会
186	第二届"外教社·词达人杯"全国大学生英语词汇能力大赛江苏赛区	三等奖	省部级	张心怡	"外教社·词达人杯"江苏省大学生英语词汇大赛组委会
187	第二届江苏省"图书馆杯"高校大学生英语口说大赛本科组	一等奖	省部级	徐子璇	江苏省高等学校图书情报工作委员会读者服务与阅读推广专业委员会
188	第二届江苏省大学生节能减排社会实践与科技竞赛	三等奖	省部级	肖　倩	东南大学、江苏省能源研究会、碳中和世界大学联盟
189	第二届江苏省大学生节能减排社会实践与科技竞赛	三等奖	省部级	蒋颖涵	东南大学、江苏省能源研究会、碳中和世界大学联盟
190	第二届江苏省大学生节能减排社会实践与科技竞赛	三等奖	省部级	戴佩斯	东南大学、江苏省能源研究会、碳中和世界大学联盟
191	第二届江苏省大学生节能减排社会实践与科技竞赛	三等奖	省部级	朱永祺	东南大学、江苏省能源研究会、碳中和世界大学联盟
192	第二届江苏省大学生节能减排社会实践与科技竞赛	三等奖	省部级	陈怡沁	东南大学、江苏省能源研究会、碳中和世界大学联盟
193	第二届全国大学生化学实验创新设计大赛"微瑞杯"华东赛区	二等奖	省部级	余佳欣	中国化学会教育部高等学校国家级实验教学示范中心联席会
194	第二届全国大学生化学实验创新设计大赛"微瑞杯"华东赛区	二等奖	省部级	万华丽	中国化学会教育部高等学校国家级实验教学示范中心联席会
195	第二届全国大学生化学实验创新设计大赛"微瑞杯"华东赛区	二等奖	省部级	胡瑞月	中国化学会教育部高等学校国家级实验教学示范中心联席会

（续）

序号	竞赛名称	奖项	级别	获奖人员	颁奖单位
196	第二届全国高等院校财务数智化大赛财务大数据赛项	二等奖	省部级	李轶赫、王玮周、郝时旸、程晓予	中国高等教育学会高等财经教育分会
197	第六届江苏省大学生化学化工实验竞赛	特等奖	省部级	杨 晨	江苏省大学生化学化工实验竞赛组委会、江苏省化学化工学会、江苏省高等教育学会实验室研究委员会
198	第六届江苏省大学生化学化工实验竞赛	一等奖	省部级	周子斌	江苏省大学生化学化工实验竞赛组委会、江苏省化学化工学会、江苏省高等教育学会实验室研究委员会
199	第六届江苏省大学生化学化工实验竞赛	三等奖	省部级	王天声	江苏省大学生化学化工实验竞赛组委会、江苏省化学化工学会、江苏省高等教育学会实验室研究委员会
200	第六届江苏省大学生化学化工实验竞赛	三等奖	省部级	石壮志	江苏省大学生化学化工实验竞赛组委会、江苏省化学化工学会、江苏省高等教育学会实验室研究委员会
201	第六届江苏省大学生化学化工实验竞赛	优秀（优胜）奖	省部级	管梓杏	江苏省大学生化学化工实验竞赛组委会、江苏省化学化工学会、江苏省高等教育学会实验室研究委员会
202	第七届"LSCAT"杯江苏省笔译大赛（汉译英本科组）	三等奖	省部级	开 欣	中国翻译协会
203	第七届"LACAT"杯江苏省笔译大赛	三等奖	省部级	宋河星	中国翻译协会
204	第七届"LSCAT"杯江苏省笔译大赛	三等奖	省部级	曲金瑞	中国翻译协会
205	第七届"LSCAT"杯江苏省笔译大赛	三等奖	省部级	孟梓敏	中国翻译协会
206	第七届"LSCAT"杯江苏省笔译大赛	一等奖	省部级	马怡俪	中国翻译协会
207	第七届"LSCAT"杯江苏省笔译大赛	一等奖	省部级	任金硕	中国翻译协会
208	第七届"LSCAT"杯江苏省笔译大赛	二等奖	省部级	何彦霖	中国翻译协会
209	第七届"LSCAT"杯江苏省笔译大赛	二等奖	省部级	陈 慧	中国翻译协会
210	第七届"LSCAT"杯江苏省笔译大赛	二等奖	省部级	胡 芸	中国翻译协会

（续）

序号	竞赛名称	奖项	级别	获奖人员	颁奖单位
211	第七届"LSCAT"杯江苏省笔译大赛	二等奖	省部级	蒋雨峰	中国翻译协会
212	第七届"LSCAT"杯江苏省笔译大赛	三等奖	省部级	蒋雨峰	中国翻译协会
213	第七届"LSCAT"杯江苏省笔译大赛	三等奖	省部级	靳晓凡	中国翻译协会
214	第七届"LSCAT"杯江苏省笔译大赛	二等奖	省部级	李佳其	中国翻译协会
215	第七届"LSCAT"杯江苏省笔译大赛	三等奖	省部级	王锦宁	中国翻译协会
216	第七届"LSCAT"杯江苏省笔译大赛（日译中）	三等奖	省部级	夏玥滢	中国翻译协会
217	第七届"LSCAT"杯江苏省笔译大赛（英译汉本科组）	三等奖	省部级	赵雨凝	中国翻译协会
218	第七届"LSCAT"杯江苏省笔译大赛（中译日）	二等奖	省部级	夏玥滢	中国翻译协会
219	第七届"LSCAT"杯江苏省笔译大赛（日译中）	三等奖	省部级	郑金屿	中国翻译协会
220	第七届"LSCAT"杯江苏省笔译大赛（中译日）	二等奖	省部级	尤玉兰	中国翻译协会
221	第七届"LSCAT"杯江苏省笔译大赛（中译日）	一等奖	省部级	郑金屿	中国翻译协会
222	第七届"LSCAT"杯江苏省笔译大赛（本科组汉译英）	三等奖	省部级	徐千芝	中国翻译协会
223	第七届"LSCAT"杯江苏省笔译大赛（本科组英译汉）	二等奖	省部级	徐千芝	中国翻译协会
224	第七届"LSCAT"杯江苏省笔译大赛（英译汉本科组）	三等奖	省部级	钟 爽	中国翻译协会
225	第七届"LSCAT"杯江苏省笔译大赛（英译汉本科组）	三等奖	省部级	徐子璇	中国翻译协会
226	第七届"LSCAT"杯江苏省笔译大赛	三等奖	省部级	田文秀	中国翻译协会
227	第七届"LSCAT"杯江苏省笔译大赛（汉译英本科组）	二等奖	省部级	叶 彤	中国翻译协会
228	第七届"LSCAT"杯江苏省笔译大赛（英译汉本科组）	三等奖	省部级	叶 彤	中国翻译协会

（续）

序号	竞赛名称	奖项	级别	获奖人员	颁奖单位
229	第七届2021江苏省笔译大赛	二等奖	省部级	姚姝琪	中国翻译协会
230	第七届全国大学生学术英语词汇竞赛	二等奖	国家级	郭振涛	上海高校大学英语教学指导委员会
231	第七届全国大学生英语学术词汇竞赛	二等奖	省部级	徐燕灵	中国学术英语教学研究会
232	第七届全国大学生英语学术词汇竞赛	三等奖	省部级	石蕊	中国学术英语教学研究会
233	第七届全国大学生英语学术词汇竞赛	二等奖	省部级	林若凡	中国学术英语教学研究会
234	第七届全国大学生英语学术词汇竞赛	三等奖	省部级	张誉允	中国学术英语教学研究会
235	第七届全国学术英语词汇竞赛	优胜奖	省部级	苏心悦	中国学术英语教学研究会
236	第十届全国口译大赛（英语）江苏赛区复赛	一等奖	省部级	徐子璇	中国翻译协会
237	第十届全国口译大赛（英语）江苏赛区复赛	一等奖	省部级	开欣	中国翻译协会
238	第十届全国口译大赛（英语）江苏赛区复赛	三等奖	省部级	叶彤	中国翻译协会
239	第十届全国口译大赛江苏省三等奖	三等奖	省部级	昌伦越	中国翻译协会
240	第十六届全国大学生智能汽车竞赛	三等奖	省部级	郭振涛、王茜格、王迎龙	中国自动化学会
241	第十六届全国大学生智能汽车竞赛	三等奖	省部级	郑王冠东、王圣元、汪再冉	中国自动化学会
242	第十七届全国大学生数智化企业经营沙盘大赛江苏省赛	二等奖	省部级	张然、廖妍慧、王雨桐、杨舒文、张译文	中国高等教育学会高等财经教育分会
243	第十七届全国大学生数智化企业经营沙盘大赛江苏省赛	一等奖	省部级	米昊田、张怡晨、黄莉雯、李轶赫、龙姣	中国高等教育学会高等财经教育分会
244	第十三届"板桥杯"青年翻译竞赛笔译竞赛	三等奖	省部级	叶彤	江苏省翻译协会
245	第十三届全国大学生数学竞赛	三等奖	省部级	刘菲	第十三届全国高校大学生数学竞赛组委会
246	第十三届全国大学生数学竞赛	二等奖	省部级	杨翼飞	第十三届全国高校大学生数学竞赛组委会
247	第十三届全国大学生数学竞赛	三等奖	省部级	许倩	第十三届全国高校大学生数学竞赛组委会
248	第十三届全国大学生数学竞赛	三等奖	省部级	邓诗雨	第十三届全国高校大学生数学竞赛组委会
249	第十三届全国大学生数学竞赛	一等奖	省部级	张烨	第十三届全国高校大学生数学竞赛组委会
250	第十三届全国大学生数学竞赛	二等奖	省部级	刘佳妮	第十三届全国高校大学生数学竞赛组委会

（续）

序号	竞赛名称	奖项	级别	获奖人员	颁奖单位
251	第十三届全国大学生数学竞赛	二等奖	省部级	王子濠	第十三届全国高校大学生数学竞赛组委会
252	第十三届全国大学生数学竞赛	二等奖	省部级	杜妍柳	第十三届全国高校大学生数学竞赛组委会
253	第十三届全国大学生数学竞赛	三等奖	省部级	刘子琪	第十三届全国高校大学生数学竞赛组委会
254	第十三届全国大学生数学竞赛	三等奖	省部级	李 玲	第十三届全国高校大学生数学竞赛组委会
255	第十三届全国大学生数学竞赛	三等奖	省部级	朱可彬	第十三届全国高校大学生数学竞赛组委会
256	第十三届全国大学生数学竞赛	三等奖	省部级	钱浩宇	第十三届全国高校大学生数学竞赛组委会
257	第十三届全国大学生数学竞赛	二等奖	省部级	丁绍泽	第十三届全国高校大学生数学竞赛组委会
258	第十一届全国大学生红色旅游创意策划大赛	二等奖	省部级	徐湘婷	全国大学生红色旅游创意策划大赛组委会
259	第四届"外教社杯"长三角区域高校学生跨文化能力大赛	三等奖	省部级	周子涵	江苏省高等学校外国语教学研究会、上海外语教育出版社
260	第五届江苏省大学生知识产权知识竞赛	三等奖	省部级	付一帆	江苏省知识产权局
261	第五届江苏省大学生知识产权知识竞赛	三等奖	省部级	顾文清	江苏省知识产权局
262	第五届江苏省大学生知识产权知识竞赛	三等奖	省部级	方雨晨	江苏省知识产权局
263	第五届江苏省大学生知识产权知识竞赛	三等奖	省部级	杜 欣	江苏省知识产权局
264	第五届江苏省大学生知识产权知识竞赛	三等奖	省部级	张明月	江苏省知识产权局
265	第五届全国大学生环保知识竞赛	优秀奖	省部级	张鑫洋	全国大学生环保知识竞赛组委会
266	第五届全国大学生"普译奖"全国大学生翻译比赛	三等奖	省部级	安 园	"普译奖"赛事活动组委会
267	江苏省"舜禹杯"日语翻译竞赛	三等奖	省部级	陈 慧	中国日语教学研究会江苏分会
268	江苏省大学生新媒体设计大赛	三等奖	省部级	陈 科	共青团江苏省委员会
269	江苏省大学生新媒体设计大赛	二等奖	省部级	魏良希	共青团江苏省委员会
270	江苏省大学生知识产权创意视频比赛	二等奖	省部级	陈子怡	江苏省知识产权局
271	江苏省大学生知识产权创意视频比赛	二等奖	省部级	张清颖	江苏省知识产权局
272	江苏省大学生知识产权创意视频比赛	三等奖	省部级	陈 科	江苏省知识产权局
273	江苏省大学生知识竞赛（第十二届）	三等奖	省部级	张 浩	江苏省大学生知识竞赛组委会

（续）

序号	竞赛名称	奖项	级别	获奖人员	颁奖单位
274	江苏省第九届仙林成才杯模拟法庭大赛	二等奖	省部级	张明月	共青团江苏省委员会
275	江苏省第九届仙林成才杯模拟法庭大赛	二等奖	省部级	付一帆	共青团江苏省委员会
276	江苏省第十二届大学生知识竞赛	优秀奖	省部级	薛明顺	江苏省大学生知识竞赛组委会
277	江苏省第十六届大学生职业规划大赛	三等奖	省部级	王 峥	江苏省教育厅、江苏省招生就业指导服务中心
278	江苏省高等学校第十八届高等数学竞赛	二等奖	省部级	章雨琪	江苏省高等学校数学教学研究会
279	江苏省高等学校第十八届高等数学竞赛	三等奖	省部级	刘 菲	江苏省高等学校数学教学研究会
280	江苏省高等学校第十八届高等数学竞赛	一等奖	省部级	杜妍柳	江苏省高等学校数学教学研究会
281	江苏省高等学校第十八届高等数学竞赛	三等奖	省部级	王天声	江苏省高等学校数学教学研究会
282	江苏省高等学校第十八届高等数学竞赛	一等奖	省部级	徐泽琦	江苏省高等学校数学教学研究会
283	江苏省高等学校第十八届高等数学竞赛	二等奖	省部级	徐文杰	江苏省高等学校数学教学研究会
284	江苏省高等学校第十八届高等数学竞赛	二等奖	省部级	闫佳欣	江苏省高等学校数学教学研究会
285	江苏省高等学校第十八届高等数学竞赛	三等奖	省部级	于 欢	江苏省高等学校数学教学研究会
286	江苏省高等学校第十八届高等数学竞赛	三等奖	省部级	田 震	江苏省高等学校数学教学研究会
287	江苏省高等学校第十八届高等数学竞赛	三等奖	省部级	李 骁	江苏省高等学校数学教学研究会
288	江苏省高等学校第十八届高等数学竞赛	一等奖	省部级	林 蓝	江苏省高等学校数学教学研究会
289	江苏省高等学校第十八届高等数学竞赛	一等奖	省部级	王鑫宇	江苏省高等学校数学教学研究会
290	江苏省高等学校第十八届高等数学竞赛	二等奖	省部级	韩睿怡	江苏省高等学校数学教学研究会
291	江苏省高等学校第十八届高等数学竞赛	二等奖	省部级	沈程炼	江苏省高等学校数学教学研究会

（续）

序号	竞赛名称	奖项	级别	获奖人员	颁奖单位
292	江苏省普通高校第十八届高等数学竞赛	三等奖	省部级	王鑫宇	江苏省高等学校数学教学研究会
293	江苏省机器人大赛	二等奖（季军杯）	省部级	郭振涛、王迎龙、冯义博、王茜格、公 菲	江苏省大学生机器人大赛组委会
294	江苏省机器人大赛	三等奖	省部级	郑王冠东、高文汉、王圣元、汪再冉、王茜格	江苏省大学生机器人大赛组委会
295	江苏省企业模拟竞争大赛	二等奖	省部级	卢一健	江苏省企业模拟竞争大赛
296	江苏省十二届大学生知识竞赛（理工科组）	优秀奖	省部级	朱哲溪	江苏省高等教育学会
297	江苏省首届"阿拉丁杯"翻译配音大赛	三等奖	省部级	徐子璇	江苏省高等学校外国语教学研究会、江苏省翻译协会
298	江苏省首届"阿拉丁杯"翻译配音大赛	三等奖	省部级	刘颖希	江苏省高等学校外国语教学研究会、江苏省翻译协会
299	江苏省知识产权竞赛	三等奖	省部级	谭城城	江苏省知识产权局
300	全国大学生电子设计竞赛	二等奖	省部级	刘尚昆、曹钰沆、徐一杰	全国大学生电子设计竞赛江苏赛区组委会
301	全国大学生嵌入式芯片与系统设计竞赛东部赛区	一等奖	省部级	刘尚昆、王茜格、程婧烨	中国电子学会
302	全国大学生嵌入式芯片与系统设计竞赛华东赛区	一等奖	省部级	公 菲、郭振涛、杨舒绮	中国电子学会
303	全国大学生数学建模竞赛省赛	二等奖	省部级	徐子龙、江志健、刘佳木	全国大学生数学建模竞赛组委会
304	全国大学生数学建模竞赛省赛	三等奖	省部级	徐翊曼、孔艺臻、李睿奕	全国大学生数学建模竞赛组委会
305	全国大学生英语词汇能力大赛	三等奖	省部级	韩佳怡	"外教社·词达人杯"江苏省大学生英语词汇大赛组委会
306	全国大学生英语翻译大赛	三等奖	省部级	刘尚昆	国际英语外语教师协会、中国英语外语教师协会
307	全国大学生英语竞赛	三等奖	省部级	徐子璇	国际英语外语教师协会、中国英语外语教师协会
308	全国大学生英语能力竞赛	一等奖	省部级	陆一笑	国际英语外语教师协会、中国英语外语教师协会
309	全国大学生英语能力竞赛	二等奖	省部级	刘 璐	国际英语外语教师协会、中国英语外语教师协会
310	全国大学生英语作文大赛	二等奖	省部级	刘尚昆	国际英语外语教师协会、中国英语外语教师协会
311	全国口译大赛江苏赛区	三等奖	省部级	高 颖	中国翻译协会
312	全国口译大赛江苏赛区	三等奖	省部级	石 琛	中国翻译协会

（续）

序号	竞赛名称	奖项	级别	获奖人员	颁奖单位
313	中国大学生3×3篮球联赛江苏省城市冠军赛	亚军	省部级	王欣宁	中国大学生体育协会
314	"建行杯"第七届中国国际"互联网＋"大学生创新创业大赛江苏省选拔赛	一等奖	省部级	沈 妍、张尤嘉、成 程、周绮颖、张好雨、胡泽南、李响千辰、夏灿灿、徐子琳、何 俊、余钟毓、马良驹	江苏省教育厅、省委统战部、省委网信办、省发展改革委、省科技厅、省工信厅、省人社厅、省生态环境厅、省农业农村厅、省商务厅、省扶贫办、团省委、省科协、江苏证监局等部门
315	"建行杯"第七届中国国际"互联网＋"大学生创新创业大赛江苏省选拔赛	一等奖	省部级	马行聪、陶嘉诚、魏泽昊、罗瑞祺、郑玉秀、雷 晨、叶培彤、刘 洋、米嘉豪、陈俊同、李 恺、周方玲	江苏省教育厅、省委统战部、省委网信办、省发展改革委、省科技厅、省工信厅、省人社厅、省生态环境厅、省农业农村厅、省商务厅、省扶贫办、团省委、省科协、江苏证监局等部门
316	"建行杯"第七届中国国际"互联网＋"大学生创新创业大赛江苏省选拔赛	一等奖	省部级	何嘉亮、王思远、彭 芮、张文数、张伍漩、徐子杰、嵇建铭、王乐萱	江苏省教育厅、省委统战部、省委网信办、省发展改革委、省科技厅、省工信厅、省人社厅、省生态环境厅、省农业农村厅、省商务厅、省扶贫办、团省委、省科协、江苏证监局等部门
317	"建行杯"第七届中国国际"互联网＋"大学生创新创业大赛江苏省选拔赛	一等奖	省部级	张 玥、吴 佳、宁轶凡、杨林睿、张宇晨、朱昌达、王 奇、尹 涛	江苏省教育厅、省委统战部、省委网信办、省发展改革委、省科技厅、省工信厅、省人社厅、省生态环境厅、省农业农村厅、省商务厅、省扶贫办、团省委、省科协、江苏证监局等部门
318	"建行杯"第七届中国国际"互联网＋"大学生创新创业大赛江苏省选拔赛	一等奖	省部级	汪瑜辉、王庆凯、徐朝阳、丁 茜、李 欣、由雨欣、吴雨声、查欣妍、忻启谱、张桐、张 然、赵子靖、叶雨欣、周 燕、高 深	江苏省教育厅、省委统战部、省委网信办、省发展改革委、省科技厅、省工信厅、省人社厅、省生态环境厅、省农业农村厅、省商务厅、省扶贫办、团省委、省科协、江苏证监局等部门
319	"建行杯"第七届中国国际"互联网＋"大学生创新创业大赛江苏省选拔赛	一等奖	省部级	寇程坤、刘雅楠、汤 凌、王孟柔、方湘芸、蔡金洋、谢沙岑、王燕苗、芮建涛、张则、陈 欣、王 宇、潘丽娟	江苏省教育厅、省委统战部、省委网信办、省发展改革委、省科技厅、省工信厅、省人社厅、省生态环境厅、省农业农村厅、省商务厅、省扶贫办、团省委、省科协、江苏证监局等部门
320	"建行杯"第七届中国国际"互联网＋"大学生创新创业大赛江苏省选拔赛	一等奖	省部级	裘晶晶、胡亦舒、高雅楠、孙丹清、关惠泽、孙宇彤、汤育楷、李森森、朱璧合、许钧杰、陈彦廷、柯欣仪、李香锦、周 睿、刘佳佩	江苏省教育厅、省委统战部、省委网信办、省发展改革委、省科技厅、省工信厅、省人社厅、省生态环境厅、省农业农村厅、省商务厅、省扶贫办、团省委、省科协、江苏证监局等部门

（续）

序号	竞赛名称	奖项	级别	获奖人员	颁奖单位
321	"建行杯"第七届中国国际"互联网＋"大学生创新创业大赛江苏省选拔赛	二等奖	省部级	周菁怡、姜惠心、汪 磊、王陈媛、连倩源、尚泽慧、陈泽昊、万歆钰、孙 冉、杜宇珠、祁子泰、王润营	江苏省教育厅、省委统战部、省委网信办、省发展改革委、省科技厅、省工信厅、省人社厅、省生态环境厅、省农业农村厅、省商务厅、省扶贫办、团省委、省科协、江苏证监局等部门
322	"建行杯"第七届中国国际"互联网＋"大学生创新创业大赛江苏省选拔赛	二等奖	省部级	李佳丹、晏梓琴、尚泽慧、林子博、马艺丹、宋天睿、张佳璐、王雅睿、胡韵涵、金敏杰	江苏省教育厅、省委统战部、省委网信办、省发展改革委、省科技厅、省工信厅、省人社厅、省生态环境厅、省农业农村厅、省商务厅、省扶贫办、团省委、省科协、江苏证监局等部门
323	"建行杯"第七届中国国际"互联网＋"大学生创新创业大赛江苏省选拔赛	二等奖	省部级	马舒洋、马龙宇、王偲媛、叶争妍、王彦程、邵兴宇、雷馨圆、朱勇杰、袁华丽、姚立立	江苏省教育厅、省委统战部、省委网信办、省发展改革委、省科技厅、省工信厅、省人社厅、省生态环境厅、省农业农村厅、省商务厅、省扶贫办、团省委、省科协、江苏证监局等部门
324	"建行杯"第七届中国国际"互联网＋"大学生创新创业大赛江苏省选拔赛	二等奖	省部级	姚宇雯、赵若辰、施凯婷、杨 雪、徐青昀、闵佳俊、卢紫琳	江苏省教育厅、省委统战部、省委网信办、省发展改革委、省科技厅、省工信厅、省人社厅、省生态环境厅、省农业农村厅、省商务厅、省扶贫办、团省委、省科协、江苏证监局等部门
325	"建行杯"第七届中国国际"互联网＋"大学生创新创业大赛江苏省选拔赛	三等奖	省部级	马志杰、陈昱成、杨斯淇、王晨睿、陆裔娜、魏湖滨、杨婧怡、赵益琦、吴建勇、吴舒湉	江苏省教育厅、省委统战部、省委网信办、省发展改革委、省科技厅、省工信厅、省人社厅、省生态环境厅、省农业农村厅、省商务厅、省扶贫办、团省委、省科协、江苏证监局等部门
326	"建行杯"第七届中国国际"互联网＋"大学生创新创业大赛江苏省选拔赛	三等奖	省部级	强天宇、邵小蔚、赵 莹、陆艺艺、李 郁、齐晓雪、陈 壮、刘 薇、刘丹妮、明卓慧、许书凝	江苏省教育厅、省委统战部、省委网信办、省发展改革委、省科技厅、省工信厅、省人社厅、省生态环境厅、省农业农村厅、省商务厅、省扶贫办、团省委、省科协、江苏证监局等部门
327	"建行杯"第七届中国国际"互联网＋"大学生创新创业大赛江苏省选拔赛	三等奖	省部级	徐家良、王居飞、傅杰一、陈 曦、樊佳博、朱品清、朱雪茹、马云龙、孙 超、孟泉旺、万启超	江苏省教育厅、省委统战部、省委网信办、省发展改革委、省科技厅、省工信厅、省人社厅、省生态环境厅、省农业农村厅、省商务厅、省扶贫办、团省委、省科协、江苏证监局等部门
328	"建行杯"第七届中国国际"互联网＋"大学生创新创业大赛江苏省选拔赛	三等奖	省部级	刘悦洋、宋一娇、潘 蕊、周睿思、马昊雨、宋苗苗	江苏省教育厅、省委统战部、省委网信办、省发展改革委、省科技厅、省工信厅、省人社厅、省生态环境厅、省农业农村厅、省商务厅、省扶贫办、团省委、省科协、江苏证监局等部门

（续）

序号	竞赛名称	奖项	级别	获奖人员	颁奖单位
329	"建行杯"第七届中国国际"互联网＋"大学生创新创业大赛江苏省选拔赛	三等奖	省部级	陆明杰、马舒啸、方湘芸、宋知睿、段 滢、杨婉晴、孔德霖、江 瀛、郑欣妍	江苏省教育厅、省委统战部、省委网信办、省发展改革委、省科技厅、省工信厅、省人社厅、省生态环境厅、省农业农村厅、省商务厅、省扶贫办、团省委、省科协、江苏证监局等部门
330	"建行杯"第七届中国国际"互联网＋"大学生创新创业大赛江苏省选拔赛	三等奖	省部级	单衍可、江亦金、黄欣桐、周 磊、王语非、武倩宇、梁中旗、王 彬、李嘉豪、康文杰、陆雨楠	江苏省教育厅、省委统战部、省委网信办、省发展改革委、省科技厅、省工信厅、省人社厅、省生态环境厅、省农业农村厅、省商务厅、省扶贫办、团省委、省科协、江苏证监局等部门
331	"建行杯"第七届中国国际"互联网＋"大学生创新创业大赛江苏省选拔赛	三等奖	省部级	刘 祺、杨 静、李淑芳、肖诗宇、冒心怡、贺 玥、李思言、李旭雯、法可依、王龙、刘颖希	江苏省教育厅、省委统战部、省委网信办、省发展改革委、省科技厅、省工信厅、省人社厅、省生态环境厅、省农业农村厅、省商务厅、省扶贫办、团省委、省科协、江苏证监局等部门
332	"建行杯"第七届中国国际"互联网＋"大学生创新创业大赛江苏省选拔赛	三等奖	省部级	吴佳鸿、韩 璐、陈 爽、袁朴冰、陈 涛、陈小平、郝睿忆、熊黄瑞、程婧烨、刘尚昆、王茜格、郑王冠东	江苏省教育厅、省委统战部、省委网信办、省发展改革委、省科技厅、省工信厅、省人社厅、省生态环境厅、省农业农村厅、省商务厅、省扶贫办、团省委、省科协、江苏证监局等部门
333	"建行杯"第七届中国国际"互联网＋"大学生创新创业大赛江苏省选拔赛	三等奖	省部级	黄学丽、葛雨杭、刘奕彤、郝冠毅、吴思敏、杨 涛、谯力嘉、栗天依、高 艺、张鑫洋	江苏省教育厅、省委统战部、省委网信办、省发展改革委、省科技厅、省工信厅、省人社厅、省生态环境厅、省农业农村厅、省商务厅、省扶贫办、团省委、省科协、江苏证监局等部门
334	"建行杯"第七届中国国际"互联网＋"大学生创新创业大赛江苏省选拔赛	三等奖	省部级	杨子懿、张馨元、王丹璇、常 乐、欧阳新杰、席飞扬	江苏省教育厅、省委统战部、省委网信办、省发展改革委、省科技厅、省工信厅、省人社厅、省生态环境厅、省农业农村厅、省商务厅、省扶贫办、团省委、省科协、江苏证监局等部门
335	"建行杯"第七届中国国际"互联网＋"大学生创新创业大赛江苏省选拔赛暨第十届江苏省大学生创新创业大赛决赛青年红色筑梦之旅"红色青年说"	二等奖	省部级	刘奕彤	江苏省教育厅、省委统战部、省委网信办、省发展改革委、省科技厅、省工信厅、省人社厅、省生态环境厅、省农业农村厅、省商务厅、省扶贫办、团省委、省科协、江苏证监局等部门
336	第十七届江苏省大学生课外学术科技作品竞赛	特等奖	省级	朱玲玲、郭晨瑶、李思言、刘元上、程智新、刘 祺、田陌童、张 瑶	共青团江苏省委员会、江苏省科学技术协会、江苏省教育厅、江苏省社会科学院、江苏省学生联合会

（续）

序号	竞赛名称	奖项	级别	获奖人员	颁奖单位
337	第十七届江苏省大学生课外学术科技作品竞赛	特等奖	省级	漆家宏、张 纯、王崇懿、陈 睿、支晓旭、李 欣、翟心悦、章筱淳	共青团江苏省委员会、江苏省科学技术协会、江苏省教育厅、江苏省社会科学院、江苏省学生联合会
338	第十七届江苏省大学生课外学术科技作品竞赛	一等奖	省级	史陈晨、刘 洋、陈诗佳、何子健、吴晟红、杨健洁、吴慧贤	共青团江苏省委员会、江苏省科学技术协会、江苏省教育厅、江苏省社会科学院、江苏省学生联合会
339	第十七届江苏省大学生课外学术科技作品竞赛	一等奖	省级	李璋浔、纪伟茜、李 源、杨 洋、叶俊良、傅家莹、陈轲言、黎卓龙、华瑞措	共青团江苏省委员会、江苏省科学技术协会、江苏省教育厅、江苏省社会科学院、江苏省学生联合会
340	第十七届江苏省大学生课外学术科技作品竞赛	一等奖	省级	王 童、王梦晓、于肖肖、汤育楷、裴晶晶、耿源远、刘沛霖、吴奕淳、陈彦廷、陈天一	共青团江苏省委员会、江苏省科学技术协会、江苏省教育厅、江苏省社会科学院、江苏省学生联合会
341	第十七届江苏省大学生课外学术科技作品竞赛	一等奖	省级	范琮婧、沈嫣然、朱轶凡、余荣辉、赛伊真、孙黄彬、孙黄彬	共青团江苏省委员会、江苏省科学技术协会、江苏省教育厅、江苏省社会科学院、江苏省学生联合会
342	第十七届江苏省大学生课外学术科技作品竞赛	三等奖	省级	郑 伟、方银垒、杨 希	共青团江苏省委员会、江苏省科学技术协会、江苏省教育厅、江苏省社会科学院、江苏省学生联合会
343	第十七届江苏省大学生课外学术科技作品竞赛	三等奖	省级	孙 冉、陈梓琪、尚泽慧、付亦丹、辛怡静、崔佳媛	共青团江苏省委员会、江苏省科学技术协会、江苏省教育厅、江苏省社会科学院、江苏省学生联合会
344	第十七届"挑战杯"红色专项活动江苏省选拔赛	一等奖	省级	李梓涵、陆星雨、王玮嘉、毛汇一、王馨羚、王心妤	共青团江苏省委员会、江苏省科学技术协会、江苏省教育厅、江苏省社会科学院、江苏省学生联合会
345	第十七届"挑战杯"红色专项活动江苏省选拔赛	一等奖	省级	陈 宇、葛雨杭、盛凯然、苗雨佳、陈美汐、蒋颖涵	共青团江苏省委员会、江苏省科学技术协会、江苏省教育厅、江苏省社会科学院、江苏省学生联合会
346	第十七届"挑战杯"红色专项活动江苏省选拔赛	一等奖	省级	李佳丹、刘奕彤、方忆丹、杨芊芊、杨婉晴、董亦雷、庞家豪、丁姿尹、钱致禾	共青团江苏省委员会、江苏省科学技术协会、江苏省教育厅、江苏省社会科学院、江苏省学生联合会
347	第十七届"挑战杯"红色专项活动江苏省选拔赛	一等奖	省级	张芷瑜、李家桢、周雨璇、胡韵涵	共青团江苏省委员会、江苏省科学技术协会、江苏省教育厅、江苏省社会科学院、江苏省学生联合会
348	第十七届"挑战杯"红色专项活动江苏省选拔赛	二等奖	省级	钟欣妍、赵一凡	共青团江苏省委员会、江苏省科学技术协会、江苏省教育厅、江苏省社会科学院、江苏省学生联合会

（续）

序号	竞赛名称	奖项	级别	获奖人员	颁奖单位
349	第十七届"挑战杯"红色专项活动江苏省选拔赛	二等奖	省级	叶佳佳、吴嘉豪、周婧怡	共青团江苏省委员会、江苏省科学技术协会、江苏省教育厅、江苏省社会科学院、江苏省学生联合会
350	第十七届"挑战杯"红色专项活动江苏省选拔赛	二等奖	省级	陈彦廷、张　滢、耿源远	共青团江苏省委员会、江苏省科学技术协会、江苏省教育厅、江苏省社会科学院、江苏省学生联合会
351	第十七届"挑战杯"红色专项活动江苏省选拔赛	三等奖	省级	吴宇骅、徐雯祺、王柳苹、肖瑞冰	共青团江苏省委员会、江苏省科学技术协会、江苏省教育厅、江苏省社会科学院、江苏省学生联合会
352	第十七届"挑战杯"红色专项活动江苏省选拔赛	三等奖	省级	钟君如、沈卓阳、陆宜成、叶　彤、赵亚南、李钦瑶、沈袁媛、张泽梁	共青团江苏省委员会、江苏省科学技术协会、江苏省教育厅、江苏省社会科学院、江苏省学生联合会
353	第十七届"挑战杯"红色专项活动江苏省选拔赛	三等奖	省级	张展旗、陈佳靓、阳嘉宇、李文轩、于皓然、崔远博	共青团江苏省委员会、江苏省科学技术协会、江苏省教育厅、江苏省社会科学院、江苏省学生联合会
354	第十七届"挑战杯"红色专项活动江苏省选拔赛	三等奖	省级	蒋良贤、吴奇隆、王莹莹、申甜静、吴　冉、梁庆洁、曹友三、成　圳、汪镇江、邢梦柯	共青团江苏省委员会、江苏省科学技术协会、江苏省教育厅、江苏省社会科学院、江苏省学生联合会
355	第十七届"挑战杯"红色专项活动江苏省选拔赛	三等奖	省级	徐华楠、王令涵、王东袁、巩元洲、李文心、高致远、肖汉卿、钟君如	共青团江苏省委员会、江苏省科学技术协会、江苏省教育厅、江苏省社会科学院、江苏省学生联合会
356	第十七届"挑战杯"红色专项活动江苏省选拔赛	三等奖	省级	郑奕彤	共青团江苏省委员会、江苏省科学技术协会、江苏省教育厅、江苏省社会科学院、江苏省学生联合会
357	第十七届"挑战杯"红色专项活动江苏省选拔赛	三等奖	省级	丁葆亭、季晓波	共青团江苏省委员会、江苏省科学技术协会、江苏省教育厅、江苏省社会科学院、江苏省学生联合会
358	第十七届"挑战杯"红色专项活动江苏省选拔赛	三等奖	省级	曾凡美、徐雯娟、殷瑞启、丁鸿宇、刘　磊、李晓慈、彭鸣、李　珺、侯潇俊	共青团江苏省委员会、江苏省科学技术协会、江苏省教育厅、江苏省社会科学院、江苏省学生联合会

（撰稿：赵玲玲　田心雨　翟元海　审稿：张　炜　吴彦宁　谭智赟
审核：戎男崖）

公共艺术教育中心

【概况】2021年，公共艺术教育中心秉持美育初心，强化美育教学，将美育实践纳入人才培养方案，开设"大学生美育实践"课程；强化师资队伍，选送曹夜景、许可两位教师参加首届江苏省高校艺术教师基本功展示。充分利用社会资源，建立学校、社会协同育人机制，推动高雅艺术"引进来""走出去"，举办"美育讲堂""江苏戏曲名作高校巡演"系列高雅艺术进校园活动、江苏省高雅艺术进校园拓展项目"向上的青春"南京农业大学专场文艺演出、元旦晚会、十佳歌手赛、大学生艺术团专场演出等活动，丰富校园文化生活。组织观摩"心向党·致青春"庆祝中国共产党成立100周年高校优秀文艺节目汇报演出等。精心创编红色精神、时代精神、传统文化与南农特色相结合的艺术作品，参加全国第六届大学生艺术展演，4个作品获全国一等奖；参加2021年江苏省紫金文化艺术节·大学生戏剧展演活动，原创话剧《党旗飘扬》获戏剧展演长剧类一等奖。

【参加全国第六届大学生艺术展演活动】5月6—13日，由教育部和四川省人民政府主办、四川省教育厅和成都市人民政府承办的全国第六届大学生艺术展演活动现场展演在成都举行。学校入围现场展演的原创朗诵《北方的篝火》、器乐小合奏《勒克莱尔C大调双簧管协奏曲第一乐章》、"菊拾"艺术实践工作坊、高校美育改革创新优秀案例《从国家精品课程到国家一流课程——南京农业大学〈民间艺术鉴赏〉课程持续建设案例》均获得最高奖项——全国一等奖，朗诵作品《北方的篝火》获优秀创作奖。学校获优秀组织奖，展演成绩位于全国参赛高校前列，创学校在此项赛事中最好成绩。

【承办第二届江苏省大学生艺术团联合会戏剧联盟第一次工作会议】4月14日，第二届江苏省大学生艺术团联合会戏剧联盟第一次工作会议在学校召开。学校党委副书记刘营军、江苏省教育厅体卫艺处三级调研员王红蕾、第一届戏剧联盟轮值主席单位代表褚玮、第二届戏剧联盟轮值主席谭智赟及14位第二届戏剧联盟单位成员单位代表参加会议。戏剧联盟各成员单位分享了各校戏剧团建设、育人目标和实施举措，就建立常态化戏剧展演机制、孵化优秀作品、壮大戏剧联盟队伍、培养师生的专业素质和创新能力等工作规划进行深入讨论，力求提升美育效果，推动联盟工作与学生全面发展需求同向同行，助力江苏省高校戏剧事业发展。

【参加2021紫金文化艺术节·大学生戏剧展演】12月，公共艺术教育中心组织师生参加由中共江苏省委宣传部、江苏省教育厅共同主办的2021紫金文化艺术节·大学生戏剧展演。12月29日，颁奖仪式上学校原创话剧《党旗飘扬》获戏剧展演长剧类一等奖，5位教师获评优秀指导教师奖，学校获优秀组织奖。话剧《党旗飘扬》以一堂特殊的思政课开篇，将党建思政与文化美育元素融于一体，演绎了南农人"立德树人，强农兴农"的初心与使命，是学校美育教育的优秀成果。

【举办高雅艺术进校园系列活动】4月17日，中国音乐家协会管乐学会主席、国家一级指挥于海应邀带来美育思政讲座"我们的国歌"，从国歌概念入手，梳理《中华人民共和国国歌》的发展历程，为师生们上了一堂生动的音乐思政课。6月2日，南京大学博士、江苏省楹联研究会会长周游应邀举办"诗挟风雷书壮阔，联吟奋进载辉煌——在诗联中学党史、悟思想、办实事、开新局"主题党史讲座，围绕中国共产党历史进程中的 8 个主题，从一幅幅诗联中解读了中国共产党波澜壮阔的百年历史。11 月 28 日，江苏省朗诵协会带来高雅艺术进校园活动——《经典诵读·追梦中国》名家名篇朗诵音乐会，通过 5 个篇章的朗诵，全面展现了中华民族从筚路蓝缕到改天换地的百年辉煌。12 月 14 日，"江苏戏曲名作高校巡演"锡剧《烛光在前》走进校园，通过传统戏剧讲述了英雄模范张太雷的革命故事。

（撰稿：孟宁馨　翟元海　　审稿：谭智赟　审核：戎男崖）

九、科学研究与社会服务

科 学 研 究

【概况】2021 年度，年度到位纵向科研经费 6.25 亿元；其中，地方来源资金 15 876 万元（同比增长 67.57%，包括海南项目 2 184.8 万），占比 25.41%。

国家自然科学基金获批 171 项，立项总经费 10 698.22 万元，其中重点项目 1 项、国家自然科学基金优秀青年科学基金 2 项。获批江苏省基金项目 48 项，其中江苏省杰出青年科学基金 3 项、江苏省优秀青年科学基金 2 项。新增农业科研杰出人才 8 人。

积极动员申报国家重点研发计划各类项目 38 项，其中 4 个专项项目、2 个青年项目获立项；承担国家重点研发计划课题 12 项，累计立项经费 2.83 亿元，实现绿色生物制造领域专项项目的突破。新增国家产业体系岗位专家 7 人（包括 4 名岗位传承），江苏省产业体系岗位专家 2 人。江苏省重点研发项目 23 项，其中重点项目 14 项；农业自主创新项目 42 项；江苏省种业振兴"揭榜挂帅"项目 20 项，立项经费 7 700 万元。

新增人文社科类纵向科研项目 234 项。其中，获批国家社会科学基金重大招标项目 3 项，国家社会科学基金重点项目 4 项，国家社会科学基金其他类项目 11 项，教育部社会科学重大攻关项目 1 项，教育部社会科学一般项目 9 项，江苏省社会科学基金项目 12 项等。纵向立项资助经费 1 137.7 万元，纵向项目到账经费 2 644.1 万元；横向项目到账经费 1 913.8 万元；到账总经费 4 557.9 万元。

以南京农业大学为第一完成单位的自然科学类项目获省部级奖励 6 项，其中江苏省科学技术一等奖 1 项、神农中华农业科技奖一等奖 1 项、神农中华农业科技奖优秀创新团队奖 2 项。获南京市优秀发明专利奖 1 项。

以南京农业大学为第一完成单位的人文社科类项目获省部级奖励 20 项，其中第六届全国教学科学研究优秀成果奖三等奖 1 项；获 2021 年江苏省高等学校科学研究成果奖（哲学社会科学研究类）9 项，其中一等奖 1 项、二等奖 4 项、三等奖 4 项；获 2020 年度江苏社科应用精品工程奖 10 项，其中一等奖 3 项、二等奖 7 项；1 项成果获 2021 年度江苏省教育研究成果奖一等奖。

沈其荣获评中国工程院院士；方真获评加拿大工程院院士；石晓平、易福金获评国家"万人计划"哲学社会科学领军人才；王源超获评南京市十大科技之星；徐国华、朱艳、周光宏、崔中利、韦中、苟卫兵获评国家重点研发计划项目主持人；李珊、丁宝清获国家自然科学基金优秀青年科学基金资助；李春保被评为"江苏省科学技术奖一等奖"第一完成人；侯喜林被评为"中华农业科技奖"第一完成人；牛冬冬、许冬青、吴俊俊获江苏省杰出青年科学基金资助；袁军、王沛获江苏省优秀青年科学基金资助。

强化质量提升和国际专利布局，年度授权专利 499 件，其中国际专利 16 件；获植物新品种权 40 件，审定品种 14 个；注册新兽药证书（一类）1 个。以学校为通讯作者单位被 SCI 收录的论文 2 154 篇；其中，影响因子大于 9 的论文 191 篇，较同期增长 119.54％。5 位教授入选科睿唯安"高被引科学家"榜单。

强化专利成果推介，签订技术转让合同 44 项，转让知识产权 60 个，同比增长 25％；合同总额 1 620.1 万元，到账金额 889 万元。获批江苏省高校专利转化项目 1 项，立项经费 200 万元。参加江苏省国际农业机械展览会、高等学校科技创新成果展等，获最佳展示奖；参与 10 余场成果对接会。

新增 1 个国家级科研平台——农村专业技术培训与服务国家智能社会治理实验基地；17 个省部级及以上科研平台，其中农业农村部国家数字农业创新分中心 1 个、"科创中国""一带一路"科技创新院 10 个、省级种质资源库/圃 3 个、省级国际合作联合实验室 1 个、江苏省科技创新中心 1 个、江苏省工程研究中心 1 个。成立国家重点实验室建设领导小组，加强党的全面领导，强化实验室实体化建设，加快推进国家重点实验室重组相关工作，顺利通过教育部重组方案评估。整合优势资源，统筹推进重大创新平台筹建工作。作物表型组学研究设施完成国家发展和改革委员会复评答辩；P3 实验室列入国家"十四五"建设规划；钟山实验室筹建工作有序推进；江苏农业微生物资源保护与种质创新利用中心建议获江苏省领导同意建设批示。2 个教育部重点实验室通过建设期评估。6 个江苏省工程研究中心通过优化整合和绩效评价。新增 2 个校级科研机构。1 个新型研发机构获市级备案。

《园艺研究》2021 年影响因子为 6.793，位于园艺、植物科学、遗传学领域一区，为园艺领域第一名，通过了中国科技期刊卓越行动计划领军期刊项目第二年验收；主办了第八届国际园艺研究大会。《植物表型组学》被 SCIE 等数据库收录，为学校第二本 SCI 期刊，同时进入农学、遥感、植物科学 3 个领域。《生物设计研究》入选中国科技期刊卓越行动计划高起点新刊；主办第二届国际生物设计研究大会。《南京农业大学学报》和《畜牧与兽医》均入选《世界期刊影响力指数（WJCI）报告》，并均再次入选《中文核心期刊要目总览》。《南京农业大学学报》为 2021—2022 年 CSCD 核心库来源期刊，荣获"第三届江苏省新闻出版政府奖期刊奖提名奖""第七届华东地区优秀期刊""中国农业期刊领军期刊"3 项荣誉。

通过科协渠道，1 人入选南京市"十大科技之星"，1 人入选中国科协"青年科技人才托举工程"，3 人入选江苏省科协"青年科技人才托举工程"。研究提出的"农作物基因到表型的环境调控网络是什么？"，入选 2021 年中国科协十大前沿科学问题。承担江苏省科协 2021 年提升高校科协服务能力计划 3 个专项。2021 年全国科技活动周活动荣获全国科技活动周组委会、科技部科技人才与科学普及司颁发的荣誉证书，获江苏省第 33 届科普宣传周优秀组织单位。新增 2 个"中国科普教育基地"。

制定出台《南京农业大学知识产权管理办法》，举办知识产权创新大会。修订《南京农业大学学术规范》《南京农业大学学术不端行为处理方法》；在校学术委员会领导下，配合调查处理涉嫌学术不端事件 10 件。编写《科技工作 2020 年报》《2020 年科技工作要览》，完成"2020年高校科技统计年报"。研究拟定KPI自然科学科研绩效方案。举办近20场专利研讨、奖励宣讲、知识产权培训等。举办6期科技期刊发展沙龙。

【国家重点研发项目】徐国华、朱艳、周光宏、崔中利4位专家牵头承担了重点研发项目，韦中、荀卫兵2位青年教师获重点研发青年项目资助，同期，学校承担国家重点研发计划课题12项，累计立项经费2.83亿元，实现绿色生物制造领域专项项目的突破。

【新增国家级科研平台】"农村专业技术培训与服务国家智能社会治理实验基地"获批首批国家智能社会治理实验基地。

【省部级奖励】以南京农业大学为第一完成单位的自然科学类项目获省部级奖励6项，其中江苏省科学技术奖一等奖1项、神农中华农业科技奖一等奖1项、神农中华农业科技奖优秀创新团队奖2项。获南京市优秀发明专利奖1项。

【国际期刊】《园艺研究》2021年影响因子为6.793，位于园艺、植物科学及遗传学领域一区；《植物表型组学》被SCIE等数据库收录，为学校第二本SCI期刊；《生物设计研究》入选中国科技期刊卓越行动计划高起点新刊。

【教育科学研究成果首获教育部奖项】罗英姿研究员等撰写的论文《基于IPOD框架的博士生教育质量研究》获第六届全国教学科学研究优秀成果奖三等奖，这是学校教育科学研究成果第一次获得该项奖励。

【获批社会科学重大重点项目】获批国家社会科学基金重大招标项目3项，国家社会科学基金重点项目4项，教育部社会科学重大攻关项目1项。

【咨政工作】咨询报告及政策建议获省部级以上批示或采纳共14篇，其中1篇获国务院领导批示。出版《江苏农村发展报告（2020）》，入选江苏蓝皮书。编写《江苏农村发展决策要参》共4期。

［附录］

附录1 2021年度纵向到位科研经费汇总表

序号	项目类别	经费（万元）
1	国家自然科学基金	13 081
2	国家重点研发计划	9 873
3	转基因生物新品种培育国家科技重大专项	824
4	科技部其他计划	180
5	现代农业产业技术体系	2 065
6	教育部项目	84
7	其他部委项目	21
8	江苏省重点研发计划	2 302
9	江苏省自然科学基金	1 270
10	江苏省科技厅其他项目	255

（续）

序号	项目类别	经费（万元）
11	江苏省农业农村厅项目	5 419
12	江苏省其他项目	3 615
13	其他省市项目	776
14	国家社会科学基金	756
15	国家重点实验室	1 235
16	农业农村部实验室建设项目	2 700
17	海南省科研经费	2 185
18	中央高校基本科研业务费	3 283
19	南京市科技项目	54
20	其他项目	12 486
合计		62 464

说明：此表除包含科研院管理的纵向科研经费外，还包含国际合作交流处管理的国际合作项目经费、人事处管理的引进人才经费。

附录2　2021年度各学院纵向到位科研经费统计表一（理科类）

序号	学院	到位经费（万元）
1	园艺学院	7 222
2	农学院	6 134
3	资源与环境科学学院	5 564
4	植物保护学院	2 977
5	动物医学院	2 422
6	动物科技学院	2 212
7	食品科技学院	2 198
8	生命科学学院	2 081
9	工学院	1 481
10	人工智能学院	582
11	草业学院	510
12	理学院	463
13	前沿交叉研究院	79
14	其他部门*	776
合计		34 701

*　其他部门：行政职能部门纵向到位科研经费，不含国家重点实验室、教育部"111"引智基地及无锡渔业学院等到位经费。

附录3　2021年度各学院纵向到位科研经费统计表二（文科类）

序号	学院	到位经费（万元）
1	公共管理学院	882
2	经济管理学院	801
3	人文与社会发展学院	289
4	信息管理学院	166
5	金融学院	153
6	马克思主义学院	85
7	外国语学院	16
8	体育部	3
	合计	2 395

附录4　2021年度结题项目汇总表

序号	项目类别	应结题项目数	结题项目数
1	国家自然科学基金	167	167
2	国家社会科学基金	7	7
3	国家重点研发计划项目、课题	9	9
4	教育部人文社科项目	8	8
5	江苏省自然科学基金项目	61	61
6	江苏省社会科学基金项目	19	19
7	江苏省重点研发计划	9	9
8	江苏省自主创新项目	37	33
9	江苏省林业科技创新与推广项目	2	2
10	江苏省软科学计划	2	2
11	江苏省教育厅高校哲学社会科学项目	26	26
12	人文社会科学项目	16	16
13	中央高校基本科研业务费项目	190	188
14	校人文社会科学基金	82	82
	合计	635	629

附录5　2021年度发表学术论文统计表

序号	学院	论文（篇）		
		SCI	SSCI	高质量期刊目录中文国内期刊论文
1	农学院	215		
2	工学院	75		

（续）

序号	学院	论文（篇）		
		SCI	SSCI	高质量期刊目录中文国内期刊论文
3	植物保护学院	205		
4	资源与环境科学学院	261		
5	园艺学院	202		2
6	动物科技学院	176		
7	动物医学院	224		
8	食品科技学院	249		
9	理学院	112		
10	生命科学学院	181		
11	信息管理学院	16	6	37
12	草业学院	48		
13	无锡渔业学院	73		
14	公共管理学院	20	17	69
15	经济管理学院	29	30	62
16	金融学院	7	16	21
17	人文与社会发展学院	5	10	37
18	外国语学院	0	1	7
19	马克思主义学院	2		8
20	体育部	1	1	1
21	人工智能学院	45		
22	前沿交叉研究院	6		
23	其他	2		1
	合计	2 154	81	245

附录6 各学院专利授权和申请情况一览表

学院	授权专利				申请专利			
	2021 年		2020 年		2021 年		2020 年	
	件	其中：发明/实用新型/外观设计	件	其中：发明/实用新型/外观设计	件	其中：发明/实用新型/外观设计	件	其中：发明/实用新型/外观设计
农学院	43	39/4/0（1件美国发明）	34	26/8/0（2件美国发明）	46	42/3/1	45	43/2/0（3件PCT）
工学院	127	39/88/0（1件南非发明、2件澳大利亚实用新型）	96	14/82/0（1件澳大利亚实用新型）	129	67/62/0（3件PCT）	182	94/88/0（2件PCT）

（续）

学院	授权专利				申请专利			
	2021 年		2020 年		2021 年		2020 年	
	件	其中：发明/实用新型/外观设计	件	其中：发明/实用新型/外观设计	件	其中：发明/实用新型/外观设计	件	其中：发明/实用新型/外观设计
植物保护学院	28	26/2/0（1件美国发明）	19	17/2/0（美国、日本、加拿大发明各1件）	44	41/3/0	36	33/3/0（1件PCT）
资源与环境科学学院	56	53/3/0（4件日本发明、1件欧洲发明、1件印度发明）	38	33/4/1	62	51/7/4（5件PCT）	55	53/2/0（3件PCT）
园艺学院	79	44/18/17（1件美国发明、1件卢森堡发明、1件澳大利亚实用新型）	51	35/12/4（1件澳大利亚实用新型）	89	67/14/8（4件PCT）	83	70/8/5（3件PCT）
动物科技学院	23	16/7/0	7	5/2/0	30	23/7/0	21	20/1/0
动物医学院	28	25/3/0	15	13/2/0	38	34/4/0	59	58/1/0
食品科技学院	40	33/6/1（2件澳大利亚实用新型）	19	13/6/0	55	50/4/1（2件PCT）	68	65/3/0（1件PCT）
经济管理学院		//		//	1	1/0/0	1	1/0/0
公共管理学院	1	0/1/0		//		//		//
理学院	7	7/0/0	2	2/0/0	3	3/0/0	6	6/0/0
人文与社会发展学院	6	1/4/1	1	0/1/0		//	1	0/1/0
生命科学学院	28	25/3/0	23	22/1/0	42	35/7/0（3件PCT）	31	30/1/0（2件PCT）
人工智能学院	22	18/4/0	10	9/1/0	41	33/8/0	29	28/1/0
信息管理学院	1	0/1/0		//	5	4/1/0	1	0/1/0
草业学院	8	6/2/0	3	3/0/0	8	8/0/0		//
前沿交叉研究院	2	0/2/0	3	1/2/0	4	4/0/0（1件PCT）	4	2/2/0
其他		//	1	0/1/0		//	1	0/1/0
合计	499	332/148/19	322	193/124/5	597	463/120/14	623	503/115/5

附录 7 2021 年度新增科研平台一览表

级别	机构名称	批准部门	批准时间	依托学院	负责人
国家级	农村专业技术培训与服务国家智能社会治理实验基地	教育部	2021	信息管理学院	何 琳
省部级	国家数字种植业（小麦）创新分中心	农业农村部	2021	农学院	田永超
省部级	"一带一路"国际大豆产业科技创新院	农业农村部、中国农学会	2021	农学院	盖钧镒
省部级	中国-东非水稻产业科技创新院	农业农村部、中国农学会	2021	农学院	丁艳锋
省部级	"一带一路"国际智慧农业产业科技创新院	农业农村部、中国农学会	2021	农学院	朱 艳
省部级	"一带一路"国际小麦产业科技创新院	农业农村部、中国农学会	2021	农学院	王秀娥
省部级	"一带一路"国际绿色植保专业科技创新院	农业农村部、中国农学会	2021	植物保护学院	张正光
省部级	"一带一路"国际农业资源利用与环境治理专业科技创新院	农业农村部、中国农学会	2021	资源与环境科学学院	邹建文
省部级	"一带一路"国际设施园艺产业科技创新院	农业农村部、中国农学会	2021	园艺学院	陈发棣
省部级	"一带一路"国际梨产业科技创新院	农业农村部、中国农学会	2021	园艺学院	张绍铃
省部级	"一带一路"国际茶产业科技创新院	农业农村部、中国农学会	2021	园艺学院	黎星辉
省部级	"一带一路"国际重大跨境动物疫病诊断与免疫专业科技创新院	农业农村部、中国农学会	2021	动物医学院	姜 平
省部级	江苏省省级作物种质资源库（农作物）	江苏省农业农村厅	2021	农学院	刘裕强
省部级	江苏省省级作物种质圃（果梅、杨梅、菊花、梨、百合）	江苏省农业农村厅	2021	园艺学院	高志红 房伟民 张绍林 滕年军
省部级	江苏省省级农业微生物种质资源库	江苏省农业农村厅	2021	生命科学学院	蒋建东
省部级	动物消化道基因组国际合作联合实验室	江苏省教育厅	2021	动物科技学院	朱伟云
省部级	江苏省植物基因编辑工程研究中心	江苏省发展和改革委员会	2021	农学院	万建民

附录 8 主办期刊

《南京农业大学学报》（自然科学版）

共收到稿件 531 篇，录用 153 篇，录用率约为 29%。提前完成学报 6 期的出版发行工作，刊出论文 140 篇，其中特约综述 7 篇、自由来稿综述 5 篇、研究论文 128 篇。平均发表周期 10 个月。每期邮局发行 105 册，国内自办发行及交换 400 册，国外发行 2 册。学报影响因子为 1.534，影响因子排名 17/103，期刊影响力指数（CI）排名 15/103，位于 Q1 区。总被引频次 3 304 次，他引率 0.98，WEB 下载量为 11.57 万次。根据《世界学术期刊学术影响力指数（WAJCI）年报》，学报在入选的全球 134 种综合性农业科学期刊中排第 52 名，位于 Q2 区。

收录学报的国外数据库：荷兰 Scopus 数据库、美国《化学文摘》（CA）、美国《史蒂芬斯全文数据库》（EBSCO host）、英国《国际农业与生物科学中心》全文数据库（CABI）、英国《动物学记录》（ZR）、《国际原子能机构文集（中国）》（International Atomic Energy Agency）、《日本科学技术振兴机构数据库（中国）》（JSTChina）、美国《乌利希期刊指南（网络版）》（Ulrichsweb）。

收录学报的国内数据库：继续入选 2021—2022 年 CSCD 核心库，CSCD 来源期刊 2 年遴选一次。继续入选北大中文核心期刊，在 2021 年出版的《中文核心期刊要目总览》中，学报在入选的 32 种综合性农业期刊中排第四位，居农业大学学报之首。在 2 000 多种中国科技核心期刊统计源期刊中，学报各项学术指标综合评价总分排名第 153 位。

学报荣获第三届江苏省新闻出版政府奖期刊奖提名奖、第七届华东地区优秀期刊、中国农业期刊领军期刊。

《南京农业大学学报》（社会科学版）

共收到来稿 1 676 篇，其中校内来稿 42 篇、约稿 32 篇。全年共刊用稿 98 篇，用稿率约为 5.8%。其中，刊用校内稿件 14 篇，校外稿件 84 篇，校内用稿占比 14%；省部级基金项目资助论文 87 篇，省部级基金论文占比 89%。平均用稿周期约为 225 天。

一年来，围绕党的十九届五中全会主要内容，利用自身的特色和优势开设了 1 个"乡村振兴的理论逻辑与实践"新专栏，策划了 1 期"巩固拓展脱贫成果 全面推进乡村振兴"专刊和 4 个专题。专题分别为"深化农村集体产权制度改革""发展壮大农村集体经济""面向 2035 年的中国粮食安全战略""农业农村现代化"。

在中国学术期刊影响因子年报（人文社会科学）（2021 版）中，影响因子再创新高，复合影响因子达 6.909；期刊综合影响因子为 4.599，在综合性经济科学综合期刊中影响因子排第一位，影响力指数排第三位。刊发的文章被各大文摘转摘了 21 篇次。

学报（社会科学版）荣获"第三届出版政府奖期刊奖""中国国际影响力优秀学术期刊""2020 年度最受欢迎的期刊""2016—2020 年最受欢迎的期刊""第七届华东地区优秀期刊奖"。

《园艺研究》

共收到 1 012 篇文章投稿，上线 259 篇，同比 2020 年增长 22.17%；其中，原创性论文 238 篇、综述 17 篇、方法 4 篇，接收率约为 25.6%。2021 年高被引论文 2 篇。组织专刊 4 个，刊发论文 25 篇。

2021 年，新加入 7 位副主编。现编委会有副主编 37 人、顾问委员 18 人，来自 12 个国家的 40 个科研单位，均为活跃于科研一线的优秀科学家及高被引作者。

2021 年，JCR 影响因子为 6.793，位于园艺一区（第 1/37 名）、植物科学一区（第 14/235 名）、遗传学一区（第 20/176 名），蝉联园艺领域第一名。

期刊主办的第八届国际园艺研究大会于 2021 年 7 月 20—22 日在南京市成功召开，会议由 Horticulture Research、南京农业大学、密歇根州立大学联合主办。大会主席为南京农业大学校长陈发棣教授和美国密歇根州立大学 Steven van Nocker 教授，南京农业大学园艺学院院长吴巨友教授致开幕词。大会围绕 Breeding、Development、Omics、Posthravest、Quality control、Stress biology 6 个专题进行研讨。大会组织了来自美国、加拿大、日本、新西兰、中国、西班牙、法国 7 个国家约 70 名专家的报告，其中主旨报告 23 个、大会报告 45 个。参会者共有 546 人，其中线下 350 人、线上 196 人。总共收到并审核出优质摘要 99 份、海报 66 份，评选出了优秀海报奖 12 位、卫星报告奖 6 位。会议为期刊 9 位高被引论文奖作者进行了颁奖。

《中国农业教育》

共收到来稿 440 篇，其中校外稿件 400 篇、校内稿件 40 篇。全年刊用稿件 85 篇，用稿率约为 19%；其中，刊用校内稿件 24 篇，刊用率为 60%；校外稿件 61 篇，刊用率为 15%；校内外用稿占比约为 1∶3。基金论文比近 80%。2021 年用稿周期约为 95 天。2021 年度《中国农业教育》编辑部通过参加各种学术会议等途径向农林高校党政主要领导约稿 25 篇，约稿及组稿约占总发文量的 30%，稿源数量增加、质量继续改善。

全年共组织了 6 期"特稿"专栏，先后约请了安徽农业大学、湖南农业大学、江苏大学、江西农业大学、福建农林大学、河海大学、河北农业大学及江苏农林职业技术学院等农林高校主要党政领导稿件 14 篇。先后不定期组织了"高等农业教育""高教纵横""比较教育研究"等专栏。专题方面，组织刊发了"高等农林院校庆祝中国共产党成立 100 周年（专题）"（2021 年第 2 期），2021 年第 6 期推出了"新农科理论与实践研究（专题）"。

知网影响因子由 2020 年 0.716 提升为 2021 年的 0.956，实现了新的突破，位居同类期刊首位。

《植物表型组学》

共收到 56 篇投稿，刊发 30 篇，其中原创性论文 26 篇、综述 2 篇、数据库/软件文章 2 篇，接收率 53.6%。2021 年高被引论文 3 篇。组织专刊 1 个。

期刊 h 指数为 14，平均每篇文章引用次数为 9.21，总引用次数达 756。

编委会由 3 名主编、27 名副主编组成，分别来自 10 个国家的 22 所大学或科研机构，均为活跃在科研一线的研究人员。国际编委占 86.7%。

被 SCIE（同时进入遥感、植物科学和农学 3 个领域）、EI、Scopus、中国科学院期刊分区等重要数据库收录，标志着期刊完成了所有创刊里程碑。

4 月，获得国内统一连续出版物号 CN32－1898/Q。12 月，签订中国科技期刊卓越行动计划高起点新刊项目合同和任务书。

《生物设计研究》

共收到 25 篇投稿，刊发了来自 5 个国家的合成生物学领域知名科研院所的 10 篇文章，其中原创性论文 6 篇、综述 2 篇、观点 2 篇，接收率 40%。

期刊 h 指数为 4，平均每篇文章引用次数为 2.7。

编委会由 2 名主编、84 名副主编和 27 名顾问委员组成，分别来自 13 个国家的 82 所大学或科研机构，均为活跃在科研一线的研究人员。国际编委占 55.8%。

2021 年，被 CNKI Scholar 数据库收录。

9 月，入选中国科技期刊卓越行动计划高起点新刊项目。

第二届国际生物设计研究大会于 2021 年 12 月 7—17 日召开。本次会议由南京农业大学《生物设计研究》期刊主办。本届大会全程在线举行，邀请了 50 名全球知名专家学者作大会报告，吸引了来自中国、美国、英国、德国等 77 个国家或地区的 3 000 余人注册参加。大会收到摘要 69 篇、海报 49 个。大会举办的云合影活动共吸引了约 150 名参会者从全世界各地发来参会照片。

《中国农史》

共收到来稿 687 篇，其中校外稿件 669 篇、校内稿件 18 篇。全年刊用稿件 77 篇，用稿率约为 11.2%，用稿周期约为 150 天。其中，刊用校内稿件 14 篇，刊用率为 78%；校外稿件 63 篇，刊用率约为 9.4%；校内外用稿占约比 1∶4.5。全年稿件含国家社会科学基金及自然科学基金资助论文 42 篇、省部级基金资助论文 13 篇、其他基金资助论文 5 篇，基金论文占比约为 78%。《中国农史》继续被北京大学《中文核心期刊要目总览》收录，也持续被中国人文社会科学引文数据库收录为入库期刊，始终是中文社会科学引文索引（CSSCI）来源期刊。

承办大型学术会议 1 次，开展小型研讨会 3 次。5 月 15—16 日，"农业文化遗产与乡村振兴高端论坛暨南京农业大学文化遗产专业建设研讨会"在南京农业大学翰苑学术交流中心举行，有 40 多家高校和研究机构的 80 余名专家学者参加此次会议。《中国农史》参与承办本次会议，在会议期间通过微信公众号推送会议信息扩大宣传，并在会后撰写会议综述刊登于《中国农史》2021 年第 3 期。

《中国农史》办刊质量稳定，2021 年公布的即年 CNKI 综合影响因子为 0.521，居于同级历史类期刊的正常水平。

附录 9　南京农业大学教师担任国际期刊编委一览表

序号	学院	姓名	主编	副主编	编委	刊名全称	ISSN 号	出版国别
			编辑委员会					
1	农学院	万建民	√			*The Crop Journal*	2095 - 5421	中国
2	农学院	万建民	√			*Journal of Integrative Agriculture*	2095 - 3119	中国
3	农学院	黄 骥		√		*Acta Physiologiae Plantarum*	0137 - 5881	德国
4	农学院	陈增建			√	*Genome Biology*	1474 - 760X	美国
5	农学院	陈增建	√			*BMC Plant Biology*	1471 - 2229	英国
6	农学院	王秀娥			√	*Plant Growth Regulation*	0167 - 6903	荷兰
7	农学院	陈增建			√	*Frontiers in Plant Genetics and Genomics*	1664 - 462X	瑞士
8	农学院	陈增建			√	*Genes*	2073 - 4425	瑞士
9	农学院	罗卫红			√	*Agricultural and Forest Meteorology*	0168 - 1923	荷兰
10	农学院	罗卫红			√	*Agricultural Systems*	0308 - 521X	荷兰
11	农学院	罗卫红		√		*Frontiers in Plant Science -Crop and Product Physiology*	1664 - 462X	瑞士
12	农学院	罗卫红		√		*The Crop Journal*	2095 - 5421	中国
13	农学院	汤 亮		√		*Field Crops Research*	0378 - 4290	荷兰
14	农学院	汤 亮		√		*Journal of Agriculture and Food Research*	2666 - 1543	美国
15	农学院	姚 霞			√	*Remote Sensing*	2072 - 4292	瑞士

（续）

序号	学院	姓名	编辑委员会			刊名全称	ISSN 号	出版国别
			主编	副主编	编委			
16	农学院	程 涛		√		*Precision Agriculture*	1385 - 2256	瑞士
17	农学院	程 涛		√		*IEEE Journal of Selected Topics in Applied Earth Observations and Remote Sensing*	1939 - 1404	美国
18	农学院	朱 艳			√	*Journal of Integrative Agriculture*	2095 - 3119	中国
19	农学院	江 瑜			√	*Ecosystem Health and Sustainability*	2096 - 4129	中国
20	农学院	甘祥超			√	*Agronomy*	0002 - 1962	美国
21	农学院	喻德跃		√		*Frontiers in Plant Science*	1664 - 462X	瑞士
22	农学院	曹 强		√		*Agronomy Journal*	0002 - 1962	美国
23	农学院	王松寒			√	*Ecosystem Health and Sustainability*	2096 - 4129	中国
24	农学院	黄 骥			√	*Plants - Basel*	2223 - 7747	瑞士
25	农学院	胡 伟			√	*Agriculture*	2077 - 0472	瑞士
26	农学院	李 艳			√	*Plants - Basel*	2223 - 7747	瑞士
27	农学院	张红生			√	*Rice Science*	1672 - 6308	中国
28	工学院	方 真	√			*Springer Book Series - Biofuels and Biorefineries*	2214 - 1537	德国
29	工学院	方 真	√			*Bentham Science：Current Chinese Science，Section Energy*	2210 - 2981	阿治曼
30	工学院	方 真		√		*The Journal of Supercritical Fluids*	0896 - 8446	荷兰
31	工学院	方 真		√		*Biotechnology for Biofuels*	1754 - 6834	德国
32	工学院	方 真		√		*Tech Science：Journal of Renewable Materials*	2164 - 6325	美国
33	工学院	方 真			√	*Taylor&Francis：Energy and Policy Research*	2381 - 5639	英国
34	工学院	方 真			√	*Green and Sustainable Chemistry*	2160 - 6951	美国
35	工学院	方 真			√	*Energy and Power Engineering*	1949 - 243X	美国
36	工学院	方 真			√	*Advances in Chemical Engineering and Science*	2160 - 0392	美国
37	工学院	方 真			√	*Energy Science and Technology*	1923 - 8460	加拿大
38	工学院	方 真			√	*Journal of Sustainable Bioenergy Systems*	2165 - 400X	美国
39	工学院	方 真			√	*ISRN Chemical Engineering*	2090 - 861X	美国
40	工学院	方 真			√	*Journal of Biomass to Biofuel*	2368 - 5964	加拿大
41	工学院	方 真			√	*The Journal of Supercritical Fluids*	0896 - 8446	荷兰
42	工学院	周 俊		√		*Artificial Intelligence in Agriculture*	2589 - 7217	荷兰 & 中国

（续）

序号	学院	姓名	编辑委员会 主编	编辑委员会 副主编	编辑委员会 编委	刊名全称	ISSN 号	出版国别
43	工学院	张保华	√			*Artificial Intelligence in Agriculture*	2589 - 7217	荷兰 & 中国
44	工学院	舒 磊			√	*IEEE Network Magazine*	0890 - 8044	美国
45	工学院	舒 磊			√	*IEEE Journal of Automatica Sinica*	1424 - 8220	瑞士
46	工学院	舒 磊			√	*IEEE Transactions on Industrial Informatics*	2192 - 1962	荷兰
47	工学院	舒 磊			√	*IEEE Communication Magazine*	0163 - 6804	美国
48	工学院	舒 磊			√	*Sensors*	1424 - 8220	瑞士
49	工学院	舒 磊			√	*Springer Human - centric Computing and Information Science*	2192 - 1962	荷兰
50	工学院	舒 磊			√	*Springer Telecommunication Systems*	1018 - 4864	荷兰
51	工学院	舒 磊			√	*IEEE System Journal*	1932 - 8184	美国
52	工学院	舒 磊			√	*IEEE Access*	2169 - 3536	美国
53	工学院	舒 磊			√	*Springer Intelligent Industrial Systems*	2363 - 6912	荷兰
54	工学院	舒 磊			√	*Heliyon*	2405 - 8440	英国
55	植物保护学院	吴益东		√		*Pest Management Science*	1526 - 498X	美国
56	植物保护学院	吴益东			√	*Insect Science*	1672 - 9609	中国
57	植物保护学院	张正光			√	*Current Genetics*	0172 - 8083	美国
58	植物保护学院	张正光			√	*Physiological and Molecular Plant Pathology*	0885 - 5765	英国
59	植物保护学院	张正光			√	*PLoS One*	1932 - 6203	美国
60	植物保护学院	董莎萌			√	*Molecular Plant - Microbe Interaction*	0894 - 0282	美国
61	植物保护学院	董莎萌			√	*Journal of Integrative Plant Biology*	1672 - 9072	中国
62	植物保护学院	董莎萌			√	*Journal of Cotton Research*	2096 - 5044	中国
63	植物保护学院	洪晓月		√		*Systematic & Applied Acarology*	1362 - 1971	英国
64	植物保护学院	洪晓月			√	*Bulletin of Entomological Research*	0007 - 4853	英国
65	植物保护学院	洪晓月			√	*Applied Entomology and Zoology*	0003 - 6862	日本
66	植物保护学院	洪晓月			√	*International Journal of Acarology*	0164 - 7954	美国
67	植物保护学院	洪晓月			√	*Acarologia*	0044 - 586X	法国
68	植物保护学院	洪晓月			√	*Scientific Reports*	2045 - 2322	英国
69	植物保护学院	洪晓月			√	*PLoS One*	1932 - 6203	美国
70	植物保护学院	洪晓月			√	*Frontiers in Physiology*	1664 - 042X	瑞士
71	植物保护学院	洪晓月			√	*Japanese Journal of Applied Entomology and Zoology*	0021 - 4914	日本
72	植物保护学院	王源超			√	*Molecular Plant Pathology*	1364 - 3703	英国
73	植物保护学院	王源超			√	*Molecular Plant - microbe Interaction*	1943 - 7706	美国

（续）

序号	学院	姓名	编辑委员会			刊名全称	ISSN 号	出版国别
			主编	副主编	编委			
74	植物保护学院	王源超			√	*Phytopathology Research*	2524 – 4167	中国
75	植物保护学院	王源超			√	*PLoS Pathogens*	1553 – 7366	美国
76	植物保护学院	刘向东			√	*Scientific Reports*	2045 – 2322	英国
77	植物保护学院	陶小荣			√	*Pest Management Science*	1526 – 498X	美国
78	植物保护学院	王 暄			√	*Molecular Plant – Microbe Interaction*	1943 – 7706	美国
79	植物保护学院	徐 毅			√	*Frontiers in Microbiology*	1664 – 302X	瑞士
80	植物保护学院	张 峰			√	*PLoS One*	1932 – 6203	美国
81	植物保护学院	张海峰			√	*Frontiers in Microbiology*	1664 – 302X	瑞士
82	资源与环境科学学院	Drosos Marios		√		*Chemical and Biological Technologies in Agriculture*	2196 – 5641	英国
83	资源与环境科学学院	Irina Druzhinina			√	*Fungal Biology and Biotechnology*	2054 – 3085	英国
84	资源与环境科学学院	Irina Druzhinina			√	*Journal of Zhejiang University SCIENCE B*	1673 – 1581	中国
85	资源与环境科学学院	Irina Druzhinina		√		*MycoAsia*	2582 – 7278	中国
86	资源与环境科学学院	Irina Druzhinina		√		*Science of The Total Environment*	0048 – 9697	荷兰
87	资源与环境科学学院	Irina Druzhinina		√		*Applied and Environmental Microbiology*	0099 – 2240	美国
88	资源与环境科学学院	蔡 枫			√	*Applied and Environmental Microbiology*	0099 – 2240	美国
89	资源与环境科学学院	潘根兴			√	*Chemical and Biological Technologies in Agriculture*	2196 – 5641	英国
90	资源与环境科学学院	潘根兴			√	*Journal of Integrated Agriculture*	2095 – 3119	中国
91	资源与环境科学学院	赵方杰		√		*European Journal of Soil Science*	1351 – 0754	美国
92	资源与环境科学学院	赵方杰		√		*Plant and Soil*	0032 – 079X	德国
93	资源与环境科学学院	赵方杰			√	*New Phytologist*	1469 – 8137	英国
94	资源与环境科学学院	赵方杰			√	*Rice*	1939 – 8433	德国
95	资源与环境科学学院	赵方杰			√	*Environmental Pollution*	0269 – 7491	荷兰

（续）

序号	学院	姓名	编辑委员会			刊名全称	ISSN 号	出版国别
			主编	副主编	编委			
96	资源与环境科学学院	赵方杰			√	*Functional Plant Biology*	1445 - 4408	澳大利亚
97	资源与环境科学学院	胡水金			√	*PloS One*	1932 - 6203	美国
98	资源与环境科学学院	胡水金			√	*Journal of Plant Ecology*	1752 - 9921	英国
99	资源与环境科学学院	郭世伟			√	*Journal of Agricultural Science*	0021 - 8596	美国
100	资源与环境科学学院	汪 鹏			√	*Plant and Soil*	0032 - 079X	德国
101	资源与环境科学学院	汪 鹏			√	*Journal of Chemistry*	2090 - 9063	英国
102	资源与环境科学学院	汪 鹏			√	土壤学报	0564 - 3929	中国
103	资源与环境科学学院	刘满强		√		*Applied Soil Ecology*	0929 - 1393	荷兰
104	资源与环境科学学院	刘满强			√	*Rhizosphere*	2452 - 2198	荷兰
105	资源与环境科学学院	刘满强			√	*Biology and Fertility of Soils*	0178 - 2762	德国
106	资源与环境科学学院	刘满强			√	*European Journal of Soil Biology*	1164 - 5563	法国
107	资源与环境科学学院	刘满强			√	*Geoderma*	2662 - 2289	荷兰
108	资源与环境科学学院	刘满强			√	*Soil Ecology Letters*	2662 - 2289	中国
109	资源与环境科学学院	高彦征			√	*Scientific Reports*	2045 - 2322	英国
110	资源与环境科学学院	高彦征			√	*Environment International*	0160 - 4120	英国
111	资源与环境科学学院	高彦征			√	*Chemosphere*	0045 - 6535	英国
112	资源与环境科学学院	高彦征			√	*Journal of Soils and Sediments*	1439 - 0108	德国
113	资源与环境科学学院	高彦征			√	*Applied Soil Ecology*	0929 - 1393	荷兰

（续）

序号	学院	姓名	编辑委员会 主编	编辑委员会 副主编	编辑委员会 编委	刊名全称	ISSN 号	出版国别
114	资源与环境科学学院	郭世伟			√	*Journal of Agricultural Science*	0021－8596	美国
115	资源与环境科学学院	胡　锋			√	*Pedosphere*	1002－0160	中国
116	资源与环境科学学院	郑冠宇			√	*Environmental Technology*	0959－3330	英国
117	资源与环境科学学院	张亚丽			√	*Scientific Reports*	2045－2322	英国
118	资源与环境科学学院	邹建文			√	*Heliyon*	2405－8440	英国
119	资源与环境科学学院	邹建文			√	*Scientific Reports*	2045－2322	英国
120	资源与环境科学学院	邹建文			√	*Environmental Development*	2211－4645	美国
121	资源与环境科学学院	徐国华			√	*Journal of Experimental Botany*	1460－2431	英国
122	资源与环境科学学院	徐国华		√		*Chemical and Biological Technologies in Agriculture*	2196－5641	英国
123	资源与环境科学学院	徐国华			√	*Scientific Reports*	2045－2322	英国
124	资源与环境科学学院	徐国华		√		*Frontiers in Plant Science*	1664－462X	瑞士
125	资源与环境科学学院	沈其荣			√	*Biology and Fertility of Soils*	0178－2762	德国
126	资源与环境科学学院	沈其荣		√		*Pedosphere*	1002－0160	中国
127	资源与环境科学学院	张瑞福			√	*International Biodeterioration & Biodegradation*	0964－8305	美国
128	资源与环境科学学院	张瑞福			√	*Journal of Integrative Agriculture*	2095－3119	中国
129	资源与环境科学学院	凌　宁			√	*European Journal of Soil Biology*	1164－5563	法国
130	资源与环境科学学院	凌　宁		√		*Land Degradation & Development*	1099－145X	英国
131	资源与环境科学学院	王金阳			√	*Land Degradation & Development*	1085－3278	英国

（续）

序号	学院	姓名	编辑委员会 主编	编辑委员会 副主编	编辑委员会 编委	刊名全称	ISSN 号	出版国别
132	资源与环境科学学院	韦 中		√		*Soil Ecology Letters*	2662 - 2289	中国
133	资源与环境科学学院	韦 中			√	*Microbiome*	2049 - 2618	英国
134	资源与环境科学学院	韦 中			√	*Environmental Microbiome*	2524 - 6372	英国
135	资源与环境科学学院	熊 武			√	*European Journal of Soil Biology*	1164 - 5563	法国
136	资源与环境科学学院	刘 婷			√	*Soil Biology & Biochemistry*	0038 - 0717	英国
137	资源与环境科学学院	孙明明		√		*Journal of Environmental Management*	0301 - 4797	美国
138	资源与环境科学学院	李 荣			√	*Scientific Reports*	2045 - 2322	英国
139	资源与环境科学学院	李 荣			√	*Frontiers in Plant Science*	1664 - 462X	瑞士
140	资源与环境科学学院	于振中			√	*Microbiological Research*	0944 - 5013	德国
141	资源与环境科学学院	孙明明			√	*Applied Soil Ecology*	0929 - 1393	荷兰
142	资源与环境科学学院	孙明明			√	*Journal of Hazardous Materials*	1873 - 3336	荷兰
143	园艺学院	陈发棣			√	*Agriculture*	0551 - 3677	瑞典
144	园艺学院	陈发棣		√		*Phyton - International Journal of Experimental Botany*	1851 - 5657	阿根廷
145	园艺学院	陈发棣		√		*Horticulture Research*	2052 - 7276	中国
146	园艺学院	陈发棣			√	*Horticultural Plant Journal*	2095 - 9885	中国
147	园艺学院	陈 峰		√		*BMC Plant Biology*	1471 - 2229	英国
148	园艺学院	陈 峰		√		*The Crop Journal*	2095 - 5421	中国
149	园艺学院	陈 峰		√		*Plant Direct*	2475 - 4455	美国
150	园艺学院	陈劲枫		√		*Horticulture Research*	2052 - 7276	中国
151	园艺学院	陈劲枫		√		*Horticulture Plant Journal*	2095 - 9885	中国
152	园艺学院	陈素梅			√	*Horticulturae*	2311 - 7524	瑞士
153	园艺学院	陈素梅			√	*Ornamental Plant Research*	2769 - 2094	中国
154	园艺学院	程宗明	√			*Hoticultural Research*	2052 - 7276	中国

（续）

序号	学院	姓名	编辑委员会			刊名全称	ISSN 号	出版国别
			主编	副主编	编委			
155	园艺学院	程宗明	√			*Plant Phenomics*	2643 – 6515	中国
156	园艺学院	程宗明	√			*BioDesign Research*	2693 – 1257	中国
157	园艺学院	房婉萍		√		*Beverage Plant Research*	2769 – 2108	中国
158	园艺学院	侯喜林			√	*Horticulture Research*	2052 – 7276	中国
159	园艺学院	侯喜林			√	*Journal of Integrative Agriculture*	2095 – 3119	荷兰
160	园艺学院	蒋甲福			√	*Horticulturae*	2311 – 7524	瑞士
161	园艺学院	蒋甲福			√	*Ornamental Plant Research*	2769 – 2094	中国
162	园艺学院	李 梦			√	*Frontiers in Genetics*	1664 – 8021	瑞典
163	园艺学院	李 义		√		*Plant，Cell，Tissue and Organ Culture*	0167 – 6857	荷兰
164	园艺学院	李 义			√	*Frontiers in Plant Science*	1664 – 462X	瑞士
165	园艺学院	李 义		√		*Horticulture Research*	2052 – 7276	中国
166	园艺学院	刘金义			√	*BMC Plant Biology*	1471 – 2229	英国
167	园艺学院	刘金义		√		*Ornamental Plant Research*	2769 – 2094	中国
168	园艺学院	刘同坤			√	*Frontiers in Genetics*	1664 – 8021	瑞典
169	园艺学院	柳李旺			√	*Frontiers in Plant Science*	1664 – 462X	瑞士
170	园艺学院	柳李旺			√	*Horticulturae*	2311 – 7524	瑞士
171	园艺学院	宋爱萍			√	*BMC Plant Biology*	1471 – 2229	英国
172	园艺学院	宋爱萍			√	*Plants*	2223 – 7747	加拿大
173	园艺学院	滕年军			√	*BMC Plant Biology*	1471 – 2229	英国
174	园艺学院	汪良驹			√	*Horticultural Plant Journal*	2095 – 9885	中国
175	园艺学院	王瑜晖			√	*Frontier in Plant Science*	1664 – 462X	瑞士
176	园艺学院	王瑜晖		√		*Vegetable Research*	2769 – 0520	美国
177	园艺学院	吴巨友			√	*Molecular Breeding*	1369 – 5266	荷兰
178	园艺学院	吴巨友			√	*Horticulture Research*	2052 – 7276	中国
179	园艺学院	吴 俊			√	*Fronties in Plant Science*	1664 – 462X	瑞士
180	园艺学院	吴 俊			√	*Journal of Integrative Agriculture*	2095 – 3119	荷兰
181	园艺学院	吴 俊		√		*Horticultural Plant Journal*	2095 – 9885	中国
182	园艺学院	吴 俊			√	*Horticulturae*	2311 – 7524	瑞士
183	园艺学院	吴 俊			√	*Molecular Horticulture*	2730 – 9401	中国
184	园艺学院	熊爱生			√	*Molecular Biotechnology*	1073 – 6085	美国
185	园艺学院	熊爱生			√	*BMC Plant Biology*	1471 – 2229	英国
186	园艺学院	熊爱生		√		*Horticulture Research*	2052 – 7276	中国
187	园艺学院	熊爱生			√	*Horticulturae*	2311 – 7524	瑞士
188	园艺学院	徐志胜			√	*Frontiers in Plant Science*	1664 – 462X	瑞士

（续）

序号	学院	姓名	编辑委员会 主编	编辑委员会 副主编	编辑委员会 编委	刊名全称	ISSN 号	出版国别
189	园艺学院	徐志胜			√	*Plants*	2223 - 7747	加拿大
190	园艺学院	张绍铃			√	*Frontiers in Plant Science*	1664 - 462X	瑞士
191	园艺学院	张绍铃			√	*Molecular Horticulture*	2730 - 9401	中国
192	园艺学院	朱旭君			√	*Frontiers in Plant Science*	1664 - 462X	瑞士
193	园艺学院	庄　静			√	*Horticulturae*	2311 - 7524	瑞士
194	动物科技学院	王　恬			√	*Journal of Animal Science and Biotechnology*	1674 - 9782	中国
195	动物科技学院	孙少琛			√	*Scientific Reports*	2045 - 2322	英国
196	动物科技学院	孙少琛			√	*PLoS One*	1932 - 6203	美国
197	动物科技学院	孙少琛			√	*PeerJ*	2167 - 8359	美国
198	动物科技学院	孙少琛			√	*Journal of Animal Science and Biotechnology*	1674 - 9782	中国
199	动物科技学院	朱伟云			√	*The Journal of Nutritional Biochemistry*	0955 - 2863	美国
200	动物科技学院	朱伟云			√	*Animal Bioscience*	1011 - 2367	韩国
201	动物科技学院	朱伟云			√	*Journal of Animal Science and Biotechnology*	1674 - 9782	中国
202	动物科技学院	石放雄			√	*Asian Pacific Journal of Reproduction*	2305 - 0500	中国
203	动物科技学院	石放雄			√	*The Open Reproductive Science Journal*	1874 - 2556	加拿大
204	动物科技学院	石放雄			√	*Journal of Animal Science Advances*	2251 - 7219	美国
205	动物科技学院	成艳芬		√		*Microbiome*	2049 - 2618	英国
206	动物科技学院	成艳芬		√		*Animal Microbiome*	2524 - 4671	英国
207	动物科技学院	成艳芬		√		*iMeta*	2770 - 596X	中国
208	动物科技学院	成艳芬			√	*Frontiers in Microbiology*	1664 - 302X	瑞士
209	动物科技学院	成艳芬			√	*Frontiers in Bioengineering and Biotechnology*	2296 - 4185	瑞士
210	动物科技学院	毛胜勇		√		*Microbiome*	2049 - 2618	英国
211	动物科技学院	毛胜勇		√		*Animal Microbiome*	2524 - 4671	英国
212	动物科技学院	毛胜勇			√	*Journal of Animal Physiology and Animal Nutrition*	1439 - 0396	德国
213	动物科技学院	邹　康			√	*Zoological Research*	2095 - 8137	中国
214	动物科技学院	刘军花		√		*Small Ruminant Research*	0921 - 4488	荷兰

（续）

序号	学院	姓名	编辑委员会 主编	编辑委员会 副主编	编辑委员会 编委	刊名全称	ISSN 号	出版国别
215	动物科技学院	王 锋			√	*Frontiers in Endocrinology*	1664 – 2392	瑞士
216	动物科技学院	张 林			√	*Agriculture*	2077 – 0472	瑞士
217	动物科技学院	苏 勇			√	*Animals*	2076 – 2615	瑞士
218	动物科技学院	朱伟云			√	*Amino Acids*	0939 – 4451	奥地利
219	动物医学院	鲍恩东			√	*Agriculture*	1580 – 8432	斯洛文尼亚
220	动物医学院	李祥瑞			√	亚洲兽医病例研究	2169 – 8880	美国
221	动物医学院	李祥瑞			√	*Experimental Parasitology*	0014 – 4894	美国
222	动物医学院	严若峰			√	*Journal of Equine Veterinary Science*	0737 – 0806	美国
223	动物医学院	范红结			√	*Journal of Integrative Agriculture*	2095 – 3119	中国
224	动物医学院	吴文达			√	*Food and Chemical Toxicology*	0278 – 6915	英国
225	动物医学院	吴文达			√	*Letters in Drug Design & Discovery*	1570 – 1808	阿联酋
226	动物医学院	赵茹茜			√	*General and Comparative Endocrinology*	0016 – 6480	美国
227	动物医学院	赵茹茜			√	*Journal of Animal Science and Biotechnology*	2049 – 1891	中国
228	动物医学院	周 斌			√	*Frontier In Cellular and Infection Microbiology*	2235 – 2988	瑞典
229	动物医学院	李 坤			√	*Biomed research international*	2314 – 6133	美国
230	动物医学院	李 坤			√	*Frontiers in Veterinary Science*	2297 – 1769	瑞典
231	动物医学院	李 坤			√	*life，Special Issue "Plant Derived Products for The Development of Novel Antiparasitic Agents"*	2075 – 1729	瑞典
232	动物医学院	宋小凯			√	*Frontiers in Veterinary Science*	2297 – 1769	瑞典
233	动物医学院	粟 硕			√	*Transboundary and Emerging Diseases*	1865 – 1674	德国
234	动物医学院	粟 硕			√	*BMC Microbiology*	1471 – 2180	英国
235	食品科技学院	李春保		√		*Asian – Australasian Journal of Animal Sciences*	1011 – 2367	韩国
236	食品科技学院	李春保		√		*Food Materials Research*	2771 – 4683	中国
237	食品科技学院	李春保			√	*Frontiers in Animal Sciences*	2673 – 6225	瑞士
238	食品科技学院	李春保			√	*Frontiers in Microbiology*	1664 – 302X	瑞士
239	食品科技学院	陆兆新			√	*Food Science & Nutrition*	2048 – 7177	美国
240	食品科技学院	曾晓雄		√		*International Journal of Biological Macromolecules*	0141 – 8130	荷兰
241	食品科技学院	曾晓雄			√	*Journal of Functional Foods*	1756 – 4646	荷兰
242	食品科技学院	曾晓雄			√	*Foods*	2304 – 8158	瑞士
243	食品科技学院	曾晓雄			√	*Food Hydrocolloids for Health*	2667 – 0259	美国

（续）

序号	学院	姓名	编辑委员会			刊名全称	ISSN 号	出版国别
			主编	副主编	编委			
244	食品科技学院	Josef Voglmeir		√		*Carbohydrate Research*	0008 – 6215	荷兰
245	食品科技学院	Josef Voglmeir			√	*Carbohydrate Research*	0008 – 6215	荷兰
246	食品科技学院	张万刚		√		*Meat Science*	0309 – 1740	美国
247	食品科技学院	张万刚			√	*Trends In Food Science & Technology*	0924 – 2244	荷兰
248	食品科技学院	张万刚		√		*Food Science of Animal Resources*	2636 – 0772	韩国
249	食品科技学院	郑永华			√	*Postharvest Biology and Technology*	0925 – 5214	荷兰
250	食品科技学院	陶　阳			√	*Ultrasonics Sonochemistry*	1350 – 4177	荷兰
251	食品科技学院	陶　阳			√	*Bioengineered*	2165 – 5987	英国
252	食品科技学院	陶　阳			√	*Applied Sciences*	2076 – 3417	瑞士
253	生命科学学院	蒋建东		√		*International Biodeterioration & Biodegradation*	0964 – 8305	英国
254	生命科学学院	蒋建东			√	*Applied and Environmental Microbiology*	0099 – 2240	美国
255	生命科学学院	蒋建东			√	*Frontiers in MicroBioTechnology, Ecotoxicology & Bioremediation*	1664 – 302X	美国
256	生命科学学院	章文华			√	*Frontier Plant Science*	1664 – 462X	瑞士
257	生命科学学院	章文华			√	*New Phytologist*	1469 – 8137	英国
258	生命科学学院	杨志敏			√	*Gene*	0378 – 1119	瑞士
259	生命科学学院	杨志敏			√	*Plant Gene*	2352 – 4073	英国
260	生命科学学院	杨志敏			√	*Plos One*	1932 – 6203	美国
261	生命科学学院	杨志敏			√	*Agronomy*	0002 – 1962	美国
262	生命科学学院	杨志敏			√	*Journal of Biochemistry and Molecular Biology Research*	2313 – 7177	美国
263	生命科学学院	强　胜		√		*Weed Science in Advances*	0043 – 1745	美国
264	生命科学学院	强　胜			√	*Plants*	2223 – 7747	美国
265	生命科学学院	腊红桂			√	*Frontiers in Plant Science*	1664 – 462X	瑞士
266	生命科学学院	腊红桂			√	*Journal of plant physiology*	0176 – 1617	德国
267	生命科学学院	杨　清			√	*Genes*	2073 – 4425	瑞士
268	生命科学学院	鲍依群			√	*Plant Science*	0168 – 9452	爱尔兰
269	生命科学学院	崔中利			√	*Frontier in Microbiology*	1664 – 302X	瑞士
270	生命科学学院	谢彦杰			√	*Food and Energy Security*	2048 – 3694	美国
271	生命科学学院	谢彦杰			√	*Frontiers in Plant Science*	1664 – 462X	瑞士
272	生命科学学院	谢彦杰			√	*International Journal of Molecular Science*	1422 – 0067	美国

（续）

序号	学院	姓名	编辑委员会 主编	编辑委员会 副主编	编辑委员会 编委	刊名全称	ISSN 号	出版国别
273	生命科学学院	郑录庆			√	*Frontier in Plant Science*	1664 – 462X	瑞士
274	生命科学学院	张阿英			√	*Agronomy*	0002 – 1962	美国
275	生命科学学院	王 卉			√	*Frontiers in Cellular and Infection Microbiology*	2235 – 2988	瑞士
276	生命科学学院	王保战			√	*Frontier in Microbiology*	1664 – 302X	瑞士
277	生命科学学院	王保战			√	*BMC Plant Biology*	1471 – 2229	英国
278	生命科学学院	王保战			√	*Plants – Basel*	2223 – 7747	美国
279	生命科学学院	沈文飚			√	*BMC Plant Biology*	1471 – 2229	英国
280	生命科学学院	沈文飚			√	*Plants – Basel*	2223 – 7747	美国
281	生命科学学院	陈铭佳			√	*Plants – Basel*	2223 – 7747	美国
282	生命科学学院	李 信			√	*Plant Biotechnology section of Frontiers in Plant Science*	1467 – 7652	美国
283	生命科学学院	谭明普			√	*Plant Physiology and Biochemistry*	0981 – 9428	法国
284	生命科学学院	曹 慧			√	*Environmental Technology*	0959 – 3330	英国
285	生命科学学院	鲍依群			√	*Frontiers in Plant Science*	1664 – 462X	瑞士
286	草业学院	郭振飞		√		*Frontiers in Plant Science*	1664 – 462X	瑞士
287	草业学院	郭振飞		√		*The Plant Genome*	1940 – 3372	美国
288	草业学院	郭振飞		√		*Grass Research*	2769 – 1675	美国
289	草业学院	徐 彬		√		*Grass and Forage Science*	0142 – 5242	澳大利亚
290	草业学院	张夏香			√	*Frontiers in Plant Science*	1664 – 462X	瑞士
291	草业学院	张 敬			√	*Frontiers in Plant Science*	1664 – 462X	瑞士
292	草业学院	庄黎丽			√	*Frontiers in Plant Science*	1664 – 462X	瑞士
293	草业学院	黄炳茹			√	*Environmental and Experimental Botany*	0098 – 8472	英国
294	草业学院	黄炳茹		√		*Horticulture Research*	2052 – 7276	中国
295	草业学院	黄炳茹	√			*Grass Research*	2769 – 1675	美国
296	理学院	张明智			√	*International Journal of Clinical Microbiology and Biochemical Technology*	2581 – 527X	美国
297	理学院	汪快兵	√			*Frontiers in Chemistry*	2296 – 2646	瑞士
298	理学院	汪快兵	√			*Materials*	1996 – 1944	瑞士
299	前沿交叉研究院	窦道龙			√	*Plant Growth Regulation*	0167 – 6903	荷兰
300	前沿交叉研究院	金时超		√		*Plant Phenomics*	2643 – 6515	中国
301	前沿交叉研究院	甘祥超			√	*Agronomy*	2073 – 4395	西班牙

（续）

序号	学院	姓名	编辑委员会			刊名全称	ISSN 号	出版国别
			主编	副主编	编委			
302	前沿交叉研究院	薛佳宇		√		*Frontiers in Genetics*	1664 – 8021	瑞士
303	前沿交叉研究院	薛佳宇			√	*Tropical Plants*	2833 – 9851	美国
304	前沿交叉研究院	周 济			√	*The Crop Journal*	2095 – 5421	中国
305	前沿交叉研究院	周 济		√		*Plant Phenomics*	2643 – 6515	中国
306	前沿交叉研究院	周 济		√		*Horticulture Research*	2052 – 7276	中国
307	前沿交叉研究院	周 济			√	*Frontiers in Plant Science*	1664 – 462X	瑞士
308	前沿交叉研究院	刘守阳			√	*Plant Phenomics*	2643 – 6515	中国
309	前沿交叉研究院	刘守阳			√	*Frontiers in Plant Science*	1664 – 462X	瑞士
310	外国语学院	杨艳霞			√	*TESOL International Journal*	2094 – 3938	荷兰
311	人文与社会发展学院	杨博文			√	*Modern Law Research*	2692 – 3122	英国
合计			12	65	235			

（撰稿：姚雪霞　毛　竹　审稿：俞建飞　马海田　陶书田　周国栋　陈　俐　姜　东　黄水清　卢　勇　宋华明　审核：童云娟）

社　会　服　务

【概况】学校各类科技服务合同稳定增长。截至 12 月 31 日，学校共签订各类横向合作项目（含无锡渔业学院、规划院、校外独立法人研究院）1 027 项，合同金额 3.54 亿元；到账金额 2.50 亿元。

　　荣获中国技术市场协会金桥奖第三届三农科技服务金桥奖集体优秀奖、中国产学研合作促进会创新奖和成果奖、江苏省技术转移联盟技术转移工作促进奖等。24 人入选江苏省"科技副总"；获批校企联盟 65 个。与江苏省南京市农业农村局、江苏省南京市玄武区人民政府等签订产学研战略合作协议。发起成立长三角高校联盟农业技术转移服务平台，举办长三角高校种业成果转化对接活动；新建南京农业大学技术转移中心农创园分中心、江阴分中心和如东分中心。联合玄武区人民政府、江苏省农业科学院共同举办"智汇农业　玄武之音"农业科技高峰论坛；参与发起国际种业科学家联盟，参加三亚国际种业科创中心成立大会；组织参加苏北五市产学研对接活动、江苏省生产力促进中心行业专项产学研活动、中国（安徽）科技创新成果转化交易会、长三角高校技术转移联盟农林科技成果对接会等。

新准入建设基地 18 个（综合示范基地 2 个、特色产业基地 13 个和分布式服务站 3 个），续签基地 2 个；截至 2021 年底，现准入基地 51 个，基地可使用实验面积 14 705 平方米，试验推广用地 43 902 亩。2021 年，基地承担各类项目 135 项，合同额 8 319 万元，到账 5 588 万元。参与培养研究生 251 人，培养青年教师 40 人，培训各类人员 3 796 人。基地荣获各类表彰 24 项，宣传报道 136 篇，被新华社、《科技日报》《经济日报》等媒体广泛报道。

各类推广项目有序开展。全年共承担各类农技推广项目 8 项，总金额达 1 490 万元。其中，新增"农业重大技术协同推广计划试点项目" 3 项，总经费 440 万元。依托项目举办特色果树绿色高效生产技术协同推广项目启动会、"江阴好大米"评比活动、鲜食葡萄品种展示及优质果评比等各类特色活动。

深入推进"双线共推"农业科技服务模式。"线下"建立新型农业经营主体联盟，且新增新型农业经营主体联盟 5 家，累计联盟成员 3 200 余人。"线上"推广"南农易农"App，注册用户 7 500 多人，在线专家 116 人，发布 10 个产业 105 个视频微课约 1 000 分钟；组织"春耕""夏耘"系列直播 9 场，累计观看人数突破 6.5 万人次。

深化推进服务乡村振兴工作。南京农业大学作为技术支撑单位，合作共建的浦口区、兴化市成功入选全国农业科技现代化先行县，学校与 2 个先行县分别共建了乡村振兴研究院；通过"揭榜挂帅"，组建 13 支联合攻关团队，全面服务 2 个先行县建设。学校在农业农村部 2021 年先行县考核中获评"优秀"，兴化市、浦口区在综合考评中均获评"优秀"。

全面推进智库工作。金善宝农业现代化发展研究院制定"十四五"发展规划，明确智库发展的长期目标、任务及重点举措；并引入"智云管理系统"进行智库内部运营管理，实现信息采集与研究成果分析智能化。完成并验收通过江苏省重点智库课题 6 项，3 项课题成果获评江苏省 2020 年度智库重点课题优秀成果。申报获批国家社会科学基金重大项目、国家自然科学基金项目、江苏省社会科学重大项目、江苏省乡村振兴软科学课题等国家级、省部级科研项目 10 余项，自设智库研究课题 14 项；在省级以上内参、党报党刊刊发决策咨询成果 14 篇，获得省部级以上领导肯定性批示及对省部级以上部门决策产生过重要影响的代表性成果 5 项，获得中央农村工作领导小组办公室领导肯定性批示 2 项；10 余篇理论文章分别刊载于《人民日报》《农民日报》《新华日报·思想周刊》等主流报刊、媒体平台；2 篇理论文章入选"全面建成小康社会"理论研讨会论文集。公开出版《江苏农村发展报告（2021）》，入选江苏蓝皮书丛书；编印出版 4 期《江苏农村发展决策要参》；资助出版《乡村振兴背景下农村社区环境治理研究》《中国饲料科技史研究》《返乡创业群体研究》等专著合计 6 部。开设"金视角"专栏，聚焦"三农"时事热点，邀请相关领域知名专家发表观点、时评，合计 6 期；健全中国土地经济调查（CLES）数据库、全国 3 省（吉林、江苏、四川）300 村的固定跟踪观察点数据库与江苏省 16 村 300 户的固定跟踪观察点数据库；组织开展的研讨会、论坛等活动，通过新华社、《新华日报》、《光明日报》、澎湃新闻、《农民日报》、《科技日报》、江苏卫视、《中国社会科学报》等积极推送宣传报道，阅读量高达 100 余万人次。

中国资源环境与发展研究院积极谋划高端交流研讨，在服务大局中塑造智库品牌。举办长江经济带高质量发展论坛，举办中国共产党百年土地政策思想与实践研讨会等 6 场高水平论坛，倡议成立长江经济带高质量发展合作研究联盟，与全国 4 家宅基地改革试验区签署共建宅基地制度改革案例研究基地，联合清华大学、北京大学等搭建 Sure Food 中外科学合作联盟；论坛综述刊发于"决策参阅""中国自然资源报"等平台，获学习强国等多家媒体转发，并得到《光明日报》等众多媒体高度关注。积极主动对接多方资源，在合作共赢中提升智库影响，承担省级部门委托课题 27 项，其中被江苏省委宣传部确立的重点课题 2 项，均考核优秀；参加江苏省人大常委会专题调研和工作座谈会，与江苏省生态环境厅、自然资源厅等省级部门举办需求对接会，及时了解政策导向与决策需求。以科研创新带动咨政建言，在相互促进中作出智库贡献。围绕政策需求，组织专家撰写咨询报告 14 篇，7 篇刊发在《智库专报》等省级以上内参，4 篇获江苏省领导批示，2 篇分获 2021 年度江苏智库研究与决策咨询优秀成果一、二等奖；围绕党的十九大精神等热点在《新华日报》等媒体平台发表观点，接受南京新闻频道、江苏广电总台等媒体采访。研究院不断提升院务治理水平，编制 4 个管理办法，聘任特聘研究员 3 人，招收博士研究生 3 人；开展教师政策咨询报告写作能力提升工作坊。

【发起成立长三角高校联盟农业技术转移服务平台】 6 月 26 日，学校与上海交通大学、浙江大学、浙江农林大学、宁波大学、江南大学、江苏大学、扬州大学、安徽农业大学在南京国家农创中心联合发起成立长三角高校联盟农业技术转移服务平台。长三角高校联盟农业技术转移服务平台以各校技术转移分中心或服务基地为组织载体，构建以市场为导向、"政产学研用金"深度融合的科技创新、转移与服务体系，为长三角地区农业农村现代化建设提供强大智力支撑和模式借鉴。

【成功组织申报江苏省"农业重大技术协同推广计划试点项目"】 成功组织申报江苏省"农业重大技术协同推广计划试点项目" 3 项（智慧稻作、切花菊、特色果树）并获得立项，总经费 440 万元。2020 年，农业重大技术协同推广计划试点项目实施成效显著，举办特色根茎类蔬菜现场会 2 场。

【南京农业大学与安徽省阜阳市共建南京农业大学阜阳研究院】 4 月 22 日，学校与安徽省阜阳市人民政府共建"南京农业大学阜阳研究院"签约仪式在翰苑宾馆举行。学校党委常委、副校长闫祥林，阜阳市政府副市长郑久坤，市政协副主席、科技局局长秦煦，市政府副秘书长、一级调研员武建华，学校社会合作处处长陈巍，智慧农业研究院副院长田永超，以及资源与环境科学学院、园艺学院及社会合作处相关人员 20 余人出席会议。学校党委常委、副校长闫祥林与阜阳市政府副市长郑久坤共同签署了研究院建设协议。

【南京农业大学与安徽省宿州市共建南京农业大学宿州研究院】 6 月 10 日，学校与安徽省宿州市共建"南京农业大学宿州研究院"签约仪式在宿州市举行。校长陈发棣教授、中国工程院院士盖钧镒教授、宿州市市长杨军出席签约仪式并致辞。校长助理王源超教授与宿州市副市长祖钧公分别代表学校与地方签订了共建合作协议。南京农业大学社会合作处、植物保护学院、农学院领导，以及宿州市委组织部、科技局、乡村振兴局、埇桥区、农业科学院等部门主要领导参加签约仪式。

[附录]

附录 1　学校横向合作到位经费情况一览表

序号	学院或单位	到位经费（万元）
1	农学院	932.40
2	植物保护学院	1 677.99
3	园艺学院	2 408.69
4	动物医学院	2 426.63
5	动物科技学院	900.99
6	草业学院	57.70
7	资源与环境科学学院	1 570.98
8	生命科学学院	546.72
9	理学院	148.99
10	食品科技学院	1 318.01
11	工学院	575.82
12	信息管理学院	206.90
13	人工智能学院	421.87
14	经济管理学院	391.02
15	公共管理学院	564.81
16	人文与社会发展学院	662.47
17	外国语学院	10.92
18	金融学院	144.02
19	马克思主义学院	44.50
20	学校职能部门	380.33
21	其他*	9 668.18
合计		25 059.94

*　其他指无锡渔业学院、资产经营公司、独立法人研究院等。

附录 2　学校社会服务获奖情况一览表

时间	获奖名称	获奖个人/单位	颁奖单位
1 月	南京农业大学 2020 年度"社会服务突出贡献奖"	姜小三	南京农业大学
1 月	南京农业大学 2020 年度"社会服务先进个人"	冯绪猛、束胜、吴新颖	南京农业大学
1 月	南京农业大学 2020 年度"社会服务先进单位"	宿迁研究院	南京农业大学

（续）

时间	获奖名称	获奖个人/单位	颁奖单位
2 月	"果蔬作物灰霉病菌和菌核病菌抗药性及治理关键技术"——中国产学研合作创新成果奖	周明国团队	中国产学研合作促进会
2 月	中国产学研合作创新奖	薛金林	中国产学研合作促进会
5 月	中国农业国际合作促进会"年度贡献奖"	严瑾	中国农业国际合作促进会、技术转化和产业发展委员会
6 月	2021 年长三角健康峰会（溧水）暨第二届中医药博览会"优秀参展企业"称号	南京农业大学资产经营有限公司	长三角健康峰会组委会
9 月	第三届三农科技服务金桥奖集体优秀奖	南京农业大学技术转移中心	中国技术市场协会
9 月	宿迁市产业技术研究院 2020 年度绩效优秀	宿迁研究院	宿迁市科技局
9 月	第四届江苏省葡萄产业体系优质葡萄评比（江苏省银奖 2 个，新沂市金奖 2 个，新沂市银奖 2 个）	新沂葡萄产业研究院	江苏省葡萄体系葡萄评比大赛组委会
10 月	第七届中国国际"互联网＋"大学生创新创业大赛银奖	朱艳、倪军	教育部
10 月	第十二届发明创业奖人物奖	姜小三	中国发明协会
10 月	全国绿色基地长三角地区绿色农业技术开发中心	南京农业大学泰州研究院	全国绿色农业产业示范基地管理办公室
10 月	"优质农产品"奖	新沂葡萄产业研究院	二十三届江苏农业国际合作洽谈组委会
11 月	2020—2021 年度神农中华农业科技奖优秀创新团队奖	南京农业大学智慧农业创新团队（朱艳、曹卫星、田永超、姚霞、汤亮、倪军、刘小军、程涛、刘蕾蕾、刘兵、张小虎、曹强、蒋小平、邱小雷、马吉锋、张羽、王雪、郭彩丽）	农业农村部
11 月	江苏省巾帼新业态助农创新基地	昆山市优来谷成科创中心	江苏省妇女联合会
11 月	苏州市"讲理想、比贡献"创新创业"双杯赛"优秀个人	王珊、陈颖、唐静、周园园	苏州市科学技术协会
11 月	南通市农业科学技术推广奖	海门山羊产业研究院	南通市人民政府
12 月	技术转移工作促进奖	南京农业大学	江苏省技术转移联盟
12 月	镇江市十佳双创平台	南京农业大学句容草坪研究院	镇江市人民政府
12 月	H9N2 亚型禽流感流行病学规律及其通用型高效灭活疫苗创制与推广应用——2021 年度中国商业联合会科学技术奖三等奖	孙卫东/南京农业大学	中国商业联合会

（续）

时间	获奖名称	获奖个人/单位	颁奖单位
12 月	江苏省文化科技卫生"三下乡"活动先进个人	王建军、王海滨	江苏省委宣传部、江苏省文明办、江苏省教育厅、江苏省科技厅等
12 月	"乡村振兴科技在行动——科技强农故事"征文三等奖：《打造稻米产业链式结构　助推乡村振兴跨越发展》	白璨	江苏省农业农村厅
12 月	"乡村振兴科技在行动——科技强农故事"征文优秀奖：《百合产业助力乡村振兴》	滕年军	江苏省农业农村厅
12 月	"乡村振兴科技在行动——科技强农故事"征文优秀奖：《产业体系综合示范基地自主创新成果推动菊花三产融合发展》	管志勇、陈发棣、房伟民	江苏省农业农村厅
12 月	"乡村振兴科技在行动——科技强农故事"征文优秀奖：《设施园艺栽培的领航人——南农大（宿迁）设施园艺研究院首任院长郭世荣教授工作见闻》	谢秀明	江苏省农业农村厅
12 月	"乡村振兴科技在行动——科技强农故事"征文优秀奖：《科技兴农，科技强农，如皋科技综合示范基地在行动》	郭彩丽、曹强	江苏省农业农村厅

附录 3　学校新农村服务基地一览表

序号	名称	基地类型	合作单位	所在地	服务领域
1	南京农业大学现代农业研究院	综合示范基地	南京农业大学（自建）	江苏省南京市	—
2	淮安研究院	综合示范基地	淮安市人民政府	江苏省淮安市	畜牧业、渔业、种植业、城乡规划、食品、园艺等
3	常熟乡村振兴研究院	综合示范基地	常熟市人民政府	江苏省常熟市	农业技术服务
4	泰州研究院	综合示范基地	泰州市人民政府	江苏省泰州市	农业资源利用、农产品品牌创建、美丽乡村建设规划与设计、公共技术服务与科技咨询服务等
5	六合乡村振兴研究院	综合示范基地	南京市六合区人民政府	江苏省南京市	稻米、生物质炭、蔬菜、食品加工等
6	宿迁研究院	综合示范基地	宿迁市人民政府	江苏省宿迁市	设施园艺

（续）

序号	名称	基地类型	合作单位	所在地	服务领域
7	安徽和县新农村发展研究院	综合示范基地	和县台湾现代农业产业园	安徽省马鞍山市	农业成果转化
8	阜阳研究院	综合示范基地	阜阳市人民政府	安徽省阜阳市	农业科技
9	宿州研究院	综合示范基地	宿州市人民政府	安徽省宿州市	农业全产业链技术研发、推广、咨询与培训、科技项目申请和实施
10	昆山蔬菜产业研究院	特色产业基地	昆山市城区农副产品实业有限公司	江苏省昆山市	开展技术研发、技术推广和服务项目
11	溧水肉制品加工产业创新研究院	特色产业基地	南京农大肉类食品有限公司	江苏省南京市	肉制品加工
12	句容草坪研究院	特色产业基地	句容市后白镇人民政府	江苏省句容市	草坪产业
13	蚌埠花生产业研究院	特色产业基地	固镇县人民政府、蚌埠干部学校	安徽省蚌埠市	花生优新品种培育、花生食品开发
14	新沂葡萄产业研究院	特色产业基地	新沂市人民政府	江苏省新沂市	葡萄技术推广
15	如皋长寿特色农产品研究院	特色产业基地	如皋市人民政府	江苏省南通市	蔬菜学、园艺学、食品科学、植物保护、资源与环境、农业机械
16	怀远糯稻产业研究院	特色产业基地	怀远县人民政府	安徽省蚌埠市	糯稻
17	丰县果业研究院	特色产业基地	丰县人民政府	江苏省徐州市	果品
18	新沂稻田综合种养产业研究院	特色产业基地	新沂市合沟镇人民政府、新沂合沟远方农业发展有限公司	江苏省新沂市	综合种养、农业产业化发展
19	睢宁梨产业研究院	特色产业基地	睢宁县王集镇人民政府	江苏省徐州市	梨
20	叁拾叁智慧畜禽与水产研究院	特色产业基地	江苏叁拾叁信息技术有限公司	江苏省南京市	畜禽与水产
21	溧阳茶产业研究院	特色产业基地	溧阳市天目湖镇人民政府、江苏平陵建设投资集团有限公司	江苏省常州市	茶叶
22	现代牧业奶牛产业技术研究院	特色产业基地	现代牧业集团有限公司	安徽省蚌埠市	奶牛疾病、饲料营养
23	江苏康巴特公共卫生防控研究院	特色产业基地	新沂市草桥镇人民政府、江苏康巴特生物工程有限公司	江苏省新沂市	兽医公共卫生、动物疫病防控、消毒
24	苏州水稻种子技术研究院	特色产业基地	苏州市农业农村局	江苏省苏州市	种业及技术推广
25	海门山羊产业研究院	特色产业基地	南通市海门区人民政府	江苏省南通市	畜牧业

（续）

序号	名称	基地类型	合作单位	所在地	服务领域
26	滨海梨产业研究院	特色产业基地	江苏省滨海现代农业产业园区管理委员会	江苏省盐城市	园艺果树
27	龙昌动保肝脏健康与稳态调控研究院	特色产业基地	山东龙昌动物保健品有限公司	山东省德州市	畜牧养殖
28	天信和生物制药过程技术研究院	特色产业基地	天信和（苏州）生物科技有限公司	江苏省苏州市	生物制药过程技术研发
29	广陵农业科技园蔬果产业研究院	特色产业基地	扬州市广陵区沿江现代农业科技产业园管理委员会、江苏江淮优品农业科技发展有限公司	江苏省扬州市	果蔬产业技术研发与服务
30	圣琪-众联生物饲料产业研究院	特色产业基地	山东圣琪生物有限公司、宁夏众联生物技术有限公司	山东省邹城市	生物饲料、酵母类生物饲料创新与应用
31	深农智能未来牧场研究院	特色产业基地	江苏深农智能科技有限公司	江苏省南京市	智慧家禽养殖
32	沈阳泰尔兰牧业肉牛产业技术研究院	特色产业基地	沈阳泰尔兰牧业有限公司	辽宁省沈阳市	肉牛产业、肉牛规范养殖
33	大方生物技术研究院	特色产业基地	江苏大方生物工程有限公司	江苏省泰州市	动物药品、保健品、添加剂
34	乾宝湖羊产业研究院	特色产业基地	江苏乾宝牧业有限公司	江苏省盐城市	湖羊种质资源保护
35	云南水稻专家工作站	分布式服务站	云南省农业科学院粮食作物研究所	云南省昆明市	农学、育种等
36	如皋信息农业专家工作站	分布式服务站	如皋市农业技术推广中心	江苏省如皋市	信息农业
37	南京湖熟菊花专家工作站	分布式服务站	南京农业大学（自建）	江苏省南京市	花卉、园艺、休闲农业等
38	山东临沂园艺专家工作站	分布式服务站	临沂市朱芦镇人民政府	山东省临沂市	园艺
39	龙潭荷花专家工作站	分布式服务站	南京市栖霞区龙潭街道办事处	江苏省南京市	观赏园艺
40	东海专家工作站	分布式服务站	东海县人民政府	江苏省连云港市	果树、蔬菜、花卉等
41	南京云几茶叶专家工作站	分布式服务站	南京云几文化产业发展有限公司	江苏省南京市	茶叶等
42	溧水林果提质增效专家工作站	分布式服务站	南京溧水区和凤镇人民政府	江苏省南京市	林果等
43	盘城葡萄专家工作站	分布式服务站	南京盘城街道办事处	江苏省南京市	葡萄等

（续）

序号	名称	基地类型	合作单位	所在地	服务领域
44	射阳凤凰农谷专家工作站	分布式服务站	江苏凤谷现代农业科技发展有限公司	江苏省盐城市	蔬菜等
45	江阴益生菌专家工作站	分布式服务站	江苏佰奥达生物科技有限公司	江苏省无锡市	益生菌等
46	南通海安雅周现代农业专家工作站	分布式服务站	南通海安雅周现代农业园	江苏省南通市	果蔬
47	家惠美农奶业专家工作站	分布式服务站	南通家惠生物科技有限公司	江苏省南通市	养殖、生物饲料
48	南京雨发园艺专家工作站	分布式服务站	南京雨发农业科技开发有限公司	江苏省南京市	园艺作物高效栽培
49	和佑优质健康肉食品专家工作站	分布式服务站	江苏和佑瑞安农业发展有限公司	江苏省太仓市	畜牧养殖
50	江阴品种改良和种苗繁育专家工作站	分布式服务站	江阴市农业农村局、江阴市璜土镇人民政府、江阴故乡情农业科技发展有限公司	江苏省江阴市	果树栽培技术服务，品种精准鉴定与智能化肥水管理技术服务
51	高淳双游乡村振兴工作站	分布式服务站	南京市高淳区漆桥街道双游村村民委员会	江苏省南京市	乡村振兴工作指导

附录4 学校科技成果转移转化基地一览表

序号	基地名称	合作单位	服务地区
1	南京农业大学技术转移中心高邮分中心	高邮市人民政府/扬州高邮国家农业科技园区管理委员会	江苏省扬州市高邮市
2	南京农业大学技术转移中心苏南分中心	常州市科技局	江苏省常州市
3	南京农业大学技术转移中心如皋分中心	南通市如皋市科技局	江苏省南通市如皋市
4	南京农业大学技术转移中心武进分中心	武进区科技成果转移中心	江苏省常州市武进区
5	南京农业大学技术转移中心栖霞分中心	南京市栖霞区科技局	江苏省南京市栖霞区
6	南京农业大学技术转移中心江阴分中心	江阴市科学技术局	江苏省无锡市江阴市
7	南京农业大学技术转移中心如东分中心	如东县农业农村局	江苏省南通市如东县
8	南京农业大学技术转移中心农创园分中心	南京国家现代农业产业科技创新中心	上海市、江苏省、浙江省、安徽省
9	南京农业大学技术转移中心食品研发分中心	镇江市水木年华现代农业科技有限公司	江苏省镇江市丹徒区

附录 5　学校公益性农业科技推广项目一览表

执行年度	项目类型	主管部门	产业方向与实施区域		经费（万元）
2019—2021 年	农业重大技术协同推广计划	江苏省农业农村厅	稻米	睢宁、盱眙、金坛、张家港	600
			梨	睢宁、丰县、天宁	
2020—2022 年	农业重大技术协同推广计划	江苏省农业农村厅	小麦	姜堰、大丰	200
			葡萄	浦口、新沂	150
			根茎类蔬菜	泗洪、涟水	100
2021—2023 年	农业重大技术协同推广计划	江苏省农业农村厅	智慧稻作	兴化、吴江、射阳、如皋	150
			切花菊	新沂、东海	150
			特色果树（甜柿）	昆山、宜兴	140
总计					1 490

附录 6　学校新型农业经营主体联盟建设一览表

序号	联盟名称	户数	理事长	成立时间
1	江苏省甜柿产业联盟	90	渠慎春	2021 年 4 月
2	新沂市葡萄新型农业经营主体联盟	187	王三红	2021 年 9 月
3	涟水县特色根茎蔬菜芦笋新型农业经营主体联盟	22	郑 标	2021 年 9 月
4	泗洪县特色根茎蔬菜新型农业经营主体联盟	24	马永波	2021 年 10 月
5	江苏省根茎蔬菜产业技术创新战略联盟	39	刘根新	2021 年 11 月

（撰稿：陈荣荣　王克其　邵存林　徐敏轮　王 彬　毛 竹　孙俊超　戴 婧　傅 珊
审稿：陈 巍　严 瑾　黄水清　审核：童云娟）

定 点 帮 扶

【概况】深入学习贯彻习近平总书记关于教育、"三农"工作的重要论述，认真贯彻落实党中央、国务院和教育部党组关于巩固拓展脱贫攻坚成果同乡村振兴有效衔接决策部署，做好中央单位定点帮扶贵州省麻江县与江苏省"五方挂钩"帮扶徐州市睢宁县的工作任务，充分发挥学校科技和人才等资源优势，巩固拓展脱贫攻坚成果，推动乡村振兴高质量发展。

中央单位定点帮扶。学校向麻江县投入帮扶资金 272.5 万元，引进帮扶资金 2 274 万元，培训基层干部、乡村振兴带头人 1 296 人次，培训技术人员 823 人次，购买麻江县脱贫地区农产品 288.1 万元，帮助销售麻江县脱贫地区农产品 301.9 万元。学校成立并扩充乡村振兴工作领导小组，由校党委书记和校长任"双组长"，其他校领导任副组长，包括所有学院和部门在内的 54 个单位主要负责同志作为小组成员；学校党委书记和校长等 6 位校领导 9 人次分别带队赴麻江县调研指导，统筹推进定点帮扶和乡村振兴工作。深入推进"党建兴村，产业强县"工作落实，以 10 个学院结对帮扶 10 个村的经验，将帮扶力量拓展至 21 个学院（部），全面激发科技发展持久内生动力。成立麻江乡村振兴研究院，学校向研究院拨付 230 万元经费，用于研究院建设、乡村振兴示范点打造及产业科技帮扶项目的深入推进。学校结对帮扶的麻江县卡乌村和河坝村成功入选"贵州省特色田园乡村·乡村振兴集成示范试点村"第一批建设名单，同时获批州级乡村振兴示范试点村 3 个、县级 5 个，累计获得中央财政衔接推进乡村振兴补助资金 2 274 万元，获得东西部协作经费 600 万元。学校组织申报的《建设乡村振兴综合科技服务平台，构筑"永久性"帮扶阵地》《打造特色田园卡乌乡村振兴集成示范点》分别入选第一批教育部直属高校服务乡村振兴创新试验综合类和乡村产业类培育项目。各学院及产业技术专班等专家团队分别就麻江县农业种植栽培、畜牧养殖防控、健康素质发展等多领域开展线下指导、线上培训 30 余场次；在麻江县引种的南农新品种"宁香粳 9 号"，经专家实产验收平均产量达 700.3 千克/亩，相比当地常规产量 440 千克/亩，有了突破性提升。深入开展"六次方"教育帮扶项目暨小学生成长型思维课程的第二轮、第三轮追踪调研，完成对麻江县 21 所小学近 2 000 名小学生的问卷调查与成长型思维测评；积极开展"传承超越为三农""南农-贵大（2+1）硕博学子麻江行"等特色活动，共有 6 名教师和 50 余名硕博学子深入麻江县 8 个乡镇村庄，助力完成乡村振兴"两规划一方案"。举办校园蓝莓现场展销会、教育部直属在宁五校联合展销会、麻江蓝莓营销大赛等活动，帮助麻江县政府（企业）联系参加全国多地开展的展销活动，不断拓展销售渠道，助力黔货出山。学校帮助创建的"麻小莓"文创区域品牌成功入选"2021 中国农产品百强标志性品牌"和"我最喜欢的贵州农产品区域公用品牌"。

江苏省"五方挂钩"结对帮扶。2020—2021 年，学校选派挂职干部参加江苏省委驻睢宁县帮扶工作队，积极落实"五方挂钩"帮扶工作。先后协调实施 7 个帮扶项目，学校直接拨付帮扶资金 40 万元，学校工会组织师生捐款 10 万元，江苏省慈善总会拨款"学校慈善一日捐"40 万元。学校组织梨产业专家多次赴睢宁县开展梨树种植、授粉等技术指导。举办"梨花节""助农卖梨"等直播活动，对帮扶村的梨等水果进行宣传，保障帮扶村梨的销售，近 20 万人观看了直播。种植的胎菊获得丰收，吸纳当地 300 多农户采摘菊花，带动当地农户每亩劳动收入 2 000 余元。发展鲜食花生深加工产业，配合做好商标注册。组织睢宁县多家企业赴扬州大学和句容农业职业技术学院进行人才招聘。通过学校徐州校友的联系，探索种植鲜食玉米等高附加值经济作物。与红卫村村干部共同规划流转的 1 060 亩土地的经营；仅 2021 年的夏收小麦，村集体收入超 30 万元。

【再次获评 2020 年度中央单位定点扶贫成效考核"好"等级】 5 月，中央农村工作领导小组通报了 2020 年度中央单位定点扶贫工作成效考核评价结果。学校在中央农村工作领导小组、国家乡村振兴局、教育部等单位组织开展的年度综合成效考核中，再次荣获"好"的等级。这也是学校连续第 2 次获评"好"等级。

【入选"贵州省特色田园乡村·乡村振兴集成示范试点村"第一批建设名单】 7 月 27 日，南京农业大学结对帮扶的宣威镇卡乌村、龙山镇河坝村成功入选"贵州省特色田园乡村·乡村振兴集成示范试点村"首批建设的 50 个示范试点村。

【入选第一批教育部直属高校服务乡村振兴创新试验培育项目】学校申报的《建设乡村振兴综合科技服务平台，构筑"永久性"帮扶阵地》和《打造特色田园卡乌乡村振兴集成示范点》分别入选第一批教育部直属高校服务乡村振兴创新试验综合类和乡村产业类培育项目。

［附录］

附录1　定点帮扶工作大事记

2月2日，贵州省委、省政府向南京农业大学发来感谢信，感谢学校多年来给予贵州省麻江县的大力支持和无私帮扶。

2月25日，全国脱贫攻坚总结表彰大会在北京人民大会堂举行。南京农业大学组织师生通过电视直播、网络直播等形式收看大会实况，深刻学习领会习近平总书记在全国脱贫攻坚总结表彰大会上的重要讲话精神。学校植物保护学院结对帮扶的麻江县水城村党支部被评为"全国脱贫攻坚先进集体"。

3月11日，南京农业大学校召开党委常委会、校长办公会听取南京农业大学乡村振兴工作汇报，专题研究部署定点帮扶和乡村振兴工作。

4月28—29日，南京农业大学党委书记陈利根，党委常委、副校长闫祥林带队赴贵州省麻江县调研，出席麻江乡村振兴研究院揭牌仪式，全面深入推进麻江县定点帮扶工作。

4月，南京农业大学扶贫开发工作领导小组办公室（社会合作处）荣获"2020年贵州省脱贫攻坚先进集体"表彰。

5月7日，南京农业大学参加教育部巩固拓展脱贫攻坚成果同乡村振兴有效衔接工作推进会（视频会），继续压实对麻江县定点帮扶的主体责任。

5月17日，南京农业大学召开"贵州省特色田园乡村·乡村振兴集成示范试点建设"座谈交流会，为麻江县乡村振兴示范点（村）建设规划思路和方案。

5月27日，南京农业大学学校党委常委会、校长办公会专题听取南京农业大学定点帮扶与乡村振兴工作汇报，重点研究学校2021年定点帮扶工作计划。

5月，中央农村工作领导小组通报了2020年度中央单位定点扶贫工作成效考核评价结果。学校在中央农村工作领导小组、国家乡村振兴局、教育部等单位组织开展的年度综合成效考核中，再次荣获"好"的等级；这也是学校连续第2次获评"好"等级。

6月10日，2021年度睢宁县"五方挂钩"帮扶协调小组工作会议在睢宁县召开，南京农业大学党委副书记王春春应邀出席会议并作交流发言。

6月15日，南京农业大学召开2021年定点帮扶工作推进会，学习习近平总书记重要论述和相关文件精神，全面推进本年度定点帮扶工作任务。

6月28—29日，南京农业大学举办"享受'莓'一份快乐！南农大定点帮扶麻江蓝莓团购展销现场会"。通过线上预订取货及线下现场展销，累计销售蓝莓鲜果3 000千克，以及蓝莓果干、蓝莓果酱、金丝皇菊等优质农特产品1 000余件，总计销售金额30余万元。

7月14—18日，南京农业大学在麻江县举办海外留学归国教师师德教育实践活动。各学院21位海外留学归国教师参加活动，考察了贵州省麻江县脱贫攻坚成果和学校对口帮扶项目。

7月27日，南京农业大学结对帮扶的麻江县宣威镇卡乌村、龙山镇河坝村成功入选"贵州省特色田园乡村·乡村振兴集成示范试点村"第一批建设名单。

10月8日，南京农业大学在麻江引种"宁香粳9号"，经国内专家实产验收，平均产量高达700.3千克/亩，相比当地常规产量440千克/亩，有了突破性的提升。

10月9—10日，贵州省麻江县委书记唐光宏带队来校对接定点帮扶工作，共商麻江乡村振兴发展。南京农业大学党委书记陈利根、校长陈发棣带领有关职能部门会见了唐光宏一行。

10月13日，南京农业大学申报的《建设乡村振兴综合科技服务平台，构筑"永久性"帮扶阵地》（综合类）和《打造特色田园卡乌乡村振兴集成示范点》（乡村产业）入选第一批教育部直属高校服务乡村振兴创新试验培育项目。

10月21日，南京农业大学召开2021年定点帮扶工作推进会，从全面完成定点帮扶各项任务指标、积极推进消费帮扶和深入开展教育部创新试验培育项目3个近期重点工作进行了部署。

10月27日，江苏省科技厅直属机关党委副书记、省委驻睢帮扶工作队队长、县委副书记王道发一行来学校研讨交流睢宁县帮扶工作。

11月15—16日，南京农业大学校长陈发棣、副校长丁艳锋带队赴麻江县调研推进定点帮扶和乡村振兴工作。

12月17日，南京农业大学帮助创建的贵州麻江"麻小莓"区域品牌成功入选"2021中国农产品百强标志性品牌"。

12月23日，南京农业大学参加教育部乡村振兴工作领导小组会议暨巩固拓展教育脱贫攻坚成果同乡村振兴有效衔接工作推进会（视频会）。

附录2　学校定点帮扶获奖情况一览表

时间	获奖名称	获奖个人/单位	颁奖单位
3月	睢宁县2020年度扶贫开发工作先进"帮扶第一书记"	贺亮	睢宁县扶贫工作领导小组
4月	2020年贵州省脱贫攻坚先进集体	校扶贫开发工作领导小组办公室（社会合作处）	中共贵州省委、贵州省政府
4月	贵州省脱贫攻坚先进个人	李玉清　裴海岩	中共贵州省委、贵州省政府
5月	2020年度中央单位定点扶贫工作成效考核最高等级"好"	南京农业大学	中央农村工作领导小组
6月	江苏省驻睢宁县帮扶工作队优秀共产党员称号	贺亮	中共江苏省委驻睢宁县帮扶工作队临时党委
7月	《党建引领多维兴村　产业聚力兴农强县》评为第三届乡村振兴暨脱贫攻坚典型案例	南京农业大学	高等学校新农村发展研究院协同创新战略联盟

（续）

时间	获奖名称	获奖个人/单位	颁奖单位
7 月	全州优秀党务工作者称号	裴海岩	中共黔东南苗族侗族自治州委员会
7 月	全县优秀党务工作者	裴海岩	中共麻江县委员会
9 月	《全力助推"麻"货出山，打造消费帮扶"新样板"》入选第一届高校消费帮扶优秀典型案例	南京农业大学	高校消费帮扶联盟
11 月	《一朵"金"菊的旅行——"金菊花"造就"金银谷"》入选第一届高校旅游帮扶优秀典型案例	南京农业大学	高校旅游帮扶联盟
11 月	江苏省脱贫攻坚暨对口帮扶支援合作工作先进个人	李刚华	江苏省评选表彰工作领导小组办公室

附录 3 学校定点帮扶项目一览表

执行年度	委托单位	帮扶县市	项目名称	经费（万元）	出资单位
2021 年	教育部	贵州省麻江县	麻江乡村振兴研究院建设项目	130	南京农业大学
			贵州省乡村振兴集成示范村项目（麻江河坝村和卡乌村）	100	
2021 年	江苏省	徐州市睢宁县	"五方挂钩"帮扶资金	40	南京农业大学
			两个大口径农业机井建设项目	12	南京农业大学中共江苏省委驻睢宁县帮扶工作队江苏省慈善总会
			800 米村部道路硬化项目	18	
			155 盏太阳能路灯项目	13	
			村内公共厕所项目	7	

附录 4 学校定点帮扶工作情况统计表

	指标	单位	贵州省麻江县	总计
1	组织领导			
1.1	赴定点帮扶县考察调研人次	人次	75	75
1.2	其中：主要负责同志	人次	2	2
1.3	班子其他成员	人次	7	7
1.4	司局级及以下同志	人次	66	66
1.5	召开定点帮扶专题工作会	次	20	20

（续）

	指标	单位	贵州省麻江县	总计
1.6	召开定点帮扶专题工作会时间	年/月/日	2021 年 2 月 25 日 2021 年 3 月 1 日 2021 年 3 月 11 日 2021 年 4 月 9 日 2021 年 5 月 7 日 2021 年 5 月 17 日 2021 年 5 月 27 日 2021 年 6 月 15 日 2021 年 6 月 16 日 2021 年 7 月 9 日 2021 年 8 月 4 日 2021 年 9 月 3 日 2021 年 10 月 10 日 2021 年 10 月 18 日 2021 年 10 月 21 日 2021 年 11 月 12 日 2021 年 11 月 22 日 2021 年 12 月 14 日 2021 年 12 月 23 日 2021 年 12 月 23 日	2021 年 2 月 25 日 2021 年 3 月 1 日 2021 年 3 月 11 日 2021 年 4 月 9 日 2021 年 5 月 7 日 2021 年 5 月 17 日 2021 年 5 月 27 日 2021 年 6 月 15 日 2021 年 6 月 16 日 2021 年 7 月 9 日 2021 年 8 月 4 日 2021 年 9 月 3 日 2021 年 10 月 10 日 2021 年 10 月 18 日 2021 年 10 月 21 日 2021 年 11 月 12 日 2021 年 11 月 22 日 2021 年 12 月 14 日 2021 年 12 月 23 日 2021 年 12 月 23 日
	督促指导			
1.7	督促指导次数	次	7	7
1.8	发现的主要问题	个	3	3
1.9	行程督促指导报告个数	份	2	2
2	选派干部			
2.1	挂职干部人数	人	2	2
2.2	第一书记人数	人	2	2
3	促进乡村振兴			
	资金投入			
3.1	直接投入帮扶资金（无偿）	万元	272.5	272.5
3.2	引进帮扶资金（无偿）	万元	2 274	2 274
	产业振兴			
3.3	引进帮扶项目或企业数	个	6	6
3.4	帮助建立帮扶车间数	个	3	3
3.5	帮助转移就业数	人	48	48
	人才振兴			
3.6	培训县乡村基层干部人数	人次	1 029	1 029
3.7	培训乡村振兴带头人数	人次	267	267
3.8	培训专业技术人才数（教师、医生、农业科技人才等）	人次	823	823

（续）

	指标	单位	贵州省麻江县	总计
	生态振兴			
3.9	帮助改善农村人居环境投入资金数	万元	100	100
	组织振兴			
3.10	本单位参与结对共建党支部数	个	11	11
3.11	本单位参与结对共建脱贫村数	个	11	11
3.12	扶持龙头企业数	个	3	3
3.13	帮助培育新型农业经营主体（家庭农场、合作社等）数	个	28	28
3.14	党员干部捐款捐物折合资金数	万元	1.142	1.142
4	工作创新			
	消费帮扶			
4.1	购买定点帮扶县农产品	万元	288.1	288.1
4.2	帮助定点帮扶县销售农产品	万元	297.15	297.15
4.3	帮助销售脱贫地区农产品	万元	4.77	4.77
5	打造乡村振兴示范点数	个	2	2
6	其他可量化指标			
6.1	荣誉表彰	项	10	10
6.2	宣传报道	篇次	20	20
6.3	感谢信	封	3	3

（撰稿：蒋大华 傅 珊 贺 亮 审稿：许 泉 陈 巍 严 瑾

审核：童云娟）

十、对外合作与交流

国际合作与交流

【概况】落实学校涉外疫情防控具体工作，汇总上报涉外疫情防控数据信息并填报系统。根据属地及学校疫情情况，制订假期及开学防范境外疫情输入工作方案。起草发布《南京农业大学境外师生入境及入校管理规定》，进一步规范境外师生入境及入校流程。

全年接待境外高校和政府代表团组 3 批 6 人次，包括世界粮食计划署中国办公室代表团、巴西驻上海总领事馆代表团等。新签和续签 26 个校际合作协议，包括 16 个校/院际合作协议和 10 个学生培养项目协议。

全年获批国家级外国专家项目 15 项，获得包括"111 基地"项目在内的项目经费 785 万元，完成"高端外国专家引进计划项目"等 30 多个项目的申报、实施、总结工作，聘请境外专家 352 人次，作学术报告 150 多场。2021 年，新增"优良畜禽品种选育与品质提升学科创新引智基地"，该基地成为学校第 10 个"111 基地"。协助食品科技学院"肉类食品质量安全控制及营养学学科创新引智基地"顺利通过 5 年验收，成功进入下一个 5 年建设期；协助农学院"作物生产精确管理研究学科创新引智基地"5 年验收工作。聘请英国贝尔法斯特女王大学教授莎伦·胡斯（Sharon Huws）博士等 2 名外国专家为学校客座教授。全年获批教育部"促进与加拿大、澳大利亚、新西兰及拉美地区科研合作与高层次人才培养项目"1 项、"王宽诚教育基金会"资助项目 1 项、亚洲合作资金项目 1 项、上海合作组织现代农业发展研究院项目 1 项、中非高校"20＋20"合作计划项目 1 项、江苏省教育厅 2021 年教育国际合作与交流质量提升重点项目 4 项（包括江苏省"十四五"高校国际合作联合实验室、国际化人才培养品牌特色专业、海外高层次人才引进平台等），共获批专项项目资金 310 多万元。协助学院组织召开 11 个国际会议，会议总规模 900 人次，其中线上参会外宾人数达 230 人次。协助动物医学院成功举办世界动物卫生组织"猪细菌病诊断与防控"亚太区培训班（线上）。获批 5 个"江苏省外国专家工作室"。继续实施"国际合作能力提增计划"，2021 年共有 25 个项目获批立项，合计资助 153 万元。完成 2018 年国别研究项目和 2019 年国际合作培育项目（合计 21 项）的结题工作。

全年选派教师出国（境）访问交流共计 5 人次。派遣学生出国（境）参加长短期交流学习、合作研究和联合培养等 66 人次，其中选派本科生出国（境）40 人次，选派研究生出国（境）26 人次；学生参加线上国际交流活动共计 415 人次。依托园艺学院，与日本千叶大学开展"2021 年夏季千叶大学园艺学部学生线上交流项目"，联合团委组织优秀创业团队参加日本京都国际创业大赛，资助生命科学学院学生参加国际基因工程机器大赛（iGEM），资助经济管理学院学生参加"IFAMA 国际案例竞赛"。以项目为媒介，推进了人才培养国际化工作机制的建立，展现了学校"双创"工作取得的成绩，营造了学生工作的良好国际化氛围。

积极探索构建世界农业奖奖项运行新机制，与白马国家农业高新技术产业示范区对接，争取更多外部支持，进一步提升奖项的开放性，扩大奖项的国际影响力。在奖项推广方面，不再限制于纸媒宣传，深化与 *Science* 杂志合作，多渠道推广宣传奖项，进一步提升奖项的国际知名度。

【承办第二期农业农村部"农业外派人员能力提升培训班"】受农业农村部委托，承办第二期"农业外派人员能力提升培训班"，来自农业农村部机关司局、直属单位和部分省份农业农村部门、科研机构的 40 名学员顺利完成培训班的学习并获得结业证书。农业农村部副部长马有祥出席开班式并讲话。

【与联合国粮食及农业组织共同举办同一健康全球专家论坛】携手联合国粮食及农业组织举办线上"南京农业大学与联合国粮食及农业组织同一健康全球专家论坛"，向国际社会宣介中国关于"同一健康"的理念和经验，推动各方凝聚共识，共建同一健康合作网络。来自联合国粮食及农业组织、国际家畜研究所、联合国粮食及农业组织/国际原子能机构粮食和农业核技术联合中心、加拿大萨斯喀彻温大学疫苗和传染病组织——国际疫苗中心等 10 多家单位的专家和代表参加了论坛。

【新增"优良畜禽品种选育与品质提升学科创新引智基地"】2021 年，新增"优良畜禽品种选育与品质提升学科创新引智基地"。自 2006 年教育部、国家外国专家局启动该项目以来，这是学校获批的第 10 个"111 基地"，平台数量在全国高校中名列前茅。

【实施"国际合作能力提增计划"】为推动疫情常态化下国际合作与交流，维护和加强国际合作伙伴之间的合作关系，继续实施"国际合作能力提增计划"。2021 年，共有 25 个项目获批立项，合计资助 153 万元；完成 2018 年国别研究项目和 2019 年国际合作培育项目（合计 21 项）的结题工作。该计划的实施，对学校国际合作交流工作起到了强有力的推动作用。

【出国境管理服务系统正式上线】"师生因公出国境管理服务系统"经过反复测试修改，于 2021 年投入使用。借助信息化手段进一步优化出国境全流程管理，做到师生少跑腿、信息多跑腿。组织师生参加上半年南京大学平安留学行前教育，主办下半年南京农业大学平安留学专场行前教育培训，将行前教育切实全面覆盖学校公费及自费的境外留学师生。

［附录］

附录 1 　2021 年签署的国际交流与合作双边协议一览表

序号	国家	院校名称（中英文）	合作协议名称	签署日期
1	澳大利亚	墨尔本大学 University of Melbourne	谅解备忘录	1 月 12 日

（续）

序号	国家	院校名称（中英文）	合作协议名称	签署日期
2	捷克	赫拉德茨-克拉洛韦大学 University of Hradec Králové	伊拉斯谟学生交流项目协议	11 月 19 日
3	美国	密歇根州立大学 Michigan State University	中国学期合作项目协议 1	6 月 8 日
4			中国学期合作项目协议 2	11 月 29 日
5		加利福尼亚大学河滨分校 University of California，Riverside	3＋1＋1 学生联合培养项目协议	6 月 16 日
6	日本	日本九州外国语学院 Kyushu Foreign Language Academy	海外日语实践教学实习基地协议	7 月 6 日
7		东京农工大学 Tokyo University of Agriculture and Technology	谅解备忘录	12 月 17 日
8			学术交流协议	12 月 17 日
9		北陆大学 Hokuriku University	本科生联合培养协议	12 月 21 日
10	法国	拉舍尔博韦综合理工学院 Institut Polytechnique Lasalle Beauvais	校际合作备忘录	3 月 3 日
11		高等农业工程师学院联合会 France Agro[3]	合作备忘录	3 月 29 日
12		昂杰高等农学院 ECOLE SUPÉRIEURE D'AGRICULTURES	合作备忘录	4 月 6 日
13		法国国家农业科学研究院 National Research Institute for Agricultural, Food and Environment	博士生联合培养项目协议	11 月 25 日
14	新西兰	梅西大学 Massey University	谅解备忘录	12 月 10 日
15	英国	诺里奇塞恩斯伯里实验室 The Sainsbury Laboratory	植物健康与作物安全联合中心协议	12 月 23 日
16	挪威	挪威生物经济研究所 Norwegian Institute of Bioeconomy Research（NIBIO）	谅解备忘录	12 月 20 日
17	瑞典	哥德堡大学 University of Gothenburg	合作协议书	12 月 7 日
18	柬埔寨	柬埔寨农林渔业部农产加工局 Ministry of Agriculture Forestry and Fisheries	谅解备忘录	6 月 16 日
19	巴西	维索萨联邦大学 Federal University of Viçosa	谅解备忘录	6 月 28 日
20			师生合作协议	12 月 20 日
21	印度尼西亚	茂物农业大学 IPB University，Bogor	合作备忘录	9 月 29 日

（续）

序号	国家	院校名称（中英文）	合作协议名称	签署日期
22	马来西亚	博特拉大学 Universiti Putra Malaysia	合作备忘录	11 月 30 日
23	蒙古	蒙古生命科学大学 Mongolian University of Life Sciences	谅解备忘录	12 月 28 日

附录 2　2021 年签署的国际交流与合作多边协议一览表

序号	国家	第三方合作伙伴名称（中英文）	合作协议名称	签署日期
1	保加利亚	普罗夫迪夫农业大学 Agricultural University—Plovdiv	农业与生命科学教育与科研合作意向书	10 月 29 日
	罗马尼亚	布加勒斯特农业与兽医大学 University of Agricultural Sciences and Veterinary Medicine of Bucharest		
		雅西农业大学 University of Agricultural Sciences and Veterinary Medicine of Iasi		
	乌克兰	苏梅国立农业大学 Sumy National Agrarian University		
2	中国、俄罗斯、哈萨克斯坦、塔吉克斯坦、巴基斯坦、乌兹别克斯坦、吉尔吉斯斯坦、印度	19 所上海合作组织涉农高校	上海合作组织涉农高校联盟合作意向书	5 月 14 日
3	芬兰	芬兰自然资源研究院 Natural Resources Institute Finland	亚洲农业研究中心三方合作协议	3 月 9 日
	美国	密歇根州立大学 Michigan State University		

附录 3　2021 年接待重要访问团组和外国专家一览表

序号	代表团名称	来访目的	来访时间
1	世界粮食计划署中国办公室代表团	校际交流	4 月
2	巴西驻上海总领事馆代表团	校际交流	5 月
3	奥地利自然资源与生命科学大学代表团	学术交流	5 月
4	江苏外专百人计划专家（短期）、英国埃克塞特大学 杰森（Jason Wayne Chapman）副教授	合作研究	远程合作
5	"111 项目"海外学术大师、国际农业经济学会执委、德国哥廷根大学杰出教授 史提芬（Stephan von Cramon‐Taubadel）博士	合作研究	远程合作

（续）

序号	代表团名称	来访目的	来访时间
6	"111 项目"海外学术大师、英国东英吉利大学 迈克尔·穆勒（Michael Muller）教授	合作研究	远程合作
7	大卫菲利普斯奖、法国国家农业科学研究院 弗雷德里克·巴雷特（Frederic Baret）教授	合作研究	远程合作
8	"111 项目"海外学术大师、美国堪萨斯州立大学 比克拉姆（Bikram Gill）教授	合作研究	远程合作
9	江苏友谊奖获得者、瑞士日内瓦大学 雷托（Reto Strasser）教授	合作研究	远程合作
10	美国科学院院士、"千人计划"外专项目（短期）专家、墨西哥生物多样性 基因组学国家实验室 路易斯（Luis R. Herrera‑Estrella）教授	合作研究	远程合作
11	联合国粮食及农业组织前官员、IAEA 前官员哈林德尔·玛卡（Harinder Makkar）教授	合作研究	远程合作
12	澳大利亚科学院院士、澳大利亚拉筹伯大学 詹姆斯·惠兰（James Whelan）教授	合作研究	远程合作
13	江苏外专百人计划专家、澳大利亚新南威尔士大学 史提芬（Stephen David Joseph）教授	合作研究	远程合作
14	美国科学院院士、堪萨斯州立大学 达勒库（Dalhoe Koo）教授	合作研究	远程合作
15	澳大利亚科学院院士、澳大利亚联邦科学与工业研究组织 埃文斯·拉古达（Evans Lagudah）教授	合作研究	远程合作
16	欧洲科学院院士、剑桥大学 索菲恩·卡蒙（Sophien Kamoun）教授	合作研究	远程合作
17	美国科学院院士、塞缪尔·罗伯茨诺贝尔基金会 丁辛顺（Xinshun Ding）教授	合作研究	远程合作
18	美国科学院院士、哈佛大学 乔治（George Church）教授	合作研究	远程合作
19	国际教育委员会主席、日本奈良先端科学技术大学 出村拓（Taku Demura）教授	合作研究	远程合作
20	英国皇家科学院院士、南波西米亚大学 彼得（Petr Bartos）教授	国际会议	远程合作
21	比利时皇家科学院院士、剑桥大学 塞巴斯蒂安·伊夫斯·范登阿克（Sebastian Eves‑van den Akker）教授	合作研究	远程合作
22	美国科学院院士、康奈尔大学 吉姆乔瓦诺尼（Jim Giovannoni）教授	第八届国际 园艺研究大会	远程合作

（续）

序号	代表团名称	来访目的	来访时间
23	世界农业奖获得者、加拿大科学院院士 阿尔伯塔大学洛恩（Lorne Babiuk）教授	合作研究	远程合作
24	法国农业科学院院士，法国国家农业研究所特聘研究主任、法国国家农业科学研究院 弗朗西斯·马丁（Francis Martin）教授	合作研究	远程合作
25	美国微生物科学院院士、英国爱丁堡皇家学会会士、邓迪大学 杰弗里·迈克尔·加德（Geoffrey Michael Gadd）教授	合作研究	远程合作

附录4 全年举办国际学术会议一览表

序号	时间	会议名称（中英文）	负责学院/系
1	5月21—23日	破壁与赋能：多学科驱动下的数字人文国际学术研讨会（线上） Cross-disciplinary Empowerment International Conference on Interdisci-plining Digital Humanities	人文与社会发展学院
2	6月5—9日	中国东盟（10＋1）土壤-水-作物智能监测国际会议（线上线下） China-ASEAN（10＋1）International Conference on Intelligent Monito-ring of Soil-Water-Crop	资源与环境科学学院
3	6月18—20日	第六届水产动物营养与代谢研讨会（线上） The 6th workshop on lipid nitrition and metabolism in aquatic animals	动物科技学院
4	7月20—22日	第八届国际园艺研究大会（线上） The 8th International Horticulture Research Conference	科学研究院
5	9月24—26日	记忆、口述史与民间叙事国际学术研讨会（线上） International Symposium on Memory，Oral History and Folk Narrative	人文与社会发展学院
6	10月14日	南农大-中东欧涉农高校国际教育合作交流云端论坛 Forum on cooperation between NAU and CEEC universities	国际教育学院
7	10月16—18日	"粮食与食品双安全战略下的自然资源持续利用与环境治理"国际会议 International Conference on Sustainable Resource Management for Ade-quate，Safe and Nutritious Food Provision（SURE＋）	公共管理学院
8	11月26—28日	"一带一路"畜牧业科技创新与教育培训中缅合作论坛（线上） China-Myanmar International Workshop on Technological Innovation and Education Training in Animal Production	动物科技学院
9	12月3—4日	新时代小麦基因组学研讨会 Zoom Symposium on New Era of Wheat Genomics	农学院
10	12月6—8日	第二届国际生物设计研究大会 The 2nd International BioDesign Research Conference	科学研究院
11	12月8—9日	南京农业大学与联合国粮食及农业组织同一健康全球专家论坛 NAU and UN FAO One Health Global Experts Symposium	动物医学院

附录5 学校国家级国际合作平台项目一览表

序号	项目名称	项目编号	项目负责人
1	优良畜禽品种选育与品质提升学科创新引智基地（新增）	B21021	毛胜勇
2	农业转型期国家食物安全研究学科创新引智基地（在研）	B20074	朱晶
3	畜禽重要疫病发病机制与防控学科创新引智基地（在研）	B20014	姜平
4	特色园艺作物育种与品质调控研究学科创新引智基地（在研）	B18029	陈发棣
5	农村土地资源多功能利用研究学科创新引智基地（在研）	B17024	石晓平
6	作物生产精确管理研究创新引智基地（在研）	B16026	丁艳锋
7	肉类食品质量安全控制及营养学创新引智基地（在研）	B14023	周光宏
8	农业资源与环境学科生物学研究创新引智基地（在研）	B12009	沈其荣
9	作物遗传与种质创新学科创新引智基地2.0（在研）	BP0820008	盖钧镒
10	农业生物灾害科学学科创新引智基地2.0（在研）	BP0719029	郑小波

附录6 学校新增国家级外国专家项目一览表

序号	项目名称	项目编号	项目负责人
1	气候变化下的昆虫学前沿与害虫生态管理	G2021145001	陈法军
2	农村数字普惠金融前沿理论和实验经济研究方法国际合作研究	G2021145006L	张龙耀
3	"一带一路"创新人才交流外国专家项目	DL2021145002L	吴未
4	膨胀蛋白SWOL协同木质纤维素酶降解农业废弃物的机制研究	G2021145001L	刘东阳
5	土壤有机质功能与有机产品分子设计	G2021145004L	潘根兴
6	亚洲"水-能-粮-田"系统耦合机理及其在南繁建设中的应用研究	G2021145003L	齐家国
7	基于电阻抗层析成像技术的作物根系表型检测技术研究	G2021145010L	卢伟
8	植物响应重金属胁迫的信号转导	G2021145002	郑录庆
9	杂草生物学及其可持续治理新技术	G2021145011L	强胜
10	饲料饲草预消化处理技术及其作用机制	DL2021145001L	成艳芬
11	大田作物表型监测及模拟系统研发	G2021145002L	刘守阳
12	构建低成本自动表型分析系统对植物寄生线虫的易感性和抗性性状的研究	G2021145005L	周济
13	生长模型与机器学习模型集成的作物生长环境-基因互作建模方法研究	G2021145008L	姜海燕
14	面向茶菊高效采收机械的核心问题研究	G2021145009L	舒磊
15	植物生物钟信号响应微分方程建模与计	G2021145007L	游雄

附录7 2021年度国际合作能力提增计划项目立项一览表

序号	项目编号	项目名称	单位	学校专项经费资助金额（万元）	项目负责人
1	2021-PY-01	梨果实单细胞悬浮培养及管状分子诱导体系的研究	园艺学院	3	陶书田

（续）

序号	项目编号	项目名称	单位	学校专项经费资助金额（万元）	项目负责人
2	2021 - PY - 02	猪繁育新技术中丹合作能力提增计划	动物科技学院	3	李 娟
3	2021 - PY - 03	生物发酵技术促进中缅秸秆粗饲料利用效率的研究	动物科技学院	3	成艳芬
4	2021 - PY - 04	快速城市化背景下农户活动对生态系统服务、人类福祉变化的影响研究	公共管理学院	3	吴 未
5	2021 - PY - 05	植物生物钟门控 CBF 低温响应通路的建模与模拟	理学院	3	游 雄
6	2021 - PY - 06	巴西大豆可持续生产问题研究	人文与社会发展学院	3	张 敏
7	2021 - PY - 07	干旱胁迫下蛋白质发生硫巯基化的生理功能	生命科学学院	3	谢彦杰
8	2021 - PY - 08	翻译硕士专业学位特色课程"技术写作"的中外合作建设	外国语学院	3	钱叶萍
9	2021 - PY - 09	农村数字普惠金融前沿理论和实验经济研究方法国际合作研究	金融学院	3	张龙耀
10	2021 - PY - 10	智慧农业中的信息安全问题研究	人工智能学院	3	舒 磊
11	2021 - PY - 11	基于电阻抗层析成像技术的作物根系表型检测技术研究	人工智能学院	3	卢 伟

附录8　学校新增荣誉教授一览表

序号	姓名	所在单位、职务职称	聘任身份
1	Sharon Huws	英国贝尔法斯特女王大学教授	客座教授
2	Riccardo Moratto	威尼斯大学荣誉专家	客座教授

（撰稿：丰　蓉　何香玉　苏　怡　陈　荣　刘坤丽
审稿：陈　杰　魏　薇　董红梅　审核：童云娟）

教育援外与培训

【概况】新冠疫情下，创新国际培训举办方式。承担商务部、教育部等国家部委线上培训项目，助推中国农业技术的国际转移。精心设计"云端"课程，因时因地安排"云参观"，提高培训项目的质量。在线举办柬埔寨农产品加工培训班、发展中国家渔业发展与管理等 7 期短期援外培训班，来自菲律宾、马来西亚、柬埔寨、泰国、斯里兰卡、印度尼西亚、埃及、毛里求斯、南非、坦桑尼亚、突尼斯、赞比亚、圭亚那、秘鲁等 26 个国家的学员 564 人参加培训。

【举办柬埔寨农产品加工培训班】 10 月 23 日至 11 月 5 日，受商务部委托，学校以线上方式举办柬埔寨农产品加工培训班，来自柬埔寨农林渔业部和国家农业研究所的农业官员及研究人员共计 43 人参加培训。培训内容包括食品加工技术与进展、农产品储藏方法等专题讲座和交流研讨活动，以及南京农业大学湖熟菊花基地和食品加工企业"云参观"，为柬埔寨学员提供了一个学习和了解中国农业食品加工先进技术与管理经验的平台。

副校长胡锋、商务部培训中心项目管理一处处长哈雨等出席结业仪式并致辞。

（撰稿：姚　红　吴　睿　审稿：李　远　韩纪琴　审核：童云娟）

孔子学院、国际合作办学

【概况】 成立孔子学院工作领导小组，健全多部门密切配合、分工协作的工作机制。积极培养肯尼亚本土师资，缓解师资紧缺问题。积极应对肯尼亚当地疫情，采取多种形式确保汉语教学和文化活动有序进行。本年度孔子学院招收学生 487 人，举办文化活动 39 场，活动受众 1 735 人次。

南京农业大学密西根学院坚持社会主义办学方向，将意识形态和思想政治教育纳入办学整体布局、贯穿教育教学全过程。围绕党史学习教育，开展理论学习、主题党日及实践活动等 27 次。做好学生党员教育管理工作，成立密西根学院直属团支部。学院按照教育部中外合作办学"四个三分之一"要求，与密歇根州立大学共同修订人才培养方案，引进美方专业核心课程 7 门，建设硕士英语强化课程 4 门。打造中外合作办学智慧教室、共享空间等国际化办学空间 624 平方米。

【丰富农业特色孔子学院发展内涵】 创新传统国际中文教学内容与方式，增强课程趣味性。编写《中国农历二十四节气中英文双语系列课件》，并在孔子学院微信公众号、南非和巴基斯坦等国家孔子学院推广使用，教学反馈良好。农业专家和中文教师合作开展农业职业技术培训，在田间地头将中文农业汉语词汇、农谚和中国歌曲融入园艺、畜牧和作物等专业课程，受到学生喜爱。

【搭建校企合作平台】 6 月 24 日，孔子学院举办第二届埃格顿大学中资企业校园招聘会，共有 27 家在肯中资企业、约 300 名应届毕业生参加。招聘会后，孔子学院为获得中资企业聘用的毕业生开展"中国语言与文化"课程培训，提升其中文技能。

【召开密西根学院联合管理委员会第一次会议】 7 月，南京农业大学密西根学院联合管理委员会 2021 年第一次会议以视频会议形式召开。南京农业大学副校长胡锋，美国密歇根州立大学教务长兼学术事务执行副校长特雷莎·伍德拉夫（Teresa K. Woodruff）等两校相关人员出席会议。胡锋和特雷莎·伍德拉夫分别代表两校发言，表示将努力推动合作办学发展。密西根学院院长韩纪琴向联合管理委员会作工作报告。中美两校就密西根学院发展模式、人才培养方案和收费方式等进行沟通。

【首届中外合作办学硕士研究生入学】 完成首届中外合作办学硕士研究生招生工作，录取食品科学与工程、农业经济管理 2 个硕士专业学生各 9 人。邀请中美两校专家教授开展学术讲座、学业指导、主题沙龙、基地实践等新生入学教育活动 10 次。

【**举行密西根学院揭牌仪式**】10 月，南京农业大学密西根学院揭牌仪式暨 2021 级研究生新生欢迎仪式在卫岗校区举行。南京农业大学校长陈发棣、副校长胡锋为密西根学院揭牌。学校相关职能部门、部分专业学院负责人，以及国际教育学院、密西根学院党政负责人等出席仪式。美国密歇根州立大学副教务长兼国际合作与交流负责人史蒂文·汉森（Steven Hanson）、农业与自然资源学院临时院长凯丽·米棱巴（Kelly Millenbah）等以视频会议形式出席仪式。胡锋代表南京农业大学致辞。美国密歇根州立大学教务长兼学术事务执行副校长特雷莎·伍德拉夫发来视频致辞。经济管理学院院长朱晶教授代表 5 个专业人才培养学院发言。

【**完成密歇根州立大学"中国学期项目"**】开展 2021 年春季及秋季两期密歇根州立大学"中国学期项目"，共接收密歇根州立大学广告创意、环境工程、媒体与资讯、数学、心理学、教育、经济学和动物科学等专业的中国籍本科生 16 人，协助学生完成学分转换，组织开展学业指导、文化素质讲座、校内外文化考察等活动 30 余次。

（撰稿：姚　红　刘素惠　审稿：李　远　韩纪琴　审核：童云娟）

港 澳 台 工 作

【**概况**】认真做好港澳台师生的疫情防控工作；积极组织台生学习教育部国情教育学习平台相关课程、参加教育部港澳台学生主题征文活动，1 名台籍本科生荣获 2020 年度教育部"不负青春　不负韶华　不负时代"港澳台学生主题征文活动一等奖；协助学生工作处开展港澳台学生的录取及奖学金评定工作；申报 2022 年度教育部对台教育交流项目和港澳台学生国情教育项目；协助公共管理学院举办"对话与展望：社会发展与乡村治理现代化"两岸学术交流论坛、协助经济管理学院举办"2021 年两岸大学生新农村建设线上交流活动"，有来自台湾大学、中山大学等 12 所台湾高校的 14 名专家共计 800 余名师生参加了上述云会议；新增 2021 年度王宽诚教育基金会资助项目 1 项，获得资助 3.5 万元。

（撰稿：郭丽娟　审稿：陈　杰　魏　薇　审核：童云娟）

十一、办学条件与公共服务

基 本 建 设

【概况】基本建设处严格落实各项疫情防控管理措施，积极协调各参建单位，努力克服建筑工人返程受限、地方复工政策限制及原材料进场受阻等一系列困难，全力推进学校基础设施条件建设。完成新建项目总投资 1.3 亿元，其中中央预算内投资 7 000 万元全部按期执行完毕，有效缓解学校办学用房紧张局面。按期交付翰苑宾馆屋面及外立面维修、老团委楼改造（保卫处警务室）、北苑十一舍改造等 17 项基建维修工程，完成维修改造总投资 4 500 万元，出新各类用房面积近 4 万平方米，新增温网室 2 400 平方米，维修敷设电缆约 12 500 米，切实改善了师生的教学科研环境及住宿条件。

农业农村部项目申报及项目建设成绩显著，申报并获批实验室及相关设施类中央基建投资总计 4 422 万元。完成生鲜猪肉加工技术集成科研基地建设项目的正式验收；取得农业农村部景观农业重点实验室、国家作物种质资源南京观测实验站 2 个项目的初步设计和概算批复；国家数字种植业（小麦）创新分中心建设项目获得正式立项。

完成教育部巡视学校基建领域存在问题的整改。完成多功能风雨操场、牌楼大学生实践与创业中心、理科实验楼、青教公寓 4 个项目竣工财务决算上报工作，并于 2021 年 3 月通过教育部发展规划司审核，彻底解决了以上项目的闭合问题。

持续加强廉政风险防控工作。组织专题学习党的十九届中央纪委五次全会、2021 年教育系统全面从严治党工作视频会、教育部直属高校基建工程领域廉政风险防控专题会和学校全面从严治党工作会议，深入排查廉政风险并进行整改；组织牌楼学生公寓 1 号楼、2 号楼新建工程各参建单位开展进场谈话会并签订创"工程优质、干部优秀"廉政协议。

【完成新建楼宇建筑体量创历史新高】如期完成作物表型组学研发中心、植物生产综合实验中心、第三实验楼（三期）、牌楼学生公寓 1 号楼和 2 号楼、白马现代作物种业基地实验用房 5 栋新建楼宇的主体建设，新增办学用房 7.64 万平方米、地下停车位 212 个，有效缓解学校办学用房紧张和停车难的局面。

【申报国拨基建资金获批取得新突破】申报国拨基建资金取得新的突破，获批教育部国拨基建专项 7 000 万元，获批农业农村部实验室及相关设施类中央基建投资 4 422 万元，获增中央改善基本办学条件专项 820 万元，获批各类建设资金总额共计 1.22 亿元，创历史新高。

【修订出台规章制度】对基本建设处制定并在全校范围实施的规章制度进行梳理，重新修订和发布《南京农业大学基本建设管理办法（2021 年修订）》《南京农业大学基本建设工程变更管理办法（2021 年修订）》《南京农业大学 30 万元以上修缮工程管理办法（2021 年修订）》《南京农业大学基本建设工程档案管理办法（2021 年修订）》4 项规章制度。同时，对基本建设处内部管理制度《基本建设处"三重一大"制度实施细则》进行了修订和完善。进一步构建科学配套、务实管用的制度体系，织密扎紧制度的笼子。

[附录]

附录 1　南京农业大学 2021 年度在建楼宇项目

序号	项目名称	建设规模（平方米）	进展
1	作物表型组学研发中心	22 556	全部完工
2	植物生产综合实验中心	13 913	全部完工
3	第三实验楼（三期）	17 542	全部完工
4	牌楼学生公寓 1 号楼和 2 号楼	21 799	全部完工
5	白马现代作物种业基地实验用房	600	全部完工

附录 2　南京农业大学 2021 年度维修改造项目基本情况

序号	项目名称	投资金额（万元）	进展
1	翰苑宾馆屋面、外立面维修工程	136.55	已竣工
2	老团委楼改造工程（保卫处警务室）	39.18	已竣工
3	北苑十一舍改造工程（国际处培训班）	45.83	已竣工
4	南京农业大学附属小学玻璃温室工程	38.55	已竣工
5	南京农业大学土桥水稻实验基地温网室项目	148.71	已竣工
6	南京农业大学土桥水稻实验基地绿化项目	30.14	已竣工
7	白马基地禽产品加工中心部分土建、电路改造工程	26.63	已竣工
8	2021 年卫岗校区学生宿舍楼宇维修改造工程一标段	163.32	已竣工
9	2021 年卫岗校区学生宿舍楼宇维修改造工程二标段	75.50	已竣工
10	2021 年卫岗校区学生宿舍楼宇维修改造工程三标段	101.87	已竣工
11	2021 年卫岗校区学生宿舍楼宇维修改造工程四标段	130.01	已竣工
12	2021 年卫岗校区学生宿舍楼宇维修改造工程五标段	115.47	已竣工
13	动物医学院临床实验教学中心改造工程	44.97	已竣工
14	白马现代作物种业基地	288.79	已竣工
15	南京农业大学白马基地电力增容一期工程	1 799.57	已竣工
16	南京农业大学白马电力增容一期工程电力电缆采购	779.50	已竣工
17	白马动物实验基地科研试验平台改造工程	66.43	实施中

（续）

序号	项目名称	投资金额（万元）	进展
18	白马基地猪场科研实验室新风及空调系统采购及安装	54.79	实施中
19	动物医院住院部改造工程	68.48	实施中
20	土桥水稻实验站制种隔离架项目	47.54	实施中

（撰稿：华巧银 审稿：郭继涛 桑玉昆 审稿：代秀娟）

校区园区建设

【概况】江北新校区。2021年，新校区建设指挥部、教师公寓建设指挥部、江浦实验农场以新校区全面开工建设为新的起点，坚持"高起点规划、高标准设计、高质量建设"总体要求，协调推进设计、报批、招标、施工、用地保障等各项工作，统筹安全、质量、进度和投资效益，推动新校区建设取得了阶段性重要进展。

精心开展设计工作。一是完成建筑设计收尾和成果报批。完成全部单体的桩基设计和上部施工图设计，先后取得单体规划许可证、桩基和上部建筑施工图审查合格证；完成全部单体幕墙设计、精装修图纸设计、二次机电深化设计，并完成图纸报审；完成BIM设计。二是系统推进各专项设计。完成市政施工图设计、景观绿化方案设计、供配电工程初步设计，以及相应的清单编制和施工、监理的招标准备；完成基础网络及数据机房等智能化工程施工图设计，并协调建筑施工完成管线预埋。同时，完成厨房后厨系统、舞台工艺系统、室外体育场系统、实验室设备系统等其他专项施工图设计。

全面加快建设进度。一是加快建筑单体施工。完成所有单体共计12 285根工程桩施工和检测，土方开挖77万立方米，混凝土浇筑33.94万立方米，钢筋绑扎4.9万吨，完成地下室工程近9万平方米，完成投资近10亿元。12栋建筑主体结构于年底前已完成封顶，同步交叉开展二次结构施工。二是加强工期和人员管理。根据合同约定和工程实际，科学编制施工工期计划，严格节点管理，将工期进度、施工组织方案、劳务人员和机械配备、材料供应等有机衔接，提高现场施工效率。现场采用信息化手段，实名制考核现场劳务人员和管理人员出勤情况，保证施工有序推进，实现开工以来安全工作"零事故"。

牢牢把握工程质量。一是加强过程监管。多渠道配齐配强校方工程管理人员，自年初进驻现场后，常态化开展工地巡查和专项检查，参与各领域、各专业工程管理，加强对施工过程、材料设备等全过程监管，把严的基调贯穿始终。二是规范工程管理。严格落实合同约定、按图施工、材料报验、技术交底、样板先行、举牌验收等制度和做法。对于工程中发现的问题，坚持"一个不放、一抓到底、举一反三"原则，从优化制度和流程入手，严格基建程序和制度，不断完善管理方式，将"全过程、精细化"理念落到实处。三是用好信息化手段。充分利用BIM（建筑信息模型）设计成果，通过模型创建、碰撞检查、管线综合、净高分析、虚拟漫游视频等方式，实现建筑各系统、各专业之间有机衔接，并指导现场施工。

着力做好条件保障。一是全力推进用地保障。取得新校区第二批 258 亩建设用地土地证，累计已取得土地证 1 156 亩，一期工程范围内所有建设用地全部解决。获得第三批用地约 394 亩空间规划指标，其中约 330 亩土地征转完成组卷上报。二是积极筹措建设资金。通过与新区管理委员会多次会研，编制了资金使用计划，并纳入新区财政预算，同时形成了专门调度机制，解决了新校区建设资金的拨付程序和通道问题。三是如期完成临时设施。工程建设所必需的临时用地、临电临水、临时道路、临时围挡、临时办公用房、工人宿舍等均按期建设保障到位，为全面大规模施工奠定基础。

加强江浦农场管理。一是持续做好农场土地管护。根据学校统一部署安排，分片区、网格化、有重点地开展农场土地巡查和管理，动态掌握地方政府开发利用情况和土地现状，并协调地方政府执法力量，清理农场土地私自占用等行为。二是完成试验站搬迁。协调相关学院和地方政府，基本完成农学院试验站、园艺试验站搬迁。配合学校国有资产部门完成国有资产清查和核销。三是维护职工拆迁诉求。积极协调跟进农场职工安置房建设和拆迁安置过渡费发放，妥善解决职工合理诉求，确保农场的整体和谐稳定。

浦口校区。浦口校区管理委员会开展日常管理、服务保障、疫情防控、属地对接等各项工作，促进校区融合发展。目前，浦口校区管理委员会按照工作职能分为 6 个办公室，年度在职教职工 98 人（含租赁人员 26 人）、退休 161 人。

落实党委工作部署，做好改革后的统筹协调、积极探索多校区管理工作新模式。理顺剩余经费；资产建账、调拨、报废整合分配房屋等事宜；完成 2020 年度原工学院教职工大病医疗互助金发放，做好原工学院职工大病互助信息与校工会的转移对接工作，移交学生档案 8 862 份。

做好浦口校区 6 174 名本科生、694 名研究生、58 名少数民族预科生、28 名留学生的教务管理工作。协助完成研究生招生、培养，做好留学生教育管理。组织各级各类项目、专利申报等科研工作。做好 1 500 余人的学历教育。

打造"汇贤大讲堂"和"高雅艺术进校园"，邀请国防部维和事务中心高级教官周辉大校阐释中国为构建人类命运共同体作出的贡献、国家一级指挥于海讲述国歌的由来、"中国青年五四奖章"获得者孙海涛阐释奥运精神、江苏省朗诵协会举行"经典诵读　追梦中国"名家名篇朗诵音乐会。"汇贤大讲堂"获校园文化建设一等奖，原创朗诵《北方的篝火》获全国第六届大学生艺术展演（艺术表演类）一等奖，大学生新媒体设计大赛荣获江苏省特等奖。

完成学生返校报到、新生开学典礼和毕业生离校工作；举办 300 多场专场就业宣讲；启用线上宿舍管理系统。

开展"财务事务一站通"，完善业务流程，修订管理规章制度，率先试点财务凭证影像化、电子化，完成发放 10 万人次学生费用 3 800 余万元，缴销各类票据近 15 000 份，核对个税纳税信息 2 万余条，完成浦口校区 6 926 名学生的收费工作，新办校园卡 5 834 张、注销卡 5 391 张、圈存 3 000 万元，配合完成 20 位干部离任审计。

完成 422.10 万元维修项目；规范供水供电，生均水电消耗呈减少趋势；加强对供水管道排查检修，设立饮食"服务质量提升月"；正常开展诊疗（8 000 余人次），加强对肺结核、水痘、艾滋病等传染病的宣传防治，开展多场次的救护培训、健康知识宣教及讲座；落实"碳达峰、碳中和"，推进垃圾分类、增设充电桩、栽种树木，建设生态校园。

对校区校园网络及信息系统进行升级建设，排查、修复纤芯并着手新建光缆，加强网络信息系统监控、处置安全事项 8 起，参与新校区网络信息工作；核查档案 106 份，完成档案整理归档、转移、查借阅等日常事项。切实关心离退休老同志身心健康，全力协助做好"光荣在党50年"大型庆典活动，每月安排离退休老同志进校拿药、办理报销等事宜，对接离退休处完善信息系统、组织老年活动、发放各类慰问230人次，定期到家属区为退休职工开展血糖、血压监测等。

做好疫情防控，落实疫情防控常态化管理。新建家属区和教学区分隔围墙，加强校园安全管理。先后组织完成3次共计12 410人次校区师生疫苗的集中接种工作。坚持信息日报制度。校园实行封闭式管控，校外人员进校采用线上审批，非必要不进校园。全面把控防控源头，完成核酸检测（21次，16 820人次）、健康监测（9个批次，101人），疫情防控工作得到江北新区领导的充分肯定。

召开党史学习教育动员会议，邀请专家、领导作专题辅导报告，举办专题学习会、上好党史学习教育系列专题党课、开展"缅怀先烈学党史、增强党性干事业"主题党日活动和"我为师生办实事"活动。获学校庆祝中国共产党成立100周年合唱比赛三等奖、优秀组织奖，学校党史知识竞赛三等奖。

对接地方政府和周边单位，落实属地管理。对接江北新区，推动垃圾分类、校园治安、易爆化学品管理、反恐禁毒、出入境管理、消防安全、校园周边治理、平安校园建设、美丽校园等10余项工作的就地落实；加强与中国移动、中国电信等沟通协作，确保网络正常运行；加强与江苏省农业农村厅等部门联系，完成农业机械化学校信用代码证书更换和经费落实。

白马基地。白马基地年度实施并完成大型基建项目5项：植物生产综合实验中心、作物表型研发中心、基地电力增容一期、种业创新基地附属用房及地下通信管网等；争取政府资金285万元实施1 500亩高标准农田提升工程，修建泵站3座，新建地下灌溉管网5 000余米，完成高标准农田改造73亩、农田整治200亩；开展路渠、涵管等基础设施、农业设施维护维修，实施30万元以下修缮工程35项，完成白马基地地下管线综合图绘制。

白马基地创新运行管理机制。修订科教基地管理办法和资源费收费标准，按"统一管理、按需租用、有偿使用、进退有序"新模式办理租用手续，相关资源按新的标准收费；主动谋划基地社会化服务改革，通过招标引入专业化的物业公司、供配电及泵站运维企业开展专业化运维服务。

6月16日，在喜迎建党百年之际，实验室与基地处、采购与招投标中心、基本建设处三部门党支部，联合溧水区城乡建设局机关党委，开展"共学党史立根铸魂，校地共建服务奉献"党史教育活动；开春后，以"喜迎党的生日，践行绿色希望"为主题，在白马基地开展全民植树活动，近500人参与，栽种苗木400余株、养护苗木200余株。

【新校区首栋建筑封顶】11月16日，学校举行江北新校区一期工程首栋建筑封顶仪式。校党委书记陈利根，南京市城市建设投资控股（集团）有限公司总经理李雁，校党委副书记王春春，党委副书记、新校区建设指挥部总指挥刘营军，党委常委、副校长闫祥林，南京江北新区产业技术研创园党工委书记、管理办公室主任蒋华荣，南京市城市建设投资控股（集团）有限公司副总经理程曦，江北新区管理委员会建设与交通局副局长王玉国等共同为南区博士生公寓楼铲装封顶混凝土。新校区一期工程首栋建筑正式封顶，标志着新校区建设取得重要进展。

【新校区土地征转取得新进展】第二批约258亩建设用地通过省、市、区各级政府部门审批，于7月正式取得土地证，累计已取得约1 155亩建设用地土地证。经协调省、市、区国土相关部门，第三批用地约394亩列入南京市国土空间规划近期实施方案，5月获得江苏省自然资源厅批复同意，在完成土壤污染评估、地质灾害危险性评估、地勘报告、征地公告等一系列手续基础上，于12月初完成其中约327亩土地征转的组卷上报。

【新校区教职工公寓项目获教育部备案立项】 4月13日，教育部发展规划司印发《关于南京农业大学江北新校区教职工公寓项目备案的函》（教发司〔2021〕32号），批准立项教职工公寓40万平方米。

【白马基地接待省市领导视察与企业考察】 2月20日，江苏省科学技术厅一级巡视员段雄赴白马基地，调研作物表型组学重大基础设施项目建设进展，副校长丁艳锋详细介绍了作物表型组学项目研发情况。段雄表示，表型项目对开展种源"卡脖子"技术攻关、挖掘真正有用基因、创制有突破性种质，在育种关键核心技术研发和重大品种培育方面具有十分重要的意义。3月27日，多伦科技股份有限公司董事长章安强到白马基地考察。校长陈发棣、副校长胡锋接待。陈发棣回顾了章安强的祖父——金陵大学农学院老院长章之汶先生的生平事迹，感叹章之汶先生为中国近现代农业高等教育所作出的杰出贡献，感谢章安强浓浓的南农情怀。双方就加强校企合作、推动科技创新，共同打造产学研融合新平台作了深入交流。10月17日，南京市副市长、溧水区委书记林涛到白马基地视察，对学校近年来在南京国家农业高新技术产业示范区的建设发展给予了高度的评价，希望学校作为国内农业科技的先行者，继续为南京国家农业高新技术产业示范区建设当好领头羊和风向标。

【白马基地获得示范基地授牌与耕读基地挂牌】 9月，农业农村部发文，学校白马基地获批农业农村信息化示范基地（生产型）。11月27日，南京农业大学耕读教育实践基地在白马基地挂牌，学校落实教育部文件精神，深挖广拓，拓宽耕读教育平台，优化耕读教育课程，凝练耕读教育内涵，大力弘扬劳动精神，教育引导学生崇尚劳动、热爱劳动，投身劳动。

[附录]

南京农业大学江北新校区一期工程施工图设计总体建筑指标

标段	项目名称	建筑面积 （平方米）	地上建筑面积 （平方米）	地下建筑面积 （平方米）	建筑规划高度 （米）	层数
一标段	图书馆	52 178.13	46 086.03	6 092.1	34.5	7/1D
	公共教学楼	57 983.31	57 983.31	—	26.6	5
	大学生活动中心	16 493.84	16 493.84	—	24.3	3
	校史馆	9 154.67	9 154.67	—	5.85	1
	档案馆					
	校友之家	1 147.8	1 147.8	—	9	2
	留学生公寓	12 654.49	12 494.95	159.54	30	8/1D
	北区博士生公寓	34 868.57	27 645.76	7 222.81	58	14/1D
	后勤服务中心	6 100.21	6 100.21	—	16.6	4
	1#校门	670.64	670.64	—	7.8	1
	3#校门	11.15	11.15	—	3.6	1
	小计	191 262.81	177 788.36	13 474.45		

（续）

标段		项目名称	建筑面积（平方米）	地上建筑面积（平方米）	地下建筑面积（平方米）	建筑规划高度（米）	层数
二标段	南区学生公寓	社科大楼	30 182.35	30 182.35	—	25.30	5
		人文大楼	—	27 882.47	18 707.35	26.80	6/1D
		工学院	—	41 849.86		38.50	8/1D
		工程训练中心（南）（北）	6 302.69	6 302.69	—	13.50	2
		南区学生公寓（一）	21 337.56	21 337.56	—	23.05	6
		南区学生公寓（二）	21 398.58	21 398.58	—	23.05	6
		南区学生公寓（三）	21 418.26	21 418.26	—	23.05	6
		南区学生公寓（四）和南区学生公寓（五）	21 317.72	21 317.72	—	32.10	10
		南区学生生活服务中心	—	—	—		
		小计	210 396.84	191 689.49	18 707.35		
三标段	北区学生公寓	行政楼	39 193.18	30 057.24	9 135.94	27.00	5/1D
		会议中心					
		体育馆	26 042.48	24 470.58	1 571.9	23.42	3/1D
		体育场看台	4 239.41	4 239.41	—	20	2
		校医院	5 122.61	5 122.61	—	15.9	3
		学生第一食堂	16 441.5	16 441.5	—	18.20	3
		学生第二食堂	11 336.14	11 336.14	—	18.30	3
		北区学生公寓（一）	21 923.06	21 923.06	—	23.35	6
		北区学生公寓（二）	21 925.24	21 925.24	—	23.35	6
		北区学生公寓（三）	15 031.56	15 031.56	—	23.35	6
		北区学生公寓（四）	15 031.56	15 031.56	—	23.35	6
		北区学生生活服务中心	—	—	—	—	1
		5♯校门	172.3	172.3	—	6.30	1
		6♯校门	92.35	92.35	—	5.90	1
		小计	176 551.39	165 843.55	10 707.84		
四标段		17♯理学院	12 397.79	12 397.79	—	22.6	4
		18♯生环学部楼		20 395.69	42 947.92	26.7	4/1D
		19♯动物学部楼		20 112.4		26.7	4/1D
		20♯食品科技学院		11 828.49		22.6	4/1D
		21♯园艺学院		13 501.29		22.6	4/1D
		22♯植物保护学院		14 349.49		22.6	4/1D
		23♯农学院		13 403.99		22.6	4/1D
		24♯交叉学科中心		35 152.62		80	17/1D

（续）

标段	项目名称	建筑面积（平方米）	地上建筑面积（平方米）	地下建筑面积（平方米）	建筑规划高度（米）	层数
四标段	展览馆	4 615.31	4 615.31	—	16.7	2
	4＃校门	236.56	236.56		5.2	1
	小计	188 941.55	145 993.63	42 947.92		
合计		767 152.59	681 315.03	85 837.56		

（撰稿：马先明　李　菁　董淑凯　审稿：张亮亮　李中华　李昌新　石晓蓉　审核：代秀娟）

财　　务

【概况】计财与国有资产处围绕学校办学目标，以党史学习教育为契机，加快推进财务管理规范化、制度化和信息化建设，合理配置资源，做好开源节流工作，全面推进预算绩效改革，全面提升财务管理水平和服务效能，为学校事业发展提供了资金保障。全校各项收入总计 22.65 亿元，各项支出总计 24.88 亿元。

全面贯彻落实中央关于"过紧日子"的决策部署，进一步增收节支，优化资源配置，提高学校资金使用效益，壮大学校整体财力，切实为建设农业特色世界一流大学提供坚强保障。2021 年，改善办学条件专项资金 6 468 万元，中央高校基本科研业务费 3 283 万元，中央高校教育教学改革专项 1 136 万元，中央高校管理改革等绩效专项 1 629 万元，"双一流"引导专项 5 900 万元，国拨基建专项 7 000 万元，教育部国家重点实验室专项经费 1 235 万元，农业农村部重点实验室 4 422 万元，捐赠配比资金 531 万元，各类奖助学金 11 464 万元。

做好预决算统筹管理，加强预算刚性约束。完成 2020 年财务决算工作，形成决算分析报告，完成决算编制。科学编制 2021 年校内预算、2022 年部门一上预算和住房改革支出预算，加强预算控制和管理，进一步细化预算分类，加强预算经费的明细科目控制，做好经费分析，建立预算绩效考核评价机制。加强预算执行的监管，增加预算刚性，重点细化"三公经费"预算，明确专款专用，严禁超预算支出。建立资源配置和使用的自我约束机制，优化学校资源配置，实现资源使用效率的最大化，2021 年预算总体执行情况良好。

严格执行规定，切实发挥会计核算作用，巩固拓展标准化、规范化建设成果，进一步理顺业务办理流程，健全完善制度体系。2021 年，编制会计凭证 15.36 万份，录入笔数 82.91 万条，审核原始票据 100.83 万张；全年接受医药费报销约 6 434 人次，报销单据 4.5 万余张。

响应政策要求，做好税费收缴工作。按时申报纳税，规范财政票据和税务发票的管理与使用。完成收费项目变更备案和收费年检工作，调增 MBA 收费标准，新增文化遗产收费备案工作。完成非税收入上缴财政专户工作，上缴非税收入 23 966.8 万元。根据江苏省教育厅和江苏省市场监督管理局的收费检查与治理教育乱收费通知，完成两个部门检查报告的上报工作。完成全校本科生和研究生的助研费、勤工助学金等劳务费的发放工作。完成新生收费标准的制定，以及全校本科生学费、住宿费、教材费等费用的收缴工作。2021年，发放本科生各类奖勤助贷金50余项，共计4 249.16万元，11.25万人次；发放研究生助学金7 933万元，学业奖学金、国家及其他奖学金7 986万元，助学贷款1 228.4万元，留学生生活补助495万元。协助中国银行为学校研究生和本科生办理中国银行卡7 000多张。完成学校2020年度所得税汇算清缴、税务风险评估等工作。完成国产设备退税工作，累计退税金额288.87万元。完成基金会和校友会的现金出纳与银行出纳的相关工作。

【深入推进财务信息化建设】依托"互联网＋"技术，全面打造线上服务平台，进一步提升财务管理智能化水平。启用网上预算申报系统，实现预算申报、审批、拨款等业务的全闭环网络化管理；全面升级优化自助报账投递机、退单机功能；开通电子回单查询功能，简化业务流程；升级电子发票查验模块，实现一键校验发票真伪，精准提取学校账务数据库发票信息，减少发票验证程序，业务办理更加简化。

【完善财务、资产制度管理】积极推进部门制度清理工作。2021年，部门梳理规章制度41项，包括已修订规章制度14项、拟修订9项、新起草规章制度2项、废止制度10项、保留制度6项。已出台《南京农业大学中央高校教育教学改革专项经费管理办法》《南京农业大学改善基本办学条件专项资金管理办法》《南京农业大学预算绩效管理办法》《南京农业大学差旅费管理办法（2021年修订）》《南京农业大学公用房管理办法（修订）》。根据上位法规定，简化业务流程，优化服务，进一步健全和规范财务、资产管理体系。

【纵深推进预算绩效管理改革】落实学校加强资金统筹管理，"集中财力办大事"精神，加强财政资金执行力度，优化项目设置和支出结构，避免相似项目的重复投入，防止资金使用的碎片化，将有限财力投入制约学校发展的关键领域，保障学校事业发展。建立以科学合理的滚动规划为牵引，以规范的项目库管理为基础，以预算评审和绩效管理为支撑，以资源合理配置与高效利用为目的，以有效的激励约束机制为保障，重点突出、管理规范、运转高效的项目支出预算管理新模式。有序推进预算绩效管理改革、校内预算管理改革，制定出台学校《南京农业大学预算绩效管理办法》，建立绩效管理约束机制，对部分学院和部门开展预算绩效管理试点工作。

【加强自身队伍建设】抓好载体建设，加强财务政策学习和宣传，组织开展学习教育活动。强化针对性，突出实效性，精心组织财务、资产管理培训，定期开展政策法规和业务知识培训，进一步推动部门"学习型"人才建设，切实有效提升全员服务水平和服务效能。开展走访调研和交流座谈学习活动。认真总结经验，深入分析学校财务工作特点和规律，走访江南大学，就多校区办学财务管理、资金管理、后勤财务管理、收费管理与平台建设、校内预算管理、内部控制建设情况及财务信息化建设等方面开展调研活动。组织接待南京工业大学、江苏开放大学、东北大学、南京林业大学、江苏大学、扬州大学、金陵科技学院等高校财务人员调研工作，借鉴兄弟院校财务管理经验，并对目前财务管理上存在的问题和难点深入交流，形成有价值、有深度的调研报告，着力提高财务管理水平，提升综合服务质量。

【强化阵地建设，做好财务、资产宣讲工作】坚持做好部门网站和微信公众号建设工作，充分发挥新闻媒体"窗口"功能，积极做好财务和资产政策宣传工作。践行"一线规则"，推动服务下沉，进学院、访部门，组织召开多场线上、线下的财务和资产培训会。解读政策法规，优化业务办理流程，现场答疑解惑，提高师生财务信息化报账技能，增强师生财务风险防范意识，力求师生满意。

［附录］

教育事业经费收支情况

2021 年，南京农业大学总收入为 226 532.36 万元，比 2020 年增长 7 115.45 万元，提高 3.24%。其中，教育拨款预算收入降低 0.04%，科研拨款预算收入提高 159.99%，其他拨款预算收入降低 0.08%；教育事业预算收入提高 25.62%，科研事业预算收入降低 7.24%；经营收入增长 1.86%；非同级财政拨款预算收入增长 2.37%；其他预算收入增长 27.81%。

表 1　2020—2021 年收入变动情况表

经费项目	2020 年（万元）	2021 年（万元）	增减额（万元）	增减率（%）
一、财政补助收入	111 142.18	114 572.82	3 430.64	3.09
（一）教育拨款预算收入	103 432.46	103 386.50	−45.96	−0.04
1. 基本支出	73 841.79	77 233.21	3 391.42	4.59
2. 项目支出	29 590.67	26 153.29	−3 437.38	−11.62
（二）科研拨款预算收入	2 175.89	5 657.00	3 481.11	159.99
1. 基本支出	30.00	0.00	−30.00	−100.00
2. 项目支出	2 145.89	5 657.00	3 511.11	163.62
（三）其他拨款预算收入	5 533.83	5 529.32	−4.51	−0.08
1. 基本支出	5 478.83	5 529.32	50.49	0.92
2. 项目支出	55.00	0.00	−55.00	−100.00
二、事业收入	85 528.78	86 547.56	1 018.78	1.19
（一）教育事业预算收入	21 944.07	27 565.49	5 621.42	25.62
（二）科研事业预算收入	63 584.71	58 982.07	−4 602.64	−7.24
三、经营收入	2 169.01	2 209.26	40.25	1.86
四、非同级财政拨款预算收入	11 895.36	12 176.71	281.35	2.37
五、其他预算收入	8 626.64	11 026.01	2 399.37	27.81
1. 租金预算收入	115.06	250.06	135.00	117.33
2. 捐赠预算收入	1 216.51	1 238.19	21.68	1.78
3. 利息预算收入	1 482.43	1 052.02	−430.41	−29.03
4. 后勤保障单位净预算收入	−650.54	−960.35	−309.81	47.62
5. 其他	6 463.18	9 446.10	2 982.92	46.15
总计	219 416.91	226 532.36	7 115.45	3.24

数据来源：2020 年、2021 年报财政部的部门决算报表口径。

2021 年，南京农业大学总支出为 248 750.66 万元，比 2020 年增长 4 909.91 万元，同比提升 2.01%。在财政拨款支出中，教育事业支出降低 3.93%，科研事业支出降低 78.70%，行政管理支出增加 153.41%，后勤保障支出增加 17.07%，离退休人员保障支出增加 11.33%。

表 2　2020—2021 年支出变动情况表

经费项目	2020 年（万元）	2021 年（万元）	增减额（万元）	增减率（％）
一、财政拨款支出	110 270.44	110 847.32	576.88	0.52
（一）教育事业支出	88 800.37	85 312.14	−3 488.23	−3.93
（二）科研事业支出	6 441.75	1 371.92	−5 069.83	−78.70
（三）行政管理支出	5 074.24	12 858.60	7 784.36	153.41
（四）后勤保障支出	3 883.48	4 546.44	662.96	17.07
（五）离退休人员保障支出	6 070.59	6 758.23	687.64	11.33
二、非财政补助支出	132 910.22	137 222.68	4 312.46	3.24
（一）教育事业支出	43 116.73	64 723.66	21 606.93	50.11
（二）科研事业支出	63 907.75	53 411.60	−10 496.15	−16.42
（三）行政管理支出	18 654.61	10 646.32	−8 008.29	−42.93
（四）后勤保障支出	6 207.52	7 720.76	1 513.24	24.38
（五）离退休支出	1 023.61	720.35	−303.26	−29.63
三、经营支出	660.09	680.66	20.57	3.12
总支出	243 840.75	248 750.66	4 909.91	2.01

数据来源：2020 年、2021 年报财政部的部门决算报表口径。

2021 年学校总资产 311 424.50 万元，比 2020 年降低 5.31％。其中，固定资产净值降低 4.12％，流动资产减少 24.69％。净资产总额为 189 452.56 万元，比 2020 年减少 9.42％。

表 3　2020—2021 年资产、负债和净资产变动情况表

项　　目	2020 年（万元）	2021 年（万元）	增减额（万元）	增减率（％）
一、资产总额	328 888.90	311 424.50	−17 464.40	−5.31
其中：				
（一）固定资产净值	159 165.73	152 605.73	−6 560.00	−4.12
（二）流动资产	96 536.64	72 698.96	−23 837.68	−24.69
二、负债总额	119 743.73	121 971.94	2 228.21	1.86
三、净资产总额	209 145.17	189 452.56	−19 692.61	−9.42

数据来源：2020 年、2021 年报财政部的部门决算报表口径。

（撰稿：李　佳　审稿：杨恒雷　审核：代秀娟）

资产管理与经营

【概况】截至 12 月 31 日，南京农业大学国有资产总额约为 50.67 亿元，其中固定资产约 34.78 亿元、无形资产约 1.15 亿元。土地面积 897.59 公顷，校舍面积约 67.6 万平方米。

相比 2021 年初，学校资产总额减少 1.64%，固定资产总额增长 0.72%。2021 年，学校固定资产增加数约 1.36 亿元，减少数约 1.12 亿元；无形资产增加数约 0.16 亿元。

学校资产管理工作实行"统一领导、归口管理、分级负责、责任到人"的管理体制，同时接受上级主管部门的监管，建立"校长办公会（党委常委会）—南京农业大学国有资产管理委员会（以下简称'国资委'）—国资委办公室—归口管理部门—二级单位（学院、机关部处）—资产管理员—使用人"的国有资产管理体系。

资产经营公司注册资本 14 609.23 万元。2021 年，实现主营业务收入 8 013.67 万元；纳入集中统一监管的所属企业共有 9 家，包括全资企业 4 家、控股企业 1 家、参股企业 4 家。完成年上交任务 1 200 万元，采购定点扶贫地区农产品 120 万元。

【建立健全制度体系】积极推进资产管理制度清理和修订工作。为加强学校公用房管理，提高房产资源使用效益，保障教学、科研等各项工作的有序开展，修订《南京农业大学公用房管理办法》（校财发〔2021〕209 号），制定《南京农业大学教学科研单位房产资源调节费核算收费实施细则（试行）》（校财发〔2021〕210 号）。

制定《南京农业大学所属企业国有资产管理实施细则》《南京农业大学资产经营有限公司内部审计监督管理办法》。修订《南京农业大学经营性资产管理委员会议事规则》《南京农业大学派任董事、监事管理办法》《南京农业大学资产经营有限公司董事会议事规则》《南京农业大学资产经营有限公司所属企业及负责人考核办法》《南京农业大学资产经营有限公司章程》《南京农业大学资产经营有限公司大额资金使用管理办法》《南京农业大学资产经营有限公司财务审批流程》《南京农业大学资产经营有限公司差旅费报销规定》《南京农业大学资产经营有限公司三重一大决策制度》。

【公房资源调配】严格执行行政办公用房配置标准，参与拟订新校区行政机关办公用房分配方案。对现有各部门领导干部办公用房情况进行核查，杜绝超标现象。针对学生宿舍紧缺的问题，会同学生工作处、研究生院、后勤保障处等部门共同拟定学生住宿方案，调动一切房源，新增房源 50 间（套），保障新生入住。

【资产建账、使用和处置管理】严格按照财政部、教育部相关规定开展资产管理。做好学校资产管理系统的运行维护，不断完善和优化系统功能，建好用好资产调剂平台，提高资产使用效率。全年完成资产建账审核 3 305 批次、合同审核盖章 114 份。行政办公新购设备家具，优先从调剂平台的资产中匹配，节约开支。完成调拨审核 1 982 批次，闲置资产可随时在调剂平台上发布，促进物尽其用，在一定程度上缓解实验室空间的紧张情况。严格执行岗位变动人员资产移交工作程序，完成离岗资产移交审核 149 人次。严把报废审核关，完成处置审核 1 712 批次；已达使用年限仍能继续使用的，均发布在调剂平台，供校内教师免费领取使用，提高资产利用率。组织校级技术鉴定会，邀请校内外专家，对 40 万元以上的拟报废高值设备进行二次技术鉴定，并优先向校内实验室调剂整机或配件，发挥贵重设备的更多价值。

按照教育部对公车改革和资产处置的相关规定，经校长办公会审批并报教育部备案，对 24 辆公车改革取消车辆进行下账处理，处置金额合计 702.65 万元，并将其中 17 台拍卖车辆的收益 87.8 万元上缴国库。

经学校国资委会议审议、校长办公会审批，第一季度，对已达使用年限、不能使用需淘汰报废的 8 257 台设备、3 700 件家具作报废处置，原值合计 6 034.68 万元；第二季度，对已达使用年限、不能使用需淘汰报废的 2 861 台设备、6 台车辆、700 件家具作报废处置，原值合计 3 337.22 万元；第三季度，对已达使用年限、不能使用需淘汰报废的 1 198 台设备、388 件家具作报废处置，原值合计 1 073.19 万元。

【房屋出租出借管理】结合经济责任审计整改工作，进一步规范房屋出租出借工作。委托具备资质的房地产评估机构对学校拟出租出借的房屋进行租金评估，出具评估报告 24 份；以评估租金为底价，进行房屋公开招租。

【推进所属企业体制改革】2 月 22 日，教育部办公厅发布《教育部办公厅关于同意北京大学等 57 所高校所属企业体制改革方案的通知》（教财厅函〔2021〕2 号），明确南京农业大学 9 家保留管理企业名单。完成改革企业 34 家，其中清理关闭 10 家、脱钩剥离 15 家、保留管理 9 家；总资产 41 170.63 万元，收回投资 9 090.38 万元；涉及员工人数 722 人。改革中未出现经营危机、债务危机、群体性事件等风险问题，保持了企业稳定与发展平衡。11 月 8—9 日，教育部校企改革验收工作小组对学校所属企业体制改革情况进行现场验收。

【创新产业发展模式】推进政府＋高校＋企业、学校科技支撑＋工程技术集成合作项目，初步形成"技术集成服务"产业发展新模式。深入推进南农大品牌建设，持续优化南农印象——菊花衍生品产品结构，推出新款南农大菊花缎光炫彩唇膏以及洗护、面膜、眼罩、菊花茶产品；与百合实验室联合打造百合护肤系列产品，推出"南农印象——遇见百合"赋活紧致套装。6 月，资产经营公司荣获由长三角健康峰会组委会颁发的 2021 年长三角健康峰会（溧水）暨第二届中医药博览会"优秀参展企业"称号。

［附录］

附录 1　南京农业大学国有资产总额构成情况

序号	项目	金额（元）	备注
1	流动资产	726 989 584.82	
	其中：银行存款及库存现金	511 568 414.48	
	应收、预付账款及其他应收款	131 612 633.10	
	财政应返还额度	72 358 728.73	
	存货	11 449 808.51	
2	固定资产	3 478 381 840.35	
	其中：土地		
	房屋	1 305 206 186.46	
	构筑物	41 244 082.83	
	车辆	8 572 149.85	
	其他通用设备	1 487 582 152.47	
	专用设备	331 398 653.27	
	文物、陈列品	5 021 438.78	
	图书档案	145 437 512.27	

（续）

序号	项目	金额（元）	备注
2	家具用具装具	153 919 664.42	
3	对外投资	146 092 348.00	
4	在建工程	592 056 590.82	
5	无形资产	114 572 614.71	
	其中：土地使用权	10 159 637.00	
	商标	249 948.00	
	专利	624.00	
	著作软件	103 067 105.71	
	非专利技术	1 095 300.00	
6	其他资产	8 476 547.62	
	资产总额	5 066 569 526.32	

数据来源：2021 年中央行政事业单位国有资产决算报表。

附录 2　南京农业大学土地资源情况

校区（基地）	卫岗校区	浦口校区	珠江校区（江浦农场）	白马教学科研实验基地	牌楼实验基地	江宁实验基地	盱眙实验基地	合计
占地面积（公顷）	52.32	47.52	447.86	338.93	8.71	0.25	2.00	897.59

数据来源：2021 年教育事业综合统计报表。

附录 3　南京农业大学校舍情况

序号	项目	建筑面积（平方米）
1	教学科研及辅助用房	342 433.70
	其中：教室	59 370.70
	实验实习用房	131 920.17
	专职科研机构办公及研究用房	96 898.22
	图书馆	32 451.13
	室内体育用房	18 704.08
	师生活动用房	3 089.40
	会堂	0.00
2	行政办公用房	34 047.23
3	生活用房	299 552.86
	其中：学生宿舍（公寓）	214 553.43
	食堂	24 502.50

（续）

序号	项目	建筑面积（平方米）
3	单身教师宿舍（公寓）	35 654.58
	后勤及辅助用房	24 842.35
4	教工住宅	0.00
5	其他用房	0.00
	总计	676 033.79

数据来源：2021年教育事业综合统计报表。

附录4　南京农业大学国有资产增减变动情况

项目	年初数 （元）	本年增加数 （元）	本年减少数 （元）	年末数 （元）	增减比例 （%）
资产总计（原值）	5 150 900 007.22	—	—	5 066 569 526.32	−1.64
（一）流动资产	965 366 438.47	—	—	726 989 584.82	−24.69
（二）固定资产	3 453 668 336.07	136 469 613.17	111 756 108.89	3 478 381 840.35	0.72
1. 土地房屋及构筑物	1 328 738 307.23	17 711 962.06	0.00	1 346 450 269.29	1.33
其中：（1）土地	—	0.00	0.00	—	—
（2）房屋	1 292 942 210.86	12 263 975.60	0.00	1 305 206 186.46	0.95
2. 通用设备	1 515 604 925.39	79 257 097.53	98 707 720.60	1 496 154 302.32	−1.28
其中：（1）车辆	15 746 336.20	1 410 244.94	8 584 431.29	8 572 149.85	−45.56
（2）通用办公设备	140 317 751.95	9 675 795.60	16 421 371.56	133 572 175.99	−4.81
3. 专用设备	315 498 115.91	25 873 723.03	9 973 185.67	331 398 653.27	5.04
4. 文物和陈列品	4 834 400.78	187 038.00	0.00	5 021 438.78	3.87
5. 图书档案	139 831 134.10	5 606 378.17	0.00	145 437 512.27	4.01
6. 家具用具装具	149 161 452.66	7 833 414.38	3 075 202.62	153 919 664.42	3.19
其中：通用办公家具	42 775 867.03	1 828 026.77	756 014.26	43 847 879.54	2.51
（三）对外投资	146 092 348.00	—	—	146 092 348.00	0.00
（四）无形资产	98 728 908.26	15 918 706.45	75 000.00	114 572 614.71	16.05
（五）在建工程	478 336 820.15	—	—	592 056 590.82	23.77
（六）其他资产	8 707 156.27	—	—	8 476 547.62	−2.65

数据来源：2021年中央行政事业单位国有资产决算报表。

附录5　南京农业大学国有资产处置上报审批情况

批次	上报时间	处置金额（万元）	处置方式	批准单位	上报文号	批复文号
1	2021年5月	6 034.68	报废	学校		校财发〔2021〕107号
2	2021年6月	508.35	拍卖	学校	校财函〔2021〕64号	校财发〔2021〕116号
		194.30	报废			

（续）

批次	上报时间	处置金额（万元）	处置方式	批准单位	上报文号	批复文号
4	2021年10月	3 337.22	报废	学校		校长办公会纪要〔2021〕16号
5	2021年12月	1 073.19	报废	学校		校长办公会纪要〔2022〕1号

（撰稿：史秋峰　陈　畅　王惠萍　审稿：周激扬　许　泉　夏拥军
康　勇　刘新乐　章利华　审核：代秀娟）

采 购 与 招 标

【概况】2021年，采购与招投标中心坚持以政治建设为统领，着力构建"三结合、一贯通"党建与业务协同发展模式，不断强化法纪意识，严守底线红线，创新工作模式，提高采招效率，保质保量完成采购与招标工作。

经统计，总计完成学校采购与招标项目715项，预算价2.49亿元，中标金额2.19亿元。其中，集中采购项目工程类49项，预算价1.16亿元，中标金额1.0亿元；货物服务类217项，预算价1.05亿元，成交金额0.93亿元；分散采购项目449项，预算价0.28亿元，成交金额0.26亿元；完成合同审核374项，合同盖章1 496次，立卷归档243项。通过公开、公平、公正的市场良性竞争机制，全年为学校节约资金约0.3亿元，较好地维护了学校利益。

【开展党史学习教育　促进党建业务协同发展】将党的十九届五中和六中全会精神、习近平总书记在党史学习教育动员大会、庆祝中国共产党成立100周年大会上讲话作为政治思想建设重要内容；开展全员专题微党课8次，赴校党史图片展馆、扬州江上青烈士史料陈列馆、溧水区大金山国防园、梅园新村纪念馆等地进行各类党史学习教育10余次；高标准严要求开好支部组织生活会，把支部建设存在不足和教育部专项审计整改意见相结合，查摆问题分析原因，做到即知即改、立项立改。2021年，党支部荣获机关党委优秀党支部、工会优秀组织奖，胡健同志获评学校庆祝建党100周年优秀共产党员等荣誉。

【完成采招制度修订　保障工作依法依规执行】组织赴河海大学、扬州大学等多家单位进行学习调研，结合学校机构调整后的采购需求变化，修订及新立采招管理制度。同时，累计召开座谈会4场，向计财与国有资产处、基本建设处等9大业务归口管理部门，纪委办公室、监察处，校长办公室，审计处3大相关职能部门，以及农学院等8个学院等总计20家单位征求意见。先后召开5次专题处务会议，就学校招采领导小组会议意见反复打磨，最终形成正式稿。其中，《南京农业大学采购与招标管理办法（修订）》《南京农业大学分散采购管理办法》《南京农业大学货物、服务集中采购管理实施细则（修订）》《南京农业大学大学网上竞价采购实施细则（修订）》等6项制度已颁布执行。

通过完善和优化学校采招制度新一轮修订及新立工作，结合学校实际情况适时适度提高了采购限额。同时，根据权责对等原则，加强和压实业务归口管理部门及采购人在采招活动中的责任与义务、沟通与协作，确保各级单位依法依规组织采购项目实施，做好意向、结果公开，广泛接受各界监督；加强与业务主管部门、行业协会、兄弟高校之间的沟通与交流，承办全国高校竞价网协作组江苏片区组长单位会议暨筹备全国高校竞价网江苏片区 2021 年工作研讨会。

【持续推进信息化建设 强化采招工作内控管理】开发建设南京农业大学网上采招管理系统（二期），历时 4 个月完成系统开发部署和联调测试；邀请业务归口管理部门和学院等 7 个部门进行内部测试与意见征询，于 11 月 22 日起开始试运行；系统增设"线上询价"模块，形成全口径、全流程、权力下放、全线共推采招管理新模式。

【着力为师生办实事 提高服务能力和满意度】聚焦师生对采招工作的实际需求，坚持以问题为导向，以学校采购与招标制度、采招管理系统使用及操作为主要内容，结合党史学习教育精神，探索采招工作体系新实践。自 12 月开始，针对业务归口管理部门、机关各部处、学院等不同采购角色的人员开展"采招政策宣讲月"系列宣讲培训，累计完成 9 大业务归口管理部门、22 个机关直属单位，以及农学院、植物保护学院、园艺学院、学生工作处等单位的 6 场集中或专场宣讲。

【科学运用采招政策 保障疫情下工作有序运行】加强对学校专项资金、新校区建设资金、扶贫资金等采招项目的服务管理，全力保障重大重点项目采招工作实施。同时，面对南京疫情对采招工作造成的不利影响，充分考虑实际需要，审时度势，科学合理运用采招政策，开通绿色通道，增加服务延伸，做到招标代理早确定、执行进度早跟踪、执行情况早统计、执行难点早研究，累计对 8 个采招项目进行采购方式紧急变更，有力地保障项目顺利完成。

（撰稿：于 春 审稿：胡 健 审核：代秀娟）

审 计

【概况】2021 年，学校内部审计工作认真贯彻和落实习近平总书记关于审计工作的重要讲话精神，聚焦学校第十二次党代会重大决策部署和学校重点工程项目，以强有力的审计监督保障措施，以审促管，通过审计整改不断完善内控制度和管理流程，提升学校治理能力和管理水平，推进依法治校。

审计处认真履行审计监督职责，积极落实各类审计工作，根据年度审计工作计划，在落实教育部经济责任审计发现问题的整改和做好新校区一期建设工程跟踪审计等重点工作的同时，认真开展重点领域专项审计等其他审计工作；全年共开展各类审计 279 项（不含新校区项目），总金额达 15.85 亿元，出具审计报告和管理建议书 240 份。另外，继续新校区一期工程和 23 项在建工程的跟踪审计工作，有效地保障了学校经济业务良好运行。

【进一步强化和完善内控制度建设】 根据中共中央办公厅、审计署和教育部对主要领导人员经济责任审计最新文件精神要求，结合学校实际情况，修订《处级领导人员经济责任审计规定》；根据学校对2年以上暂行规定进行重新修订的统一要求，重新修订《建设工程管理审计实施办法》，并对2020年内部审计发现的问题进行分析和汇总，在审计委员会上进行了通报，并有针对性地提出管理建议，进一步完善和规范学校内控制度，贯彻和落实上级要求。

【压实经济责任审计和整改工作】 积极落实好教育部经济责任审计整改工作。学校专门成立由校党委书记、校长担任组长的审计整改工作领导小组，召开工作部署会。对审计报告中提出的7个大类43个问题进行认真分析，分解整改任务，落实到具体部门，夯实整改责任。整改工作坚持"当下改"与"长久立"有机结合，重在健全长效运行机制。审计处依据牵头部门报送的材料，经整理、分析和汇总后形成整改报告，经校长办公会审议后于4月底上报教育部。9月，教育部派专项检查组对学校落实审计整改工作开展专项检查；根据教育部函件反馈，学校已经完成整改28个，还有15个需要继续整改。另外，为督促学校处级领导人员履职尽责、担当作为、廉洁自律，确保上级和学校各项政策、决策及决定的贯彻与落实，根据校党委组织部要求，对全校因机构调整、岗位发生变动的37名处级领导人员开展了经济责任审计，当年已完成33人。

【统筹安排新校区建设工程和其他基建修缮工程审计工作】 全面开展江北新校区一期建设工程跟踪审计工作，涉及47个单体建筑，对工程造价进行动态监控。完成市政、景观绿化、供配电工程跟踪审计招标工作，签署跟踪审计合同；完成市政、供配电、临时用电、桩基检测等工程招标清单与合同的审核。同时，完成新校区之外基建和维修工程结算审计175项，送审金额6 564万元，审减金额463万元，核减率7%。在工程审计过程中，主要对工程清单控制价、合同、变更审批预算、变更材料价格、隐蔽工程计量、现场签证及工程进度款进行审核，进行工程现场巡查，参与工程例会和造价问题沟通协调会等；及时与工程相关管理部门协同会商，针对发现的问题及时提出后续改正建议，有效解决分歧，促进项目的顺利实施和资金的合理投入。另外，还有23项基建修缮工程全过程跟踪审计继续跟进，包括卫岗校区第三实验楼、牌楼学生公寓楼、白马基地作物表型组学研发中心大楼、植物生产综合实验中心以及主要维修工程等。

【开展财务收支和科研结题审计与审签工作】 为强化校内资源的合理配置，规范科研项目经费的使用和管理，提高资金使用效益，实现资金的经济效益和社会效益最大化，推动预算绩效管理，对资产经营公司、校友会、教育基金会2020年度财务收支报表进行了审计，完成12项，审计金额3.57亿元。对部分中央高校改善基本办学条件项目开展了审计，已经完成3项，审计金额达1 619万元。完成国家和江苏省社会科学基金、江苏省六大人才高峰等科研项目审签42项，金额达696万元；并对审计中发现的一些问题有针对性地提出了审计建议，杜绝了管理上存在的一些漏洞，促进了资金的规范使用、资产的科学管理。

【推动审计信息化建设，做好审计数据报送等相关工作】 完成"建设项目管理与审计信息系统"中审计模块的建设。该系统模块已上线（学校网上办事大厅）试运行，可在线完成招标、施工、结算等各项相关业务的数据录入与查询，提高了审计工作效率。完成学校2020年度审计工作总结、2021年度审计工作计划、2020年全年和2021年上半年学校内审机构与业务开展情况的统计、2020年度学校内控制度建设等上报工作。向江苏省教育厅反馈"内部审计促进教育治理现代化"调查问卷情况。协助学校党委和其他职能部门完成材料收集和文件制度的修订等工作，有效地提高了审计结果的运用，强化了部门之间协同，更好地体现了履职与担当。

（撰稿：杨雅斯　审稿：顾义军　高天武　审核：代秀娟）

实验室安全与设备管理

【概况】2021年，实验室与基地处在学校党委、行政的正确领导下，紧紧围绕学校中心工作，在实验室安全管理、安全培训、大仪开放共享等各项工作中取得显著成效。

全面加强支部建设，深入开展各类学习教育。根据学校党史教育活动安排，先后组织集体收看建党百年纪念庆典、学习习近平总书记讲话精神、参观王荷波纪念馆等各类学习教育活动。

居安思危，全面开展实验室安全管理工作。深入汲取兄弟院校安全事故的教训，实验室与基地处采取以查促改，以安全教育及危险源管控为工作重点；全年接受上级管理部门及学校组织的各类检查48次，发布检查通报7期，发放整改通知书50余份，实施责任追究1人。对安全隐患，实行立查立改、限期整改、举一反三，形成闭环管理；举办形式多样、内容丰富的实验室安全月活动，包括实验室安全知识竞赛、专题讲座、安全知识巡展等常规项目，首次举办实验室安全技能大赛。同时，开展病原微生物普查，组织P1实验室、P2实验室备案，参与P3实验室筹备。

多措并举，深入强化师生安全意识。实验室与基地处与玄武区环保部门联合举办环境突发事件应急演练；持续开展危险化学品、压力容器等危险源及洗眼器等安全设施专项整治；深入学院开展专项培训11次，共收缴过期化学试剂约2800千克，封停灭菌器18台、报废32台，新装洗眼器58套、维修78套。同时，根据应急管理部有关要求，举办南京农业大学特种设备专题培训班，截至12月31日，本次培训班共有80名师生通过理论与实操考试、取得上岗证。

开放共享，持续提升大仪使用效率。自2021年以来，接入大型仪器在线监控设备15台，其中50万元以上大型仪器7台。2021年，学校大仪共享平台设备达809台；颁布了2021年仪器设备共享服务收费标准，全年开放共享收入共计1380万元，预计纳入校级财政收入207万元。首次组织下一年度大型仪器采购立项及开放共享前置论证，共有51台40万元以上仪器参与集中论证入库；组织40万元以上大型仪器采购论证5次，14台仪器通过论证。全年审核询价采购645项，预算2955万元，实际支出2793万元，节约资金162万元；办理进口仪器免税94份，总价3617万元，免税金额542万元；采购国产设备5768台套，总（原）值6691万元，退税289万元。

全年未发生重大实验室安全事故，获得江苏省高校实验室安全技能大赛二等奖、南京易制毒化学品管理协会"先进单位"称号。实验室与基地处党支部获学校2021年"先进党支部"称号，并受邀在南京市公安局"全市学校实验室和基层消防安全检查动员会"和南京市剧毒易制爆协会年会上作经验交流。

【多部门联合，举办环境突发事件应急演练】11 月 30 日，南京市玄武区突发环境事件应急演练在学校举行。此次演练由南京市生态环境局指导，南京市玄武区人民政府主办，南京市玄武区生态环境局、南京农业大学承办，玄武区突发环境事件应急指挥中心相关成员单位、玄武区辐射事故应急指挥部相关成员单位协办，南京全安应急技术有限公司全程策划执行。观摩此次演练的领导有玄武区人民政府副区长周正、南京农业大学校长助理王源超、玄武区生态环境局局长王培军等。此次演练模拟了真实场景，压缩处置空间和处置时间，突出指挥决策和应急调度能力，检验预案、磨合机制，全流程、全要素展现南京市玄武区突发环境事件应急处置流程。

【首次举办实验室安全技能大赛】为强化红线意识和底线思维，加强实验室安全文化建设，打造实验室安全品牌活动，提升师生关于实验室安全隐患的排查整治能力，11 月 21 日，学校举办首届实验室安全技能大赛。共有来自 14 个学院的 42 支队伍 126 位师生参赛。本次比赛分涉化、非涉化场景，分别设置 15 个、10 个隐患点；每类场景均设置了 4 个平行考场，同时进行比赛。学校邀请了校内外 7 位专家进行会评，最终评选出一等奖 1 名、二等奖 3 名、三等奖 8 名、优秀奖若干。此次比赛由实验室与基地处主办，植物生产国家级教学实验中心、资源与环境科学学院、理学院承办，江苏埃德伯格电气有限公司技术支持。

（撰稿：马红梅　审稿：石晓蓉　审核：代秀娟）

图书档案与文化遗产

【概况】2021 年，图书馆（文化遗产部）把"学党史、悟思想、办实事、开新局"教育贯穿始终，严格落实学校新冠疫情防控等各项防控要求，深入推进多馆两校区融合发展，优化育人环境，创新服务方式，主动参与新校区图书馆、档案馆、校史馆、展览馆等设计建设，组织《南京农业大学发展史》修编、《南京农业大学年鉴 2020》编印，《南京农业大学年鉴 2019》被评为 2021 年全省年鉴质量二等奖，承担江苏省高等学校图书情报工作委员会读者服务与阅读推广专业委员会等相关工作。

文献资源建设。围绕学校"双一流"建设和一流本科教育需要，优化调整 2020 年度文献资源建设，修订中文纸本图书采购规则，探索中外文图书和期刊等新时期图书采购的新方法，开展数据库的使用分析及外文电子期刊保障分析工作。文献资源建设总经费 1 796 万元，数据库总数 165 个，年内新增馆藏中文纸本图书 74 163 册、中文电子图书 200 000 册、外文纸本图书 139 册，购置中文纸质报刊 1 180 种、外文纸质报刊 82 种、中文电子报刊 12 630 册、外文电子报刊 46 670 册；审核读者自购纸本图书 17 405 册，合计 62.43 万元；新增馆藏研究生学位论文 3 150 册、制作发布研究生电子学位论文 2 700 册。

读者服务与阅读推广。按照学校疫情防控要求调整阅览室和阅读桌椅布局，控制进馆人数，实行闭馆不闭网、闭馆不停借等服务项目，做好日常读者借阅、新生入馆教育、毕业生离校手续办理等工作，全年接待读者 201 万余人次，图书借还总量 188 927 册。其中，借阅量 92 578 册、还书上架量 96 349 册。完善基于"侬小图在学院"QQ 群的辅导馆员的工作模式，针对咨询较多的问题，累计制作 43 期专题 H5 推送至读者群。继续举办读书月嘉年华、"农家书屋大使在行动"等阅读推广活动，浦口分馆启用图书情报与档案管理学生实习基地，继续举行"书香工苑"阅读推广、图书漂流、"一曲雅乐　十里书香"图书馆开闭馆音乐征集等活动。年度获得江苏图书馆学会中科杯"重温百年党史　传承红色基因"党史学习竞赛、江苏省图书情报工作委员会"橙艺杯"庆建党百年抒爱国情怀美育作品大赛、"云舟杯"共读一本书、优谷朗读"百年辉煌　以声献礼"诵读活动的优秀组织奖。

古籍特藏。完成与人文与社会发展学院农遗分馆的古籍特藏文献资产交接，实际接收古籍书库文献 1 339 种 12 462 册；四库全书库文献近 30 种 11 616 册；"牛山敬二"书库文献 2 240 册。清点、倒架民国库房文献，做好古籍特藏文献的查阅服务。

参考咨询与研究支持。全年受理完成科技查新 134 项，其中国内查新 114 项、国内外查新 20 项；完成收录引证检索 302 项；加大"5＋1"QQ 文献传递群（5 大学部研究生＋教师）服务保障力度，新增用户 369 人，解答读者咨询 128 人次，校内传递全文 1 713 篇。全年发布 30 余次线上培训公告，修订制作 2021 版研究生入馆教育 PPT；联合食品科技学院研究生开展食品科学文摘数据库培训；在浦口校区，举办面向研究生的 IEEE 数据库培训；联合信息管理学院组织"万方数据杯"系列活动。加强微信公众号选题组稿、审稿力度，提升编审水平，微信公众号累计关注 2.8 万人，全年推送 38 期 157 条，总阅读量 14 万人次，后台互动消息 2 400 条。

知识产权信息服务。认真落实教育部、国家知识产权局有关文件精神，推动学校高校国家知识产权信息服务中心建设。成功协办南京农业大学知识产权大会，组织专利申请与检索讲座；组建选聘涵盖全校 10 个主要知识产权高产出学院的"学科联络员"队伍；成功助力沈其荣院士团队与企业建立深度合作，协同沈其荣院士团队的 6 名专家教授服务溧水草莓企业，报送"支持农业技术、服务乡村振兴"案例，入选全国知识产权信息赋能中小企业创新发展十大案例；入选江苏省知识产权信息公共服务网点。

档案工作。2021 年，全校归档单位 53 个，接收、整理档案材料 6 368 卷。全年接待查询综合文书类档案约 350 人次 2 350 余卷，学籍类上线下查档 1 424 人次 2 790 卷。全年整理教职工人事档案 162 卷（其中新进人事档案 85 卷、退休人员档案 52 卷、去世人员档案 25 卷），整理零散材料 2 757 份（其中人事处 2 527 份、组织部 230 份），转递人事档案 16 卷。全年有 188 人次查阅利用教职工人事档案 1 791 卷。全年接收核查本科新生档案 2 416 卷，研究生新生档案 3 374 卷；毕业季整理学生档案 6 095 卷；转递学生档案 4 488 卷。全年共利用学生人事档案 193 人次 1 894 卷，政审 397 人次。截至 2021 年底，综合类档案馆藏 87 887 卷 12 362 件，教职工人事档案 4 497 卷，学生人事档案 34 734 卷。开展新《档案法》政策文化宣传，组织存量档案数字化扫描，启动新的"档案管理信息系统"（一期）立项并完成建设。

校史馆。全年接待学校重大活动参观、校内各部门外访参观、师生参观及活动 120 余批次 3 100 余人次。策划、举办"读校史、知校情，做南农精神的传承者"校史讲座、首届校史馆讲解员选拔赛，指导"知农学史，赓续初心——校史讲解暑期实践团队"活动，完成校史馆首届学生志愿服务团队组建及培训；参与完成"南农简史"课程实践教学活动；更新 19 位馆内人物图文信息；梳理完成校史馆网上展厅项目材料。

中华农业文明博物馆。全年接待团体、个人参观人员近 220 批次，据不完全统计有超 7 000 人次，发挥了全国科普教育基地、江苏省爱国主义教育基地的社会价值。5 月，第 45

个世界博物馆日之际，接待新华网江苏频道来馆拍摄宣传视频；10 月，强胜教授捐赠安徽传统农具 12 件；11 月，与外国语学院联合举办"庆祝中国人民空军成立 72 周年图片展"；年度完成志愿者金牌讲解员培训、主体建筑修缮及白蚁防治、重新编订展品标签等工作。

党建与群团工作。强化党建引领，认真组织党史学习教育，挖掘红色资源、发挥阵地优势，有效组织政治思想理论学习，设立"党史学习教育专区"，举办"革命与复兴——中国共产党百年珍贵图像展"等系列活动；扎实开展"我为师生办实事"项目，为师生、馆员排忧解难；举办"百年辉煌 以声献礼"诵读比赛、党史知识竞赛、开展"档案话百年——南农的红色记忆"等活动；牵头五部门组队参加学校"红心永向党，唱响新征程"纪念建党百年合唱比赛，获优秀组织奖和二等奖。筑牢意识形态和网络安全防线，制定"意识形态工作责任制实施细则"；加强统战工作，配合建设同心教育实践基地。走访慰问困难职工和老同志，成立关工委；修订完善了教职工代表大会实施细则、馆风建设等规章，成功举办部门第一届教职工代表大会，部门工会获得江苏省教科工会"四星级职工小家"称号。

【第十三届"腹有诗书气自华"读书月暨第四届"楠小秾"读书月嘉年华】 4 月 24 日，以"读红色经典 话百年征程"为主题的读书月正式开幕，开展"共读红色经典"阅读训练营、"书香致乡村 阅读助振兴"——农家书屋大使在行动、书香常伴毕业季等七大系列活动。至 6 月 9 日闭幕，历时 47 天，线上、线下直接参与共读人数超万人次，再创历史新高；涌现一批以阅读之星、优秀营员为代表的阅读明星，以及摄影、朗读达人，共计 175 人获得表彰。

【"书香致农家 阅读助振兴"——南京农业大学农家书屋大使致力乡村阅读推广案例获奖】 2021 年，组织开展系列阅读推广活动 3 次。在寒假指导 15 名农家书屋大使在其家乡河北、河南、重庆等地开展阅读推广活动，参加人数达 373 人；联合江苏省数字农家书屋项目组，带领农家书屋大使，在南京市六合区雄州街道灵岩社区、方州社区分别开展了"小书屋 大梦想"读书嘉年华活动；暑假，"书香致农家 阅读助振兴——农家书屋大使在行动"获批"三下乡"社会实践校级重点项目，分别在南京市江宁区麒麟街道麒麟门社区、盐城市东台市五烈镇东里村举办了"小书屋 大梦想"红色阅读夏令营，吸引了 100 余人次 6～12 岁的乡村青少年参加活动。该团队获得南京农业大学 2021 年大学生"三下乡"社会实践优秀团队。"书香致农家 阅读助振兴——南京农业大学农家书屋大使致力乡村阅读推广"案例在由上海市图书馆学会、国家图书馆出版社等单位联合主办的"2021 年图书馆全民阅读推广与信息素养教育创新案例征集"中获得二等奖。

（撰稿：高 俊 审稿：朱世桂 审核：代秀娟）

［附录］

附录 1 图书馆利用情况

入馆次数	2 014 068 次
图书借还总量	188 927 册
通借通还总量	1 377 册
电子资源下载使用量	12 063 656 次

附录 2 资源购置情况

纸本图书总量	2 903 234 册	纸本图书增量	74 302 册
纸本期刊总量	308 844 份	纸本期刊增量	63 911 份
纸本学位论文总量	45 660 册	纸本学位论文增量	4 498 册
电子数据库总量	165 个	中文数据库总量	58 个
外文数据库总量	107 个	中文电子期刊总量	646 630 册
外文电子期刊总量	584 258 册	中文电子图书总量	1 696 655 册
外文电子图书总量	42 022 册		

附录 3 2021 年档案进馆情况

类目	行政类	教学类	党群类	基建类	科研类	外事类	出版类	学院类	财会类	总计
数量（卷）	179	2 974	43	46	53	15	14	24	3 020	6 368

信 息 化 建 设

【概况】2021 年，在学校党政领导下，信息化建设中心始终紧跟信息技术发展的步伐，围绕学校"1335"发展战略，进一步建设"和谐、担当、强能"的人员队伍，践行"我为师生办实事"的初心，积极开展各项党史学习教育活动；进一步完善智慧校园建设的顶层设计和一体化统筹推进机制，重点在高可靠智慧环境、高质量支撑平台、高融合服务应用、高共享数字资源、高可信网络安全等方面集中发力，紧紧围绕"线下重服务、线上用数据、师生少跑路"的总体目标，稳步推进各项信息化工作的有序进行；并在新农科人才培养、教学科研、学校治理、社会服务和师生生活等方面，持续发挥"智慧南农"的建设成效。相关工作获得了中国教育技术协会授予的"先进专业委员会奖"、中国教育和科研计算机网授予的 2021 年度"优秀会员单位"称号，成功入选江苏省教育厅、江苏省工业和信息化厅组织申报的"2021 年江苏省智慧校园示范校"，并获农业农村部 2021—2025 年度"农业信息化示范基地"。

【加快顶层设计，推进校区融合】信息化建设中心加快推进新校区智慧校园专项设计和信息化、智慧校园"十四五"规划等顶层设计工作，并提出了创建"336"的"智慧南农 2.0"计划，以全面推进学校新校区智慧化、多校区线上融合、校社线上融合发展总体目标，推进白马教学科研园区、牌楼校区与卫岗校区线上无缝对接，实现了浦口校区与卫岗校区在网络出口、上网方式上的完全统一和融合，并通过优化无感知认证功能实现多校区漫游上网。

【创新信息应用，提升师生体验】不断推进各类应用与服务的融合，相继构建了预约中台、消息中台、权鉴中台、电子签章服务平台，切实提升学校信息化建设的各项基础能力，逐步实现了校内基于支付类、凭证类、资源预约类、用章用印类、行政办事类业务的全程线上化，降低建设与管理成本，稳步推进师生办事办公"一次都不用跑"的目标，并为实现多校区签章业务"线上办、不见面办"夯实了基础。

完成新协同办公系统和历史数据整理与迁移工作，探索院校两级协同办公模式，推进二级单位办公桌面建设，全面支持移动化、泛在化的线上办公体验。

完成 Office 365 教育版云服务与学校统一身份认证系统、网上办事大厅的多终端集成，实现在校师生用户使用统一身份账户可完成一键登录；并通过与学校人员主数据的定时同步，实现新进师生账户的自动创建和激活，为师生提供教学科研及工作协同的新方式。

针对"离校"业务期，学生办理手续需要大量线下跑路、办理效率低的痛点，推出线上"一次扫码、一键离校"流程，70%以上的毕业生无需线下"跑路"即可轻松完成离校手续办理，彻底改变了毕业生四处奔波、排队办理的传统体验，其中最快的流程在 2 秒内即可完成。

完善校医院诊间支付功能，全年减少 80%以上的校医院就诊缴费排队量，极大地改善了就医体验。

构建教职工请假、离宁报备线上流程，稳步推进教职工考勤填报与管理的数字一体化工作，协同推进相关业务的数字化转型。

协助校长办公室保质保量完成南京农业大学 120 周年校庆网站的设计制作和上线，为120 周年校庆筹备工作提供有力的信息化保障。

【加快数据治理，为师生办实事】逐渐形成数据全生命周期管理体系，构建了校级数据标准102 个，沉淀数据库表 2 812 张，数据总量超过了 5.7 亿条。通过对数据的合理清洗和各类接口的严格规范，形成了仓储数据集 9 个、API 接口 233 个，其中单接口最大调用数超过了12 万次。

完成校园卡数据治理任务，清理沉寂废卡、重复卡、无身份卡等历史冗余数据 1.6 万条；校园卡用水码从 13 位缩短为 7 位，无需每天更新，极大地提升了师生使用体验。

梳理相关考核指标及数据项，初步构建了教师 KPI 考核系统，为后续 KPI 考核提供数据支持。

通过利用数据中台内部数据、引入外部云端数据，实现校外入校申请业务数据与校门门禁、楼宇门禁、校园卡等设备管理系统、车闸控制、苏康码等信息的内外互融和软硬互通，消除了数据孤岛，大幅提高了师生进出校门的通行效率，有效发挥了数据在校园疫情精准防控上的应用价值。

【推进自身治理，提升信息化水平】信息化建设中心积极统筹全校信息化建设工作，优化运营商在校内移动基站、无线网络等资源的管理模式，确保运营商在校内经营有序、学校利益能够最大化。对全校信息化项目的建设实行统一归口管理，形成了信息化项目从项目申报、立项论证、采购管理、实施管理、中期检查到验收评价的全生命周期闭环式管理体系，促进了信息化项目建设从"做完"向"做好"的重大转变。2021 年，信息化专项立项项目共计23 个，年底验收完成率达 90%。

学校作为中国教育技术协会高等农业院校分会秘书处，始终以推动高校行业信息化的发展、搭建行业交流平台、提升会员服务质量为己任。2021 年，精心筹备并组织了中国教育技术协会高等农业院校分会常务理事会、骨干培训、学术年会等多项活动，并稳步推进各项课题研究工作，获中国教育技术协会特殊贡献奖；还成功承办江苏省高等院校教育技术研究会常务理事会暨 2021 年学术年会的线下和线上会议。此外，特色的信息化工作也推进了农业信息化建设水平，信息化建设中心积极申报各类信息化相关项目，依托"新农科教学与科研基地"信息化为特色的白马校区，牵头申报了农业农村部农业生产信息化示范基地项目，并成为唯一一所获批生产型示范单位的农业高校。

（撰稿：王露阳　审稿：查贵庭　审核：代秀娟）

后勤服务与管理

【概况】后勤保障部不断深化改革创新，加强内涵建设，积极开展"我为师生办实事"，建立绩效考核激励机制，全力推进后勤事业高质量发展，提质降本增效成果显著。2021 年，师生总体满意度 89％，较 2020 年提高 5％。截至 12 月，后勤保障部在岗职工 438 人，其中事业编制职工 124 人、非编人事代理 16 人、学校人才派遣 61 人、自聘劳务派遣 237 人；退休职工 359 人。

强化党建引领。后勤保障部党委组织开展党史学习教育，召开庆祝建党 100 周年暨"七一"表彰大会、党史学习教育专题党课、知识竞赛、赴湖北红安重温红色记忆等系列活动，把学习成效转化为服务师生的强大动力。组织召开全面从严治党工作专题会议，层层签订全面从严治党责任书，扎实推进党风廉政建设。2021 年，9 名职工提交入党申请书，培养入党积极分子 5 人。

推进"我为师生办实事"活动走深走实。召开学生代表座谈会，解决学生"急难愁盼"问题。紧急改造北苑 7 舍、8 舍地下供水管道，确保供水稳定安全；更换水泵房设备，彻底解决长期困扰北苑学生噪声问题；为家属区新加装的电梯签订维保单位，保证电梯安全；实现自助洗车机、智能快递柜、便捷直饮水等设施进校园，提升师生满意度和幸福感；推出订餐配送、净菜预定、公费医疗报销等线上程序，让师生足不出户享受后勤服务。

从严从实抓好疫情防控常态化工作，暑期防疫期间圆满完成隔离点学生生活保障。

不断提升后勤保障服务效能。2021 年，膳食服务累计收入 1.1 亿元，较 2020 年增长 93％，人均产值约 22 万元；完成消费扶贫项目 255 万元。物业服务楼宇 81 栋，共 57.56 万平方米，比 2020 年增长 16％；环卫保洁 26 万平方米，绿化养护面积 33.7 公顷，与 2020 年持平；零星维修 12 445 项，比 2020 年增长 36％；清运生活垃圾 8 000 余吨，比 2020 年增长 50％。公共服务物资供应收入 260 万元，比 2020 年增长 17％；班车运行 27 万千米，比 2020 年增加 68％；收发各类快递信件 488 万件，清洗消毒被褥 1.1 万套，供 195 万人次学生洗浴。维修能源服务完成工程立项 182 项，零星维修 4 745 项，累计投资 1 156 万元，比 2020 年增长 18％；水电费全年支出 3 700 万元，回收 1 889 万元，收取率达 51％。另回收食堂近 10 年水电费 929.89 万元，以及学生宿舍近 7 年电费 783.12 万元。幼儿园 2021 年新入园幼儿 91 人，在园幼儿 342 人。幼儿园克服师资紧缺等重重困难，增设 5 项社团特色课，丰富延长班教学内容，解决青年教职工的后顾之忧。

降本增效成果显著。2021 年，完成卫岗四食堂、六食堂、配电房及浦口物业社会化托管；推动各类员工减员 72 人，降低用工成本 319 万元；美食餐厅重新规划功能定位，引进社会投资 400 余万元用于升级改造，着力打造校园高品质、轻餐饮的休闲空间。

牵头推进学校服务育人体系建设，积极探索新形势下育人工作的新思路、新方法。创新性组织"光盘行动""地球日自带杯""节水行""树木挂牌""春树桃李，绿化校园"等活动，培育学生节约环保意识。探索性设立劳动教育第二课堂，定期开展草坪灌木修剪教学、校园景观设计、"阳光清尘"志愿活动，培养学生劳动实践能力。

加强学生与家属社区管理。卫岗校区本科学生社区共有 15 幢宿舍楼，住宿学生 11 238 人（男生 3 867 人、女生 7 371 人），配备宿舍管理员 14 人。进一步完善社区学生管理体系，推进思想政治教育进社区工作，充分发挥"辅导员社区工作站"育人功能，全年约谈、接待学生 3 000 余人次。开展社区卫生、安全、行为习惯等检查 70 余次。开展学生社区创先争优活动，举办春、秋两季"社区文化节"，营造学生社区"家"文化。开展社区学生内务整理、宿舍关系处理、领导力提升等培训活动，提升社区学生自我管理和自我发展能力。研究生社区共有 28 栋宿舍楼 2 000 间研究生宿舍，配备宿舍管理员 15 人。坚持辅导员每周下宿舍及社区协查员每天社区巡查制度，随时掌握宿舍安全及卫生状况；通过板报、网络等途径，宣传疾病预防、安全用电等常识；开展研究生"星级文明宿舍"评比活动，开展"社区探秘者""以茶传情，以茶会友""品端午之乐、弘传统之德"等丰富多彩的文化活动。家属社区严格执行封闭管理、出入登记、测量体温、扫场所码等疫情防控措施，推进 60 岁以上老人新冠疫苗接种工作。完成童卫路 8 号围墙修作、6 栋楼宇橱窗更换、绿化修剪等工作。进一步推进文明城市创建，开展家属区环境卫生、飞线充电整治等工作，不断提升家属区共建共治水平。

【绩效考核方案落地】召开第一届教职工代表大会，正式通过绩效考核及奖励分配办法，并顺利实施。通过绩效考核实现奖勤罚懒、多劳多得、优劳优酬，充分激发员工活力，推动后勤高效运转。

【安全监管稳步提升】后勤保障部聘请教工督导员、学生督查员成立安全生产与服务质量督导组，坚持日常督查指导，充实三级监管体系的中坚力量，对促进后勤平稳运行和高质量发展具有重要意义。

【智慧后勤初见成效】智慧后勤（一期）项目全面上线运行，包括门户网站、服务中心、掌上后勤、网上报修、服务监督等功能，为师生带来便捷智能的校园生活，后勤服务效能极大提升。

［附录］

附录 1　2021 年后勤主要在校服务社会企业一览表

校区	类别	企业名称
卫岗校区	餐饮服务	南通袁博士餐饮管理有限公司
		南京亚赛尔餐饮管理有限公司
		江苏哲铭峥餐饮管理有限公司
		南京巨百餐饮管理有限公司

（续）

校区	类别	企业名称
卫岗校区	餐饮服务	南京琅仁餐饮管理有限公司
		南京梅花餐饮管理有限公司
		苏州君创餐饮管理有限公司
		常州常奥餐饮管理有限公司
	物业服务	深圳市莲花物业管理有限公司
		山东明德物业管理集团有限公司
		江苏盛邦建设有限公司
		南京绿景园林开发有限公司
		南京诚善科技有限公司
	维修工程	江苏大都建设工程有限公司
		南京海峻建筑安装工程有限公司
		南京永腾建设集团有限公司
		江苏冠亚建设工程有限公司
		南京市栖霞建筑安装工程有限公司
		南京新唐电力工程有限公司
		江苏九州通医药有限公司
		南京药业股份有限公司
	医药	江苏陵通医药有限公司
		南京筑康医药有限公司
		江苏鸿霖医药有限公司
		国药控股江苏有限公司
		南京成雄医疗器械有限公司
		南京医药医疗药品有限公司
		南京克远生物科技有限公司
		南京新亚医疗器械有限公司
		南京临床核医学中心
		南京医药鹤龄药事服务有限公司
		南京天泽气体有限公司
	洗浴	江苏恒信诺金科技股份有限公司
	洗衣	江苏西度资产管理有限公司
浦口校区	餐饮服务	南京巨百餐饮管理有限公司
		南京琅仁餐饮管理有限公司
		武汉华工后勤管理有限公司
	物业服务	深圳市莲花物业管理有限公司

（续）

校区	类别	企业名称
浦口校区	维修工程	江苏金标营建设有限位公司
		南京大汉建设有限公司
		江苏镇江建设集团有限公司
		南通长城建设集团有限公司
	洗浴	淮安恒信水务科技有限公司
	洗涤	南京兮跃洗涤服务有限公司
	超市	好又多超市连锁有限公司
		南京购好百货超市有限公司
		南京源味果业有限公司
		南京艾客非百货贸易有限公司
		南京长鉴文化传媒有限公司
		南京市鼎工图文设计制作服务有限公司
		南京市浦口区南洋美发店
		南京睛睛钟表眼镜有限责任公司
	快递	南京诺格富贸易有限公司（菜鸟驿站）

附录2　2021年后勤主要设施建设项目一览表

校区	项目名称	投入金额（万元）	合计（万元）
卫岗校区	南苑洗涤部改造工程	7.04	263.00
	全自动洗车场场地施工工程	4.91	
	北门废弃物暂存点维修工程道路修建工程	4.50	
	美食餐厅增容拖电缆工程	10.48	
	生科楼供水管道抢修工程	8.49	
	南苑部分楼宇电吹风控制箱改造工程	1.52	
	卫岗校区北苑网球场地面翻新工程	20.00	
	1～3号宿舍应急照明改造安装工程	8.79	
	学生宿舍过道长明灯维修改造工程	1.24	
	北苑7舍室内供水管道改造工程	14.10	
	北苑8舍室内外供水管道改造工程	29.20	
	卫岗校区学生宿舍及青教公寓维修工程	28.70	
	密西根学院教学办公用房改造工程	14.09	
	南理工科创园8号楼4楼开放空间改造工程	17.14	
	幼儿园屋面维修工程	4.98	
	幼儿园维修改造工程（一）	19.10	
	幼儿园维修改造工程（二）	29.70	
	62栋路面出新工程	12.58	
	家属区童卫路8号围墙翻新加固工程	18.48	
	家属区楼宇走廊窗户更换工程	7.96	

（续）

校区	项目名称	投入金额（万元）	合计（万元）
浦口校区	浦口校区浴室改造土建工程	65.17	191.86
	浦口校区浴室改造设备购置费	28.46	
	浦口校区学生宿舍 15 幢一层卫生间防水改造	25.03	
	浦口校区平 17 房屋维修工程	13.99	
	浦口校区新生入住宿舍粉刷除新	16.67	
	浦口校区工学院机械工程综合训练中心等区域供水管道改造工程	15.39	
	浦口校区家属区和教学区设置围墙	27.15	
总计			454.86

（撰稿：钟玲玲　周建鹏　林桂娟　审稿：刘玉宝　李献斌　林江辉　审核：代秀娟）

医 疗 保 健

【概况】 根据学校和后勤保障部中心工作，校医院认真贯彻落实上级卫生主管部门的工作部署，严格执行新冠疫情防控工作相关要求，全面做好校园传染病防控、健康教育、基本医疗等各项工作，全力保障师生身体健康和校园平安。校医院党支部召开党员大会增补支部委员1名。推选王全权任党支部书记，全面负责党支部工作，贺亚玲任副书记、蒋欣任组织委员、胡峰任纪检委员、惠高萌任宣传和群工委员。2021 年，校医院党支部获得后勤保障部党委先进党支部的荣誉称号。

疫情防控。校医院党支部向全体党员和医务工作者发出"抗击疫情，我们同行"的倡议，号召党员干部冲锋在前、医务工作者责无旁贷，圆满完成全年各项防疫任务。针对防控工作的总体要求和不断变化的疫情防控形势，校医院组织安排学校各阶段核酸采集任务、完成学校师生3个批次的疫苗接种工作，以及隔离学生的健康管理与监测。

基本医疗。全面抓实医疗质量管理，接受上级卫生部门的各项检查，获得高度认可。为落实院感工作，成立院感科，设立院感专员，进一步加强医疗废弃物管理和环境监测。全年门诊量 80 463 人次，处方调配 60 347 张，药品及卫材采购金额 624.79 万余元。儿童免疫接种 863 针，成人接种 1 619 人。

传染病防控。分析传染病防控风险点，党员带头、全员参与；严密筛查，攻坚克难，认真落实传染病防控三级联动。全年督导结核感染者服药 11 人次，随访结核感染者 29 人次，追踪疑似或确诊结核病患者 8 人、密接筛查 1 471 人。组织院内传染病培训 2 次，网报国家法定传染病甲类、乙类、丙类及重点监测的传染病 23 人次，及时完成流调 32 人次，疫区消毒 80 余起。

健康体检。关于教职工体检，校医院组织召开 2 次全校范围的体检工作征询会，听取教职工的意见与建议。全校统一部署，浦口校区和江浦农场近千人一并纳入，共有 2 814 名教职工参加 2021 年体检；安排全体 40 岁以上教职工前往东部战区空军医院体检，增加胸部 CT 和女性 TCT 筛查。学生体检工作较往年不同，选择卫岗校区体育馆作为体检地点，所有体检项目均由体检机构完成；以上调整不仅在人手不足的情况下保障了校医院的正常门诊，而且提高了体检效率。每位受检学生在 20 分钟内就能完成所有项目的检查，单日体检最高量达 2 400 多人次，4 天内完成 8 000 多人次新生入学体检任务。

健康教育。校医院以"培养一批优秀骨干，挑选一批适用课题，打造优质健康课程"为中心，成立以骨干医务人员为主的卫生健康教育团队。通过线上发布信息、视频、现场讲课等形式，对全校师生员工进行传染病防控、脑卒中、健康理念、急诊急救等知识的健教宣传。发放宣传资料书签 8 000 多张、健康教育处方 10 000 张。开展各类健康教育讲座 11 场、老干办巡诊宣教 4 次，制作新冠疫情防控宣传视频 1 个、组织防控演练 1 场，开展大学生健康教育课 36 学时，深受广大师生的欢迎。

文化内涵建设和基层党建。国际护士节之际，校医院党支部与园艺学院观赏茶学党支部联合举办主题为"美丽天使，花漾相伴"的插花联谊活动。组织党员参观瞿秋白纪念馆及革命圣地沙家浜，开展沉浸式党史学习教育活动。校医院党支部与膳食中心党支部在教工餐厅 3 楼共同举办了一场主题为"抗'疫'有你，团圆一起"的共庆中秋制作月饼活动。医院工会组织医务人员赴江宁银杏湖乐园参观游览。

[附录]

附录 1   医院 2021 年与 2020 年门诊人数、医药费统计表

年份	就医和报销人次			报销费和门诊费				总医疗费支出
	总人次	接诊人次	报销人次	报销金额（万元）	药品支出（万元）	卫材支出（万元）	平均处方（元）	合计（万元）
2021	88 570	80 463	8 107	1 804.58	814.57	6.62	124.3	2 625.77
2020	63 837	58 639	5 198	1 275.25	704.45	5.4	121.1	1 985.06
增长幅度（%）	38.74 ↑	37.22 ↑	55.96 ↑	41.51 ↑	15.63 ↑	22.59 ↑	2.64 ↑	32.28 ↑

附录 2   浦口校区卫生所 2021 年与 2020 年门诊人数、医药费统计表

年份	就医和报销人次			报销费和门诊费				总医疗费支出
	总人次	接诊人次	报销人次	报销金额（万元）	药品支出（万元）	卫材支出（万元）	平均处方（元）	合计（万元）
2021	11 070	7 900	3 170	609.33	142.87	0.79	180.85	752.2
2020	9 061	6 950	2 111	464.05	124.23	0.52	179.50	588.8
增长幅度（%）	22.17 ↑	13.67 ↑	50.17 ↑	31.31 ↑	15.00 ↑	51.92 ↑	0.75 ↑	27.75 ↑

附录3 疫情防控情况汇总

一、核酸检测

采集时间	项目内容	采集人次
3 月	春季学生返校核酸筛查	15 500
7—8 月	禄口机场疫情核酸筛查 6 轮	49 719
9 月	秋季学生返校核酸筛查	11 808
10 月起	常态化核酸检测（每周三下午）	9 073
全年日常门诊	日常门诊采集	6 120

二、新冠疫苗接种

接种针次	接种时间	接种人次
第一针	3 月 31 日至 5 月 22 日（共 12 天）	19 950
第二针	5 月 27 日至 6 月 25 日（共 8 天）	14 654
加强针	12 月 10—11 日（共 2 天）	15 000

三、隔离观察

隔离时间	隔离事项	隔离观察人次
1 月 17—31 日	接触进口试剂学生	104
7 月 24 日至 8 月 18 日	禄口机场疫情相关的黄码、密接及次密接学生	202
1 月 1 日至 12 月 8 日	门诊发热待排除新冠病毒感染及轻微传染病学生	112

（撰稿：贺亚玲　审稿：王全权　审核：代秀娟）

十二、学术委员会

【概况】学术委员会以"学术兴校"为目标，坚持守正创新、直面困难挑战，从学校全局和整体利益出发，切实履行决策、审议、评定和咨询等工作职能，圆满完成了肩负的各项工作，为学校各项事业快速发展奠定了坚实基础。

年度参与处理2起涉嫌学术不端事件，从教师、学生两个层面营造良好的学术氛围，持续优化学校学术创新环境。

【召开学术委员会全体委员会议】学术委员会分别于4月13日、12月9日召开南京农业大学学术委员会八届八次、九次全体委员会议。会议审议了《南京农业大学"十四五"事业发展规划（征求意见稿）》《南京农业大学章程（修订征求意见稿）》《南京农业大学专业技术职务任职条件（修订）》《南京农业大学知识产权管理办法》《南京农业大学学术规范（试行）》《南京农业大学学术不端行为处理办法（试行）》等文件；审议并同意将《植物表型组学》《生物设计研究》两本期刊列入《南京农业大学高质量论文发表期刊目录》。

围绕国内外科技伦理相关政策、学校在科技伦理方面开展的工作及科技伦理委员会成立的必要性等方面，对学校成立科技伦理委员会进行了充分论证，确定了由科学研究院牵头组建南京农业大学科技伦理委员会的方案。

（撰稿：李　伟　审稿：李占华　审核：黄　洋）

十三、校友会（教育发展基金会）

校 友 会

【概况】2021 年，举行了南京农业大学校友会第六届理事会换届大会，成立了湖北校友会，完成了徐州、淮安、连云港等地方校友会组织机构换届工作；以线上、线下双结合的方式，圆满完成 2021 年"校友返校日"系列活动，吸引超过 20 000 余人次校友以不同方式参加云返校；聘任 213 名校友联络大使，缔结毕业生与母校联络的纽带。

2021 年招生宣传季，邀请学校各招生组负责教师入驻对口的 50 多个地方校友群，发动各地校友会力量参与、助力学校招生宣传工作。与学生工作处共同合作举办了 2 场应届毕业生校友专场招聘会，累计有 400 余家校友企业报名，岗位涉及智慧农业、食品科技、电气工程等众多领域。指导学生社团"校友联络会"开展活动，策划在校生暑期回到家乡线下、线上拜访知名校友，录制教师节祝福视频、采访视频合集，举办回望 1902 南农短视频大赛活动。

加强"互联网＋"媒介宣传，全力做好"南京农业大学校友会"微信公众号的建设与宣传，微信公众号新增关注 2 000 余人，多篇推送阅读量均超过 10 000 人次。部门网站发布新闻及公告 120 余条次，编印 4 期《南农校友》杂志并向 1 000 余名校友代表邮寄杂志、校报及年鉴 16 000 余份，及时向校友通报学校动态，宣传校友事迹。

日常接受各类校友咨询 300 余次，加强与校友在多媒体平台互动交流，梳理并解决校友需求，为校友返校聚会提供服务。继续做好电子虚拟"校友卡"审核发放工作，虚拟校友卡已有近 21 000 余位校友办理成功；申请人数还在增加，每天在 10 人次左右。在校友会微信公众号增添校友不见面查档方式，以及各地方、行业校友会联系人信息。

【地方及行业校友会成立、换届】1 月 9 日，南京农业大学徐州校友会举行换届大会。校友总会副会长、原副校长王耀南与学校地方、企业校友会代表和徐州校友代表等 40 多人参会。5 月 15—16 日，南京农业大学 2021 年校友代表大会暨地方、行业校友企业生态平台交流会在上海市浦东区圆满举行，校长陈发棣、副校长胡锋，以及来自全国各地校友（分）会代表、校友代表、学校相关职能部门和学院校友工作负责人近 200 人参加会议。11 月 18 日，南京农业大学淮安校友会换届大会在南京农业大学淮安研究院会议室顺利举行。校党委书记陈利根与来自淮安市各区域的校友代表 40 余人出席了本次大会。12 月 4 日，南京农业大学湖北校友会成立大会在武汉市盛大召开，华中农业大学党委常委、副校长青平，南京农业大学党委常委、副校长胡锋等出席会议，与来自湖北省内的近 60 位校友共同见证湖北校友会成立的喜悦。12 月 11 日，南京农业大学连云港校友会在连云港市农业科学院举行换届大会。党委常委、副校长胡锋,原副校长孙健,以及行业校友会代表和连云港校友代表等 40 余人参会。

【2021 届毕业生校友专场招聘会成功举办】 3 月 31 日、5 月 21 日,校友总会办公室与学生工作处共同举办 2 场南京农业大学 2021 届毕业生校友专场招聘会。活动得到校友们的积极响应,共有近 400 家校友企业报名。根据疫情防控政策要求,最终 160 家校友企业进校招聘。招聘会上提供了丰富的就业岗位,涉及智慧农业、食品科技、电气工程、电子信息、物流工程等众多领域,精准满足了 2021 届毕业生的广泛需求。同时,校友企业家重回校园,也为校友育人、校企协同发展打下了坚实基础。

【2021 年校友返校日系列活动顺利举行】 10 月 16—17 日,校友总会办公室以“海内存知己 云端共此时”为主题,成功举办 2021 年校友返校日系列活动。首次尝试以在线的形式邀请广大校友们走进云返校直播间,近 5 000 名校友齐聚云端、既话往昔、更展未来。并推出返校日 H5 云返校活动链接,校友们通过链接可以参与校史知识挑战赛、南农校友点亮全球、云合影等在线活动。本次活动在线上、线下同时进行,据不完全统计,共有 20 000 余人次的校友们参加了云返校系列活动。

【召开第六届理事会第一次常务理事会议暨行业校友会 2021 年总结交流会】 12 月 23 日,南京农业大学校友会在六合科创园举行第六届理事会第一次常务理事会议暨行业校友会 2021 年总结交流会。校党委常委、副校长胡锋,浦口校区管理委员会、校友总会办公室主要负责同志,江苏山水环境建设集团股份有限公司董事长姚锁平、江左国际集团有限公司董事长吴付林等校友会常务理事,以及行业校友分会负责人、南京企业界校友分会部分校友企业家等 30 余人出席会议。

（撰稿：吴　玥　审稿：姚科艳　审核：黄　洋）

教育发展基金会

【概况】 教育发展基金会 2021 年到账资金为 2 000 万元。新签订捐赠协议 35 项,协议金额 1 760 万元；其中,任继周、李涛、程磊等校友捐赠累计超 500 万元,校友捐赠热情高涨,创历年校友捐赠比例新高。

自 6 月以来,校领导陈利根、陈发棣、胡锋、闫祥林等,先后赴南京诺唯赞生物科技有限公司、马鞍山百助网络科技有限公司、齐鲁动物保健品有限公司、山东欣悦健康科技公司、乖乖宝宝生物科技有限公司、青岛蔚蓝生物股份有限公司、江苏百绿园林集团有限公司、南京创力传动科技股份有限公司、南京江左集团、南京联纺国际贸易有限公司,以及大北农集团、唐仲英基金会中国中心考察交流。

2021 年,教育发展基金会整理大量知名教授档案,为打造名人奖学金基金系列品牌做好准备。充分利用媒体力量并在校友活动中宣传邹秉文、刘书楷等名人奖学金倡议,获得了爱心企业和爱心校友的资助。南京盛泉恒元投资有限公司再次增资 100 万元用于“南京农业大学盛泉农林经济管理学科发展基金”。

　　教育发展基金会重视各类捐赠项目的跟踪管理。2021年，审核各类业务活动项目60余项、总支出1 000余万元，保障各类资金使用的规范、有序。同时，将更多的捐赠文化融入校友及捐赠企业，教育发展基金会继续向学校定点扶贫地区贵州省麻江县教育局捐赠35万元，助力教育发展基金会的慈善项目。

【江左国际集团有限公司捐赠500万元】1月6日，南京农业大学"江左优秀论文奖"捐赠仪式顺利举行。1998级国际贸易专业校友、江左国际集团有限公司董事长吴付林代表公司与南京农业大学教育发展基金会签订协议，将在今后10年向学校捐赠500万元（每年50万元），在经济管理学院设立"江左优秀论文奖"，获奖者每人可得5万元奖金。

【"盛彤笙草业科学奖学金"捐赠签约仪式】4月16日，"盛彤笙草业科学奖学金"捐赠签约仪式在行政楼A409举行。校党委常委、副校长胡锋，任继周院士家属、北京体育大学教授任海，以及草业学院、动物科技学院、校友总会办公室（教育发展基金会办公室）等单位负责人和相关教师参加了捐赠仪式。

【邹秉文奖学金（增资）捐赠签约仪式】5月8日，学校在行政楼A409会议室举行邹秉文奖学金（增资）捐赠仪式。学校2008届植物病理学专业校友、杭州欢田喜地农业科技有限公司总经理李涛，校党委常委、副校长胡锋，校长助理王源超出席会议。校友总会办公室（教育发展基金会办公室）、植物保护学院相关负责人参加仪式。

【马鞍山百助网络科技有限公司捐赠120万元】12月3日，学校举行南京农业大学"百助奖学金"捐赠仪式。2005级水产养殖专业校友、马鞍山百助网络科技有限公司CEO程磊代表百助网络向学校捐赠120万元。根据双方协议，每年在动物科技学院、信息管理学院、人工智能学院在校全日制本科生中评选20人，每人可获得5 000元奖学金。

【山东明德物业管理集团有限公司捐赠100万元】12月30日，学校举行南京农业大学"明德物业后勤发展基金"捐赠仪式。根据双方协议，山东明德物业管理集团有限公司捐赠100万元，设立"明德物业后勤发展基金"，用于奖励学校后勤事业发展中表现优异或贡献突出的师生员工和工作团队。

（撰稿：吴　玥　审稿：姚科艳　审核：黄　洋）

十四、学部学院

植物科学学部

农学院

【概况】农学院设有农学系、作物遗传育种系、种业科学系、智慧农业系。拥有作物遗传与种质创新国家重点实验室、国家大豆改良中心、国家信息农业工程技术中心3个国家级平台，以及1个国家级野外科学观测研究站、1个科技部"一带一路"联合实验室、8个省部级重点实验室、11个省部级研究中心。设有2个本科专业和2个金善宝实验班，以及6个硕士研究生专业、6个博士研究生专业、1个博士后流动站。

学科建设。完成作物学"双一流"首轮结题、新一轮"双一流"论证和申报，完成"智慧农业"交叉学科专家论证，完善学科建设的定位、目标和发展方向，为"十四五"期间的学科发展奠定了良好基础。"双一流"学科经费持续支持培育平台、培育高端人才、培育重大成果和项目，为学科建设提供强有力支撑。1人（刘裕强）入选国家级特聘教授、1人（李姗）获得国家自然科学基金优秀青年科学基金项目资助、1人（许冬清）获得国家"万人计划"青年拔尖人才、4人（王昊彬、余晓文、刘兵、江瑜）入选农业农村部科研杰出人才培养计划、1人（董小鸥）入选江苏省特聘教授、1人（许冬清）获得江苏省杰出青年基金项目资助、2人（甘祥超、谭俊杰）获得江苏省双创人才；1人（李超）获得第六届中国科协"青年人才托举工程"项目资助。

师资队伍。截至12月31日，有教职工238人，其中专任教师139人、教授76人、副教授45人。新增教师3人，其中引进高层次人才1人；钟山青年研究员4人。学院拥有中国工程院院士2人、教育部特聘教授5人、国家自然科学基金杰出青年科学基金获得者5人、"国家人才支持计划"领军人才8人、中国青年女科学家2人、国家级"四青"人才11人、中华农业英才奖1人、农业农村部科研杰出人才5人、农业产业体系岗位科学家7人、江苏省特聘教授5人、江苏省杰出青年基金获得者6人。

全日制在校本科生762人（留学生8人），以及硕士研究生660人、博士研究生443人（留学生35人）。2021年招收本科生217人、硕士研究生260人、博士研究生109人、留学生9人。毕业本科生198人、硕士研究生194人、博士研究生35人。2021届本科毕业生年终就业率97.0%、升学率64.1%。研究生年终就业率92.6%。

教学管理。继续落实专业认证OBE理念，加强新农科建设，贯彻立德树人教育理念，推动课程思政建设，紧跟创新创业教育步伐，持续质量改进和有效输出。申请"智慧农业"

本科专业，初步探索建成"本硕博"贯通的智慧农业交叉学科人才培养体系；获省级一流本科课程 4 门，获首批江苏高校课程思政示范课程 2 门，建设 7 门江苏高校助力乡村振兴在线开放课程；2 部教材获评为省级重点教材，再版国家级教材 1 部，新编教材 2 部；盖钧镒获评为全国教材建设先进个人，并获省级教学成果奖二等奖 1 项。

科学研究。2021 年，66 个项目立项，其中国家基金 15 项（面上项目 10 项、青年科学基金项目 4 项、优秀青年科学基金项目 1 项）；国家重点研发计划 1 项。到账纵向经费 6 816.9 万元、横向经费 932.4 万元。

发表 SCI 收录论文 236 篇，一区占比 73.31%，单篇影响因子最高为 16.357，平均单篇影响因子 5.35；其中，影响因子 5.0 以上占 53.4%，大于 9 的有 25 篇。水稻遗传育种团队研究成果发表在 *MOLECULAR PLANT*（5 年影响因子＝16.357）上；授权国家发明专利 42 项（其中有 1 项国外专利），申请专利 31 项。获得植物新品种权 2 项，审定品种 12 个；制定标准 6 项，其中省级地方标准 5 项、行业标准 1 项。

社会服务。"小麦绿色智慧施肥技术"入选农业农村部 2021 年农业主推技术；"水稻机插缓混一次施肥技术""北斗导航支持下的智慧麦作技术"入选 2021 年农业农村部重大引领技术。连续 8 年举办"全国农作物种业科技培训班"，累计培训种业相关人员 1 200 余人。

成功转让水稻品种：宁粳 12 号、扬籼优 986、徽两优 986、扬籼优 906、宁粳 13 号；大豆品种：南农 413、南农 66；转让金额合计 630 万元。成功转让抗小麦黄花叶病毒的簇毛麦 4VS4 染色体的特异分子标记专利。

水稻栽培团队助力贵州省山地水稻产量再创新高。百亩优质稻示范方进行实产验收，平均产量高达 700.3 千克/亩，相比当地常规习惯产量 440 千克/亩，有了突破性的提升。水稻新品种宁香粳 9 号早熟、抗病、高产、口感软香，已加快新品种示范推广；该品种已通过超级稻第一年验收，亩产 812.5 千克。

年度开展金善宝农耕讲堂——青年讲堂 10 期。共邀请海内外专家 26 人，其中院士 4 人、国家自然科学基金杰出青年科学基金获得者 2 人、"长江学者"特聘教授 1 人、青年拔尖人才 2 人、海外专家 2 人、国家自然科学基金优秀青年科学基金获得者 4 人。

人才培养。坚持以立德树人为根本，以培养担当民族复兴大任的一流农科人才为己任，融合第一课堂和第二课堂，完善爱国主义教育、农业情怀涵育、专业实践育人体系，服务学院一流学科一流专业的人才培养。

学史明理，以史明鉴。结合中国共产党成立 100 周年契机，举办"党史长轴展""寻找最美演说家""党史知识竞赛"等活动，让学生在"看""学""说""赛"中深化对党史的理解，传承红色基因。举办了"百福图"献礼建党 100 周年、爱国主义基地巡礼等活动。

以文化人，以文育人。举办作物学前沿讲堂、教授讲堂、"农学论坛"、"金善宝农耕论坛"、"农情系列沙龙"、"红船精神与科研之路学术沙龙"、"我与博士面对面"、农业科技文化节等各类学术讲座报告和文化活动 66 场；持续排演学院自编、自导、自演话剧《金善宝》，2021 年共公演 3 场，覆盖观众近 1 500 人，成为学院入学教育的重要环节。举行"'耕耘'作物学老教授访谈集"活动，通过历史复述的形式将老教授的故事整理成册，供学生们阅读、学习，加深学生对"三农"事业的情感。注重学生团队培育，先后立项 15 个先锋团支部活动，鼓励其积极开展基层团支部建设，举办学院最强班级评比活动，学院植物实验 181 团支部获全国活力团支部。

以赛促创，以赛促学。重视学院创新创业工作，积极开展学科竞赛类活动 2 项，参与人数 600 余人。1 支团队获"互联网＋"大赛全国银奖，1 支团队获江苏省二等奖；1 支团队获第七届 3S 杯大学生物联网技术与应用大赛一等奖，1 人获辽宁省作物学研究生学术创新论坛一等奖。注重学生实践平台搭建，2021 年组建 10 余支团队，进乡进村开展社会实践活动，活动得到了新华社、新华网、中国青年网等 20 余家媒体的报道。获江苏省科研研究生创新计划立项 25 项，本科生获批国家大学生创新创业训练计划 7 项、江苏省大学生创新创业训练计划 4 项。以研究生为第一作者发表了 SCI 收录论文 191 篇，一区占比 74.9％。获江苏省优秀博士学位论文 1 篇、硕士学位论文 1 篇、本科生毕业论文 2 篇，以及中国作物学会优秀博士论文 1 篇。2 人获校长奖学金。

国际交流与合作。中国-肯尼亚作物分子生物学"一带一路"联合实验室联合国内外多家科教单位和企业获批牵头建设"科创中国""一带一路"国际小麦产业创新院、中国-东非水稻产业科技创新院、国际智慧农业产业科技创新院、国际大豆产业科技创新院 4 个创新院。资助 4 位研究生出国访学 1 年。召开线上线下"一带一路"国际会议 2 次。举办作物分子生物学理论与技术线上培训班 8 次，共培训外方学员超过 150 人次。同时，作物生产精确管理研究创新引智基地一期顺利结题。

党建工作。学院党委不断巩固"不忘初心、牢记使命"主题教育成果，深入开展党史学习教育，始终以加强和改进学院党的建设为工作核心，全面落实"以立德树人为根本，以强农兴农为己任"，扎实推进"双一流"学科建设、人才培养、科学研究、社会服务等战略工作，充分发挥学院党委的政治核心作用，不断改革创新统领全局，全面推进学院各项工作发展。学院党委获得江苏省"两优一先"先进基层党组织、江苏省标杆院系等称号。2021 年，发展党员 182 人、转正 23 人，班子及支部共举办专题学习百余场；党委理论中心组专题学习 8 次，开展"我的祝'福'献给党"——"百福图"献礼建党 100 周年特色活动，组织师生集中观看庆祝中国共产党成立 100 周年大会并深入学习习近平总书记重要讲话精神。师生深入领会党的十九届六中全会精神，赴红色爱国主义基地开展实践学习活动 6 场，切实提高学院党员及党员干部党性修养、理论素养和道德境界。

【农学院师生在第七届中国国际"互联网＋"大学生创新创业大赛中开创佳绩】10 月 15 日，学院"稻亦有道：中国水稻栽培设计师"高校主赛道项目在第七届中国国际"互联网＋"大学生创新创业大赛（南昌）中斩获银奖。

【学校党委对农学院党委进行巡查】按照学校党委巡察工作统一部署，10 月 27 日至 11 月 16 日，校党委第一巡察组对农学院党委进行巡察，重点检查农学院党委在"四个落实"方面存在的主要问题。巡察期间，巡察组召开学院领导班子见面会和动员大会，听取工作汇报，开展民主测评，进行个别谈话，召开座谈会，受理信访举报，调阅有关文件资料，并对巡察中发现的重点问题进行了深入了解。12 月 8 日，校党委巡察工作领导小组听取了巡察组巡察农学院党委的情况汇报，并对整改工作提出明确要求。

【召开第三届教职工代表大会第二次会议】10 月 13 日，农学院第三届教职工代表大会第二次会议在学院报告厅隆重召开。盖钧镒院士、全体院领导及学院教职工代表参加了会议，大会由院党委书记戴廷波主持。大会以举手表决方式通过了《学院十四五发展规划》和《作物学一流学科建设方案》，以无记名投票方式通过了《农学院人事制度改革方案》（试行版）。

【7 位教授入选"2020 年中国高被引学者"】4 月 22 日，爱思唯尔（Elsevier）重磅发布"2020 年中国高被引学者"榜单。国内有 4 023 位学者入选，来自 373 所高校、企业及科研机构，涵

盖了 10 个教育部学科领域、84 个教育部一级学科。在本次高被引学者名单中，学院的曹卫星、万建民、马正强、朱艳、姜东、喻德跃、郭旺珍 7 位教授入选。

（撰稿：金　梅　审稿：戴廷波　审核：李新权）

植物保护学院

【概况】植物保护学院设有植物病理学系、昆虫学系、农药科学系和农业气象教研室 4 个教学单位，建有绿色农药创制与应用技术国家地方联合工程研究中心、农作物生物灾害综合治理教育部重点实验室、农业农村部华东作物有害生物综合治理重点实验室等 11 个国家级和省部级科研平台，以及农业农村部全国作物病虫测报培训中心、农业农村部全国作物病虫抗药性监测培训中心 2 个部属培训中心。

学院拥有植物保护国家一级重点学科，植物病理学、农业昆虫与害虫防治、农药学 3 个国家二级重点学科。学院设有植物保护一级学科博士后流动站、3 个二级学科博（硕）士学位授权点、1 个硕士专业学位授权点和 1 个本科专业。

植物保护学院有正式教职工 122 人（新增 7 人），其中教授 54 人（新增 6 人）、副教授 37 人（新增 7 人）、讲师 4 人（新增 1 人）。2021 年，遴选博士生导师 5 人、学术型硕士生导师 5 人、专业学位导师 5 人。学院共有博士生导师 64 人（校内 54、校外 10 人）、硕士生导师 64 人（校内 37 人、校外 27 人）；国家特聘专家 1 人、"长江学者" 3 人、"青年长江学者" 1 人、国家自然科学基金杰出青年科学基金获得者 4 人、"973" 项目首席科学家 1 人、农业农村部农业科研杰出人才入选者 1 人、全国模范教师 1 人、国务院学科评议组成员 1 人、"新世纪百千万人才工程" 国家级人才 2 人、国家自然科学基金优秀青年科学基金获得者 5 人、中组部海外高层次青年人才入选者 2 人、国家自然科学基金优秀青年科学基金项目（海外）3 人、中组部青年拔尖人才入选者 3 人、国家 "万人计划" 领军人才入选者 4 人、江苏省教学名师 2 人、江苏省特聘教授 5 人、江苏省杰出青年基金获得者 5 人，以及国家自然科学基金委员会创新研究群体 1 个、科技部重点领域创新团队 1 个、农业农村部农业科研杰出人才及其创新团队 2 个、江苏省高校优秀科技创新团队 4 个。

2021 年，招收学术型硕士研究生 135 人、全日制专业学位硕士研究生 104 人（留学生 1 人）、博士生 75 人（留学生 5 人）、本科生 132 人；授予博士学位 50 人（留学生 1 人）、全日制硕士学位研究生 210 人（留学生 2 人）、本科生 112 人。2021 年末，共有在校生 1 378 人，其中博士研究生 295 人、硕士研究生 596 人、本科生 487 人。

制定党史学习教育详细方案。党史学习教育荣获多项荣誉：1 项党建案例入选江苏高校党建工作案例 100 例，获得庆祝中国共产党成立 100 周年校级合唱比赛一等奖及优秀组织奖，全国大学生党史知识竞答大会网上云答题优秀组织奖，"四史学习——家乡的红色记忆" 建党 100 周年主题活动优秀组织奖，江苏省大学生网络文化节一等奖、三等奖，微观摄影作品入选全国高校百年珍贵记忆原创精品档案。

加强教育教学。获批江苏省一流本科课程 3 门，建设江苏高校助力乡村振兴在线开放课程 14 门，出版国家级规划教材 1 部。搭建专业实践平台，获评江苏省社会实践优秀团队，以及江苏省社会实践大赛一等奖、校社会实践优秀单位、共青团工作项目创新奖等，相关工作获得全国高校思政网、中国青年网等报道 30 余次。完成 2021 版研究生培养方案和教学大纲修订。1 项教育部案例结项。获江苏省教学成果奖二等奖 1 项、江苏省普通高校本专科优秀毕业论文（设计）二等奖论文 1 篇、江苏省优秀博士学位论文 1 篇、江苏省优秀硕士学位论文 1 篇。获批江苏省研究生科研创新项目 14 项、实践创新项目 4 项。获批校级精品课程 4 门、在线课程 1 门、课程思政 1 门、教学案例 1 项。

坚持"五育"并举，培养时代新人。围绕专业思政，累计开展各类主题教育 38 次。夯实学风，加强学术引导，本科生深造率达 69%。开展班主任工作"提增"计划，开设专题培训 5 场，植保 182 班获评为省级先进班集体。围绕"两论坛一沙龙"开展学术讲座、沙龙 35 次，组织学生参加学术科技作品竞赛 21 人次。

学院发表 SCI 论文 180 篇，其中影响因子＞10 的高水平论文 10 篇、影响因子＞5 的高质量论文 54 篇。学院教师担任重要国际学术职务人员 26 人次，组织作物健康钟山讲坛系列线上学术报告会 15 场；邀请 24 位国内外专家作专题报告，其中包括美国科学院院士 Serap Aksoy、欧洲科学院院士 Sophien Kamoun。

学院承办中国科学院"农作物新发病虫害态势与防治对策"项目调研会。牵头组织国内外 13 家单位，获批建设"一带一路"国际绿色植保专业创新院；牵头建设南京农业大学宿州研究院，参与建设三亚南京农业大学研究院（病虫害研究实验室）。农作物生物灾害综合治理重点实验室接受了教育部 2 轮评估。

多维度开展社会服务。完成企业委托技术服务和项目咨询 161 项，横向经费到账 1 410.12 万元。授权专利 25 项，制定省级地方标准 2 项，签订技术转让合同经费 100 万元。连续 43 年举办全国农作物病虫害预测预报培训班，持续对贵州省麻江县水城村定点帮扶，培训基层农民 150 人次。胡白石教授援疆期间研发的"蜜蜂导向盒＋生防菌"取得良好的防治效果与经济效益，获评为 2021 年农业农村部主推技术。多位教师开展加拿大一枝黄花治理、农药科学使用和花卉病虫害防控等方面的科普工作，受到媒体广泛报道。

【举办"风云百年　砥砺今朝"植物保护学科百年专题展览】2021 年，是中国共产党建党 100 周年，也是植物保护学院（病虫害系）建系 100 周年，植物保护学院举办"风云百年　砥砺今朝"植物保护学科百年专题展览。展览分为"风云百年溯初心"党史、院史图文展，"赓续奋进传薪火"实物展，"砥砺今朝育英才"学生特色作品展 3 个部分，共展出图片图表文摘 126 件、展品 31 件、学生创意作品 22 件。

【国家重点实验室（筹）投入运行】举办国家重点实验室（筹）专家论证会，邀请包括 8 名院士在内的专家开展实验室的建设论证，组织多轮磋商并形成国家重点实验室（筹）最终组建方案；完成平台主要设备的调试、师生入驻及人员培训，推动国家重点实验室平台的初运行。

【师资队伍及基金项目取得新突破】王源超入选南京市十大科技之星，洪晓月入选校首批师德宣讲团成员，董莎萌获 2021 年校师德标兵。窦道龙、董莎萌入选国家产业体系岗位科学家。马振川、王明、冯致科入选国家自然科学基金优秀青年科学基金项目（海外），入选数量居全国同行之首。张峰入选农业农村部农业科研杰出人才，牛冬冬获江苏省杰出青年科学基金。3 位博士后入选全国博新计划资助，全国同行入选数仅 4 位。承担国家重点研发、国家自然科学基金、联合基金及省部级项目 154 项，新增国家自然科学基金 31 项和江苏省自然科学基金 5 项。

（撰稿：唐莉栋　审稿：吴智丹　审核：李新权）

园艺学院

【概况】园艺学院是我国最早设立的高级园艺人才培养机构，其历史可追溯到原国立中央大学园艺系（1921）和原金陵大学园艺系（1927）。学院设有园艺、园林、风景园林、中药学、设施农业科学与工程、茶学6个本科专业；其中，园艺专业为国家特色专业建设点、江苏省重点专业和国家一流本科专业，风景园林为江苏省一流本科专业。学院设有1个园艺学博士后流动站、6个博士学位授权点（果树学、蔬菜学、茶学、观赏园艺学、药用植物学、设施园艺）、7个硕士学位授权点（果树、蔬菜、园林植物与观赏园艺、风景园林学、茶学、中药学、设施园艺学）和3个专业学位硕士授权点（农业推广硕士、风景园林硕士、中药学硕士）。园艺学一级学科为江苏省国家重点学科培育建设点，"园艺科学与应用"在"211工程"三期进行重点建设；"园艺学"在全国第四轮学科评估中位列A类，入选江苏省优势学科A类建设。蔬菜学为国家重点学科，果树学为江苏省重点学科；建有农业农村部"华东地区园艺作物生物学与种质创制重点实验室"和教育部"园艺作物种质创新与利用工程研究中心"等省部级科研平台7个。

学院现有教职工200人，专任教师129人，其中教授55人、副教授56人；高级职称教师占86%，具有博士学位的教师占90.6%。张绍铃获江苏省人力资源和社会保障厅江苏留学回国先进个人奖；吴巨友获评为农业农村部农业科研杰出人才；5人获中国博士后科学基金第70批面上资助；2人晋升正高级职称，5人晋升副高级职称；新聘专任教师9人，其中高层次人才6人；获批江苏省"333人才工程"第一层次1人、二层次3人，新增"四青"人才3人、"万人计划"1人，新增教授6人；陈劲枫荣获2021年南京农业大学"师德标兵"。

学院全日制在校学生2 156人，其中本科生1 211人，硕士研究生715人，博士研究生230人；毕业全日制学生577人，其中本科学生300人、研究生277人；本科生就业率为93.02%，本科学位授予率98%，研究生就业率97%；招收全日制学生689人，其中本科生321人、研究生368人。

学院坚持党建引领，强化理论武装。组织师生全面系统学习"四史"，落实新时代党的建设总要求和新时代党的组织路线，推动党建工作与中心工作"双融双促"；完成学校党委政治巡察，落实整改，推动学院各项事业发展。以"百年初心、百年坚守、百年传承、百年创新"为主题举办了庆祝建党100周年和园艺系建系100周年系列活动。学院党委荣获江苏省高校党建工作创新奖二等奖，学院获评为江苏省教育系统先进集体，观赏茶学教师党支部获评为江苏省高校特色党支部；获评为南京农业大学院级先进基层党组织、先进分党校；菊花遗传与种质创新团队入选第二批"全国高校黄大年式教师团队"。

学院开展了园艺学、风景园林学、中药学3个一级学科的学位授权点基本状态信息表填报工作。中药专业、园林专业和设施农业科学与工程专业获批江苏省2021年度一流本科专业建设点，风景园林专业和茶学专业申报了第三批国家级一流专业。"园艺学概论"获江苏省首批一流本科课程认定，《果蔬营养与生活》获批江苏省高等学校重点教材立项，《园艺学总论》和《中药材安全与监控》两本教材正式出版。获江苏省教学成果奖一等奖1项，获校教材建设工作先进集体。

学生团队获全国第六届大学生艺术展演艺术实践工作坊特等奖、2021 年扬州世界园艺博览会园艺微景观创作国际竞赛最高奖、"建行杯"第七届中国国际"互联网＋"大学生创新创业大赛银奖、第八届全国植物生产类大学生实践创新论坛一等奖等多项奖项。

学院完成园艺学一级学科，风景园林学硕、专硕，以及中药学学硕、专硕 5 个培养方案修订。新增江苏省研究生工作站 1 个，年度江苏省研究生工作站 38 个；获批江苏省研究生科研与实践创新项目 12 项，获批全国农业专业学位研究生实践教育特色基地 1 个；获批 SRT 75 项，其中国家级 9 项。举办首届"企业课堂"，举办江苏省研究生园艺与乡村振兴学术论坛。颁布实施园艺学院研究生培养工作实施细则，出国留学 7 人，接收留学生 7 人。

学院年度到位总经费 1.26 亿元，获授权植物新品种 30 个，授权国家发明专利 42 件，发表高水平学术论文 207 篇，获中华农业科技奖一等奖 1 项，连续 11 年获省部级一等奖以上，获批农业农村部"一带一路"国际农业科技创新平台 3 个。

学院建有新农村服务基地共 20 个，落实贵州省麻江县定点帮扶，培训村干部和种植户 57 人；在读研究生用所获国家奖学金在麻江县设立"南农园梦"助学金；多项举措助推乡村振兴，被中央电视台、新华社等媒体报道 30 余次。

《园艺研究》期刊影响因子持续位列园艺领域世界第一位。新增江苏省外国专家工作室 1 个，受邀为日本千叶大学 30 名园艺本科生开设"园艺通论"全英文课程，实现课程国际输出；主办第八届园艺研究大会，来自全球 73 个国家或地区的 1.2 万余人参会。

【获江苏省教育系统先进集体称号】9 月 10 日，江苏省教育厅发布江苏省教育系统先进集体获表彰名单，学院荣获"江苏省教育系统先进集体"称号。据悉，江苏省共 35 所高校荣获此项殊荣。该表彰旨在全面贯彻落实党的教育方针，落实立德树人根本任务，以"争当表率、争做示范、走在前列"的使命担当，为江苏省教育改革发展和教育现代化建设作出新的更大贡献。学院立足党建引领，坚持三全育人，加强专业建设和人才培养，突出创新驱动，服务国家战略，打造高水平师资队伍，实现科学研究成果转化落地，瞄准世界一流开展国际合作，传播科学种子，普及园艺知识，提高全民科学素养。

【"互联网＋"项目荣获国赛银奖】10 月 15 日，"建行杯"第七届中国国际"互联网＋"大学生创新创业大赛全国总决赛闭幕。由沈妍、张尤嘉、毛辰元等 15 名学生组成的"红"篇"菊"制团队，经过校赛、省赛和总决赛的层层选拔，从众多项目中脱颖而出，拿下全国银奖的好成绩。这也是学院目前在"互联网＋"赛事上取得的最好成绩。

【完成人事制度改革】10 月 20 日，学院召开全院教职工代表大会，经大会审议，全票通过《园艺学院教师绩效考核与分配实施办法（试行）》。本次方案广泛调研了其他院校的改革方案，广泛征求全体教师意见，并多次组织召开相关会议研讨，已上报校人事制度改革领导小组审核批准。

（撰稿：王乙明　审稿：张清海　审核：李新权）

动物科学学部

动物医学院

【概况】动物医学院的前身为 1921 年创立的国立东南大学畜牧系（后为国立中央大学畜牧兽医系），是我国现代兽医教育的重要发祥地之一。1998 年，获兽医学一级学科博士学位授予权；2000 年，获兽医专业博士学位和硕士授予权；2007 年，兽医学评为国家重点学科，是全国兽医专业学位教育指导委员会秘书处挂靠单位。学院拥有基础兽医学、预防兽医学、临床兽医学和动物药学 4 个二级学科，设有动物医学和动物药学 2 个本科专业（学制 5 年）；动物医学专业 2019 年入选国家级一流本科专业建设点和江苏省高校品牌专业建设工程，动物药学专业 2020 年入选江苏省特色专业。

学院现有教职工 136 人，专任教师 92 人，其中正高级职称 49 人、副高级职称 34 人、讲师 9 人。2021 年，新引进高层次人才教授 1 人（刘功关）、副教授 3 人（杨丹晨、陆明敏、李坤）、讲师 2 人（李桥、马丹夫）、钟山青年研究员 2 人（刘丹丹、杨阳），其中 6 人具有海外学历。新晋升正高级职称 3 人、副高级职称 2 人、中级职称 2 人。1 人入选 2021 年南京留学科技创新项目择优资助项目；获中国博士后科学基金第 14 批特别资助、2021 年度中国博士后科学基金第 69 批面上资助各 1 项。学院着眼学科领军人才培养，继续实施学院"青年人才培育计划"，2 人入选"青年拔尖人才"、3 人入选"青年学术新秀"。

学院现有全日制在读学生 1 706 人，其中本科生 890 人（含留学生 7 人）、硕士研究生 524 人（含留学生 7 人）、博士研究生 292 人（含留学生 14 人），本科生比例为 52.17%。2021 年，动物医学类专业共录取 181 名本科生，专业志愿率为 98.73%；毕业生本科生 166 人，学位授予率为 97.08%，就业率 95.57%，升学率 62.02%，出国率 4.43%。录取博士研究生 98 人、硕士研究生 208 人。授予博士学位 24 人、硕士学位 182 人。

学院党委始终以习近平新时代中国特色社会主义思想为指导，深入贯彻新时代党的建设总要求和党的组织路线，以"立德树人，强农兴农"为己任，紧紧围绕学校"建设农业特色世界一流大学"的战略目标，不断加强党委对学院各项工作的全面领导。通过专家报告、观看纪录片、集中学习研讨等方式，开展各类思政专题学习活动 10 余场；学院领导全年为师生作党课报告累计 10 次，开展中心组学习活动 14 次，领导班子集体获学校年终考核优秀。全年发展党员 156 人、积极分子 173 人，2 名教职工成功发展为入党积极分子，转正党员 59 人。全年开展文化素质类讲座共计 58 场次，组织主题班会 100 多场次，与江苏省农业科学院兽医研究所、江苏省农业科学院动物免疫工程研究所党总支签订三方党建共建协议。临床教工党支部书记团队获"江苏省高校教师教学创新大赛"团队二等奖，学院动物免疫工程研究所党支部获评为南京农业大学第二批"双带头人"教师党支部书记工作室，学院获评为校年终考核优秀单位。

学院持续推进动物医学国家级一流专业和动物药学省级特色专业建设，动物药学成功入选教育部《学位授予单位（不含军队单位）自主设置二级学科和交叉学科名单》二级学科，动物药学专业再次申报国家一流专业。临床兽医学教学实验中心获得学校 150 万元条件建设项目资助，利用暑期一体化修缮出新，建成现代化的视频教学信息系统，学生实验、实践创新条件得到进一步提升。实施省级教改项目 1 项、校级教改专项 4 项；7 项教改项目结题，其中 1 项结题优秀。"新型动物科学类专业人才核心能力培养体系的构建与创新"获江苏省教学成果奖二等奖。全年完成 303 个教学班次、166 门课程（必修 98 门、选修 68 门）9 639 学时的教学任务。建设省级一流课程 3 门、"课程思政"示范课程 6 门，持续建设 2019 年 4 门校级在线开放课程，开设教授开放课程 10 门。主编出版教材 3 部，获评为校级教材工作先进集体。组建 13 个教学团队，由知名教授主导，聘请领域顶尖专家参与。举办教师教学创新比赛，提升课程群团队教师授课效果及青年教师授课水平。孙卫东教授获江苏省高校教师教学创新大赛二等奖；推荐生理组教学团队、李梦、高雁恺参加校级教学创新大赛。1 名教师获南京农业大学优秀教师称号。新增立项 SRT 项目共 48 项，其中国家大学生创新实验计划项目 7 项、省级大学生实践创新训练项目 4 项。本科生发表论文 10 篇，其中第一作者论文 3 篇；1 篇本科生优秀毕业论文获评为 2021 年江苏省优秀毕业论文一等奖。获江苏省研究生培养创新工程 7 项立项，其中科研计划 4 项、实践计划 3 项。获江苏省优秀专业学位硕士学位论文 1 篇。新增江苏省研究生工作站 1 家，新增江苏省研究生导师类产业教授（兼职）1 人。获评为校研究生教育管理工作先进单位。获批南京农业大学研究生优质教学资源项目 13 项，其中"课程思政"示范课程 1 门、精品课程 2 门、教学案例 9 个、在线课程 1 门。

学院新增纵向项目立项 24 项（其中国家自然科学基金面上项目 9 项、青年项目 1 项、江苏省自然科学基金 4 项、其他项目 10 项），立项经费 3 394.50 万元，到账经费 2 790.429 7 万元。获新兽药证书 3 项、软件著作权 8 项、授权专利 28 项；累计发表 SCI 论文 236 篇，其中影响因子大于 5 的论文 90 篇、大于 10 的论文 5 篇。加强科研平台建设，猪链球菌世界动物卫生组织国际参考实验室获非洲猪瘟检测资质，兽药研究评价中心正式通过 CMA 认证。严抓实验室安全管理，坚持对实验员和入校新生进行实验室安全培训，实行每月 2 次实验室安全检查制度，获校实验室安全月优秀组织奖。

2021 年，新增校企合作横向项目 75 项，立项经费 3 246.05 万元，其中合同额在百万元以上的 8 项，横向到账经费 2 206.882 4 万元，转化到账经费 264 万元。学院积极组织教师参加科普宣传活动，获江苏省科学技术奖 1 人、宁夏回族自治区自然科学奖 1 人、广东省科技进步奖 1 人。附属教学动物医院开展培训近 30 场，培训总人数 1 000 多人；共接诊病例约 1.58 万例，接种疫苗 4 378 支；2021 年克服疫情影响，实现销售额 980 万元。为助推贵州省麻江县坝芒乡乐坪村脱贫攻坚和乡村振兴，落实"南农麻江 10＋10 行动计划"，就猪病防治和生猪养殖进行了线上专题培训，参加培训学员 52 人。对接帮扶期间，南京五校联合发出消费帮扶倡议，学院教师积极响应扶贫号召，注册 e 帮扶平台，线上采购价值 11 244 元的麻江农特产品。

学院与加利福尼亚大学戴维斯分校联合开展了为期 5 周的第十期国际高端兽医继续教育课程，50 余名本科生、研究生参加了培训。1 名本科生通过"3＋X"学生硕士学位项目，进入加利福尼亚大学戴维斯分校攻读硕士学位；1 名本科生通过艾奥瓦州立大学兽医学院"4＋2"学生联合培养项目，进入艾奥瓦州立大学攻读硕士学位；4 名本科生参加了暑期美国加利福尼亚大学戴维斯分校"全球健康线上研讨会"，15 名本科生和 1 名研究生参加了第一届 ONE HEALTH 世界青年兽医大会。

学院推报项目获 2021 年"挑战杯"科技作品竞赛江苏省金奖 1 项、2021 年"互联网＋"创业计划竞赛三等奖 3 项。学生个人累计获得国家级荣誉 60 人次、省市级荣誉 39 人次。学生工作团队成员累计获得各级表彰 36 人次。获 2020 年度学生工作先进单位、学生工作创新奖、招生工作先进单位、就业工作先进单位、五四红旗团委、校友工作先进单位等 25 项集体荣誉。2021 年，学院新申请了学院官方微信公众号，合并本科、研究生微信公众号；现有学生活动报道平台"动医成长记"微信公众号 1 个，粉丝量达 17 336 人，全年发布各类推送达 558 条，总阅读次数 255 951 次，单篇阅读量高达 9 030 次。学院持续运营"动小医"QQ 空间宣传平台，年度推送 662 条，阅读量达 171 287 次，点赞数超 19 900 余次，转发超 1 120 次。新浪微博"南农动医青年"全年发布 213 条，阅读量累计达 323 176 次。2021 年，学生工作受到团学苏刊、中青校园等校内外媒体报道，转载超百次。

【"猪圆环病毒 2 型合成肽疫苗"获得国家一类新兽药注册证书】 3 月 18 日，农业农村部发布公告，南京农业大学与中牧实业股份有限公司、江苏南农高科技股份有限公司合作开发的猪圆环病毒 2 型合成肽疫苗获得国家一类新兽药注册证书，标志着中国猪圆环病毒病疫苗技术再次实现重要突破。猪圆环病毒 2 型（PCV2）是危害世界养猪业的重要病原，给养猪业带来巨大的经济损失；姜平教授团队深入研究挖掘该病毒与细胞相互作用、致病和免疫机制，揭示出病毒免疫保护抗原和抗原表位，巧妙设计并筛选出由 50～51 个氨基酸组成的 2 个多肽序列，建立多肽固相载体合成法和纯化工艺，制定疫苗制造规程和质量标准，成功创制合成肽疫苗，获得 5 项国家发明专利。疫苗安全有效，免疫保护效力达 100%，免疫持续期达 4 个月，疫苗技术达国际领先水平。

【承办与联合国粮食及农业组织合作的"同一健康"全球专家论坛】 由动物医学院承办、南京农业大学与联合国粮食及农业组织联合主办的"同一健康"全球专家论坛（FAO and NAU One Health Global Experts Symposium）于 12 月 8—9 日以线上和线下的混合模式举办。来自联合国粮食及农业组织（FAO）、国际家畜研究所（ILRI）、联合国粮食及农业组织与国际原子能机构粮食和农业核技术联合中心、加拿大萨斯喀彻温大学疫苗和传染病组织——国际疫苗中心、阿尔伯塔大学、美国加利福尼亚大学戴维斯分校、荷兰瓦赫宁根大学、美国俄亥俄州立大学、新西兰梅西大学、瑞典农业大学、中国农业科学院哈尔滨兽医研究所、上海交通大学、中国农业大学等国内外 14 家单位的专家和代表参加。论坛分别以抗微生物药物耐药性、抗微生物药物使用、人畜共患病和重大动物传染病防控为主题进行了 4 场分论坛交流，姜平教授、王丽平教授、吴宗福教授和汤芳副教授参加了分论坛并作了专题报告。活动得到了与会领导和专家的高度评价，为学校与联合国粮食及农业组织开展深入合作奠定了基础。

（撰稿：江海宁　审稿：姜　岩　审核：李新权）

动物科技学院

【概况】 为适应新农科和现代畜牧学发展要求，学院在充分调研和广泛征求教职工意见的基础上，进行二级单位架构改革，将动物遗传育种与繁殖系、动物营养与饲料科学系、水产养殖科学 3 个系调整设置为动物繁殖科学系、动物遗传育种科学系、动物营养与饲料科学系、智慧畜牧与环境科学系、水产科学系5个系。每系下设相关教研室，形成院、系、教研室三级单位。根据系室新架构，将教师党支部调整为6个，分别为动物繁殖科学系教师党支部、动物遗传育种科学系教师党支部、动物营养与饲料科学系教师党支部、智慧畜牧与环境科学系教师党支部、水产科学系教师党支部、办公室党支部。增设研究生特色党支部——动物消化道营养国际联合研究中心研究生党支部。

学院建有动物科学类国家级实验教学示范中心、国家动物消化道营养国际联合研究中心、教育部优良畜禽品种选育与品质提升学科创新引智基地、农业农村部牛冷冻精液质量监督检验测试中心（南京）、农业农村部动物生理生化重点实验室（共建）、农业农村部畜禽资源（猪）评价利用重点实验室、江苏省动物消化道基因组国际合作联合实验室、江苏省消化道营养与动物健康重点实验室、江苏省动物源食品生产与安全保障重点实验室、江苏省水产动物营养重点实验室、江苏省家畜胚胎工程实验室、江苏省奶牛生产性能测定中心。其中，"优良畜禽品种选育与品质提升学科创新引智基地"于3月获教育部立项建设（教科新函〔2021〕18号）。

积极开展党史学习教育和庆祝建党100周年系列活动。深入学习贯彻习近平总书记在党史学习教育动员大会上的讲话精神、"七一"重要讲话精神、党的十九届六中全会精神，在学院掀起学习热潮；组织开展"中国精神永传颂"优秀作品分享会、"学习党史做先锋，力源悦读伴我行"的读书俱乐部等党史学习教育主题实践活动30余次；积极参与学校"红心永向党·唱响新征程"庆祝中国共产党成立100周年合唱比赛，获得三等奖。开展专题师德师风教育，举办荣休仪式、"光荣在党50年"表彰等师德教育活动。朱伟云教授荣获校"立德树人楷模"称号。新发展党员92人。

学院教职工135人（含专任教师86人，其中教授38人、副教授36人、讲师12人），新进1名讲师、2名钟山青年研究员。现有博士生导师35人、硕士生导师71人；享受国务院政府特殊津贴2人；国家自然科学基金杰出青年科学基金获得者1人、国家自然科学基金优秀青年科学基金获得者2人、国家自然科学基金优秀青年科学基金（海外）获得者2人；"973"项目首席科学家1人；国家"万人计划"教学名师1人；国家现代农业产业技术体系岗位科学家2人；教育部新世纪人才1人、青年骨干教师3人；江苏现代农业产业技术体系首席专家2人、岗位专家8人；江苏省杰出青年科学基金获得者1人、江苏省特聘教授2人、"六大高峰人才"2人、"333人才工程"培养对象7人、"青蓝工程"中青年学术带头人2人、骨干教师培养计划2人、教学名师1人、"双创"博士1人；南京农业大学"钟山学者计划"首席教授4人、学术骨干7人、"钟山学术新秀"9人。刘金鑫、陈彦廷获2021年国家自然科学基金优秀青年科学基金项目（海外）；毛胜勇、孙少琛获江苏省"333人才工程"第二层次培养对象；刘金鑫、邹康获2021年江苏省特聘教授。

拥有畜牧学学科博士点和1个博士后流动站，4个二级博士学位授权点、5个二级硕士学位授权点（含1个专业学位硕士授权点），畜牧学为江苏省优势学科。本科专业设有动物科学、水产养殖学，均为国家一流本科专业、江苏省高校品牌专业。开设国家级精品课程2门、视频公开课1门、资源共享课2门、国家级一流课程2门、省级一流课程2门。2021年，主编的《养牛学（第四版）》和《饲料加工工艺学》出版发行，《饲料学》《家畜环境卫生学》获批江苏省本科优秀培育教材，《动物繁殖学》《动物繁殖学实验教程》《猪生产学》《猪生产学实验指导教程》《饲料加工工艺学》获批中国农业大学出版社"十四五"规划教材，饲料学、猪生产学获批江苏省一流课程。以毛胜勇为第一完成人的"新型动物科学类专业人才核心能力培养体系的构建与创新"获 2021 年江苏省教学成果奖二等奖。

2021 年，招收本科生 164 人，毕业本科生 121 人，授予学士学位 121 人；招收硕士研究生 125 人、博士研究生 39 人，毕业硕士研究生 112 人、博士研究生 22 人，授予硕士学位 107 人、博士学位 23 人，毕业生就业落实率为 97.45%。学生获校级及以上奖学金 726 人次、国家创新创业项目 3 项、江苏省创新创业项目 3 项、江苏省优秀硕士学位论文 1 篇。积极进行教学改革，2021 年学院教师获得江苏省教学成果奖二等奖 1 项、江苏省教改项目 1 项、校级专业建设研究教改专项 1 项和课程思政建设项目 7 项、院级课程思政项目 6 项，发表教改论文 6 篇。

年度到账经费 3 100 万元。年度获纵向项目 47 项（国家级 14 项、省部级 20 项），立项经费 9 002 万元，其中"十四五"国家重点研发计划 5 189 万元、江苏省种业振兴"揭榜挂帅"项目 2 640 万元。年度获横向项目 56 项，其中合同金额 50 万元以上 9 项、100 万元以上 5 项，立项经费 1 404.89 万元。新增 SCI 论文 176 篇，其中影响因子大于 10 的 7 篇、大于 5 的 64 篇，篇均影响因子达 4.60。新增授权专利 23 项、软件著作权 3 项、行业标准 1 项，转让专利 3 项。与江苏海普瑞饲料有限公司签订白马基地共建协议，推进基地建设。2021 年，获校科技管理集体"成果转化贡献奖"。

社会服务能力稳步增强。2021 年，新建产业研究院 6 个，成立"南京农业大学——深农智能未来牧场研究院""南京农业大学乾宝湖羊产业研究院""南农-家惠-美农奶业专家工作站""南农-圣琪-众联生物饲料产业研究院""南农大沈阳泰尔兰牧业肉牛产业研究院""南京农业大学海门山羊研究院"。落实南京农业大学-广西大学对口合作，举办"2021 南京农业大学-广西大学畜牧兽医研究生联合论坛"。

【共建农业农村部畜禽资源（猪）评价利用重点实验室】 2022 年 1 月 24 日，农业农村部办公厅印发《关于加强农业农村部学科群重点实验室建设的通知》（农科办〔2 022〕1 号），公布 2021 年新增学科群重点实验室名单。学院参与申报的"农业农村部畜禽资源（猪）评价利用重点实验室"获批。该实验室由湖南农业大学印遇龙院士牵头，由湖南农业大学、重庆畜牧科学院、浙江大学、南京农业大学和上海农业科学院共同建设。

【获批江苏省动物消化道基因组国际合作联合实验室】 8 月 20 日，江苏省教育厅办公室公布"十四五"首批高校国际合作联合实验室建设项目立项名单（苏教办外〔2021〕3 号），"动物消化道基因组国际合作联合实验室"获立项建设。联合实验室下设 3 个研究室，分别负责优良畜禽基因组、畜禽消化道微生物组、微生物-宿主基因组-环境互作的研究。

（撰稿：苗 婧 审稿：高 峰 审核：李新权）

草业学院

【概况】 学院现有 5 个科研实验室（团队）：牧草学实验室（牧草资源和栽培）、饲草调制加工与贮藏实验室、草类逆境生理与分子生物学实验室、草地微生态与植被修复实验室和草业生物技术与育种实验室。学院建设有 3 个省部级平台：国家林业和草原局"长江中下游草种质资源创新与利用"重点实验室、江苏省林草种质资源库、江苏省高校重点实验室草种质资源创新与利用实验室。学院设有南方草业研究所、饲草调制加工与贮藏研究所、草坪研究与开发工程技术中心、西藏高原草业工程技术研究中心南京研发基地、蒙草-南京农业大学草业科研技术创新基地、中国草学会王栋奖学金管理委员会秘书处和南京农业大学句容草坪研究院等研究机构。学院现有草学博士后流动站、草学一级学科博士与硕士学位授权点、农艺与种业硕士（草业）学位授权点、草业科学本科专业。草业科学专业获国家级一流本科专业建设点。草学学科软科排名全国第三位，"十三五"江苏省重点学科考核优秀，并入选"十四五"重点学科。

受新冠疫情和中美关系影响，草业学院没有组建草业科学国际班；草业科学本科专业录取一个班，共 25 名本科生；招收研究生 48 人，其中硕士研究生 41 人、博士研究生 7 人。毕业本科生 33 人、硕士研究生 38 人、博士研究生 4 人。授予学士学位 33 人、硕士学位 38 人、博士学位 4 人（含 3 名已毕业，2021 年只申请学位的博士）。毕业本科生学位授予率为 96.97％、毕业率为 96.97％、年终就业率为 96.97％、升学率为 66.67％；研究生年终就业率为 82.05％（硕士研究生年终就业率为 88.89％，博士研究生年终就业率为 66.67％）。

2021 年，有在职教职工 41 人，其中教学科研人员 34 人（含专任教师 28 人）、专职管理人员 7 人；教授 7 人（1 人为兼职）、副教授 15 人（新增 2 人）、讲师 6 人、师资博士后 2 人、博士后 2 人、青年研究员 2 人。新增教职工 2 人（含青年研究员 1 人、管理人员 1 人）。有博士生导师 7 人（含 2 名兼职导师）、硕士生导师 25 人（含 4 名校外兼职导师）。

学院有国家"千人计划"讲座教授 1 人，"长江学者" 1 人，"新世纪百千万人才工程"国家级人选 1 人，农业农村部现代农业产业技术体系岗位科学家 2 人，江苏省"六大人才高峰" 1 人，江苏省"双创团队" 1 个和"双创人才" 1 人，江苏省高校"青蓝工程"优秀青年骨干教师培养对象 2 人；国家林业和草原局第一届草品种审定委员会副主任 1 人；中国草学会第十届理事会副理事长 1 人、常务理事 1 人、理事 2 人；中国草学会草坪专业委员会副秘书长 1 人、常务理事 1 人；中国草学会运动场场地专业委员会副主任 1 人、副秘书长 1 人；国际镁营养研究所（International Magnesium Institute）核心成员 1 人；南京农业大学首批"钟山学者"首席教授 1 人、"钟山学者"学术骨干 2 人、"钟山学术新秀" 1 人，南京农业大学"133 人才工程"优秀学术带头人 1 人。

学院教师全年共发表科研论文 55 篇，其中 SCI 论文 51 篇；SCI 影响因子 5 以上论文 9 篇，平均影响因子 3.64；人均 SCI 论文 1.89 篇，其中 A 类论文 25 篇；认定 2 个省级新品种，授权发明专利 5 项、实用新型专利 2 项。

学院新立项科研课题 9 项，其中国家自然科学基金项目 5 项、面上项目 3 项、青年项目 2 项、横向项目 4 项。新立项合同经费 798.7 万元，其中纵向 224 万元、横向 574.7 万元。2021 年，到位经费 484.7 万元（纵向 430.8 万元），人均到位经费 17.95 万元。

草业科学专业获批 2020 年度国家级一流本科专业建设点、2021 年江苏高校品牌专业建设工程二期项目。学院获批国家林业和草原局"十四五"规划教材立项 3 项。获批校级本科生各类教学改革项目 6 项、课程思政项目 1 项、研究生优质教学资源建设项目 4 项。院级建设立项资助"编写教材项目" 2 项、"在线开放课程项目" 2 项、"课程思政项目" 7 项、"教学改革项目" 8 项。学院发表（含接收）教改论文 5 篇；获 2021 年南京农业大学教师教学比赛青年教师教学实践组三等奖 1 项；获南京农业大学微课教学比赛三等奖 1 项；申报国家级虚拟教研室建设试点项目 1 项。国家留学基金管理委员会乡村振兴人才培养专项在学院选拔出 5 名研究生，上一轮项目到期顺利结题，申报新一轮资助获批，派出单位新增英国亚伯大学。

本科生立项主持"大学生创新创业训练计划"项目 11 项，其中国家级创新项目 1 项、省级创新训练项目 1 项、省级创业训练项目 1 项、校级 SRT 项目 4 项、院级 SRT 项目 4 项；结题 9 项，分别是校级 1 项、院级 8 项。

为纪念盛彤笙先生，彰显他献身科学事业、远牧昆仑的崇高品德，任继周院士捐资设立"盛彤笙草业科学奖学金"，以支持南京农业大学草业科学事业的发展。

全年共有教师 18 人次参加国内外各类学术交流大会，其中作大会报告者 2 人次；共有研究生 7 人次参加国内外各类学术交流大会；邀请国内外相关领域专家共举办学术报告 9 场，举办研究生学术论坛报告 20 次，营造了良好的学术氛围。

学院教师在国内学术组织或学术刊物兼职 55 人次，在国际组织或学术刊物兼职 11 人次；学生有 257 人次获各级、各类奖项，其中本科生和研究生共有 134 人次获得各类奖学金、13 人次获国家级表彰、1 人次获省级表彰；获"2021 届本科优秀毕业论文（设计）"2 人，校级优秀博士学位论文 1 人；获第八届南京农业大学植物生产类大学生实践创新项目优秀论文评选二等奖 1 项；暑期内蒙古社会实践团获"三下乡"社会实践活动校级优秀团队。

学院拥有 2 个校内实践教学基地：白马教学科研基地、牌楼教学科研基地。与常州市武进现代农业产业示范园管理委员会、南京枫彩漫城休闲旅游管理有限公司签署了共建教学科研基地协议，加上已有的南京农业大学句容草坪研究院、蒙草集团草业科研技术创新基地、呼伦贝尔农垦共建草地农业生态系统试验站、日喀则饲草生产与加工基地、江苏省农业科学院、上海鼎瀛农业有限公司、江苏琵琶景观有限公司，共建有 9 个校外实践教学基地。与湖南南山牧场开启了共建科研基地合作，共同开展南方草地畜牧业与生态研究。

全年共发展党员 30 人，其中本科生党员 12 人、研究生党员 18 人。学院共有教师党员 29 人、学生党员 65 人。

【基层党支部和党员个人获学校"七一"表彰】6 月 30 日，南京农业大学庆祝中国共产党成立 100 周年暨"七一"表彰大会在学校体育中心隆重举行。学院本科生党支部荣获学校"先进党支部"称号；学院党务秘书、本科生党支部书记武昕宇荣获学校"优秀党务工作者"称号；教师邵涛、研究生吴佳璇荣获学校"优秀共产党员"称号。

【草学"十三五"省重点学科终期验收获评优秀】2021 年，江苏省教育厅发布了《省教育厅关于公布"十三五"省重点学科终期验收结果的通知》。学院草学学科顺利通过验收并获评优秀。据悉，此次江苏省共有 251 个学科参评终期验收，其中 59 个学科为"优秀"、192 个学科为"合格"。

（撰稿：张义东　武昕宇　姚　慧　审稿：李俊龙　郭振飞　高务龙　审核：孙海燕）

无锡渔业学院

【概况】学院设有水产一级学科博士学位授权点和水生生物学二级学科博士学位授权点各 1 个，水产养殖、水生生物学硕士学位授权点各 1 个，渔业发展领域专业硕士学位授权点 1 个，水产博士后科研流动站 1 个，全日制水产养殖学本科专业 1 个。水产一级学科在 2017 年教育部组织的第四轮学科评估中，排名为全国第六位；在 2021 年泰晤士中国高等教育学科评级中获得 A＋。2020 年，水产养殖学专业成功入选国家级一流本科专业建设点。依托中国水产科学研究院淡水渔业研究中心，学院建有农业农村部淡水渔业与种质资源利用重点实验室等15个国家及省部级创新平台，是农业农村部淡水渔业与种质资源利用学科群、农业农村部稻渔综合种养生态重点实验室，以及国家大宗淡水鱼和特色淡水鱼两大产业技术体系的依托单位。

2021年，学院有教职工193人，其中教授（研究员）28人、副教授（副研究员）43人，博士生导师14人，硕士生导师39人；学院有国家、江苏省有突出贡献中青年专家及享受国务院政府特殊津贴专家7人，国家百千万人才1人，全国农业科研杰出人才及其创新团队3个，国家现代产业技术体系首席科学家2人、岗位科学家9人。新引进人才8人，其中博士3人。

拥有校内外教学实践基地18个。2021年，积极推进阳山综合性科学试验基地建设，与南京市水产科学研究所成立水产种业研究院，与苏州市毛氏阳澄湖水产发展有限公司共建"阳澄湖淡水虾种质创新基地"，与铜陵淡水豚国家级自然保护区管理局签订长江江豚保护合作协议，与苏州弘化社慈善基金会签约增殖放流方案咨询项目。同时，与北京路带集团、山东省产研绿色与健康研究院、聊城产业技术研究院、广西鑫坚投资集团、西双版纳澜纳渔业发展有限公司、山东省神鲁水产养殖有限公司签署战略合作框架协议。

积极应对新冠疫情，强化课堂教学改革，推进智慧教学，充分利用线上线下教学资源，高质量完成各类教学课程27门；并充分利用"水产养殖教学示范馆"，开展仿真虚拟教学，将"3D创新设计赛""水族造景赛"等活动与专业课程教学有机结合起来。先后邀请国内外知名专家、学者和管理人员进行专题讲座和学术交流18次。新上项目197项，其中国家级10项、省部级88项；新上项目合同经费7 811.71万元，到位经费5 769.03万元。牵头"蓝色粮仓科技创新专项"中"典型湖泊水域净水渔业模式示范"项目；承担国家自然科学基金项目2项。先后获科技奖励7项，发表学术论文237篇；出版专著1部；获国家授权专利46项、软件著作权7项，制修订标准2项；实施专利转化2项。水产养殖学本科专业建设获得江苏高校品牌专业建设工程二期项目立项；《中国渔业文化》教材及"淡水渔业研究中心池塘养殖污染防控与资源化循环利用模式"教学案例均获校级研究生优质教学资源建设项目立项；获校专业建设研究教改专项1项，江苏省研究生科研创新计划及实践创新计划各1项，以及其他各类科研创新计划项目6项。渔业政策与管理、水产动物病害与防治两门研究生课程顺利通过课程思政示范项目验收。

招收全日制本科生57人、硕士研究生63人、博士研究生7人、留学生26人；毕业学生92人，其中本科生27人、硕士研究生61人、博士研究生4人。在本科生中，获励志奖学金2人，获国家"三好"生一等奖学金和二等奖学金分别有1人、4人，获国家助学金47人，获企业奖助学金12人，获评校"优秀三好学生""优秀班干部"的各1人。在研究生中，13人获评校级优秀毕业生，16人获院级优秀毕业生，1人获校长奖学金；8人获国家奖学金和校企奖；3人获评校级优秀研究生干部；2篇毕业论文获评校级优秀学位论文；1名毕业生获评首届"全国乡村振兴青年先锋"。

全年争取到国际合作项目22项，扎实推进佩罗基金、澜湄、中国-FAO-荷兰三方合作等国际项目。举办14期在线援外技术培训项目和官员研修项目，培训学员747人。组织参加FAO与农业农村部共同举办的"促进可持续水产养殖发展的南南和三方合作高端圆桌会议"，并作大会主旨报告。先后举办江苏省基层农技推广人才培训省级班等培训班5期，共培训学员 385 人。

坚持把党建和思想政治工作摆在突出位置，强化党建引领。紧抓建党百年的重要节点，开展建党百年系列活动，组织开展科创劳模事迹分享、党史知识竞赛、庆祝建党百年文艺汇演、"学习'两山'理论"主题党日活动，以及"传承五四精神"青年诵读会、"长江禁渔"进社区科普活动等，旗帜鲜明、深化思政育人。

【获国家首批"中非现代农业技术交流示范和培训联合中心"授牌】 12 月 15 日，农业农村部在海南省海口市举行"中非现代农业技术交流示范和培训联合中心"授牌仪式，包括学院在内的 4 家单位获得授牌。仪式上，农业农村部副部长马有祥向 4 家单位表示祝贺。作为联合国粮食及农业组织水产养殖和内陆渔业研究培训参考中心，学院在南南合作框架下长期致力于"授人以渔"，助力非洲各国提升渔业"造血功能"，助力"减贫减饥"事业，助力搭建"合作之桥与友谊之桥"，为中非合作作出了积极贡献。

【澜湄合作专项基金成果展受到国务委员兼外长王毅的关注】 4 月 13 日，澜湄合作启动五周年暨 2021 年"澜湄周"庆祝活动在北京举行，受农业农村部长江流域渔政监督管理办公室委托，学院展区展示内容受到国务委员兼外长王毅的关注。王毅外长就澜湄合作框架下开展增殖放流的效果及意义与学院代表进行了交流。

【2 项科技成果入选 2021 年农业主推技术】 农业农村部发布的 2021 年农业主推技术共计 9 类 114 项，其中"健康养殖类"涉及水产养殖主推技术 8 项，以淡水渔业研究中心暨学院为第一技术和第二技术依托单位的"稻田生态综合种养技术"和"池塘工程化循环水养殖技术"成功入选。"稻田生态综合种养技术"是一种将水稻种植和水产养殖相结合的复合农业生产方式，具有产出高效、资源节约、环境友好的特点，是实现经济效益、生态效益、社会效益协调发展的重要农业生产方式。"池塘工程化循环水养殖技术"，以循环经济理念为指导，通过对传统养殖池塘的改造，实现高产优产、水资源循环使用和营养物质多级利用的生态养殖。

【"产学研"服务长江大保护获央视报道】 学院立足联合办学特点，秉承"科教共进"理念，充分发挥合作办学优势，以大团队、大平台、大项目支撑高质量研究生科研实践能力的提升。2019 级渔业发展专业毕业生郑冰清，将所学积极付诸实践，以渔业发展服务长江大保护，相关实践获中央电视台新闻频道、央视新闻客户端报道，并获评首届"全国乡村振兴青年先锋"荣誉称号。

（撰稿：张　霖　审稿：蒋高中　审核：孙海燕）

生物与环境学部

资源与环境科学学院

【概况】 学院设有植物营养与肥料学系、环境科学系、环境工程系、土壤学系、生态学系及教学实验中心。拥有国家有机类肥料工程技术研究中心、作物遗传与种质创新国家重点实验室（共建）、农村土地综合整治与可持续利用国家地方联合工程中心（共建）、资源节约型肥料教育部工程研究中心、农业农村部长江中下游植物营养与肥料重点实验室、农业农村部东南沿海农业绿色低碳重点实验室、"科创中国""一带一路"国际农业资源利用与环境治理专业科技创新院、江苏省有机固体废弃物资源化协同创新中心、江苏省固体有机废弃物资源化高技术研究重点实验室、江苏省低碳农业与温室气体减排重点实验室、江苏省海洋生物学重点实验室等。

2021年，新增教师和工作人员16人（含高层次人才2人）。学院有教职工208人，其中教授、研究员和正高级实验师66人，副教授、副研究员和高级实验师64人。学院拥有中国工程院院士、国家特聘教授、国家自然科学基金杰出青年科学基金获得者、国家"万人计划"领军人才、国家级教学名师、国务院学位委员会农业资源与环境评议组秘书长、国家"973"项目和重点研发计划项目首席科学家、国家青年特聘专家等。20人任职国际学术组织、国际学术期刊编委，8人入选爱思唯尔"中国高被引学者"榜单或科睿唯安全球"高被引科学家"。拥有教育部科技创新团队、农业农村部和江苏省科研创新团队等近10个。

招收本科生184人，毕业本科生195人，授予学士学位195人。获评全国"大学生在行动"暑期社会实践优秀组织单位，江苏省大学生"千乡万村"环保科普行优秀组织单位；"CpCn·觅碳"实践团队获"全国优秀小分队"称号，绿源环境保护协会获"全国优秀社团"称号。1人获全国"优秀志愿者"称号，4支团队获省级"优秀小分队"称号，校友王嘉慧获评江苏省大学生就业创业年度人物。

招收全日制研究生310人，其中博士研究生74人、学术性硕士研究生146人、全日制专业学位研究生90人，毕业硕士研究生205人、博士研究生30人，授予硕士学位213人、博士学位53人。获江苏省优秀博士学位论文1篇，中国植物营养与肥料学会优秀博士论文3篇，校优秀博士学位论文5篇，校优秀硕士学位论文8篇。入选江苏省博士生科研创新计划8项、硕士生科研创新计划2项。全年研究生为第一作者发表的SCI论文数量达178篇，占学院发表SCI总数的75.0%，其中影响因子大于9的论文23篇。学院专（兼）职辅导员参加专题培训8次，参与校级思政类课题2项，获校级及以上奖励12项。学院研究生会获校"组织建设先进单位"称号。

农业资源与环境学科在"软科中国最好学科排名"榜单连续5年保持全国第一位，入选国家第二轮"双一流"建设学科名单。生态学、环境科学与工程入围"十四五"江苏省重点学科。"农业资源与环境"专业入选江苏省高校国际化人才培养品牌专业建设项目。"新时代农科大学生知行合一实践育人模式的研究与实践"获江苏省高等教育教改研究"重中之重"课题立项。环境学、普通生态学、固体废物处理处置与资源化、植物养分吸收与缺素症状诊断虚拟仿真实验、土壤、地质与生态学综合实习和大学生社会实践6门课程获江苏省一流课程认定。

年度到位纵向科研经费6 136.4万元、横向经费1 607.4万元。新增各类国家级、省部级项目38项；其中，获批国家自然科学基金项目23项，位居学校前列。面上基金资助率35.9%，青年基金资助率60.0%。以南京农业大学资源与环境科学学院为通讯作者单位或第一作者单位被SCI收录的论文达260篇；SCI论文平均单篇影响因子7.10，位列学校之首。其中，5年平均影响因子大于10的论文43篇，5年平均影响因子大于5的论文184篇，分别占学校的30%和18%。周立祥教授牵头的"沼液生物聚沉氧化处理新技术及工程应用"

"污泥生物沥浸——超高温堆肥技术及工程应用"分别荣获中国发明协会"发明创业奖"一等奖和中国环境保护产业协会"环境技术进步奖"一等奖；刘树伟教授牵头的"土壤温室气体排放及其对气候变化的响应与反馈"获江苏省高等学校科学技术研究成果奖自然科学奖二等奖。

邀请30多名国际知名同行专家为学生线上讲学，派遣2名青年教师出国进修。3名博士研究生获得国家留学基金资助赴国外留学，2名博士研究生参加短期访学，2名博士研究生在国际会议上作报告；全年40余人次参加国际学术会议，10多位教授应邀参加国际学术大会并作报告。6月5—8日，举办中国东盟（10＋1）土壤-水-作物氮素智能监测国际会议，推进了中国-东盟"智能＋肥料"联盟正式成立。先后举办第八届全国农业资源与环境学科评议组第一次工作会议暨全国农业资源与环境学科人才培养研讨会、中国土壤学会土壤化学专业委员会学术研讨会等。

【人才队伍建设取得重大突破】教授沈其荣当选中国工程院院士，教授李荣入选农业农村部农业科研杰出人才，刘树伟、陈爱群两位教授入选国家青年人才计划，副教授袁军获得江苏省优秀青年基金，海外引进熊武、夏少攀、刘鹰等高层次人才。此外，学院4名教授入选科睿唯安（Clarivate Analytics）全球"高被引科学家"、8名教授入选"爱思唯尔2020中国高被引学者"。

【入选"全国百个研究生样板党支部"】植物营养与根际健康研究生党支部入选"全国百个研究生样板党支部"。党支部书记由国家自然科学基金优秀青年科学基金获得者韦中教授担任，支部成员在 Nature Biotechnology、Nature Microbiology、Science Advances、Ecology Letters 和 Microbiome 等国际著名期刊发表论文40余篇，申请和授权专利10余项。

【获"十四五"国家重点研发专项立项公示】教授徐国华主持的重点研发专项"水稻、小麦养分高效利用性状形成的分子调控网络"、韦中教授主持的重点研发计划青年科学家项目"根际合生元靶向消减土壤生物障碍机制及技术体系"、荀卫兵副教授主持的重点研发计划青年科学家项目"南方红壤中低产田生物肥力培育原理与途径"3个项目获"十四五"国家重点研发专项立项公示。

【大学生科技创新作品取得历史最好成绩】"胶红酵母对土壤重金属的吸附（钝化）及抗性机制研究"获第十七届"挑战杯"全国大学生课外学术科技作品竞赛一等奖。"益亩科技——农田土壤改良新航向"获第七届中国国际"互联网＋"大学生创新创业大赛国赛银奖。

（撰稿：韦利娜 审稿：全思懋 审核：孙海燕）

生命科学学院

【概况】学院下设生物化学与分子生物学系、微生物学系、植物学系、植物生物学系、动物生物学系、生命科学实验中心。植物学和微生物学为农业农村部重点学科，生物学一级学科是江苏省优势学科和"双一流"建设学科的组成学科。学院拥有国家级农业生物学虚拟仿真实验教学中心和江苏省生物学实验教学中心。现有生物学一级学科博士、硕士学位授予点，包含植物学、微生物学、生物化学与分子生物学、动物学、细胞生物学、发育生物学和生物工程7个二级学科点。学院拥有生物科学和生物技术两个国家级一流本科专业建设点，同时设有生物科学拔尖学生培养基地、国家理科基础科学研究和教学人才培养基地生物学专业点及国家生命科学与技术人才培养基地。学院的生物科学专业获批江苏省首批课程思政示范专业。

全院教职员工 148 人，其中专任教师 102 人（教授 47 人、副教授 44 人，博士生导师 47 人、硕士生导师 80 人）。学院拥有国家自然科学基金杰出青年科学基金获得者 3 人、国家级教学名师 1 人、享受国务院政府特殊津贴在职教授 2 人、教育部"新世纪百千万人才工程" 1 人、江苏省"333 人才工程"第二层次人才 3 人、获"高校青年教师奖" 1 人、国家"四青"人才 3 人、教育部新世纪优秀人才 7 人、农业农村部岗位科学家 2 人、江苏省杰出青年科学基金获得者 3 人，其他省部级人才 10 余人。

学院以"双一流"学科建设资源配置为抓手，科学配置资源，培育重要成果。学院共发表 SCI 论文 181 篇，同期增长 35.07%，影响因子≥10 的论文 15 篇，影响因子≥5 的论文 97 篇。在 *Trends in Plant Science*、*Molecular Plant*、*PNAS*、*The Plant Cell*、*Current Biology*、*New Phytologist*、*Ecological Monographs*、*Chemical Engineering Journal* 发表论文 10 篇。获专利授权 25 项。

招收博士研究生 44 人、硕士研究生 155 人；招收本科生 170 人，毕业本科生 166 人；授予博士学位 26 人、硕士学位 160 人。开展包括学院专场招聘会、企业课堂、模拟面试、求职系列大赛等在内的"职业生涯规划季"系列活动。学院年终就业率为 92%，研究生就业率为 97.63%（位居全校第六位），本科生深造率为 64%（位居全校第三位）。

到账科研经费 4 470 万元，纵向经费 3 969 万元、横向经费 501 万元。获国家级项目 16 项。其中，国家重点研发项目 1 项，国家自然科学基金 15 项。省部级项目 8 项。其中，江苏省自主创新项目 2 项、江苏省自然科学基金 2 项、江苏省种业振兴"揭榜挂帅"项目 1 项、江苏省重点研发计划（社会发展）1 项、江苏省重点研发计划（现代农业）项目 1 项、江苏省农委项目 1 项。

学院分党校获评校"先进分党校"、最佳党日活动。生命基地支部获评校"优质党支部"、校"先进党支部"等。2021 年，新发展党员 151 人，转正 59 人。开展班级特色活动立项 14 项。生命基地 182 班获评"江苏省先进班集体"，生命基地 182 团支部获评校第九批"杰出先锋支部"。2 位学生获评南京农业大学最具影响力学生。学院工会获评学校工会先进集体。重视定点帮扶工作，副教授任昂作为中组部博士团成员挂职贵州省科学院。培训村干部及基层技术人员 57 人次，帮助联系企业购买贵州省麻江县灵芝农产品 5 万元；E 帮扶平台购买农特产品 14 675 元。

教学成果显著，获得 2021 年度江苏省教学成果奖二等奖；"生物科学拔尖学生培养基地"成功入选第三批基础学科拔尖学生培养计划 2.0 基地；教授强胜主编的《植物学》获首届全国优秀教材奖；2 门课程被认定为首批省级一流课程；出版 3 部农业农村部"十三五"规划教材、2 部数字教材；获批 1 项江苏省高等教育教学改革研究课题。全面提升课程思政和师资建设水平。生物科学专业获批首批江苏省课程思政示范专业，植物学课程及教师团队获批教育部课程思政示范课程、教学名师和团队。生物化学与分子生物学专题课程获批成为第五批国际研究生英文授课课程建设项目。截至 2021 年底，学院共有 6 门全英文建设课程。现代生物化学、生物学实验技术概述获得南京农业大学研究生优质教学资源建设精品课程项目；"食药用菌生产过程监测与控制"获得南京农业大学研究生优质教学资源建设教学案例项目。iGEM 团队再获金奖，iDEC 团队获世界排名第四及 2 项单项最佳奖项，全国生命科学竞赛获全国一等奖 1 项、二等奖 2 项。

学院加强论文质量控制，硕士论文盲审比例提高至 50％以上，延期毕业的学生进行 100％盲审。江苏省研究生创新工程项目 7 项，获评省级优秀硕士学位论文 1 篇、校级优秀博士学位论文 3 篇、校级优秀硕士学位论文 4 篇。获 2020 年校级教学成果奖一等奖（研究生教育）1 项。增列学术型硕士生导师 2 人、专业学位研究生导师 4 人。获批新增 3 家省级研究生工作站。与日本奈良大学举行先端科学技术大学交流会；组织选拔了 5 名优秀本科生出国进行国际学术交流。研究生共有 5 人次参加了在国内举办的国际学术会议并作大会报告，50 余人次参加了线上的国际学术报告；3 人获得国家留学基金管理委员会公派联合培养博士研究生项目；选派 4 名青年教师赴国外高水平大学、机构访学交流。

【学院毕业生蔡韬实现 CO_2 人工合成淀粉从 0 到 1 的突破】 9 月 24 日，国际著名学术期刊《科学》在线发表了中国科学院天津工业生物技术研究所突破二氧化碳人工合成淀粉的研究论文，南京农业大学生命科学学院本科、硕士、博士毕业生蔡韬为论文第一作者。其所在实验室已首次通过合成生物学技术实现从二氧化碳到淀粉的人工全合成，且合成淀粉与天然淀粉分子结构一致，淀粉人工合成效率是玉米作物的 8.5 倍，颠覆了对传统农业产业的认知。这项成果入选中国科技十大突破，蔡韬获得校第四届"作出突出贡献博士学位获得者"称号。

【百年生物系、历史名人集编纂】 时值中国第一个生物系成立百年之际，南京农业大学生命科学学院设立专项，组织专人开展了"百年生物系、历史名人集"编纂工作，将百年前致力于生物学研究的开拓者们所取得的瞩目成就及他们坚韧不拔、求实创新、追求卓越的品质加以再现。

（撰稿：赵 静 审稿：李阿特 审核：孙海燕）

理学院

【概况】 学院现设数学系、物理系、化学系，以及物理教学实验中心、化学教学实验中心。两个教学实验中心均为江苏省基础课实验教学示范中心。学院现有信息与计算科学、应用化学、统计学 3 个本科专业；数学、化学 2 个一级硕士学位授权点，生物物理、材料与化工 2 个二级硕士学位授权点；天然产物化学和生物物理学 2 个博士学位授权点。学院下设 6 个基础研究与技术平台，分别为农药学实验室、理化分析中心、农产品安全检测中心、农药创制中心、应用化学研究所和同位素科学研究平台。农药学实验室（与植物保护学院共建）为江苏省高校重点实验室，化学学科为江苏省重点（培育）学科。

学院现有教职工 133 人，专职教师 115 人，其中教授 19 人、兼职教授 7 人（聘自国内外著名大学）、副教授 56 人。年度新进教师 4 人，其中 3 位讲师、1 位副教授。新增学术型硕士生导师 3 人、博士生导师 1 人。具有博士学位的教师 84 人，学历层次、职称结构及年龄结构较为合理。

截至 2021 年底在校生共 790 人，其中本科生 627 人、研究生 163 人。招收本科生 178 人，硕士研究生 47 人，博士研究生 13 人。共有本科毕业生 140 人，毕业生年终就业率为

90.86％，其中研究生年终总就业率为97.83％（博士研究生就业率100％，硕士研究生就业率97.73％），本科生年终就业率为88.57％（应用化学专业为96.43％，信息与计算科学专业为77.27％，统计学专业为90％）。本科毕业生64人升学（含出国读研12人），升学率为45.71％（含出国读研率8.57％）。

学院科研经费到账714万元，新增国家自然科学基金立项4项、省级自然科学基金立项4项、国家自然科学基金合作项目立项1项、国家重点研发计划立项2项、江苏省农业科技自主创新资金项目立项1项；发表SCI收录论文111篇，其中影响因子大于10的论文21篇。

教育部"第十批援疆干部"、理学院副院长吴磊任职新疆农业大学化学化工学院院长。退休教师徐凤君参与第一批"银龄教师支援西部"计划支援新疆政法学院。杜超参与南京农业大学三亚研究院外派项目。杨红、吕波、张帆、周玲玉获评"七一"表彰优秀共产党员。周玲玉获评"校优秀学生教育管理工作者""优秀辅导员""志愿服务先进工作者"等荣誉称号。吴华获校级优秀研究生教师奖。杨红获评校级优秀共产党员和校级教材建设工作先进个人。吴威获评校级优秀教师。孙浩入选江苏省特聘教授。张明智获得拜耳公司Grants4Ag Award。教授杨红、章维华主编的农业农村部"十三五"规划教材《有机化学第四版》，入选江苏省重点教材。副教授张新华的线上课程"概率论与数理统计"入选首批省级一流本科课程。学院邀请清华大学金涌院士等10余位海内外知名学者作学术报告，鼓励学生积极参加国际会议及赴境外短期交流。

指导学生参加各类竞赛。在江苏省高等数学竞赛中，浦口校区参赛级别为本科一级A（最高级别），共有67人获奖，其中一等奖5人、二等奖23人、三等奖39人。在江苏省第十八届高等数学竞赛中，卫岗校区参赛级别为本科一级B，共有42人获奖，其中一等奖6人、二等奖12人、三等奖24人。

在美国大学生数学建模竞赛（MCM/ICM）中，首次获得特等奖（Outstanding Winner，O奖）1项、特等提名奖（Finalist，F奖）2项，获得O奖的参赛队伍同时还获得了COMAP Scholarship（10 000美元，每年全球仅有4支队伍获此殊荣）和SIAM Award（每年仅有6支队伍获此殊荣）。在"高教社"杯全国大学生数学建模竞赛中，共获奖7项，其中全国二等奖1项、省一等奖1项、省二等奖2项、省三等奖3项。其中，学院共计获3项（全国二等奖、省一等奖、省二等奖）4人获奖。在第四届中国大学生物理学术竞赛中，获得华东赛区三等奖。在第七届全国大学生物理实验竞赛中，获得全国三等奖1项和优秀奖1项。在第十八届江苏省高校大学生物理与实验科技作品创新竞赛中，荣获省三等奖2项。

组织开展党史知识竞赛、"雨滴云讲解"、"请党放心 强国有我"等主题实践活动18场；丰富主题活动平台体系，为师生搭建"雨滴故事汇""三行情书"等征集平台，让师生有意愿参与其中。开展"毕业生党员最后一课""南农记忆"征集等活动，切实加强毕业生党员的爱党爱校教育。理学院分党校获评先进分党校。"融合红色教育资源，打造党建＋思政育人模式"获党建工作创新三等奖。为庆祝建党百年，学院党委举办"重走长征路"主题党日活动。2021年，共发展学生党员82人，转正学生党员34人，发展教师积极分子1人。做好定点帮扶工作，助力乡村振兴。学院党委积极筹款3.5万元，为贵州省麻江县高枧村打造农家爱心书屋，邀请相关专家为高枧村村民开展主题培训。

学院学子引领学生榜样新潮流。周思涵获评"江苏省优秀毕业生"；程天晓获评"江苏省优秀学生干部";周紫阳、吴倩婷获评"优秀共产党员";赵欣怡、宋子龙获评第四届"瑞华杯"最具影响力学生;2018 级应用化学学霸宿舍实现保研"3 清华＋1 北理"的豪华圆梦阵容。学院有 2 名硕士研究生获校长奖学金,2 名硕士研究生、1 名博士研究生获国家奖学金,获得研究生科研与实践创新计划项目 2 项,获校级优秀硕士学位论文 3 篇、校级优秀博士学位论文 1 篇,优秀毕业生 10 人。学院获实验室安全月活动"优秀组织奖"。

按照学校疫情防控要求,进行"战"疫教育与管理工作。学院展开了多种形式的网络学习渠道,引导师生开展有序的网络教学与学习活动。授课教师充分利用学校教务平台、QQ、微信、钉钉、腾讯会议等平台开展线上教学及辅导,指导学生利用网络资源开展线上学习。在延续"小雨滴"志愿服务、美林老年公寓、小学义教的基础上,联合悦民服务中心开展非遗文化宣讲活动。针对校内体育赛事运动开展爱心站点,为突发情况做好准备。信息与计算科学统计专业学生针对南京突发疫情,模拟不同防疫措施下疫情发展趋势,以数据直观凸显防疫重要性。

【"勿忘前事昭昭泪,吾辈自强谋复兴"国家公祭日主题悼念活动】12 月 13 日是国家公祭日,学院开展"勿忘前事昭昭泪,吾辈自强谋复兴"国家公祭日主题悼念活动,参与师生 1 500 人次,线上线下并行,激昂师生爱国情感。

【两位教师入选"江苏省科技副总"】7 月,张明智与合作企业江苏剑牌农化股份有限公司联合申报的项目入选"江苏省科技副总"。王浩浩与合作企业响水华夏特材科技有限发展公司联合申报的项目入选"江苏省科技副总"。

(撰稿:顾　平　审稿:吴　磊　审核:孙海燕)

食品与工程学部

食品科技学院

【概况】学院设有食品科学与工程系、生物工程系、食品质量与安全系。拥有国家工程技术研究中心及其他省部级教学科研平台 11 个,是国家一级学会"中国畜产品加工学会"挂靠单位。有食品科学与工程、生物工程、食品质量与安全、食品营养与健康(新增)4 个本科专业,拥有博士学位食品科学与工程一级学科授予权、博士后流动站、国家重点(培育)学科、江苏省一级学科重点学科、江苏省优势学科、一级学科博士学位授权点和硕士学位授权点及专业学位授权点。食品科学与工程专业为国家特色专业,入选国家"卓越农林人才教育培训计划",通过美国食品工程院(IFT)国际认证和教育部工程教育专业认证,食品科学与工程专业、食品质量与安全专业先后入选国家级一流本科专业建设点、江苏省品牌专业二期项目,生物工程和食品质量与安全专业为江苏省特色专业。食品科学与工程学科在第四轮全国学科评估中被评为 A 类(A-),为学校"农业科学"学科进入 ESI 最新排名全球前 1‰作出重要贡献(贡献率 34%)。

截至 2021 年底,有教职工 117 人、专任教师 72 人,其中教授 32 人、副教授 27 人。有国家级人才计划入选者 4 人，1 人入选国际食品科学院院士、IFT 院士（Fellow）并担任国际标准化组织委员会主席，5 人担任国际权威学术期刊主编及副主编，多名教授担任国内外重要学术机构的常务理事等。新增专任教师 5 人（含引进人才 1 人）、钟山青年研究员 1 人、教授 1 人、副教授 1 人、硕士生导师 1 人。教授胡冰新入选国家级青年人才计划；教授李伟入选江苏省高校"青蓝工程"中青年学术带头人培养对象；教授周光宏、郑永华、曾晓雄入选爱思唯尔"中国高被引学者"榜单；教授张万刚入选国家农业技术体系岗位专家和 2021 年度南京市最具影响力留学人员；副教授吴俊俊、王沛分别获江苏省杰出青年基金和优秀青年基金资助；谢翀获江苏省"双创"博士；"肉品营养健康与生物技术创新"团队获江苏省高等学校优秀科技创新团队。《畜产品加工学》获全国优秀教材一等奖，"畜产品加工卓越创新人才'五位一体'培养体系的构建与实践"获得江苏省教学成果奖二等奖；"食品微生物学"获江苏省一流课程，《现代食品生物技术（第二版）》获江苏省重点教材。

2021 年，招收博士研究生 41 人（含留学生 3 人）、全日制硕士研究生 163 人，招收食品科学与工程类专业本科生 204 人。授予博士学位 15 人（含留学生 3 人）、工学硕士学位 71 人、农业硕士学位 34 人、工程硕士学位 44 人、学士学位 177 人。成功举办"白马杯"全国大学生畜产品加工创新创业大赛，连续 2 年荣获江苏省科协创新创业大赛优秀组织奖，学生在校外组织的食品行业比赛中荣获省级及以上竞赛奖 80 余项。本科生深造率达 53.37%，年终就业率达 93.91%。新增江苏省优秀研究生工作站 3 个；获江苏省优秀硕士学位论文和优秀本科学位论文各 1 篇；获全国"千校千项"优秀团队等国家级、省部级奖项 60 余项；学院获江苏省"科创江苏"创新创业大赛优秀组织奖。

新增纵向项目 49 项、横向项目 32 项，到位经费累计 3 691 万元。授权专利 40 项。牵头制定国际标准 1 项，以及国家标准、行业标准 6 项。教授周光宏主持的"高端生鲜肉智能化加工工艺创新及示范"项目获国家"十四五"重点研发计划食品领域首批揭榜挂帅项目资助。获江苏省科学技术奖一等奖 1 项、江苏省高等学校科学研究成果奖二等奖 1 项，以第二完成单位申报其他科技奖励 2 项。ISO 标准 *Meat and meat products：vocabulary* 正式发布，提交 ISO 新标准提案 2 项。在国内外学术期刊上发表论文 349 篇，其中 SCI 收录 250 篇（人均 3.47 篇，影响因子 ≥15.0，3 篇；影响因子 ≥9.0，15 篇；影响因子 ≥5.0，153 篇），位居全校第二位，篇均影响因子 5.47。教育部肉品加工与质量控制重点实验室、农业农村部肉品加工重点实验室通过"十三五"运行评估，"111"引智基地通过评估并获得继续支持。农业农村部生鲜猪肉加工科研集成基地建成并通过验收。校级科研平台"南京农业大学-青岛海尔电冰箱有限公司食品保鲜技术联合研究中心"获批成立。组织成立新型农业经营主体产业联盟 2 个，1 人入选江苏省科技特派员，5 人入选"江苏省科技副总"，1 人入选江苏省第十三批科技镇长团团员；主办社会服务类大型活动 2 次，参与大型成果实物展 2 次，线上线下对接企业 40 余家；组织开展"食品新科技，建功新百年——肉博士说科普"科普周系列活动；组织开展南京农业大学"食品安全与营养中国行"科普和社会实践活动 36 场；获国家级行业媒体及网络媒体报道；获省部级及地市级感谢信 13 件；获学校科技管理成果转化贡献奖；1 人获科技管理先进工作者。

学院完成 120 名党员发展工作。生物工程教师党支部获评省级"双创"样板党支部。在学校组织的庆祝建党 100 周年"红心永向党，唱响新征程"歌唱比赛中荣获特等奖，学院党委荣获党建创新三等奖。"情系食品安全、共庆百年华诞"实践团队获评全国"千校千项"

优秀团队。学院获评校社会实践先进单位，相关事迹受到《人民日报》、中国青年网等 10 余家媒体 80 余次新闻报道，浏览量达 95 万余次；志愿服务获评校优秀组织奖和江苏省优秀青年志愿服务项目；学院 1 人获江苏省"我心向党"中华经典诵读大赛特等奖；4 人荣获校优秀共产党员，1 人荣获党务工作者，2 人荣获优秀教育管理工作者，1 人荣获优秀辅导员。学院获评 2021 年度考核"优秀单位"、学生工作先进单位、研究生教育管理先进单位、学生工作先进单位、招生工作先进单位，并获得学生工作创新奖、青联篮球赛冠军。

【《畜产品加工学》荣获首届全国教材建设奖一等奖】由教授周光宏主编的《畜产品加工学（双色版第二版）》获全国优秀教材一等奖，为全国食品科学与工程学科、全校唯一一本获得一等奖的教材。

【"肉类食品质量安全控制及营养学创新引智基地"再获支持】2014 年，由学院申报的 2014 年度高等学校学科创新引智基地"肉类食品质量安全控制及营养学创新引智基地"项目通过专家评审，予以立项，立项经费 900 万元；2021 年，该项目以显著的建设成效顺利通过教育部和国家外国专家局组织的验收工作，并且获得继续支持 1 个建设周期。

【"食品营养与健康"获批本科新专业】教育部下发《教育部关于公布 2021 年度普通高等学校本科专业备案和审批结果的通知》（教高函〔2021〕14 号）文件，食品科技学院"食品营养与健康"专业（082710T）获批为 2021 年度普通高等学校新增备案本科专业，计划自 2022 年开始招生。

【创办国际期刊 *Food Materials Research*】创办期刊 *Food Materials Research*（简称 FMR，即《食材研究》），由教授周光宏和 Josef Voglmeir 共同担任主编，邀请多位来自美洲、欧洲、亚洲和大洋洲的专家学者担任副主编。主要刊载食品原料及其化学成分、营养价值、感官特性和加工效果等学科前沿研究成果。

（撰稿：李晓晖 钱 金 刘 燕 审稿：邵士昌 审核：孙海燕）

工学院

【概况】工学院下设农业工程系、机械工程系、材料工程系、电气工程系、交通与车辆工程系 5 个系；设有农业工程教学实验中心（省级）教学平台、机械工程教学实验中心（省级）教学平台、农业电气化与自动化教学实验中心（省级）教学平台。拥有农业农村部农村能源研究室、农业农村部农业工程研究室、江苏省智能化农业装备重点实验室、江苏省现代设施农业技术与装备工程实验室、江苏省电动农机装备科技创新中心等省部级平台。学院是江苏省拖拉机产业技术创新联盟牵头单位。

设有农业工程博士后流动站，以及农业工程一级学科博士学位授权点、机械工程一级硕士学位授权点；拥有农业机械化工程、农业生物环境与能源工程、农业电气化与自动化 3 个二级学科博士学位授权点及硕士授权点；拥有车辆工程、机械设计及理论、机械制造及其自动化、机械电子工程 4 个学术型硕士学位授权点；有机械工程硕士以及电子信息类专业硕士学位授权领域。其中，农业工程为江苏省优势学科，机械工程为江苏省重点学科培育点。共开设农业机械化及其自动化、交通运输、车辆工程、机械设计制造及其自动化、材料成型及控制工程、工业设计、农业电气化 7 个本科专业；其中，农业机械化及其自动化是国家级特色专业建设点（2010）和国家一流专业建设点（2019），农业电气化专业为江苏省高校特色专业（2010）和国家一流专业建设点（2020），材料成型及控制工程专业通过工程教育专业认证（2019）。

截至 2021 年，有在职教职工 144 人，其中专任教师 103 人、师资博士后 2 人、管理人员 15 人、实验技术人员 24 人。具有高级职称的教师 55 人。有博士生导师 17 人、硕士生导师 34 人。2021 年，新增列硕士生指导教师 5 人（含校外导师 2 人）。6 月，方真教授当选加拿大工程院院士。师资队伍中还包括中国科学院百人专家 1 人，享受国务院政府特殊津贴专家 2 人，教育部优秀青年教师 1 人，入选江苏省"333 人才工程"2 人，江苏省高校"青蓝工程"中青年学术带头人 2 人，江苏省高校"青蓝工程"骨干教师 8 人，"钟山学者"4 人，"钟山学术新秀"4 人。

全日制在校学生 3 204 人，其中全日制硕士研究生 215 人（外国留学生 5 人）、本科生 2 892 人、博士研究生 97 人（其中外国留学生 22 人）。招生 829 人，包括研究生 108 人（硕士 87 人、博士 21 人）、本科生 721 人。本科毕业生 698 人，硕士毕业生 109 人。本科生就业率为 90.4%，研究生就业率为 97.25%。

2021 年，共收到中央教改专业认证专项经费 10 万元、中央教改国家一流专业（农业机械化及其自动化）经费 15 万元和江苏省品牌专业经费 70 万元。另外，农业电气化专业获批国家一流专业建设点，获批经费 15 万元；同时，获批江苏省品牌专业建设点，下拨第一批经费 40 万元。汪小旵教授的"小麦变量播种施肥机控制参数设计与试验"课程获批省级虚拟仿真实验教学一流课程。郑恩来教授的"机械振动"课程获校级"卓越教学"课堂教学改革项目。学院承担的 4 项 2020 年校级"卓越教学"课堂教学改革项目顺利完成学院结题验收，并向学校提交结题验收材料。共设立工学院教改项目，四大类共立项 15 项。

2021 年，2020 届毕业生获省级个人优秀毕业论文 1 篇、团队优秀毕业论文（设计）1 篇。2021 届本科毕业论文获校级特等奖 3 项、校级一等奖 5 项、校级二等奖 15 项、团队优秀论文 2 项。完成 2020 年 96 项大学生创新创业计划项目的结题答辩验收，学院共评出 10 项优秀项目报送学校。学院立项 2021 年大学生创新创业训练计划国家级项目 10 项、省级项目 17 项、校级项目 74 项。

建立党支部 20 个（本科生党支部 8 个、研究生党支部 4 个、教工党支部 7 个、退休党支部 1 个）；有党员 555 人，其中学生党员 433 人（本科生党员 299 人、研究生党员 134 人）。2021 年，共召开院党委会 8 次、党务工作会 3 次、党政联席会 10 次、院党委理论中心学习组集体学习 4 次。2021 年，入党启蒙教育 819 人，培训入党积极分子 411 人、发展对象 277 人；发展党员 270 人。机械设计与制造系教师党支部获评江苏省党建工作样板支部，并申报全国党建工作榜样支部；机械设计与制造系教师党支部及交通运输本科生党支部在南京市江北新区"星耀江北"党支部工作法评选活动中，获得"党支部工作法"荣誉奖；机械设计与制造系教师党支部及交通运输专业本科生党支部获得"2021 年校先进党支部"光荣称号。机械设计与制造系教师党支部被评为校"优质党支部"。院党委"我和我的家乡"主题党日活动获江苏高校"最佳党日活动"优胜奖及校 2020 年度"最佳党日活动"（一等奖）；"五彩党日"系列主题教育——"三全育人"理念下基层党组织活力提升工程获得 2019—2020 年"党建工作创新奖"（三等奖）。

立项国家自然科学基金面上项目 1 项，青年科学基金 2 项，国家重点研发计划子课题 1

项，江苏省重点研发项目 3 项，江苏省自主创新立项 2 项，江苏省自然科学基金青年科学基金立项 3 项，江苏省农业农村厅项目 3 项，江苏省科技支撑现代农业重点项目 1 项，江苏省现代农业产业关键技术创新项目 1 项，江苏省现代农机装备与技术示范推广项目 2 项，联合基金 4 项，江苏省科技厅苏北专项 3 项，江苏省产学研项目 1 项，江苏省先进制造技术重点实验室开放课题 1 项，江苏省双创博士项目 1 项，江苏省农委项目 2 项。获得科研经费 1 844 万元，其中到账纵向经费 1 328.6 万元、横向经费 515.4 万元。发表学术论文 132 篇，SCI/EI 收录了 93 篇。授权专利 127 项，其中发明专利 39 项、实用新型专利 88 项，授予软件著作权 24 项。出版著作教材 5 部（英文 4 部）。方真、薛金林两位教师入选 2020 高被引学者。汪小旵荣获江苏省农业技术推广奖二等奖；方真荣获贵州省科学技术自然科学一等奖；陈坤杰荣获安徽省科技进步奖二等奖；鲁植雄荣获农业机械科学技术奖二等奖；邱威荣获神农中华农业科技奖三等奖；肖茂华荣获淮海科学技术奖。

2021 年，评奖评优 1 043 人次，其中获国家奖学金 24 人次、国家励志奖学金 81 人次；各类奖励金额共 95.36 万元。发放各项资助 845 人次，金额达 251.79 万元；办理绿色通道 77 人次，设立 12 个勤工助学岗，困难生资助率达 100%。通过举办学生标兵评选会、朋辈课堂、颁奖典礼等活动，做好典型选树引领。4 人荣获江苏省"优秀学生干部"及江苏省"三好学生"荣誉称号，3 人获瑞华杯最具影响力学生提名，17 人获评学院"优秀学生标兵"。

2021 年，招收学术型硕士研究生 43 人、专业学位硕士研究生 40 人。学院首次组织夏令营，推荐面试研究生录取 12 人，其中直博生 4 人。对学院 79 位导师进行招生资格审核。组织开展 2021 年培养方案修订，获批 1 个研究生工作站。开展优质教学资源建设，申报精品课程 3 门、教材建设 1 项。申报 5 项科研与实践创新项目。获得研究生教育教学成果奖二等奖 1 项。严格规范审核学位申请材料，先后于 6 月、9 月、12 月组织 3 次分委会，审核学位申请材料和导师增列材料，研讨学位授予和导师增列事项，全年共授予学位 115 人。

打造"科技创新人才培养孵化器"，组建专业教师导师团，适应学生个性化发展需求进行孵化培养，50 余名新生入选孵化器名单。实施"3＋1＋N"实践育人计划，构建"3 项重点赛事＋1 项高水平赛事＋N 项专业赛事"三级创新创业实践项目体系。投入科技竞赛经费近 70 万元，连续两届分别荣获"挑战杯"全国二等奖和江苏省一等奖，省级及以上获奖 400 余人次。学院荣获校第十七届"挑战杯"优秀组织奖，2 位教师获评校"挑战杯""优秀指导教师"。2021 年，学生参与发表 SCI、EI 论文近 100 篇，专利授权数 200 余个。

【召开第二届全国涉农高校工学院书记院长圆桌会议】 由中国农业大学、南京农业大学、江苏省农业农村厅、中国国际贸易促进委员会江苏省分会、江苏农仿软件科技有限公司主办的第二届全国涉农高校工学院书记院长圆桌会议在南京国际博览会议中心召开。江苏省农业农村厅副厅长沈毅、南京农业大学党委副书记王春春应邀出席会议，来自全国各地 40 所涉农高校的 70 余位书记院长参会。专家学者围绕农业机械化研究方向、学科发展特色，以"三农"问题、现代农业需求为导向，研讨"工农融合"的跨学科培养模式。围绕高水平科学研究、深化校际合作等方面出谋划策，共商农业工程学科的发展。在保障国家粮食安全、加快农业农村现代化、推进强富美高新江苏建设等方面作出了重要贡献。

【省级科研平台江苏省电动农机装备科技创新中心获批】 在夯实学科基础上，学院积极拓展学科资源，为培育现代化创新型电动农机装备人才，助力江苏省农机装备智能化发展。通过多年的学科积累，学院申请省级科研平台江苏省电动农机装备科技创新中心获批，为我国农业机械发展转型提供强有力的科技支撑。

（撰稿：郭　彪　审稿：何瑞银　审核：陈海林）

信息管理学院

【概况】信息管理学院成立于 2020 年 7 月，下设信息管理科学系、物流工程系、工程与管理系。有信息管理与信息系统、工业工程、工程管理和物流工程 4 个本科专业，信息管理与信息系统专业为省级特色专业。有管理科学与工程综合训练中心。拥有图书情报与档案管理一级学科博士学位授权点；图书情报与档案管理、管理科学与工程 2 个一级学科硕士学位授权点，以及图书情报、工程管理硕士 2 个专业学位类别。

截至 2021 年，学院有教职工 63 人，其中专任教师 52 人；包含教授 8 人、副教授 21 人、讲师 23 人。有江苏省"社科优青"1 人、中宣部宣传思想文化青年英才 1 人、江苏省高校"青蓝工程"学术带头人 1 人、江苏省高校"青蓝工程"优秀骨干教师 4 人、校"钟山学术新秀"5 人。有 3 人入选江苏省"333 人才工程"。有教师 3 人分别荣获校"最美教师""优秀教师""教学质量标兵"称号。

发表科研论文 62 篇，其中 SCI 论文 16 篇，SCI 影响因子 5 以上的论文 4 篇，平均影响因子 4.184；EI 论文 2 篇；人文社会科学核心期刊论文 34 篇。发表教育教学研究论文 11 篇，在研主持校级教育教学改革研究项目 18 项，省部级教育教学改革研究项目 3 项。学院获授权软件著作权 16 项。

新立项科研课题 38 项，其中，国家社会科学基金项目 3 项（包括重大项目 1 项、重点项目 1 项），江苏省社会科学基金项目 2 项，横向项目 22 项。2021 年的国家自然科学基金立项数较 2020 年度保持一致。新立项合同经费 314.35 万元，其中纵向 167.5 万元、横向 146.85 万元。2021 年，到位经费共 256.34 万元（纵向 146.8 万元）。

全年共有教师 30 人次参加国内外各类学术交流大会，其中作大会报告者 15 人次。共有研究生 40 人次参加国内外各类学术交流大会，其中在大会发言交流论文者 5 人次。共邀请 5 位知名学者来院作报告，包括上海理工大学刘斌教授、四川大学党跃武教授、江南大学王建华教授、上海大学金波教授、武汉大学邓胜利教授。教师在国内学术组织或刊物兼职的有 29 人次，其中，2021 年度新增 1 人次；在国际组织或刊物任职 10 人次，其中，2021 年度新增 2 人次。2021 年，教师和团体获各级各类奖项 20 个，其中省部级 4 个、校级 16 个。

学院共招生 456 人，其中博士研究生 9 人、硕士研究生 67 人、本科生 380 人。全日制在校学生 1 670 人，其中博士研究生 28 人、硕士研究生 145 人、本科生 1 497 人。毕业学生 410 人，其中本科毕业生 351 人、硕士毕业生 59 人。本科生就业率为 87.74%，研究生就业率为 93.22%。学生获各级、各类奖项 960 人次，其中本科生和研究生共有 780 人次获得各类奖学金、45 人次获省级表彰。获评"2020 届本科优秀毕业论文（设计）"24 篇，其中省级优秀毕业论文（设计）1 篇、省级优秀团队毕业论文（设计）1 篇；2021 届校级本科优秀毕业论文（设计）12 篇，院级本科优秀毕业论文（设计）12 篇。本科生主持"大学生创新创业训练计划"项目 65 项，分别是国家级 9 项、省级 7 项、校级 39 项、院级 10 项；结题 50 项，分别是国家级 6 项、省级 3 项、校级 41 项。

2021 年，学院共发展党员 196 人，其中本科生党员 160 人、研究生党员 36 人。共有教师党员 53 人、学生党员 304 人。

【研制完成后生动物基因表达和可变剪接分析平台】 11 月 2 日，黄水清教授课题组研制完成后生动物基因表达和可变剪接数据分析平台（https：//bioinfo.njau.edu.cn/metaExp），成果"MetazExp：a database for gene expression and alternative splicing profiles and their analyses based on 53 615 public RNA-seq samples in 72metazoan species"在生物信息学领域权威期刊 *Nucleic Acids Research*（影响因子＝16.9）在线发表。

【王东波、茆意宏获国家社会科学基金项目】 12 月 1 日，以王东波教授为首席专家的"中国古代典籍跨语言知识库构建及应用研究"获 2021 年度国家社会科学基金重大项目立项；12 月 15 日，茆意宏教授的"数智时代阅读服务转型研究"获评国家社会科学基金重点项目。

【杨波、刘浏获奖】 杨波教授获国家一级学会中国科学技术情报学会第三届中国科学技术情报学会"青年情报科学家奖"；刘浏副教授获 2021 年江苏省高等学校哲学社会科学研究成果奖三等奖。

（撰稿：傅雷鸣　审稿：张兆同　何　琳　审核：陈海林）

人工智能学院

【概况】 2021 年，人工智能学院在职教职工 93 人，其中专任教师 64 人、师资博士后 1 人、博士后 2 人、管理人员 11 人、实验技术人员 12 人、团队科辅人员 3 人。专任教师中有教授 7 人、副教授 37 人、讲师及以下 20 人，博士生导师 7 人、硕士生导师 38 人。学院下设 3 系 2 中心，分别为计算机科学与技术系、自动化系、电子信息科学与技术系，以及江苏省计算机与信息技术实验教学示范中心、江苏省农业电气化与自动化学科综合训练中心。建有 1 个博士学位授权点（智能科学与技术）、2 个硕士学位授权点（计算机科学与技术、智能科学与技术）、1 个专业学位授权点（电子信息），以及计算机科学与技术、数据科学与大数据技术、人工智能、自动化、电子信息科学与技术 5 个本科专业。2021 年，学院 3 名教师晋升副教授，陆明洲教授获评江苏省第六期"333 人才工程"第三层次培养对象。

学院以党的十九届六中全会精神学习贯彻为重点，结合建党 100 周年重要时间节点，以习近平新时代中国特色社会主义思想为引领，以立德树人为根本，以党史学习教育为主线，加强基层党组织建设；1 个支部获批双带头人党支部书记工作室，1 个支部获批样本支部，1 个支部获评先进党支部。以党建为引领，深化党史学习教育，强化师德师风建设，提升科研教学水平，1 个支部获校优秀党日活动评选三等奖。

学院严把党员发展关，进一步明确发展党员的具体标准，规范操作，加强监督。2021 年，累计发展学生党员 203 人，转正 55 人。推进党员教育常态化，重点做好师生四级培训体系线下理论学习和实践训练，通过理论辅导、主题党课、实践寻访等多种形式，引导学生重温党的光辉历程，坚定自身理想信念。

2021年，计算机科学与技术专业获批省级一流本科专业。校级课程思政示范课程（第一批）验收合格，第二批课程思政示范课程1项通过中期检查。开设教授开放研究课程4项。获批省级线上线下混合式一流课程1项。国家级精品在线开放课程"计算机网络"面向浦口校区3个学院12个专业本科生开放选课。学院积极组织教师参与课程思政教学能力培训，获校教学反思征文特等奖1项、三等奖3项。

学院积极组织开展各类教育教学改革，鼓励教师申报各类教研教改课题，新增校级教育教学改革项目4项，2项校级教育教学改革项目结题。4项2020年卓越教学项目顺利结题，新增2项校级"卓越教学"项目。新增1项省级教改研究重点课题，即钱燕、邹修国老师承担的"慕课三维度立体化线上线下混合式教学的探索与实践——以计算机网络课程为例"。

学院持续推进毕业设计（论文）环节组织过程的规范化，并积极开展创新创业教育。2021届毕业论文，获得江苏省普通高校本专科优秀毕业论文三等奖1项，校级团队优秀毕业论文（设计）1项，校级优秀毕业论文（设计）特等奖1项、一等奖3项、二等奖8项。2021年成功申报国家级项目9项、省级项目9项、校级创新项目45项、院级创新项目7项。2020年的60项SRT计划项目顺利结题，其中SRT资助项目发表SCI论文2项，以及SRT资助项目获得发明专利、软件著作权3项。

2021年，新增纵向科研项目5项，其中国家自然科学基金面上项目1项、江苏省自然科学基金面上项目1项、青年项目1项、江苏省科技支撑计划项目1项、江苏省农业科技自主创新资金项目1项。新增横向项目9项。2021年，纵向、横向课题到账经费693.72万元。以第一作者或通讯作者发表期刊论文共计81篇，其中SCI论文48篇、CSCD论文21篇；获发明专利12项、软件著作权22项，出版专著1部。学术交流方面，邀请业内专家来院举办学术报告10场，专题涵盖大数据、人工智能、智能控制技术等领域；组织学术月、前沿学术论坛等活动3场次。

2021年，学院共招生455人，其中硕士研究生69人、本科生386人。全日制在校学生1 862人，其中硕士研究生140人、本科生1 722人。本科毕业生388人，硕士毕业生19人，总就业率为80.34％。2021年，本科生获得省级竞赛表彰113人次，获得国家级荣誉68人次。2人次获江苏省三好学生，1人次获江苏省优秀学生干部，1人次获评"瑞华杯"南京农业大学最具影响力学生；李璋浔学生事迹收录在2021年5月4日《人民日报》国家奖学金获奖学生代表名录中。组织开展"八个一"学风提升计划、学院运动会、新生班级辩论赛、歌手大赛等多项文体活动近80场。基于金陵图书馆、桥北社区、点将台幼儿园、梅园新村等校外实践基地，开展形式多样的志愿服务活动20余次。学院获南京农业大学第十七届"挑战杯"大学生课外学术科技作品竞赛"优秀组织单位"、校运动会篮球比赛冠军、太极拳比赛三等奖等荣誉。

【"智能科学与技术"二级学科正式获批设立】 2021年，人工智能学院在农业工程一级学科下自主设置的"智能科学与技术"二级学科正式获批设立，学科点具有硕士、博士学位授予资格，于2022年正式招生。

（撰稿：罗玲英　审稿：刘　杨　审核：陈海林）

人文社会科学学部

经济管理学院

【概况】 经济管理学院拥有农业经济学系、经济贸易系、管理学系 3 个系，农林经济管理博士后流动站、农林经济管理、应用经济学 2 个一级学科博士学位授权点，工商管理一级学科硕士学位授权点，农业管理、国际商务、工商管理 3 个专业学位硕士点，农林经济管理、国际经济与贸易、工商管理、电子商务、市场营销 5 个本科专业；其中，农业经济管理是国家重点学科，农林经济管理是江苏省一级重点学科、江苏省优势学科、全国第四轮学科评估 A＋学科，农村发展是江苏省重点学科。

2021 年，学院有教职工 89 人，其中教授 29 人、副教授 23 人、讲师 16 人，博士生导师 26 人、硕士生导师人 21 人。学院有在校本科生 1 126 人，学术型博士研究生、硕士研究生 313 人，留学生及港台学生 66 人。2021 年，林光华教授获得"优秀教师"荣誉表彰；周力、展进涛、葛伟 3 位教师荣获"七一"优秀共产党员表彰。为进一步优化梯队结构，夯实学科建设与发展根基，学院分别从美国佛罗里达大学、湖南大学、暨南大学引进人才 3 人；1 人晋升高级职称；1 人入选国家"万人计划"哲学社会科学领军人才，1 人入选江苏省"333 人才工程"第二层次培养对象，3 人入选江苏省双创集聚计划。

学院以巡察整改为契机，推进党建工作规范化、标准化。学院以党史学习教育为主线，积极推动党建业务深度融合，围绕《中共中央关于加强党的政治建设的意见》和学校巡察反馈意见，强化学院党委中心组学习研讨，提高政治站位。加强宣传队伍建设，组建学院思想政治宣传中心，制定《经济管理学院思政宣传中心工作办法》，推进"谈经说农""南农经管"等宣传平台建设，加强思想舆论引导，严格网站、微信公众号等意识形态阵地管理。

国家重大项目承担能力不断增强。面向国家粮食安全、生态文明、脱贫攻坚、乡村振兴等重大需求，学院积极承担国家级重大、重点科学研究项目，为政府提供科学决策咨询。新增国家级科研项目 9 项，其中社会科学重大项目 1 项、自然科学面上青年项目 5 项、社会科学重点项目 1 项、社会科学一般项目 1 项、社会科学青年项目 1 项；产业体系岗位项目 7 项，产出高水平研究成果并及时转化，各类规划项目数 10 项，积极为国家和地方提供规划与培训等服务，提升科研成果社会服务和智力支撑的能力，累计到位经费 905 万元。科研创新与社会服务能力显著提升。以南京农业大学为第一作者单位或通讯作者单位发表高质量期刊论文 97 篇。其中，国际期刊论文 29 篇（含 A 类 9 篇），6 篇发表在农经学科国际一流期刊 *Food Policy*、*Applied Economic Perspectives and Policy*、*Journal of Integrative Agriculture* 等；中文国内期刊（人文社会科学）一类 20 篇、二类 32 篇；获江苏省哲学社会科学界联合会 2020 年度"省社科应用研究精品工程"优秀成果奖一等奖 1 项、二等奖 2 项、财经发展专项优秀成果奖二等奖 1 项；江苏省乡村振兴软科学课题研究成果奖一等奖 1 项；江苏高校社会科学研究成果奖三等奖 1 项。

持续推进人才培养模式改革，人才培养成效显著。2021 年，全面推进课程思政建设，深化全过程全课程思政教育，推动课程思政与思政课程同向同行，积极营造"课程门门有思政、教师人人讲育人"的良好氛围。构建农业特色劳动教育体系，塑造学生知农爱农情怀，在培养方案中明确劳动教育内容，形成理论与实践相结合的劳动教育模块。推进人才培养国际化，开展美国普渡大学"农商管理"云上访学项目；开展"南京农业大学-美国密歇根州立大学"（NJAU–MSU）农业经济管理硕士的联合培养，首批招生9人；设立国际农业发展硕士（IAD）项目，招生4人。人才培养模式改革成果"面向乡村振兴的经济管理人才创新实践能力培养体系"获江苏省教学成果奖二等奖；新增教育部新文科研究与改革实践项目1项、校级专业建设研究教改专项立项4项；农业政策学、现代农业创新与乡村振兴战略2门课程入选首批国家级课程思政示范课程，现代农业创新与乡村振兴入选江苏省高校研究生课程思政示范课程。农林经济管理获批首批省级课程思政示范专业；工商管理、电子商务、市场营销获批省级一流本科专业；计量经济学、发展经济学（双语）入选省级一流本科课程；《农业经济学：原理与拓展》获江苏省重点教材立项建设。2021年，获江苏省优秀博士学位论文1篇、江苏省优秀学术硕士学位论文1篇、江苏省优秀本科毕业论文二等奖1篇、三等奖2篇，校级优秀本科毕业论文特等奖2篇、一等奖2篇、二等奖7篇。学生荣获国家级、省级奖励84人次，其中"产业先行，思维护航"团队获第十七届全国大学生课外学术科技作品竞赛三等奖、第十七届江苏省大学生课外学术科技作品竞赛特等奖。新增江苏省普通高校研究生科研创新计划4项、大学生创新训练项目47项，其中国家级8项、省级7项、校级32项。学院荣获学校教学管理先进单位、研究生教育管理先进单位、教材建设先进单位、学生工作先进单位、社会实践先进单位等荣誉。

深化国际国内合作与交流，不断提升农经学科影响力。10月23—24日，学院举办由中国国外农业经济研究会、中国社会科学院农村发展研究所主办、经济管理学院承办的中国国外农业经济研究会2021年会暨学术研讨会，以"全球百年变局下的农业发展新格局"为主题，探讨新冠疫情影响下中国农业农村现代化发展道路。此次会议采用线上同步直播的形式开展，来自全国100多所科研院所的近200名专家学者参加了会议。11月，承办农业农村部"中国农业贸易治理体系改革与中国方案"云上论坛。此次论坛是继2020年中国-中东欧国家农业应对疫情专家视频会议之后，由农业农村部农业贸易促进中心与南京农业大学联合举办的又一盛会，获得了农业农村部的肯定。来自农业农村部农业贸易促进中心、中国人民大学、国际食物政策研究所、中国国际贸易促进委员会商事法律中心、南京农业大学等部门、研究机构和高校的200余位专家学者参加了论坛。论坛聚焦农业开放、中美贸易摩擦、国际农业谈判、世界贸易组织改革等重要议题，为提出全球农业贸易治理体系改革的中国方案作出贡献。

【赓续百年农经精神，助力农经学科发展】10月22日，南京农业大学隆重举行纪念中国大学第一个农经系成立100周年大会。江苏省人大常委会副主任、江苏省哲学社会科学界联合会主席曲福田教授，全国政协常委、广东省政协原副主席温思美，以及来自国内40多所高校、科研院所的专家学者，南京农业大学党政机关、在校师生及校友代表1 200余人参加了大会，大会同步视频直播，3 000余人在线观看。南京农业大学农经学科面向下一个百年，秉承"情系'三农'、深耕学术、立德育人、怀远天下"的理念，创新不止，探索不断。依托"农经百年"与建党百年，深挖学院学科思政素材，学院牵头凝练"百年农经精神"，推出《百年农经·初心如磐》舞台剧1部、《百年农经情》原创歌曲1首，聚焦农经百年，全面提升学生专业自信和使命担当。

【党建思政工作成效显著】学院党委获学校先进院级党组织，学校党建工作标杆院系立项建设，经贸教师党支部入选第一批江苏高校党组织"强基创优"建设计划样板支部，"脱贫攻坚路，党旗别样红——经济管理学院'国家扶贫日'主题党日"获江苏省 2020 年度高校"最佳党日活动"优胜奖，"建党百年与百年农经"获江苏省 2021 年度社会主义核心价值观"精品教育项目"案例评选一等奖，3 个党支部获评学校先进党支部，农经系教师党支部入选学校第二批"双带头人"教师党支部书记工作室，经济贸易系教师党支部获评学校优质党支部，1 人获评学校优秀巡察干部，10 名师生获评学校优秀共产党员。

【聚焦社会实践，培养学生知农爱农情怀】2021 年，学院社会实践以纪念农经百年、助力乡村振兴为主题，开展了"百人进百村见证中国乡村百年变迁""长征路上的乡村振兴""麻江农民合作社调研""中国土地经济调查""'微坂分'垃圾分类调研"等 12 项社会实践活动，其中省级专项实践活动 1 项、校级一类重点团队 2 项、校级二类重点团队 1 项，共有 300 余名学生深入 500 余个村镇。调研团共完成 300 余篇社会实践报告，其中 6 篇被中国青年网录用形成了 34 万字书稿《知农爱农　强农兴农》，并与安徽科学技术出版社签订出版合同。举办第二届卜凯本科生论坛，实践成果受到校内外专家领导认可，社会实践平台影响力进一步提升。

（撰稿：刘　莉　审稿：宋俊峰　审核：高　俊）

公共管理学院

【概况】学院设有土地资源管理、资源环境与城乡规划、行政管理、人力资源与社会保障 4 个系，土地资源管理、行政管理、人文地理与城乡规划管理、人力资源管理、劳动与社会保障 5 个本科专业。设有公共管理一级学科博士学位授权点，设有土地资源管理、行政管理、教育经济与管理、社会保障 4 个二级学科博士、硕士学位授权点，以及公共管理专业硕士学位点（MPA）。土地资源管理为国家重点学科和国家特色专业。

学院设有国家级工程研究中心"农村土地资源利用与整治国家地方联合工程研究中心"、省级工程中心"江苏国土资源利用与管理工程中心"、省级重点培育智库"中国资源与环境发展研究院"、省级重点高端智库"金善宝农业现代化发展研究院"、省级高校人文社会科学校外研究基地"统筹城乡发展与土地管理创新研究基地"和"地方治理与政策研究中心"等。

学院党委推进党史学习教育，创新党建工作方式，依托新媒体平台，以线上学习、线下实践为抓手，全面提升党建质量。开展"点'政治生日'之烛，燃初心使命之光""诵读革命经典，传承红色基因"等主题党建活动，学习习近平总书记在中国共产党成立 100 周年大会上的重要讲话、党的十九届六中全会精神和焦裕禄精神，举办"纪念刘书楷先生诞辰 100 周年暨土地经济学百年发展"论坛。学院工会打造"餐叙会"平台，开展"公管发展月月谈"活动，不断推动学院民主治理进程。

2021 年，学院现有在职教职工 96 人，其中专任教师 79 人、管理人员 14 人、师资博士后 3 人。在专任教师中，教授 36 人、副教授 32 人、讲师 11 人，博士生导师 30 人、学术型硕士生导师 60 人。2021 年，石晓平入选国家"万人计划"哲学社会科学领军人才和江苏省"333 人才工程"第二层次，蓝菁入选江苏省高校"青蓝工程"优秀青年骨干教师，郭贯成入选江苏省高校"青蓝工程"中青年学术带头人，资源与环境经济教学团队入选江苏省高校"青蓝工程"优秀教学团队。任广铖、肖哲、陶宇入选江苏省"双创"博士，龙开胜获评南京农业大学"孙颔农业教育奖"。刘晓光、郑永兰分别获评第三届全国优秀 MPA 教育工作者和 MPA 教师。张新文、吴未、欧维新获评优秀学位论文指导教师，冯淑怡荣获校级教材建设先进个人。2021 年，引进高层次人才 1 人（李长军），引进新教师 1 人（蔡文鋆）；1 人晋升教授，3 人晋升副教授。完成了师资博士后考核工作，1 位师资博士后转入教职。另外，学院制订了人事制度改革方案。

2021 年，学院有全日制在校学生 1 318 人，其中本科生 879 人、学术型研究生 439 人（含留学研究生 32 人）、非全日制专业学位 MPA 研究生 455 人。国内升学率较 2020 年增长 5.1 个百分点；初次就业率达到 84.95％，位居学校第二位；年终就业率持续增长，达到 92.23％。

学院专业、课程建设和实践教学建设成效显著。劳动与社会保障专业获批国家级一流本科专业建设点，人力资源管理专业获批省级一流本科专业建设点，学院实现一流本科专业建设全覆盖。土地资源管理专业获江苏省首批课程思政示范专业，2021 年立项 1 个教育部产学合作协同育人项目。6 门课程获评江苏省一流本科课程：劳动经济学获评江苏省一流本科课程（线上），行政管理学获评江苏省一流本科课程（线下）；土地经济学、土地法学获评江苏省一流本科课程（线上线下混合式）；房屋财产税征收虚拟仿真实验、农用地基准地价评估虚拟仿真实验获评江苏省一流本科课程（虚拟仿真实验教学）；土地经济学获评江苏省课程思政示范课程。研究生优质教学资源建设方面，立项 1 门校级课程思政、2 门精品课程和 5 个教学案例。《土地经济学》获江苏省本科优秀培育教材，《公共管理学》获江苏省重点教材；《宪法与行政法学》获省级优秀教材和科学出版社规划教材；《土地利用规划学（第九版）》于 11 月出版。

教育教学改革稳步推进。"资源治理现代化进程中土地管理卓越人才培养探索与实践"获 2021 年江苏省教学成果奖二等奖。学院教师积极参加学校教学比赛，顾剑秀获实践组三等奖。学院教改工作取得了较大成绩，"以学生为中心的公共管理人才培养模式变革研究"获江苏省高等教育教改研究课题立项，校级教学改革项目立项 6 个。

学院围绕学生课外学术科技创新能力的培养，不断深化公共管理拔尖人才平台建设，持续加强三位一体学术平台建设，人才培养方面取得突出成果。学院本科生及研究生发表论文 200 多篇，位居学校前列。2 篇论文分获江苏省普通高校本科优秀毕业论文一等奖和三等奖。研究生在《管理世界》、Land 等国内外高水平期刊发表论文 80 余篇，获高水平学术竞赛省级及以上奖励 8 项，在各类学术创新论坛中获奖 30 余项。首获全国教育科学研究优秀成果奖，获江苏省研究生培养创新工程立项 5 项。6 篇学位论文被评为校级优秀论文；3 篇学位论文被评为 2021 年江苏省优秀学位论文，其中优秀博士学位论文 1 篇、优秀学术硕士学位论文 1 篇及优秀专业硕士学位论文 1 篇。全年开展本科生"钟鼎沙龙"讲座 18 场、研究生"行知论坛" 27 场、MPA "公共管理讲坛" 5 场。"行知论坛"第三次获江苏省公共管理学科研究生学术创新论坛立项资助。举办线上全国优秀大学生夏令营活动，150 余名学生报名参加。

实践育人方面。学生暑期社会实践取得良好成效，1 人获评省级社会实践先进个人，2 人获评省级优秀志愿者，"爱注青春，情递郎溪"安徽省施吴村教育帮扶暑期社会实践服务团获评校级优秀实践团队，朝天宫街道实践教学基地获评校级社会实践"优秀基地"，社会实践活动被郎溪电视台、宣城先锋等市级媒体报道。

创新创业方面。学院获第七届"互联网＋"大学生创新创业大赛全国金奖 1 项，实现学校"互联网＋"国家金奖"从 0 到 1"的突破；获第七届"互联网＋"大学生创新创业大赛省级一等奖 1 项、二等奖 1 项、三等奖 2 项；获京都大学生国际创业大赛国际一等奖 1 项；获全国大学生不动产估价技能大赛国家级特等奖 1 项；获江苏省国土空间规划技能大赛省级二等奖 1 项、省级三等奖 2 项。学院学生在校内外各类学科知识竞赛、文化艺术赛事中获得校级以上奖励 392 项，4 人分获评省级"三好学生"、省级"优秀学生干部"、省级"优秀毕业生"和省级优秀共青团员。

学院 MPA 教育质量持续提升。案例教学是培养专业学位研究生实践能力的重要途径，学院高度重视案例库的建设和案例的编写。学院有两支团队分获"'案例中心杯'中国研究生公共管理案例大赛"一等奖和二等奖，刷新最佳参赛成绩。基于案例开发基础上形成的成果"'知行合一'公共管理硕士专业学位研究生案例教学模式构建"获校级高等教育教学成果奖一等奖，5 项 MPA 教学案例获学校研究生教学资源建设项目立项资助。

2021 年，学院获 3 项国家自然科学基金、5 项国家社会科学基金立项，经费共计 229 万元。发表论文 121 篇；其中，中文人文社科权威期刊 2 篇、一类 14 篇、二类 27 篇、三类 13 篇，中文自然科学期刊一类 2 篇、二类 1 篇、三类 1 篇，国际期刊 A 类 6 篇、SSCI 论文 15 篇、SCI 论文 11 篇。出版著作 2 部。学院纵向到账经费 956.16 万元，横向到账经费 564.81 万元，经费共计 1 520.97 万元；咨询报告 6 篇，其中省部级 4 篇、厅局级 2 篇。学院 4 项成果获 2021 年江苏省高等学校哲学社会科学研究成果奖，其中一等奖 1 项、二等奖 3 项。于水教授等研究报告《中国民生发展指数研究（江苏，2019）》荣获一等奖，陈利根教授论文《新中国 70 年城乡土地制度演进逻辑、经验及改革建议》、罗英姿教授论文《我国毕业博士职业选择与发展影响因素的实证研究——以涉农学科为例》及向玉琼教授著作《公共政策的行动主义》荣获二等奖。2 项成果获江苏省社会科学应用研究精品工程优秀成果奖二等奖，其中于水教授等研究成果"区块链赋能、治理流程优化与创造公共价值"和郭忠兴教授等研究成果"困难群众基本生活保障专题研究"荣获二等奖。

2021 年，学院 2 位教师出国进修，3 名博士研究生受国家留学基金管理委员会"国家建设高水平大学公派研究生项目"资助分别前往比利时根特大学、美国普渡大学和丹麦哥本哈根大学进修。硕士研究生陶兰兰、朱明洁顺利通过国家留学基金管理委员会评审、获得资助，这是学院在国家留学基金管理委员会"乡村振兴人才培养专项"支持下选派的首批研究生。学院特邀经济学和发展领域顶级期刊 *World Development* 主编廖川博士，以及美国俄亥俄州立大学教授、*Canadian Journal of Agricultural Economics* 首席主编胡武阳为师生作线上学术报告。10 月 16 日，"基于安全营养的食品视角下资源可持续治理"国际学术研讨会通过线上顺利召开。学院成功举办 4 次海峡两岸云上论坛"对话与展望：绿色发展与公共治理能力现代化"。

学院社会服务能力不断增强。中国资源环境与发展研究院建设取得阶段性成果，充分发挥了其咨政建言的智库功能。智库研究人员撰写的 5 篇报告获江苏副省级重要领导批示，倡议建立长江经济带高质量发展合作研究联盟。于水教授团队报送的多项研究成果获党中央、国务院和江苏省领导的高度肯定与重要批示。

【承办"中国共产党百年土地政策思想与实践"研讨会】 6 月 26 日，学院联合《中国土地科学》、中国资源环境与发展研究院、金善宝农业现代化发展研究院举办"中国共产党百年土地政策思想与实践"研讨会。

【承办"深化宅基地制度改革暨案例研究"研讨会】 10 月 31 日，举办"深化宅基地制度改革暨案例研究"研讨会。中国资源环境与发展研究院院长曲福田教授、农业农村部巡视员黄延信、江苏省农业农村厅副厅长季辉、《中国土地科学》执行主编王庆日研究员出席大会。全国部分科研院所及农村宅基地制度改革试点地区的 100 余名专家学者参会。

【承办首届长江经济带高质量发展论坛】 12 月 11 日，首届长江经济带高质量发展论坛在南京举行。中国科学院院士、中国工程院院士、全国知名专家学者、长江经济带 11 省份高校学者，以及科研院所、重点智库等单位代表参会，共同交流理论和实践研究成果、评估发展成效和做法经验、商议合作研究长效机制，为长江经济带高质量发展把脉建言。

（撰稿：聂小艳　审稿：刘晓光　审核：高　俊）

人文与社会发展学院

【概况】 人文与社会发展学院设有社会学、旅游管理、公共事业管理、农村区域发展、法学、表演、文化遗产 7 个本科专业，拥有 1 个博士学位授权一级学科（科学技术史）、2 个硕士学位授权一级学科（科学技术史、社会学）、2 个硕士学位授权二级学科（经济法、旅游管理）。2021 年，学院在职员工 106 人，其中专任教师 82 人；具有博士学位的教师 63 人，占教师总数的 76.83％；具有高级职称的教师 52 人，占教师总数的 63.41％；45 周岁以下的中青年教师共有 53 人，占教师总数的 64.63％。新晋升教授 1 人、副教授 2 人。新入职 5 名教师（3 名高层次人才）。

学院党委组织全年中心组学习 10 次，召开党委会 21 次、党政联席会 14 次。发展教师党员 5 人、学生党员 95 人。制定《人文与社会发展学院意识形态工作责任制实施细则》，分级签署了《人文与社会发展学院基层党支部书记意识形态工作责任书》《人文与社会发展学院安全保密工作责任书》。打造"南农红"紫金文化艺术团志愿演出行，组织话剧《红船》巡演 5 场、雨花烈士纪念馆"信仰的力量"沉浸式演出展演 6 场，协助拍摄南京市电视台《初心永恒》纪录片 1 部。承办学校庆祝中国共产党成立 100 周年合唱比赛、"农耕双甲，百廿回望"校庆 LOGO 设计大赛、文创产品设计大赛。第一批 1 个"双带头"教师党支部、1 个校样板党支部建设项目结项并通过验收，艺术系教师党支部"同心同力创优　党建业务双飞"工作案例入选高校教师党支部党建创新案例丛书。策划实施"七个一"主题活动，年度内获得省市级奖项 5 项、校级奖项 6 项。主持申报 6 项党建思政、校园文化专项课题，出版《决胜小康：探索乡村振兴之路》专著 1 部，发表相关论文 8 篇。学院党委获评江苏省高校党建工作创新奖一等奖，专（兼）职党务干部个人获得省市级奖励 2 人次、校级奖励 16 人次。

开设 486 门次本科生课程、77 门研究生课程。"旅游策划学""农村社会学"入选省级一流本科课程。16门"课程思政"示范课程通过中期检查，1门获校优秀，1门获院优秀。获研究生课程思政项目立项1项、研究生精品课程建设项目立项3项、研究生教学案例建设项目5项。获校级优秀研究生教材建设项目立项1项。2个专业建设项目获得本科教育教学研究课题立项。新增4个本科生校级实践基地、6个本科生院级实践教学基地。新增农村发展研究生实习基地3个、社会工作研究生实习基地2个。戚晓明主编的《农村社区概论》获批江苏省2021年高等学校重点教材立项。余德贵主编的部级规划教材《农业经营与管理》正式出版。朱志平教师获江苏省高校微课比赛一等奖。

科学技术史专业在江苏省"十三五"重点学科终期验收中获得优秀；经济法学专业完成了法学学位授权一级学科点的增列申请；法律硕士专业通过了学位授权点专项合格评估整改。

全院教师发表学术论文110篇，其中SCI 5篇、SSCI 10篇、核心一类23篇、核心二类10篇、核心三类6篇；出版专著10部；各类科研成果获奖10项；主办学术会议或讲座20余场；全院教师参加各类学术会议40余次。新增纵向项目51项，其中国家社会科学基金重大项目1项、教育部重大项目1项、国家社会科学基金2项、国家自然科学基金青年科学基金1项、教育部社会科学青年项目1项、国家社会科学基金重大项目子课题2项。另新增各类委托、横向项目立项40余项。新设立校级研究机构长江流域语言文化研究中心。出台《人文与社会发展学院青年教师科研支持计划》，出资购买中国知网研学系统，举办3次青年教师沙龙和1次青年教师学术能力提升工作坊。

参与资政活动。戚晓明、伽红凯获金善宝农业现代化发展研究院的课题立项支持；姚兆余、路璐在《群众》发表资政理论文章；姚兆余的《"十四五"时期推进江苏农村互助养老工作的建议》通过智库专报报送，得到副省级以上的领导批示；季中扬、朱冠楠的理论文章分别在《新华日报》《人民日报（海外版）》发表。

举办"人口老龄化与农村养老服务体系建设"高端论坛、"乡村振兴与乡村社会治理"高端论坛、农业文化遗产与乡村振兴高端论坛暨南农文化遗产专业建设研讨会、"破壁与赋能：多学科驱动下的数字人文"国际学术研讨会、"记忆、口述史与民间叙事"国际学术研讨会。面向研究生开展学术讲座30余场。研究生获得首届全国当代科技与社会博士生论坛优秀论文二等奖1项、三等奖1项；获首届老年人精神关爱和代际共融案例大赛一等奖1项、三等奖2项；获中国社会工作教育协会苏皖片区第十三届年会暨现代社会工作制度与中国高质量发展论坛三等奖1项。

"麻小莓"品牌跻身2021第七届中国农业品牌百强榜单。参与江西瑞金"客家红"、安徽泾县"云岭红心"新四军精神红培基地和浙江嘉兴南湖红色文创的全案设计。"我们的节日·南京"季中扬人才工作室的相关研究成果被《新闻联播》、《人民日报》、新华社、新华网等多家国家级媒体报道。农村发展系教师以区域农业研究院为载体，承担项目33项，经费349万元；依托江苏省乡村振兴科技创新服务示范基地，培训各类经营主体100多人次。关于农业经营的管理机制创新的观点，被《新华日报》《农民日报》报道采用。

1个学生支部入选南京农业大学第二批标杆党支部，1个支部荣获2021年优秀党日活动三等奖，1个支部荣获"2021年度先锋党支部"荣誉称号。学院荣获学校"学党史、强信念、跟党走"优秀组织奖；旅游191支部荣获"校杰出先锋支部"荣誉称号，4个班级获评校"优秀先锋支部"，14个班级获得学校先锋支部立项，共有70多名学生获得省级以上的奖项。社会实践 4 篇论文被中青网收录，2 篇论文选送江苏省共青团优秀调研报告，实践项目获评 1 个校级重点立项、1 个校级一般立项，活动受《农民日报》、中青网等 10 余家国家级、省级媒体报道。

学生完成 SRT 项目 35 项，新获 SRT 立项 41 项。其中，国家级 4 项、省级 3 项。研究生获得江苏省研究生科研与实践创新计划立项 2 项。荣获第七届江苏省"互联网＋"大学生创新创业大赛"青年红色筑梦之旅赛道一等奖；第七届江苏省"互联网＋"大学生创新创业大赛高教主赛道三等奖。2018 级张世纪等 7 名学生成立南京楠小秾农业发展有限公司，致力于远程稻田认购、农副产品产销及第三产业开发。

本科生发表学术论文 13 篇，研究生发表学术论文 87 篇。其中，研究生发表核心期刊论文 16 篇。研究生学位论文获得 1 篇省级优秀专业学位型硕士学位论文、1 篇校级优秀博士学位论文、1 篇校级优秀学术型硕士学位论文、3 篇校级优秀专业学位型硕士学位论文。本科生 8 篇毕业论文分别获得学校一等奖和二等奖。

2021 届本科学生共 206 人，有 195 人顺利完成学业，毕业率、学位授予率均为 94.66％。2021 届毕业生年终整体就业率超过 89.84％，在全校名列前茅，其中本科生就业率达 95.17％、全校第二位。本科毕业生的考研率为 25.6％，出国率为 6.28％。30 名学生获得保研资格并进入国内知名高校深造。参加境外或国际项目交流累计 37 人次，主要参加赴台湾东华大学、英国剑桥大学、韩国庆北大学线上冬令营项目等国际教育与跨文化交流项目。

【专业建设更上台阶】文化遗产专业首次招生，12 月完成文化遗产专业学士学位授权审核。农村区域发展专业入选国家级一流专业建设点，这也是人文与社会发展学院入选的第二个国家一流专业建设点。法学专业入选江苏省一流专业。

【第四次获评挑战杯大赛优秀组织奖】连续 3 年刷新了学院挑战杯历史最佳成绩。2021 年，学院"法小案人工智能分级系统"荣获"第十二届挑战杯全国计划赛"三等奖、"第十一届江苏省挑战杯计划赛"一等奖；"乡村振兴视域下宅基地'三权分置'利益平衡与保障措施"荣获"第十七届挑战杯课外学术科技作品"一等奖。

（撰稿：胡必强　蒋　楠　尤兰芳　林延胜　审稿：姚科艳　审核：高　俊）

外国语学院

【概况】学院设英语语言文学系、日语语言文学系和公共外语教学部等，设英语和日语 2 个本科专业，拥有典籍翻译与海外汉学研究中心、中外语言比较中心、英语语言文化研究所、日本语言文化研究所和 ESP 教学研究中心 5 个研究机构，有 1 个省级外语教学实验中心和 1 个校级英语写作教学与研究中心。拥有外国语言文学一级学科硕士学位授权点，下设英语语言文学、日语语言文学 2 个二级学科硕士学位授权点；有英语笔译和日语笔译 2 个方向的翻译硕士学位授权点（MTI）。

学院有教职员工 101 人，其中教授 8 人、副教授 26 人，常年聘请外教 7 人。年度晋升副教授 3 人。截至 2021 年底，学院有全日制在校生 822 人，其中硕士研究生 120 人、本科生 702 人。2021 年毕业生 214 人，其中硕士研究生 55 人、本科生 159 人。2021 年招生 222 人，其中本科生 168 人、硕士研究生 54 人（含学术型硕士研究生 10 人）。2021 届本科生升学率为 34.59%，其中出国攻读硕士学位人数占 6.92%。

本科生获得大学生 SRT 项目立项 33 项，其中国家级 2 项、省部级 1 项，获校级本科优秀毕业论文 4 篇，获校级优秀团队毕业论文 2 篇。学生参加专业学科和文化素质竞赛累计荣获省部级以上表彰 140 人次，创历史新高。组织研究生参加第十六届江苏省高校外语专业学术论坛，大会发言论文获一等奖、三等奖、优胜奖的各 1 人。翻译硕士获得江苏省研究生实践创新计划项目立项 3 项。研究生获省级优秀专业学位硕士学位论文 2 篇。

依托学校优势学科和特色，对现有专业课程体系进行调整升级，产出一批体现跨学科多专业融合的一流课程和重点教材。"工科英语"被评选为省级一流课程，"农业文献读写译"被立项为校级一流课程，《"一带一路"国家英语听力能力提升教程》获批江苏省高等学校重点教材立项，"思辨读写"团队获得首届江苏省高校教师教学创新大赛一等奖，"新文科 ESP 教师专业发展能力标准体系探索与构建"获批教育部首批新文科研究与改革实践项目。

全年新增科研项目 16 项，其中国家社会科学基金中华学术外译项目 1 项、江苏省社会科学基金重点项目 1 项、一般项目 1 项，以及江苏省高校哲学社会科学项目 3 项、江苏省社会科学应用研究精品工程外语类课题 3 项。以第一作者发表的论文 31 篇，其中高质量论文 11 篇；出版专著、译著等 11 部；获得江苏省高等学校哲学社会科学研究成果奖三等奖 1 项。

结合新文科建设要求，开展多层次座谈与研讨会，形成科研团队建设思路与管理办法。采取线上线下结合方式，邀请欧洲科学院院士 Svend Erik Larsen 教授、加利福尼亚大学圣芭芭拉分校戏剧舞蹈系主任 Irwin Appel 教授等组织专题讲座 20 余场，提升了外语学科的影响力与知名度。

全程参与第二期农业农村部农业外派人员能力提升培训班学员的遴选、教学和学习辅导。根据学员需求，打通专业壁垒，精选授课内容，优选教师 19 人，量身打造农业外交官能力所需的课程 9 门，为培养熟悉"三农"方针政策、了解世情国情农情、具有全球视野、熟练运用外语、通晓国际规则、精通国际谈判的复合型农业国际人才贡献了力量。

坚持以习近平新时代中国特色社会主义思想为指导，扎实开展党史学习教育活动，基层党组织的凝聚力、组织力、影响力建设得到进一步提升。荣获校党史知识竞赛一等奖、优秀组织奖。荣获庆祝中国共产党成立 100 周年合唱比赛二等奖、优秀组织奖。组织伟大开端——中国共产党创建历史图片展、空军成立 72 周年主题展览，累计参观人数达 5 000 余人次，相关活动获得校外媒体集中宣传 6 次。公共外语教师第二党支部入选江苏省标杆示范党支部。

【举办建院 20 周年系列庆祝活动】 精心组织庆祝建院 20 周年系列活动，回顾学院发展历程，凝聚建设发展合力。成立青年教师发展委员会，邀请资深教授为学院青年教师举办专题讲座 4 场，有效促进学术领头人与青年教师之间的交流互动。完成班级校友大使聘任和校友录更新工作，组建 7 家校友会地方联络处，为校友之间的深度交流搭建平台。举办首届校友创新创业论坛，邀请优秀校友结合各自在校学习、工作经历、创新思考、创业故事，分享成功经验和创业心得，助推学生成长。举办"尚语大讲堂"专题系列讲座，拓展师生学术视野。

【举办图片展，重温百年党史】 联合宣传部党支部、保卫处党支部分别主办"伟大开端——中国共产党创建历史图片展"和"庆祝人民空军成立 72 周年专题图片展"，共组织、培训 67 名师生党员和入党积极分子参与志愿服务；展览持续 5 个月，为来自校内外 160 个支部和单位的 6 100 余人生动讲述党史、军史。活动获新华社客户端、学习强国平台、交汇点新闻专题报道。

（撰稿：桂雨薇　审稿：裴正薇　审核：高　俊）

金融学院

【概况】学院设有金融学、会计学和投资学 3 个本科专业。金融学专业为江苏省品牌专业和重点建设专业，于 2019 年入选首批国家级一流本科专业建设点。会计学专业为江苏省特色专业和重点建设专业，于 2020 年入选国家级一流本科专业建设点。投资学专业于 2021 年入选江苏省一流本科专业建设点。学院拥有金融学博士、金融学硕士、会计学硕士、金融硕士（MF）、会计硕士（MPAcc）构成的研究生培养体系。拥有江苏省省级实验中心——金融学科综合训练中心、江苏省哲学社会科学重点研究基地——江苏省农村金融发展研究中心，以及 3 个校级研究中心，即区域经济与金融研究中心、财政金融研究中心和农业保险研究所。

截至 2021 年底学院有教职工 50 人，其中专任教师 38 人（教授 12 人，副教授 13 人，讲师 13 人）。有博士生导师 11 人；硕士生导师 30 人，新增 3 人。学院对专业硕士的培养管理实行"双导师"制，共有 72 位金融和会计行业的企业家、专家担任校外导师。学院加快人才引进，新增青年教师 4 人。在学院中，具有博士学位的教师占 92.5%，具有高级职称的教师占 62.5%。学院拥有江苏省"333 人才工程"培养对象 1 人、江苏省"社科优青"1人、江苏省高校"青蓝工程"中青年学术带头人 1 人、江苏省高校"青蓝工程"优秀青年骨干教师 1 人、江苏省"双创"博士 2 人、南京农业大学"钟山学者"首席教授 1 人、南京农业大学"钟山学者"学术骨干 2 人、南京农业大学"钟山学术新秀"3 人。

学院有在校学生 1 369 人。其中，本科生 891 人，硕士研究生 441 人，博士研究生 37人。2021 届毕业学生共计 425 人。本科毕业生 236 人，年终就业率 76.69%；硕士毕业生184 人，年终就业率 97.28%；博士毕业生 5 人，年终就业率 100%。毕业生主要进入了银行、保险、证券、税务局、会计师事务所等金融机构和政府机关工作，呈现出就业率高、专业对口率高、就业质量高的"三高"态势。

科研成果显著。获立项科研经费约 291 万元。新增纵向和横向科研项目共 34 项，包括国家级 2 项、省部级 2 项、地厅级 8 项、校级 8 项。教师共发表论文 74 篇，其中，SCI 论文 4 篇、SSCI 论文 17 篇、人文社科核心期刊论文 29 篇（权威期刊 1 篇、一类期刊 12 篇）。学院获江苏省社会科学应用研究精品工程优秀成果奖一等奖、二等奖各 1 项，江苏省教育厅社会科学优秀成果奖二等奖、三等奖各 1 项，江苏省优秀软科学成果奖 1 项。5 篇咨询报告被采纳，其中 1 项获中央领导批示。

推动本科教学建设与改革。《农村金融学》《现代农业保险学》获批科学出版社"十四五"普通高等教育本科规划教材立项。新增教育部首批新文科研究与改革实践项目 1 项，获校级教学成果奖一等奖 1 项、校级教改项目 5 项，在《中国高教研究》等期刊发表教育教学研究论文 4 篇。"金融与生活"课程被认定为首批省级一流本科课程。"农村集体'三资'管理与制度建设""农业保险助力乡村振兴""农民创业贷款""农村金融诈骗风险防光"4 门课程被认定为江苏省高校"助力乡村振兴，千门优课下乡"大型公益教育行动在线开放课程。学院教授参与申报的教学成果荣获江苏省教学成果奖特等奖 1 项、二等奖 1 项。学院与江苏兴化农村商业银行、如皋农村商业银行、东台国家现代农业产业园签订了产学研合作协议书，为地方政府和金融机构推进乡村振兴战略搭建了合作交流平台。加入玄武区金融产业协同发展联盟，推进学院与地方政府、企业的深度合作，助力学生高质量就业。新增玄武区地方金融监督管理局、月牙湖街道、铁桥社区、中鼎养老合作基地4家实践基地。

严格把关研究生培养质量。"构建五全教育体系，提升四大核心能力：高层次应用型涉农金融人才培养模式的构建与实践"获得南京农业大学校级研究生教育成果奖一等奖。1篇金融专业学位论文被评为第七届全国优秀金融硕士学位论文，1篇教学案例被全国金融专业学位研究生教育指导委员会案例库收录，1篇会计专业学位论文获评江苏省优秀专业学位论文，1篇报告被第十二届中国金融教育论坛评为"优秀教学类论文"。获江苏省研究生"中国共产党以人民为中心的金融政策：百年沿革与发展"学术创新论坛优秀论文特等奖1篇、一等奖2篇、二等奖5篇。

扎实做好党建工作。学院共有学生党员284人、教工党员41人，新发展学生党员143人。学院党委、党支部开展"三会"92次、党课24次、组织生活会22次、专题党日活动12次。多维融合"沉浸式"学习百年党史，借助"红色地标打卡＋师生团宣讲＋诗歌朗诵＋情景演绎"呈现方式，在南京15处代表性红色地标打卡，累计打卡超1 500人次，得到学习强国、中国江苏网等省级及以上媒体报道，视频点击量达20 000余次。"行动践行使命，歌声礼赞中国"主题党日活动获评校最佳党日活动。金融系教师党支部入选学校第二批党建工作样板支部，专硕一支部入选校优质党支部。6人获校"优秀党员"称号，1人获校"优秀党务工作者"称号。

积极组织学术交流。学院邀请美国普渡大学王红、美国密歇根州立大学金松青、武汉大学叶初升、中央财经大学李建军、中国银行保险监督管理委员会江苏监管局丁灿等国内外专家学者，开展形式多样的讲座10余场，吸引3 000余人次参与。组织参加"研究生神农科技文化节"，获评校优秀组织奖。组织校级学术论坛1项、沙龙2项，学院研究生分会获评"学术交流先进单位"。

持续深化第二课堂。学生累计荣获省级及以上学科竞赛荣誉60余人次。获第七届"互联网＋"创新创业大赛国家级金奖、银奖；获美国大学生数学建模竞赛全国一等奖；获第十届IMA校园管理会计案例大赛全国二等奖、第十七届"新道杯"沙盘模拟经营赛江苏省金奖、全国三等奖；获全国大学生英语竞赛全国三等奖。SRT项目共34项，包括国家级7项、省级4项、校级23项。获省级优秀本科毕业论文三等奖1篇、校级优秀本科毕业论文9篇。

拓展国际交流项目。获批国家级外国专家项目"农村数字普惠金融前沿理论和实验经济研究方法国际合作研究"1项。积极与世界知名大学进行人才培养合作，开展"世界名校线上课程项目"。组织学生参加英国剑桥大学、伦敦政治经济学院、美国加利福尼亚大学河滨分校等名校国际交流项目，举办项目学习成果汇报会。本科生有11人获批参加江苏省政府奖学金项目，赴澳门进行交流访学。

【投资学专业获批省级一流本科专业建设点】《教育部办公厅关于公布2021年度国家级和省级一流本科专业建设点名单的通知》发布，投资学专业入选省级一流本科专业建设点。

【承办"金融创新与经济高质量发展学术研讨会暨第15期《经济评论》工作坊"】10月30日，工作坊顺利举办，国内多家知名期刊负责人、多所院校专家学者受邀参会，师生共计百余人参与活动。

【"互联网十"大赛取得"零"突破】 组建学生团队"云智秤"和"云链骑士"项目组，参加第七届"互联网＋"创新创业大赛，获省级一等奖 2 项，实现了学院在主导创赛项目上省级荣誉的"零"突破。

（撰稿：赵梅娟　审稿：李日葵　审核：高　俊）

马克思主义学院（政治学院）

【概况】 学院设有马克思主义基本原理、思想道德与法治、中国近现代史、毛泽东思想和中国特色社会主义理论体系、研究生思想政治理论课、形式与政策、军事理论 7 个教研室，建有马克思主义理论和哲学 2 个一级学科硕士学位授权点。建有长三角农村基层党建研究院、马克思主义理论研究中心、科学与社会发展研究所、农业伦理研究中心、政治文明与农村发展研究中心 5 个科研平台，拥有马克思主义理论、农村基层党建、农业科技哲学、农业伦理 4 个研究团队。

党建思政工作。组建党史、党的十九届六中全会精神理论宣讲团，面向学校各单位、各学院开展 56 场宣讲，直接覆盖面 6 000 余人次。面向江苏省农业农村厅、南京财经大学等 20 余家单位开展理论宣讲，在传播理论的同时扩大影响力。奔赴山东省枣庄市以及江苏省连云港市、溧阳市南渡镇等地，深入基层、走进农户，在校外开展红色理论宣讲 30 余场，受到中国共青团网站、今日头条号等 10 余家主流媒体报道。

深化核心内涵构建"文化型"党总支。扩建学院"秾马红书屋"书籍，微信公众号开通"四史""党的十九届六中全会"学习专栏，围绕建党百年深入推进党史学习教育、开展纪法教育、廉洁教育等 30 余次。拓展校外基地探索实践型党总支，与梅园新村、红山街道开展共建，组织教师、优秀学生志愿者宣讲走进社区、把课堂搬进社区，推进党史学习实践。全面服务师生建设服务型党总支，积极搭建平台创建研究型党总支。依托学院"党建引领乡村振兴"等项目、"长三角农村党建研究院"等平台，将理论研究与党建实践相结合开展联学讨论、小组交流、课题共建，做到"以学促行，以行促知"。

师资建设。学院有专任思政教师 52 人、行政人员 6 人、师资博士后 1 人。新增专职思政课教师 4 人，其中包括公开招聘 2 人、校内转岗 2 人。职称评审设立单独名额，增加教授 1 人、副教授 4 人。完善高校思政课教师信息库，为 129 位专（兼）职教师提供学习资源。

教学工作。完成本科思政课 2019 版教学大纲的调整工作，以及 2021 版研究生培养方案、研究生思政课和专业课教学大纲修订工作。新开"科学研究方法论""逻辑学""国家安全教育" 3 门本科生通识核心课和"中国共产党党史专题"选修课。在疫情防控常态化期间，进行线上集体教学研讨数次，以及线上、线下集体备课会 10 余次。教师参加高校思政教师新教材等各类培训 170 余人次，提升了教学能力与技巧。

与党委宣传部联合主办"高校思政课教育质量提升'青椒'论坛"，组织教师积极申报各类教研教改项目。"农业伦理学通识新课程体系的探索与实践"获批教育部首批新文科研究与改革实践项目立项，"农业伦理学概论"获得首批省级一流本科课程，徐东波教师获教育部军事课教师教学展示比赛一等奖，4 名教师分别获省级教学竞赛奖，石诚教师获江苏省高校研究生思政理论课教学比赛特等奖，杜何琪教师获江苏高校思政技能大比武青年教师专项赛特等奖，学院教师获校级思政微课、教学创新大赛奖共 7 项。"农科院校构建'三堂融合'知农爱农思政育人体系的探索和实践"获校级研究生教学成果奖一等奖 1 项。"学党史，助力乡村振兴""实施乡村振兴战略""以人民为中心——抗疫彰显社会主义制度优越性"3门课程入选江苏高校"助力乡村振兴，千门优课下乡"省级在线开放课程，获批校级教改项目 3 项。发表教育教学论文或报刊文章 8 篇，教研成果丰硕。

举办"思·正"杯实践教学展播活动、"百年潮·中国梦"征文活动、"思·正"杯"大国追梦"暨献礼中国共产党成立 100 周年微视频比赛和思政课"法庭进校园"等实践教学活动，丰富思政课的授课方式，将学生的理论认知内化为精神信仰、外化为自觉行为。

科研工作。全年共发表论文 47 篇，其中 A&CH 刊物 1 篇、高质量 CSSCI 期刊论文 12篇，出版专著 5 部。课题立项提质增优，立项课题共 30 项，到账总经费 94.6 万元。其中，国家社会科学基金 2 项、省部级项目 4 项、厅局级项目 9 项、校级项目 14 项。此外，学院教师积极参加各种学术会议累计达 38 余场。

学生工作。落实党团育人职能，多维促进思想建设。全年共举办线上线下专题学习会、主题党团日活动等 100 余次。组织"青年大学习"全年 40 余期，达到 100％及以上完成率。落实"秋马青年成长计划"，开展学院"青马工程培训班"，分年级、分层次对学生进行养成教育、技能培训、素质拓展。规范党团组织建设，保障组织功能落实。贯彻落实团支部的"对标定级"，确保团支部工作标准化、规范化建设和政治功能充分发挥。研究生党支部样板党支部建设与验收，获评江苏省"优质党支部"。重视实践育人导向，保障实践活动质量。"党建引领乡村振兴"暑期社会实践调研团获评校级一类重点团队，受到"中青校园"等校内外媒体报道 10 余次。参加"挑战杯"竞赛红色专项活动，获得江苏省三等奖。

社会服务。成立"长三角农村基层党建研究院"，举办新时代马克思主义学院建设论坛，深化长三角地区农村基层党建指导力量。与玄武区孝陵卫街道、红山街道开展南京农业大学马克思主义学院习近平新时代中国特色社会主义思想学习教育基地共建，推进党史学习宣传纵深发展。开设基层干部培训班，对接定点帮扶单位贵州省麻江县，举办关于"长三角农村基层党建引领乡村振兴的实践创新及其思考"的报告。

【首演原创话剧《党旗飘扬》】一手抓党史学习教育，一手抓思政课教学质量提升，多途径、多方式把中央会议精神融入思政课教学。学院发起并成功首演了原创话剧《党旗飘扬》，用党旗历史题材剧献礼建党 100 周年。打卡南京历史坐标（红色李巷、南京眼、南京长江大桥、新四军指挥部），开展现场教学，及时将党史学习教育融入思政课教学。这些活动既增强了学院师生的崇高理想信念，又推动了全校党史学习教育的学习步伐。

（撰稿：杨海莉　审稿：付坚强　审核：高　俊）

体育部

【概况】体育部下设办公室、教学与科研教研室、群众体育教研室、运动竞赛教研室、浦口校区教研室和运动场地管理中心。2021 年有教职工 51 人，其中专任教师 42 人（副教授 15

人、讲师 22 人、助教 5 人)、行政管理及教辅 9 人。

党总支在常态化疫情防控中加强基层党建工作，组织开展"四个一"党建系列活动，开展党史学习教育，迎接学校党委第五巡察组巡察工作。开展"学习强国"评先评优工作，积极推进学习型党组织建设。第三教工支部及宋崇丽和姜迪两位党员教师分别获评学校 2021 年度"学习强国"先进学习组织和先进学习个人。

党总支指导党支部开展党建特色活动，组织段海庆、陆春红、卢茂春和赵岩 4 位有国家队运动经历的党员教师与贵州省麻江县师生开展网络培训，助力国家乡村振兴工作；指导工会积极开展各种慰问和迎新年健身跑、观影、急救培训等丰富多彩的文化活动，组织参加学校龙舟比赛并蝉联冠军；两位教师分别获得学校书画、摄影比赛一等奖；在"红心永向党　唱响新征程"庆祝建党 100 周年合唱比赛中，与图书馆（文化遗产部）、后勤保障部、继续教育学院和资产经营公司共同组队演唱《不忘初心》，并获二等奖和优秀组织奖。本着为师生办实事，更换了室外场地灯光设施；加强部门档案收集与整理，收集历史老照片、老资料，整理制作完成从 1903 年三江师范学堂到 2000 年近百年的历史文化长廊。

在疫情防控期间，运用微信群对线上授课方式和教学过程进行优化；继续推动学生心肺耐力 2 000 米和 2 400 米统一测试，提升学生体质健康水平。2021 年，学生体质合格率达到历史最高点（93.85％）。加强体育思政建设，举办体育思政论坛，已开展 3 门"课程思政"示范课程的建设。在教师业务能力培养中，赵岩教师获得江苏省体育教师微课大赛第一名。

不断优化早锻炼和各项比赛的管理模式，激活学校体育文化活力。卫岗校区和浦口校区 2020 级和 2021 级约 9 500 名学生通过使用阳光长跑 App、各学院运动队和体育社团组织集中训练等形式进行课外锻炼。组织 2 600 多人次参加体育文化节以及第四十九届运动会篮球（男生组、女生组）、排球、男子足球、乒乓球、太极拳等项目比赛。

加大科研工作投入力度，激励和引导全体教师强化科研意识与重视科研工作。2021 年，共立项 6 个科研项目，其中江苏省社会科学基金 1 项、江苏省高校哲学社会科学 2 项、校级课题 3 项。教师共发表体育教育教学类论文 8 篇，其中 SSCI 和 SCI 各 1 篇、体育类 CSSCI 2 篇、其他期刊 4 篇。

在运动竞赛中，高水平武术队代表江苏省参加第十四届全国学生运动会获得团体总分第二名的成绩，助力学校获得全国"校长杯"。男子和女子篮球队分别获得江苏省第二十届运动会高校部第二名、第四名；田径队获得南京市高校田径比赛中 20 个小项前八名的成绩，其中女子甲组跳高取得第二名的好成绩。游泳队获得了南京高校普通大学生游泳比赛团体第六名。

【获中华人民共和国第十四届学生运动会"校长杯"突出贡献奖】 10 名学生运动员和 2 名体育教师代表学校参加了中华人民共和国第十四届学生运动会武术、足球、女排、女子沙滩排球等竞赛项目和体育科学论文报告会，取得 4 金 2 银 3 铜和多项第四名至第八名的好成绩；2 篇论文分别获科学论文报告会二等奖、三等奖。最后，学校获中华人民共和国第十四届学生运动会"校长杯"突出贡献奖。学校已连续两届获此殊荣。

【获"全国群众体育先进单位"称号】 在第十四届全运会表彰大会上，体育部获评"2017—2020 年度全国群众体育先进单位"。体育部已连续两届获此殊荣。

［附录］

2021 年运动队竞赛成绩统计表

武术队（教练员：白茂强、张东宇）

2021 年中国大学生武术套路锦标赛（5 月）

姓名（单位）	比赛地点	项目	成绩
颜禄涛	四川成都城北体育馆	长拳、剑术、枪术	第一名、第二名、第三名
余俊毅	四川成都城北体育馆	南拳、南棍、南刀	第一名、第一名、第一名
刘泽楷	四川成都城北体育馆	太极拳、太极剑、杨氏太极拳	第一名、第四名、第一名
翁 帅	四川成都城北体育馆	太极剑、太极扇	第四名、第四名
杨俊宇	四川成都城北体育馆	南刀	第四名
熊 蝶	四川成都城北体育馆	长拳、剑术、枪术	第五名、第一名、第二名
吴羽玲	四川成都城北体育馆	长拳、刀术、棍术	第二名、第一名、第一名
张嘉倪	四川成都城北体育馆	南拳、南刀	第五名、第一名
南京农业大学	四川成都城北体育馆	团体总分	第一名

第十四届中华人民共和国学生运动会武术比赛（7 月）

姓名（单位）	比赛地点	项目	成绩
颜禄涛	山东青岛第十九中学	剑术、枪术	第二名、第三名
余俊毅	山东青岛第十九中学	南棍	第六名
刘泽楷	山东青岛第十九中学	太极剑	第六名
吴羽玲	山东青岛第十九中学	刀术、棍术	第三名、第一名
张嘉倪	山东青岛第十九中学	南拳、南刀	第八名、第一名
参赛人员	山东青岛第十九中学	集体项目	第三名

田径队（教练员：孙雅薇、管月泉、李强）

南京市高校田径比赛（5 月）

姓名	比赛地点	项目	成绩
陆恩珍	南京审计大学	女子甲组 800 米	第四名
赵泽瑞	南京审计大学	男子甲组 1 500 米	第八名
张 楠	南京审计大学	女子甲组 1 500 米	第二名
李 孜	南京审计大学	女子甲组 1 500 米	第七名
李垚瑶	南京审计大学	女子甲组 3 000 米	第五名
张 楠	南京审计大学	女子甲组 5 000 米	第三名
黄明睿	南京审计大学	男子甲组 400 米栏	第五名
艾尼瓦尔·亚森	南京审计大学	男子甲组 4×400 米	第八名
汪建飞	南京审计大学	男子甲组 4×400 米	第八名
杨宇航	南京审计大学	男子甲组 4×400 米	第八名
黄明睿	南京审计大学	男子甲组 4×400 米	第八名
王维贵	南京审计大学	女子甲组 4×400 米	第六名

姓名	比赛地点	项目	成绩
潘玉英	南京审计大学	女子甲组 4×400 米	第六名
张 楠	南京审计大学	女子甲组 4×400 米	第六名
陆恩珍	南京审计大学	女子甲组 4×400 米	第六名
杨辰硕	南京审计大学	女子甲组跳高	第二名
张晨阳	南京审计大学	女子甲组跳高	第五名
艾尼瓦尔·亚森	南京审计大学	男子甲组跳远	第六名
张晨阳	南京审计大学	女子甲组跳远	第四名
蒋 鑫	南京审计大学	女子甲组三级跳远	第七名

男子篮球队（教练员：段海庆）

比赛名称	成绩
2021 年南京高校普通大学生篮球比赛暨第二十届江苏省运动会高校部预赛	第二名
中国大学生 3×3 篮球联赛"江苏省市冠军赛"	第二名

女子篮球队（教练员：杨春莉）

比赛名称	成绩
2021 年南京高校普通大学生篮球比赛暨第二十届江苏省运动会高校部预赛	第四名
中国大学生 3×3 篮球联赛"江苏省市冠军赛"	第二名

游泳队（教练员：陈希磊、吴洁、殷正红）

南京市高校游泳比赛（5 月）

姓名（单位）	比赛地点	项目	成绩
韩非男	南京信息工程大学	女子 50 米自由泳	第七名
韩非男	南京信息工程大学	女子 100 米自由泳	第六名
韩非男	南京信息工程大学	女子 200 米混合泳	第四名
韩非男	南京信息工程大学	女子 4×100 米自由泳接力	第四名
韩非男	南京信息工程大学	女子 4×200 米自由泳接力	第二名
韩非男	南京信息工程大学	女子 4×100 米混合泳接力	第三名
韩非男	南京信息工程大学	男女混合 4×100 米自由泳接力	第六名
韩非男	南京信息工程大学	男女混合 4×100 米混合泳接力	第六名
李湘怡	南京信息工程大学	女子 100 米自由泳	第八名
李湘怡	南京信息工程大学	女子 50 米仰泳	第七名
李湘怡	南京信息工程大学	女子 4×100 米自由泳接力	第四名
李湘怡	南京信息工程大学	女子 4×200 米自由泳接力	第二名
麦清洋	南京信息工程大学	男子 50 米蛙泳	第二名
麦清洋	南京信息工程大学	男子 100 米蛙泳	第一名
麦清洋	南京信息工程大学	男子 200 米混合泳	第二名
麦清洋	南京信息工程大学	男女混合 4×100 米自由泳接力	第六名

（续）

姓名（单位）	比赛地点	项目	成绩
麦清洋	南京信息工程大学	男女混合 4×100 米混合泳接力	第六名
麦清洋	南京信息工程大学	男子 4×100 米混合泳接力	第七名
秦浩渊	南京信息工程大学	男子 200 米蛙泳	第八名
秦浩渊	南京信息工程大学	男女混合 4×100 米混合泳接力	第六名
秦浩渊	南京信息工程大学	男子 4×100 米混合泳接力	第七名
谭志豪	南京信息工程大学	男女混合 4×100 米自由泳接力	第六名
谭志豪	南京信息工程大学	男子 4×100 米混合泳接力	第七名
吴 霖	南京信息工程大学	女子 4×100 米自由泳接力	第四名
吴 霖	南京信息工程大学	女子 4×200 米自由泳接力	第二名
吴 霖	南京信息工程大学	女子 4×100 米混合泳接力	第三名
杨雨婷	南京信息工程大学	女子 50 米自由泳	第五名
杨雨婷	南京信息工程大学	女子 50 米蛙泳	第五名
杨雨婷	南京信息工程大学	女子 50 米蝶泳	第三名
杨雨婷	南京信息工程大学	女子 4×100 米自由泳接力	第四名
杨雨婷	南京信息工程大学	女子 4×200 米自由泳接力	第二名
杨雨婷	南京信息工程大学	女子 4×100 米混合泳接力	第三名
杨雨婷	南京信息工程大学	男女混合 4×100 米自由泳接力	第六名
杨雨婷	南京信息工程大学	男女混合 4×100 米混合泳接力	第六名
张雅婷	南京信息工程大学	女子 50 米仰泳	第八名
张雅婷	南京信息工程大学	女子 4×100 米混合泳接力	第三名
张淞凯	南京信息工程大学	男子 4×100 米混合泳接力	第七名
南京农业大学	南京信息工程大学	团体	第六名

（撰稿：洪海涛 耿文光 陆春红 于阳露 陈 雷 审稿：许再银 审核：高 俊）

前沿交叉研究院

【概况】前沿交叉研究院成立于 2020 年 9 月，重点推进建设作物表型组学、生物信息学、农业与健康、合成生物学等前沿交叉学科研究中心，探索培育"X"支面向前沿科学问题的虚拟创新团队。面向国际学术前沿和国家战略需求，紧扣学校中长期建设目标，聚焦粮食安全、健康中国、生态文明、数据科学、人工智能、乡村振兴等重点方向，突出"高精尖缺"导向，坚持以重大科学问题为牵引，以学科交叉融合为特色，以拔尖创新人才为支撑，以高层次学术生态为驱动，突破学科、学院、学校的界限和建制障碍，推动科研创新范式，着力打造"人才特区、学术特区"，全面探索学科交叉融合的机制办法和新的学科生长点，汇聚培养具有国际学术影响力、为国家科技作出重要贡献的顶尖科研团队，实现前瞻性基础研究、引领性原创成果的重大突破。

2021 年，学院招收硕士研究生 36 人、博士研究生 14 人。毕业研究生 16 人。授予硕士学位 16 人。学位授予率为 100%、毕业率为 100%、年终就业率为 100%。

2021年，学院有在职教职工 33 人（包含兼职教师 10 人），其中专任教师 21 人（新增 3 人）。拥有教授 9 人、副教授 5 人、讲师 5 人、博士后 2 人。拥有博士生导师 9 人、硕士生导师 13 人，其中新增博士生导师 1 人、学术型硕士生导师 1 人。有江苏省"双创"人才 3 人（新增 2 人）、江苏省"双创"博士 1 人。

前沿交叉研究院主持各类在研科研课题 18 项，发表学术论文 33 篇，其中 SCI 论文 29 篇、核心期刊 28 篇，影响因子 5 以上的 26 篇。

全年共有教师 2 人次参加国内外各类学术交流大会，其中作大会报告 1 人次；共有研究生 2 人次参加国内外各类学术交流大会。教师在国内学术组织或刊物兼职 10 人次，其中 2021 年新增 8 人次；在国际组织或刊物任职 5 人次。

学院有 2 套大型作物表型监测平台，即传送式表型平台 Phenoconveyor 和轨道式表型平台 FieldScan；2 套自主研发表型平台，即田间作物表型舱和扁根盒自动成像平台；3 套生物信息学大数据设备。

学院党总支新发展教师党员 2 人，共有教师党员 18 人、学生党员 34 人。

【国内首个"植物表型组学"交叉学科获批设立】8 月，教育部公布普通高等学校自主设置交叉学科备案和审批结果，前沿交叉研究院"植物表型组学"作为交叉学科正式获批设立。"植物表型组学"是南京农业大学首个获教育部批准设立的交叉学科，也是国内高校在该领域设立的首个交叉学科，自 2022 年起独立招生。

【举行前沿交叉研究院揭牌仪式】10 月 20 日，南京农业大学隆重举行 120 周年校庆倒计时一周年启动仪式暨前沿交叉研究院揭牌仪式，校党委书记陈利根、校长陈发棣共同为前沿交叉研究院揭牌，全体在宁校领导、中层干部、校友代表、离退休教师代表、教师及学生代表参加了仪式。

（撰稿：罗晶晶　庞　鑫　毛江美　王乾斌　审稿：盛　馨　审核：张丽霞）

三亚研究院

【概况】三亚研究院于 3 月 25 日注册成立，位于三亚崖州湾科技城，是南京农业大学响应国家号召、服务国家战略，与海南省、三亚市合作共建的专业型、创新型教学研究机构。三亚研究院围绕海南国际教育创新岛的定位和国家南繁科研育种基地（海南）、国家热带农业科学中心、全球动植物种质资源引进中转基地建设需求，紧密对接地方经济特色和产业发展需求，培养高层次涉农人才，为解决我国农业发展中基础性、前瞻性、应用性的重大科技问题和关键技术难题提供支撑，建设科学研究、高层次人才培养、成果转化与服务"三农"、国际合作交流等条件平台。努力建成"立足三亚、服务海南、面向全球"的集教学、科研和成果转化于一体的国家级农业科教创新平台，助力海南加快自由贸易港和国际教育创新岛建设。研究院院长由南京农业大学副校长丁艳锋担任，常务副院长由周国栋担任。

研究院设有办公室、财务管理部、宣传管理部、学工管理部、教务管理部、科研管理部、基地管理部、成果转化部、国际合作部 9 个部门，共招聘行政人员 6 人。

研究院人才培养涵盖硕士研究生教育、博士研究生教育及继续教育。于 9 月首次招生，招收全日制硕士研究生 19 人、博士研究生 5 人；有博士专业 4 个、硕士专业 3 个。9 月 27

日，首批海南专项研究生入驻崖州湾科技城，并全过程在海南省培养。

结合团队在海南省开展工作的实际情况，为海南专项的研究生配备导师。导师团队有中国工程院院士 3 人、国家自然科学基金委员会创新群体 2 个，以及教育部特聘教授、国家自然科学基金杰出青年科学基金获得者 6 人；并与中国热带农业科学院三亚研究院合作，为专项学生增设第二导师。

挖掘科教资源，提高研究生学术素养。除了参加学校组织的教学以外，研究院充分利用园区丰富的科教资源，与中国农业大学、中国农业科学院、河南大学签署了学分互认协议，相关的公共课程由相关高校共同开设。为拓宽研究生学术视野、激发创新潜能，开设了"崖城学堂"，邀请知名学者定期举办学术讲座，已经举办 10 期。

面向国家需求，积极谋划重大科研创新平台建设。已完成作物品质与安全研究中心和热带大农业生态系统长期观测研究中心项目建议书初稿，项目总投资 7.5 亿元左右。面向学科发展，积极筹建现代农业与绿色生产等 6 个功能实验室；与中国热带农业科学院三亚研究院、三亚市南繁科学院、广东省科学院海南产业技术研究院等单位深度合作，共享科研平台。积极筹建综合试验基地 287 亩，已投入使用，全方位保障人才培养和成果转化需要。

聚焦海南农业发展瓶颈，对接重大科技计划项目，开展动植物精准育种、植物病虫害绿色防控、环境综合治理等应用研究，组建了 18 个科研创新团队。2021 年，设立引导资金 44 项，资助经费 1 207 万元；申请科技城博士基金 4 项，资助经费 40 万元；崖州湾种子实验室揭榜挂帅项目，立项 5 项，资助经费 780 万元；有横向技术服务课题 3 项，资助经费 431.3 万元。12 月，研究院荣获三亚市崖州区国家现代农业产业园管理委员会授予的崖州区国家现代农业（种业）产业园优秀创新主体。获批国家自然科学基金项目申报依托单位资质，拓宽科研项目申报范围。

全面推进 ASIA HUB 亚洲农业研究中心落地，积极推进国际一流期刊项目入驻，积极推进南京农业大学密西根学院办学项目落地事宜。

面向海南专项研究生，深入开展党史学习教育。通过举办"青春心向党""红色之路"系列党建活动，使学生们深受教育和鼓舞，进一步提高了他们的使命和担当，将中华民族的伟大复兴和自身的发展紧密结合起来，明确了努力方向。

今后，研究院将坚持以重大科研平台创建为抓手，以高质量人才培养为核心，以服务地方产业发展为牵引，积极参与崖州湾种子实验室建设；力争 2 个研究中心获批立项，支撑和引领地方经济发展的能力和水平进一步提升；力争早日把研究院建设成为一流的人才培养、科学研究、成果转化、国际合作的平台。

（撰稿：任海英　审稿：周国栋　审核：张丽霞）

图书在版编目（CIP）数据

南京农业大学年鉴.2021 / 南京农业大学图书馆
（文化遗产部）编 .—北京：中国农业出版社，2024.3
ISBN 978 - 7 - 109 - 31827 - 4

Ⅰ.①南…　Ⅱ.①南…　Ⅲ.①南京农业大学－2021－
年鉴　Ⅳ.①S - 40

中国国家版本馆 CIP 数据核字（2024）第 059130 号

南京农业大学年鉴2021
NANJING NONGYE DAXUE NIANJIAN 2021

中国农业出版社出版

地址：北京市朝阳区麦子店街 18 号楼

邮编：100125

责任编辑：刘　伟　冀　刚　胡烨芳

版式设计：书雅文化　责任校对：吴丽婷

印刷：北京通州皇家印刷厂

版次：2024 年 3 月第 1 版

印次：2024 年 3 月北京第 1 次印刷

发行：新华书店北京发行所

开本：787mm×1092mm　1/16

印张：33　插页：6

字数：861 千字

定价：198.00 元